Kohlhammer

Albert Martin
Susanne Bartscher-Finzer

Personal

Sozialisation
Integration
Kontrolle

Verlag W. Kohlhammer

1. Auflage 2015

Alle Rechte vorbehalten
© W. Kohlhammer GmbH, Stuttgart
Gesamtherstellung: W. Kohlhammer GmbH, Stuttgart

Print:
ISBN 978-3-17-029686-2

E-Book-Formate:
pdf: ISBN 978-3-17-029687-9
epub: ISBN 978-3-17-029688-6
mobi: ISBN 978-3-17-029689-3

Vorwort

Wir leben in einer Welt der Organisationen. Organisationen haben große Macht, sie entscheiden darüber, was wir konsumieren, wie wir uns begegnen, mit welchen Fragen wir uns beschäftigen, wie wir denken und wie wir arbeiten. Dazu kommt, dass wir die meiste Zeit des Tages in Organisationen verbringen. Mit einem Wort: Organisationen bestimmen zu einem erheblichen Teil, wie wir leben. Dabei sind Organisationen künstliche Gebilde. Ihre Substanz sind Normen, Verfahren und Regeln. Und es fragt sich natürlich, wie es dazu kommt, dass sich Menschen Organisationen anschließen und sich den dort geltenden Verhaltensvorschriften unterwerfen. Denn im Eigentlichen sind es natürlich nicht Normen, Verfahren und Regeln, sondern Personen, die eine Organisation ausmachen. Sie sind es, die sich in die organisationale Ordnung einfügen, sie schaffen und stützen und jeden Tag neu mit Leben erfüllen. Wie ist das möglich? Was veranlasst Menschen, sich Organisationen anzuschließen und wie gelangen Organisationen zu ihrer Funktionsfähigkeit? Mit diesen Fragen beschäftigt sich das vorliegende Buch.

Um sie zu beantworten muss man sich zuerst Klarheit darüber verschaffen, welche Bedingungen gegeben sein müssen, damit Organisationen lebensfähig sind. Wir unterscheiden drei »funktionale Erfordernisse« des Überlebens von Organisationen, d. h. grundlegende Voraussetzungen ohne die keine Organisation bestehen kann: Kooperation, Leistung und Lernen.

Wie gelingt es Organisationen nun aber, diese Grunderfordernisse zu erbringen? Durch die Ausbildung von »funktionalen Subsystemen«, deren Aufgabe eben darin besteht, Kooperation, Leistung und Lernen zu fördern. Sie sind gewissermaßen der substantielle Unterbau, auf den sich die Funktionserfüllung abstützt. Und sie sind daher auch der Gegenstand dieses Buches. Genauer gesagt: Wir befassen uns im vorliegenden Buch mit drei ganz grundlegend wichtigen Grundfunktionen: Kontrolle, Sozialisation und Integration. Es sind dies Funktionen, die sich sehr stark auf das soziale Miteinander in Organisationen, auf die Einbindung der Mitarbeiter in die Organisation und die Abstimmung ihrer Verhaltensweisen richten. Drei weitere Grundfunktionen (oder funktionale Subsysteme) – das System der Anreize, der Aufgaben und der Selektion – haben wir bereits in dem Buch »Personal. Theorie, Politik und Gestaltung« näher behandelt.

Die Lehre von der Personalwissenschaft ist eine angewandte Wissenschaft. Bei unseren Betrachtungen kommen daher auch beide Seiten einer solchen Wissenschaft zu Wort. Das ist zum einen die im engeren Sinne wissenschaftliche Seite, der es primär darum geht, die vorfindliche Wirklichkeit zu erklären und zum anderen die eher gestaltungsorientierte Seite, die sich (idealerweise) darauf richtet, die bestehende Wirklichkeit zu verbessern. Was die Gestaltungsaufgabe angeht, ist es uns ein besonderes Anliegen herauszustellen, dass es immer alternative Vorgehensweisen gibt und dass das praktische Handeln nicht irgendwelchen Patentrezepten folgen sollte, sondern auf die Besonderheiten der jeweiligen Situation hin auszurichten ist. Praxisgestaltung ist eine kreative und anspruchsvolle Aufgabe.

Damit richten wir uns an Studierende aber auch Praktiker, die das eigene Personalbezogene Handeln mit Hilfe unseres Analyseansatzes systematisch reflektieren können. Gewissenhafte Praktiker zeichnen sich dadurch aus, dass sie sich Klarheit darüber verschaffen, was ihr Handeln lenkt, welche Überzeugungen (»Wirkungshypothesen«) ihren gestalterischen Bemühungen zugrunde liegen, unter welchen Umständen diese Geltung beanspruchen können und welche Gesichtspunkte bei der Beurteilung praktischer Maßnahmen zu beachten sind.

Das vorliegende Buch liefert angesichts der Komplexität des Gegenstandes mit dem wir es zu tun haben, daher auch keine Sammlung von so genannten »best practices«, die vermeintlich einfach aus dem Regal entnommen und gebrauchsfertig zu übernehmen wären. Es soll vielmehr deutlich machen, dass eigenständiges Nachdenken und reflektiertes Handeln nicht nur bessere Lösungen erbringt, sondern auch intellektuell und motivational befriedigender ist – zumal in einem Bereich, der für unser Leben eine derartig wichtige Rolle spielt: dem Leben und Wirken in Organisationen.

Inhaltsverzeichnis

Kapitel 1: Grundlagen

1 Einführung

Organisationen sind soziale Systeme. Sie haben daneben aber auch Eigenheiten, die sie von anderen sozialen Systemen unterscheiden. Dazu gehört beispielsweise der Tatbestand, dass Organisationen nicht Selbstzweck sind, sondern zur Erreichung ganz spezifischer Zwecke gegründet werden. Zudem kann nicht jedermann ohne weiteres Mitglied einer Organisation werden, die Aufnahme in eine Organisation unterliegt vielmehr formalen Bestimmungen. Ferner gründen die sozialen Beziehungen in einer Organisation auf sachlichen Festlegungen und sind nicht etwa dem persönlichen Gutdünken anheimgegeben. Ein weiteres wichtiges Merkmal, das Organisationen von anderen sozialen Systemen unterscheidet, ist dass sie eine »Verfassung«, d. h. ein rechtlich und sozial verbindliches Regelwerk haben. All dies ändert aber nichts am Grundcharakter von Organisationen, an der Tatsache, dass sie soziale Systeme sind und deswegen aus nichts anderem bestehen als aus ihren Teilnehmern – und aus deren Beziehungen untereinander. Häufig wird dies vergessen oder verschleiert. So wird beispielsweise in vielen Darstellungen des Personalwesens und der Personalarbeit von Organisationen gesprochen, als handle es sich hierbei um eigenständige Akteure, d. h. um lebendige Wesen mit eigenem Verstand und eigenen Willen. Gemäß dieser Perspektive geht es darum, die »Elemente« der Organisation dazu zu veranlassen, den Zielen dieses vermeintlichen Akteurs zu folgen. Das »betriebliche Personalwesen« ist aus dieser Sicht lediglich eine abgeleitete Größe, ein disponibler Faktor, der letztlich nur dazu dient, den strategischen Absichten »der Organisation« zum Erfolg zu verhelfen. Viele fachspezifischen Publikationen vermitteln den Eindruck, als habe man es beim Personal mit etwas Dinglichem zu tun: So wie ein Betrieb eine Maschinenausstattung hat, so hat er eben auch eine Personalausstattung. Die Verwertungslogik, die hinter diesem Sprachgebrauch steckt, ist unverkennbar. Sie gründet in dem Tatbestand, dass Organisationen Zweckgebilde sind und sich das Interesse an den Mitgliedern einer Organisation daher – einer vorgeblichen Sachlogik folgend – vor allem auf deren Arbeitskraft richtet. Personen werden damit zu Personal.

Es ist ja durchaus ein legitimes, ja notwendiges Anliegen, sich der Frage zu stellen, wie man das Zusammenwirken der Organisationsmitglieder gestalten soll, damit die Organisationszwecke erreicht werden. Aus der Tatsache, dass man mit »Personalangelegenheiten« strategisch und praktisch umgehen muss, folgt allerdings nicht, dass man das »Personal« wie ein Ding betrachtet und es in technokratischer Weise einem oberflächlichen Optimierungskalkül unterwirft. Das verbietet sich nicht nur aus ethisch-moralischen und sozialpolitischen Gründen, sondern auch deswegen, weil man der komplexen sozialen Wirklichkeit des Personalgeschehens nicht mit simplen Patentrezepten beikommt. Bevor man zu Gestaltungshandlungen schreitet, sollte man sich Klarheit darüber verschaffen, was man mit ihnen bewirkt und was man dafür in Kauf nimmt. Praktiker brauchen nicht nur Werkzeuge, mit deren Hilfe sie in die Lage versetzt werden, die soziale Wirklichkeit zu gestalten, sie brauchen zuallererst ein Verständnis für die Gesetzmäßigkeiten des sozialen Geschehens. Sie sollten also verstehen, was das Handeln der Organisationsteilnehmer bestimmt, in welche sozialen Prozesse es eingebettet ist und in welcher Weise strukturelle und institutionelle Voraussetzungen hierauf Einfluss nehmen. Und man sollte sich als verantwortungsbewusster Mensch auch über die herrschende Gestaltungspraxis selbst Klarheit verschaffen, sich also fragen, warum es diese oder jene Praxis gibt, warum Arbeitsprozesse unterschiedlich gestaltet werden, warum in Organisationen sehr unterschiedlich geführt, belohnt und bestraft wird. Zu untersuchen wäre also, wie es kommt, dass sich manche Praxisformen (zeitweise) durchsetzen, andere dagegen nicht. Auch diese Frage lässt sich nur beantworten, wenn man die Bestimmungsgründe für das Handeln von Menschen und die Eigengesetzlichkeiten des sozialen Geschehens versteht, wenn man durchschaut, welche sozialen Prozesse dafür verantwortlich sind, dass sich bei der Gestaltung der organisationalen Wirklichkeit bestimmte Lösungen aufdrängen, andere dagegen ignoriert, beiseitegeschoben, verwässert oder pervertiert werden. Wenn man zu haltbaren und qualitativ hochwertigen Praxislösungen kommen will, dann muss man verstehen, welche Gesetzmäßigkeiten das organisationale Verhalten bestimmen. Außerdem sollte man von einem gestalterisch tätigen Menschen verlangen, dass er sich darüber Gedanken macht, welche materiellen und immateriellen Kosten mit einer konkreten Praxislösung verbunden sind und welche Neben- und Folgewirkungen mit ihr einhergehen.

Mit all diesen Fragen beschäftigt sich das vorliegende Buch. Wir behandeln ausgewählte personalwirtschaftliche Gestaltungsansätze, betrachten die Gestaltungsparameter, die diesen Ansätzen ihre je spezielle Gestalt geben und diskutieren die Wirkungen, die von alternativen Gestaltungshandlungen ausgehen können. Außerdem behandeln wir ausgewählte Theorieansätze, die Auskunft über Verhaltensmechanismen geben und die dabei helfen, zu tieferen Einsichten über das personalwirtschaftliche Geschehen zu gelangen. Zunächst gehen wir aber auf einige grundlegende Überlegungen ein. Wir folgen dabei dem Grundkonzept, das in dem Buch »Personal. Theorie, Politik, Gestaltung« (Martin 2001) ausführlicher beschrieben ist. Das vorliegende Buch versteht sich als Fortführung der dort behandelten Fragen.

2 Funktionen, Aufgaben, Ziele

Bei der Betrachtung des betrieblichen Personalgeschehens bedienen wir uns einer funktionalistischen Argumentation. Wir beschäftigen uns mit den grundlegenden Anforderungen (den »Grundfunktionen«), denen Organisationen gerecht werden müssen und mit den wichtigsten Funktionen des Personalwesens (dessen »Funktionsfeldern«). Im Kern geht es dabei um die für das Bestehen und das Gedeihen jeder Organisation essentiellen Vorgänge und Voraussetzungen. Von Funktionen zu sprechen hat allerdings leicht etwas Beliebiges. Die Funktion einer Armbanduhr besteht darin, die Zeit anzuzeigen, sie kann aber auch darin bestehen, Geschmack zu beweisen; ein Automobil braucht eine Lichtmaschine um die elektrischen Geräte mit Strom zu versorgen und um die Batterie aufzuladen; der Magen dient der Verdauung und zeigt Hungergefühle an; die Anweisung eines Vorgesetzten kann eine bessere Aufgabenerledigung voranbringen, sie kann aber auch seine Macht demonstrieren; ein Buch zu lesen kann der Entspannung dienen, der Information oder der Belehrung. Man muss also bei der Betrachtung von Funktionen immer die Frage stellen, *wofür* das Objekt, das Verhalten, der Prozess (oder was immer der Funktionsträger sonst ist), eine Funktion sein soll. Häufig unterbleibt der explizite Hinweis auf den Funktionszweck, was unproblematisch ist, wenn der Problemkontext bekannt ist. Nicht selten führt der Verzicht auf die genaue Spezifikation der Funktion aber auch zu Missverständnissen und Ungenauigkeiten.

Funktionen sind etwas anderes als Aufgaben. Aufgaben sind verbindliche, d. h. auf autorisierten Entscheidungen beruhende Regelungen, die für bestimmte Personen, Stellen oder Instanzen gelten. Sie machen eine Aussage darüber, welche Tätigkeiten von wem (und häufig auch: wie) zu erbringen sind. Aufgaben werden also ganz bewusst konzipiert, es werden hierfür Verantwortlichkeiten festgelegt, deren Erfüllung eingefordert wird. Funktionen gewinnen ihre Bedeutung dagegen nicht durch Entscheidungen und Anordnungen. Sie sind einfach »unumgänglich«, d. h. man kann sie nicht abschaffen, denn sie gewinnen ihre Kraft nicht durch einen Willen, sondern durch die Natur und ihre Gesetzmäßigkeiten – im Falle von sozialen Funktionen also durch Gesetzmäßigkeiten, die das Funktionieren von sozialen Systemen betreffen.

Funktionen sind auch nicht etwa Ziele. Ziele sind Ausdruck des Anspruchs bestimmte wünschenswerte Zustände herbeizuführen. Es handelt sich bei Zielen um »Entscheidungsprämissen«, die man seinem Handeln zugrunde legt. Zwei Beispiele sollen die Unterschiede zwischen Funktionen, Zielen und Aufgaben veranschaulichen. Betriebswirten ist unmittelbar einsichtig, dass ein Unternehmen dafür sorgen muss, dass es über ausreichend Liquidität verfügt. Wer kein Geld hat, kann keine Waren beschaffen, keine Zinslasten bedienen, seine Mitarbeiter nicht bezahlen. Die Sicherstellung der Liquidität ist eine Grundfunktion bzw. genauer, ein funktionales Erfordernis des Überlebens, wird es nicht eingelöst, wird das Unternehmen nicht fortbestehen können. Nun gibt es keine spezielle Aufgabe »Liquiditätssicherung«. Liquidität entsteht aus der Geschäftstätigkeit, aus den richtigen Preisentscheidungen, dem sparsamen Umgang mit Ressourcen, der investiven Kapitalbindung, klugen Finanzanlagen, kooperativen Geschäftsbeziehungen, der Reputation und vielen weiteren Größen. Das heißt nun wiederum nicht, dass es keine Stellen oder spezielle Teilaufgaben geben kann, die sich mit Liquiditätsproblemen beschäftigen. Ein Beispiel ist die Finanzplanung, die in jedem Unternehmen einen Platz haben sollte. Nur wird dadurch, dass in einem Unternehmen eine Finanzplanung durchgeführt wird, natürlich noch nicht dessen Liquidität gewährleistet, sie leistet hierzu nur einen Beitrag. Und in diesem Sinne sind auch Ziele zu verstehen. Man kann z. B. das Ziel verfolgen, eine möglichst hohe Rendite der Finanzanlagen zu erreichen, was normalerweise bedeutet, dass man sein Geld langfristig anlegen muss. Man kann aber auch hohe Finanzierungsreserven anstreben, was allenfalls kurzfristige Geldanlagen gestattet. Ähnlich kann man auf der Beschaffungsseite das Ziel ausgeben, möglichst alle Skonti auszunützen, die sich normalerweise mit kurzen Zahlungsfristen verknüpfen, man kann aber auch längere Zahlungsfristen präferieren usw. Ein Beispiel für ein funktionales Grunderfordernis aus dem Personalbereich ist die »Personalbereitstellung«: Gelingt es nicht, geeignete Mitarbeiter zu gewinnen und zu halten, wird sich das nicht nur irgendwie nachteilig auf das Unternehmen auswirken, es wird vielmehr gezwungen sein, seinen Betrieb einzustellen. Die Funktion der Personalbereitstellung lässt sich ebenfalls keinem einzelnen Aufgabenträger zuordnen, ihre Erfüllung hängt vielmehr von vielen Teilaspekten ab, so unter anderem von den Arbeitsmarktgegebenheiten, der Attraktivität der Vergütung, den Arbeitsbedingungen, dem Führungsverhalten usw. Dessen ungeachtet, gibt es Teilaufgaben, die einen Beitrag zur »Personalbereitstellung« leisten: In der Personalabteilung beschäftigen sich Personen z. B. mit der Gestaltung des Außenauftritts, andere beraten die Vorgesetzten bei der Personalauswahl, die Geschäftsführung macht sich Gedanken über die Ausgestaltung der Gehaltsgruppen, die Lohnhöhe usw.

Die personalwirtschaftlichen Zielsetzungen sind innerhalb und zwischen den Unternehmen oft alles andere als einheitlich. So findet man beispielsweise bezüglich der Lohngestaltung in vielen Unternehmen eine übertarifliche Bezahlung. Anderswo hält man sich strikt an Tarifvorgaben und in etlichen Unternehmen ignoriert man das Tarifgefüge völlig. Ähnlich heterogen sind die Ziele und die damit verbundenen Vorstellungen in der Regel auch bei den anderen personalwirtschaftlichen Aufgabenfeldern, also beispielsweise bei der Personalgewinnung und -auswahl, der Personalförderung, der Arbeitsvertragsgestaltung, der Personalführung und der Sozialpolitik. Eine weitere Komplikation ergibt sich aus dem Tatbestand, dass nicht nur Ziele und Funktionen auseinanderfallen, sondern dass es neben »tatsächlichen« auch noch »vorgebliche« Ziele gibt. Manchmal begründet sich der Unterschied in taktischem Verhalten, manchmal irrt man sich aber auch über die eigenen Motive und Ziele. Beispiele hierfür dürfte jeder aus dem Alltag kennen. Wenn man einen Kollegen fragt, warum er sich damit hervortun muss, seine vielen Erfolge und Erfolgsrezepte so ausführlich zu schildern, dann wird er wahrscheinlich antworten, dass er uns einfach informieren will, was wir ihm aber oft nicht glauben. Wir vermuten eher, dass sein eigentliches Ziel darin besteht, uns zu beeindrucken und von uns bewundert zu werden, was sich unser Kollege aber schwerlich eingestehen will. Möglicherweise geht es in seinem Verhalten aber gar nicht um solche Ziele, sondern um eine tiefer liegende psychische Funktion, etwa um die, mit seinem Renommiergehabe den eigenen Minderwertigkeitskomplex zu beschwichtigen und damit seiner psychischen Stabilität aufzuhelfen. Beispiele für den Unterschied zwischen tatsächlichen und vorgeblichen Zielen auf Unternehmensebene findet man häufig in der Beschäftigungspolitik. Unternehmen bauen oft »Randbelegschaften« auf, die weniger attraktive Beschäftigungsverhältnisse genießen als die »Stammbelegschaften«. Begründet wird dies normalerweise mit dem Wunsch, flexibel auf Beschäftigungsschwankungen reagieren zu können, tatsächlich geht es aber oft einfach um Kosteneinsparungen. Doch die eigentlich interessante systemstabilisierende Funktion beruht nicht so sehr auf den mit den entsprechenden Maßnahmen anvisierten Wirkungen, sondern darauf, dass die Segmentierung der Belegschaft gewissermaßen »nebenbei« die Identifikationsbereitschaft der Kernbelegschaft stärkt.

Die Funktionsbetrachtung hat durchaus Schwächen. Die Aussagen, die sie liefert, haben einen begrenzten Informationsgehalt. Die inhaltlichen Aussagen erschöpfen sich oft in Behauptungen wie der, dass jedes soziale System über Anreizmechanismen verfügt, die die Mitglieder des Systems dazu veranlassen, Beiträge zu erbringen, die den Bestand des sozialen Systems gewährleisten. Welche Anreizmechanismen (Kontrollmechanismen, Integrationsmechanismen usw.) dazu geeignet sind, die Funktionstüchtigkeit des sozialen Systems sicherzustellen, bleibt dabei offen. Auch lassen sich Funktionen manchmal nur schwer lokalisieren, weil sie nicht immer von einem und nur einem exakt zu beschreibenden Funktionsträger (Aggregat, Organ, Rolleninhaber, Wirkungszusammenhang) ausgefüllt werden. Ein Beispiel ist der Interessenausgleich, der erfolgen muss, wenn es um die Zuteilung von Arbeitszeit geht, wenn also z. B. Schicht-, Nacht- und Wochenenddienste zu leisten sind. Beteiligt an diesem Interessenausgleich sind Planverfahren, Gehaltszulagen, Abreden zwischen den Mitarbeitern und die Moderationsleistung des Vorgesetzten. Eine weitere Unbestimmtheit ergibt sich daraus, dass der Ausfall eines Funktionsmechanismus nicht selten durch das Wirksamwerden eines anderen Funktionsmechanismus – durch ein sogenanntes funktionales Äquivalent – kompensiert werden kann. Ein Beispiel sind die sogenannten Führungssubstitute, die an die Stelle persönlicher Einflussnahme treten können. Ein Beispiel hierfür sind Leistungskennzahlen, an denen sich die Bezahlung orientiert und die damit dafür sorgen, dass sich die Mitarbeiter bemühen, ein hohes Leistungsniveau zu erreichen. Ein anderes Beispiel ist das Fließband, das die Koordination der Arbeitsschritte übernimmt. Und schließlich kommt es darauf an, unter welchem Blickwinkel man ein Objekt analysiert, je nachdem kommt man nämlich zu anderen »Funktionszusammenhängen«. Wenn man den Menschen beispielsweise als biologisches System betrachtet, hebt man gänzlich andere Aspekte heraus, als wenn man den Menschen als psychologisches System betrachtet. Wenn man in einem Unternehmen lediglich ein System von Produktionsfunktionen sieht, kommt man bezüglich der Personalfunktion zu anderen Einsichten als wenn man unter einem Unternehmen ein soziales System versteht usw.

Trotz dieser und weiterer Schwächen (Martin 2001, 2012) ist die Funktionsbetrachtung hilfreich. Sie lenkt den Blick auf Tatbestände, die »nicht hintergehbar« sind, deren Missachtung also die Gefährdung eines sozialen Systems zur Folge hat. Außerdem verlangt sie ein transparentes Nachdenken über grundlegende Wirkungszusammenhänge. Zwar kann der funktionalistische Ansatz das Funktionieren sozialer Systeme nicht wirklich erklären, er bietet aber einen wohl begründeten Denkrahmen, in den sich inhaltliche Erklärungsansätze gut einbetten lassen und er gibt uns damit ein wirksames Mittel an die Hand, um das Geschehen in sozialen Systemen gedanklich zu durchdringen und systematisch zu ordnen.

3 Grundfunktionen

Eines der Anliegen der Funktionalbetrachtung besteht – wie beschrieben – in der Identifikation von Grundfunktionen, deren Gewährleistung überlebensnotwendig ist. Aus der Alltagserfahrung ist jedem bekannt, dass der Zusammenhalt und damit die

Weiterexistenz von sozialen Gruppierungen vielfach gefährdet ist. In sozialen Systemen ist die Einhaltung bestimmter Funktionsvoraussetzungen also nicht immer und von selbst gewährleistet. Je ausdifferenzierter soziale Systeme sind, desto mehr muss erstaunen, dass überhaupt »Ordnung existiert«, die Systeme also nicht auseinanderbrechen oder zerfallen. Je komplexer Systeme sind, desto stärker müssen die Bindungskräfte sein, die sie zusammenhalten. Dabei ist zu beachten, dass es hierbei nicht nur um die Teilnahmebereitschaft der einzelnen Organisationsmitglieder, sondern auch um die Subsysteme der Organisation und um deren Zusammenhalt und Zusammenwirken geht. Es wurden nun in der Forschung verschiedentlich Versuche unternommen, allgemeine Systemprobleme zu finden, deren Nichtbewältigung zu einer Auflösung der Organisation führt. Ein sehr allgemeines Schema wurde von Talcott Parsons entwickelt (Parsons 1951). Gedacht war dieses Schema als Hilfsmittel zur Analyse von Gesellschaften, es kann aber leicht auf Organisationen übertragen werden (Katz/Kahn 1978, Quinn/Rohrbaugh 1983). Demnach lässt sich organisationales Geschehen als Versuch verstehen, mit vier Grundproblemen zurechtzukommen: der Abstimmung mit der Umwelt (Anpassung), der Einlösung des Organisationszwecks (Zielerreichung), der Abstimmung der Subsysteme innerhalb der Organisation (Integration) und der Kulturerhaltung. In unserer eigenen Betrachtung vereinfachen wir dieses Schema, zumal die vierte Funktion bei Parsons (die Kulturerhaltung) eine eigentümliche Stellung innehat, die nicht so recht zu den anderen Grundfunktionen passt (Esser 1992). Wir unterscheiden drei Grundfunktionen: Kooperation, Leistung und Lernen. Diese Grundfunktionen, oder genauer: diese *funktionalen Erfordernisse des Überlebens,* ergeben sich bereits aus dem Begriff der Organisation. Organisationen sind zweckorientierte, auf Dauer angelegte, soziale Systeme. Die Kooperationsfunktion ergibt sich also aus dem Tatbestand, dass Organisationen *soziale* Gebilde sind, die notwendigerweise auf Kooperation angewiesen sind. Wenn sich Menschen nicht zusammentun, dann gibt es auch keine Organisationen. Um den Bestand von Organisationen zu sichern, muss daher gewährleistet werden, dass die Organisationsteilnehmer zusammenarbeiten wollen und dass sie die Organisation nicht ohne weiteres wieder verlassen. Organisationen sind aber nicht nur kooperative, sie sind auch *zweckorientierte* Gebilde. Sie werden gebildet und am Leben erhalten, weil es Personen gibt, die erwarten, durch ihre Teilnahme an der Organisation ihre je eigenen Ziele erreichen zu können. Werden diese Ziele nicht erreicht, dann wird sich die Organisation auflösen. Die Ziele werden durch Leistungsbeiträge der Organisationsteilnehmer verwirklicht. Entsprechend müssen Organisationen dafür sorgen, dass diese Leistungen auch erbracht werden. Die dritte Funktion betrifft die Veränderung von Organisationen. Organisationen sind keine statischen Gebilde. Wären sie starr und unbeweglich und vor allem unveränderlich, dann würden sie sehr schnell wieder verschwinden. In einer bewegten Umwelt muss sich auch eine Organisation bewegen oder anders ausgedrückt: sie muss lernen.

Die Funktionsbetrachtung richtet sich nicht nur auf das Gesamtsystem, sie steht auch vor der Frage, welche Funktionen den Subsystemen zukommen. Bezüglich dieser Subsysteme muss man zwischen »natürlichen« und »funktionalen« Systemen unterscheiden. Wenn Subsysteme konkret benennbare Klassen von Personen sind (z. B. die Personalabteilung, die aus der Gesamtheit ihrer Mitglieder besteht), dann spricht man von *natürlichen* Subsystemen. Sind die Subsysteme aber Klassen von Aktivitäten (also z. B. die Personalarbeit), dann spricht man von *funktionalen* Subsystemen. Diese Unterscheidung macht deutlich, dass sich die Personalarbeit nicht auf die Tätigkeiten etwa der Personalabteilung beschränken lässt, Personalarbeit geschieht selbst dann, wenn es überhaupt keine Personalabteilung gibt, sie wird dann »nebenbei« von verschiedenen Stellen (z. B. den Vorgesetzten) ausgeführt. Personalarbeit ist also in gewisser Weise unvermeidlich: Personalarbeit findet in jeder Organisation statt, ob man dies nun will oder nicht, denn Personen werden eingestellt, entlassen, bezahlt, geführt usw., gleichgültig ob es für diese Tätigkeiten spezialisierte Stellen gibt oder nicht.

Doch davon ganz unabhängig stellt sich auf jeden Fall die Frage, welche Funktionen die »Personalarbeit« einer Organisation erfüllen muss. Ähnlich wie bezüglich der funktionalen Erfordernisse des Überlebens einer Organisation (Leistung, Kooperation, Lernen) setzt man auch bei dieser Frage am besten an den Aktivitäten an, die »unvermeidlich« sind, also schlechterdings in jeder Organisation auftreten – d. h. an Aktivitäten, ohne die eine Organisation keinen Bestand hätte. Die Aufgabe der Personalplanung beispielsweise kann man ernst nehmen oder auch nicht. Ähnliches gilt z. B. für das Personalcontrolling, die Betriebsklimaförderung und die Personalführung. Dies ist anders bei den sechs von uns unterschiedenen personalwirtschaftlichen Grundfunktionen (▶ **Tab. 1.1**). Diese Grundfunktionen liegen, ebenso wie die allgemeinen Funktionsanforderungen sozialer Systeme, gewissermaßen in der Natur von Organisationen begründet.

Zwischen beiden Funktionsgruppen gibt es eine gewisse Entsprechung. Jeweils einem der in Tabelle 1.1 angeführten personalbezogenen Funktionspaare ist eine der drei allgemeinen Funktionsanforderungen sozialer Systeme zugeordnet. Allerdings ist diese Zuordnung nicht strikt zu verstehen, es handelt sich hier nur um Affinitäten, denn prinzipiell trägt jede der personalbezogenen Grundfunktionen zu allen allgemeinen Funktionsanforderungen bei. In jedem Funktionspaar zeigt sich im Übrigen die Doppelnatur von Organisationen. Organisationen konstituieren sich aus nichts anderem als aus ihren Teilnehmern. Gleichzeitig sind Organisationen aber auch eigenständige Gebilde, die unabhängig davon funktionieren, welche Teilnehmer ganz konkret der Organisation angehören. Organisationen sind also einerseits darauf angewiesen, Teilnehmer zu gewinnen, an sich zu binden und zu der gewünschten Beitragsleistung zu motivieren. Andererseits kommt es auf die einzelnen Teilnehmer nicht so sehr an, jedenfalls insoweit als sie sich ersetzen und so beeinflussen lassen, dass sie, unabhängig von ihren jeweiligen Eigenheiten, dazu beitragen, die mit der Existenz der Organisation verknüpften Ziele zu erreichen. Unsere drei Funktionspaare sind Ausdruck der in dieser Doppelnatur liegenden Widersprüchlichkeit. Die »Pull-Faktoren« Anreize, Integration, Selektion zielen primär darauf, die Organisation für ihre Teilnehmer attraktiv zu machen, die »Push-Faktoren« Kontrolle, Sozialisation, Aufgabengestaltung bringen dagegen vor allem den überindividuellen Charakter der Organisation und dessen »Ansprüche« zur Geltung. Besonders deutlich zeigt sich dieser Gegensatz im ersten

Tab. 1.1: Grundfunktionen der Personalarbeit

Leistung Organisatio- nen sind Zweck- und Ordnungs- systeme	**Anreizgestaltung** Unter Anreizgestaltung versteht man sämtliche (geplanten und ungeplan- ten) Prozesse, die Organisationsteilnehmer mit Motivationen, Gründen und Verhaltensabsichten versorgen. **Kontrolle** Unter Kontrolle versteht man sämtliche (geplanten und ungeplanten) Prozesse, die geeignet sind, organisatorische Abläufe und das Verhalten der Organisationsteilnehmer zu kanalisieren.
Kooperation Organisatio- nen sind soziale Beziehungs- systeme	**Sozialisation** Unter Sozialisation versteht man sämtliche (geplanten und ungeplanten) Prozesse, die dazu beitragen, die soziale Ordnung zu konstituieren und in den Wert- und Überzeugungssystemen sowie den Verhaltensprogrammen der Organisationsteilnehmer zu verankern. **Integration** Unter Integration versteht man sämtliche (geplanten und ungeplanten) Prozesse, die dazu beitragen, die soziale Ordnung zu erhalten und die Organisationsteilnehmer dazu zu veranlassen, im Sinne der sozialen Ordnung zu handeln.
Lernen Organisatio- nen konsti- tuieren sich durch ihre Teilnehmer und ihre Aufgaben	**Selektion** Unter Selektion versteht man sämtliche (geplanten und ungeplanten) Prozesse und Maßnahmen, die zur Einbeziehung von Akteuren und zur Etablierung von Institutionen, Strukturen und Gestaltungsoptionen beitragen. **Aufgabengestaltung** Unter Aufgabengestaltung versteht man sämtliche (geplanten und ungeplanten) Prozesse, die zur Etablierung von Zielen, Vorhaben, Tätigkeitszuschnitten, Handlungsprogrammen und Abläufen in einer Organisation beitragen.

Funktionspaar. Warum sollte jemand bereit sein, seine Arbeitskraft zur Verfügung zu stellen? Weil er hierfür eine Gegenleistung erhält. Dies ist jedenfalls die klassische ökonomische Sicht der Dinge, die ganz zentral auf Anreizstrukturen abstellt. Betrachtet werden dabei primär monetäre Anreize. Daneben finden aber auch geldwerte Leistungen (Karrierechancen, Dienstwagen usw.) und immaterielle Anreize wie Status und interessante Arbeitsaufgaben Beachtung. Die anreizbezogene Betrachtung basiert auf der »freundlichen« und »freiheitsorientierten« Denkhaltung des mündigen und gleichberechtigten Wirtschaftsbürgers. Sie wird der Realität des Arbeitshandelns in Organisationen aber nur bedingt gerecht. Insbesondere in der Soziologie wird daher auch die »dunkle Seite« von Organisationen herausgestellt. Organisationen werden verschiedentlich sogar als »eiserne Käfige« beschrieben, in denen Organisations-»Insassen« mit mehr oder weniger subtilen Mitteln zur Arbeit angehalten und abgerichtet werden. Wie immer man dies im Einzelfall bewerten mag, es ist zweifellos richtig, dass allein mit der Gewährung von Anreizen die Leistungserbringung nur schwerlich gesichert werden kann. Anreize werden z. B. dann ihren Zweck verfehlen, wenn die Arbeitnehmer die angebotenen »Entgelte« zwar »kassieren« können, die versprochene eigene Gegenleistung allerdings nicht unbedingt erbringen oder vorzeigen müssen. Um das mögliche eigensüchtige Verhalten zu verhindern, gibt es in Organisationen zahlreiche Mechanismen zur Kontrolle der Leistung. Der tiefere Grund für die Notwendigkeit der Kontrollfunktion in Organisationen liegt aber nicht so sehr im Interesse, das Leistungsverhalten der einzelnen Mitarbeiter zu überwachen, sondern in dem besonderen Vertragsverhältnis zwischen der Organisation und ihren Mitgliedern. Anders als beim Markttausch beruht ein Beschäftigungsverhältnis auf einem weitgehend unspezifizierten (unvollständigen) Vertrag, weil die exakte Bestimmung der gewünschten Arbeitsleistung nach Art, Güte und Zeit meist nicht möglich oder aber sehr kostenaufwändig ist. Wäre dies anders, dann könnten Arbeitsleistungen auch über den Markt jeweils neu erworben werden. In diesem Fall genügte auch eine reine Anreizpolitik, weil man sich dann ja die gebrauchsfertigen Arbeitsergebnisse einfach einkaufen könnte. Tatsächlich erfordert die Erstellung der meisten marktfähigen Güter aber die ständig neu zu erbringende Koordination unterschiedlichster Handlungen, die nicht über Marktprozesse geleistet werden kann. Daher wird der Koordinationsmechanismus »Markt« durch den Koordinationsmechanismus »Hierarchie« ersetzt. Hiermit entfällt die Notwendigkeit, die zu erbringenden Arbeitsleistungen nicht immer wieder neu auszuhandeln, die Koordination in Organisationen erfolgt stattdessen durch Anordnung und Inanspruchnahme der versprochenen Arbeitsbereitschaft und die Sicherstellung, dass die Anweisungen auch befolgt werden. Hierarchie impliziert also notwendigerweise Kontrolle.

Damit kommen wir zum zweiten Funktionspaar, der Komplementarität von Integration und Sozialisation. Die Funktion Integration richtet sich allgemein auf die Beziehung zwischen den Subsystemen und das Verhältnis der Subsysteme zum Gesamtsystem. Dabei geht es zum einen sehr umfassend um das Institutionengefüge einer Organisation und die Frage, in welchem Maße es geeignet ist, den vielfältigen und vielschichtigen Verhaltensprozessen in einer Organisation eine tragfähige Ordnung zu geben. In einem engeren Sinne geht es um das Verhältnis der Organisationsmitglieder zu ihrer Organisation. So stellt sich beispielsweise die Frage, ob die sogenannten »Mitarbeiter« oder Arbeitnehmer als eine spezifische Gruppe von Organisationsteilnehmern gleichberechtigte »Träger« der Organisation oder nur »gekaufte« und »disponible« Arbeitskräfte sind. Von der Natur dieser Beziehung hängt es zum Beispiel ab, welche Wirkungen von den angebotenen Anreizen und den implementierten Kontrollmaßnahmen ausgehen. Wenn die Arbeitnehmer in die Organisation integriert sind (z. B. weil sie an Entscheidungen beteiligt werden und sich daher mit ihrer Organisation identifizieren), dann brauchen sie nicht durch ausgeklügelte Anreizsysteme zu höheren Leistungen angestachelt oder durch strenge Kontrollen zu besonderen Anstrengungen gezwungen zu werden. Auch bezüglich der Sozialisation empfiehlt es sich zwischen einem engeren und einem weiteren Sozialisationsverständnis zu unterscheiden. Bei der Sozialisation im engeren Sinne geht es um das Hineinwachsen in eine Organisation.

Jeder Neuling wird mit ihm zunächst fremden und der Organisation eigentümlichen Erwartungen und Werthaltungen konfrontiert, mit Normen und Rollenbeziehungen, auf die er sich einstellen muss. Die Regeln des sozialen Lebens müssen erst erlernt werden, die Teilnehmer von Organisationen müssen Verhaltensweisen entwickeln, die sie zu akzeptierten Organisationsteilnehmern machen. Die Sozialisationsproblematik betrifft aber nicht nur die »neuen«, sondern grundsätzlich alle Teilnehmer an der Organisation, und es handelt sich dabei auch nicht um einen vorübergehenden Prozess, der nach einer gelungenen Einführung neuer Mitarbeiter zum Stillstand käme. Sozialisation hat eine wesentlich größere Bedeutung, letztlich geht es bei ihr nämlich ganz fundamental um die Konstruktion der sozialen Wirklichkeit, um die Bestimmung des sozialen Miteinanders, um die Herstellung von Sinn und Verständnis für das gemeinsame Tun, um die Legitimität der Institutionen und Regeln. Und diese Prozesse stellen sich auch für langjährige Mitarbeiter immer wieder neu.

Unser letztes Funktionspaar richtet sich unmittelbar auf die konstitutiven Merkmale einer Organisation, die Menschen und ihre Aufgaben. Die Aufgaben, die Aufgabenteilung, die technische Ausstattung, die Hilfsmittel und Verfahrensregeln zur Erledigung der Aufgaben bilden die sachliche Substanz von Organisationen. Die Menschen in einer Organisation sind dagegen aktive Elemente, sie sind gewissermaßen die Beweger der Materie. Entsprechende Bedeutung kommt der »Ausstattung« der Organisation mit Menschen und Sachen zu. »Human- und Sachkapital« definieren Rahmenbedingungen, die der Wirksamkeit von Anreizen, Kontroll-, Sozialisations- und Integrationsmaßnahmen Grenzen setzen. Die Selektionsfunktion kann daher in ihrer Bedeutung kaum überschätzt werden, denn sie bestimmt darüber, wer in die Geschicke der Organisation einzugreifen in der Lage ist. Eine nicht minder große Bedeutung kommt der Gestaltung der Aufgaben zu. In ihr materialisiert sich gewissermaßen die Intelligenz der Organisation. Es mag überraschen, dass wir die Funktionen Selektion und Aufgabengestaltung der Funktionsanforderung des Lernens zuordnen. Schließlich lassen sich die mit diesen beiden Funktionen verknüpften Strukturen und Aktivitäten nicht so ohne weiteres ändern und zurücknehmen, was ganz offensichtlich die Anpassungsfähigkeit, die zum Lernen gehört, beschränkt. Selektion und Aufgabengestaltung sind in der Tat nur bedingt geeignete Mittel, um kurzfristige Anpassungsleistungen der Organisation zu erbringen. Umso gewichtiger sind sie jedoch in ihren langfristigen Wirkungen und in ihrer Nachhaltigkeit. Sie determinieren damit die Fähigkeit von Organisationen, sich selbst zu transformieren. Wenn beispielsweise in einer Organisation nur hochspezialisierte Mitarbeiter beschäftigt werden (z. B. an einer Hochschule nur Teilchenforscher, Veterinärmediziner und postmodern schreibende Soziologen), dann wird die Anpassungsfähigkeit dieser Organisation (in unserem Universitätsbeispiel z. B. bei rückläufigen Studentenzahlen) erheblich eingeschränkt. Ähnliches gilt für die Aufgabengestaltung. Um bei unserem wissenschaftlichen Beispiel zu bleiben: Was lässt sich mit einem Teilchenbeschleuniger anfangen außer eben Teilchen zu beschleunigen? Selektion und Aufgabengestaltung sind gerade auch wegen ihres nur schwer revidierbaren Charakters wesentliche Bestimmungsgrößen für die Anpassungsfähigkeit, die Innovationskraft und das Lernpotential der Organisation.

Festgehalten sei abschließend noch eine wichtige Einsicht der funktionalistischen Betrachtungsweise: Es ist eine viel zu enge Sicht der Dinge, soziale Systeme (also Familien, Arbeitsgruppen, Organisationen, Unternehmen usw.) nur unter einem einzelnen Gesichtspunkt – etwa dem der Gewinnerzielung – zu betrachten. Zwar geht auch die Funktionsbetrachtung davon aus, dass wirtschaftliche Ziele für Unternehmen eine zentrale Bedeutung besitzen (Grundfunktion: Zielerreichung), sie betont aber gleichzeitig, dass es zur Sicherung des Überlebens der Unternehmung nicht ausreicht, nur die wirtschaftlichen Ziele zu erreichen. Die mit den anderen Grundfunktionen verknüpften Probleme können ebenso wenig vernachlässigt werden.

4 Gestaltungsansätze

Es gibt eine ganze Reihe von Begriffen, mit denen man mögliche Gestaltungsansätze bezeichnet: Methoden und Verfahren, Techniken, Strategie, Konzepte, Pläne, Leitlinien und Leitprinzipien, Praktiken und Werkzeuge. Nicht selten ist auch die Rede von »Modellen«. Die Begriffe werden allerdings nicht einheitlich verwendet. Viele Autoren verstehen z. B. unter dem sogenannten Assessment Center ein *Instrument*, andere Autoren sprechen dagegen von einem Assessment Center *Verfahren*, bezüglich der Anforderungsanalyse sprechen manche Autoren von einem »methodischen Instrumentarium«, sie unterscheiden also nicht klar zwischen einem Instrument und einer Methode, Führungs*modelle* und Führungs*prinzipien* werden oft gleichgesetzt usw. Die Begriffsverwendung ist jedenfalls sehr lose, und es macht auch keinen Sinn, diesbezüglich auf strikten Abgrenzungen zu bestehen. Wir unterscheiden vier Klassen von Gestaltungsmöglichkeiten: Maßnahmen, Instrumente, Strategien und Ansätze der Strukturgestaltung. In Tabelle 1.2 sind diese Begriffe definiert und mit Beispielen aus den sechs Grundfunktionen (oder Funktionsfeldern) des Personalwesens versehen.

Tab. 1.2: Personalwirtschaftliche Gestaltungsansätze (Beispiele)

Strukturen sind kollektive Denkmuster und Werthaltungen, Normen, Regeln und Institutionen sowie materielle Ressourcen und Verfügungsrechte.					
Gehalts-gefüge	Führungs-struktur	Bürokratisie-rungsgrad	Organisa-tionskultur	Karriere-system	Stellen-struktur
Strategien richten sich auf die »Ausrichtung« von Gestaltungshandlungen, sie sind »Motiv-Ziel-Mittel-Komplexe«.					
Lohnfüh-rerschaft	Selbst-kontrolle	Mitarbeiter-bindung	Betriebs-familie	Elite-auslese	Spezialisie-rung
Instrumente sind (häufig spezialisierte und standardisierte) »Werkzeuge«, deren Einsatz meist einem größeren Zielspektrum dient.					
Prämien-lohn	Balanced-Scorecard	Konfronta-tionsmeeting	Firmen-zeitung	Trainee-programm	Tätigkeits-analyse

Tab. 1.2: Personalwirtschaftliche Gestaltungsansätze (Beispiele) – Fortsetzung

Maßnahmen sind Einzelhandlungen zur Verwirklichung speziellerer Zwecke. Die Einzelhandlungen können einfach oder komplex sein.					
Image-kampagne	Evaluations-maßnahme	Betriebs-fest	Sprach-regelung	Down-sizing	Reorganisa-tion
⇧	⇧	⇧	⇧	⇧	⇧
Anreize	Kontrolle	Integration	Sozialisation	Selek-tion	Arbeits-gestaltung

Die Strukturgestaltung setzt nicht unmittelbar an spezifischen und konkreten Handlungen an. Sie beeinflusst das Geschehen stattdessen gewissermaßen von »außen« in dem sie die Handlungssituation vorstrukturiert, also die »Rahmenbedingungen« des Handelns oder die »Verhaltensarena« verändert. Die Strukturgestaltung ist der anspruchsvollste Gestaltungsansatz, sie ist dafür aber auch das wirksamste Mittel, um Handlungen nachhaltig zu beeinflussen. Was genau versteht man aber unter einer »*Struktur*«? Was ist das gemeinsame von Personalstrukturen, Organisationsstrukturen, Entscheidungsstrukturen, Arbeitsstrukturen usw.? Ein wichtiger Aspekt einer Struktur ist ihre Dauerhaftigkeit. Strukturen verändern sich unter gewöhnlichen Bedingungen nur sehr langsam. Dass etablierten Strukturen eine »natürliche« Trägheit innewohnt, zeigt sich augenfällig spätestens dann, wenn man versucht, Strukturveränderungen zu beschleunigen. Es ist weder ein Zufall noch ein Ausdruck des Unvermögens der Akteure, dass Revolutionen selten gelingen. Selbst relativ bescheidene organisatorische Veränderungen führen oft zu erheblichen Verunsicherungen, zu »Gerangel« um Aufgaben und Zuständigkeiten, zu Verweigerung und passivem Widerstand. Dies ist leicht zu verstehen, weil in Strukturen vielfältige und vielschichtige Aspekte des Organisationsgeschehens miteinander verwoben sind und Strukturveränderungen daher oft eine umgreifende Neujustierung der gegebenen Verhältnisse notwendig machen. Ein weiteres Merkmal von Strukturen ist ihr Prämissen-Charakter. Strukturen werden nicht unentwegt in Frage gestellt, sie werden als selbstverständliche Verhaltensvoraussetzungen akzeptiert. Außerdem sind Strukturen verschachtelte Gebilde, d. h. sie bestehen aus sich wechselseitig stützenden Substrukturen mit einer großen Persistenz, d. h. man kann sich ihnen nicht entziehen. Sie wirken nachhaltig und mit hartnäckiger Kraft. Und – wie eingangs bereits angeführt – Strukturen bilden den Rahmen von Prozessen, sie sind der Hintergrund, das »Gelände«, innerhalb dessen sich die Akteure bewegen. Strukturen kanalisieren Verhaltensweisen, sie regulieren Interaktionen, lenken sie in vorgegebene Bahnen oder zumindest in bestimmte Verhaltenskorridore, die den Akteuren nur einen umgrenzten Gestaltungsspielraum zugestehen. Die Planung von Strukturveränderungen erfordert aus den angeführten Gründen besondere Sorgfalt in der Vorbereitung der Veränderungsschritte, Realismus in der Einschätzung der eigenen Steuerungsmöglichkeiten, Gewissenhaftigkeit in der Abschätzung der Auswirkungen der eingeleiteten Maßnahmen und eine ständige Prozessbegleitung, um evtl. fehllaufende und prinzipiell nicht vorhersehbare Entwicklungen auffangen zu können.

In der personalwirtschaftlichen Literatur wird der Aspekt der Strukturgestaltung nur sehr selten thematisiert. Meistens kreist die praktische Diskussion um die Wirksamkeit von personalwirtschaftlichen *Instrumenten*. Präsentiert werden z. B. Varianten von Beurteilungssystemen, Erfahrungen mit bestimmten Personalauswahlverfahren, Möglichkeiten der Ausgestaltung von Förderprogrammen für bestimmte Mitarbeitergruppen usw. Eine gewissenhafte Prüfung der wissenschaftlichen Fundierung – aber auch der praktischen Ergiebigkeit dieser Instrumente – findet leider nur sehr selten statt. Es dominieren pauschale Einschätzungen über die Wirksamkeit im jeweiligen Anwendungsfeld und relativ unbestimmte Hinweise auf praktische Erfahrungen. Instrumente werden oft isoliert – also »für sich« – und nicht etwa im Wirkungsverbund mit der personalwirtschaftlichen Gesamtausrichtung eines Unternehmens beurteilt. Statt methodisch fundierte Wirkungsanalysen durchzuführen, erkundigt man sich über Erfahrungen, die in anderen Unternehmen gemacht wurden oder orientiert sich ganz generell an »guter Praxis«. Das führt nicht selten dazu, dass man lediglich den gerade gängigen Modeerscheinungen folgt und aus dem Blick verliert, dass es bei der personalwirtschaftlichen Gestaltung ganz maßgeblich darauf ankommt, die je spezifischen Besonderheiten vor Ort, unter anderem die bestehenden Strukturen, zu beachten. Wir kommen auf die Anforderungen an eine gute Instrumentengestaltung weiter unten noch ausführlich zurück.

Instrumente werden oft zur Unterstützung von einzelnen *Maßnahmen* »eingesetzt«. Bei dem Bemühen, eine freigewordene Stelle zu besetzen, werden z. B. Stellenanzeigen platziert, es werden Tests angewandt, Interviews durchgeführt und Personalfragebögen verwendet. Zur Kategorie der personalwirtschaftlichen Maßnahmen zählen neben personen- und gruppenbezogenen Einzelentscheidungen auch Programme, Projekte, die Verabschiedung von Richtlinien und die Einführung von Verfahren und Verhaltensregeln. Maßnahmen sind oft eigentlich »Maßnahmenbündel«. Ein Beispiel hierfür ist das Vorgehen bei der Anwerbung und Auswahl von Auszubildenden, das mit vielen Einzeltätigkeiten verknüpft ist (z. B. Informationsveranstaltungen in Schulen, Tage der offenen Tür, Einrichtung spezifischer Internetseiten, Durchführung von Eignungstests usw.). Beispiele für personalbezogene Einzelmaßnahmen sind Entlassungsaktionen, die Einrichtung einer Stabsstelle »Personalentwicklung« oder die Entwicklung und Implementierung von personalwirtschaftlichen Instrumenten.

Bei der Durchführung von Einzelmaßnahmen und beim Instrumenteneinsatz geht es meist um konkret benennbare Ergebnisse. Weniger spezifisch, gleichzeitig aber umgreifender in ihrem Anspruch ist die Verfolgung von *Personalstrategien*. Strategien sind durch eine Vielzahl von mehr oder weniger eng miteinander verknüpften Aktivitäten gekennzeichnet, die darauf abzielen, der Personalarbeit eine Richtung zu geben. Hierauf wollen wir etwas näher eingehen.

5   Strategie und Politik

Wir machen einen Unterschied zwischen den Begriffen »Strategie« und »Politik«. Dabei orientieren wir uns an der Entgegensetzung von voluntaristischer und deterministischer

Betrachtungsweise. Die voluntaristische Sicht bedient sich bei der Erklärung des Verhaltens der Gründe, die Personen bei der Wahl ihres Verhaltens erwägen. Die deterministische Sicht fragt dagegen allgemeiner nach den Ursachen des Verhaltens. In dem Wort Strategie steckt ein Gestaltungswille. Man hat ein Ziel, das man in konsequenter Weise anstrebt. Hierzu entwickelt man ein Konzept, man macht Pläne, beschafft die notwendigen Mittel usw. In diesem Sinne gibt es viele Personalstrategien, man möchte die eigene Attraktivität als Arbeitgeber herausstellen, die Produktivität steigern, unrentable Unternehmensbereiche ausgliedern, die Produktion auf Teamfertigung umstellen usw. Strategisches Denken gründet auf den Überlegungen, die man anstellt, um ein bestimmtes Handlungsergebnis zu erreichen. Man entwickelt Absichten und versucht, diese zu realisieren. Bei der Willensbildung denkt man darüber nach, welche Gründe für oder gegen ein bestimmtes Verhalten sprechen. Wenn es darum geht, zu erklären, warum sich eine Person in einer bestimmten Weise verhalten hat, fragt man sinnvollerweise nach den Gründen, die diese Person zu ihrem Verhalten bewogen haben. Und es sind tatsächlich oft ganz maßgeblich Gründe, die das Verhalten von Menschen motivieren. Gründe sind in diesem Fall also auch Ursachen. Die Sachlage ist allerdings etwas komplizierter, denn erstens werden nicht alle Absichten auch realisiert, Gründe für ein bestimmtes Handeln münden also nicht notwendigerweise auch in entsprechendes Verhalten und zweitens wird das Verhalten einer Person nicht ausschließlich von Erwägungen bestimmt, bei der Ausführung von Handlungen kommt vielmehr eine ganze Reihe zusätzlicher Bestimmungsgrößen zum Zuge. Eine weitere Komplikation ergibt sich daraus, dass man mit seinem Handeln zwar ganz bestimmte Ergebnisse erreichen will, die Handlungsziele aber nicht selten verfehlt. Es wäre also ein Fehler, wenn man glaubt, man könne von dem beobachteten Verhaltensergebnis direkt auf die Handlungsabsicht und von da weiter zurück auf die Handlungsgründe schließen. Und die Sache ist naturgemäß noch etwas komplizierter, wenn man das Handeln von Unternehmen betrachtet. Unternehmen sind keine einheitlichen Akteure, sie bestehen vielmehr aus einem Konglomerat von Handlungsgelegenheiten, Handlungsaufforderungen, Handlungsroutinen und von mehr oder weniger zufällig entstandenen Formen der Arbeitsteilung. Es entsteht aus dem Zusammenwirken der jeweils zum Zuge kommenden Personen und wird außerdem stark von Machtstrukturen, institutionellen Regeln, Möglichkeiten und Mitteln bestimmt. Die Annahme, man könne aus den jeweiligen betrieblichen Gegebenheiten (den vorfindlichen Strukturen, den eingesetzten Instrumenten und den jeweils ergriffenen Maßnahmen) schlankweg auf die dahinterstehenden Absichten *des* Unternehmens, auf *dessen* Erwägungen und Begründungen, zurückschließen, ist daher einigermaßen »heroisch«. Und erweitert man die angeführte Kausalkette um einen weiteren Punkt, nämlich um die oft unterstellte enge Verknüpfung von Handlung und Handlungserfolg, dann wird die Situation noch irrealer: Es führt kein direkter Pfad von Gründen, die für oder gegen eine betriebliche Praktik sprechen zu dem (wie auch immer und von wem auch immer) definierten Erfolg.

In Abbildung 1.1 sind diese Überlegungen schematisch zusammengefasst, die Abbildung enthält außerdem den Hinweis darauf, dass tatsächliche und intendierte Wirkungen nicht notwendigerweise übereinstimmen. Außerdem ist zu beachten, dass die

Ursachen und Gründe, die ein bestimmtes Handeln veranlassen, oft nicht dieselben Ursachen und Gründe sind, die den Erfolg des Handelns bestimmen. Aus all dem folgt nun allerdings nicht, dass es sinnlos wäre, sich über Gründe und Begründungen des praktischen Handelns Gedanken zu machen. Tatsächlich sind und bleiben es Menschen, die handeln, und diese machen sich auch begründete Gedanken über die »richtige« Gestaltung der Arbeitswelt. In die praktischen Handlungen fließen diese Überlegungen durchaus ein und sie sind auch nicht völlig willkürlich, weil man mit ihnen schließlich hantieren muss, um andere Personen von der Qualität der Pläne und Maßnahmen zu überzeugen. Diskussionen darüber, warum man etwas ganz Bestimmtes tut und warum man ganz bestimmte andere Dinge dafür eher lässt, greifen immer auch auf Gründe zurück. Das bedeutet nun aber nicht, dass diese Gründe immer überzeugend oder wirklich handlungsbestimmend sind.

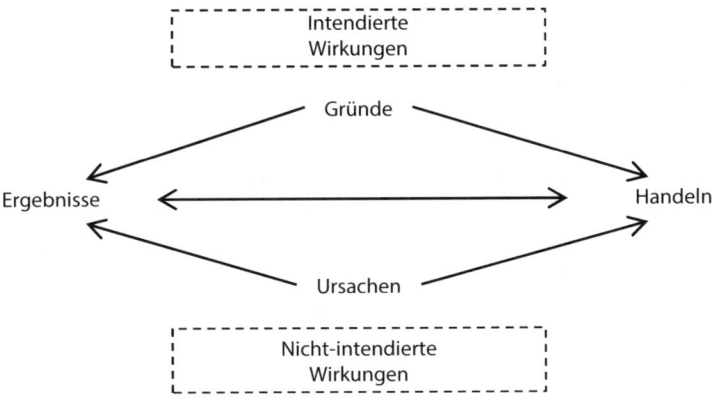

Abb. 1.1: Gründe und Ursachen

Aber letztlich interessieren denn doch die eigentlichen Ursachen und die daraus sich ergebenden Wirkungen (deterministische Betrachtungsweise). Es reicht also nicht aus, sich auf die (vorhandenen oder auch nicht vorhandenen) personalpolitischen Programme zu konzentrieren, wenn man die betriebliche Personalarbeit beschreiben will. Anders ausgedrückt, mindestens ebenso wichtig wie die Betrachtung der explizit formulierten personalwirtschaftlichen Strategien ist die Betrachtung der sich letztlich herausbildenden Handlungsmuster. Nur in diesen zeigt sich die Bedeutung der tatsächlich wirksamen, das Unternehmenshandeln bestimmenden Kräfte. Wir gebrauchen den Politikbegriff im letztgenannten (deterministischen) Sinne als Muster der Personalarbeit, d. h. als Resultante der Kräfte, die auf die Personalarbeit einwirken. Abgrenzen wollen wir unseren Politikbegriff von zwei weiteren Bedeutungen.

Häufig versteht man unter Politik die (»politische«) Auseinandersetzung zwischen unterschiedlichen Interessenträgern. Beispiele, in denen Politik in diesem Sinne zum Ausdruck kommt, sind Lohnverhandlungen, der Abschluss von Betriebsvereinbarungen, wilde Streiks, offener und verdeckter Widerstand gegen Entscheidungen der Unternehmensführung, Durchsetzung von Managerinteressen trotz gegenläufiger Vereinbarungen, Missachtung gesetzlicher Regelungen oder deren halbherzige Umsetzung, Lobbyismus und die Einflussnahme von Unternehmensvertretern auf kommunale Entscheidungen. Ein anderes Begriffsverständnis versteht unter »Politik« einer Organisation deren grundsätzliche Verhaltensausrichtung. Politik manifestiert sich danach in Leitlinien, Maximen, Handlungsgrundsätzen und dergleichen mehr. Eine Staatsregierung verfolgt eine bestimmte Außenpolitik (z. B. die europäische Integration) oder eine bestimmte Finanzpolitik (z. B. eine Konsolidierungspolitik). Ein Unternehmen verfolgt eine bestimmte Unternehmenspolitik (z. B. den Ausbau der Forschungs- und Entwicklungsaktivitäten) oder eine bestimmte Personalpolitik (z. B. die Flexibilisierung der Arbeitszeiten und der Arbeitsorganisation). Dabei handelt es sich allerdings oft nur um die »proklamierte« Politik. In unserem eigenen Begriffsverständnis geht es dagegen um die tatsächliche Politik, die sich – gewollt oder nicht gewollt – letztlich in den Handlungsmustern niederschlägt, die das Verhalten einer Organisation kennzeichnen. In Tabelle 1.3 sind Beispiele für sehr verschiedenartige Ausrichtungen der tatsächlichen Personalpolitik aufgeführt. Die Unterscheidung dieser Politikmuster folgt Überlegungen der Anreiz-Beitrags-Theorie (Bartscher-Finzer/Martin 1998, zu theoretischen Ansätzen zur Erklärung der Herausbildung von personalpolitischen Mustern vgl. Martin 1996; Alewell/Hansen 2012). Die Qualität der Beziehung zwischen Arbeitgebern und Arbeitnehmern bestimmt sich danach zum einen durch die Komplexität der Aufgabe und zum anderen durch die soziale Distanz zwischen den Arbeitsparteien. Durch Kombination dieser Variablen erhält man vier prototypische Beziehungsformen (die sich im konkreten Einzelfall weiter ausdifferenzieren werden). Handelt es sich bei der Arbeit um relativ einfache Tätigkeiten, die sich klar abgrenzen, leicht beobachten und bewerten lassen und für die man keine sonderlichen betriebsspezifischen Kenntnisse braucht, wird sich eine stark marktbestimmte Form der Beziehung herausbilden. Dies gilt insbesondere dann, wenn es wenig gemeinsame Interessen zwischen dem Arbeitgeber und seinen Arbeitnehmern gibt und wenn sich die Arbeitsparteien eher fremd gegenüberstehen. Ist die soziale Distanz dagegen eher gering, findet man häufig eine paternalistische Personalpolitik, in der der Arbeitgeber sich für das Wohlergehen seiner Arbeitnehmer in hohem Maße verantwortlich fühlt. Beide Formen werden sich durch ein je spezifisches »Set« von Strukturen, Instrumenten und Maßnahmen auszeichnen. Beispiele für drei unserer sechs Funktionsfelder haben wir in Tabelle 1.3 angeführt.

Eine strikt am ökonomischen Tausch orientierte Personalpolitik wird sich z. B. nicht durch intensive Sozialisationsbemühungen auszeichnen. Bei den Anreizen wird man vor allem auf materielle Mittel setzen, sich an der Leistung orientieren und an den Qualifikationen, die jemand mitbringt, also z. B. kaum Fördermaßnahmen ergreifen und sich das Personal auch für die gehobenen Positionen eher am externen Arbeitsmarkt beschaffen, als es sich intern »heranzuziehen«. Einer paternalistischen Personalpolitik geht es dagegen sehr stark um die Förderung der sozialen Beziehungen und sie setzt daher auch auf Maßnahmen, die diesem Zweck dienen. Beim Regulierungstyp findet man häufig eine gut organisierte Vertretung der Arbeitnehmerinteressen und eine durch entsprechend viele, formalisierte Regeln gekennzeichnete Personalarbeit. Beim sozialen Tausch schließlich wird man verstärkt Maßnahmen finden, die darauf gerichtet sind, die gemeinsamen Interessen zu betonen.

Tab. 1.3: Ausgewählte personalpolitische Muster gemäß der Anreiz-Beitrags-Theorie

	Ökonomischer Tausch	*Paternalismus*	*Regulierung*	*Sozialer Tausch*
Dimensionen	Einfache Beiträge Große soziale Distanz	Einfache Beiträge Geringe soziale Distanz	Komplexe Beiträge Große soziale Distanz	Komplexe Beiträge Geringe soziale Distanz
Selektion	Externe Rekrutierung	Interne Rekrutierung	Spezialisierte Anforderungen	Interne Rekrutierung
Sozialisation	Wenig Eingliederungspraktiken	Viele Eingliederungspraktiken	Institutionalisierte Sozialisation	Breite Weiterbildung
Anreizpolitik	»Hire and Fire«	Sozialleistungen	Lohnanpassung	Beschäftigungsgarantie

6 Theorie und Gestaltung

Das primäre Ziel der Wissenschaft ist der Erkenntnisfortschritt. Wissenschaftler sollen erforschen, was jenseits landläufiger Auffassungen und oberflächlicher Beobachtungen »wirklich« geschieht und warum es geschieht. Sie sollen die Tiefenstrukturen und grundlegenden Zusammenhänge der Welt erforschen. Forschern geht es dabei nicht um die Anhäufung von Faktenwissen, sondern um eine Verdichtung des Wissens und sie entwickeln hierzu beispielsweise vereinheitlichende Begriffssysteme, Klassifikationen, Analysevorschriften und Modellbeschreibungen. Die eigentliche Aufgabe der Wissenschaft ist nicht die mit diesen Aktivitäten einhergehende Konservierung und Verwaltung von Wissen, sondern die Erweiterung des Wissens und – damit verbunden – die Verbesserung und Überwindung vermeintlich festgefügter Wissensbestände. Aus diesem Grund beschäftigt sich die Wissenschaft ganz zentral mit Theorien, denn es sind die Theorien, die die Essenz des Wissens ausmachen (zu anderen Wissensformen vgl. Martin 2001, 75 ff.). Eine Theorie ist ein Aussagensystem, dessen Kern aus Gesetzesaussagen besteht. Theorien sagen uns, worauf es bei der Betrachtung der Wirklichkeit ankommt, und worauf nicht. Ein einfaches Beispiel soll diesen Gedanken erläutern. Es ist zwar hoch plausibel und wird von der Alltagserfahrung immer wieder bestätigt, dass Menschen, die mit ihrer Arbeit unzufrieden sind, weniger, und Menschen die mit ihrer Arbeit zufrieden sind, mehr und bessere Leistungen erbringen. Nun zeigen aber zahllose empirische Studien, dass der angeführte Zusammenhang sehr häufig nicht existiert. Wie lässt sich dieser Widerspruch auflösen? Hierzu hilft eine theoretische Betrachtung. Sie macht deutlich, dass bereits in der Erfassung der Arbeitszufriedenheit viele Probleme stecken. Wenn jemand Auskunft über seine Zufriedenheit gibt, dann sagt er damit nicht nur etwas über die Arbeitsbedingungen, sondern auch etwas über sich selbst, z. B. über seine Fähigkeit, eine befriedigende Arbeit zu finden. Entsprechend uneindeutig ist das, was mit der Frage nach der Zufriedenheit tatsächlich erfasst wird. Außerdem wäre erst noch zu klären, in welcher Weise sich ein pauschales Gesamturteil über die Arbeitssituation auf das konkrete Verhalten auswirken sollte, denn schließlich wird man sich bei der Entscheidung, mehr oder weniger Leistung zu zeigen, eher von den Konsequenzen dieses Verhaltens lenken lassen als von seinen Einstellungen. Die besseren Motivationstheorien gehen jedenfalls nicht davon aus, dass sich Menschen bewusst vornehmen, zufrieden sein zu wollen (Zufriedenheit ist kein Verhaltensziel), sie sehen die verhaltensbestimmende Kraft vielmehr in den Anreizen, die die jeweiligen Verhaltensalternativen bieten. Zufriedenheit ist aus dieser Sicht eher das Ergebnis und nicht die Veranlassung für Leistungsverhalten. Dennoch steckt in der Auffassung, dass die Zufriedenheit für das Verhalten wichtig ist, ein Kern Wahrheit. Es ist aber nicht die Beurteilung der Arbeitssituation, die zählt, sondern das unmittelbare Erleben, es sind die das Arbeitshandeln begleitenden Gefühle, die einen unmittelbaren Einfluss auf unser Verhalten haben. Diese Gefühle führen aber nicht etwa auf direktem Wege zu einer höheren oder geringeren Leistung. Sie bestimmen lediglich die Arbeitshaltung und ob jemand seine Arbeit eher proaktiv oder eher reaktiv angeht, ob man also nur das macht, was notwendig ist, weil es z. B. überwacht wird, oder ob man auch über seine unmittelbaren Pflichten hinausblickt, nach neuen Lösungen sucht und sich ganz allgemein für die Organisation engagiert. Theoriegestützte Überlegungen sind also in vielerlei Hinsicht hilfreich. Theorien können dazu beitragen, irrige Vorstellungen aufzudecken. Sie liefern die sprachlichen Mittel, um eine Situation zu analysieren, sie beschreiben die Gesetzmäßigkeiten des Verhaltens und sagen damit, was möglich ist, was funktionieren dürfte und was nicht. Und weil Theorien die Mechanismen beschreiben, die das Verhalten lenken, kann man sie für Erklärungen und Prognosen nutzen.

Zweifellos gibt es nicht nur gute, sondern auch schlechte Theorien. Das ist auch nicht anders zu erwarten und muss einen daher nicht irritieren. Zur Beurteilung der Qualität einer Theorie gibt es Kriterien, an denen man sich gut orientieren kann. In Tabelle 1.4 sind die wichtigsten Fragen zusammengestellt, die man bei der Beurteilung von Theorien berücksichtigen sollte. Wir werden auf sie exemplarisch bei der Beschreibung der in diesem Buch behandelten Theorien zurückkommen.

Wissenschaftliche Erkenntnisse geben uns die geistigen Mittel an die Hand, neue Handlungsmöglichkeiten zu erproben. Doch es gibt nur selten einen direkten Weg vom Wissen zum Handeln. Dieser Tatbestand ist jedermann aus seiner Alltagserfahrung vertraut, weshalb es verwundern muss, dass der Ruf nach einer *unmittelbar praktischen Wissenschaft* ein so breites Echo findet. Offenbar gibt es, was das Verhältnis zwischen »Theorie und Praxis« angeht, viele Missverständnisse. Das wohl Bedeutsamste besteht darin, dass man Theorien mit Gestaltungskonzepten verwechselt. Theorien geht es aber gar nicht um Gestaltung, sondern darum, möglichst wahre *Aussagen* über bestimmte

Tab. 1.4: Beschreibung und Beurteilung von Theorien

Beschreibung	Bewertung
Welche Fragen soll die Theorie beantworten?	Informationsgehalt: Werden überhaupt gehaltvolle, prüfbare Aussagen gemacht?
Um welche Phänomene geht es, welche konkreten Geschehnisse, Ereignisse, Tatbestände sollen erklärt werden?	Allgemeinheit: Gilt die Theorie nur unter bestimmten Voraussetzungen oder nur für bestimmte Realitätsbereiche?
Welche Konstrukte verwendet die Theorie? Wie lassen sich die Konstrukte veranschaulichen?	Tiefe: Werden Oberflächenphänomene oder Grundmechanismen erklärt?
Wie hängen die Konstrukte zusammen?	Wahrheit: Hat sich die Theorie bei strengen Prüfungen bewährt?
Liefert die Theorie Erklärungen, die über Alltagserklärungen hinausgehen?	Widerspruchsfreiheit: Gibt es logische Widersprüche?
Welches Ereignis erwiese die Falschheit der Theorie?	Semantische Geschlossenheit: Wird ein einheitliches Vokabular benutzt?
Was rät die Theorie einem Anwender? Was sollte er besser vermeiden?	Erkenntnispotential: Wie sehr ist die Theorie mit anderen Erkenntnissen vernetzt?

Aspekte der Wirklichkeit zu formulieren. Sie können damit auch die sogenannte »Praxis« zum Gegenstand haben, aber sie machen dann Aussagen »über« und nicht »für« die Praxis. Da Theorien keine Praxis*empfehlungen* sind, gibt es auch keine Diskrepanz zwischen Theorie und Praxis. Es ist allenfalls denkbar, dass Theorien die Wirklichkeit nicht richtig beschreiben. Darin zeigt sich dann eine Diskrepanz zwischen »Theorie und Realität« und nicht etwa zwischen »Theorie und Praxis«. Diese Problematik (der Unterschied zwischen Theorie und Realität) bezieht sich auf die Beschreibung der Welt. Das, was häufig als Kluft zwischen Theorie und Praxis beklagt wird, betrifft die Theorie gar nicht, es handelt sich hierbei vielmehr um eine Kluft zwischen einem Gestaltungsideal und der Gestaltungswirklichkeit, um den Unterschied zwischen der Vorstellung, wie man etwas am besten machen sollte und den Möglichkeiten, die die konkret gegebene Handlungssituation oder auch die Wirklichkeit insgesamt überhaupt bereithält.

Abbildung 1.2 gibt diese Überlegungen schematisch wieder. Ideale Vorstellungen richten sich auf die »richtige« (nicht: die tatsächliche) Praxis, sie entwerfen das Bild eines wünschenswerten Zustandes, auf dessen Verwirklichung man hinarbeiten will (durchgezogener Pfeil). Ideale haben allerdings häufig ein gestörtes Verhältnis zur Realität (gestrichelter Pfeil). Dieses gestörte Verhältnis ist es, das häufig als Kluft zwischen Theorie und Praxis beklagt wird, was aber, wie beschrieben, die Sache nicht trifft. Denn schließlich geht es um etwas anderes, nämlich um den Unterschied von Ideal und Wirklichkeit oder um das Auseinanderfallen von Plan und Verwirklichung. Dessen

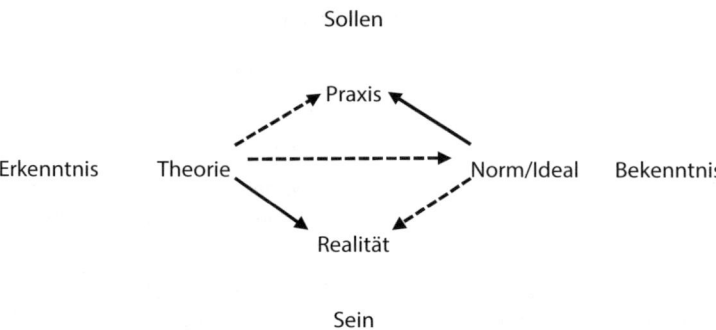

Abb. 1.2: Theorie, Ideal und Wirklichkeit

ungeachtet wirken sich Normen und Ideale natürlich auf das Verhalten der Akteure aus, sie werden also Teil der Wirklichkeit und man sollte den Einfluss, der von ihnen ausgeht, entsprechend auch untersuchen.

Theorien befassen sich mit der Wirklichkeit. Sie sind keineswegs etwas »Abgehobenes«, das allenfalls intellektueller Selbstbeschäftigung dient. Der Ausdruck »weltfremde Theorie« ist ein Widerspruch in sich, denn es ist ja geradezu das Wesen einer Theorie, dass sie sich mit den innersten Strukturen der Realität beschäftigt. Einer Theorie geht es dabei aber nicht um die Formulierung eines idealen, sondern um die Beschreibung des tatsächlichen Zustands der Welt. Es geht ihr nicht um Normsetzung, sondern um Verstehen, um die objektive Erfassung und Erklärung der Wirklichkeit. Die gepunkteten Pfeile in Abbildung 1.2 sollen zum Ausdruck bringen, dass Theorien trotz ihres primär analytischen Anspruchs durchaus auch Einfluss auf die Praxis nehmen, dieser Einfluss ist allerdings indirekter Natur. Theorien sind bewusstseinsbildend und damit auch verhaltensrelevant, sie fließen beispielsweise als Hintergrundwissen in die Entwicklung von Idealen, Normen, Plänen usw. ein. Und die von ihnen vermittelten Einsichten sind auch ganz unmittelbar bei praktischen Tätigkeiten nützlich, weil sie Auskunft darüber geben, was bei Gestaltungshandlungen zu beachten ist, welche Schwierigkeiten bei der Umsetzung von Plänen auftauchen können und welche besonderen Bedingungen vorliegen müssen, damit das Handlungsziel erreicht werden kann und was ganz generell möglich ist und was nicht (ausführlich hierzu Martin 2001).

Theorien haben damit für konkrete praktische Probleme eine ganz elementare Bedeutung. Mit ihrer Hilfe kann es gelingen, die Bewegungskräfte des Geschehens richtig zu beschreiben. Sie liefern gewissermaßen die Erkenntnisgrundlage für gestalterische Handlungen und haben damit einen wesentlich grundlegenderen Status als Ratschläge, Verhaltensrezepte oder Handlungsanweisungen. Theorieverächter unterliegen häufig einem weiteren Missverständnis. Sie verwechseln Theorien häufig mit abstrakten inhaltsleeren Modellen oder glauben irrtümlich, theoretische Auseinandersetzungen hätten etwas mit unfruchtbaren spitzfindigen Begriffserörterungen zu tun. Am häufigsten werden Theorien aber gemieden, weil man meint, ohne sie auskommen zu können.

Dabei wird übersehen, dass man seinem Handeln immer – ob man das nun will oder nicht – bestimmte theoretische Überlegungen zugrunde legt. Diese zu reflektieren macht daher auf jeden Fall Sinn. Es sei denn, man meint, man habe es nicht nötig, sein Wissen zu verbessern oder alles Wissen sei ohnehin Schall und Rauch.

7 Gestaltungselemente

Erfolgreiche Gestaltung gründet immer auf einem Denken in Alternativen. Es gibt nicht die eine und die einzig richtige Praxis. Praxisgestaltung ist außerdem ein Konstruktions- und Umsetzungsprozess. Bei der Gestaltung sind daher Phantasie und Realitätssinn gleichermaßen gefordert. Phantasie ist sowohl notwendig bei der Erfindung eines Instruments als auch bei seinem situationsadäquaten Einsatz. Die Vorstellung, ein gegebenes Instrument ließe sich »schablonenhaft« umsetzen, führt unausweichlich zum Misserfolg. Jede konkrete Situation enthält ihre eigenen Herausforderungen, die Beachtung verdienen. Praktisches Handeln muss also die jeweils gegebenen wirtschaftlichen und sozialen Bedingungen beachten, es muss berücksichtigen, welche Personen und Institutionen von den Maßnahmen betroffen sind, in welchen Traditionen das organisationale Handeln steht, welche Erfahrungen die Organisationsmitglieder mitbringen usw. Daher ist neben Kreativität auch der Sinn für das Machbare und seine Folgen gefragt, das Erkennen und Verstehen der jeweiligen betrieblichen Gegebenheiten, um Instrumente und Maßnahmen daran ausrichten zu können, um sie so anzupassen, dass sie überhaupt positiv wirksam werden können. Außerdem braucht es die Fähigkeit und nicht minder die Bereitschaft, Gegebenes und neu Geschaffenes einer kritischen Prüfung zu unterziehen und gegebenenfalls neuen Einsichten und veränderten Bedingungen anzupassen.

In Tabelle 1.5 findet sich ein allgemeines Schema zu den Grundfragen der personalwirtschaftlichen Gestaltung (Martin/Drees 2001).

Tab. 1.5: Grundfragen bei der personalwirtschaftlichen Gestaltung (Beispiel: Zielvereinbarung)

Beschreibung	Beispiel: Zielvereinbarung
Welchen Zwecken dient das Instrument?	Steuerung im Rahmen des »Management by Objectives«, Leistungsfeedback, Personalentwicklung ….
Welche Varianten gibt es?	Mitarbeitergespräch, Personalbeurteilung, Fördergespräch ….
Aus welchen Teilelementen (Handlungen, Hilfsmitteln, Regeln) besteht das Instrument?	Information der Betroffenen, Checkliste für die Vorbereitung auf das Gespräch, Protokollbogen, schriftliche Dokumentation, gemeinsame Unterschriften ….
Welches sind die wichtigsten Gestaltungsparameter?	Zielspezifizierung, Partizipation, Zeithorizont ….

Tab. 1.5: Grundfragen bei der personalwirtschaftlichen Gestaltung (Beispiel: Zielvereinbarung) – Fortsetzung

Beschreibung	Beispiel: Zielvereinbarung
Welche Wirkungshypothese werden unterstellt?	Beispiel: »Je genauer die Ziele spezifiziert werden, desto größer sind die Leistungsanstrengungen.«
Welche Anwendungsvoraussetzungen sind zu beachten?	Akzeptanz des Verfahrens, Kompetenz der Vorgesetzten, wenig Störereignisse ….
Wie ist das Instrument zu beurteilen?	Zweckeignung: gut, Ökonomie: gut, Reversibilität: mittel ….

Zur Veranschaulichung sei beispielhaft auf das Instrument der Zielvereinbarung eingegangen. Danach geht es zunächst darum, sich über die Ziele, die man mit dem Einsatz des Instrumentes verfolgt, Klarheit zu verschaffen. Wobei zu beachten ist, dass man mit »Universalinstrumenten«, also Instrumenten, die vielen Zwecken gleichzeitig dienen sollen, immer auch Kompromisse im Hinblick auf die einzelnen Zwecke eingehen. Anders ausgedrückt, je stärker man ein Instrument auf einen spezifischen Zweck ausrichtet, desto größer ist normalerweise auch sein Wirkungsgrad, allerdings auf Kosten der Breite seiner Einsatzmöglichkeiten. Die Zielbestimmung hat natürlich eine unmittelbare Bedeutung für die Ausgestaltung eines Instruments. Ein Zielvereinbarungsgespräch wird man anders gestalten müssen, wenn es dazu dient, Leistungsziele festzulegen, die der Gehaltsfindung zugrunde gelegt werden, als wenn es in dem Gespräch darum gehen soll, einen Plan zu entwerfen, der darauf gerichtet ist, das berufliche und betriebliche Vorankommen des Mitarbeiters zu unterstützen. Zur Instrumentengestaltung gehört es außerdem, sich über die Teileelemente, die es ausmachen sollen, Gedanken zu machen. Zum Instrument »Zielvereinbarung« gehört beispielsweise nicht nur das Formular, das als Gesprächsgrundlage zur Anwendung kommen soll, sondern auch dessen Erläuterung, z. B. in Handreichungen und Broschüren sowie Hilfsmitteln für die Vor- und Nachbereitung des Gesprächs, die zu beachtenden Regeln, etwa was die Protokollierung und Einigung angeht usw. Die Festlegung auf die konstituierenden Elemente eines Instruments gehört zu den wichtigsten Gestaltungsmaßnahmen. Daneben gibt es viele weitere Ansatzpunkte zur Ausgestaltung des Zielvereinbarungs-Instruments. Alternative Gestaltungsmöglichkeiten gibt es z. B. im Hinblick auf den Gestaltungsparameter »Zielinhalt«. Man kann beispielsweise Ergebnisziele, aber auch Ablaufziele vereinbaren. Während bei Ergebniszielen der Weg der Zielerreichung offen bleibt, wird bei Ablaufzielen auch die Art und Weise der Zielerreichung mehr oder weniger eindeutig festgelegt. Daneben gibt es etliche weitere Gestaltungsoptionen, die der Zielvereinbarung ein je eigenes Gepräge geben: man kann kurz- oder langfristige Ziele vereinbaren, nach einer bestimmten Zeit Zielkorrekturen zulassen oder nicht, Individual- oder Gruppenziele vereinbaren, auf Leistungsanreize verzichten oder diese gezielt zur Anwendung bringen, wobei zu klären wäre, wie die Anreizlinie verlaufen sollte (z. B. linear, progressiv, degressiv).

Man sollte sich bezüglich all dieser Gestaltungsparameter und ihrer Gestaltungsalternativen Gedanken darüber machen, welche Wirkungen man mit ihnen *in der ganz konkreten betrieblichen Situation* erzielen wird. Außerdem sollte man sich darüber Rechenschaft geben, ob die Kombination der verschiedenen Gestaltungsmerkmale Sinn macht und welche besonderen Wirkungen aus der Gesamtkonfiguration der gewählten Gestaltungsalternativen erwachsen. In Tabelle 1.6 findet sich ein Schema, das bei der Beantwortung dieser Fragen gute Dienste leistet. Am Beispiel eines ausgewählten Gestaltungsparameters – dem Ausmaß, in dem es zu einer echten Partizipation bei der Zielfestlegung kommt – sind mögliche Wirkungen auf die Bereiche Kooperation, Lernen und Leistung aufgeführt. Ganz allgemein werden einer partizipativen Mitarbeiterführung durchweg positive Auswirkungen zugeschrieben (Klein u. a. 1999). Für eine partizipativ gestaltete Zielvereinbarung dürfte dasselbe gelten. Eine ganz bedeutsame Wirkung, die sich aus der Partizipation ergibt, ist die damit einhergehende Selbstverpflichtung der Akteure. Der Grund hierfür ist leicht einzusehen: »Echte« Partizipation erschöpft sich nicht in der Zustimmung zu einem mehr oder weniger vorgegebenen Ziel, sondern setzt eine aktive Mitarbeit an der Erarbeitung des Zielinhalts und des Zielausmaßes voraus. Gehen nun in das Ergebnis der Zielbestimmung sehr stark die eigenen Vorstellungen ein, dann fällt es schwer, sich hiervon ohne weiteres wieder zu distanzieren. Und ergeben sich bei dem Bemühen um Zielverwirklichung besondere Schwierigkeiten, dann werden Personen mit einer hohen Selbstverpflichtung nicht ohne weiteres zurückstecken. Ihr Streben danach, die vereinbarten Ziele zu erreichen, wird damit eher noch angestachelt. Außerdem werden sie nach neuen Lösungsansätzen suchen und versuchen, auch unkonventionelle Wege zu gehen, weshalb durch Partizipation nahezu zwangsläufig auch die Lernbemühungen stimuliert werden.

Tab. 1.6: Wirkungshypothesen am Beispiel von Zielvereinbarungen

Gestaltungsparameter: Hohes Ausmaß der Partizipation bei der Zielfestlegung			
Wirkungs-bereich	Wirkungs-hypothese	Begründung/ Erklärung	Bedingung
Leistung	++	Selbstverpflichtungen steigern die Leistungsbereitschaft.	Kein generelles Misstrauen
Leistung	–	Das Eigeninteresse verbietet hohe Leistungsstandards.	Geringe Leistungsmotivation
Lernen	+	Selbstverpflichtungen fördern die Suche nach neuen Lösungen.	Aufgaben mit hoher Komplexität
Kooperation	++	Die Erfahrung der Selbstwirksamkeit vermindert Abschottung.	Große Machtunterschiede

Auch auf die Kooperation wirkt sich Partizipation sehr positiv aus. Dies liegt vor allem an der »Selbstwirksamkeit« (Bandura 1982), die durch die Partizipation gefördert wird. Wird ein Mitarbeiter als Partner ernst genommen, dann wird das die Beziehung zu seinem Vorgesetzten nicht unberührt lassen, zumal sich damit die Erfahrung verknüpft, dass man sich kommunikativ behaupten und seine Interessen wirksam vertreten kann. Die tatsächliche Wirkung einer Gestaltungsalternative hängt, ganz allgemein gesprochen, in aller Regel von den konkreten Gegebenheiten ab. Das gilt auch in dem von uns gewählten Beispiel. Wie beschrieben, dürfte eine partizipative Vereinbarung die Akzeptanz der Zielsetzung und damit die Voraussetzungen für ein gesteigertes Leistungsverhalten verbessern. Andererseits liegt es nicht unbedingt im Interesse des Mitarbeiters, dass ihm sehr hohe Leistungsziele gesetzt werden. Mit der Festlegung des Zielausmaßes bestimmt sich nämlich auch der Bewertungsmaßstab, an dem man schließlich gemessen wird. Insgesamt kann es also sein, dass sich die Partizipation bei der Zielfestlegung negativ auf die Leistung auswirkt. Zwar dürfte die Partizipation die Chancen für die Zieldurchsetzung verbessern. Gleichzeitig besteht die Gefahr, dass der Mitarbeiter auf ein nur moderates Zielniveau hinwirkt, was den Leistungseffekt natürlich mindert. Ein derartiges Verhalten dürfte allerdings nur dann zu beobachten sein, wenn der Mitarbeiter (aus welchen Gründen auch immer) eine ohnehin nur geringe Leistungsmotivation mitbringt. Es kommt also sehr auf die Bedingungen an, welche Wirkungen sich aus einer Gestaltungsalternative ergeben. Entsprechend sind auch die anderen in Tabelle 1.6 aufgeführten Wirkungshypothesen situativ zu relativieren. Ähnliches gilt für die Gesamtwirkung des Instruments. In manchen betrieblichen Situationen machen Zielvereinbarungen einfach keinen Sinn, in anderen Fällen sind sie dagegen ein gutes Mittel, um ein Projekt gemeinsam voranzubringen. Man sollte also immer die Anwendungsvoraussetzungen eines Instrumenteneinsatzes beachten. Und schließlich genügt es nicht, nur die Zweckerreichung oder die Systemverträglichkeit im Auge zu haben. Bei der Beurteilung eines Instruments ist eine ganze Reihe weiterer Punkte zu beachten, worauf im Folgenden eingegangen wird.

8 Die Beurteilung von Gestaltungshandlungen

Woran erkennt man den Wert praktischer Gestaltungsmaßnahmen? In Tabelle 1.7 findet sich ein Überblick über wichtige Beurteilungskriterien. Eine erste Gruppe von Fragen richtet sich auf die »Effizienz«, die Wirksamkeit und Ökonomie des Handelns. Eine zweite Gruppe von Fragen thematisiert die normative Komponente von Gestaltungshandlungen, bei der es um die Einsicht geht, dass praktisches Handeln die Welt verändert und man sich daher auch in einem umfassenden Sinn Rechenschaft darüber geben sollte, ob man mit seinen Handlungen hierzu einen positiven Beitrag liefert. Und schließlich ist drittens zu fragen, in welchem Umfang praktisches Handeln sich auf gute Gründe stützt, also eine Verankerung in »gesicherten« Erkenntnissen besitzt.

Tab. 1.7: Kriterien zur Beurteilung von Gestaltungsansätzen

Formale Rationalität	Materiale Rationalität	Qualität der Wissensbasis
Zweckeignung	Zielbewertung	Theoretische Fundierung
Realisierbarkeit	Mittelbewertung	Transparenz
Ökonomie	Kontrollierbarkeit	Empirische Prüfung
Neben- und Spätfolgen	Reversibilität	Diskurs

Das Beurteilungskriterium, das am unmittelbarsten ins Auge springen dürfte, ist die *Zweckeignung*. Die Beurteilung einer Gestaltungshandlung anhand dieses Kriteriums gestaltet sich nicht immer einfach, da von einer Maßnahme, vom Einsatz eines Instruments usw. oft mehrere Ziele gleichzeitig betroffen sind. Da sich diese nicht selten widersprüchlichen Ziele nicht alle in gleichem Umfang erreichen lassen, wird man im praktischen Leben um Kompromisse nicht herumkommen. Die Frage nach der Zweckeignung ist auch deswegen nicht immer einfach zu beantworten, weil man oft nicht genau weiß, welche Wirkungen von einer Maßnahme tatsächlich ausgehen werden. Die Klärung dieser Frage mit Hilfe methodisch sauberer empirischer Studien ist sehr aufwändig. Außerdem verstellen einem widerstreitende Interessen und Wunschdenken nicht selten die nüchterne Urteilsbildung. Während es bei der Betrachtung von Zweck-Mittel-Beziehungen um die rein faktische Wirksamkeit geht, kommen durch das *Ökonomiepostulat* zusätzliche Gesichtspunkte ins Spiel. So kann ein gegebener Zweck normalerweise durch unterschiedliche Mittel erreicht werden. Das Ökonomiepostulat fordert nun, für den vorgegebenen Zweck den geringstmöglichen Mitteleinsatz zu wählen. Umgekehrt soll mit den gegebenen Mitteln die maximal mögliche Zielerfüllung angestrebt werden. Das Ökonomiepostulat impliziert zum einen das Prinzip der Sparsamkeit (also das Vermeiden von Mittelverschwendung) und zum anderen die Aufforderung, nach Mitteln zu suchen, die eine gleiche Zweckeignung besitzen, aber weniger kostenintensiv sind. Ein scheinbar triviales Effizienzkriterium ist das der *Realisierbarkeit*. Es ist natürlich nur sinnvoll, ein Instrument einzusetzen, wenn mit seiner Hilfe der damit bewirkte Zweck auch erreicht werden kann. Entsprechend sollte man sich z. B. bei der Entwicklung von Instrumenten Klarheit darüber verschaffen, ob sie überhaupt funktionieren können. Hierzu gehört auch die Frage, ob es soziale Hindernisse für ihren Einsatz gibt (z. B. eine geringe Akzeptanz oder ungünstige Machtkonstellationen). Es geht bei der Realisierbarkeit in einem weiteren Sinn also auch um das Kriterium der *Situationsadäquatheit*, das z. B. in dem Sprichwort, dass man nicht mit Kanonen auf Spatzen schießen soll, bezeichnet wird. Allgemeiner meint Situationsadäquatheit, dass Maßnahmen in unterschiedlichen Situationen unterschiedliche Wirkungen besitzen können, dass man also bei der Gestaltung die jeweiligen Besonderheiten der Situation in Rechnung stellen sollte. Und schließlich gibt es kaum eine Handlung, die neben der anvisierten Hauptwirkung nicht auch zahlreiche *Neben- und Folgewirkungen* hätte. Wünschenswert sind nur solche Gestaltungshandlungen, die mit möglichst wenig schädlichen Neben- und Folgewirkungen einhergehen. Zu bedenken ist außerdem, ob es flankierende Maßnahmen gibt, die in der Lage sind, mögliche Begleitschäden abzumildern.

Bei der Beurteilung der betrieblichen Praxis reicht es nicht aus, nur deren Effektivität zu beachten. Betriebliche Maßnahmen sind Eingriffe in die Lebenssphäre vieler Menschen und sollten daher auch vor dem Hintergrund allgemeiner humanitärer Wertvorstellungen beurteilt werden. Eine fundierte normative Beurteilung erweist sich allerdings oft als wesentlich schwieriger als eine reine Effizienzbeurteilung. Schwierig ist die normative Beurteilung deswegen, weil es ihr nicht um Seinsfragen geht (also um Fragen, die durch empirische Forschung beantwortet werden können), sondern um Sollensfragen, die keine Verankerung in der objektiven Realität, sondern in den menschlichen Wertvorstellungen haben. Über deren Zustandekommen und über deren Implikationen machen sich die Akteure oft keine Gedanken. Dazu kommt, dass die Wertvorstellungen nicht als unabhängige Instanzen zur Geltung kommen, sondern jeweils in Überzeugungssysteme, Ideologien und Interessen eingebunden sind, die ihre Anwendung bestimmen und die eine objektive Betrachtung erschweren. Deswegen müssen moralisch-ethische Urteile aber nicht beliebig oder willkürlich sein. Es gibt eine Reihe von Beurteilungskriterien, auf die sich wohl alle an einer vernünftigen Lösung interessierten Personen einigen können. Die in Tabelle 1.7 aufgeführten Kriterien beispielsweise bieten einen guten Anhaltspunkt für eine verantwortungsbewusste Beurteilung von Gestaltungshandlungen. Aus gesinnungsethischer Sicht kommt es vor allem auf die Absicht, das Ziel des Handelns, an. Unsittliche Ziele sollen nicht gefördert werden, woraus folgt, dass auch Instrumente, die diese Ziele fördern, nicht entwickelt werden sollen. Entsprechend sind sozialtechnologische Bemühungen verwerflich, die auf die Diskriminierung, Ausbeutung oder Entmachtung von bestimmten gesellschaftlichen Gruppen hinauslaufen. Die *Zielbewertung* von Maßnahmen soll außerdem dazu beitragen, die vielschichtigen und z. T. auch widersprüchlichen Ziele der Betroffenen herauszustellen und sich damit der Vielfalt der Ziele zu stellen und sie womöglich in seinem Handeln auch zu berücksichtigen. Ebenso wichtig wie die Zielbewertung ist die *Mittelbewertung*. Selbst wenn ein Ziel gerecht und richtig und allgemein anerkannt ist, dann folgt daraus nicht, dass man es auch anstreben sollte, insbesondere dann nicht, wenn die Mittel zur Erreichung dieses Ziels ethisch problematisch sind. Der Zweck heiligt keine Mittel. Ein weiteres normatives Kriterium bezieht sich auf die *Risikoakzentuierung*. Gemeint ist damit, dass man systematisch nach möglichen Gefahren Ausschau hält, die mit der Gestaltungshandlung einhergehen. Dies ist sinnvoll, weil die Erfahrung zeigt, dass man sich von verlockenden Zielen leicht dazu verführen lässt, die Risiken des Misserfolgs und mögliche negative Nebenwirkungen herunterzuspielen. Außerdem liegt es in der Natur vieler Risiken, dass sie nicht ins Auge springen, vor allem dann, wenn sie keinen konkreten Adressaten haben. Gefährdungspotentiale im Personalwesen ergeben sich beispielsweise im Hinblick auf Themen wie Fairness, Respekt, Persönlichkeitsrechte und Gesundheit. Schließlich sollten Schäden, die »nicht mehr gut zu machen« sind, natürlich in besonderer Weise vermieden werden. Es ist daher zu prüfen, inwieweit geplante Maßnahmen notfalls wieder zurückgenommen werden können (*Reversibilität*). Eng damit verbunden ist das Kriterium der *Kontrol-*

lierbarkeit. Es geht hierbei um die Frage, ob es möglich ist, unerwünschte Entwicklungen zu erkennen, einzudämmen und zu stoppen. Es ist nicht immer einfach, dies abzuschätzen, zumal das Argument der Kontrollierbarkeit oft in konfliktgeladenen Auseinandersetzungen »missbräuchlich« verwendet wird und sich daher nicht immer klar ausmachen lässt, ob es lediglich taktischen Zwecken dient.

Die abendländische Kultur ist von der Vorstellung beseelt, dass sich die Lebenspraxis von den Einsichten der Wissenschaft und von den Regeln der Vernunft leiten lassen sollte. Ein wichtiges Beurteilungskriterium ist in diesem Zusammenhang die Qualität der Argumente, die für eine bestimmte Art der Praxis geltend gemacht werden. Im Einzelnen geht es dabei zum Beispiel um die *theoretische Fundierung*, die einer Gestaltungsempfehlung zugrundeliegt. Es ist also zu fragen, ob für die jeweiligen Maßnahmen überhaupt irgendwelche theoretisch fundierten Gründe vorgebracht werden können und welche Qualität die Theorien aufweisen, die hierbei zur Geltung gebracht werden. So sind beispielsweise Personalauswahlverfahren, die Erkenntnisse der Persönlichkeitstheorie berücksichtigen, besser begründet als Personalauswahlverfahren, die sich lediglich auf das Gutdünken der jeweils verantwortlichen Person gründen. Ebenso wichtig ist die *Transparenz* der Argumentation. Bei der Gestaltung der Praxis sollte man sich nicht den Offenbarungen eines Gurus ausliefern, sondern auf Verständlichkeit und Folgerichtigkeit der vorgebrachten Argumente bestehen. Die Prämissen der Argumentation sollten deutlich werden und man sollte eine Begründung dafür verlangen, was für die jeweiligen Annahmen und Wirkungsvermutungen spricht. Gute Argumente liefern schließlich *empirische Belege*, sofern sie in methodisch sorgfältig durchgeführten Studien gewonnen wurden. Entsprechende Studien müssen nicht notwendigerweise im jeweils eigenen Praxisfeld durchgeführt werden um überzeugend zu sein. Notwendig ist jedoch, dass die Voraussetzungen und Ergebnisse dieser Studien auf die jeweilige Situation übertragbar sind. Auf jeden Fall zu empfehlen ist eine Überprüfung der Folgen des Einsatzes personalwirtschaftlicher Maßnahmen. Nur dann kann man deren Wirksamkeit auch wirklich einschätzen, sie überdenken und gegebenenfalls verbessern oder zurücknehmen.

Nicht immer lassen sich gute theoriebasierte Argumente finden und nicht immer gibt es eine klare empirische Evidenz. Damit wären aber die Möglichkeiten einer vernünftigen Praxisgestaltung nicht zu ihrem Ende gebracht. Gute Argumente lassen sich auch im Rahmen eines *rationalen Diskurses* finden, der ohnehin jeder weitreichenden Entscheidung zugrunde liegen sollte. Die »kommunikative Urteilsfindung« muss allerdings Regeln folgen, die verhindern, dass sich ideologische Vorstellungen durchsetzen, dass statt der Wahrheitsfindung die Interessendurchsetzung, dass statt Offenheit ein Klima der Abschottung gegen Kritik entsteht. Die Teilnehmer sollten gleichberechtigt ihre Argumente vorbringen können. Es sollte ein Klima der Zwangsfreiheit herrschen, die Teilnehmer sollten Sachverstand einbringen oder sich diesen zumindest aneignen können. Insbesondere sollten auch diejenigen beteiligt werden, die von einer Maßnahme letztlich betroffen sind. Zusammenfassend sei festgehalten, dass die in Tabelle 1.7 genannten Kriterien als »Prüfliste« gelten können, die bei der Bewertung der praktischen Arbeit herangezogen werden sollte. Das Gewicht der verschiedenen Kriterien wird sicherlich nicht immer gleich sein können. Keines der Kriterien ist jedoch unwichtig, alle beanspruchen Beachtung.

9 Nochmals: Voluntarismus und Determinismus

Wir haben oben ausführlich den Unterschied zwischen einer voluntaristischen und einer deterministischen Betrachtungsweise herausgestellt. Die Beachtung dieser Unterschiede ist erkenntnislogisch von ganz entscheidender Bedeutung, weil je nach Sichtweise ganz unterschiedliche Fragen zu stellen sind. Und man wird daher, je nachdem welche Betrachtungsweise man einnimmt, ein und dasselbe Phänomen ganz unterschiedlich verstehen. Es macht zum Beispiel ganz offensichtlich einen Unterschied, ob man die schlechten Leistungen eines Mitarbeiters auf dessen bewusst kalkulierte Leistungszurückhaltung zurückführt oder aber man seine schlechten Leistungen als das Ergebnis des Zusammenwirkens von Einflussgrößen sieht (fehlendes Arbeitsverständnis, geringe Ausdauer, unzureichende Arbeitsmittel usw.), über die der Mitarbeiter oft gar keine Verfügungsgewalt hat. Gleiches gilt auch auf der Ebene der Organisation. Zwar vermitteln viele volks- und betriebswirtschaftliche Abhandlungen die Vorstellung, hinter »dem« Unternehmensverhalten stecke stets ein durchdachtes handlungsleitendes Kalkül (nicht selten werden Unternehmen sogar wie selbstverständlich als »rationale« Akteure betrachtet). Diese Sicht der Dinge ist aber schlicht wirklichkeitsfremd, unter anderem deswegen, weil ebenso wie das Verhalten einzelner Personen eben auch die Verhaltensweisen von Unternehmen (das Verhalten wichtiger Akteure in einem Unternehmen, die Entscheidungen von Unternehmensgremien usw.) nicht nur von voluntaristischen, sondern auch von deterministischen Einflussgrößen bestimmt wird. Aus diesem Grund unterscheiden wir ja auch zwischen den Begriffen Strategie und Politik. Während wir mit der »Personalstrategie« den bewussten Gestaltungswillen eines zielorientierten Akteurs (z. B. der Unternehmensleitung) bezeichnen, verstehen wir unter der »Personalpolitik« das gesamthafte Muster des Personalgeschehens, das sich – bewusst oder unbewusst, durchschaut oder nicht durchschaut, gezielt oder ungezielt – in einem evolutionären und oft komplexen Prozess herausbildet. Die Politik bildet gewissermaßen den Handlungshintergrund, an dem sich konkrete Entscheidungen orientieren, sie bestimmt damit auch in erheblichem Maße, welche Strategien überhaupt in Erwägung gezogen werden und sich durchsetzen können.

Nun kann man sowohl die Politik eines Unternehmens als auch dessen Strategien ganz »leidenschaftslos« mit analytischem Blick betrachten, sich also auf die Beschreibung und Erklärung beschränken und z. B. untersuchen, warum das Management in dem einen Unternehmen eine bestimmte Strategie verfolgt, das Management in einem anderen Unternehmen dagegen eine gänzlich andere, vielleicht sogar gegensätzliche Strategie wählt und warum sich in einem bestimmten Unternehmen oder in einer bestimmten Branche ein bestimmtes Politikmuster herausbildet, in einem anderen Unternehmen oder in anderen Branchen dagegen andere Politikmuster vorzufinden sind. Es gibt also keinen Anlass, bei der Erklärung von Strategien auf der einen und bei der Erklärung von Politikmustern auf der anderen Seite unterschiedlich vorzugehen. Allerdings werden sich die theoretischen Ansätze, die man zur Erklärung heranzieht, unterscheiden: Die voluntaristische Sicht benutzt in aller Regel Handlungstheorien, die sich mit den Abwägungsprozessen der handelnden Akteure befassen, d. h. sie beschäftigt sich – wie oben beschrieben – mit *Gründen*, die die Akteure bei ihrer Handlungsplanung heranziehen oder prägnanter: heranziehen *sollten,* wenn sie dem Anspruch gerecht werden wollen, nicht nur reflektiert, sondern auch rational zu handeln. Die deterministische Sicht ist diesbezüglich wesentlich offener, sie bezieht bei einer Erklärung nicht nur mentale Erwägungen der Akteure, sondern auch Größen ein, die dem reflektierenden Zugriff nicht ohne weiteres zugänglich sind und die auch nicht so ohne weiteres dem eigenen Willen unterworfen werden können.

Tab. 1.8: Fragen an Strategie und Politik

Voluntaristische Sicht: Begründung von Strategien	Deterministische Sicht: Herausbildung von Politikmustern
Durch welche Leitgedanken, Prinzipien, Pläne, Handlungsweisen, Ressourcen, Akteure, Zuständigkeiten ist die Strategie gekennzeichnet?	Welche Elemente konstituieren die Politik, welche Struktur- und Handlungsmuster verleihen ihr ihre charakteristische Gestalt?
Welche übergeordneten Ziele und Wertvorstellungen stecken hinter der Strategie?	Welche Interessengruppen ziehen aus der jeweiligen Politik welchen Nutzen?
Welche Überzeugungen stecken hinter der Strategiewahl? Gibt es eindeutig identifizierbare Strategieberatungen und -beschlüsse?	Welche allgemeinen Ursachen tragen zur Herausbildung der Politik bei, gibt es richtungsbestimmende Einzelereignisse?
In welchen praktischen Gestaltungsansätzen manifestiert sich die Strategie?	In welchen Phänomenen kommt die Wirksamkeit der Politik besonders deutlich zum Ausdruck?
Ist die Strategie »stimmig«, passen die Strategieelemente zueinander?	Ist die Politik von inneren Widersprüchen geprägt?
Unterstützt die Personalstrategie die Unternehmensstrategie, passt sie zu den Unternehmenszielen?	Ist die Politik in ein übergeordnetes Politikmuster eingebettet?
Welche Maßnahmen werden ergriffen, um unerwünschte Nebenwirkungen zu begrenzen?	Welche Wirkungen gehen von der Politik aus?

Leider vermischt sich in vielen Abhandlungen die auf Erklärung zielende Betrachtungsweise mit normativen Ansprüchen. Es genügt den Autoren häufig nicht, die strategischen und politischen Prozesse »nur« zu beschreiben. Es geht ihnen oft auch um die Propagierung von Handlungsempfehlungen, um die Beschreibung der »richtigen« Strategie und um die Auszeichnung »wünschenswerter« Politikmuster. Man verlässt damit den Boden der Analyse und begibt sich in die Sphäre des praktischen Wollens und Handelns. Dagegen ist natürlich grundsätzlich nichts einzuwenden, man sollte sich damit aber den Ansprüchen stellen, die sich hieraus ergeben. Dazu gehört es z. B., sich klarzumachen, welche Gestaltungsalternativen und Varianten einer Strategie es gibt, welche Wirkungen man sich von ihnen verspricht, unter welchen Anwendungsvoraussetzungen sie stehen usw. (siehe hierzu unsere obigen Ausführungen zur praktischen Gestaltung). Wir wollen an dieser Stelle hierauf nicht näher eingehen, sondern auf die eingangs dieses Abschnittes gestellte Feststellung zurückkommen, wonach sich bei einer voluntaristischen Betrachtung andere Fragen stellen als bei einer deterministischen Betrachtung. Eine Gegenüberstellung – am Beispiel der Betrachtung von Strategien einerseits und Politikmustern andererseits – findet sich in Tabelle 1.8. Bezüglich der Strategiefragen liegt der Akzent – der voluntaristischen Betrachtung entsprechend – auf Fragen der gedanklichen Durchdringung und des (rationalen) Abwägens, bezüglich der Politikfragen liegt der Akzent – der deterministischen Betrachtung entsprechend – dagegen auf Fragen, die das reale Zustandekommen der Politikmuster betreffen.

10 Konzept des vorliegenden Buches

Im vorliegenden Buch geht es nicht darum, dem Leser einen erschöpfenden Überblick über Themen der Personalwirtschaftslehre zu geben. Stattdessen konzentrieren wir uns ganz bewusst auf die Darstellung und Erörterung ausgewählter Ansätze. Es kommt uns also nicht darauf an, »alles« über das Personalwesen einer Organisation zu berichten. Es geht uns vielmehr um einen bestimmten Denkstil, um ein kritisches und systematisches Nachdenken über die Erkenntnis- und Praxisangebote, die die Forschung bereitstellt.

Die Theorien, Gestaltungsansätze und Politikmuster dieses Buches lassen sich den Funktionsbereichen Integration, Kontrolle und Sozialisation zuordnen. Sie ergänzen damit die Ausführungen des Buches »Personal. Theorie, Politik, Gestaltung« (Martin 2001), in dem die drei Funktionsbereiche Anreizgestaltung, Arbeitsgestaltung und Selektion behandelt werden. In jenem Buch findet sich auch eine ausführliche Beschreibung des Funktionsansatzes und der methodologischen Grundlagen einer anwendungsorientierten Wissenschaft. Die Darlegungen im vorliegenden Buch knüpfen hieran an. Zunächst erfolgt eine begriffliche und konzeptionelle Einführung zu dem jeweiligen Funktionsbereich. Anschließend werden je zwei Theorien, Politikmuster und personalwirtschaftliche Gestaltungsansätze dargestellt und diskutiert (► Tab. 1.9). Unsere Ausführungen orientieren sich dabei an den Schemata, die wir in den vorangegangenen Abschnitten vorgestellt haben. Bei der Auswahl der Ansätze kommt es uns auf eine gute Mischung an. Einerseits behandeln wir Ansätze, die in der Literatur eine besondere Beachtung gefunden haben (Selbstbestimmungstheorie, High-Commitment-Management), andererseits gehen wir aber auch auf Ansätze ein, die in der Literatur eher vernachlässigt werden (Integrationsmaßnahmen, Machtkontrolle). Außerdem haben wir Ansätze aufgenommen, die geeignet sind, landläufige Auffassungen kritisch zu hinterfragen (Feedback-Theorie, Kulturdesign), wir behandeln »klassische« Themen (Personalbeurteilung, Rückzugsverhalten) und Fragen, die sehr grundlegend die Beziehung zwischen Arbeitgebern und Arbeitnehmern berühren (psychologischer Vertrag, flexible Firma).

Tab. 1.9: Themen des vorliegenden Buches

Sozialisation: Begriffliche und konzeptionelle Grundlagen		
Theorie:	*Politik:*	*Gestaltung:*
Psychologischer Vertrag	Kulturdesign	Patensystem
Sensemaking	Sozialisationspraktiken	Teamentwicklung
Integration: Begriffliche und konzeptionelle Grundlagen		
Theorie:	*Politik:*	*Gestaltung:*
Extra-Motivation	Commitment-System	Integrationsmaßnahmen
Rückzugsverhalten	Flexible Firma	Beschäftigungsmanagement
Kontrolle: Begriffliche und konzeptionelle Grundlagen		
Theorie:	*Politik:*	*Gestaltung:*
Feedback	Kontrollformen	Personalbeurteilung
Selbstbestimmung	Partizipationsformen	Machtkontrolle

Kapitel 2: Integration

1   Einführung

Was meint man damit, wenn man sagt, eine Gruppe – oder allgemeiner, ein soziales System – sei integriert? Einer sich zufällig bildenden Menschenmenge (in einem Kaufhaus, auf dem Marktplatz) wird man Integration kaum bescheinigen wollen. Ihr fehlen ganz offensichtlich elementare Eigenschaften, die man im Alltagssprachgebrauch mit dem Begriff Integration in Verbindung bringt: Zusammenhalt, eine gemeinsame Ausrichtung, Ordnung. Völlig desintegriert ist gemäß diesem Grundverständnis beispielsweise eine Gruppe, die von Panik ergriffen ist, während ein militärischer Marschtrupp als hoch integriert gilt. Aber Zusammenhalt und Ordnung reichen nicht aus, um von echter Integration sprechen zu können, denn auch eine Warteschlange vor der Kinokasse besitzt ihre Ordnung, und man wird Warteschlangen (oder Personen in einem Zugabteil oder Zuhörer in einem Hörsaal usw.) nicht als integriert bezeichnen wollen. Bei der Integration geht es – neben der Ordnung – auch darum, dass die Akteure einen gemeinsamen Handlungszweck anstreben, dass sie etwas gemeinsam tun und dies in einer Art und Weise, die »zusammenstimmt«. Allerdings wird das Integrationsphänomen durch den Hinweis auf die Ordnung noch nicht hinreichend beschrieben. Auch in einem Gefängnis beispielsweise »stimmt« in gewisser Weise alles zusammen: die Wärter beaufsichtigen, die Gefangenen lassen sich beaufsichtigen und es gibt eine Ordnung, die eingehalten wird. Man wird sich aber schwer tun mit der Behauptung, ein Gefängnis sei ein »integriertes soziales System«. Wichtig für die Integration sind offenbar auch Freiwilligkeit und Spontaneität und darüber hinausgehend ein gewisses Engagement. Man denke nur an lustlos vor sich hin kickende Fußballer, die keinerlei Bereitschaft zeigen, das Spiel voranzutreiben, für die Mitspieler mitzudenken und Verantwortung zu übernehmen. Auf die häufig beschworene »integrierte Mannschaftsleistung« wird man in diesem Fall vergeblich hoffen.

Merkmale gelungener Integration

Die angeführten Überlegungen erlauben eine erste Annäherung an den Integrationsbegriff. Integration bezeichnet danach so etwas wie ein von einer gemeinsamen Orientierung getragenes Zusammenstimmen der Akteure. Das Integrationsphänomen ist mit dieser Charakterisierung allerdings noch nicht hinreichend beschrieben. Um den Begriff präziser bestimmen zu können, betrachten wir verschiedene Merkmale, die häufig mit Integration in Verbindung gebracht werden. Hierzu gehen wir auf zwei Fragen ein: Was unterscheidet eine Person, die in ein soziales System integriert ist, von einer Person, die nicht in das soziale System integriert ist? Was macht ein integriertes soziales System auf der Gruppenebene und der Organisationsebene aus?

Integration auf der Individualebene

Wann spricht man davon, dass eine Person in eine betriebliche Organisation »integriert« sei? Als Mindestbedingung kann wohl gelten, dass sich die Person in der Organisation wohl fühlt, also »zufrieden« damit ist, der Organisation anzugehören. Insbesondere wird man erwarten, dass sich eine integrierte Person mit den übrigen Organisationsmitgliedern verbunden fühlt. Umgekehrt gilt dasselbe. Es kommt nicht nur darauf an, dass die betrachtete Person zufrieden ist. Von einer gelungenen Integration kann eigentlich nur gesprochen werden, wenn auch die Person selbst akzeptiert ist, wenn also die soziale Umwelt mit ihr zufrieden ist. Wiederum aus der Perspektive der einzelnen Person betrachtet, was ist über die Zufriedenheit hinaus notwendig, damit sie als integriert gelten kann? Insbesondere drei Aspekte werden von der Literatur noch herausgehoben: die Zielübereinstimmung, die Beziehungsqualität und die Zukunftsorientierung. Jemand, der die gleichen Ziele wie die übrigen Organisationsteilnehmer verfolgt, wer diese Ziele verinnerlicht hat und nach außen offensiv vertritt, ist zweifellos stärker integriert als jemand, dem diese Ziele eher gleichgültig sind. Als weiterer – wenn nicht sogar als zentraler – Integrationsfaktor gilt zu Recht die Beziehungsqualität. Sie bestimmt sich u. a. danach, ob das Organisationsmitglied Anteil an den Erfolgen der Organisation hat, ob es gegenüber anderen Organisationsmitgliedern benachteiligt wird, ob die Möglichkeiten, auf das Organisationsgeschehen Einfluss zu nehmen, als angemessen empfunden werden oder, mit einem Wort, ob es gerecht zugeht. Und zum dritten ist wichtig, ob jemand eine Zukunftsperspektive in der Organisation hat. Wer in seiner Mitgliedschaft nur ein kurzfristiges Zweckbündnis sieht, das sofort aufgelöst wird, wenn sich einmal Schwierigkeiten auftun, ist ebenfalls weniger integriert als jemand, dessen Mitgliedschaft auf längere Frist angelegt ist und der die Möglichkeit sieht, in der Organisation z. B. beruflich voranzukommen. Die Ausführungen zeigen, dass es möglich ist, sinnvoll davon zu sprechen, ob eine Person in ein soziales System integriert ist oder nicht.

Integration auf der Gruppenebene

Streng genommen handelt es sich bei der Integration nicht um ein Personenmerkmal, sondern um ein relationales Merkmal, um die Charakterisierung der Beziehung zwischen einer Person und dem sozialen System, dem sie angehört. Die Zufriedenheit der Person, die als wesentliches Bestimmungsmerkmal der Integration gelten kann, bezieht sich ja nicht auf die emotionale Ausgeglichenheit der Person ganz allgemein, sondern auf die Zufriedenheit der Person in und mit der Gruppe. Gleiches gilt für die anderen angeführten Integrationsmerkmale, die angemessene Beteiligung, die Zielorientierung und die Zukunftsperspektive. Es ist daher sinnvoll, die Integration nicht als Eigenschaft von Personen, sondern als Merkmal von sozialen Systemen zu bestimmen. Integration bezeichnet danach das Ausmaß, in dem die verschiedenen Teile des Systems sich stimmig zusammenfügen. Oder etwas ausführlicher und auf eine Gruppe bezogen: Eine integrierte Gruppe ist dadurch gekennzeichnet, dass sie nach außen geschlossen auftritt, dass sich in ihr ein ausgeprägtes Wir-Gefühl breitmacht, dass die Mitglieder konstruktiv mit Konflikten umgehen, dass die Gruppe äußerem Druck standhält und nicht gleich zerbricht, wenn das eine oder andere Mitglied die Gruppe verlässt. Außerdem sollte jedes Gruppenmitglied an den Erträgen der Gruppe in angemessener Form partizipieren, ebenso wie an den Belastungen. Wie man sieht, gibt es deutliche Parallelen in der Beschreibung der Integration von Personen und Gruppen. Unterschiedlich ist nur die Blickrichtung. Betrachtet man das Integrationsphänomen aus dem Blickwinkel der Person, dann rücken Charakteristika der sozialen Beziehung ins Blickfeld. Es geht dann z. B. darum, ob eine bestimmte Person in ihrer Gruppe zufrieden ist, ob sie die Verteilung der Aufgaben und Belohnungen als gerecht empfindet usw. Betrachtet man das Integrationsphänomen aus dem Blickwinkel der Gruppe, dann rückt dessen Funktionsfähigkeit ins Blickfeld (genauer: die Unterstützungsleistung, die von der Integration ausgeht, um die Funktionsfähigkeit zu gewährleisten). Es geht aus dieser Sicht z. B. darum, ob die Zusammenarbeit zwischen den Gruppenmitgliedern »klappt«, ob die Gruppenmitglieder auf Störungen schnell und koordiniert reagieren, ob die Gruppe als geschlossene Einheit auftritt usw. Dabei interessiert nicht, ob jedes einzelne Gruppenmitglied voll integriert ist. Die entscheidende Frage für die Gruppe ist, ob die in ihr wirksamen sozialen Kräfte auf die Integration der Gruppe hinwirken. So kann es beispielsweise und paradoxerweise integrationsfördernd sein, wenn Personen von der weiteren Teilnahme am Gruppengeschehen ausgeschlossen werden, z. B. weil ihre Verhaltensweisen das soziale Miteinander nachhaltig stört. Unter Umständen kann selbst ein so unerfreuliches Phänomen wie die Zuweisung von inferioren Rollen an einzelne Personen sozialintegrative Wirkungen haben. Eine Außenseiterrolle beispielsweise hat eine Orientierungs- und Selbstvergewisserungsfunktion für die Gruppenmitglieder, weil sie anschaulich demonstriert, welche Verhaltensweisen nicht erwünscht sind und wofür die Gruppe steht. Wird einem Gruppenmitglied die Rolle des Sündenbocks zugewiesen (um ein weiteres Beispiel zu nennen), dann hat dies häufig eine Entlastungsfunktion, Misserfolge werden dem vermeintlich Schuldigen zugewiesen, der Ärger über den Misserfolg findet ein Objekt, an dem er sich entladen kann. Eine Gruppe kann also auch oder gerade deswegen integriert sein, weil Teilgruppen nur eine geringe Integration aufweisen. Allerdings hat dies Grenzen. Kommt es in einer Gruppe (oder auch in der Gesellschaft) zu einer systematischen Ausgrenzung von Minderheiten, dann wird man nicht von einem integrierten sozialen System sprechen wollen und zwar schon aus dem einfachen Grund nicht, weil die Minderheiten selbst Bestandteil des sozialen Systems sind und nicht nur Harmoniebeschaffer für die Mehrheit. Es verdient dennoch festgehalten zu werden, dass sich die systembezogene Betrachtung von der personenbezogenen Betrachtung der Integration unterscheidet. Dies gilt auch im Hinblick auf den

Stellenwert einzelner Integrationsmerkmale. Während eine Person, die in ständigen Konflikten mit ihren Kollegen lebt, kaum als integriert gelten kann, ist das Auftreten von Konflikten in sozialen Systemen eher ein positives Integrationsmerkmal. Dies liegt gewissermaßen in der Natur der Sache: Weil Konflikte unvermeidlich sind, wenn Menschen zusammenleben und zusammenarbeiten, ist die Austragung von Konflikten ein ganz wesentliches Merkmal von gut integrierten Gruppen, denn nur wenn Konflikte offen und ohne Scheu angesprochen werden, wird verhindert, dass sie verborgen im Hintergrund schwelen und nach und nach die soziale Substanz einer Gruppe aushöhlen. Allerdings gilt auch, dass wenn die Konflikte überhandnehmen, die soziale Integration leidet. Was damit deutlich werden sollte: Integration ist kein einmal fixierter Zustand der Konfliktfreiheit (oder auch der Zufriedenheit, der Identifikation usw. der Mitglieder) eines sozialen Systems. Weil das soziale Geschehen immer im Fluss ist, ist eine gewisse »Unruhe« in einem sozialen System eher positiv zu bewerten, weil sie den Anstoß liefert, das stets gefährdete soziale Gleichgewicht immer wieder neu einzuregulieren.

Integration ist, wie beschrieben, ein Phänomen, das sowohl die Individual- als auch die Gruppenebene betrifft. Und es betrifft auch soziale Systeme, die der Gruppe übergeordnet sind. Personen sind Angehörige von Gruppen, Gruppen sind Bestandteile von Organisationen, Organisationen sind Elemente der Gesellschaft usw. und es stellt sich in allen Fällen die gleiche Frage nach der Beziehung zwischen den Teilen und dem Ganzen (▶ Tab. 2.1). Bezüglich einzelner Personen haben wir danach gefragt, welche Merkmale gegeben bzw. welche Voraussetzungen erfüllt sein müssen, damit man sinnvoll sagen kann, sie seien in eine Gruppe (oder eine Organisation) integriert (Feld Ia). In derselben Weise ist zu fragen, unter welchen Umständen eine Gruppe als integrierter Teil ihres sozialen Umsystems (also einer Abteilung, einer Organisation) gelten kann und ebenso, was notwendig ist, damit eine Organisation in ihr soziales Umfeld integriert ist (Felder IIa und IIIa). Aus dem Blickwinkel der Organisationsaufgabe betrachtet ist eine Gruppe umso besser in eine Organisation integriert, je enger die Verzahnung der Gruppenaktivitäten mit den Aktivitäten der übrigen Subsysteme der Organisation ist. Die Integration der Gruppe in die Organisation lässt sich außerdem daran bemessen, wie wichtig die Beiträge der Gruppe für den Organisationserfolg sind und wie leicht es gelänge, die Funktionstüchtigkeit der Organisation zu erhalten, falls die Gruppe aus der Organisation ausgegliedert würde. Integration bemisst sich aber nicht nur nach der dienenden Funktion der Gruppe, ebenso wichtig ist die Empfänglichkeit für die jeweiligen besonderen Gruppenbedürfnisse. Wenn beispielsweise die Abteilungen eines Unternehmens ganz unabhängig vom jeweiligen Arbeitsanfall alle den gleichen Arbeitszeitregelungen unterworfen sind, wenn die Mittelzuweisung schematisch und nicht auf den jeweiligen Bedarf hin geschieht, wenn Leistungsbewertungen ganz losgelöst von besonderen Problemlagen erfolgen, wenn sich die Auffassung von Bereichs- und Gruppenleitern nur aufgrund der besseren Beherrschung des Machtinstrumentariums und unabhängig von besseren Argumenten durchsetzen, dann leidet das organisationale Zusammenwirken und damit die Integration.

Tab. 2.1: Betrachtungsebenen und Betrachtungsweisen der Integration

	Integration als Beziehung (Teil-Ganzes)	Integration als Merkmal des betrachteten Systems
Individuum	Ia. Wann kann man davon sprechen, dass eine Person in eine Gruppe integriert ist? Zufriedenheit des Gruppenmitglieds mit den anderen Gruppenmitgliedern.	Ib. Was macht eine stabile Persönlichkeit aus, welche persönlichen Eigenheiten/Kräfte erleichtern das soziale Miteinander? Emotionale Stabilität, Selbstbewusstsein, soziale Reife.
Gruppe	IIa. Wann kann man davon sprechen, dass eine Gruppe in die Organisation integriert ist? Enge Verzahnung der Gruppentätigkeiten, Empfänglichkeit für Gruppenbedürfnisse.	IIb. Welche sozialen Kräfte tragen zur Integration der Gruppe bei? Wir-Gefühl, gemeinsame Normen, Existenz von Konflikthandhabungsmechanismen.
Organisation	IIIa. Wann kann man davon sprechen, dass eine Organisation in ihr gesellschaftliches Umfeld integriert ist? Bereitstellung gesellschaftlich wichtiger Ressourcen durch die Organisation, Vorbildcharakter der Aufgabenerfüllung.	IIIb. Welche strukturellen Kräfte sorgen für den sozialen Zusammenhalt der organisationalen Subsysteme? Ineinander greifende Aufgabenstrukturen, homogene Belegschaft, transparente Kommunikation, gemeinsame Kultur.

Integration auf der Organisationsebene

Auch auf der nächsthöheren Systemebene stellt sich das Integrationsproblem. Hier geht es darum, ob die Organisation als Gesamtsystem in das sie umschließende soziale Umfeld integriert ist. Als besonders problembehaftet gilt das Engagement von Unternehmen in einem fremden kulturellen Umfeld, in dem besondere Geschäftsusancen gelten, Status und Prestige nach anderen Kriterien verteilt werden und andere Vorstellungen über die Beziehung zwischen öffentlichen und privaten Akteuren bestehen. Integrationsprobleme entstehen aber nicht nur aus der Konfrontation unterschiedlicher Kulturen, sondern auch aus unterschiedlichen Interessenlagen (z. B. Ansiedlung von Gewerbebetrieben in der Nähe von Wohngebieten, Zerstörung ökologisch wertvoller Flächen, ruinöser Wettbewerb, Monopolisierung des Arbeitsangebotes). Hierauf kann an dieser Stelle nicht vertiefend eingegangen werden. Erwähnt seien lediglich noch einige Indikatoren, die anzeigen, ob die Integration einer Organisation in ihre soziale Umwelt gelungen ist. Eigentlich selbstverständlich, aber doch herauszustellen ist, dass eine Organisation die gesetzlichen Auflagen erfüllt. Das Umgehen oder opportunistische Ausnutzen von Rechtsvorschriften schädigt nicht nur das Ansehen der Organisation, sondern trägt auch auf subtile Weise zu einer Untergrabung des herrschenden Rechtsverständnisses und damit zu einer Desintegration der Gesellschaft bei. Als besonders integriert können Organisationen gelten, die sich der vor Ort gegebenen besonderen gesellschaftlichen Bedürfnisse annehmen. Unternehmen, die in besonderer Weise für die Arbeitssicherheit sorgen, die über ihren Bedarf hinaus Ausbildungsstellen schaffen, das kulturelle Leben fördern, soziale Einrichtungen finanzieren und in denen z. B. auch die Führungskräfte aktiv am Gemeindeleben teilnehmen, »beweisen« damit, dass sie in der Gesellschaft gut verankert sind.

Wie beschrieben geht es in den Feldern Ia, IIa und IIIa in Tabelle 2.1 um die Frage, unter welchen Umständen »Teilbestandteile« einer sozialen Einheit als integrierte Subsysteme gelten können. In den Feldern Ib, IIb und IIIb wird das Integrationsproblem aus einem anderen Blickwinkel betrachtet. Hier geht es um die Frage, welche Eigenschaften ein integriertes soziales System (bzw. ein soziales Subsystem) ausmachen. Für die Gruppenebene (Feld IIb) haben wir diese Frage schon weiter oben behandelt. Dabei haben wir besonders auf die Bedeutung sozialer Prozesse hingewiesen, die für das Gelingen der Integration verantwortlich sind. Auf der Ebene der Organisation (Feld IIIb) wird die Integration vor allem davon bestimmt, ob die Gruppen, Abteilungen und Unternehmensbereiche Hand in Hand arbeiten, also eine Art organischen Zusammenwirkens entfalten. Auch dies gelingt nur, wenn bestimmte soziale Prozesse angestoßen und durchgesetzt werden. So sollten die Organisationsmitglieder keine Informationen zurückhalten, sich an gemeinsamen Verhaltensstandards orientieren und die Institutionen der Organisation akzeptieren. Sehr umfassend wird die Integration von einer gemeinsamen Organisationskultur gefördert.

Nicht eingegangen sind wir bislang auf das Feld Ib. Dieses fällt etwas aus dem Rahmen der angestellten Betrachtungen, weil ein Mensch ja kein soziales System ist. Dennoch lässt sich natürlich auch die Frage nach der Integration des personalen Systems stellen. Dabei geht es dann um Themen wie die psychologische Gesundheit, um das Herausbilden einer gefestigten Persönlichkeit, um die emotionale Stabilität einer Person usw. Diese Themen haben zwar vor allem Bedeutung für die Person selbst, sie sind jedoch auch relevant für deren soziale Einbindung. Persönliche emotionale Probleme schlagen sich z. B. auch in der Zusammenarbeit mit anderen nieder. Umgekehrt können soziale Prozesse das Auftreten emotionaler Probleme fördern oder abmildern. Allgemein ist festzuhalten: Je umfassender das Sozialsystem ist, das man betrachtet, desto unpersönlicher gestalten sich die Integrationsmechanismen. Sie lösen sich aus dem Kontext der unmittelbaren sozialen Abstimmung zwischen einzelnen Akteuren und verlagern sich auf unpersönliche Vermittlungsinstanzen (Regeln, kulturelle Muster, Institutionen).

Integration als variable Größe

In Tabelle 2.2 finden sich einige kurze Situationsbeschreibungen. Sie sollen deutlich machen, dass es oft nicht einfach ist, eindeutige Aussagen über das Vorliegen oder Fehlen von Integration zu machen.

Tab. 2.2: Integrationssituationen

Situation 1: Sind die einzelnen Gruppenmitglieder in die Organisation integriert?
Mehrere türkische Arbeitnehmer bilden gemeinsam einen Bautrupp in einer größeren Firma.
Der Bautrupp ist keinem Unternehmensbereich fest zugeordnet, sondern wird vornehmlich
als flexible Einsatzreserve an häufig wechselnden Standorten eingesetzt. In der Arbeitsgruppe arbeiten keine deutschen Arbeitnehmer mit. Die Arbeitnehmer sprechen schlecht
Deutsch, werden schlechter bezahlt als die übrigen Arbeitnehmer der Firma und haben einen
bärbeißigen deutschen Vorgesetzten, der eher autoritär führt. Die einzelnen Mitglieder des
Bautrupps fühlen sich wohl, verstehen sich glänzend und wollen auch trotz evtl. etwas
besserer Löhne den Arbeitgeber nicht wechseln, weil sie eine so gute Truppe sind.

Situation 2: Ist die Arbeitsgruppe in die Organisation integriert?
Der Bautrupp (Situation 1) ist innerhalb der Firma weitgehend isoliert. Die übrigen Mitarbeiter
wollen nicht dorthin versetzt werden. Aber es gibt keine innerbetrieblichen Konflikte, vor Ort
ist der Trupp wohlgelitten, seine Arbeit wird anerkannt und er gilt als funktionstüchtiger Teil
der Organisation.

Situation 3: Sind die einzelnen Vorstandsmitglieder in die Organisation integriert?
Ein Vorstandsvorsitzender bringt das Unternehmen gut voran, hat aber laufend Probleme mit
seinen Vorstandskollegen. Seine Kollegen sind alles hervorragende Experten in ihrem Bereich
und auch als Chefs von ihren Mitarbeitern hoch angesehen. Dennoch gilt der Vorsitzende als
unangefochtener Führer.

Situation 4: Ist der Vorstand als Gruppe in die Organisation integriert?
Dieselbe Gruppe wie in Situation 3: Die Fähigkeiten der Kollegen ergänzen sich, der Chef wird
in seiner Rolle als Antreiber akzeptiert (wenn auch etwas unwillig). In den letzten Jahren hat
das Unternehmen eine schwere Krise bewältigt.

Situation 5: Ist das Ausflugslokal als Organisation integriert?
Ein beliebtes Ausflugslokal hat eine sehr hohe Fluktuationsquote unter den Kellnerinnen und
Kellnern. Betreiber des Ausflugslokals ist die Familie Huber, die im Stadtzentrum ein größeres
Hotel mit Restaurant betreibt. Die Familienmitglieder arbeiten alle in zentralen Funktionen im
Hotel. Im Ausflugslokal gehören zur Kernbelegschaft neben der Familie ein altgedienter
»Oberkellner« und eine Hilfsköchin.

In Situation 1 sind die ausländischen Arbeitnehmer offenbar alle gut in die Arbeitsgruppe integriert. Die Tatsache, dass der Vorgesetzte wenig auf die Bedürfnisse seiner
Leute eingeht, tut dem offenbar keinen Abbruch. Dennoch liegt hier ein Problem, weil
nicht damit zu rechnen ist, dass sich der Vorgesetzte im Bedarfsfall für seine Mitarbeiter
in besonderem Maße einsetzen wird. Prekär ist in unserem Beispiel insbesondere die
Einbindung über die Gruppenebene hinaus, die Integration in das Unternehmen. Die
Mitarbeiter werden relativ schlecht bezahlt, haben keine soziale Anbindung an die
Kollegen außerhalb ihrer Arbeitsgruppe (schon wegen der Sprachschwierigkeiten) und
sie dienen vornehmlich als Aushilfen ohne feste Zukunftsperspektive. Insgesamt ist die
Situation also zwiespältig, einerseits sind die Arbeitnehmer sehr gut in ihre Arbeits-
gruppe integriert, dem gegenüber stehen aber erhebliche Integrationsdefizite in das
Gesamtunternehmen. In Situation 2 geht es um die nächsthöhere Systemebene, um die
Integration der Arbeitsgruppe in das Unternehmen. Auch hier muss die Einschätzung

der Integration zwiespältig bleiben. Zwischenmenschliche Begegnungen mit Angehörigen anderer Unternehmensbereiche gibt es keine, aber immerhin wird die Arbeit der Arbeitsgruppe akzeptiert und ganz generell sind die Gruppenleistungen für die Organisation von einigem Wert. Allerdings sind gerade hierbei auch wieder Abstriche zu machen. Die Mitglieder der betrachteten Arbeitsgruppe gehören ganz offenbar nicht zur Stammbelegschaft. Sollten Personalabbaumaßnahmen notwendig werden, so dürften sie daher zu den ersten gehören, die davon betroffen sind. Dies ist aber eigentlich ein Punkt, der sich auf die Frage 1 (also die Situationsschilderung 1) bezieht, weil er die Beziehung der einzelnen Gruppenmitglieder zu ihrer Organisation betrifft. Er ist jedoch eng mit der Frage 2 verknüpft: Die beschriebene Arbeitsgruppe erfüllt keine Kernfunktionen im Unternehmen, sie ist lediglich ein Hilfstrupp und daher ist ihre Existenz immer besonders gefährdet, wenn es darum geht, Personal abzubauen.

Die nächsten beiden Situationen beschreiben das andere Ende der Hierarchie. Man sollte meinen, dass die Leiter eines Unternehmens gewissermaßen kraft Amtes als integriert zu gelten haben. Dies ist zwar insoweit plausibel, als sie besondere Einflussmöglichkeiten besitzen, um ihr soziales Umfeld auf ihre je eigenen Bedürfnisse hin auszugestalten. Tatsächlich ergibt sich daraus aber nicht zwingend eine höhere Integration. Man findet nicht selten »isolierte« Unternehmensleitungen, die über die Köpfe der ihnen Unterstellten hinweg Entscheidungen treffen (und die sich dann häufig auch als wenig durchführbar erweisen). In unserem Beispiel 3 ist die sozio-emotionale Einbindung des Vorstandsvorsitzenden ausgesprochen schlecht, was nicht gerade für seine Integration spricht. Allerdings besitzt er eine hohe Autorität. Anders als der Vorstandsvorsitzende sind die Vorstandskollegen offenbar gut in ihren Unternehmensbereichen verankert. Daraus ergibt sich zum Teil bereits die Antwort auf die Frage 4: Nicht das gesamte Vorstandskollegium ist in die Organisation integriert, besonders misslich ist, dass gerade das einflussreichste Vorstandsmitglied offenbar keinerlei Sozialbeziehungen zu den Mitarbeitern jenseits der Vorstandsetage aufweist. Das ist aber vielleicht auch gar nicht notwendig. Das Vorstandsgremium scheint ja zu funktionieren (die Rolle des Vorsitzenden als Antreiber wird akzeptiert) und die Verbindung mit der übrigen Organisation wird von den Vorstandskollegen gut vermittelt. Man kann aber mit gutem Grund skeptisch sein. Ein Vorstand, der immer wieder mit den einsamen und damit unberechenbaren Entschlüssen des Vorsitzenden konfrontiert wird, wird kaum eine kohärente Politik in das Unternehmen hinein vermitteln und damit fehlt ein wichtiges Element der Integration. Während die bisher angesprochenen Fälle alle die Integration von Subsystemen in das Gesamtsystem betreffen, geht es in Situation 5 um die Integration der Organisation insgesamt. Wenig integrationsförderlich scheint die hohe Fluktuationsquote zu sein. Das stimmt aber nur bedingt, in einem Ausflugslokal findet man häufig Aushilfen, die an nichts anderem als an einer nur vorübergehenden Beschäftigung interessiert sind. Kellnerinnen und Kellner verrichten außerdem Tätigkeiten, die keine besondere Einarbeitung erforderlich machen und daher leicht von neuen Mitarbeitern übernommen werden können. Getragen wird das Lokal von bewährten Mitarbeitern, die eine hohe Bindung an das Unternehmen besitzen, die sich im Zuge ihrer langjährigen Mitgliedschaft zu einem eingespielten Team entwickelt haben und die eine starke Unternehmenskultur verbindet. Der Fall 5 liefert damit ein Beispiel für den bereits oben beschriebenen Tatbestand, wonach ein soziales System eine hohe Integration aufweisen kann, auch wenn einzelne Mitglieder (oder sogar Gruppen von Mitgliedern) wenig integriert sind.

Was lässt sich aus der Betrachtung unserer Beispiele insgesamt lernen? In jedem einzelnen Fall scheint ein gewisses Mindestniveau der Integration vorzuliegen. Andererseits finden sich immer auch Aspekte, die gegen das Vorliegen einer Integration sprechen. Wie ist dann aber die Integrationssituation einzuschätzen? Lassen sich die positiven und negativen Situationsmerkmale verrechnen? Deutet ein Überwiegen der positiven Aspekte auf Integration, ein Überwiegen der negativen Aspekte auf Desintegration hin? Diese Frage lässt sich kaum allgemein beantworten. Es gibt sicherlich Mindestbedingungen, die vorliegen müssen, damit eine Organisation nicht sozial zerfällt (z. B. sollte zwischen den Führungspersonen oder zwischen Teilgruppen im Unternehmen keine tiefe Feindschaft herrschen), aber zum Teil lassen sich Integrationsdefizite auch durch besondere Integrationsstärken ausgleichen (Wir-Gefühl gegen fehlende Normen, Kommunikation gegen unklare Aufgaben- und Rollenabgrenzung usw.). In welchem Maße dies gelingt, muss allerdings weitgehend unbestimmt bleiben, auch deswegen, weil in jeder konkreten Situation immer mehrere Kräfte gleichzeitig wirksam sind und der Gesamteffekt sich nur aus der Gesamtkonstellation ergibt.

Und hiermit ist auch der eigentlich interessante Punkt angesprochen, es kommt nämlich nicht so sehr darauf an, welche Ausprägungen die Integrationsmerkmale in einer gegebenen Situation gerade annehmen. Entscheidend ist vielmehr, welche Kräfte dafür verantwortlich sind, diese Situation entstehen zu lassen. An einem unserer Beispiele verdeutlicht: Ist es »schlimm«, dass in dem Ausflugslokal ständig das Personal wechselt? Nicht unbedingt, weil ja, wie bereits ausgeführt, ein Ausflugslokal recht gut mit wechselndem Hilfspersonal florieren kann. Die ständige Fluktuation könnte andererseits auch ein Zeichen für die Wirksamkeit desintegrativer Kräfte sein, z. B. für eine vergiftete Arbeitsatmosphäre sein, die dazu führen, dass auch die Stammbelegschaft Fluchttendenzen entwickelt.

Stabilisierende und destabilisierende Integrationskräfte

Die bisherigen Überlegungen lassen sich wie folgt zusammenfassen: Damit sinnvoll von einem integrierten sozialen System gesprochen werden kann, ist es nicht notwendig, dass alle denkbaren Integrationsmerkmale immer vorliegen. Integration ist außerdem kein »Alles oder Nichts-Phänomen«, sie kann mehr oder weniger stark sein. Ihre Intensität wird von bestimmten sozialen Kräften geprägt, die die Integration stützen oder beeinträchtigen. Um welche Kräfte handelt es sich hierbei? Auf diese Frage sei im Folgenden eingegangen. Dabei empfiehlt sich ebenfalls eine Differenzierung nach unterschiedlichen Systemebenen. Der Einfachheit halber soll lediglich zwischen der Individualebene und der Sozialebene unterschieden werden.

Integrationskräfte auf der individuellen Ebene

Das individuelle Verhalten wird ganz generell und stark von Nützlichkeitsüberlegungen bestimmt. Diese können der Integration förderlich sein, sie können die Integration aber auch beeinträchtigen. In unseren oben angeführten Beispielen macht sich der Vorstandsvorsitzende wenig beliebt, dennoch wird er »akzeptiert«. Ausschlaggebend hierfür ist nicht sein einnehmendes Wesen, sondern sein Leistungspotential, von dem die Kollegen gern profitieren, wenngleich sie dafür vielleicht auch manche Demütigung in Kauf nehmen müssen. In diesem Beispielfall spricht das individuelle *Nutzenkalkül* der Vorstandskollegen also dafür, den Vorsitzenden weiter zu ertragen und ihm gegenüber keine feindselige Haltung einzunehmen. Dies kann sich allerdings ändern, z. B. dann, wenn er das Unternehmen vom Erfolgskurs abbringt. Dann werden die Vorstandskollegen daran interessiert sein, ihren Vorsitzenden zu isolieren oder gar aus dem Unternehmen zu drängen. Nicht nur in diesem speziellen Fall, sondern ganz generell ist das Verhältnis zwischen der individuellen Interessenverfolgung und der Sozialintegration eher heikel. Treffen individuelle Interessen aufeinander, dann stellt sich leider nur selten eine spontane Harmonie ein. Das Zusammenwirken von Menschen ist deswegen auf die Abstützung durch soziale Institutionen angewiesen. Aus diesem Grund ist eine isolierte Betrachtung der Interessenlagen nicht ausreichend, um die Integrationskraft von Nutzenüberlegungen zu beurteilen. Zu berücksichtigen ist immer das soziale Arrangement, in das das individuelle Handeln eingebettet ist. Ein Beispiel ist die Institution des Wettbewerbs. Wettbewerb ist bekanntlich leistungssteigernd, aber er ist nicht als solcher segensreich. Die Konkurrenz um knappe Ressourcen kann die Beteiligten z. B. dazu verführen, ihre Wettbewerber ernsthaft zu schädigen. Damit dies nicht geschieht, ist es notwendig, dass Regeln des »fairen« Wettbewerbs und dass soziale Instanzen existieren, die dafür sorgen, dass die Regeln auch eingehalten, Missetäter also z. B. bestraft werden.

Wesentlich eindeutiger in ihren Auswirkungen auf die Integration als der individuelle Nutzen ist die zwischenmenschliche *Sympathie* (das in unserem Bautruppbeispiel vorherrschende Motiv des Zusammenhalts). Man kann sich nur schwer vorstellen, dass Sympathie desintegrierend wirken kann, dass es also so etwas wie zu viel Sympathie geben könne. Allenfalls denkbar ist dies über indirekte Wirkungsketten, z. B. dann, wenn die gegenseitige Sympathie dazu führt, dass Nachlässigkeiten, Fehler oder auch mangelnde Fähigkeiten der Mitstreiter übersehen werden und sich – nachgelagert – aus einem defizitären Leistungsverhalten Bedrohungen für die Zielerreichung und den Weiterbestand des Systems ergeben.

Weitere individuelle Integrationsfaktoren ergeben sich aus bestimmten *Wert*haltungen, z. B. der Kooperationsbereitschaft oder dem Verantwortungsbewusstsein. Von großer Bedeutung ist auch die Übereinstimmung der eigenen Werthaltungen mit den herrschenden Werten. Ein Beispiel ist das Gründerteam, in dem gilt, dass man sich bei den ersten Schwierigkeiten nicht einfach »aus dem Staub macht«, sondern sein ohnehin als selbstverständlich vorausgesetztes Engagement noch weiter steigert. Hier kommt bereits sehr stark ein soziales Element zum Zuge, das über individuell begründete Integrationsfaktoren hinausweist. Dies gilt in noch stärkerem Maße für gemeinsame *Normen*. Soziale Normen sind dadurch gekennzeichnet, dass ihre Verletzung Ächtung oder Bestrafung nach sich zieht und dass ihre Befolgung belohnt wird. Eine Norm, die darauf abzielt, sich gegenseitig zu helfen, wirkt selbstverständlich integrationsfördernd. Andere Normen können der Integration dagegen im Wege stehen, etwa die Etablierung unfairer Verteilungsregeln, deren Geltung mit Macht durchgesetzt wird. Eine zwiespältige Wirkung auf die Integration hat *Zwang*. Kurzfristig kann die Anwendung von Zwang zwar dazu führen, dass Personen auf sozialschädliche Handlungen verzichten und ist insoweit auch integrationsfördernd, mittel- und langfristig wird Zwang aber immer eine Entfremdung des Zwangsunterworfenen herbeiführen und damit dessen Integrationsbereitschaft nachhaltig schwächen.

Integrationskräfte auf der Sozialebene

Gesellschaftliche Werte, Normen und Zwang wirken gewissermaßen direkt auf das Individuum und dessen integrationswirksame Verhaltensweisen ein. Ihrer Natur nach kommt ihnen damit eine Stellung zwischen sozialen und personalen Integrationsdeterminanten zu. Systemkräfte wirken weniger unvermittelt, deswegen aber nicht weniger stark. Eine bedeutsame »systemische« Einflussgröße ist die Art der *Aufgabenteilung*. Im unserem Beispiel des Ausflugslokals sind Kernaufgaben und Hilfsaufgaben klar voneinander getrennt, dies führt in diesem Fall (aber nicht immer) zu einer größeren Integration. Abhängig ist die Integrationswirkung der Aufgabenteilung sehr stark davon, ob sich die Aufgaben ergänzen oder ob sich aus ihr besondere Reibungsverluste ergeben. Ebenso wichtig ist das Rollengefüge. Es gibt Rollen, die zueinander passen und Rollen, die sich gegenseitig behindern. Der in unserem Beispiel beschriebene Vorstandsvorsitzende darf durchaus »toben«, weil dies zu seiner Rolle als »Antreiber« gehört und die Rollen der anderen Vorstandsmitglieder hierzu passen. Anders wäre dies, wenn es noch einen zweiten »Antreiber« gäbe, dessen Ziele von denen des Vorsitzenden stark abwichen. Als »klassischer« Fall der wechselseitigen Ergänzung von Führungsrollen gilt die gleichzeitige Herausbildung eines aufgabenbezogenen Führers einerseits und eines sozio-emotionalen Führers andererseits. Während der erstgenannte Einfluss nimmt, um die Leistung der Mitarbeiter zu steigern, ist der Zweitgenannte bestrebt, die hieraus sich ergebenden Belastungen durch sozialintegratives Verhalten aufzufangen. Große systemische Bedeutung hat auch die Existenz von *Institutionen*, die geeignet sind, Konflikte zu regulieren und in produktive Bahnen zu lenken. Ein Beispiel für eine derartige Institution ist der Betriebsrat, der gemäß Betriebsverfassungsgesetz zwar primär die Interessen der Belegschaft vertreten soll, dabei aber das Wohl des Betriebes zu berücksichtigen hat. Schließlich soll noch ein ganz profaner Faktor genannt werden, der die Integration nachhaltig fördern kann, nämlich die Verfügbarkeit von *Ressourcen*. Im Beispiel des Ausflugslokals treten vor allem deswegen keine Integrationsprobleme auf, weil auf dem Arbeitsmarkt hinreichend Kellnerinnen und Kellner zur Verfügung stehen. Generell kann gesagt werden, dass die Knappheit an Ressourcen die Wahrscheinlichkeit für das Auftreten von Verteilungskonflikten erhöht und damit die Ausgangsbedingung für die Entstehung von Integration natürlich nicht eben fördert.

Situative Relativierung

Die Integrationserfordernisse sind nicht in allen sozialen Systemen gleich stark. Abhängig ist das Ausmaß der wünschenswerten Integration vielmehr auch von bestimmten

Handlungsbedingungen. Wichtig ist zum Beispiel die Art der Aufgabe. Eine Expeditionsgruppe in der Antarktis ist auf eine höhere Integration angewiesen als eine Gruppe von Hafenarbeitern bei der Entladung eines Bananendampfers. Auch für die einzelnen Mitglieder einer Gruppe oder einer Organisation ergeben sich unterschiedliche Integrationsnotwendigkeiten. Wichtig ist hier insbesondere die formale Stellung. Der Leiter eines Unternehmens sollte stärker ins Unternehmen integriert sein als eine Person, die lediglich Hilfsdienste leistet. Der Integrationsbedarf richtet sich außerdem nach den persönlichen Eigenschaften der Gruppen- oder Organisationsmitglieder. Er ist z. B. besonders hoch bei Personen, die nur geringe soziale Fähigkeiten aufweisen. Wichtig sind außerdem situative Bedingungen. In Krisenzeiten werden beispielsweise höhere Anforderungen an die Integrationsfähigkeit eines sozialen Systems gestellt als in Zeiten der Ruhe und Sicherheit. Ganz maßgeblich bestimmt schließlich auch das soziale Umfeld die Integrationserfordernisse. In individualistischen Kulturen gestaltet sich die Integration beispielsweise schwieriger als in kollektivistischen Kulturen.

In den Abbildungen 2.1 und 2.2 sind unsere Überlegungen nochmals schematisch wiedergegeben. Das Ausmaß der Integrationsanforderungen an ein soziales System ist demnach von bestimmten Rahmenbedingungen abhängig. Die Frage, ob das soziale System diesen Anforderungen genügt, hängt von der Wirksamkeit verschiedener Integrationskräfte ab.

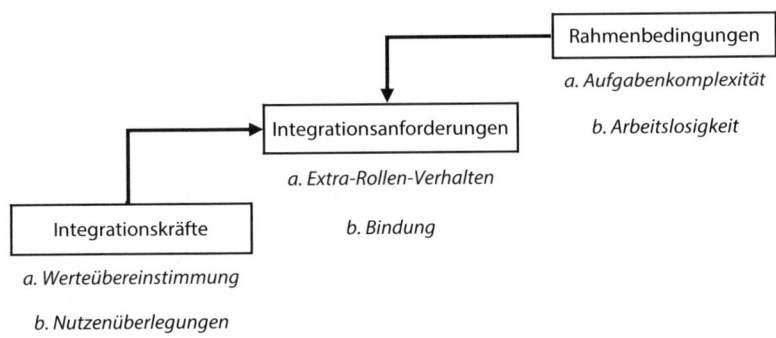

Abb. 2.1: Integrationskräfte auf der Individualebene

In Abbildung 2.1 sind beispielhaft zwei Integrationsanforderungen an die Mitglieder einer Organisation aufgeführt: das Extra-Rollen-Verhalten und die Bindung an die Organisation. Extra-Rollen-Verhalten setzt deren Bereitschaft voraus, gewissermaßen über den Tellerrand ihrer je eigenen Aufgabe hinauszuschauen und sich verantwortungsbewusst für die Belange der Organisation einzusetzen, auch wenn hierfür keine besonderen Belohnungen in Aussicht stehen. Das Ausmaß des notwendigen Extra-Rollen-Verhaltens bestimmt sich u. a. nach der Komplexität der Aufgabe (a). Einfache Tätigkeiten lassen sich normalerweise gut von anderen Aufgaben abgrenzen, sie lassen sich genau spezifizieren und man kann leicht kontrollieren, ob sie wie gewünscht ausgeführt werden. Für komplexe Aufgaben gilt das Gegenteil. Entsprechend wichtig ist das freiwillige Engagement der Mitarbeiter, die diese Tätigkeiten ausführen. Ein Mitarbeiter, der eine komplexe Tätigkeit ausübt, die im Zweifel nur er selbst völlig überschaut und beherrscht, muss die diesbezüglichen Regelungslücken selbständig ausfüllen, er muss eigene Bestimmungsleistungen vornehmen und bereit sein, Verantwortung für sein Handeln zu übernehmen. Ob die Mitarbeiter diesen Anforderungen tatsächlich genügen, ob sie also bereit und in der Lage sind, Extra-Rollen-Verhalten zu zeigen, bestimmt sich nach dem Vorhandensein bestimmter Integrationskräfte. Abbildung 2.1 nennt als Beispiel für eine wichtige Integrationskraft die Übereinstimmung der Werthaltungen der Mitarbeiter mit den Wertvorstellungen, auf denen die Zweckbestimmung der Organisation beruht. Wer sich in diesem Sinne mit den Zielen einer Organisation identifiziert, für den ist es naturgemäß leichter, Extra-Rollen-Verhalten zu zeigen. Als weiteres Beispiel ist in Abbildung 2.1 der Zusammenhang zwischen der Arbeitsmarktsituation, Nutzenüberlegungen und der Notwendigkeit aufgeführt, die Bindung der Mitarbeiter eines Unternehmens zu stärken. Steigende Arbeitslosigkeit vermindert den Druck auf Unternehmen, ihre Mitarbeiter dauerhaft an sich zu binden, weil es ihnen damit leichter fällt, Ersatz zu beschaffen. Beeinflusst wird die Bleibeentscheidung eines Mitarbeiters nicht zuletzt von Nutzenerwägungen, d. h. der Überlegung, ob sich ein Wechsel des Arbeitgebers »auszahlt«.

Während sich die Beispiele in Abbildung 2.1 auf Integrationsanforderungen an das Individuum richten, geht es in den Beispielen in Abbildung 2.2 um Integrationsanforderungen auf der Sozialebene. Die Logik ist die gleiche. Bestimmte Rahmenbedingungen definieren das Integrationserfordernis, bestimmte Integrationskräfte sind dafür verantwortlich, ob ihm entsprochen wird. So verlangt beispielsweise ein starker Wettbewerbsdruck nach einer großen Belastbarkeit der Sozialbeziehungen und je mehr Reibungsverluste eine ungünstige Rollenkonstellation erzeugt, desto weniger kann dieser Anforderung entsprochen werden (a). Das zweite in Abbildung 2.2 aufgeführte Beispiel (b) thematisiert das kulturelle Umfeld. In individualistischen Kulturen ist die Gefahr, dass es zu Verteilungskonflikten kommt höher als in kollektivistischen Kulturen. Entsprechend wichtiger ist es in diesen Kulturen, die Konflikteskalation zu vermeiden. Die Gefahr, dass Konflikte eskalieren, ist umso geringer, je besser die vorhandenen Institutionen geeignet sind, faire Lösungen zu gewährleisten.

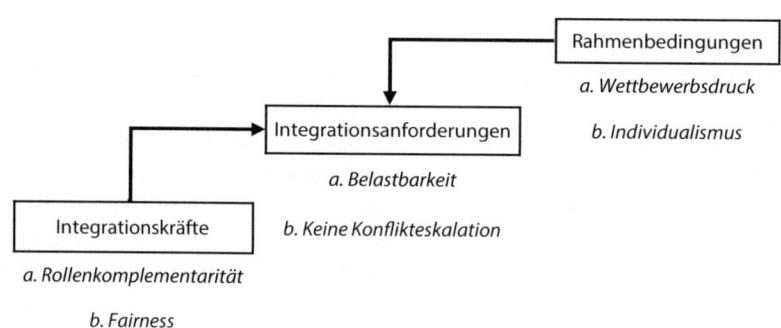

Abb. 2.2: Integrationskräfte auf der Sozialebene

Sozial- und Systemintegration

Bei der Integration geht es um die soziale Seite der Beziehung zwischen der Organisation und ihren Mitgliedern. Wie beschrieben, handelt es sich hierbei um ein sehr facettenreiches Thema. Es lassen sich aber zwei deutlich verschiedene, letztlich aber doch nicht voneinander trennbare Argumentationslinien erkennen. Die erste befasst sich mit der unmittelbaren Handlungsebene, mit der Frage, welche Qualität die Beziehung zwischen dem einzelnen Organisationsmitglied und seiner Organisation annimmt. Dimensionen der Beziehungsqualität sind u. a. die emotionale Verbundenheit, Vertrauen und Loyalität. Es geht aber nicht nur um die Beziehung zwischen dem Einzelnen und der Organisation, sondern auch um die Beziehungen der Organisationsmitglieder untereinander. Als Zeichen hoher Integration (als Ausdruck guter Beziehungen zwischen den Organisationsmitgliedern) gelten insbesondere eine geringe Konflikthäufigkeit und ein gutes Betriebsklima. Untersucht werden aber nicht nur die Beziehungen von einzelnen Organisationsmitgliedern, d. h. konkreten Personen, sondern auch die Beziehungen zwischen sozialen Akteuren, also z. B. die Beziehungen zwischen dem Betriebsrat und der Unternehmensleitung oder die Beziehungen zwischen Vertretern unterschiedlicher Unternehmensbereiche.

Die Integration auf der Handlungsebene wird verschiedentlich auch als »Sozialintegration« bezeichnet. Davon zu unterscheiden ist die »Systemintegration«, die das Verhalten konkreter Akteure nur in einem nachgelagerten Sinne betrifft. Bei der Systemintegration geht es primär um das Zusammenspiel der verschiedenen Teilsysteme einer Organisation, ganz unabhängig davon, ob sich die Organisationsmitglieder gut verstehen oder ob sie die gleichen Ziele verfolgen. Entsprechend werden nicht die sozialen Beziehungen, sondern vielmehr unpersönliche Steuerungsmechanismen betrachtet, die das Zusammenwirken der Akteure sicherstellen. Sehr abstrakt ausgedrückt ist in dieser Sicht ein soziales System (eine Gruppe, eine Abteilung, eine Organisation) dann integriert, wenn es die Fähigkeit zur Selbstregulation besitzt, d. h. wenn in ihm Mechanismen wirksam sind, die in der Lage sind, die unvermeidlich immer wieder auftretenden Gleichgewichtsstörungen auszugleichen. Auf die konkreten Personen und deren Beziehungen untereinander kommt es hierbei also zunächst gar nicht an. Erleidet ein Unternehmen beispielsweise einen Umsatzeinbruch, dann zählt nicht so sehr, ob sich die Mitarbeiter mit dem Unternehmen identifizieren und deswegen z. B. bereit sind, Lohneinbußen hinzunehmen, sondern ob es funktionierende Institutionen oder Prozeduren gibt, die dazu beitragen können, um mit dieser Situation umzugehen. So könnten z. B. Betriebsvereinbarungen über die Verkürzung der Arbeitszeiten geschlossen werden, Mitarbeiter aus unausgelasteten Betriebsteilen können versetzt, Angehörige der Randbelegschaft entlassen werden. Für die Betroffenen mag das nicht eben angenehm sein, für das organisationale Gleichgewicht ist dies aber nicht unbedingt wichtig, entscheidend ist, dass die »Störung« (der Umsatzeinbruch) ohne Beeinträchtigung der Funktionsfähigkeit der Organisation beseitigt wird. Diese Betrachtungsweise macht plausibel, dass Organisationen häufig auch funktionieren, ohne dass die Mitarbeiter eine enge Bindung entwickeln und ohne dass sich eine unverwechselbare Organisationskultur herausbildet (ein Beispiel hierfür liefert ja auch unser oben beschriebenes Ausflugslokal). Entscheidend ist vielmehr, dass die sozialen Institutionen (Rollen, Regeln, Verfahren, Programme, Instanzen) in der Lage sind, das soziale Geschehen effizient zu regulieren. Da es auf die konkreten Personen gar nicht ankommt, sollte es möglich sein – wenn denn eine hohe Systemintegration vorliegt – die komplette Belegschaft von einem auf den anderen Tag auszuwechseln, ohne dass es zu Beeinträchtigungen in der Leistungserstellung der Organisation kommt. Dies ist natürlich unrealistisch. Tatsächlich findet man in der Realität ein enges Zusammenspiel sozialintegrativer und systemintegrativer Kräfte, die sich gegenseitig bedingen und abstützen. So ist es beispielsweise leichter zu Betriebsvereinbarungen über Arbeitszeitverkürzungen zu gelangen, wenn die Beziehung zwischen dem Betriebsrat und der Unternehmensleitung auf Vertrauen basiert und wenn die Belegschaft den Betriebsrat als ihre legitime Vertretung betrachtet. Umgekehrt werden sich vertrauensvolle Beziehungen eher dann entwickeln, wenn Institutionen existieren, die den handelnden Akteuren Orientierung bieten und deren Leistungsfähigkeit anerkannt wird.

Abschließend sei auf ein gewisses begriffliches Problem hingewiesen, das mit den Überlegungen zur Systemintegration verknüpft ist. Wenn man den Begriff sehr weit interpretiert, dann umfasst Systemintegration eigentlich alle Fragen, die sich um die Ordnung und Weiterentwicklung von sozialen Systemen drehen. Systemintegration wäre dann kein »gleichrangiger« Funktionsbereich neben dem Anreiz- und Kontrollsystem, dem Aufgabensystem, der Selektion und Sozialisation, sondern diesen übergeordnet. Systemintegration würde die genannten Funktionsbereiche also gewissermaßen einschließen. Wir wollen eine solche Begriffsverwendung nicht empfehlen, weil wir glauben, dass den genannten Funktionsbereichen ein eigenständiges Gewicht zukommt, dem man allein mit sozialtheoretischen Betrachtungen nicht gerecht werden kann. Anreize beispielsweise zielen in erster Linie auf die individuelle Motivation und ihre sozialintegrative Wirkung bleibt nicht selten unbestimmt. Es empfiehlt sich daher auch, beide Funktionsbereiche zunächst gesondert zu betrachten, obwohl sie natürlich in konkreten Situationen immer zusammenwirken (und in diesem Zusammenwirken das Funktionsgefüge eines sozialen Systems prägen, vgl. Martin 2001). Wir plädieren aus diesem Grund dafür, den Begriff der Systemintegration in einem eingeschränkten Sinne zu verwenden, als Ausdruck unpersönlicher (»systemischer«) Steuerungsmechanismen, die dazu beitragen, die Beziehung zwischen den Organisationsmitgliedern und ihrer Organisation zu verbessern.

2 Theorie

2.1 Extra-Motivation

Durch den Abschluss eines Arbeitsvertrags verpflichtet sich der Arbeitnehmer, die versprochenen Arbeitsleistungen zu erbringen. Allerdings ist damit noch nicht im Einzelnen geklärt, welche Tätigkeiten genau vom Arbeitnehmer auszuführen sind. Anders als beim Gütertausch sind die konkret zu erbringenden Leistungen bei einem Arbeitsverhältnis von ihrer Natur her einigermaßen unbestimmt. Es macht beispielsweise wenig Sinn im Vorhinein vertraglich festzulegen, für welche Kunden ganz genau ein Vertriebsmitarbeiter zuständig sein soll (oft soll er ja erst neue Kunden gewinnen), welche Konditionen er mit diesen auszuhandeln hat, wie er dabei vorgehen soll usw. Entsprechende Festlegungen erfolgen durch den Arbeitgeber nach »billigem Ermessen«. Der Arbeitgeber darf erwarten, dass seine Arbeitnehmer die so bestimmten Pflichten erfüllen. Etwas schwieriger ist es schon, eine bestimmte Qualität der Arbeitsausführung einzufordern, denn wie schnell, pünktlich, umfassend, sorgfältig usw. eine Arbeit ausgeführt werden soll (und kann) lässt sich nur anhand von Erfahrungswerten und unter Berücksichtigung der jeweils besonderen Umstände feststellen. Aber natürlich ist auch klar, dass hierbei die Motivationslage des jeweiligen Arbeitnehmers eine erhebliche Rolle spielt: Mancher gibt sich eben mehr Mühe als ein anderer, er ist gründlicher, fleißiger, eifriger, d. h. er ist »motivierter«. Aber ist eine hohe Motivation schon Extra-Motivation? Extra-Motivation meint, so die Wortbedeutung, eine Motivation, die jenseits dessen liegt, was man üblicherweise erwarten kann. Das legt es nahe, von Extra-Motivation immer schon dann zu sprechen, wenn sie jenseits des Normalmaßes liegt. In gewisser Weise ist das einsichtig und man kann sich vorstellen, dass Arbeitgeber große Freude daran haben, wenn ihre Arbeitnehmer eine ordentliche Portion Extra-Motivation mitbringen. Allerdings ist es nicht unproblematisch, diese auch einzufordern. Ein extrem hoher Arbeitseinsatz, wenn er dauerhaft abverlangt wird, kann zu einer Überbeanspruchung und gesundheitlichen Beeinträchtigungen führen. Es ist daher nicht legitim, Extra-Verhalten in diesem Sinne zu verlangen – und arbeitsrechtlich ist das auch nicht zulässig. Mit Extra-Motivation ist daher auch nicht eine übernormale »quantitative« Leistungsmotivation, sondern eine »inhaltliche« Motivation gemeint. Ein Arbeitnehmer mit Extra-Motivation beschränkt sein Arbeitshandeln nicht auf die Erfüllung der formal fassbaren Arbeitspflichten, sondern bemüht sich in einem umfassenderen Sinne und ohne dazu speziell aufgefordert zu werden um seine Aufgaben, er berücksichtigt dabei deren Einbettung in andere Arbeitskontexte und handelt im Sinne der Gesamtaufgabe des Unternehmens. Personen, die diese Extra-Motivation mitbringen, geht es gewissermaßen nicht um den Buchstaben, sondern um den Geist ihrer Aufgabenstellung. Arbeitgeber haben nicht nur ein großes Interesse an einer hohen Motivation ihrer Mitarbeiter im quantitativen Sinne, sondern außerdem an einer starken Extra-Motivation im qualitativen Sinne. Der Hauptgrund hierfür liegt, wie bereits gesagt, in der Unbestimmtheit der Aufgaben. Welche Aufgaben am dringlichsten sind, wie man am besten mit den Problemen umgeht, die bei ihrer Bewältigung auftreten, welche Kunden man wie am besten anspricht, welche Werkzeuge sich besser, welche schlechter einsetzen lassen usw., kann oft niemand besser beurteilen als die Arbeitnehmer selbst. Diese intimen Arbeitskenntnisse entziehen sich häufig dem Zugang durch den Vorgesetzten oder die Produktions- und Organisationsfachleute, Arbeitnehmer, die ihr Extra-Wissen im Unternehmensinteresse nutzen wollen, verfügen über die gewünschte Extra-Motivation. Aber dies ist nur einer der Aspekte der Extra-Motivation, er bezieht sich auf die Leistungsdimension. Ebenso wichtig sind die Aspekte, die sich auf die weiteren Grundfunktionen sozialer Systeme beziehen, Kooperation und Lernen. Diesbezüglich sind sogar noch größere Bestimmungsleistungen gefragt. Es lässt sich schlechterdings nicht formal bestimmen, wie man die konkrete Zusammenarbeit mit dem Vorgesetzten, mit den Kollegen der gleichen Abteilung oder auch mit Mitarbeitern aus anderen

Unternehmensbereichen ausgestaltet. Zudem verlangt die Abstimmung mit anderen Personen (Klären der Verantwortlichkeiten, Verteilung der Aufgaben, Anpassung der Arbeitsschritte auf die der Kollegen usw.) nicht selten besondere Kraftanstrengungen, die man im Zweifelsfall lieber unterlässt – weshalb gerade im sozialen Bereich eine gehörige Portion Extra-Motivation gefragt ist. Und was das Lernen betrifft, diesbezüglich ist der Bedarf an Extra-Motivation nicht minder groß. Organisationen müssen sich ändern, weil sich die übrige Welt ändert. Die Veränderungsnotwendigkeiten müssen aber auch erkannt und eingesehen werden, was sich häufig als schwierig gestaltet, denn bekanntlich richtet man sich gern auf die Bequemlichkeit des Bestehenden ein. Es braucht daher einiges an Extra-Motivation, um über neue Wege nachzudenken und um eingefahrene Prozesse (zumal freiwillig und proaktiv) zu verändern.

Bei welchen Tätigkeiten ist eine Extra-Motivation in besonderem Maße erwünscht? Lässt sich hierfür eine allgemeingültige Liste erstellen? Sind die folgenden Beispiele gute Kandidaten für diese Liste?

- Der stellvertretende Abteilungsleiter Prinz übernimmt die Vertretung eines erkrankten Mitarbeiters.
- Der Chemiefacharbeiter Mischmann macht einen Verbesserungsvorschlag, dessen Umsetzung dazu führt, dass einerseits der Produktionsprozess beschleunigt wird, er andererseits aber eine zusätzliche Aufgabe zugewiesen bekommt.
- Frau Münzer von der Solvent-Bank rät einem Kunden davon ab, riskante Papiere zu kaufen.
- Der Buchhalter Gründlich schwärmt in seinem Bekanntenkreis von seiner entspannten Arbeit und den großzügigen Sozialleistungen seines Arbeitgebers.
- Die Mitarbeiter der Produktionslinie Delta erklären sich nach einer Häufung von Kundenbeschwerden bereit, zusätzliche Qualitätskontrollen durchzuführen, obwohl diese aufwändig sind und den Produktionsablauf beeinträchtigen.
- Die Mitarbeiter der Produktionslinie Gamma installieren unaufgefordert auf freiwilliger Basis während einer ruhigen Schicht eine Vorrichtung zum Sammeln von Ölrückständen.
- Die Leiterin der Entwicklungsabteilung erklärt sich bereit, eine auf drei Jahre befristete Auslandstätigkeit zu übernehmen, obwohl ihre beiden schulpflichtigen Kinder nur sehr ungern umziehen.
- Der altgediente Meister Edler stellt sich als Mentor für neue Kollegen zur Verfügung.
- Der Abteilungsleiter Meier schreibt einen jährlichen Rechenschaftsbericht über die Leistungen seiner Abteilung, obwohl dies in seinem Unternehmen nicht verlangt und nicht üblich ist.
- Herr Wendig übernimmt turnusmäßig die Leitung des Qualitätszirkels »Getriebe«.

Die Beispiele zeigen vor allem eines, nämlich, dass es gar nicht einfach ist, Arbeitsverhalten danach einzuteilen ob es »normale« oder »extra« Motivation braucht. So ist es in manchen Fällen ganz selbstverständlich, dass der stellvertretende Abteilungsleiter die Krankheitsvertretung eines Mitarbeiters übernimmt. Von einer Extra-Leistung zu sprechen, wäre in diesem Fall völlig unangebracht. In anderen Fällen ist das fast undenkbar. Die Bereitschaft des stellvertretenden Abteilungsleiters, behelfsweise einzuspringen, wäre hier ein Beleg für eine starke Extra-Motivation. Ähnliches gilt für die anderen angeführten Beispiele. Die Schwierigkeit, Extra-Motivation allgemein zu bestimmen, beeinträchtigt die Nützlichkeit dieses Konstrukts aber nicht, es ist ganz normal, dass sich die Bedeutung konkreter Verhaltensweisen immer erst im jeweils gegebenen Handlungskontext erschließt. Ein interessanter Aspekt der Extra-Motivation ergibt sich daraus, dass es durchaus passieren kann (siehe den Fall Gründlich), dass jemand zwar eine gute Absicht verfolgt, die Verhaltenswirkungen aber eher kontraproduktiv sind. Und schließlich kann man sich auch vorstellen, dass gutgemeintes Engagement eines Mitarbeiters der Firma nicht unmittelbar Gewinne einbringt (Bankberaterin Münzer).

Begriffliche Differenzierungen zur Thematik der Extra-Motivation

Extra-Motivation ist keine mysteriöse Motivation dritter Art, sondern einfach eine spezielle Motivation, man braucht daher auch keine ganz eigene Motivationstheorie, um sie zu erklären, es genügen hierzu durchaus die herkömmlichen Motivationstheorien. Ganz allgemein betrachtet entsteht Motivation aus einer Diskrepanz zwischen einem vorgegebenen Sollzustand und dem tatsächlich vorliegenden Istzustand. Das Streben, diese Diskrepanz zu beseitigen, löst »motiviertes« Handeln aus. Sollgrößen, die das menschliche Handeln lenken, gibt es in mannigfaltigster Art. Die wichtigsten bestimmen sich aus den Bedürfnissen, die man gelernt hat, den Zielen, die man verfolgt, den Werten, die man vertritt, den Normen, an die man sich hält, dem Streben nach kognitiver Ordnung und dem jeweiligen Selbstbild. Motivation wie Extra-Motivation erklären sich aus dem Bemühen, diesen Soll-Vorgaben gerecht zu werden. In Tabelle 2.3 sind einige Beispiele hierfür angeführt.

Viele Motivationsforscher beschäftigen sich mit der Frage, in welchem Maße sich Menschen im Hinblick auf ihre motivationalen Orientierungen unterscheiden. Interesse findet gerade auch in dieser Forschungsrichtung, wie Menschen dazu kommen, freiwillig und mit innerer Bejahung *besondere* Leistungsanstrengungen zu unternehmen, also leistungsmäßig gewissermaßen die zusätzliche Meile zu gehen, wozu es keine Verpflichtung gibt. Um das, was das »Besondere« dieser Extra-Motivation ausmacht, geht es in einer ganzen Reihe von Begriffsbildungen, auf die wir im Folgenden eingehen wollen. Am bekanntesten ist wohl die Unterscheidung zwischen intrinsischer und extrinsischer Motivation. Daneben gibt es aber etliche weitere Konstrukte, die Beachtung verdienen.

Tab. 2.3: Verankerung der Motivation und Extra-Motivation

Motivationsgrundlage	Beispiele für die Verursachung von Extra-Motivation
Bedürfnisse	Petra Kraft kann Unordnung nicht ausstehen, sie sorgt daher regelmäßig dafür, dass das von ihren Kollegen hinterlassene »Chaos« im gemeinsamen Besprechungsraum beseitigt wird.
Ziele	Paul Tüchtig will sich als Nachwuchskraft profilieren und engagiert sich daher in zahlreichen Projekten.

Tab. 2.3: Verankerung der Motivation und Extra-Motivation – Fortsetzung

Motivationsgrundlage	Beispiele für die Verursachung von Extra-Motivation
Normen	In der Investmentabteilung des Bankhauses Global kennt man keinen Feierabend.
Werthaltungen	Hein Petersen ist sehr umweltbewusst, er macht ständig Verbesserungsvorschläge für umweltschonende Arbeitsprozesse.
Kognitive Ordnung	Für Trude Fröhlich ist es ein Unding, dass sich in ihrer Abteilung für Organisationsentwicklung die Kollegen nicht vertragen, sie sorgt daher dafür, dass immer wieder Harmonie einkehrt.
Selbstbild	Heidrun Jung versteht sich als verantwortungsvolle Person, sie achtet daher darauf, dass bei ihrer Arbeit »nichts liegen bleibt«.

- *Intrinsische Motivation und extrinsische Motivation*: Extrinsische Motivation bezieht ihren Antrieb aus den Verhaltensergebnissen. Die besondere Leistungsanstrengung einer Person kann also beispielsweise auf deren Erwartung zurückgeführt werden, hiermit ein höheres Entgelt zu erzielen oder auf ihre Hoffnung, hierfür besondere Anerkennung zu gewinnen. Intrinsische Motivation bezieht ihren Antrieb dagegen aus der Handlung bzw. der Tätigkeit selbst, ganz unabhängig von den damit möglicherweise einhergehenden Belohnungen (Wexley/Yukl 1977, Wiersma 1992, Heckhausen 2003). So strebt ein »echter« Forscher nicht nach Ruhm und Ehre, sondern (auch gegen äußere Widerstände und ungeachtet vielfacher Missbilligung) nach Erkenntnis. Einem »guten« Lehrer geht es um die Erziehung seiner Schutzbefohlenen und nicht darum, sich bei diesen möglichst beliebt zu machen. Ein »rechtschaffener« Handwerker empfindet mehr Freude an der soliden Ausführung seiner Arbeit als an einer hohen Rechnungsstellung.

- *Instrumentelle (bzw. nicht-instrumentelle) Arbeitsorientierung*: Personen mit einer instrumentellen Arbeitsorientierung messen der Arbeit keinen eigenen Wert zu. Ihr Verhältnis zur Arbeit ist rein kalkulatorisch, es dient ausschließlich der Einkommenssicherung und dem beruflichen Vorankommen, Verbesserungen der Arbeitsbedingungen oder auch irgendwelche Belohnungsversprechen führen nicht zu einer größeren Arbeitsmotivation (Goldthorpe u. a. 1968, Savage 2005).

- *Rollen-Verhalten und Extra-Rollen-Verhalten*: Rollen-Verhalten meint die Anpassung des Verhaltens an die Erwartungen, die an eine bestimmte Position gerichtet sind. Rollenverhalten kann mehr oder weniger gut ausgefüllt werden, ein Buchhalter kann seine Arbeit z. B. korrekt, pünktlich und ordentlich verrichten, er kann diesbezüglich aber auch nachlässig sein. Extra-Rollen-Verhalten zeigt sich – wie oben schon beschrieben – vor allem in Verhaltensweisen, die über die im engeren Sinne bestehenden und z. B. in einer Stellenbeschreibung aufgeführten Pflichten hinausgehen (vgl. auch Matiaske/Weller 2003). Unser Buchhalter könnte z. B. Vorschläge zur Verbesserung der verwendeten EDV-Programme machen, er könnte sich um eine Optimierung der Skonto-Abrechnung bemühen, ungeduldige Lieferanten über den Bearbeitungsstatus ihrer Rechnungen informieren usw. Weil man derartiges Verhalten nur bedingt einfordern kann, wird es der Arbeitgeber begrüßen, wenn es gewissermaßen ungefragt und wie selbstverständlich gezeigt wird. Katz (1964) sieht im Extra-Rollen-Verhalten (das er als spontanes und innovatives Verhalten kennzeichnet) eine notwendige Bedingung dafür, dass Organisationen überhaupt funktionieren können. Würden sich die Mitarbeiter darauf beschränken, nur die Arbeitsanforderungen zu erfüllen, die sich in Arbeitsbeschreibungen und Plänen formulieren lassen, dann würden Organisationen sehr schnell zusammenbrechen.

- *Aufgabenleistung und Kontextleistung* (focal performance, contextual performance): Auf einen ähnlichen Sachverhalt wie der Begriff Extra-Rollen-Verhalten bezieht sich der Begriff »Kontextleistung«. Auch hierbei geht es um Leistungen, die über die im engeren Sinne zu beschreibende Aufgabenleistung hinausgehen. Kontextleistungen richten sich darauf, das soziale und psychologische Umfeld zu schaffen und zu stabilisieren, das notwendig ist, damit die »technischen« Arbeitsverrichtungen ihre Wirkung entfalten können (Borman/Motowidlo 1993, Conway 1996). Es geht bei der Kontextleistung also nicht nur um im engeren Sinne aufgabenspezifische Aspekte, sondern auch um Hilfestellungen gegenüber Kollegen, um die Pflege der sozialen Beziehungen und die Förderung eines günstigen Arbeitsklimas.

- *Organizational Citizenship Behaviour (OCB)*: Mit dem Begriff des »organisationalen Bürgerverhaltens« verbinden sich anspruchsvolle Assoziationen, insbesondere die, dass sich die Mitarbeiter in einem umfassenden Sinne für die Organisation, für die sie tätig sind, verantwortlich fühlen und sich bei der Gestaltung des organisationalen Gemeinwesens engagieren, wie man das von guten Bürgern erwarten darf. Bei näherer Betrachtung des Konzepts verflüchtigen sich diese idealistischen Vorstellungen aber sehr schnell. Als eine erste wichtige Teildimension benennt Organ, der Schöpfer dieses Konstrukts, zwar eine so ambitionierte Haltung wie »Altruismus«, die sich in seinen weiteren Ausführungen allerdings auf so etwas wie eine allgemeine Hilfsbereitschaft reduziert. Als zweite Teildimension nennt Organ die »Zustimmung« (generalized compliance), die sich in Verhaltensweisen wie vorbildliche Pünktlichkeit, Respekt für das Eigentum des Unternehmens und vertrauensvolles Befolgen der organisationalen Vorschriften und Regeln niederschlägt. Schließlich unterscheidet Organ noch »sportliches Verhalten« (sportsmanship), womit eine gewisse Unempfindlichkeit gegenüber Unbequemlichkeiten und ein Verzicht auf Quengelei gemeint ist und »Zuvorkommenheit« (courtesy), die sich im Mit- und Vorausdenken niederschlägt, um Probleme, die auf Kollegen zukommen könnten, präventiv abzuwehren. Schließlich nennt Organ noch »Bürgertugend« (civic virtue), ein ebenfalls sehr anspruchsvoller Begriff, der bei Organ jedoch ebenfalls einigermaßen Bodenhaftung behält, da er sich auf die Beteiligung an den organisationalen Angelegenheiten etwa durch Teilnahme an Sitzungen und Informationsveranstaltungen bezieht – eine Operationalisierung, die angesichts wirklicher Bürgertugenden wie etwa der Zivilcourage etwas ärmlich wirkt (Organ 1988, 1997). Coleman/Borman (2000) bemühen sich in einer Studie um die Klärung der Beziehungen zwischen den in der empirischen Forschung zum Zuge kommenden Facetten des OCB. Im Wesentlichen lassen sich danach drei Verhaltensbereiche unterscheiden, nämlich Verhaltensweisen, die sich auf die Aufgabenebene beziehen (z. B. Extra-Anstrengungen) und solche, die sich mit den interpersonellen Beziehungen befassen (Kooperation, Unterstützung) und die die Organisationsebene betreffen (Loyalität, Commitment usw.).

- *Leistungsorientierung und Lernorientierung*: Dieses Begriffspaar stellt aktuelle und mögliche Leistungspotentiale gegenüber (Utman 1997, Elliot 1999). Die »Leistungsorientierung« bezieht sich auf gegebene Leistungsanforderungen, auf das Ausspielen vorhandener Fähigkeiten und das Hervortun gegenüber anderen. Sie hat damit einen starken Ego-Bezug, während es bei der »Lernorientierung« vor allem um ein tieferes Verständnis von der Aufgabe und dem Aufgabenumfeld, eine umfassende Aufgabenbewältigung und damit auch um die Weiterentwicklung der eigenen Fähigkeiten geht.

- *Emotionale Bindung*: Bei Begriffen wie »work attachment«, »job attachment« oder auch »job involvement« geht es um die emotionale Besetzung durch die Arbeit und die Berufsausübung. Die genannten Konzepte bringen mit unterschiedlichen Akzentsetzungen zum Ausdruck, mit welcher Energie und mit welchem Nachdruck man seine Arbeit verfolgt, wie viel Zeit man ihr widmet und welchen Stellenwert sie im Leben der Berufstätigen einnimmt (Lohdahl/Kejner 1965, Kanungo 1979, Hallberg/Schaufeli 2006).

- *Arbeitslust*: Ebenfalls mit der emotionalen Seite befassen sich die Konstrukte »flow« und »thriving«. Die beiden Begriffe heben heraus, dass bestimmte motivationale Zustände eine ganz erhebliche Steigerung des Arbeitsengagements stimulieren können. Im Zustand des Flow verschmilzt der Handelnde im Gefühl vollkommener Kontrolle gewissermaßen mit seiner Aufgabe, seine Handlungs-ziele stehen ihm klar vor Augen und er nimmt alles, was ihm bei der Vollbringung seiner Aufgabe nützlich ist, mit großer Wachheit auf (Csikszentmihalyi 1990). Beim Thriving verbindet sich die hohe Vitalität (bzw. ein intensives »Gefühl am Leben zu sein«) zusätzlich mit einem starken Streben nach Einsicht und Lernen (Spreitzer u. a. 2005).

- *Arbeitssucht und Arbeitsstress*: Eine Extremform ist die völlige Vereinnahmung durch die Arbeit, wie man sie bei »Workaholikern« findet. Sie ist eine für das Individuum eher schädliche, in gewissem Sinne krankhafte Form der Arbeitsorientierung. Starke Stressbelastungen können auf Dauer zum so genannten Burn-out-Syndrom führen, das durch emotionale Erschöpfung und durch das Gefühl gekennzeichnet ist, nicht das persönliche Engagement erbringen und nicht die Erfüllung finden zu können, die man sich eigentlich von der Arbeit versprochen hat (Oates 1971, Lee/Ashforth 1996, Shirom 2003).

- *Entfremdung*: Entfremdung ist gewissermaßen das traurige Gegenstück einer aktiven, von Engagement und Überzeugung getragenen Arbeitshaltung. Sie fällt damit ebenfalls wie die anderen Extra-Motivationen aus dem als normal geltenden Motivationsspektrums heraus, aber eben in einem negativen Sinn. Der Entfremdungsbegriff hat vielfältige Deutungen gefunden, eine gewisse Übereinstimmung der verschiedenen Begriffsfassungen besteht bezüglich verschiedener Kernelemente wie beispielsweise das mit der Entfremdung verknüpfte Gefühl der Fremdheit, der Nichtzugehörigkeit, des Unverstandenen und des Unverständlichen. In der empirischen Forschung hat die Definition und das damit verbundene Messkonzept von Seeman einige Bedeutung erlangt, wonach Entfremdung gekennzeichnet ist durch Machtlosigkeit, Normlosigkeit, Sinnlosigkeit sowie Isoliertheit und Selbstentfremdung, alles Aspekte, die, soweit sie die Arbeitsmotivation nicht ganz grundlegend beeinträchtigen, ihr einen deutlich negativen und defensiven Akzent geben (Seeman 1961, Seybold/Gruenfeld 1976).

Das Interesse der Personalforschung richtet sich, soweit sie sich mit Motivationsfragen befasst, meistens auf die Frage, in welchem Umfang, in welchen Unternehmensbereichen, bei welchen Aufgaben und bei welchen Personengruppen motivationale Potentiale bzw. motivationale Defizite zu finden sind. Die angeführten motivationalen Orientierungen geben Auskunft über diese personelle Komponente der Motivationsproblematik. Von einigem Interesse ist daneben aber auch die Frage nach den Bedingungen, die dazu führen, dass wünschenswerte und weniger wünschenswerte Arbeitsorientierungen entstehen. Weniger entscheidend für das Entstehen intrinsischer Motivation sind z. B. die äußeren Arbeitsbedingungen, wichtiger sind dagegen die Arbeitsinhalte. Eine Arbeitstätigkeit, bei der nicht klar zu erkennen ist, zu welchen Resultaten sie letztlich führt, kann die Motivation beispielsweise stark beeinträchtigen, eine Arbeitstätigkeit, die dem Stelleninhaber die selbstbestimmte Entfaltung seiner Fähigkeiten erlaubt und die für diesen (ebenso wie für andere) auch von inhaltlicher Bedeutung, also »wertvoll« ist, fördert dagegen die intrinsische Motivation (Hackman/ Oldham 1975, 1980, Fried/Ferris 1987, Gagné/Deci 2005). Auch die Lernorientierung wird vor allem durch die Tätigkeitsinhalte gefördert. Positiv sind diesbezüglich vor allem Arbeitssituationen, die keinen extremen Schwierigkeitsgrad aufweisen, die einigermaßen stressfrei sind, und in denen weder die Leistungsanforderungen noch die möglichen extrinsischen Belohnungen in den Vordergrund gespielt werden. Die Leistungsorientierung kommt dagegen insbesondere in Wettbewerbssituationen und bei Tätigkeiten zum Zuge, die konkrete Fertigkeiten verlangen, in denen es um äußerlich sichtbare Leistungen geht (Nicholls 1984).

Die angeführten motivationalen Orientierungen sind relativ stabile Dispositionen, die für die konkreten Motivationen im Arbeitsalltag durchaus bedeutsam sind. Man wird der Motivationsfrage allerdings nicht gerecht, wenn man nicht auch die Handlungsbedingungen betrachtet, die in der betrieblichen Situation begründet liegen und die ebenfalls mehr oder weniger stark die Motivation und damit auch die Extra-Motivation beeinflussen. Diese Bedingungen stellen gewissermaßen Motivationsaufforderungen oder aber Motivationsbarrieren dar. Hierzu gehören insbesondere Anreize (monetäre Belohnungen, soziale Anerkennung, Unterstützung usw.) und Motivationsblocker (verständnislose Vorgesetzte, physisch belastende Arbeitsbedingungen, eintönige Arbeitsvorgänge usw.). Um diese und ähnliche Größen geht es in einer Vielzahl von Einzelstudien der Arbeitszufriedenheitsforschung und auch in repräsentativen Erhebungen, die sich mit der Beurteilung des Arbeitslebens beschäftigen. Die motivationale Seite des Arbeitsverhaltens wird in diesen Studien meist durch Fragen nach der persönlichen Wertschätzung verschiedener Arbeitsaspekte angesprochen. Der viel verwendete Bedürfnis-Befriedigung-Fragebogen von Haire/Ghiselli/Porter (1966) beispielsweise fragt danach, wie wichtig dem Befragten Sicherheit, Ansehen, Unabhängigkeit, gute soziale Beziehungen und Selbstverwirklichung sind. In den Erhebungen des Allensbacher Instituts für Demoskopie finden sich Fragen zur Wichtigkeit von Beschäftigungssicherheit, netten Kollegen, Abwechslungsreichtum, Altersversorgung, Einkommen, Stress, Kontaktmöglichkeiten, Zukunftsaussichten usw. (Noelle-Neumann/Piel 1983, Noelle-Neumann/Köcher 1993) und der US-amerikanische General Social Survey fragt unter anderem nach der Bedeutung eines hohen Einkommens und der Wichtigkeit von Karrieremöglichkeiten, Prestige, flexibler Arbeitszeit und sozialer Nützlichkeit der Tätigkeit (eine Übersicht über Instrumente der Motivmessung findet man bei Mayer/

Faber/Xu 2007). Die Bedeutung dieser Aspekte wandelt sich im Verlauf der Zeit (Wiley 1995), was nicht zuletzt auf wirtschaftliche und technische Entwicklungen zurückzuführen ist, aber auch mit den betrieblichen Arbeitsverhältnissen und den Berufspositionen zu tun hat, die eine Person während ihres Berufslebens durchläuft.

Ein Modell der Extra-Motivation

Abbildung 2.3 zeigt ein Modell, das Müller/Bierhoff (1994) in Anlehnung an George/ Brief (1992) diskutieren. Es beschäftigt sich mit der Frage, welche Faktoren das Arbeitsengagement aus freien Stücken bestimmen (vgl. auch das auf das Führungsverhalten bezogene Modell von Bierhoff/Müller 2005). Es geht in diesem Modell also ebenfalls darum, weshalb manche Menschen bei ihrer Arbeit nur das tun, was sie unbedingt tun müssen und wie es kommt, dass andere Mitarbeiter »mitdenken« und freiwillig im Sinne der Organisation handeln, auch wenn dies nicht kontrolliert wird, wenn sie dafür nicht gelobt werden, wenn sie eventuelle Nachteile davon haben.

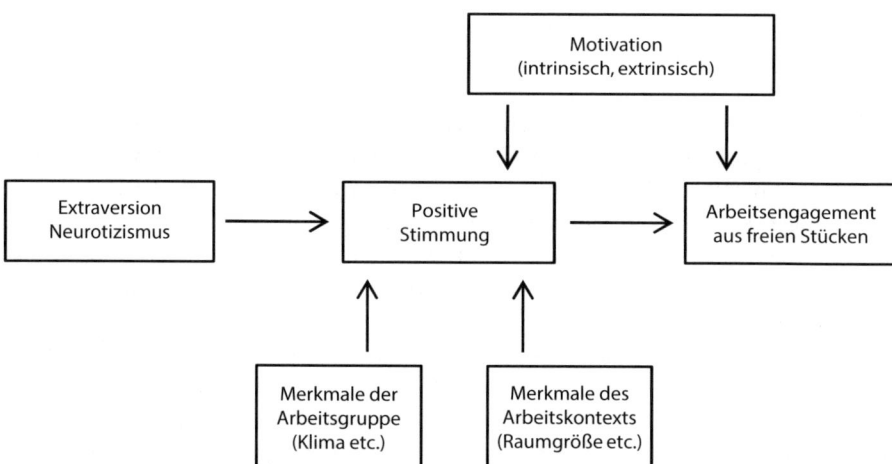

Abb. 2.3: Erklärungsmodell »Arbeitsengagement aus freien Stücken« (Darstellung leicht modifiziert nach Müller/Bierhoff 1994)

Das Modell in Abbildung 2.3 weist der Gefühlsseite eine zentrale Bedeutung zu. Die dahinterstehende Idee findet sich prägnant in dem Motto »Feeling Good, Doing Good!« (George/Brief 1992), eine Aussage, die zweifellos hoch plausibel ist: Wer gestresst, nervös, ängstlich oder bedrückt ist, hat kaum die Kraft, sich um mehr als um seine unmittelbare Arbeit zu kümmern. Wer hingegen mit Freude seine Arbeit tut, wer in einer gelösten, beschwingten und anregenden Stimmung ist, hat hierfür einen ganz anderen Sinn. Wer guter Stimmung ist, ist »offener« gegenüber seiner Umwelt, ist nicht so sehr mit sich und seinen Problemen beschäftigt und daher auch psychisch eher in der Lage, auf seine soziale Umwelt einzugehen.

Stimmung ist ein situativer Gefühlszustand. Daneben gibt es auch dispositionale Gefühlsgrößen, zum Beispiel gefühlshaltige Persönlichkeitseigenschaften. Das Modell führt zwei derartige Persönlichkeitsdispositionen an, zum einen den »Neurotizismus«, womit die affektive Stabilität einer Person bezeichnet wird und zum anderen die »Extraversion«, ein Begriff, der ein nach außen gerichtetes, aktives und geselliges Wesen beschreibt. Dass beide Größen eine Rolle bei der Frage spielen, für welche Stimmungslage man besonders empfänglich ist, versteht sich fast von selbst. Empirische Studien zeigen, dass Neurotizismus enger mit negativer Affektivität, Extraversion eher mit positiver Affektivität zusammenhängt. Zu beachten ist hierbei, dass positive und negative Gefühle gleichzeitig auftreten können. Positive Affektivität ist also nicht das Gegenteil von negativer Affektivität, beides sind voneinander unabhängige Größen (Martin 1998). Als weitere Einflussgröße des Arbeitsengagements aus freien Stücken wird in Abbildung 2.3 die intrinsische Motivation genannt. Das ist angesichts des Bedeutungsgehaltes dieser Größe (s. o.) nicht überraschend. Intrinsische Motivation fördert nicht nur das »Extra-Verhalten«, sondern bessert auch die Stimmungslage auf, was sich ebenfalls leicht erklären lässt, denn wenn man die Arbeit um ihrer selbst willen tut und nicht nur als Mittel begreift, wird man die Arbeit auch als weniger leidvoll und belastend empfinden. Schließlich werden in Abbildung 2.3 noch mehrere Kontextgrößen genannt, die sich ebenfalls positiv auf die Stimmungslage auswirken dürften. Dies ist zunächst – was naheliegt – das Gruppenklima, also gewissermaßen die kollektive Stimmungslage, die im Übrigen wiederum von der Motivationslage der Mitarbeiter der Arbeitsgruppe beeinflusst wird. Aber auch so äußerliche Bedingungen wie die Gruppengröße sind von Bedeutung. In kleinen Gruppen entsteht leichter ein Wir-Gefühl, weil die Kontakte direkter sind und weil sich leichter ein soziales Einvernehmen entwickeln kann, man fühlt sich entsprechend wohler und kann leichter auf die Bedürfnisse der Kollegen eingehen. Ähnliches gilt für Merkmale der Arbeitssituation, die die Arbeit angenehmer machen, wie eine großzügige Ausstattung des Arbeitsplatzes, ein ansprechendes Ambiente, die richtigen Arbeitsmittel.

Das Modell in Abbildung 2.3 gibt nur einen Ausschnitt möglicher Determinanten des freiwilligen Arbeitsengagements wieder. Müller/Bierhoff beschreiben insgesamt fünf psychische Grundfunktionen, die hierfür von Relevanz sind. Zwei davon, nämlich affektive und motivationale Größen, tauchen wie beschrieben in dem abgebildeten Modell auf. Die drei weiteren psychischen Grundfunktionen sind Wahrnehmung, Urteilsbildung (das kognitive System) und Fähigkeiten. In Tabelle 2.4 sind beispielhaft einige konkrete Variable angeführt, die man diesen Grundfunktionen zuordnen kann.

Tab. 2.4: Konstrukte zur Erklärung von Extra-Motivation und Beispiele für konkrete Variablen

Konstrukte	Konkrete Variablen	Konkrete Variablen
Wahrnehmung	Belastungsfähigkeit	Situative Sensibilität
Kognitives System	Einstellung: »Arbeit ist ein notwendiges Übel.«	Werthaltung: »Führen heißt Verantwortung übernehmen.«

Tab. 2.4: Konstrukte zur Erklärung von Extra-Motivation und Beispiele für konkrete Variablen – Fortsetzung

Konstrukte	Konkrete Variablen	Konkrete Variablen
Motivation	Leistungsmotivation	Belohnungserwartung für bestimmte Verhaltensweisen
Handlungskompetenz	Fachkompetenz	Durchsetzungsfähigkeit
Affekt	Angenehme Stimmung	Ärger

Ihr möglicher Einfluss auf die Extra-Motivation erschließt sich leicht. Wer beispielsweise eine hohe Leistungsmotivation mitbringt, wird, anders als eine Person mit geringer Leistungsmotivation, überdies ein Interesse daran haben, seine Leistungsfähigkeit weiter zu verbessern, er wird daher auch eher an freiwilligen Weiterbildungsveranstaltungen teilnehmen; wer nur wenig belastbar ist, wird die Widerstände, die man manchmal überwinden muss (z. B. Ressortdenken, bürokratische Abläufe), wenn man zweckdienlichere Arbeitsabläufe durchsetzen will, nicht auflösen; wer gute fachliche Fähigkeiten hat, wird andere von seinen Vorstellungen hierzu eher überzeugen können; wer seine Arbeit als notwendiges Übel begreift, dem fehlt es schon an der Grundeinsicht, dass es sinnvoll sein könne, mehr als notwendig zu tun. Wie stabil sind die angeführten Beziehungen? Zur Beantwortung dieser Frage ist es sinnvoll, die Natur dieser Beziehungen näher zu betrachten. Was spricht beispielsweise dafür, dass eine positive Grundstimmung Extra-Verhalten, z. B. ein besonders ausgeprägtes prosoziales Verhalten »erzeugt«? Wenig. Eine direkte »bewirkende« Kausalität dürfte von der Stimmung nicht ausgehen, sie »erleichtert« es allenfalls, einer ohnehin schon bestehenden Verhaltenstendenz zum Zuge zu kommen. Auch die Leistungsmotivation führt nicht von selbst zu einer ausgeprägten Extra-Motivation, denn sie kann sich auch an dem engeren Aufgabenrahmen festmachen, um sich zu entfalten. Anders ist es mit Werthaltungen, die durchaus einen kausalen Impuls für Extra-Motivation setzen können. Wer zum Beispiel ein ausgeprägtes Verantwortungsbewusstsein hat, wird sich mehr Gedanken über den größeren Aufgabenzusammenhang machen, in den seine Arbeit eingebettet ist, als jemand mit einem weniger ausgeprägten Verantwortungssinn. Allerdings müssen sich derartige Verhaltensimpulse nicht unbedingt durchsetzen. Dem könnten unter anderem die gegebenen Anreizstrukturen entgegenstehen. Wenn es – um ein Beispiel zu nennen – der Vorgesetzte nicht schätzt, dass jemand über Dinge nachdenkt, die doch in seinen Aufgabenbereich fallen, dann wird man dies wahrscheinlich tatsächlich unterlassen. Ähnliches gilt, wenn im Betrieb unkonventionelles Verhalten unerwünscht ist. Ganz generell ist ohnehin zu beachten, dass die in Abbildung 2.3 und Tabelle 2.4 genannten Einflussgrößen nur Tendenzen beschreiben, die durch andere Tendenzen überkompensiert werden können. So ist beispielsweise niemand dagegen gefeit, dass er sich angesichts widriger Vorkommnisse verärgert aus dem »Arbeitsgetriebe« zurückzieht und sich ausschließlich nur noch seinen Aufgaben im engeren Sinne widmet. Dies kann selbst dann geschehen, wenn jemand eine grundsätzlich proaktive Arbeitshaltung besitzt. Umgekehrt kann eine starke Motivation Fähigkeitsmängel in einem gewissen Maße kompensieren, eine hohe Belohnungserwartung kann eine schwache Wertüberzeugung ausgleichen usw.

Aus wissenschaftstheoretischer Sicht fällt vor allem das Theoriedefizit des vorgestellten Modells ins Auge. Die angeführten Beziehungen sind zwar durchaus plausibel, sie gehen aber über Alltagsüberlegungen kaum hinaus. Außerdem fehlt die Angabe von allgemeinen Verhaltensprinzipien, die die im Modell beschriebenen Beziehungen erklären können. Auch steckt in der Auswahl der Variablen eine gewisse Willkür, denn es ist nicht erkennbar, warum ausgerechnet die angeführten und keine anderen Variablen in die Modellbetrachtung aufgenommen wurden. Was schließlich die empirische Fundierung angeht, so lässt sich zwar sagen, dass einige der Modellzusammenhänge bereits Gegenstand empirischer Studien waren, das Gesamtmodell aber nicht geprüft wurde.

Ungeachtet dieser kritischen Einwände besitzt das Modell durchaus einen Erkenntniswert. Positiv zu bewerten ist zum Beispiel, dass es die große Bedeutung der Gefühlslage für die Motivationsdynamik herausstellt. Außerdem liefert die Zusammenstellung wichtiger psychischer Grundfunktionen ein gutes Gerüst für die Analyse der in einer konkreten Situation jeweils gegebenen Motivationslage. Sie erlaubt eine systematische Suche nach möglichen Problemen, die ein proaktives Handeln der Mitarbeiter behindern können und liefert damit Hinweise auch für mögliche Verbesserungsmaßnahmen. Eine der wichtigsten praktischen Einsichten aus der Beschäftigung mit dem Arbeitsengagement aus freien Stücken ist, dass es wenig Sinn macht, dass es im Gegenteil sogar kontraproduktiv ist, wenn man versucht, die Freiwilligkeit direkt zu beeinflussen: »Würde Eigeninitiative durch Verhaltenstrainings oder Incentives offiziell thematisiert werden, stünde zu befürchten, dass Organisationsmitglieder bewusst oder unbewusst Abwehrhaltungen aufbauen und latent oder offen versuchen, ihre Handlungsfreiheit zu verteidigen.« (Müller/Bierhoff 1994, 375) Danach bliebe nur die Möglichkeit der Einflussnahme durch »Kontextkontrolle«. Eine Möglichkeit besteht darin – so Müller/Bierhoff – bei der Personalauswahl darauf zu achten, welche affektiven Grunddispositionen die Bewerber mitbringen. Zu achten wäre entsprechend auch auf die Zusammensetzung der Arbeitsgruppen: Die Gruppenmitglieder sollten untereinander ähnliche Einstellungen haben, denn dann verstehen sie sich besser, was sich positiv auf das Gruppenklima auswirkt. Eine weitere Möglichkeit zur Förderung des Arbeitsklimas und damit der Extra-Motivation, liegt in der Durchführung von Teamentwicklungsseminaren. Wenig hilfreich ist es auch hier, die Gefühlsebene direkt zu thematisieren, das führt nur zu Abwehrreaktionen. Man sollte stattdessen einfach auf eine Verbesserung der Zusammenarbeit setzen, denn dann dürfte sich die Gefühlslage automatisch verbessern, womit wiederum die Chancen für freiwilliges Arbeitsengagement steigen. Sehr handfest sind schließlich die Empfehlungen nicht allzu große Gruppen zu bilden und eine angenehme Arbeitsumgebung zu schaffen. Außerdem empfehlen Bierhoff/Müller noch verschiedene Aktionen, wie Preisverleihungen für Leistungen, die auf einem besonderen Arbeitsengagement gründen, Belobigungen für engagiertes Verhalten, »Lach mal wieder«-Kampagnen und Verbreitung von Humor, Erzählen von Anekdoten, Abdrucken von Witzen in der Betriebszeitung, gegenseitiges Lob und Aufmunterung usw. Nicht jeder wird sich von derartigen Maßnahmen angesprochen fühlen und wirkungsvoll sind sie wohl außerdem nur, wenn sie zur jeweiligen Betriebskultur passen. Negativ sind diese und andere Maßnahmen zu beurteilen, wenn sie aufgesetzt wirken, wenn sie bloßes Surrogat sind, wenn also keine authentischen Bemühungen zu erkennen sind, zuerst und vor allem die Qualität der Arbeitsbeziehungen und Arbeitsbedingungen zu verbessern.

2.2 Rückzugsverhalten

Menschen finden nicht nur Gründe, sich für eine Aufgabe, für ein Ziel, während einer Tätigkeit in besonderem Maße zu engagieren, nicht selten sehen sie auch Anlass, ihr Engagement zu dämpfen, nur noch das Notwendigste zu tun oder sich auch gänzlich aus dem Handlungsfeld zurückzuziehen. Man kann Rückzugsmotivation (oder Rückzugs- verhalten) als »Gegenteil« der Extra-Motivation (oder des Extra-Verhaltens) begreifen. Wenn man dieser Auffassung anhängt, dann unterstellt man damit die Existenz einer Variablen (die wir der Einfachheit »Engagement« nennen wollen) mit zwei einander entgegengesetzten Polen, die die Endpunkte eines negativen und eines positiven Ver- haltensbereichs bilden. Diese Betrachtungsweise kann durchaus sinnvoll sein, sie ist es aber nur dann, wenn es Bestimmungsgrößen gibt, deren Einfluss sich auf den gesamten Wertebereich dieser »Engagement-Variablen« erstreckt. Angenommen, es sei möglich den Führungsstil von Vorgesetzten im Spektrum von egoistisch bis altruistisch einzu- ordnen, dann spricht manches für die Annahme, dass sich das Arbeitsengagement eines Mitarbeiters vom negativen Bereich (Rückzugsverhalten) in den positiven Bereich (Extra-Motivations-Verhalten) verschiebt, wenn sich der Führungsstil vom egoistischen zum altruistischen Ende hin bewegt. Ebenso plausibel ist aber auch eine zweidimen- sionale Betrachtung und diese wiederum in drei Versionen (▶ **Abb. 2.4**).

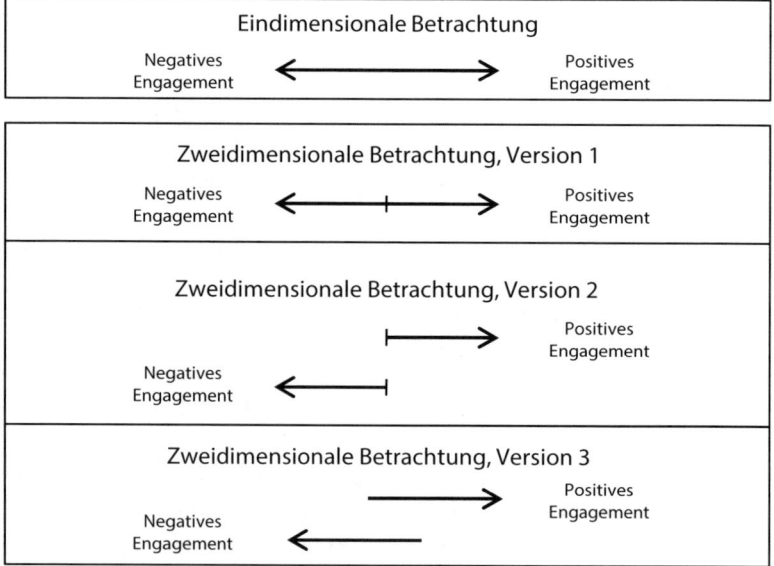

Abb. 2.4: Ein- und zweidimensionale Betrachtung des Rückzugsverhaltens

Alle drei Versionen bestreiten, dass es einen fließenden Übergang von der negativen zur positiven Seite hin (und umgekehrt) gibt. Dies bedeutet, dass das negative Engagement von anderen Kräften bestimmt wird als das positive Engagement. In der ersten Version geht es darum, dass eine Einflussgröße zwar entweder die eine oder die andere, aber nicht beide Seiten des Engagements bestimmt. So kann man sich vorstellen, dass autoritäres Führungsverhalten zwar in der Lage ist, ein negatives Engagement der Mitarbeiter auszulösen, partizipatives Führungsverhalten (als Gegenpol zum autoritären Verhalten) deswegen aber noch lange nicht hinreicht, um positives Engagement zu bewirken. In der zweiten Version kommt ein zusätzliches Element hinzu. Hier bildet die Variable »Engagement« ebenfalls kein Kontinuum mehr, es kommt hinzu, dass ihre beiden Seiten jeweils ganz eigene »mind-sets« repräsentieren. Wenn man also in den Zustand negativen Engagements abrutscht, folgt man gänzlich anderen Gedankengängen und man nimmt eine jeweils andere Haltung gegenüber seinem Arbeitgeber ein, als wenn man sich auf der positiven Seite des Engagements befindet. Während man also in der ersten Version in den negativen Ausprägungen gewissermaßen das Spiegelbild der positiven Ausprägungen des Engagements erkennt, lassen sich in der zweiten Version die beiden Seiten nicht mehr auf einer solchen Spiegelachse anordnen. Ein Beispiel soll diesen Gedanken veranschaulichen. In der ersten Version könnte auf der positiven Seite des Engagements das Merkmal »fleißig« angesiedelt sein, dem entspräche auf der negativen Seite das Merkmal »faul«. Nach der zweiten Version gibt es eine derartige Entsprechung nicht. So mag es für die positive Seite Sinn machen, den Fleiß als Merkmal des Engagements zu betrachten, auf der negativen Seite hat dieses Merkmal allerdings keinen Platz und zwar deswegen nicht, weil man sich zwar sehr wohl dazu entschließen kann, fleißig zu sein. Eine Entscheidung zur Faulheit gibt es dagegen nicht – allenfalls einen Entschluss zum Nichtstun, unter dem fleißige Leute leiden, den Faule aber gar nicht brauchen. In der dritten Version schließlich sind die beiden Seiten des Engagements weitgehend unabhängige Variablen, d. h. es ist – so diese Version – möglich, dass man sowohl ein positives als auch ein negatives Engagement zeigt, eine Vorstellung, die angesichts der vielen Ambivalenzen, die menschliches Handeln aufweist, nicht abwegig ist. Auf unser Thema bezogen ist es z. B. sehr wohl möglich, sich öfters eine Auszeit zu nehmen, also den Arbeitsplatz zu meiden und sich damit »zurückzuziehen«, aber dann, wenn man zur Arbeit kommt, diese mit hohem Engagement, gewissermaßen mit »Extra-Motivation« anzugehen.

Arten des Rückzugs

Die Phänomenologie des Rückzugs ist äußerst vielgestaltig. Auf der Verhaltensebene gehört hierzu unter anderem der »Dienst nach Vorschrift«, also die Reduzierung des Arbeitsverhaltens auf die Aspekte, die formal vorgegeben und kontrolliert werden können. Zu nennen ist außerdem »passives Arbeitsverhalten«, das sich in einem bewussten Verzicht äußert, über den eigenen Tellerrand hinaus »mitzudenken«. Unter Umständen kommt es einem nicht mal dann in den Sinn tätig zu werden, wenn man ganz offensichtlich auf ein gravierendes Problem stößt, das sofortiges Eingreifen erfordert. Stattdessen wartet man lieber ab, ob man eine Anweisung bekommt. Jedenfalls ist nicht immer ersichtlich, ob es sich bei einem derartigen Verhalten um eine bewusste oder um eine unbewusste Form der Leistungszurückhaltung handelt. Möglicherweise liegt die Ursache auch gar nicht im Willens- als vielmehr im Fähigkeitsbereich. Diese Vermutung liegt insbesondere dann nahe, wenn es sich bei den Mitarbeitern, die sich in ihrem Arbeitsengagement zurückhalten, um Berufsneulinge handelt, die die auftretenden Arbeitsprobleme oft noch nicht richtig einordnen können und die die geforderte proaktive Arbeitshaltung erst noch erwerben müssen. Eine weitere Form des Rückzugsverhaltens ist die Verweigerung zumutbarer Leistungsanforderungen. Typische Beispiele hierfür sind Unpünktlichkeit, Nachlässigkeit und Trägheit, Verhaltensweisen, die sich insbesondere in solchen Berufen negativ auswirken, die große Aufmerksamkeit, Disziplin und Durchhaltevermögen, Gründlichkeit, Ordnungssinn und Sauberkeit verlangen.

Im Mittelpunkt der einschlägigen Literatur stehen weniger diese oder andere Leistungsdefizite als vielmehr das Fluktuationsverhalten und der Absentismus, d. h. der Arbeitsplatzwechsel und das bewusste, nicht krankheitsbedingte, Fehlen am Arbeitsplatz. Rückzugstendenzen äußern sich allerdings nicht nur im Verhalten, sondern ebenso in bestimmten Einstellungen. Sie äußern sich nicht erst bei der tatsächlichen Kündigung, sondern ebenso (oder eigentlich noch mehr) bereits im Zustand der inneren Kündigung, nicht nur beim tatsächlichen Wechsel des Arbeitgebers, sondern auch in der Fluktuationsneigung, nicht nur in einem passiven Arbeitsverhalten, sondern mehr noch in der Gleichgültigkeit, die man gegenüber der Verrichtung und den Ergebnissen der eigenen Arbeit entwickeln kann. Häufig wird auch ein geringes Commitment (gegenüber der Arbeit und dem Arbeitgeber) als Rückzugstendenz angesehen. Damit verknüpft sich allerdings die schwierige Frage, in welchem Umfang man Commitment wirklich verlangen kann, ob also eine Zurücknahme des Commitments wirklich den legitimen Anspruch des Arbeitgebers beschneidet oder ob darin nicht eine nicht minder legitime Besinnung auf die eigenen Interessen zum Ausdruck kommt.

Wie breit gefächert das Thema Rückzugsverhalten ist, zeigt sich nicht nur in der Fülle der Rückzugsphänomene, sondern auch in den Ursachen, die sie hervorbringen. Sie reichen von relativ einfach lokalisierbaren konkreten Enttäuschungen, über eine auf langjährigen negativen Erfahrungen begründete Resignation bis hin zu schwer greifbaren Seelenlagen wie Apathie, Entfremdung, Eskapismus und Zynismus. Rückzugstendenzen ergeben sich manchmal aus ganz bewussten Entscheidungen, oft sind sie dem Handelnden aber auch gar nicht bewusst. Außerdem gibt es einen proaktiven und einen reaktiven Rückzug, mentalen und physischen, privaten und öffentlichen Rückzug, partiellen und umfassenden, legalen und illegalen, defensiven und feindseligen Rückzug.

Vom Rückzugsverhalten zu unterscheiden ist schädigendes Verhalten. Gemeint ist damit antisoziales und auch kriminelles Verhalten. Das Spektrum reicht von leichten bis schweren Schädigungen des Gemeinsinns und des Gemeinwohls. Beispiele aus dem zwischenmenschlichen Bereich sind unfaire Praktiken im Karrierewettbewerb, üble Nachrede und Günstlingswirtschaft, Unachtsamkeit, die die Sicherheit und Gesundheit der Kollegen gefährdet, sexuelle Belästigung und Mobbing. Gegen die Organisation richten sich Ressourcenverschwendung, Unterschlagung, Diebstahl und Intrigantentum (vgl. Robinson/Bennett 1995). Hierauf und auf weitere schlimmere Dinge wie Umweltverschmutzung, Sabotage, Betrug und Korruption kann an dieser Stelle nicht eingegangen werden.

Stufenmodell des Rückzugs

Angesichts der Vielfalt der Rückzugsphänomene und der sehr unterschiedlichen Ursachen, die ihm zugrunde liegen, stellt sich die Frage, ob es beim »Rückzug« überhaupt um ein einheitliches Konstrukt geht. Zumindest für einige der angeführten Verhaltensweisen wird dies oft behauptet. Dabei werden drei unterschiedliche Ideen ins Spiel gebracht. Erstens wird angenommen, dass die verschiedenen Verhaltensweisen unterschiedliche Manifestationen eines latenten Wunsches sind, sein Engagement für das Unternehmen zu reduzieren oder zumindest nach oben hin deutlich zu begrenzen. Zweitens wird angenommen, dass die verschiedenen Manifestationen die Stärke des Rückzugsmotivs zum Ausdruck bringen. Und drittens wird außerdem nicht selten angenommen, dass der Rückzug entlang des zunehmenden Rückzugswunsches verschiedene Steigerungsstufen durchläuft. In Abbildung 2.5 kommt diese Gedankenfolge sehr schön zum Ausdruck.

Den Impuls für das Rückzugsverhalten setzt – so wird oft argumentiert – eine worin auch immer begründete Aversion gegenüber dem Beschäftigungsverhältnis bzw. gegenüber den Arbeitsbedingungen. Die damit einhergehende psychologische Distanzierung liefert den tieferen Grund für das folgende konkrete Rückzugsverhalten. Zunächst sollten sich eher schwache und weniger sichtbare Reaktionen ergeben. Der Mitarbeiter bringt sich nicht mehr voll ein, sondern hält sich in seinem Leistungsverhalten eher zurück, er ist zwar physisch, nicht aber immer mental präsent. Sichtbarer wird der Rückzug, wenn es der Mitarbeiter auch an physischer Präsenz fehlen lässt, sei es durch unpünktliches Verhalten oder häufiges Fehlen am Arbeitsplatz. Diese Stufenfolge hat aber nicht nur eine Richtung, man kann sie also auch rückwärts durchlaufen. Ob dies geschieht, hängt maßgeblich davon ab, wie das soziale Umfeld auf das Rückzugsverhalten reagiert. Sind die Vorbehalte berechtigt und sorgt der Arbeitgeber für eine Verbesserung der Arbeitsverhältnisse, dann wird der Mitarbeiter wahrscheinlich auch zu seinem ursprünglichen Arbeitsverhalten zurückkehren. Sind die Vorbehalte nicht berechtigt, dann kann bessere Einsicht helfen. Die soziale Umwelt kann auch »falsch« reagieren, entweder, indem sie gar nicht reagiert, indem sie überreagiert oder dadurch, dass sie selbst ein schlechtes Vorbild abgibt, z. B. wenn die Kollegen ebenfalls Rückzugstendenzen erkennen lassen.

Ob sich wirklich die skizzierte oder eine andere Stufenfolge allgemein nachweisen lässt, ist umstritten. Man kann geltend machen, dass die verschiedenen Verhaltensweisen nicht aufeinander aufbauen, sondern alternative Möglichkeiten sind, seinem Unmut Ausdruck zu verleihen. Ob hierzu eher die Leistungszurückhaltung gewählt wird oder ob man stattdessen dazu tendiert, häufiger dem Arbeitsplatz fernzubleiben, wäre demnach eher eine Frage der individuellen Präferenzen und nicht so sehr der Stärke der Rückzugsmotivation. Für diese Auffassung spricht, dass eine permanente Leistungszurückhaltung einen größeren Schaden anrichten kann als ein gelegentliches Fernbleiben vom

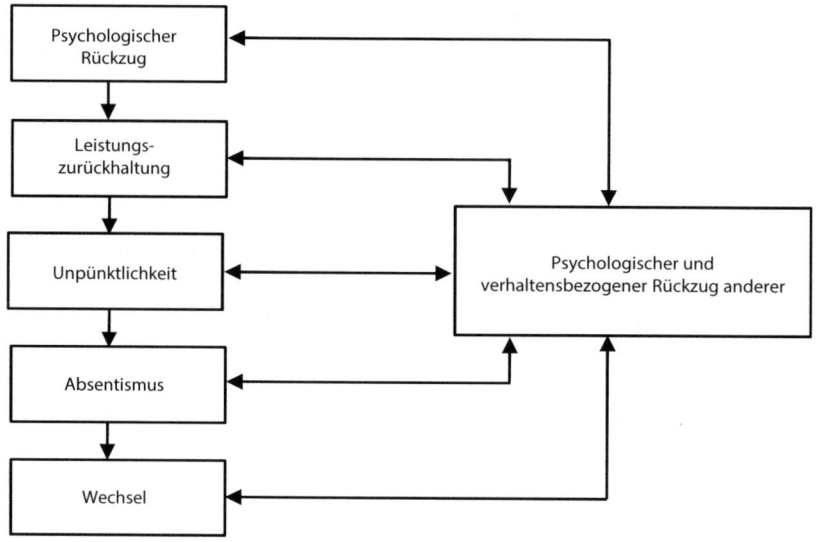

Abb. 2.5: Stufenmodell des Rückzugsverhaltens (Sagie/Birati/Tziner 2002, 71)

Arbeitsplatz. Verschiedentlich wird auch geltend gemacht, dass verschiedene Formen des Rückzugverhaltens gleichzeitig zum Zuge kommen können: Man »wählt« gewissermaßen das Ausmaß des Rückzugs und kombiniert dann die Verhaltensweisen, die zusammen diesem Ausmaß entsprechen. Schließlich kann es auch noch einen »Ansteckungseffekt« geben. Wenn man sich einmal entschlossen hat, seine Leistung zu drosseln, könnte dies die Hemmschwelle herabsetzen, auch hin und wieder dem Arbeitsplatz fernzubleiben. Nichts spricht gegen die eine oder andere Überlegung. Empirischen Studien zufolge scheint das Rückzugsverhalten allerdings tatsächlich relativ häufig dem Stufenmodell zu folgen (Johns 2002, Sagie/Birati/Tziner 2002).

Eine etwas andere Stufenreihenfolge als in Abbildung 2.5 findet man in dem viel zitierten Modell zum Fluktuationsverhalten von Mobley (1977). Auch hier steht am Ausgangspunkt die Bewertung der Arbeitsverhältnisse. Ist man unzufrieden, dann denkt man über einen eventuellen Arbeitsplatzwechsel nach. Allerdings wird zunächst abgewogen, ob sich der Suchaufwand lohnt. Nur wenn die Suchkosten nicht unverhältnismäßig hoch sind, wird man ernsthaft nach Alternativen suchen. Findet man attraktive Alternativen, werden damit Fluktuationsabsichten genährt, die aber nicht unbedingt verwirklicht werden, weil sich mit dem Arbeitsplatzwechsel noch erhebliche materielle und immaterielle Kosten verbunden sein können, die ebenfalls bedacht werden wollen. Alle angeführten Phasen definieren jeweils gesonderte Entscheidungspunkte. Ein einmal begonnener Denk- und Suchprozess kann also auch jederzeit wieder abgebrochen werden.

Die Fluktuation als extremste Form der Distanzierung findet nicht nur im Modell von Mobley, sondern ganz allgemein die größte Aufmerksamkeit in der Literatur (vgl. u. a. Mobley 1982b, Griffeth/Hom 2004, Weller 2007). Das liegt sicher auch an den Fluktuationskosten, die leicht große Summen erreichen, zumal bei hochqualifizierten Arbeitskräften, die nicht ohne weiteres ersetzt werden können und für die außerdem noch umfängliche Einarbeitungszeiten in Rechnung zu stellen sind. Zu nennen sind hier konkret bestimmbare Kosten durch die Suche, die Neueinstellung und die Einführung von Stellennachfolgern. In der Zeit der Stellenvakanz können außerdem noch hohe Alternativkosten anfallen. Insbesondere dann, wenn der Stellenwechsler eine wichtige Position eingenommen hat, werden eingespielte Arbeitszusammenhänge und Kommunikationswege gestört, was – als unerwünschter Nebeneffekt – Unzufriedenheit bei den verbliebenen Kollegen auslösen kann. Und schließlich kann eine hohe Fluktuationsquote zu Reputationsschäden führen.

Auch für den Arbeitnehmer entstehen durch den Stellenwechsel mitunter hohe Kosten. Zu denken ist etwa an den Verlust von Privilegien, die an eine längere Betriebszugehörigkeit geknüpft sind, den Aufwand, der damit verbunden ist, sich in eine neue Stelle hineinzufinden, die Auflösung sozialer Beziehungen und die Mühe, die es kostet, neue befriedigende Beziehungen aufzubauen, ganz zu schweigen von den Umzugskosten und den durch einen Umzug entstehenden Belastungen für die Familie. Andererseits verspricht sich jemand, der seine Stelle zugunsten einer anderen Stelle aufgibt, von diesem Wechsel ja vor allem einen persönlichen Gewinn. Dieser kann in Gehaltssteigerungen bestehen, in besseren Arbeitsbedingungen und Entfaltungsmöglichkeiten, in der Möglichkeit, einen Karriereschritt zu vollziehen, in einem angenehmeren sozialen Klima und vielen weiteren Punkten. Auch auf Seiten eines Unternehmens ist man natürlich nicht unter allen Umständen an der Weiterführung eines Beschäftigungsverhältnisses interessiert, trivialerweise vor allem dann nicht, wenn der Mitarbeiter nicht die erwünschten Leistungen erbringt, aber auch dann nicht, wenn man zum Personalabbau gezwungen ist, wenn man durch die durch den Stellenwechsel möglich gewordene Neubesetzung frischen Wind ins Unternehmen bringen kann oder wenn man die freiwerdende Stelle einem verdienten Mitarbeiter anbieten kann, für den diese Stelle eine Verbesserung darstellt usw. (Mobley 1982b).

So gesehen läuft die Entscheidung ein Beschäftigungsverhältnis aufrechtzuerhalten oder zu beenden offenbar auf eine Nutzenabwägung (von beiden Vertragsparteien) hinaus. Diese sehr rationale Sicht beschreibt allerdings nur einen Teil der Wirklichkeit. Ein anderer Teil wird ja bereits in dem Stufenmodell des Rückzugsverhaltens angesprochen, das – auf Seiten des Arbeitnehmers – den Affekt, die Zufriedenheit mit dem Arbeitsverhältnis und die Einstellung zum Arbeitgeber herausstellt. Tatsächlich macht es wenig Sinn, Gefühlsgründe und Abwägungsgründe gegeneinander auszuspielen. Beiden Aspekten kommt für die Fluktuationsentscheidung, aber auch generell für die verschiedenen Arten von Rückzugsverhalten, eine große Bedeutung zu. Sehr schön deutlich wird das in der Studie von Smith (1977), in der er zeigt, dass die Arbeitseinstellung, wie zu vermuten war, einen deutlichen Einfluss auf die Entscheidung hat, dem Arbeitsplatz fernzubleiben. Hierbei ist allerdings zu beachten, dass die Daten, die diese Hypothese stützen, auf einer Erhebung beruhen, die an einem schneereichen Tag in

Chicago erfolgte, in New York, wo am selben Tag schönes Wetter herrschte, blieb die Arbeitseinstellung ohne Wirkung.

Ein Erklärungsmodell für Leistungszurückhaltung

Praktisch wesentlich schwieriger zu greifen, keinesfalls aber – gerade in praktischer Hinsicht! – weniger bedeutsam als Absentismus und Fluktuation ist das bewusste oder unbewusste Zurückhalten der eigenen Leistungskraft (»withholding efforts at work«, vgl. u. a. Mobley 1982a, Birati/Tziner 1996). Eine wesentliche Schwierigkeit im Umgang mit der Leistungszurückhaltung ergibt sich aus der Frage, welches Ausmaß an Engagement man von einem Mitarbeiter billigerweise verlangen kann, eine Frage, die sich nicht immer einfach beantworten lässt. Interessanterweise richtet sich der Blick der Forschung in aller Regel auf den Arbeitnehmer, seltener auf den Arbeitgeber, obwohl sich ja auch dieser von seinen »Pflichten« zurückziehen kann – ein Verhalten, dass nicht selten der eigentliche Anlass für das Rückzugsverhalten der Arbeitnehmer sein dürfte. Inhaltlich gesehen ist es allerdings nicht schwierig, mit dem Begriff der Leistungszurückhaltung zu hantieren, weil er im wissenschaftlichen Gebrauch im Wesentlichen dem Alltagsverständnis entspricht. Gleichwohl gibt es einige Nuancen. Eindeutig opportunistisch motiviert ist die so genannte Drückebergerei (»shirking«), die besonders dann zum Einsatz kommt, wenn das eigene negative oder passive Verhalten nicht bemerkt wird oder nicht der eigenen Person zugeschrieben werden kann. Das »soziale Faulenzen« (»social loafing«) beschreibt die Leistungszurücknahme bei *gemeinschaftlich* ausgeführten Arbeiten, es ist von der Erwartung getragen, dass die anderen das mehr tun, was man selbst weniger tut. Beim Trittbrettfahren (»free riding«) schließlich geht es um die Ergebnisverwendung, um das Einstreichen von gemeinschaftlich erarbeiteten Leistungen ohne einen angemessenen Beitrag einzubringen.

In Abbildung 2.6 ist ein Erklärungsmodell skizziert, das von Kidwell und Bennett entwickelt wurde und das theoretische und empirische Erkenntnisse über die Bestimmungsgrößen der Leistungszurückhaltung vereint. Es ist als integratives Modell angelegt, das aufzeigen soll, dass Erkenntnisse zur Leistungszurückhaltung von unterschiedlichen Disziplinen geliefert werden, dass rationale Bestimmungsgründe vor allem in den ökonomischen Wissenschaften betont werden, affektive Gründe und soziale Einflussgrößen vor allem in der Motivationspsychologie, der Soziologie und der Sozialpsychologie.

Nach der Effizienzlohntheorie wirken überdurchschnittliche Löhne als Anreiz, auf Leistungszurückhaltung zu verzichten. Der Grund ergibt sich aus dem Lohnverlust, der dann eintritt, wenn der Arbeitgeber das Fehlverhalten entdeckt und mit Kündigung ahndet: Auf dem Arbeitsmarkt wird eben nur ein durchschnittlicher und nicht ein überdurchschnittlicher Lohn bezahlt. Der Effizienzlohneffekt hängt naturgemäß stark von der Schwierigkeit ab, eine ähnlich attraktive Stelle zu finden und damit von der Situation auf dem Arbeitsmarkt, den Wechselkosten usw. Die Gruppengröße ist deswegen von Relevanz, weil in größeren Gruppen die Bedeutsamkeit des eigenen Leistungsbeitrags geringer ist und sich die Überwachung der Leistungsbeiträge schwieriger gestaltet.

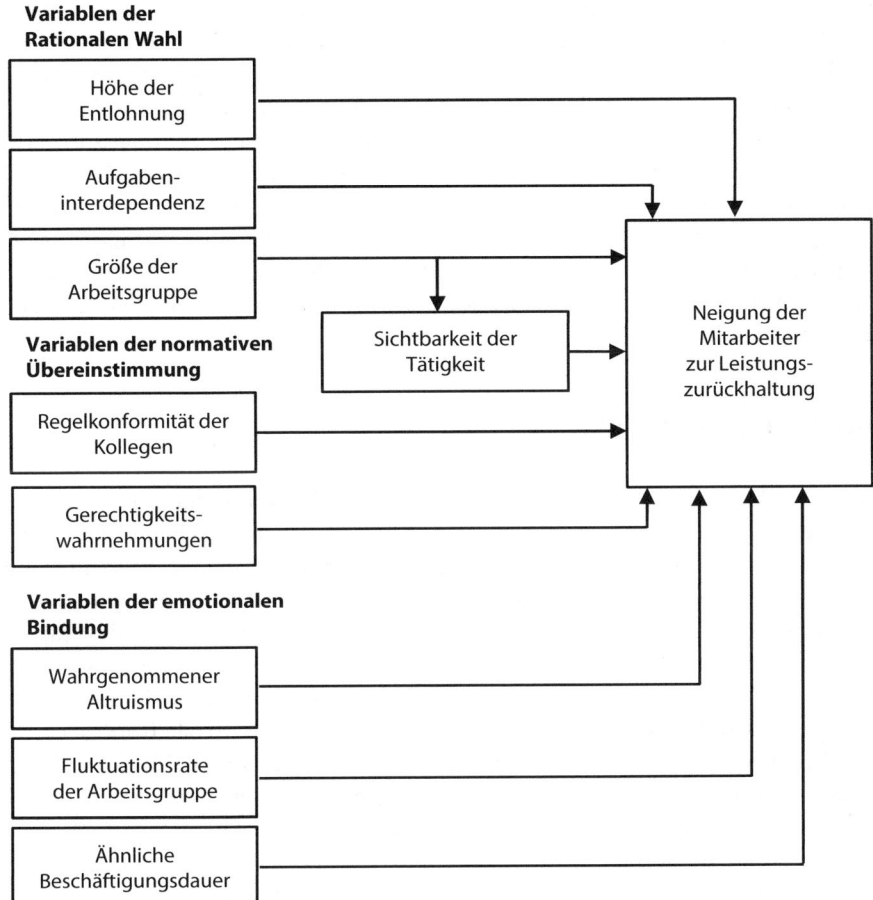

Abb. 2.6: Determinanten der Leistungszurückhaltung (Kidwell/Bennett 1993, 439)

Ähnliches gilt für die Aufgabeninterdependenz und die Sichtbarkeit der Aufgabe. Wenn die Aufgaben der Kollegen eng miteinander verschränkt sind, dann fällt es schwer, den Leistungsbeitrag des Einzelnen zu erkennen und zu kontrollieren, was die Neigung zur Leistungszurückhaltung erhöht. Die Sichtbarkeit einer Aufgabe (wer tut was, wann und wie) verbessert umgekehrt die Kontrollmöglichkeiten, wodurch sich die Wahrscheinlichkeit der Leistungszurückhaltung vermindert. Starke Leistungsnormen beschränken ebenfalls die Neigung, die eigenen Leistungsanstrengungen zu reduzieren. Normen werden verschiedentlich auch als implizite Verträge bezeichnet, die als solche die Verpflichtung enthalten, sich an die Leistungsvereinbarungen zu halten. Auch Reziprozitäts- und Fairness-Normen vermindern eigensüchtiges Verhalten. Auf Verstöße gegen Reziprozität, Fairness und auch gegen Verantwortlichkeit reagieren die Kollegen negativ. Das hat etwas mit dem Gerechtigkeitsempfinden zu tun, das allerdings auch in die Gegenrichtung wirkt: Wenn die Kollegen »faulenzen«, tut man das eben auch (»Sucker-

Effekt«): »Ich halte mich lieber zurück als der Gimpel (»sucker«) zu sein, der Free-Rider-Verhalten duldet.« Schließlich nennt das Kidwell-Bennett-Modell noch einige Affekt-Variablen. Zweifellos am bedeutsamsten ist hier die Frage, wie das Kollegenverhalten wahrgenommen wird: Verhalten sich diese eher altruistisch als egoistisch, dann wird man selbst auch (schon aus Gründen der Kameradschaft) weniger Leistungszurückhaltung zeigen. Außerdem führt eine große Beständigkeit der Arbeitsgruppe zu einer besseren Kooperation, weil sich damit die Möglichkeit verringert, der Reziprozitätsnorm zu entgehen. Daneben fördert eine lange gemeinsame Gruppenzugehörigkeit das Entstehen persönlicher Beziehungen, es bilden sich ähnliche Überzeugungen heraus, man identifiziert sich mit denselben Gegebenheiten und spielt sich in den Arbeitsabläufen aufeinander ein.

Beurteilung des Modells

Kidwell und Bennett ging es, wie gesagt, mit ihrem Modell darum, die wichtigsten Erkenntnisse zur Leistungszurückhaltung aus verschiedenen Forschungsgebieten zusammenzutragen. Wie sind die dadurch gewonnenen Einsichten zu beurteilen? Zunächst ist anzuerkennen, dass es den Autoren in ihrem Aufsatz gelungen ist, die Vielfalt der vorliegenden theoretischen und empirischen Studien aufzubereiten und sie mit der Modellformulierung ansatzweise einer integrierten Betrachtung zuzuführen. Sie zeigen, dass keiner Disziplin eine Vorrangstellung bei der Beantwortung der Frage nach der Leistungszurückhaltung zukommt, sondern alle Disziplinen wertvolle Beiträge erbringen. Diese Leistung ist schon allein deswegen nicht gering zu veranschlagen, weil Wissenschaftsdisziplinen dazu neigen, nur ihre eigenen Forschungsansätze zu preisen. Andererseits ist es eigentlich keine besonders überraschende Einsicht, dass Verstand, Gefühle und soziale Normen gleichermaßen und oft simultan unser Verhalten und auch unser Leistungsverhalten bestimmen. Interessanter ist die Behauptung, ein und dasselbe Phänomen ließe sich gleichermaßen durch unterschiedliche Theorien erklären. Diese Aussage sollte nicht mit der eben gemachten Bemerkung verwechselt werden, dass mehrere Einflussfaktoren gleichzeitig wirksam sein können. Das ist eigentlich selbstverständlich. Wenn es aber darum geht, dass unterschiedliche Theorien denselben Erklärungsanspruch erheben, dann stellt sich natürlich das Problem, welche der Theorien tatsächlich aussagekräftiger ist und sich besser bewährt. Weiterführend ist dagegen der Hinweis von Kidwell und Bennett, dass man bei der Erklärung des Leistungsverhaltens auf Interaktionseffekte achten sollte. Ein Beispiel für einen solchen Interaktionseffekt betrifft das Zusammenwirken von Belohnungsmustern und Kooperationserfordernissen. Bestimmte Arbeitsbedingungen (beispielsweise eine hohe Interdependenz der Aufgaben gepaart mit hohen Leistungsanforderungen) verlangen nach einer engen Kooperation zwischen den Kollegen. In diesem Fall kann eine strikt auf die einzelne Person bezogene Entlohnung Tendenzen zur Leistungszurückhaltung befördern, und zwar deswegen, weil mit der Individualentlohnung die besonderen Anstrengungen, die kooperatives Arbeitsverhalten erfordert, nicht honoriert werden. Umgekehrtes gilt für Arbeitssituationen, in denen eine enge Kooperation nicht notwendig ist, hier dürfte eine gruppenbezogene Entlohnung die Neigung zur Leistungs-zurückhaltung verstärken.

Insgesamt handelt es sich aber trotz derartiger Verfeinerungen um ein recht einfaches Modell. Prinzipiell lässt es sich also auch recht leicht prüfen, womit offenbar der Forderung der Wissenschaftstheorie, Theorien müssten widerlegbar sein, Genüge getan ist. Allerdings »zerfällt« das Modell in viele Einzelaussagen, die relativ isoliert nebeneinander stehen, die Widerlegung eines Teils der Aussagen widerlegt daher streng genommen nicht auch das Gesamtmodell. Außerdem werden die im Modell formu-lierten Hypothesen nicht logisch einwandfrei aus klar spezifizierten Theorien abgeleitet. Zugrunde liegen vielmehr verschiedene »Perspektiven«, die nicht wie prüfbare Aussagen behandelt werden. Auch hapert es an der semantischen Geschlossenheit des Modells. Die Begrifflichkeit stammt aus unterschiedlichen theoretischen Traditionen und ist nicht ohne weiteres in ein gemeinsames Vokabular überführbar. So ist es beispielsweise fraglich, ob man der Natur von Normen gerecht wird, wenn man sie, wie oben angesprochen, als implizite Verträge bezeichnet. Auch sind inhaltlich Zweifel an der Allgemeingültigkeit der einzelnen Hypothesen angebracht. Ein Beispiel ist der behaup-tete positive Zusammenhang zwischen Aufgabeninterdependenz und Leistungszurück-haltung. Kidwell und Bennett begründen diese Hypothese durch den Hinweis, dass es dem Arbeitgeber schwer fällt, in eng miteinander verkoppelten Aufgabenzusammen-hängen herauszufinden, wer genau für eventuelle Minderleistungen verantwortlich ist. Dagegen lässt sich allerdings ins Feld führen, dass in eben solchen Aufgabenzusam-menhängen die Kollegen selbst es sind, die sich wechselseitig kontrollieren. Sie tun dies schon aus Eigeninteresse, weil sie auf die Leistungserbringung der Kollegen angewiesen sind. Kollegenkontrolle erweist sich oft als wesentlich wirksamer als Vorgesetztenkon-trolle. Das spricht eher für einen negativen Zusammenhang zwischen Aufgabeninter-dependenz und Leistungszurückhaltung gibt. Schließlich ist anzumerken, dass das Modell von Kidwell und Bennett (unvermeidlich) selektiv ist und einige wichtige Determinanten und Erklärungsansätze nicht berücksichtigt. Die Anreiz-Beitrags-Theorie beispielsweise postuliert, dass Organisationsteilnehmer ihre Beitragsleistungen am Niveau der erreichbaren Anreize ausrichten. Leistungszurückhaltung ist aus dieser Sicht häufig einfach eine Ausgleichshandlung, die darauf abzielt, ein gestörtes Anreiz-Beitrags-Gleichgewicht wieder herzustellen. Leistungszurückhaltung kann außerdem symbolischen Charakter haben und zum Beispiel Ausdruck des Protests oder die Revanche für erlittenes Unrecht sein. Manchmal möchte man auch einfach unange-nehmen Erfahrungen ausweichen: Niemand kann dauerhaft immer an seine Leistungs-grenzen gehen, Leistungszurückhaltung ist daher oft schlicht Stressvermeidung. Außerdem beugt sie der Inflationierung von Erwartungshaltungen vor, ist also ein taktisches Mittel, um überhöhten Anforderungen der Vorgesetzten die empirische Basis zu entziehen. Nicht immer sind es so gut nachvollziehbare Gründe, die der Leistungs-zurückhaltung Vorschub leisten. Manchmal lässt man sich auch durch faule Kollegen anstecken oder man passt sich den Normen einer leistungsaversen Arbeitskultur an. Und schließlich gibt es Gründe für Leistungszurückhaltung, die auf negative Erfahrun-gen zurückzuführen sind, die man an seinem Arbeitsplatz und mit seinem Arbeitgeber gemacht hat und die einen zu einer »inneren Kündigung« veranlassen.

Exkurs: Innere Kündigung

In einer Befragung von Fach- und Führungskräften aus dem Jahr 2009 berichtet jeder Fünfte, dass er sich nur mit gebremstem Engagement in seine Arbeitstätigkeit einbringt. Spiegelbildlich wurde danach gefragt, ob der Arbeitgeber ein nur geringes Engagement aufbringt, also über die arbeitsvertraglich festgelegten Pflichten hinaus keine zusätzlichen Leistungen bzw. keine besondere Anerkennung erbringt. Zu dieser »starken Aussage« bekannte sich immerhin fast die Hälfte (46,5 %) der Befragten (Martin 2009). Zwischen beiden Befunden besteht ein enger Zusammenhang, wer die Leistungszurückhaltung seines Arbeitgebers bemängelt, hält sich meist auch bei seiner eigenen Leistungserbringung zurück. Das ist zwar kein sonderlich überraschendes Ergebnis, es zeigt aber immerhin, dass man Leistung und Gegenleistung schwerlich voneinander trennen kann. Stimmt das Arbeitsverhältnis nicht, dann liegt es nahe, dass man sich auf die Suche nach einem anderen Arbeitspartner begibt und kündigt. Tatsächlich kommt es aber häufig nicht zu einer ausgesprochenen, sondern lediglich zu einer inneren Kündigung: »Die innere Kündigung eines Mitarbeiters ist der bewusste Verzicht auf Engagement und Eigeninitiative im Unternehmen und damit die Ablehnung einer der wichtigsten Anforderungen, die an einen Mitarbeiter zu stellen sind.« (Höhn 1983, 17) Interessant an dieser Definition ist die darin enthaltene Auffassung, wonach das besondere Engagement eines Arbeitnehmers als wesentliches Merkmal seiner Pflichten gelten soll. Dass ein rein reaktives, auf die engsten Arbeitspflichten bezogenes Verhalten normalerweise nicht ausreicht, um die in einem Unternehmen notwendige Abstimmung und Zusammenarbeit zu gewährleisten, darauf haben wir ja schon wiederholt selbst hingewiesen. Insoweit kann man der Auffassung von Höhn zustimmen. Wo genau aber die »Pflicht« zum Engagement beginnt und wo sie endet, ist nicht so ohne weiteres auszumachen.

Höhn geht es im Übrigen nicht so sehr um das absolute Leistungsniveau, sondern primär um die Veränderung des Verhaltens. »Kündigung« meint ja im Wortsinne auch Aufkündigung einer zunächst durchaus akzeptierten Vereinbarung. Für Höhn ist die innere Kündigung keine Angelegenheit, die man leichthin von heute auf morgen beschließt. Sie ist vielmehr die Folge massiver negativer Arbeitserfahrungen und des Scheiterns ernsthafter eigener Bemühungen, die unerfreuliche Arbeitssituation zu verändern. Innere Kündigung ist demnach Ausdruck einer tiefergehenden Resignation. Für Höhn liegt die wichtigste Ursache für die innere Kündigung in einer defizitären Beziehung zwischen Vorgesetzten und Mitarbeitern. Er veranschaulicht dies an den zahlreichen Führungsfehlern, die ein Vorgesetzter machen kann. Ganz zentral ist für ihn die Verletzung des Prinzips der Delegation von Verantwortung. Mitarbeiter sollten einen klar bestimmten Verantwortungsbereich bekommen, in dem sie weitgehend autonom handeln dürfen und müssen. Wenn der Vorgesetzte diesen selbstbestimmten Bereich nicht respektiert, wenn er dem Mitarbeiter ständig dazwischenredet, seine Anweisungen in Frage stellt und seine Entscheidungen aufhebt, dann wird man eine gedeihliche Zusammenarbeit nicht wirklich erwarten dürfen. Erheblich belastet wird eine Führungsbeziehung außerdem durch Charakterschwächen und soziale Inkompetenz. Dies findet seinen Ausdruck in autoritären Vorgaben von Leistungsstandards, willkürlichen und pedantischen Kontrollen, im Versagen von Anerkennung, im Dulden und Verursachen von Ungerechtigkeiten und in einem herablassenden und demütigenden Verhalten. Ob ein Mitarbeiter innerlich gekündigt hat, lässt sich – so Höhn – an verschiedenen Verhaltensindikatoren, insbesondere an einem typischen Anpassungsverhalten, ablesen: Vorstellungen, Vorschläge und Anweisungen des Vorgesetzten werden nicht mehr kritisch beurteilt, sondern unbefragt übernommen, Stellungnahmen zu Vorgängen im Arbeitsbereich und in Bezug auf die Firmenpolitik unterbleiben, die vorhandenen Verhaltensspielräume werden nicht mehr ausgeschöpft, die Teilnahme an Besprechungen wird vermieden, innerhalb der Besprechungen hält man sich zurück, Kritik am eigenen Verhalten lässt einen eher kalt. Wie oben erwähnt, geht es Höhn um die Führungsbeziehung und nicht ausschließlich um das Mitarbeiterverhalten. Konsequenterweise beschreibt er daher auch die innere Kündigung, die ein Vorgesetzter seinen Mitarbeitern zukommen lassen kann und die sich z. B. in Kontaktvermeidung, Zurückhalten von Informationen und Verzicht auf Kontrollen äußert. Hierauf können wir an dieser Stelle nicht näher eingehen. Zusammenfassend sei festgehalten, dass nach Höhn ein Arbeitsverhältnis ganz maßgeblich von der Führungsbeziehung bestimmt wird, wobei es eher als ein schlechtes Zeichen zu werten ist, wenn sich diese Beziehung völlig konfliktfrei gestaltet. Eine lebendige Beziehung, in der man um sachgerechte und innovative Lösungen ringt, bringt unvermeidlich Konflikte hervor, was aber nicht ausschließt, dass die Zusammenarbeit von gegenseitigem Verständnis, von Rücksichtnahme und Respekt geprägt ist.

Praktische Hinweise

Bei der Betrachtung praktischer Aspekte wollen wir nochmals auf das Kidwell-Bennet-Modell zurückkommen. Es bietet nicht nur eine deskriptive Bestandsaufnahme möglicher Zusammenhänge, es liefert auch Anhaltspunkte dafür, was man tun kann, um Leistungszurückhaltung der Mitarbeiter zu vermeiden. Die im Kidwell-Bennett-Modell steckenden Handlungsempfehlungen lassen sich, etwas verkürzt, in den folgenden Postulaten zusammenfassen:

- Zahle Effizienzlöhne!
- Bilde eher kleine Arbeitsgruppen!
- Erkunde, beeinflusse die in den Gruppen herrschenden Leistungsnormen!
- Vermeide den »Bad Apple Effect« (ein fauler Apfel genügt, um die anderen guten Äpfel zu verderben)!
- Sorge für Beständigkeit, d. h. vermeide ständigen Personalaustausch!
- Beschäftige keine Egoisten!
- Sei gerecht!

Nicht alle angeführten Postulate werden in der betrieblichen Praxis auf große Zustimmung stoßen. So impliziert das erste Postulat, dass man keine durchschnittlichen oder gar unterdurchschnittlichen Löhne zahlen soll. Das wird nicht jeden Manager überzeugen. Auch die Größe der Arbeitsgruppen ist nicht völlig ins Belieben gestellt. Aus arbeitsorganisatorischen Gründen empfiehlt es sich nicht selten, eher große Gruppen zu bilden. Die Wichtigkeit der informal sich herausbildenden Leistungsnormen dürfte unbestritten sein. Wie man sie allerdings beeinflussen kann, ist eine andere Frage. Eine direkte Einflussnahme des Vorgesetzten etwa durch Anweisungen oder gezieltes Herausstellen einzelner leistungsbewusster Personen verbietet sich: Man merkt die Absicht und ist verstimmt! Leichter anzugehen scheint das »Bad Apple-Problem«. Felps/Mitchell/Byington (2006) empfehlen, schon bei der Personalauswahl darauf zu achten, keine Personen einzustellen, die zu Leistungsverweigerung neigen und sie schon gar nicht zu Vorgesetzten zu machen. Das ist nun aber kaum eine griffige Handlungsanweisung, sondern eher eine Plattitüde. Ähnliches gilt für die anderen Empfehlungen der Autoren, die sich in unbestimmten Hinweisen verlieren, etwa zu möglichen Sanktionsandrohungen, zur Personalbeurteilung und zum 360 Grad-Feedback sowie zum so genannten Empowerment, also zur Übertragung von mehr Selbstverantwortung auf die Gruppe. Die Aufforderung, für Beständigkeit zu sorgen, ist vor dem Hintergrund zu verstehen, dass es Zeit braucht, um optimale Verhaltensabläufe zu etablieren und dass sich durch häufigen Personalwechsel bewährte Lösungen nicht verstetigen können, sondern ständig hinterfragt werden. Dass man keine Egoisten beschäftigen sollte, klingt angesichts der herrschenden Karriereregeln einigermaßen naiv. Gegen das Gerechtigkeitspostulat lässt sich kaum etwas einwenden, außer dass es einigermaßen unbestimmt bleibt und dass das Problem nicht etwa darin liegt, dass Vorgesetzte diesem Postulat keinen Wert beimessen, sondern darin, dass es schwer ist, ihm gerecht zu werden. Das Vorgesetztenverhalten ist für Höhn, wie beschrieben, Dreh- und Angelpunkt für das Entstehen und Vermeiden von Rückzugstendenzen. Seine diesbezüglichen Ratschläge sind sicherlich bedenkenswert, zumal dann, wenn man sie von ihrem patriarchalischen Duktus befreit. Letztlich ist es immer der einzelne Mitarbeiter selbst, der über sein Engagement entscheidet. Man kann davon ausgehen, dass er sich immer dann auch einbringen wird, wenn er gute Gründe für die Annahme hat, tatsächlich gebraucht zu werden.

3 Politik

3.1 High Commitment Management

Es gibt eine Reihe von personalwirtschaftlichen Praktiken, die darauf abzielen, eine besondere Verbundenheit der Arbeitnehmer mit dem Arbeitgeber zu bewirken. Beispiele hierfür sind umfangreiche Sozialleistungen, Beschäftigungsgarantien und eine intensive Kommunikation. Die einschlägigen Begriffe für die dahinterstehende personalpolitische Orientierung lauten High Involvement Management (Lawler 2008), High Performance Management (Huselid 1995), Innovatives Human Resources Management (Pfeffer 1994) oder High Commitment Management (Arthur 1994, Baron/Kreps 1999). Im Wesentlichen geht es bei allen diesen Konzepten um das Gleiche, im Detail finden sich allerdings gewisse Akzentsetzungen. Das gilt selbst für ein und denselben Begriff. Die folgenden Definitionen mögen als Beispiele dienen:

- »High Commitment Management richtet sich darauf, ein starkes Commitment für die Organisation zu bewirken, so dass die Mitarbeiter ihr Verhalten im Wesentlichen selbst regulieren und nicht durch Sanktionen und Zwänge gelenkt werden müssen.« (Wood/Albanese 1995, 220)
- [»High Commitment Management …] zeichnet sich dadurch aus, dass die Befriedigung der Bedürfnisse der Arbeitnehmer selbst als Ziel gilt und nicht als bloßes Mittel zur Erreichung anderer Ziele.« (Walton 1985, 49)
- »High Commitment Management ist ein Ensemble von Personalpraktiken, das darauf abzielt, dadurch mehr von den Arbeitnehmern zu erhalten, dass man ihnen auch mehr gibt.« (Baron/Kreps 1999, 189)

Im ersten Fall wird auf die Selbststeuerung gesetzt, im zweiten Fall auf ein Ernstnehmen der Mitarbeiter und im dritten Fall auf ein Tauschgeschäft. Die Ziele sind ambitioniert. Das High Commitment Management soll die Arbeitnehmer veranlassen, die Ziele der Arbeitgeber zu internalisieren und hart für deren Erreichung zu arbeiten. Sie sollen im höchsten Maße flexibel sein, Zuständigkeitsdenken hinter sich lassen, überall dort anpacken, wo sie gerade gebraucht werden, sie sollen eigenständig ihre Fähigkeiten entwickeln und einsetzen, an einer kontinuierlichen Verbesserung arbeiten und in lebhaftem, offenen Informationsaustausch mit ihren Kollegen stehen.

Charakterisierung des High Commitment Managements

Wie sollen diese anspruchsvollen Ziele erreicht werden? Baron und Kreps schlagen den Einsatz der folgenden Gestaltungsansätze vor:

- Gewährleistung von Beschäftigungsgarantien,
- Gleichbehandlung aller Mitarbeiter,
- Teamarbeit,
- Humanistisch geprägte Arbeitsstrukturierungsmaßnahmen,
- Hohe (Effizienz-) Löhne,
- Leistungsorientierte Vergütung,
- Umfangreiche Sozialleistungen,
- Gruppenbezogene und am Unternehmenserfolg orientierte Anreizgestaltung,
- Umfangreiche Sozialisationsanstrengungen,
- Entwicklung der Mitarbeiter,
- Freier Zugang zu Unternehmensinformationen,
- Entwickeln einer starken Kultur gleichberechtigter Zusammenarbeit,
- Beschäftigung von Mitarbeitern, die zur Unternehmenskultur passen,
- Betonung des Eigentumsgedankens (psychologisches Eigentum durch Übertragung von Verantwortlichkeiten, materielles Eigentum durch eine finanzielle Beteiligung am Unternehmen).

Wie ein Blick auf diese Liste zeigt, umfassen die empfohlenen Praktiken sowohl Instrumente (leistungsorientierte Vergütung, Sozialleistungen) als auch Maßnahmen (es werden nur Personen eingestellt, die zur Unternehmenskultur passen) und Strukturen (Teamarbeit, Informationszugang). Daneben werden Maximen genannt (gleichberechtigte Zusammenarbeit, humanistische Arbeitsgestaltung), an der sich die Personalpolitik orientieren soll. Baron/Kreps ordnen ihre Handlungsansätze den Bereichen Rekrutieren, Entwickeln, Ermöglichen zu. Beim Rekrutieren komme es darauf an, Kandidaten zu gewinnen, die auch langfristig im Unternehmen bleiben wollen. Man braucht Personen, die ein hohes Maß an Verantwortlichkeit mitbringen, leistungs- und teamorientiert sind, sich für ihre Aufgabe begeistern und die Philosophie der Gleichheit mittragen. Beim Entwickeln gehe es darum, die Mitarbeiter zu veranlassen, alle vorhandenen Kompetenzen zu entwickeln, die erforderlich sind, um ihre Aufgaben eigenständig wahrnehmen und beherrschen zu können. Es gehe außerdem um den Erwerb von Wissen über die Prozesse in der Organisation sowie in deren Umfeld. Personalpolitik soll außerdem Engagement, Selbststeuerung und Flexibilität ermöglichen, und zwar durch flache hierarchische Strukturen, durch Arbeitsstrukturen mit mehr Autonomie, durch eine intensive Information, durch die Ermutigung, eigene Ideen zu äußern und durch Beschäftigungsgarantien, die Sicherheit vermitteln. Beschäftigungsgarantien motivieren, weil sich mit ihnen (durch die Vermeidung des Risikos der Arbeitslosigkeit) ein konkreter ökonomischer Nutzen verbinde. Motivationswirkungen schreiben Baron/Kreps außerdem überdurchschnittlichen Löhnen und Sozialleistungen zu. Sie empfehlen leistungsorientierte Vergütungsanteile, »Incentives« (d. h. Sonderleistungen wie Reisen, Teilnahme an Kongressen, spezielle Bildungsangebote usw.), die Pflege der Teamkultur und den Abbau von Statusunterschieden sowie die Gewährung größtmöglicher Autonomie bei der Arbeit.

Hypothesen

Wie man leicht sieht, stecken in diesen Vorstellungen eine ganze Reihe von Hypothesen, die – zumindest was ihre allgemeine Gültigkeit angeht – keinesfalls gesichert sind. Auffällig ist außerdem, dass lediglich »positive« Wirkungen herausgestellt werden. Negative Wirkungen sind aber ebenso plausibel. Drei Beispiele:

- Die hohen Anforderungen, die durch das High Commitment System vermittelt werden, lassen sich dauerhaft nicht erbringen, werden die unrealistischen Erwartungen aber enttäuscht, dann können sich, je nachdem, Resignation oder auch Zynismus breitmachen.
- Der hohe Leistungsdruck kann der Kollegialität schaden. Der Beweis, dass man besondere Leistungen erbringt, gelingt unter Umständen am besten dadurch, dass man sich auf Kosten der Kollegen profiliert und nicht dadurch, dass man ihnen hilft.
- Die starke Orientierung an der eigenen Organisation kann eine Überidentifikation bewirken. Dies kann dazu führen, dass man sich gegenüber Lösungsansätzen, die andere Organisationen entwickelt haben, verschließt und damit ins Hintertreffen gerät.

Nun kann man ins Feld führen, dass die (beispielhaft) angeführten negativen Wirkungen eben gerade dadurch verhindert werden, dass es nicht um einzelne Praktiken, sondern um ein Gesamtarrangement von Praktiken geht. Die möglichen negativen Wirkungen, die von bestimmten Maßnahmen ausgehen, können durch andere Maßnahmen also unter Umständen ausbalanciert werden. Kontraproduktives Konkurrenzverhalten (das durch den hohen Leistungsdruck induziert werden könnte) beispielsweise könne demnach durch die Einführung von Teamstrukturen verhindert werden. Aber das ist natürlich nur eine Hypothese, deren Gültigkeit an dieser Stelle nicht schlichtweg bestritten, aber doch eingeschränkt werden soll. Wie viele Studien zeigen, führt Gruppenarbeit durchaus nicht von selbst zu Kooperation, sie kann im Gegenteil äußerst konfliktreich geraten, oberflächliche Pseudokooperation bewirken, engstirniges Gruppendenken erzeugen und zur Ausgrenzung von Gruppenmitgliedern führen. Gruppenarbeit und Teamstrukturen sind jedenfalls nicht bedingungslos zu empfehlen. Ähnliches gilt für die anderen oben angeführten Gestaltungsoptionen. Insbesondere wäre erst noch genauer zu bestimmen, wie die vorgeschlagenen Maßnahmen auszugestalten sind. Bei der Teamarbeit beispielsweise kommt es sehr darauf an, wie man sie organisiert, mit welchen Mitarbeitern man Teams besetzt, welcher Art ihre Aufgaben sind und welche Beziehungen zwischen den Teams und den übrigen Organisationseinheiten bestehen.

An vielen Stellen bleibt in den Vorschlägen von Baron/Kreps auch unklar, wie man sich die unterstellten Zusammenhänge im Einzelnen vorstellen soll. Wie kann es z. B. gelingen, dass Mitarbeiter Unternehmensziele zu ihren eigenen Zielen machen? Wie man aus vielen Studien weiß, reicht es dazu nicht hin, dass man sie finanziell am Unternehmen beteiligt und auch die Gewährung von Sozialleistungen ruft nicht zwingend eine hohe Identifikation hervor (vgl. z. B. Weathington/Tetrick 2000). Doch selbst wenn man eine der unterstellten positiven Wirkungen der High Commitment Praktiken für plausibel hält, sollte man sagen, wie sie zustande kommen. Eine Möglichkeit wäre – wie oben ja bereits erwähnt – auf den Tauschgedanken zu rekurrieren und anzunehmen, dass die Mitarbeiter großzügige Sozialleistungen mit Dankbarkeit und Identifikation beantworten. Eine solche Erklärung ist allerdings wenig überzeugend, und zwar deswegen nicht, weil Identifikation (verstanden als emotionale Verbundenheit) kein Tauschgut, sondern ein Erfahrungswert ist.

Ganz ähnlich wären die anderen Zusammenhänge näher zu erläutern, die im Konzept des High Commitment Managements (implizit) unterstellt werden. Als weiteres Beispiel sei die Unterstellung angeführt, eine homogene Personalstruktur (die durch die gezielte Personalauswahl anvisiert wird) werde die Leistungskraft eines Unternehmens verbessern. Nicht wenige empirische Studien belegen jedoch genau das Gegenteil. Speziell für die Zusammensetzung des Top-Managements beispielsweise ist Homogenität jedenfalls eine zweischneidige Angelegenheit (Finkelstein/Hambrick 1996, vgl. auch Mannix/Neale 2005), da von ihr neben positiven sozio-emotionalen Wirkungen (ähnliche Personen haben gemeinsame Interessen, weniger Konflikte) auch negative sachbezogene Wirkungen ausgehen können (ähnliche Personen denken ähnlich und vereinheitlichen das Denken).

Auf unsere Kritik lässt sich erneut das oben schon bemühte Argument anführen, es käme schließlich nicht auf diese oder jene einzelne Maßnahme an, entscheidend sei die Gesamtausrichtung der Personalpolitik. Das ist zweifellos ein guter Punkt, der allerdings ebenfalls nicht unproblematisch ist. Denn es stellt sich natürlich die Frage, was diese

Gesamtausrichtung ausmacht. Was zeichnet die Konstellation der von Baron/Kreps angeführten Maßnahmen aus, ist sie tatsächlich Ausdruck einer geschlossenen personalpolitischen Konzeption? Dass die Elemente, die für das High Commitment Management reklamiert werden, gut zusammenpassen, kann man durchaus bezweifeln. So ist beispielsweise nicht recht klar wie sich eine Gesinnung, die auf Gleichberechtigung setzt, mit der starken Leistungsdifferenzierung vereinbart, die durch die vom High Commitment Konzept empfohlenen Anreizsysteme erzeugt werden soll oder wie sich eine »starke« einheitliche Kultur mit der Autonomie des Einzelnen verträgt.

Varianten

Baron/Kreps schreiben, es gäbe keine Blaupause für ein High Commitment System, das gleichermaßen für alle Unternehmen passe. Unternehmen würden aus der von ihnen aufgestellten »Master-Liste« diejenigen Praktiken herauspicken, die ihren eigenen Bedürfnissen, Umständen und Wünschen entsprächen (Baron/Kreps 1999, 195). Diese Aussage steht allerdings in einem gewissen Gegensatz zu ihrer Behauptung, dass die von ihnen propagierten Praktiken in einem wechselseitigen und komplementären Verhältnis zueinander stünden. Wenn man dies unterstellt, macht es wenig Sinn, Maßnahmen je nach Geschmack zusammenzustellen. Wie auch immer, Baron/Kreps beschreiben neben dem Grundmuster von High Commitment Management Systemen drei Varianten: das Total Quality Management, das Open-Book Management und das Personalmanagement von japanischen Top-Firmen. Das Total Quality Management legt, wie der Name schon sagt, den Akzent auf eine ausgeprägte Qualitätsphilosophie. Es geht darum, den Produktionsprozess ständig zu verbessern, mit dem Ziel, letztlich jeden Fehler zu beseitigen. Die Arbeitnehmer spielen in diesem Prozess eine wichtige Rolle, sie sollen die Arbeitsprozesse ständig überwachen, die Teilschritte genau analysieren und auf ihre Effizienz hin optimieren. Auch dürfen und sollen sie den Produktionsprozess gegebenenfalls stoppen, um auftretende Fehler sofort zu beseitigen. Gebraucht werden für diesen Zweck aufgeschlossene, qualifizierte und verantwortungsbewusste Arbeitnehmer, weshalb sich nach Baron/Kreps auch alle von ihnen angeführten High Commitment Praktiken empfehlen; ein konsequent gestaltetes Total Quality Management sei letztlich nichts anderes als ein High Commitment Management, das in einem speziellen Produktionskontext zur Anwendung komme.

Wesentlich spezieller ist das Open Book Management. Dieses akzentuiert vor allem den freien Informationszugang und -austausch. So emanzipatorisch, wie sich dies anhört, ist das allerdings nicht gemeint. Der Schwerpunkt des Open Book Management liegt nämlich nicht in einer demokratischen Mitbestimmung, sondern darin, auch den Mitarbeitern auf der operativen Ebene die wirtschaftlichen Konsequenzen ihres Handelns vor Augen zu führen. Als Mittel wird empfohlen, die in einer Produktionseinheit erbrachten Leistungen in Kennziffern und Schaubildern zu dokumentieren und den Arbeitnehmern die Möglichkeiten (und Mittel) einzuräumen, ihre Ergebnisse zu verbessern. Im Unterschied zum Total Quality Management geht es beim Open Book Management weniger um eher langfristig ausgelegte Qualitätsziele als um die Kostenseite der jeweils gegebenen Produktionsprozesse.

Schließlich gehen Baron/Kreps noch auf Personalpraktiken von japanischen Unternehmen ein, die in der Literatur schon an vielen Stellen ausführlich beschrieben wurden. Baron/Kreps stellen besonders heraus, dass Hochschul- und Fachschulabgänger jeweils als Kohorten eingestellt werden, innerhalb dieser jeweiligen Gruppierungen verbleiben und Ausbildungsschritte gemeinsam durchlaufen. Es gehört zu ihren Pflichten, sich gegenseitig zu Fleiß und Leistung anzuhalten, sich zu korrigieren und zu helfen. Der Karriereprozess verläuft langsam und von einer Stufe zur anderen, wobei darauf geachtet wird, dass alle wichtigen Unternehmensbereiche durchlaufen werden. Besondere Lohnanreize gibt es nicht, die wesentlichen Anreizwirkungen beruhen auf dem hohen Prestige der Spitzenfirmen und der lebenslangen Beschäftigung. Eine weitere Besonderheit dieses Systems ist, dass es auf der einen Seite zwar deutliche Statusunterschiede gibt, Entscheidungsprozesse jedoch partizipativ verlaufen. Diese Beschreibung ist insoweit etwas stilisiert, als sie nicht für alle Betriebsangehörigen zutrifft und Unternehmensbereiche, zu denen dieses Personalsystem nicht passt, häufig ausgelagert werden. Außerdem wurden im Zuge der Internationalisierung von den großen japanischen Firmen auch westliche Elemente des Personalmanagements übernommen (Dunphy 1987, Benson/Debroux 2004).

Bedingungen

Man kann sich leicht vorstellen, dass das Konzept des High Commitment Managements nicht überall aufgeht (also nicht die Wirkungen erbringt, die man sich davon verspricht). Häufig wird es auch gar nicht als erstrebenswert angesehen. Über die Funktionalität haben wir ja bereits oben bei der Skizzierung der dem Konzept zugrundeliegenden impliziten Hypothesen einiges gesagt. Baron/Kreps selbst relativieren den Vorbildcharakter ihres Konzepts. Sie weisen darauf hin, dass IBM in den 1960er Jahren ein mustergültiges Human Resource Management verwirklicht hatte. Dieses habe aber seine Überzeugungskraft in den 1980er Jahren verloren und zwar einfach deshalb, weil sich die wirtschaftlichen und gesellschaftlichen Bedingungen änderten. Anders ausgedrückt, es gibt kein Konzept, das immer und überall überzeugend ist, man muss stets die Handlungssituation beachten.

Eine wichtige Rahmenbedingung für ein personalpolitisches Konzept ist das sozioökonomische Umfeld, in dem sich ein Unternehmen bewegt. So gibt es beispielsweise Geschäftszweige, die aufgrund der Marktdynamik oder aus sachlogischen Gründen durch eine hohe Arbeitsmobilität gekennzeichnet sind – man denke etwa an den Gastronomiebereich oder auch an Zeitarbeitsfirmen. Hier ein Konzept verwirklichen zu wollen, das auf Kontinuität und lebenslange Beschäftigung setzt, macht wenig Sinn. Eine weitere Rahmenbedingung wird durch die gegebenen Belegschaftsstrukturen gesetzt. Sind die Belegschaften beispielsweise sehr heterogen zusammengesetzt, dann sind damit normalerweise auch sehr unterschiedliche Bedürfnisse z. B. im Hinblick auf die wünschenswerten Anreize verknüpft, was es nicht eben leicht macht, eine einheitliche personalpolitische Linie zu finden. Außerdem lässt sich nur schwer vorstellen, wie in einer heterogenen Belegschaft die erwünschte wechselseitige Befeuerung des Leistungswillens durch die Kollegen aussehen soll. Und manche Belegschaften und Belegschaftsgruppen haben auch gar kein Interesse an einer engen Bindung an ihren Arbeitgeber. In diesem Fall macht es auch keinen Sinn auf Commitment-Strategien zu setzen. Ob eine bestimmte personalpolitische Ausrichtung Erfolg verspricht, hängt auch von der Technologie bzw. der Arbeitsorganisation ab. Wenn die Arbeitsprozesse beispielsweise durch hohe Standardisierung gekennzeichnet sind, ist es vermutlich effizienter, primär auf monetäre Anreize, z. B. auf Mengenprämien zu setzen als auf ein ausgebautes High Commitment System. Auch die Unternehmensstrategie ist von Bedeutung. Setzt man auf hohe Kundenorientierung im Bereich beratungsintensiver Produkte, dann bietet es sich durchaus an, so vorzugehen wie es das High Commitment Management vorsieht, also motivierte Personen für den Außendienst zu suchen, diese intensiv auszubilden und ihnen Karrieremöglichkeiten zu eröffnen (und die Vertriebsleute nicht nur über Prämien zu steuern). Für Betriebe, in denen eine besondere Kundenorientierung keine große Rolle spielt, wird ein solches Vorgehen häufig nicht für notwendig erachtet. Und nicht zuletzt setzen die Ressourcen des Unternehmens der Personalpolitik Grenzen. So können beispielsweise Unternehmen mit einer ungünstigen Ertragslage keine Spitzenlöhne zahlen, wie dies das High Commitment System vorsieht.

Nun sollte man aber vielleicht nicht die Personalpolitik den gegebenen Strukturen anpassen, sondern umgekehrt, schließlich lassen sich ja auch Unternehmensstrukturen und -strategien verändern. Unternehmen, die eine nur geringe Kundenorientierung aufweisen, können sich um eine bessere Kundenorientierung bemühen. Standardisierte Fertigungsverfahren können der Teamfertigung weichen. Unstetige Beschäftigung kann man verstetigen und heterogene Belegschaften homogenisieren. Es stellt sich natürlich die Frage, ob das wirklich so einfach ist. Was dagegen spricht ist z. B. häufig die Wirtschaftlichkeit. Es gibt eine große Breite an Produkten, Märkten und technologischen Rahmenbedingungen, für die sich die angestammten Strukturen und Strategien einfach als ertragreicher darstellen, weshalb man sie sicher nicht ändern wird, nur damit sie zu dem High Commitment Management passen. Außerdem ist mit erheblichen sozialstrukturellen Widerständen bei der Einführung des High Commitment Managements zu rechnen. Die Abschaffung von Statusunterschieden, die Offenlegung aller Informationen und die Durchsetzung von Gleichberechtigung werden nicht so leicht gelingen, weil Unternehmen letztlich doch hierarchisch organisierte soziale Gebilde bleiben. Die Inhaber von Machtpositionen werden ihre Privilegien und Positionen jedenfalls nicht ohne weiteres aufgeben. Aber auch von Seiten der Belegschaft wird das High Commitment Management nicht notwendigerweise begrüßt. So werden nicht alle Mitarbeiter den hohen Leistungsdruck, die damit verknüpften ständigen Leistungskontrollen und den Konformitätszwang einer starken Unternehmenskultur besonders attraktiv finden.

Bewertung

Wie ist das Anliegen des High Commitment Managements zu beurteilen? Hinter dem High Commitment Konzept verbirgt sich eine bestimmte Vorstellung über das aus Sicht der Unternehmensleitung »ideale« Mitarbeiterverhalten. Danach ist sich jeder einzelne

Mitarbeiter seiner Verantwortung für das Unternehmensganze bewusst. Er verinnerlicht die Ziele des Unternehmens, verfolgt diese offensiv mit großem Einsatz und denkt ständig und eigenständig über Möglichkeiten nach, sein Verhalten und die Zielerreichung zu verbessern. Die dahinter stehenden Annahmen über die Handlungsvoraussetzungen eines Arbeitnehmers sind wohl einigermaßen irreal. Außerdem ist die anvisierte Forderung nach unbedingter Leistungsbereitschaft im Sinne des Unternehmensinteresses fragwürdig, wie im Übrigen jede Forderung nach Unterordnung unter eine kollektive Idee. Die individuelle Selbstbestimmung ist ein zentrales Persönlichkeitsrecht und impliziert, dass man gegenüber allen sozialen Institutionen eine kritische Distanz wahren sollte, nicht zuletzt auch deswegen, um der Gefahr zu begegnen, dass sich doktrinäre und autoritäre Strukturen etablieren können. Aber nicht nur die Ziele des High Commitment Managements, sondern auch die empfohlenen Mittel haben eine ethische Dimension. Das beschriebene Konzept setzt an drei Punkten an, um die Identifikation der Mitarbeiter mit den Unternehmenszielen zu bewerkstelligen. Zum Ersten werden großzügige materielle Gegenleistungen geboten, zum Zweiten geht es um den Aufbau einer Leistungskultur, in der sich die Organisationsmitglieder gegenseitig zu einem hohen Arbeitseinsatz anspornen und zum Dritten soll ein angenehmes Sozialklima geschaffen werden, damit sich die Mitarbeiter auch wohlfühlen. Gegen keines dieser drei Mittel ist etwas einzuwenden. Zumindest nicht auf den ersten Blick. Ein zweiter Blick nährt aber den Verdacht, dass es sich tatsächlich um »reine Mittel« handelt, deren Einsatz ausschließlich von instrumentalistischen Überlegungen geleitet wird. Wenn beispielsweise das Sozialklima ausschließlich deswegen gepflegt wird, um den hohen Leistungsdruck abzufedern, dann verkommt die Pflege der Sozialbeziehungen zu einem personalpolitischen Winkelzug, hinter dem keinerlei soziale Verpflichtung steckt und den man im Bedarfsfall auch bedenkenlos wieder zurücknimmt. Ähnlich zu beurteilen ist der Aufbau einer Leistungskultur, die sich des Ehrgeizes der Mitarbeiter nur bedient, diesem also keinen humanen Gehalt gibt, sondern im Gegenteil die Mitarbeiter in eine Tretmühle hineinmanövriert, aus der sie nicht mehr herauskommen.

Das High Commitment Konzept hat nicht nur ethische Schwachpunkte, sondern ist auch im Hinblick auf seine Zweckeignung nicht unproblematisch, worauf wir bereits weiter oben eingegangen sind. Wir haben dabei festgestellt, dass die Stimmigkeit des Konzepts zu wünschen übrig lässt. Auch die unterstellten Wirkungsvermutungen können nicht völlig überzeugen. Jedenfalls wäre noch genauer zu klären, für welche Art von Organisationen, bzw. im engeren Sinne von Unternehmen das High Commitment Konzept geeignet ist. Eine ganz grundsätzliche Kritik setzt an der Machbarkeit an. Das Ansinnen, eine Hochleistungskultur ins Leben rufen und dauerhaft installieren zu wollen, ist einigermaßen utopisch. Wie in unserem Abschnitt über das Kulturdesign im Kapitel 4 ausgeführt wird, lassen sich Unternehmenskulturen nur sehr bedingt gestalten. Sie müssen vielmehr »wachsen« und auch das ist ihnen nur innerhalb der Grenzen möglich, die die Lebenswelt (z. B. die sozio-ökonomische Umwelt) setzt, in die ein Unternehmen eingebettet ist. Schließlich und endlich leidet das High Commitment Konzept an mangelnder Klarheit (ein »epistemisches« Beurteilungskriterium). Auf einem abstrakten Niveau sind seine Aussagen zwar durchaus nachvollziehbar, etliche der zentralen Konzepte bleiben allerdings reichlich unbestimmt. Dies gilt insbesondere für das Konstrukt der Gleichberechtigung. Bei näherer Betrachtung geht es Baron/Kreps offenbar nicht um materiale Rechte, die Macht und Einfluss eröffnen sollen, sondern eher um eine bestimmte Haltung, z. B. um wechselseitige Achtung und um Respekt. Dagegen ist nichts einzuwenden, im Gegenteil. Angesichts der zahlreichen sozialen Misshelligkeiten, die man im Unternehmensalltag findet, kann man sich nur wünschen, dass diese Werte nachhaltig Geltung erlangen. Aber eigentlich wird auch diesbezüglich nicht recht klar, was die Autoren genau meinen – und wie man den Geist der Gleichberechtigung substantiell verankern kann.

Insgesamt bleibt der Eindruck, dass mit dem High Commitment Konzept eine Art moderne Personalpolitik propagiert werden soll, die auf die Herausforderungen einer internationalen Ökonomie Antworten sucht, eine Politik, die auf Qualifizierung, Flexibilität und Leistungswillen setzt. Die mit der Propagierung des High Commitment Konzepts verknüpfte Rhetorik ist nicht frei von ideologischen Untertönen. Doch man kann, wenn man will, die Botschaft auch anders lesen, nämlich als stilisierte Beschreibung einer Personalpolitik, der es darum geht, die Arbeitnehmer für ein lohnenswertes Projekt zu gewinnen, als Angebot des Arbeitgebers, die eingeräumten Gestaltungsspielräume auch in beiderseitigem Interesse zu nutzen. Ein solcher Gedanke bewegt beispielsweise Jeffrey Pfeffer (1994), der ebenfalls eine Variante des High Commitment Managements vertritt. Er empfiehlt ganz ähnliche Personalpraktiken wie Baron/Kreps (verzichtet in seinem Katalog aber interessanterweise auf variable Lohnanreize) und argumentiert wie folgt: »Einfach gesagt, die Mitarbeiter arbeiten härter, weil sie mehr eingebunden werden und dies liegt an dem größeren Einfluss, den sie auf ihre Arbeit erhalten, sie arbeiten besser, weil sie ermutigt werden, ihre Fähigkeiten zu verbessern und sie arbeiten verantwortungsvoller, weil ihnen mehr Verantwortung übertragen wird.« (Pfeffer/Veiga 1999, 40). In diesem Zitat spiegelt sich eine für die personalwirtschaftliche Literatur nicht unübliche Mischung von empirischen Einsichten, Wunschdenken, weltanschaulichen Auffassungen und normativen Postulaten.

3.2 Die Flexible Firma

Personal ist nicht gleich Personal. Schon immer machen Arbeitgeber Unterschiede zwischen ihren Arbeitnehmern. Ganz abgesehen davon, dass bereits der Zugang nicht für jeden offensteht, auch innerhalb eines Unternehmens finden hochselektive Prozesse statt. Sie finden Ausdruck in der Zuweisung von Positionen und Tätigkeiten, in der Ausstattung der Arbeitsplätze, den Arbeitsbedingungen und natürlich auch in der Entlohnung. Gründe für die unterschiedliche Behandlung von Personen – und Personengruppen – finden sich viele. Und auch die Ursachen lassen sich nur schwer auf einen einzigen Punkt bringen. Eine wesentliche Bestimmungsgröße ist zweifellos die Arbeitsteilung, mit der zwangsläufig eine Ausdifferenzierung von Stellen und Stellenanforderungen einhergeht. Der Hinweis auf die arbeitsteilige Leistungserbringung erklärt allerdings nicht, warum den Stellen eine unterschiedliche Wertigkeit zugeschrieben wird und warum die Stelleninhaber eine unterschiedliche personalpolitische Behandlung erfahren. Aus ökonomischer Sicht ist es letztlich die Marktmacht der (potentiellen) Stelleninhaber, die über deren Arbeitsbedingungen entscheidet. Unterschiedliche Stellen verlangen unterschiedliche Fähigkeiten und jemand, der die passenden Fähigkeiten mitbringt, hat eine bessere Verhandlungsposition als jemand, der das »falsche« Fähigkeitsprofil aufweist und dessen Fähigkeiten vielleicht auch kein sonderlich hohes Niveau erreichen. Gibt es viele Personen mit den geforderten Fähigkeiten, dann relativiert sich dieser Vorteil allerdings. Wer leicht austauschbar ist, wird sich keiner besonderen Vorteile erfreuen können. Die Arbeitsteilung, die damit verknüpften Stellenanforderungen, die Fähigkeiten der potentiellen Stelleninhaber und das Arbeitsangebot sind zweifellos wichtige Größen bei der Bestimmung der Arbeitsbedingungen. Hinreichend für die Erklärung der real vorzufindenden Unterschiede sind diese Faktoren jedoch nicht. Es gibt durchaus Mangel in manchen Berufen, ohne dass die Betroffenen davon einen besonderen Vorteil hätten, und es gibt für manche Berufe ein Arbeitskräfte-Überangebot, ohne dass deswegen die relativen Preise, also z. B. die Löhne, sinken oder gar ins Bodenlose fallen. Das liegt nicht zuletzt daran, dass die Arbeitsbedingungen normalerweise nicht gänzlich »frei« zwischen dem Arbeitgeber und den einzelnen Arbeitnehmern ausgehandelt werden, sondern Gegenstand kollektiver Vereinbarungen sind. Entsprechende Bedeutung kommt der Macht der Arbeitnehmervertretungen zu und damit der Organisierbarkeit der Arbeitnehmerinteressen. Bedeutsam sind aber nicht nur die tariflichen Vereinbarungen, ebenso wichtig sind gesetzliche Vorgaben, Berufsstandards, Traditionen und die gesellschaftliche Wertschätzung, die einem Beruf oder einer Tätigkeit entgegengebracht wird. Die Qualität der Arbeitsbedingungen wird also nicht allein durch ökonomische, sondern auch durch soziale Prozesse bestimmt. Dies gilt nicht nur für die Berufswelt im Allgemeinen, sondern auch für die Situation innerhalb von Unternehmen. Auch hier hat nicht unbedingt die Person die attraktivste Stelle inne, die die größten Fähigkeiten besitzt. Nicht minder bedeutsam wie Qualifikationen sind für die Stellenbesetzung Regeln, die vom etablierten Karrieresystem gesetzt werden, Zufälligkeiten, die sich aus wechselnden Opportunitäten ergeben und mikropolitische Prozesse, die auf deren Ausbeutung zielen. Doch das sind eigentlich nachgelagerte Fragen, sie kreisen darum, wer zu welcher Position Zugang findet. Die wesentlich wichtigere Frage richtet sich auf die Basis der Ungleichbehandlung, die Gestaltung der Stellenstruktur. Denn Privilegien werden in unserer Zeit nicht personenbezogen vergeben oder vorenthalten, sie verknüpfen sich vielmehr mit Stellen und Positionen. Es stellt sich also die Frage, wie Stellen und Positionen definiert werden, welche Anforderungen sie stellen, mit welchen Aufgaben sie versehen sind, welche Kompetenzen den Stelleninhabern zukommen sollen und welche Rechte und Pflichten mit der Stelle verbunden sind.

Zur näheren Charakterisierung der Stellensituation in einem Unternehmen ist es sinnvoll, zwei Sachverhalte auseinanderzuhalten, die mit den Begriffen Segmentation und Segregation bezeichnet werden sollen. Unter *Segmentation* sei die Aufspaltung des Stellengefüges in verschiedene Teilsegmente verstanden, unter *Segregation* meint dagegen die (ungleiche) Verteilung unterschiedlicher Personengruppen auf diese Segmente. Typische Segmente sind beispielsweise Stabsstellen und Linienstellen, ausführende und leitende Stellen, Planstellen und Projektstellen, Dauerstellen und Aushilfsstellen, Stellen im Innen- bzw. im Außendienst, Stellen mit Planungsaufgaben und Stellen mit operativen Aufgaben, Berufseinstiegsstellen, Bewährungsstellen und Stellen für Etablierte, Stellen in den oberen und den unteren Hierarchiestufen usw. Bei der Segregation geht es, wie gesagt, um das Verhältnis von Stellen und Personen, darum, ob es typische Muster bei der Besetzung der Stellenkategorien (Segmenten) durch bestimmte Personengruppen gibt. Ein Beispiel für eine derartige Segregation ist die geringe Besetzung von Positionen im Top Management durch Frauen, ein anderes Beispiel die relativ seltene Besetzung von Ausbildungsstellen mit Kindern aus Migrationsfamilien. Segregationsfragen sind von großem gesellschaftspolitischem Interesse, wir gehen hierauf im Folgenden aber nicht weiter ein.

Der Segmentationsbegriff wird auch in der Arbeitsmarkttheorie verwendet. Dort soll er den Tatbestand beschreiben, dass man selten homogene Arbeitsmärkte, sondern eher Teilarbeitsmärkte findet, die durch unterschiedliche Arbeitsbedingungen (Löhne, Arbeitsplatzsicherheit, Aufstiegsmöglichkeiten) gekennzeichnet und gegeneinander »abgeschottet« sind. Das macht es dem Einzelnen schwer, von einem Teilarbeitsmarkt zu einem anderen Teilarbeitsmarkt zu wechseln. Die Theorie des dreigeteilten Arbeitsmarktes beispielsweise unterscheidet zwischen einem unstrukturierten, einem berufsfachlichen und einem betriebsinternen Segment. Um Zugang ins unstrukturierte Segment zu erhalten, reichen »Jedermanns Qualifikationen«, für das berufsfachliche Segment sind spezifische Ausbildungswege zu durchlaufen und Zugang zum betriebsinternen Teilarbeitsmarkt erhält man durch die Entwicklung betriebsspezifischer Fähigkeiten (Sengenberger 1987). Die Segmentationslinie verläuft gemäß dieser Theorie also entlang der Qualifikationsvoraussetzungen, die bei der Stellenbesetzung zum Zuge kommen. Die dahinter stehende Vorstellung ist, dass neben den Marktkräften institutionelle Gegebenheiten darüber entscheiden, welche Arbeitnehmer zum Einsatz kommen, wodurch es zu einer besseren Nutzung des Humankapitals kommt und dazu, dass sich betriebliche Investitionen in Humankapital auszahlen. Wirksam sind allerdings auch ganz andere Segmentierungskräfte und die Segmentierungslinien, die sich hieraus entwickeln, folgen noch anderen Kriterien als dem der Qualifikation der Arbeitnehmer. Wir wollen uns im Folgenden mit einem Segmentierungskriterium befassen, das in jüngerer Zeit zunehmende Bedeutung gewonnen hat und das durch seine zunehmend häufigere Anwendung bereits zu einer deutlichen Umgestaltung der Arbeitslandschaft geführt hat. Gemeint ist die vielerorts als notwendig empfundene Hinwendung zu einer größeren Flexibilität in der Beschäftigung. Konkret hat die damit begründete Entwicklung zu einer zunehmenden Ausdifferenzierung und Bedeutungsverschiebung unterschiedlicher Formen der Beschäftigung geführt.

Beschäftigungsverhältnisse

Die Entwicklungen auf dem Arbeitsmarkt haben verschiedene Autoren dazu veranlasst, von einer »Erosion des Normalarbeitsverhältnisses« zu sprechen. Dabei ist durchaus nicht völlig klar, was man unter dem Normalarbeitsverhältnis zu verstehen hat. Meist orientiert man sich an den Entwicklungen, die bis in die 1990er Jahre hinein die Bundesrepublik Deutschland prägten. Merkmale des »häufigsten« – oder besser: des am

ehesten »typischen« Falls – waren Beschäftigungsverhältnisse, die durch Vollzeit-
beschäftigung in einem Umfang von etwa 40 Stunden in der Woche geprägt waren und
zwar innerhalb eines einzigen Beschäftigungsverhältnisses, mit einem Einkommen, das
für die Bestreitung des Lebensunterhalts einer Familie gut hinreichte, versehen mit
mehreren Wochen Urlaub, den Aussichten auf eine berufliche Entwicklung, die sich auf
eine solide Berufsausbildung mit hoher Zukunftssicherheit bezog. »Normal« waren auch
die Erwartung, von Arbeitslosigkeit weitgehend verschont zu bleiben und die Aussicht
auf eine sichere Rente (vgl. u. a. Pierenkemper 2009). Bezüglich dieser Merkmale lassen
sich in der Tat etliche »Erosionserscheinungen« feststellen. So stagniert seit etlichen
Jahren die Lohnentwicklung. Insbesondere hat sich der Niedriglohnbereich deutlich
ausgedehnt, so dass zur Sicherung des Lebensunterhalts nicht selten staatliche Unterstützungsleistungen in Anspruch genommen werden. Auch ist es nicht mehr die Regel,
dass es in einer Familie nur einen Hauptverdiener gibt, das gesetzliche Rentenein-
trittsalter wurde erhöht, in den Berufskarrieren gibt es zunehmend Diskontinuitäten, der
einmal gewählte Beruf wird seltener als vor einigen Jahrzehnten ein Leben lang ausgeübt
und insbesondere ist die Bedrohung durch Arbeitslosigkeit kein Randgruppenthema
mehr. In der empirischen Forschung rekurriert man bei der Betrachtung der Normal-
arbeit häufig nicht auf diese oder andere qualitativen Merkmale. Man betrachtet vielmehr etwas vereinfachend die unbefristete Vollzeitstelle (vgl. u. a. Wingerter 2009,
Eichhorst u. a. 2010) und grenzt damit das so definierte Normalarbeitsverhältnis von
anderen Beschäftigungsverhältnissen ab. Dazu gehören die befristete Beschäftigung, die
Teilzeitarbeit, die Leiharbeit, die geringfügige Beschäftigung, die Beschäftigung im
Rahmen von Fördermaßnahmen der Bundesagentur für Arbeit, Ein-Euro-Jobs, die
Tätigkeit als freier Mitarbeiter (die häufig arbeitnehmerähnlichen Charakter annimmt)
und schließlich Beschäftigungsformen wie Saisonarbeit und sonstige kurzfristige
Beschäftigungsverhältnisse wie Praktika, Volontariate und Ausbildungsverhältnisse
(zu Theorie und Empirie der Beschäftigungsformen vgl. u. a. Martin/Nienhüser 2002,
Keller/Seifert 2007, Köhler u. a. 2008).

Was hat das alles mit der Flexiblen Firma zu tun? Zunächst nicht viel, denn man muss
zwei Ebenen auseinanderhalten. Einmal geht es um die Zunahme flexibler Beschäftigungsformen insgesamt, also um den zunehmenden Anteil der flexiblen Beschäftigungsformen an allen Beschäftigungsformen. Zum anderen ist der Einsatz dieser Beschäftigungsformen durch die einzelnen Unternehmen zu betrachten. Die Beachtung
dieses Unterschieds ist deswegen wichtig, weil selbst eine starke Zunahme der Formen
flexibler Beschäftigung noch nicht bedeutet, dass die Unternehmen sie tatsächlich zur
Flexibilisierung ihrer Beschäftigung nutzen. Es könnte ja sein, dass zum Beispiel die
Leiharbeit nur in ganz bestimmen Branchen vermehrt zum Einsatz kommt. Dann würde
man aber nicht von einer allgemeinen Flexibilisierung der Beschäftigung durch die
Unternehmen sprechen. Es könnte auch sein, dass die Leiharbeit tatsächlich von allen
Unternehmen gleichermaßen genutzt wird. Aber auch dann würde noch keine allge-
meine Flexibilisierung der Beschäftigung durch die Unternehmen vorliegen. In diesem
Fall würde sich die Zahl der Leiharbeitsverhältnisse nämlich auf so viele Unternehmen
verteilen, dass sie, rein quantitativ gesehen, in den einzelnen Unternehmen kaum eine
Rolle spielen würde.

Kern- und Randbereiche

Das Konzept der Flexiblen Firma befasst sich mit den Möglichkeiten der einzelnen Firmen, sich eine flexible Beschäftigungsstruktur zu schaffen. Erstmals beschrieben wurde das Konzept von Atkinson und Meager (1984). Sie unterscheiden drei Beschäftigungskreise (▶ **Abb. 2.7**). Der innere Kreis wird durch die Kernbelegschaft gebildet. Die Kernbelegschaft arbeitet in gesicherten Beschäftigungsverhältnissen. Sie ist Träger des zentralen Leistungsprozesses und sorgt aufgrund ihrer hohen Qualifikation für die Flexibilität, die notwendig ist, mit neuartigen und komplexen Aufgaben umgehen zu können. Der mittlere Kreis wird von zwei peripheren Gruppen gebildet, die genutzt werden, um Auslastungsschwankungen zu bewältigen. Die erste periphere Gruppe besteht aus Arbeitnehmern, die zwar »normale« Arbeitsverträge besitzen, zu denen von Seiten des Unternehmens allerdings keine langfristigen Beziehungen aufgebaut werden. Es handelt sich hierbei um die »klassischen« Randbelegschaften, die wenig anspruchsvolle Tätigkeiten ausführen, für deren Tätigkeiten keine langen Einarbeitungszeiten notwendig sind und die daher leicht austauschbar sind. Die zweite periphere Gruppe setzt sich aus Teilzeitarbeitnehmern zusammen, sowie Arbeitnehmern mit kurzfristigen Verträgen und aus Arbeitnehmern, die sich mit anderen Arbeitnehmern den Arbeitsplatz teilen (job-sharing). Der äußere Beschäftigungskreis bildet sich aus externen Gruppen. Hierzu gehören Personen von Fremdfirmen, die spezielle Aufträge innerhalb des Unternehmens bearbeiten, Leiharbeitnehmer und freie Mitarbeiter.

Mit der Segmentierung der Beschäftigung verbinden sich zwei Flexibilisierungsziele. Zum einen geht es um die funktionale Flexibilisierung. Damit ist die Fähigkeit gemeint, sich auf inhaltliche Anforderungsveränderungen einzustellen. Wenn beispielsweise neue Technologien zum Einsatz kommen, wenn sich die Aufgaben und die Arbeitsabläufe verändern, dann braucht man eine anpassungsfähige Belegschaft, die die damit verbundenen Herausforderungen meistert. Die Förderung der funktionalen Flexibilität richtet sich nach innen, auf die Entwicklung der Fähigkeiten und auf die Sicherung der Leistungsbereitschaft der Kernbelegschaft. Die numerische Flexibilität richtet sich dagegen nach außen, auf die Beschäftigungsbereiche, die sich um den Beschäftigungskern herum gruppieren, sie dienen dazu, die Beschäftigung auf den schwankenden quantitativen Bedarf hin anzupassen.

Das in Abbildung 2.7 angeführte Modell kann allenfalls als »Idealtypus« gelten. In konkreten Unternehmen wird man nur selten genau die Schichtenanordnung finden, die Atkinson und Meager beschreiben. Üblich ist dagegen die Verwendung von Teilelementen, also z. B. die intensive Nutzung von Leiharbeit, wobei diese wiederum nicht unbedingt die Funktion einnimmt, die ihr von Atkinson/Meager zugeschrieben wird. So kann die Leiharbeit beispielsweise die Rolle der internen Randgruppe übernehmen. Es muss also nicht unbedingt neben der Leiharbeit auch eine interne Randgruppe existieren. Ohnehin ist fraglich, ob sich die Belegschaft tatsächlich sauber in die angeführten Kategorien einordnen, also z. B. in eine Kerngruppe und eine Randgruppe aufteilen lässt und wie stabil eine solche Aufteilung sein kann. Wenn die Segmentierung nicht innerhalb eines Betriebes erfolgt, sondern auf verschiedene Betriebsstandorte verteilt wird, dann dürfte sie stabiler sein. Die komplexeren Kernaufgaben lassen sich beispielsweise im Stammwerk, die einfacheren Aufgaben dagegen in Betrieben an anderen Standorten ansiedeln. Man kann bei den einfacheren Aufgaben auch auf die Eigenfertigung verzichten und auf externe Zulieferer setzen. Umgekehrt lassen sich aber auch komplexe Aufgaben, wenn sie beispielsweise nur sporadisch anfallen, von spezialisierten Fremdfirmen erledigen.

Abb. 2.7: Die drei Beschäftigungssegmente im Konzept der Flexiblen Firma nach Atkinson/ Meager 1984, 5 (leicht modifiziert)

Ähnliches gilt für die Inanspruchnahme von Externen in Sonderprojekten. Hierzu lassen sich Selbstständige oder auch Leiharbeiter einsetzen, sofern Leiharbeitsfirmen Personen aus dem benötigten Berufssegment vermitteln. Nicht wenige große Unternehmen haben eigene Leiharbeitsfirmen gegründet. Diese können als Auffangbecken für Mitarbeiter genutzt werden, die »eigentlich« mangels betrieblicher Auslastung entlassen werden müssten und so die Chance erhalten, auf dem internen oder externen Leiharbeitsmarkt vermittelt zu werden. In neuerer Zeit sind einige Firmen allerdings auch dazu übergangen, Leiharbeitsfirmen zu gründen, die einzig dem Zweck dienen, bisheriges Personal auszulagern, um sie anschließend zu den günstigeren Tarifvereinbarungen für Leiharbeiter erneut zu beschäftigen. Ein derartiges Vorgehen kann allerdings kaum als

Flexibilisierungsmaßnahme durchgehen. Es handelt sich schlicht um ein Manöver im Rahmen der Tarifpolitik, das auf dem Rücken der betroffenen Arbeitnehmer ausgetragen wird. Gerade die Leiharbeit, die als Musterbeispiel für flexible Beschäftigungsformen gilt, dient nicht ausschließlich und manchmal auch gar nicht der Flexibilisierung. Way (1992) beispielsweise beschreibt drei verschiedene Einsatzmöglichkeiten für die Leiharbeit. Erstens kann sie genutzt werden, um die eigene Belegschaft vor Beschäftigungsrisiken zu schützen, zweitens kann es darum gehen, die Auslastung der Produktionskapazitäten sicherzustellen, also kurzfristige Ausfälle der eigenen Belegschaft zu kompensieren und drittens kann es, wie gesagt, schlicht darum gehen, Lohnkosten zu drücken.

Die Flexible Firma ist nur selten Ergebnis einer »bewussten« Planung, so interpretieren jedenfalls Atkinson und Meager die Ergebnisse ihrer Studien. Das angeführte oder andere ähnliche Muster bildeten sich vielmehr »einfach heraus«. Verantwortlich zu machen sei das einfache Motiv, die wirtschaftlichen und handlungsbezogenen Vorteile zu nutzen, die die flexiblen Beschäftigungsmöglichkeiten bieten. Es geht also bei der Flexiblen Firma, wie bereits bemerkt, nicht nur um Flexibilität. Wie bei vielen anderen personalwirtschaftlichen Maßnahmen auch, zählt vor allem der kurz- oder langfristige ökonomische Erfolg. Ob die flexible Beschäftigung hierzu einen Beitrag leisten kann, bestimmt sich allerdings nicht allein nach der unmittelbaren Kostenersparnis und der Vermeidung der Unterauslastung der Beschäftigten. Zu bedenken sind vielmehr unter anderem auch die Auswirkungen auf die Motivation der Mitglieder der Randbelegschaft. Einerseits machen sich viele vielleicht Hoffnungen, in die Kernbelegschaft aufgenommen zu werden und zeigen deswegen ein besonders engagiertes Leistungsverhalten. Andererseits kann es sein, dass sie die Verhältnisse und das Verhalten des Arbeitgebers als wenig fair empfinden und sich daher in ihrer Leistungserbringung zurückhalten. Zwiespältig dürften auch die Mitglieder der Kernbelegschaft eine Ausdehnung der Beschäftigungsränder beurteilen: Die Ambitionen der Randbelegschaft können den Wettbewerb zwischen den Arbeitnehmern verstärken und leistungsstimulierend wirken. Sie können aber auch in Rivalität umschlagen, das Betriebsklima beeinträchtigen und die Loyalität zum Arbeitgeber schwächen. In Tabelle 2.5 sind diese und einige weitere ambivalente Wirkungen der Segmentierung der Belegschaft aufgeführt. Ob sie eintreten, hängt sehr stark von den jeweils konkreten Bedingungen vor Ort ab.

So wird die Flexibilisierung die Ertragssituation nur dann verbessern, wenn sich durch die Beschäftigung der »Randgruppen« nicht gleichzeitig die Produktivität vermindert. Andererseits sind die Einarbeitungskosten, die bei einer extensiven Nutzung externer Mitarbeiter entstehen können, nur dann wirklich von Relevanz, wenn es bei den zu übernehmenden Aufgaben um komplexe Sachverhalte geht, die langwierige Lernprozesse notwendig machen. Aus der Segmentation der Belegschaft wird nicht selten ein Vorteil für die Kernbelegschaft abgeleitet. Diese profitiere – so wird argumentiert – von dem Bemühen des Unternehmens, eine leistungsfähige Stammmannschaft zu entwickeln und davon, dass dies von den Betroffenen anerkannt wird und sich in einer engen Verbundenheit mit ihrem Unternehmen niederschlägt. Ob dies geschieht, dürfte allerdings sehr davon abhängen, ob es sich bei dem Unternehmen auch tatsächlich in jeder Hinsicht um einen attraktiven Arbeitgeber handelt.

Tab. 2.5: Auswirkungen der Segmentierung der Belegschaft

Funktion	Wirkungen	Bedingungen
Leistung	Steigerung der Ertragssituation Hohe Einarbeitungskosten	Gleichbleibende Arbeitsmotivation Komplexe Aufgaben
Kooperation	Identifikation der Kernbelegschaft Rivalitäten zwischen Kern und Rand	Attraktiver Arbeitgeber Verkoppelung von Kern und Rand
Lernen	Lerntransfer Innovationsstau	Weitergabe der Kenntnisse Rationalisierungspotentiale

Eine weitere Hoffnung, die sich mit der Flexiblen Firma verbindet, richtet sich auf den Wissenstransfer. Externe – z. B. Mitarbeiter von Subunternehmern – können neues Knowhow ins Unternehmen tragen und damit die Wissensbasis des Unternehmens erweitern. Damit dies geschieht, müssen die Mitarbeiter der »Fremdfirmen« natürlich bereit sein, ihr Wissen zu teilen. Das wird umso eher der Fall sein, je enger deren Leistungserbringung in den Arbeitsprozess des Unternehmens eingebunden ist und nicht etwa als isolierte Leistung abgeliefert wird. Die Segmentation der Beschäftigten kann sich daneben auch negativ auf die Lernfunktion auswirken und zwar dann, wenn man das externe Beschäftigungssegment primär wegen der geringen Lohnkosten in Anspruch nimmt. Aufgrund des relativen Kostenvorteils kann dies die Unternehmensleitungen dazu verführen, Investitionen in Zukunftstechnologien zu unterlassen, was zumindest langfristig von Nachteil sein kann.

Ganz grundsätzlich diskutiert Arne Kalleberg (2001) die Frage, ob es überhaupt möglich ist, gleichzeitig funktionale und numerische Flexibilität zu erreichen. Die Zweifel ergeben sich aus der Überlegung, dass zur Verwirklichung der beiden Flexibilitätsformen ganz unterschiedliche personalpolitische Strategien zur Anwendung kommen müssen. Die funktionale Flexibilität lässt sich nur durch eine bewegliche Belegschaft gewährleisten, eine Belegschaft, die mobil und bereit ist, ständig dazuzulernen, dabei Gemeinsinn walten lässt und sich für das Unternehmen einsetzt. Hierfür empfiehlt sich eine Strategie, die nicht auf Spaltung, sondern auf Integration ausgerichtet ist, gefragt sind also personalpolitische Systeme wie das oben beschriebene High Commitment Management oder anders ausgedrückt: Funktionale Flexibilität lässt sich nur erreichen, wenn man bereit ist, in die Arbeitgeber-Arbeitnehmer-Beziehung zu investieren. Dem widerspricht die Zielsetzung der numerischen Flexibilisierung, die auf Kostenreduktion und die optimale Abschöpfung der gegebenen Ressourcen und nicht etwa auf Weiterentwicklung des »Humankapitals« aus ist. Die Datenlage zu der von Kalleberg aufgeworfenen Möglichkeitsfrage ist nicht eindeutig. Manche Studien finden eine negative Korrelation zwischen dem Streben nach funktionaler Flexibilität einerseits und dem Streben nach numerischer Flexibilität andererseits. Andere Studien finden positive Korrelationen zwischen verschiedenen Praktiken, die auf die Verbesserung der funktionalen Flexibilität zielen und bestimmten Beschäftigungsverhältnissen, die als Ausdruck des Strebens nach numerischer Flexibilität gelten (Kalleberg 2001). Ob das Konzept der Flexiblen Firma, das ja darauf abzielt, beide Flexibilitätsformen gleichzeitig zu verwirklichen, aufgeht, ist aus empirischer Sicht also strittig. Wie nicht anders zu erwarten, kommt es eben auch hier auf eine Reihe von Bedingungen an. Wenn die betrieblichen Prozesse lediglich eine lose Zusammenarbeit zwischen der Kern- und der Randgruppe notwendig machen, dann vereinfacht dies nicht nur die Segmentation, sondern auch die simultane Umsetzung an sich gegenläufiger personalpolitischer Konzepte. Dies gilt umso mehr, wenn es zu einer räumlichen, organisatorischen und qualifikatorischen Trennung kommt und wenn die Randgruppen nicht nur qualitativ, sondern auch quantitativ ein Randphänomen bleiben und nicht etwa zur Mehrheitsgruppe werden. Wichtig ist außerdem, mit welchem Selbstverständnis die beiden Gruppen ausgestattet sind, in welchem sozialen Milieu sie verankert sind, ob es für den Einzelnen möglich ist, die Segmentationslinien zu durchbrechen und ob es die Arbeitnehmer verstehen, eine einheitliche kollektive Interessenvertretung aufzubauen.

Wenn man die Erfolgschancen der Flexiblen Firma vor dem Hintergrund unserer Überlegungen zur allgemeinen Integrationsproblematik betrachtet (vgl. die Einführung zum vorliegenden Kapitel), dann wird man eher skeptisch sein. Die personalpolitische Doppelstrategie, einerseits auf ein Sozialgebilde zu setzen, das sich durch (wechselseitiges) Commitment und Gemeinschaftshandeln auszeichnet, andererseits aber als kühl berechnender und egoistischer Akteur auftritt, macht nur schwerlich Sinn. In der Segmentation steckt die Gefahr der Abkapselung und Polarisierung. Soziale Integration setzt dagegen auf organisches Zusammenwirken und Gerechtigkeit. Dennoch kann es zu einer »Systemintegration« (s. o.) kommen, die sich dann allerdings deutlich vom Idealbild der sozialen Integration entfernt. Funktionieren kann die Flexible Firma umso eher, je eher die oben angeführten Bedingungen vorliegen und wenn vermieden wird, dass die Unterschiede zwischen den Belegschaftssegmenten – z. B. hinsichtlich der Lohnfindung – allzu schroff ausfallen. Segmentierung und Systemintegration sind also nicht unbedingt unverträglich, jedenfalls dann nicht, wenn man sowohl die Beschäftigungsbedingungen als auch die Arbeitsprozesse der verschiedenen Belegschaftsgruppen entkoppelt, wenn man nicht nur soziale Unterschiede macht, sondern auch soziale Distanzierung in Kauf nimmt.

Auswirkungen von Leiharbeit und Befristung

Wir sind bereits auf die Ambivalenz möglicher Wirkungen eingegangen, die im Konzept der Flexiblen Firma angelegt ist. Diese zeigt sich nun nicht nur in Bezug auf die funktionalen Grundanforderungen Lernen, Leistung und Kooperation (▶ **Tab. 2.5**), sondern auch in Bezug auf die Funktionsbereiche des Personalwesens. Beispielhaft wollen wir im Folgenden auf mögliche positive und negative Wirkungen von zwei ausgewählten flexiblen Formen der Beschäftigung, der Leiharbeit und der Befristung, eingehen (▶ **Tab. 2.6**).

Tab. 2.6: Die personalpolitische Bedeutung von Leiharbeit und Befristung

Funktion	Leiharbeit	Befristung
Selektion	Geringer Beschaffungsaufwand Geringe Gestaltungsmöglichkeiten	Nutzung als Bewährungsphase Wenig attraktiv für Bewerber
Aufgaben	Erledigung ungeliebter Aufgaben Geringe Innovationsimpulse	Bearbeitung von Projekten Geringe Identifikation
Anreize	Geringere Lohn- und Sozialkosten Keine weiterführenden Anreize	Streben nach Dauerbeschäftigung Gefühl der Abhängigkeit
Kontrolle	Einfacher Personalaustausch Keine Interessenvertretung	Starkes Druckmittel Passive Interessenvertretung
Sozialisation	Große Anpassungsbereitschaft Akzeptanzprobleme bei Kollegen	Große Anpassungsbereitschaft Gefahr von Statuskonflikten
Integration	Geringer Integrationsaufwand Passive Zufriedenheit	Geringer Integrationsaufwand Mentale Vorbehalte

Bei der Leiharbeit (bzw. terminologisch genauer: Bei der gewerblichen Arbeitnehmerüberlassung) handelt es sich um ein trilaterales Beschäftigungsverhältnis. Den Arbeitsvertrag schließt der Leiharbeitnehmer mit der Leiharbeitsfirma, die Leiharbeitsfirma ist also sein Arbeitgeber mit allen Rechten und Pflichten. Die Leiharbeitsfirma schließt einen Überlassungsvertrag mit dem Entleihbetrieb, der den Leiharbeitnehmer in seinem Betrieb einsetzt. Lange Zeit gab es zahlreiche arbeitsrechtliche Restriktionen in Bezug auf die Leiharbeit. Es galt insbesondere eine Beschränkung der Beschäftigungsdauer im Entleihbetrieb, außerdem war eine Befristung des Arbeitsverhältnisses zwischen Leiharbeitsfirma und Leiharbeiter nur erlaubt, wenn ein überzeugender sachlicher Grund geltend gemacht werden konnte, und es gab das Synchronisierungsverbot, das verhinderte, dass die Dauer der Beschäftigung bei der Leiharbeitsfirma an den Einsatz im Entleihbetrieb gebunden wurde. Diese Beschränkungen wurden im Arbeitnehmerüberlassungsgesetz in der Fassung des Jahres 2003 aufgehoben. Im Gegenzug wurden die Leiharbeiter den Arbeitnehmern im Entleihbetrieb gleichgestellt, wonach also z. B. ein gleicher Lohn für gleiche Arbeit zu zahlen ist – es sei denn, dass ein gesonderter Tarifvertrag andere Bestimmungen enthält. Letzteres ist mittlerweile die Regel, was dazu führt, dass das Lohnniveau für Leiharbeit deutlich unter dem sonst üblichen Niveau liegt. Jedenfalls bietet die Leiharbeit den Arbeitgebern etliche Vorteile, weshalb sie sich im letzten Jahrzehnt auch rasant verbreitet hat. Allerdings wird der Nutzen der Leiharbeit in der politischen Auseinandersetzung kontrovers diskutiert, worauf wir an dieser Stelle nicht eingehen können. Wir wollen nur beispielhaft je eine positive und eine negative Wirkung je Funktionsbereich ansprechen, wobei auch hier wieder zu beachten ist, dass das Eintreten dieser Wirkungen je nach konkretem Fall meist von weiteren Bedingungen abhängt.

Was die Selektion angeht, so sticht der geringe Beschaffungsaufwand für die Entleihfirma ins Auge. Die Leiharbeitsfirma übernimmt diesbezüglich eine Dienstleistungsfunktion und wenn sie diese gut wahrnimmt, dann resultiert daraus unter Umständen eine erhebliche Kostenersparnis. Andererseits wird die Entleihfirma hierdurch in eine passive Rolle gedrängt, der Kreis der möglicherweise zum Zuge kommenden Arbeitnehmer ist durch das Angebot der Leihfirma begrenzt, bezüglich der Passgenauigkeit des Anforderungsprofils müssen Kompromisse gemacht werden usw. Bezüglich der Aufgabenübertragung kann sich ein Vorteil dadurch ergeben, dass Leiharbeitnehmer bereit sind, auch Arbeiten zu übernehmen, die bei der eigenen Belegschaft wenig beliebt sind. Nachteilig ist andererseits, dass man von Leiharbeitnehmern kaum Impulse erwarten kann, wenn es darum geht, Arbeitsabläufe effektiver zu gestalten. Auf den großen Anreiz, den Leiharbeit aufgrund der Lohnkostenvorteile bietet, haben wir ja bereits hingewiesen. Positive Anreize ergeben sich außerdem aus dem der Leiharbeit inhärenten Funktion des Beschäftigungspuffers, also z. B. der Vermeidung personeller Überbesetzungen bei einer rückläufigen Auftragslage. Für die Leiharbeiter selbst ist dies natürlich nicht attraktiv, auch entfallen für sie viele der Anreize, die sonst ein Beschäftigungsverhältnis ausmachen (Sozialleistungen, Karrieremöglichkeiten, Weiterbildung, soziale Integration usw.). Positiv ins Feld führen kann man immerhin, dass es besser ist, überhaupt eine Arbeit zu haben und dass Leiharbeiter die Möglichkeit erhalten, in unterschiedlichen betrieblichen Zusammenhängen Berufserfahrungen zu sammeln. Die Kontrollfunktion gestaltet sich aus Betriebssicht sehr einfach: Bei mangelnder Eignung ist es leicht möglich, sich von einem Leiharbeitnehmer zu trennen. Auch dieser Vorteil stellt sich für den Leiharbeitnehmer natürlich anders dar. Struktureller Art und in seinen Dimensionen schwer absehbar ist der zweite in Tabelle 2.6 angesprochene Kontrollaspekt, nämlich die Auswirkungen der Leiharbeit (oder auch allgemeiner: der Segmentierung überhaupt) auf die industriellen Beziehungen. Zu vermuten ist, dass die Spaltung der Arbeitnehmerschaft eine Schwächung der kollektiven Interessenvertretung bewirkt. Eine Solidarisierung der Arbeitnehmerschaft ist zwar ebenfalls denkbar, in der gegebenen gesellschaftlichen Konstellation ist sie aber weniger wahrscheinlich. Was die Sozialisation und die damit verknüpfte Eingliederung betrifft, ist davon auszugehen, dass die Leiharbeitnehmer normalerweise eine große Anpassungsbereitschaft mitbringen, die sich nicht zuletzt aus der Hoffnung nährt, gegebenenfalls von der Entleihfirma übernommen zu werden. Problematisch gestaltet sich die Eingliederung allerdings, wenn die Kollegen des Entleihbetriebes Akzeptanzprobleme haben. Integrationsprobleme dürften dagegen selten auftreten und zwar einfach deswegen, weil die Unternehmen gar kein tiefgehendes Interesse an einer sozialen Integration der Leiharbeiter haben und weil die Tätigkeiten, die Leiharbeitnehmer üblicherweise ausführen, eher peripherer Natur und nicht eng mit den Tätigkeiten der anderen Mitarbeiter verkoppelt sind. Das emotionale Pendant zu einer geringen Integrationstiefe ist eine eher passive Zufriedenheit, aus der sich kaum proaktive Motivationskräfte speisen dürften.In der rechten Spalte von Tabelle 2.6 finden sich ganz analog positive und negative Wirkungen der befristeten Beschäftigung. Auch bezüglich der Befristung wurden die arbeitsrechtlichen Regulierungen in den letzten Jahren gelockert. Grundsätzlich ist davon auszugehen, dass mit dem Abschluss eines Arbeitsvertrages ein Dauerarbeitsverhältnis begründet wird. Die Regelungen des Teilzeit- und Befristungsgesetzes lassen allerdings Ausnahmen zu. Man unterscheidet zwischen einer sachlich begründeten Befristung und einer sachgrundlosen Befristung. Ein sachlicher Grund liegt beispielsweise vor, wenn ein Arbeitnehmer zur Vertretung eines anderen Arbeitnehmers beschäftigt wird oder wenn die Eigenart der Arbeitsleistung die Befristung rechtfertigt. Mehr Spielraum für den Arbeitgeber gibt die sachgrundlose Befristung. Sie ist maximal für die Dauer von 2 Jahren zulässig. Innerhalb dieser Frist darf sie dreimal verlängert werden. Sonderregelungen gibt es für neugegründete Unternehmen (4 Jahre Befristung) und für arbeitslose Arbeitnehmer über 52 Jahre (5 Jahre Befristung). Erfolgt eine Weiterbeschäftigung über die Befristung hinaus, geht das Arbeitsverhältnis in ein unbefristetes Beschäftigungsverhältnis über. Sehr häufig wird mittlerweile die sachgrundlose Befristung für Berufsanfänger, insbesondere für Hochschulabgänger, angewendet.

Im Hinblick auf die Selektionsfunktion ergibt sich durch die Befristung des Arbeitsverhältnisses faktisch eine Ausdehnung der Erprobungsphase über die übliche Probezeit von 6 Monaten hinaus. Wegen der Möglichkeit mehrmals innerhalb der 2 Jahresfrist eine Verlängerung vorzunehmen kann der Arbeitgeber außerdem sehr flexibel und je nach Bedarf agieren. Andererseits ist zu bedenken, dass Arbeitgeber, die auf die Befristungsmöglichkeit verzichten, die attraktivere Alternative für Bewerber darstellen. Die Befristung eignet sich weniger für die Besetzung von Planstellen, besser geeignet ist sie für Projektaufgaben, zumal man die Entscheidung zur Weiterbeschäftigung in einer Dauerstelle vom Projekterfolg abhängig machen kann. Zu bedenken ist, dass die Befristung bei Aufgaben, die eine hohe Identifikation mit dem Unternehmen erfordern (also z. B. Spezialistenaufgaben oder Führungsaufgaben), eher kontraproduktiv wirkt. Auf der Anreizseite steht einerseits das Interesse der befristet Beschäftigten an einer Dauerstelle, das sie veranlassen kann, sich bewähren zu wollen und gute Leistungen zu zeigen. Spiegelbildlich hierzu steht dem Arbeitgeber damit ein starkes Druckmittel zur Verfügung, das die Verhaltenskontrolle vereinfacht. Ob dieses Mittel tatsächlich geeignet ist, Engagement und Produktivität zu steigern, kann allerdings bezweifelt werden. Insbesondere Personen, die das Gefühl der Abhängigkeit schwer ertragen, werden sich nicht vorbehaltlos den Leistungsanforderungen fügen und Personen, die diesbezüglich weniger empfindlich sind, könnten kühl darauf verzichten, selbstbewusst und innovativ aufzutreten, um ihre Weiterbeschäftigung nicht zu gefährden. Ein besonderes Engagement, die eigenen Interessen kollektiv etwa innerhalb der betrieblichen Mitbestimmungsinstitutionen zu vertreten, dürfte sich hieraus ebenfalls kaum entwickeln. Aus dem Weiterbeschäftigungsinteresse ergibt sich tendenziell jedenfalls eine große Anpassungsbereitschaft. Dies kann man positiv sehen, wenn die geforderten Anpassungsleistungen auch tatsächlich mit dem Naturell der Betriebsneulinge verträglich sind und wenn Rolleninnovationen mehr schaden als nützen. Auf der zwischenmenschlichen Ebene kann es zu Schwierigkeiten kommen, wenn die befristet Beschäftigten die gleichen Aufgaben (manchmal besser) ausführen wie die unbefristet Beschäftigten. Wenn sich die Begründung der Befristung zudem in dem Argument erschöpft, dass neue Mitarbeiter eben weniger Rechte haben als etablierte Mitarbeiter, wird dies nur wenige überzeugen. Was schließlich die Integration angeht, hält sich der Integrationsaufwand für die betriebliche Seite in Grenzen und zwar deswegen, weil die befristet Beschäftigten selbst einen großen Anteil der Anpassungsleistung erbringen dürften. Schließlich liegt es in ihrem Interesse, ihre Integrationsfähigkeit zu demonstrieren, sich gut mit den Kollegen zu verstehen und zum Arbeitgeber ein gutes Verhältnis zu finden. Anders ist dies allerdings, wenn die Befristung auch von Seiten der Arbeitnehmer ernst genommen wird, diese also gar keine längerfristige Bindung anstreben. Daraus kann sich eine Haltung entwickeln, die darauf gerichtet ist, möglichst viel aus dem befristeten Beschäftigungsverhältnis mitzunehmen, weiterreichende Integrationswünsche dagegen abzuwehren.

Beurteilung

»Flexibilität steht – abstrakt gesprochen – für die Möglichkeit eines Systems zu quantitativen und qualitativen Anpassungen bei veränderten Umweltzuständen.« (Semlinger 1991, 19) Von dieser Definition her gesehen, folgt das Konzept der Flexiblen Firma einem eher engen Flexibilisierungsverständnis. Schließlich kann ein Unternehmen an sehr unterschiedlichen Stellen ansetzen, um sich Handlungsspielräume und Handlungsmöglichkeiten zu verschaffen. Das Personalwesen ist nur ein Handlungsbereich unter vielen und die Nutzung unterschiedlicher Beschäftigungsverhältnisse ist nur eine von mehreren Optionen bei der Flexibilisierung des Arbeitsgeschehens (Martin 2001, 263 ff.). Um die Diskussion über flexible Beschäftigungsverhältnisse zu verstehen, ist es notwendig, den wirtschaftspolitischen Diskussionszusammenhang zu beachten. Dort wird mit der Forderung nach Deregulierung häufig unterstellt, staatliche Vorgaben und bürokratische Hemmnisse und vor allem die (vorgebliche) Unbeweglichkeit des Arbeitsmarktes und der Arbeitsbeziehungen (»Verkrustungen«) seien die wesentlichen Ursachen für hohe Arbeitslosigkeit und für mangelnde Wettbewerbsfähigkeit – wobei das Gespensterwort der Globalisierung natürlich nicht fehlen darf. Deregulierung soll der mangelnden Flexibilität der Wirtschaft abhelfen und die Flexibilisierung der Beschäftigungsverhältnisse erscheint in diesem Licht wie ein naturnotwendiger Vorgang. Damit verknüpft sich häufig die Idee, dass alles, was ein Unternehmen selbst nicht optimal kann, ausgelagert werden sollte, da so Spezialisierungseffekte und für die Gesamtwirtschaft komparative Kostenvorteile entstünden. Die Gegenargumentation macht geltend, dass die Deregulierungs- und Flexibilisierungsbestrebungen letztlich typische Reflexe der so genannten Shareholder-Value-Orientierung seien, die seit einiger Zeit als ideologische Leitparole des Strebens nach unbeschränkter unternehmerischer Freiheit fungiert. Danach geht es in einem Unternehmen vor allem darum, den Unternehmenswert zu steigern, also das Vermögen der Eigentümer zu mehren. »Unnötige« Kosten seien zu reduzieren und unnötige Risiken möglichst an andere weiterzugeben oder polemisch zugespitzt, warum sollte ein Unternehmen das Beschäftigungsrisiko tragen, wenn es dieses seinen Arbeitnehmern aufbürden kann? Die tatsächliche Problemlage ist natürlich um einiges komplexer als die angeführten Argumentationslinien suggerieren. Um hierauf näher einzugehen, bleibt an dieser Stelle kein Raum. Es verdient jedoch festgehalten zu werden, dass sich gerade am Beispiel der Flexiblen Firma zeigt, wie eng personalpolitische Fragen mit Interessen verknüpft sind und welche vielfältigen Facetten damit angesprochen werden: Beschäftigungssicherung und Beschäftigungsrisiken, Handlungsbeschränkungen und Handlungsfähigkeit, Lastenverteilung und Gewinnmöglichkeiten, die Bedeutung des Arbeitsrechts und der Arbeitsparteien, Wirtschafts- und Sozialpolitik, internationale Arbeitsteilung, die Lebenslage und die Berufsperspektiven der Menschen.

Auf diesen zuletzt genannten Punkt sei noch gesondert verwiesen, weil für das Personalwesen und für die Unternehmensleistung dem Personal, also den Menschen, die entscheidende Rolle zukommt. Flexible Firmen brauchen flexible Mitarbeiter. Richard Sennett (1998) vertritt die These, dass die Anforderungen, die an den »Flexiblen Menschen« gestellt werden, in Überforderungen münden, ja nachgerade zu einer »Korrosion des Charakters« führen. Betroffen hiervon sind nicht allein die Angehörigen der Randbelegschaft. Auch die Mitglieder der Kernbelegschaft sind betroffen, da auch an sie hohe Anforderungen gestellt werden (Anpassungsbereitschaft, mentale, emotionale und auch »physische« Beweglichkeit). Außerdem befinden sich die Angehörigen der Kernbelegschaft allenfalls in einer Situation relativer Sicherheit. Angesicht der Dynamik der Verhältnisse müssen auch sie damit rechnen, gegebenenfalls in Randpositionen abgedrängt zu werden oder gar in prekären Beschäftigungsverhältnissen zu landen. Die prägende Erfahrung des flexiblen Menschen ist das Gefühl des Dahintreibens: Ohne klare Perspektive bewegt man sich durch die Zeit, von Ort zu Ort und von Tätigkeit zu Tätigkeit. Längerfristige Perspektiven lassen sich so nicht mehr aufbauen, die aufgedrängte Kurzfristigkeit bedroht den Charakter des Menschen und die Selbstachtung. Die Verhältnisse werden zunehmend »unlesbar«, man erarbeitet sich keinen bleibenden Sachverstand mehr, sondern bedient nur noch mehr oder weniger findig die »Benutzeroberflächen« von Apparaturen, Maschinen und Computern. Mit dem Älterwerden geht kein substantieller Zuwachs an Erfahrung mehr einher, älter zu werden, bringt also keine qualifikatorischen Vorteile mehr, im Gegenteil, mit dem Alter wachsen die Lebensrisiken. Erfolgreich ist man nicht, wenn man gut ist, sondern wenn man sich sozial zu arrangieren weiß, wenn man sich an die immer wieder neuen Kollegen und an die gerade aktuellen Rituale anpasst (vgl. auch den Abschnitt Kulturdesign im Kapitel Sozialisation). Die Frage »Wer braucht mich?« wird in flexiblen Lebens- und Arbeitswelten nicht mehr beantwortet. Wenn diese Diagnose richtig ist, dann stellt sich die Frage, ob der monetäre Ertrag, den die Flexibilisierung der Arbeitswelt vielleicht erbringt, die angeführten psychischen Kosten und Verluste wert ist.

Bei der Gesamtbeurteilung des Konzepts der Flexiblen Firma sollte man deutlich zwischen einer deskriptiven und einer normativen Betrachtung unterscheiden. Was die deskriptive Seite angeht, ist das Konzept einigermaßen überzeugend, es bringt die Logik der beschäftigungspolitischen Flexibilisierung gewissermaßen auf den Punkt. Das soll nicht heißen, dass sich die Betriebe genauso »aufstellen«, wie das von Atkinson und Meager beschrieben wurde. Das ist eher die Ausnahme. Aber die Funktionen der »Neuen Beschäftigungsverhältnisse« und die Handlungstendenzen der Unternehmen werden gut beschrieben. Was die normative Seite angeht, wird man das Konzept der Flexiblen Firma kaum als ideal empfinden. Zu beachten sind, wie oben diskutiert, die jeweils vorliegenden Bedingungen und die Wirkungen, die hiervon ausgehen. Dabei ist kaum zu bestreiten, dass flexible Beschäftigungsformen – moderat eingesetzt – durchaus hilfreich sein können und sowohl den Interessen der Unternehmen als auch denen der Arbeitnehmer entgegenkommen können. Von einer umfänglichen Externalisierung der Arbeit und einer rigorosen Segmentierung der Beschäftigung lässt sich dies aber nicht sagen.

4 Gestaltung

4.1 Integrationsmaßnahmen

Einer nicht unbeträchtlichen Anzahl von Personen gelingt es nur sehr schwer, auf dem Arbeitsmarkt Fuß zu fassen und eine stabile und dauerhafte Beschäftigung zu erreichen. Damit verknüpfen sich naturgemäß auch besondere Schwierigkeiten für eine befriedigende betriebliche Integration. Andererseits kann gerade eine gelingende betriebliche Integration dazu beitragen, die Schwierigkeiten, mit denen diese Personengruppen beladen sind, zu verringern. Etwas zugespitzt lässt sich sagen, dass die Förderung der betrieblichen Integration die vielleicht wirkungsvollste Maßnahme zur gesellschaftlichen Integration darstellt. Als besondere Problemgruppen gelten Lernbehinderte, Personen mit psychischen und körperlichen Behinderungen und Personen, die wegen längerer Erkrankung nicht am Arbeitsleben teilgenommen haben (vgl. Oyen 1990). Anders gelagert sind die Probleme bei Personen, die z. B. aufgrund unzulänglicher Qualifikationen oder wegen persönlicher Problemlagen längere Zeit keine Arbeit gefunden haben und deren Arbeitsmarktaussichten auch in Zukunft schlecht sind (vgl. z. B. Klemenz 1994). Eine weitere Problemgruppe sind beschäftigungslose Jugendliche, die wegen eines fehlenden oder schlechten Schulabschlusses keinen Ausbildungsplatz finden und Jugendliche, die keine Ausbildung anstreben und sich mit Gelegenheitsarbeiten durchschlagen. Eine gewisse Sonderstellung nehmen Jugendliche mit Migrationshintergrund ein, weil bei diesen oft gleich mehrere für eine Berufskarriere ungünstige soziokulturelle und soziostrukturelle Gegebenheiten zusammenkommen können. Schließlich sind noch Zuwanderer sowie ausländische Arbeitnehmer zu nennen. Der große Zustrom an so genannten Gastarbeitern in den 1970er Jahren hat seinerzeit zu typischen Minderheitenproblemen geführt, die bis heute nicht überwunden sind und die, wie bereits erwähnt, bei der zweiten und dritten Generation zu erheblichen Arbeitsmarktproblemen beigetragen haben.

Zur Verbesserung der Lage am Arbeitsmarkt gab und gibt es für die verschiedenen Problemgruppen eine ganze Reihe von Förderprogrammen von Bund und Ländern, von der Arbeitsverwaltung und von kommunalen und sozialkaritativen Einrichtungen. Ein Beispiel betrifft die Unterstützung der Integration von Langzeitarbeitslosen nach dem Sozialgesetzbuch II. Ein anderes Beispiel ist die Vermittlung von so genannten Einstiegsqualifikationen für Jugendliche, d. h. von Grundkenntnissen in einem anerkannten Ausbildungsberuf, die im Zuge von betrieblichen Praktika vermittelt werden. Die Unternehmen, die sich daran beteiligen, bekommen zwar die anfallende Ausbildungsvergütung erstattet, darin wird aber sicher nicht der Grund für ihre Beteiligung zu suchen sein. Ein anderes Beispiel sind Programme der berufsbezogenen Jugendhilfe, die sich um Personen kümmern, die durch multifaktorielle Problemlagen (schlechte Bildung, mangelnde soziale Kompetenz, geringe Leistungsmotivation usw.) gekennzeichnet sind. Bei der Entwicklung und Umsetzung derartiger Programme arbeitet eine ganze Reihe von Institutionen (Arbeitsverwaltung, Sozialbehörden, Schulen, Wohl-fahrtsverbände, Betriebe) eng zusammen (zur Darstellung verschiedener konkreter Maßnahmen vgl. u. a. DGB-Bildungswerk 2001, Stein 2008, Rudow u. a. 2007).

Die betriebliche Blickrichtung ist bei diesen und ähnlichen Maßnahmen zunächst nach außen gerichtet. Sie zeigt, dass das soziale Engagement von Betrieben der Gesell-schaft wertvolle Dienste leisten kann. Nach innen gerichtet lautet die Frage, wie die angeführten besonderen Mitarbeitergruppen in den betrieblichen Alltag integriert werden können. Es gibt also sowohl eine gesellschaftliche als auch eine betriebliche Integrationsproblematik und den Bedarf an entsprechenden Integrationsmaßnahmen, also an Maßnahmen zur beruflichen bzw. betrieblichen Eingliederung oder Wieder-eingliederung. In diesem Sinne richten sich Integrationsmaßnahmen an spezielle Arbeitnehmer- oder Mitarbeitergruppen, die besondere Integrationsprobleme haben, zum Beispiel aufgrund der Herkunft, sozialer Benachteiligungen, besonderer sozialer Problemlagen oder aufgrund von Behinderungen. Die Integrationsmaßnahmen sollen dazu beitragen, Integrationshindernisse dieser Gruppen zu beseitigen. Zusammenge-fasst geht es bei den im Folgenden behandelten Integrationsmaßnahmen also um ganz spezielle Maßnahmen, die sich nicht auf die Arbeitnehmer bzw. Mitarbeiter insgesamt richten, sondern auf Personengruppen in speziellen Problemlagen.

Zwecke und Ausgestaltung

Uns interessiert an dieser Stelle die nach innen gerichtete Sichtweise, also die Frage nach erfolgversprechenden betrieblichen Integrationsmaßnahmen. Welche Ziele werden mit diesen Maßnahmen verfolgt? Wie bereits beschrieben, geht es häufig um ein sozial-politisches Anliegen. Eine gelungene betriebliche Integration verbessert auch die gesellschaftliche Integration. Daneben gibt es allerdings auch ein Betriebsinteresse. Die Beschäftigung von ausländischen Arbeitnehmern beispielsweise war durchaus nicht sozialpolitisch motiviert, es waren die Unternehmen, die in großem Stil die so genannten »Gastarbeiter« angeworben und sich die aus der Gastarbeiterbeschäftigung resultie-renden Integrationsprobleme selbst geschaffen haben. Doch gänzlich unabhängig von der Entstehung von Integrationsproblemen bleibt natürlich die Frage, welchen Zwecken die Integrationsmaßnahmen dienen sollen. Neben dem Nutzen, den die betrachtete Problemgruppe bzw. die betroffene Minderheitengruppe aus den betrieblichen Bemü-hungen ziehen kann (Beschäftigungssicherheit, Qualifizierung, eine Zukunftsperspek-tive), geht es um die Verständigung zwischen den verschiedenen Mitarbeitergruppen. Konkret sollten Vorurteile abgebaut und gute Kollegenbeziehungen und eine produktive Zusammenarbeit angestrebt werden. Integrationsmaßnahmen dienen schließlich auch dazu, die Mitarbeiter an das Unternehmen zu binden und sie können zur Reputation des Arbeitgebers beitragen.

Tabelle 2.7 gibt eine Übersicht über die in der Literatur am häufigsten diskutierten Integrationsmaßnahmen. Ein wichtiger Schwerpunkt ist die Kommunikation, also die Aufgabe, die unmittelbar Betroffenen zu informieren, z. B. über das Eingliederungs-programm, über Ansprechpartner und deren Beratungsleistungen, sowie über die Arbeitsbedingungen und die betrieblichen Besonderheiten. Daneben gibt es Informationen für die übrigen Belegschaftsmitglieder, über Ziele und Zwecke der Maßnahmen und über Besonderheiten der von den Maßnahmen betroffenen Gruppen, über deren besondere Problemlage, aber auch über deren Stärken und über die Chancen, die in den ergriffenen Maßnahmen liegen. Ganz wichtig ist es, das unmittelbare soziale Umfeld der betroffenen Personen einzubeziehen. Den Vorgesetzten kommt wie so oft eine Schlüsselrolle zu. Sie sollten z. B. durch entsprechende Schulungsmaßnahmen auf ihre Aufgabe der besonderen Betreuung und Führung vorbereitet werden. Ebenso sinnvoll ist es, die Kollegen für Unterstützungsleistungen zu gewinnen. Dafür besonders qualifizierte Personen können Patenfunktionen übernehmen, die Arbeitsgruppen können verpflichtet werden, sich für ihre »Schützlinge« verantwortlich zu fühlen, sie können regelmäßige Besprechungen durchführen, in denen neben Arbeitsproblemen auch Probleme der Zusammenarbeit behandelt werden usw. Besondere Aktionen wie die gemeinsame Durchführung von Sportveranstaltungen oder die Organisation von Kulturveranstaltungen tragen ebenfalls zu einer besseren Verständigung bei.

Tab. 2.7: Betriebliche Integrationsmaßnahmen

Maßnahmenbereich	Beispiele
Kommunikation	Broschüren, Vorträge, Artikel in der Werkszeitung
Kollegenverhalten	Patenschaften, Abteilungsgespräche
Vorgesetztenverhalten	Schulungsmaßnahmen, Erfahrungsaustausch
Arbeitsverhalten	Besondere Arbeitsplätze, Lernstatt, spezielle Kurse
Sozialleistungen	Unterbringung, Zuschüsse, Förderung von Einrichtungen
Sozialmaßnahmen	Beauftragte, Betreuer, Sozialarbeiter
Aktionen	Kulturveranstaltungen, Sportveranstaltungen
Partizipation	Einbeziehung in Gremien, Mitarbeit in Projekten

Was die konkrete Arbeit angeht, kann daran gedacht werden, den Zuschnitt der Aufgaben und die Ausstattung des Arbeitsplatzes zielgruppenspezifisch anzupassen. Unter Umständen sollten besondere »Lernecken« eingerichtet werden, um den Betroffenen ein Übungsfeld zu geben, möglicherweise bietet es sich auch an, spezifisch auf die Betroffenen abgestimmte Anlernmaßnahmen zu ergreifen. Zur Verbesserung der psychosozialen Situation kann es notwendig sein, fachkundige Betreuer einzubinden. Um auf der Leitungsebene Gehör zu finden, sollte den Problemgruppen (bzw. den Minderheitengruppen) die Möglichkeit eingeräumt werden, speziell mit ihren Belangen betraute Beauftragte zu benennen. Soziale Leistungen wie das zur Verfügung stellen von Wohnraum und die Gewährung von Zuschüssen für außerbetriebliche Maßnahmen, die Förderung von Einrichtungen der Rehabilitation, von Begegnungsstätten, Kulturvereinen usw. können die Rahmenbedingungen der Integration verbessern.

Die Durchführung eines Integrationsprogramms erschöpft sich nicht im Ergreifen verschiedener Maßnahmen. Im Idealfall sollte ein geschlossenes und speziell auf die Zielgruppe hin ausgerichtetes Gesamtkonzept erarbeitet werden. Ein derartiges Konzept klärt die Zielsetzungen, die zeitliche Abfolge und die Ausgestaltung der Maßnahmen, die Teilnahmebedingungen, die Verantwortlichkeiten (für die Mittelbeantragung, die Durchführung der Maßnahmen usw.). Das Konzept legt außerdem fest, wie Entscheidungen zu treffen sind und wie der Erfolg der Maßnahmen überprüft werden soll. Zu klären sind außerdem Budgetfragen, der Mittelumfang, die Mittelzuweisung, die Dokumentation der Ausgaben. Außerdem sind die Kommunikationsmedien zu bestimmen, wann und von wem ein Rechenschaftsbericht zu erstellen ist und gegenüber wem Berichtspflichten bestehen. Eine wichtige Aufgabe besteht in der Kontaktaufnahme und in der Gewinnung von inner- und außerbetrieblichen Akteuren, die Einbeziehung der Arbeitnehmervertretung ist gemäß § 87 BetrVG Pflicht.

Gestaltungsparameter und deren Wirkungen

Wie alle anderen personalwirtschaftlichen Maßnahmen, sollten auch die gewählten Integrationsmaßnahmen auf den jeweiligen Zweck und die gegebene betriebliche Situation hin abgestimmt werden. In den vorangegangenen Ausführungen wurden bereits verschiedene Optionen angesprochen. Man kann beispielsweise ein umfängliches Programm entwerfen oder sich auf einige wenige punktuelle Maßnahmen beschränken, man kann die Maßnahmen kurz- oder langfristig anlegen, als Hauptakteur auftreten oder die Maßnahmen von Sozialeinrichtungen lediglich unterstützend begleiten lassen. Manchmal bietet es sich an, mit anderen Unternehmen ein Gemeinschaftsprojekt voranzutreiben, in anderen Fällen entwickelt man besser ein gänzlich eigenständiges Programm. Von großer Bedeutung ist auch die Frage, welche Akteure man für die Maßnahmengestaltung gewinnen will. Ein Unternehmen kann erfahrene Berater in Anspruch nehmen, Integrationsprojekte in Eigenregie durchführen oder sich an einem wissenschaftlichen Projekt beteiligen. Normalerweise ist es außerdem sinnvoll, die Betroffenen an der Planung der Maßnahmen von Anfang an zu beteiligen (▶ Tab. 2.8).

Tab. 2.8: Gestaltungsparameter für die Durchführung von Integrationsmaßnahmen

Parameter	Alternativen
Schwerpunkte	Kommunikation, Kollegenverhalten, Sozialleistungen, Partizipation
Breite	Auf spezifische Probleme oder auf die Gesamtproblematik bezogen
Intensität	Begleitende Maßnahmen oder nachhaltiger Mitteleinsatz
Dauer	Kurzfristig oder langfristig angelegte Programme
Partizipation	Grade der Einbeziehung der Betroffenen und Kollegen
Kooperation	Einzelprojekte oder Gemeinschaftsprogramme mit Dritten
Akteure	Berater, Wissenschaftler, Dienstleister (Dolmetscher, Betreuer)

Welche dieser Optionen man ergreift, hängt z. B. von der Größe der betroffenen Mitarbeitergruppe ab, von der Bedeutsamkeit der Integrationsproblematik im jeweils betrachteten Betrieb, vom Engagement, das man sich erlauben kann und will und u. a. davon, wie groß die Kompetenz des Unternehmens im Umgang mit der Integrationsproblematik ist. Die Durchführung von Integrationsmaßnahmen ist grundsätzlich sicher zu begrüßen. Allerdings stellen sich die damit erhofften positiven Wirkungen nicht von alleine ein, sondern hängen von bestimmten Bedingungen ab. So kann eine Aufklärungskampagne über die besonderen Integrationsprobleme der Betroffenen das Verständnis für deren besondere Lebens- und Arbeitssituation verbessern. Wenn allerdings große Teile der Belegschaft starke Vorurteile gegenüber dieser Personengruppe haben, dann kann die erhoffte Wirkung auch ins Gegenteil umkippen.

Ähnliche Probleme treten auf, wenn der integrationsbedürftigen Gruppe besondere Leistungen gewährt werden, von denen die übrige Belegschaft ausgeschlossen ist. Dies ist insbesondere dann problematisch, wenn die »Begünstigten« gar nicht als besonders hilfsbedürftig wahrgenommen werden oder gar als unerwünschte Konkurrenten gelten. Außerdem ist zu prüfen, welche Maßnahmen sich zur Behebung welcher Integrationsprobleme am besten eignen. Bei zwischenmenschlichen Problemen beispielsweise helfen Appelle an Kollegialität nicht weiter, wesentlich wirksamer ist vorbildliches und korrektes Verhalten insbesondere vom Vorgesetzten und von den Meinungsführern unter den Kollegen. Studien haben im Übrigen gezeigt, dass es gerade bei den Jugendlichen sehr stark darauf ankommt, ob sie Anschluss an Gleichaltrige finden, die ihnen offen und ohne Vorbehalte begegnen (Martin 1980). Generell gilt, dass nichts so sehr verbindet wie gemeinsame Erfolge. Aus diesem Grund ist die Einbindung in Projektgruppen eine besonders erfolgversprechende Maßnahme. Je nach Problemgruppe und deren Situation empfehlen sich außerdem spezielle Maßnahmen. So steigen z. B. die Chancen für eine erfolgreiche betriebliche Integration von lernbehinderten Menschen, wenn diese nicht auf sich gestellt bleiben, sondern noch einige Jahre Unterstützung von externen Betreuern, z. B. eines Integrationsfachdienstes erhalten (Doose 2006).

Beurteilung

Die betriebliche Einbindung von Problemgruppen des Arbeitsmarkts und Randgruppen der Gesellschaft ist eine wichtige sozialpolitische Aufgabe. Unternehmen, die sich dieser Aufgabe annehmen, verdienen hierfür Anerkennung. Integrationsprogramme haben aber nicht immer nur diese sozialpolitische Orientierung. Eine andere Variante setzt stärker an betriebswirtschaftlichen Zielen an. Exemplarisch gilt dies für die Integrationsmaßnahmen der Unternehmen, die darauf gerichtet waren, die von ihnen im Ausland angeworbenen »Gastarbeiter« in das betriebliche Arbeitsleben zu integrieren (Gaugler u. a. 1978). Doch gleichgültig, welche Ziele auch immer mit den Integrationsmaßnahmen verfolgt werden, konkrete Lösungen sollten an den üblichen Kriterien der formalen und materialen Rationalität gemessen werden. Es wäre also zu fragen, ob jeweils das richtige Konzept und die richtigen Maßnahmen gewählt wurden oder ob ein anderes (z. B. ein einfacheres oder ein umfassenderes, ein spezielleres oder ein allgemeines) Programm besser geeignet ist, die angestrebten Ziele zu erreichen. Ein weiteres Beurteilungskriterium betrifft die Machbarkeit, denn das beste Programm nützt nichts, wenn die Voraussetzungen für seine Umsetzung nicht gegeben sind, wenn also keine einschlägig qualifizierten Vorgesetzten gewonnen werden können, wenn nicht hinreichend Betreuungszeit oder keine Mittel für zusätzliche Aufwendungen zur Verfügung stehen. Zu prüfen sind außerdem mögliche Nebenfolgen. Bereits oben wurde darauf hingewiesen, dass Sonderbehandlungen auf Unverständnis stoßen können. Daraus folgt nicht, dass man dann auf die Integrationsmaßnahmen verzichten sollte, es geht in diesem Fall vielmehr darum, sich besonders um eine Verständnissicherung zu kümmern. Eine positive Nebenfolge könnte darin bestehen, dass auch die übrigen Mitarbeiter das soziale Engagement ihres Arbeitgebers würdigen. Ein entsprechender Reputationsgewinn ist aber nur dann zu erwarten, wenn das Engagement »authentisch« ist, also nicht lediglich als soziales Feigenblatt dient. Authentizität ist aber nicht nur eine Wirkungsvoraussetzung, sondern auch ganz allgemein eine wichtige normative Kategorie. Bei der Bewertung der Mittel kommt die Überlegung ins Spiel, ob bestimmte Maßnahmen (jenseits ihrer unter Umständen durchaus hilfreichen Funktionen) nicht vielleicht zu einer Stigmatisierung beitragen können. Das ist ja immer eine Gefahr von Sonderbehandlungen, sie definieren den Hilfebedürftigen als sozial Ausgegrenzten und damit leicht als nicht gleichwertig. Als weiteres wichtiges Beurteilungskriterium ist die Reversibilität zu nennen. Es ist nicht unbedingt einfach, damit zu beginnen, Gutes zu tun, damit aufzuhören ist aber sicher noch schwieriger, weil damit vielfach Erwartungen enttäuscht werden und entsprechende Maßnahmen zu vieldeutigen Spekulationen über den Sinneswandel einladen.

4.2 Beschäftigungsmanagement

Das Beschäftigungsmanagement ist wichtiges »Aufgabenfeld«, das wir dem Bereich »Integration« zugeordnet haben. Die Gestaltung in diesem Aufgabenfeld erschöpft sich nicht in der Bereitstellung von Instrumenten, sondern umgreift gleichermaßen Fragen der Strukturgestaltung, der Strategieentwicklung und der Maßnahmenkonzipierung. Ein derartiger umfassende Zugang ist, das sei an dieser Stelle nochmals besonders betont, für eigentlich alle Aufgabenfelder in allen Funktionsbereichen zu wünschen, etwa für das Aufgabenfeld der Personalführung im Funktionsbereich Kontrolle oder für das Aufgabenfeld der Bildung im Funktionsbereich der Sozialisation. Idealerweise entsteht aus dem konzertierten Zusammenwirken der verschiedenen Gestaltungselemente ein schlüssiges Gesamtkonzept. Tatsächlich wird man aber normalerweise Kompromisse machen müssen. Zum einen, weil man immer an Grenzen der Gestaltbarkeit stößt und zum anderen, weil die vielen verschiedenartigen Gestaltungsaufgaben und die konkreten Handlungssituationen oft ihre ganz eigene Logik entwickeln, was die wechselseitige Abstimmung der Gestaltung und des Handelns im Rahmen eines Gesamtkonzepts nicht eben erleichtert. So kann man, um ein Beispiel aus dem Beschäftigungsmanagement anzuführen, zwar auf der strategischen Ebene danach trachten, ein hohes Qualifikationsniveau seiner Mitarbeiter sicherzustellen. Möglicherweise finden sich auf dem

Arbeitsmarkt aber nicht hinreichend viele Personen, die die erforderlichen Qualifikationen mitbringen. In diesem Fall könnte man z. B. verstärkt auf betriebsinterne Ausbildung setzen, aber auch hier kann es Schwierigkeiten geben, etwa dann, wenn z. B. andere Arbeitgeber die attraktiveren Ausbildungsangebote vorweisen. An diesem letzten Aspekt zeigt sich, dass es mitunter enge Verflechtungen der verschiedenen Funktionsbereiche (im angeführten Beispiel also mit der Anreizfunktion) gibt. Die schwerpunktmäßige Zuordnung des Beschäftigungsmanagements zur Integrationsfunktion erscheint ungeachtet der angedeuteten Überlappungen mit anderen Funktionsbereichen sinnvoll. Denn es beschäftigt sich erstens mit der sehr grundlegenden Frage nach der Abstimmung zwischen dem Personalbedarf und der Personalversorgung, zweitens mit der Frage nach der Zusammensetzung der Belegschaft und damit mit möglichen Problemen im Zusammenhalt der Organisation und drittens mit vertraglichen Beziehungen zwischen dem Unternehmen und seinen Mitarbeitern.

Das Beschäftigungsmanagement befasst sich also mit der quantitativen und qualitativen Ausgestaltung der Beschäftigungsverhältnisse (vgl. Martin 2002, 2004). Die qualitative Dimension richtet sich auf die Frage, welche Beschäftigungsformen zur Anwendung kommen sollen und wie diese vertraglich und inhaltlich auszugestalten sind. Am Beispiel der Flexiblen Firma haben wir einige der damit verbundenen Probleme ja bereits angesprochen. Wie auch sonst bei der personalwirtschaftlichen Gestaltung ist bei der Wahl der Beschäftigungsverhältnisse zu prüfen, welche Gestaltungsparameter einem zur Verfügung stehen und welche Wirkungen von konkreten Gestaltungsalternativen ausgehen. Bei der Beschäftigung von Leiharbeitnehmern ist z. B. zu klären, mit welchen Leiharbeitsfirmen man zusammenarbeiten will, welche Konditionen akzeptabel erscheinen, für welche Tätigkeiten Leiharbeit in Frage kommt, wie umfangreich und in welchen Zeiträumen man Leiharbeitnehmer einsetzen will, wie die Leiharbeitnehmer betreut werden sollen, ob eine Übernahme in Frage kommt usw. Durch die betriebsspezifische Gestaltung der Beschäftigungsverhältnisse (das gilt für alle Beschäftigungsverhältnisse, nicht nur für die »neuen« Beschäftigungsformen, sondern auch für das Normalarbeitsverhältnis) kann man geeignete oder ungeeignete Bewerber gewinnen oder abschrecken, Reputation aufbauen oder verlieren, die Teilnahme- und die Leistungsmotivation stärken oder schwächen.

In einem engeren Sinn geht es beim Beschäftigungsmanagement um die Konzipierung und Umsetzung der Personalbedarfsplanung, also um die quantitative Seite der Personalbereitstellung (▶ **Tab. 2.9**). Diese soll dafür sorgen, dass es weder zu einer Personalunterversorgung noch zu einer Personalüberdeckung kommt (Wiskemann 2000). Die Akzentsetzung kann hierbei sehr unterschiedlich sein. So kann ein Unternehmen sich strikt an den Wechselfällen des Produktmarktes ausrichten und die Beschäftigung entsprechend kurzfristig anpassen oder es kann sich um eine »Verstetigung« der Beschäftigung bemühen, also darum, Personalfluktuationen zu glätten und für eine kontinuierliche Beschäftigungsentwicklung zu sorgen, die sich an den wirtschaftlichen Veränderungen orientiert, die mittel- bis langfristig zu erwarten sind. In wirtschaftlich unbeständigen Zeiten stellt sich diese Aufgabe als Herausforderung zur »Beschäftigungssicherung«, die nicht nur aus Arbeitnehmersicht geboten ist, sondern auch im Interesse der Arbeitgeber liegt (DGFP 1998).

Tab. 2.9: Das inhaltliche Spektrum des Beschäftigungsmanagements

Aufgaben	Charakterisierung	Typische Fragestellung
Umsetzung der Personalplanung	Personalbereitstellung, Verstetigung der Personalbewegungen, Beschäftigungssicherung	Wie können die vorhandenen Arbeitsplätze erhalten werden?
Beeinflussung der Personalstruktur	Zusammensetzung der Belegschaft nach psychographischen und soziographischen Merkmalen	Welche Anreize verbleiben angesichts eingeschränkter Aufstiegsmöglichkeiten?
Gestaltung der Beschäftigungsverhältnisse	Ausgestaltung unterschiedlicher Arbeitsvertragsformen und Eingehen von Kooperationen	Welche Vor- und Nachteile hat die Segmentierung der Belegschaft?

Eine weitere Aufgabe des Beschäftigungsmanagements richtet sich auf die Gestaltung der Beschäftigtenstruktur, d. h. auf die Zusammensetzung der Belegschaft, also z. B. auf die Frage, welche Berufsgruppen im Unternehmen beschäftigt werden sollten. Wichtige Strukturmerkmale sind u. a. das Qualifikationsniveau, die Zahl der Auszubildenden, die Altersstruktur, die Besetzung der verschiedenen Positionen mit Männern und Frauen und die Beschäftigung von Problemgruppen der Gesellschaft. Aus dem Blickwinkel des Beschäftigungsmanagements muss es dabei sowohl darum gehen, die Personalstrukturen in der eigenen Organisation aktiv zu beeinflussen als auch darum, die Personalpolitik auf die sich verändernden Personalstrukturen hin auszurichten.

Gestaltungsansatz Strategie

Auf eine der möglichen Strategien des Beschäftigungsmanagements, die Realisierung der Flexiblen Firma, sind wir bereits eingegangen. Wie bei jeder anderen Strategiewahl ist zu prüfen, ob es sinnvoll ist, zu einer Flexiblen Firma werden zu wollen, oder ob man damit nur einem Trend der Zeit folgt, ohne dass dies für das Unternehmen sonderlich vorteilhaft wäre. Ein anderes Beispiel für eine beschäftigungspolitische Strategie ist das Streben, Beschäftigungsschwankungen primär durch kurzfristige Einstellungen und Entlassungen auszugleichen. Das Gegenstück hierzu besteht im Streben, das Beschäftigungsniveau zu halten und dem veränderlichen Arbeitsvolumen über einen Zeitausgleich beizukommen. Unterschiedliche Strategien verfolgen Unternehmen nicht nur in Bezug auf Entlassungen, sondern auch in Bezug auf Einstellungen. So wird häufig beklagt, dass die Unternehmen in Deutschland trotz deutlichen Umsatzwachstums keine Neueinstellungen vornehmen, die Beschäftigungsschwelle also sehr hoch sei. Die durch die bessere Geschäftslage anfallende Mehrarbeit wird in diesem Fall von den bereits beschäftigten Mitarbeitern geleistet (durch Arbeitsverdichtung oder durch vermehrte Überstunden). Tatsächlich gibt es aber auch Unternehmen mit einer niedrigen Beschäftigungsschwelle.

Auch was die Gestaltung der Personalstruktur angeht, findet man unterschiedliche Strategien. So gibt es viele Unternehmen, die trotz des erheblich gewachsenen Anteils an Hochschulabsolventen in den jüngeren Alterskohorten an ihren alten Strukturen festhalten und eine Art Abschöpfungsstrategie verfolgen, indem sie möglichst nur die bestqualifizierten Hochschulabsolventen einstellen. Wieder andere Unternehmen öffnen (und erweitern) dagegen viele Tätigkeitsgruppen, die bislang von Nichtakademikern besetzt wurden, nun auch für Hochschulabsolventen und versuchen damit, ihr Qualifikationsniveau auf breiter Basis anzuheben (Bartscher 1995). Auch auf die Veränderung der Altersstrukturen reagieren Unternehmen sehr unterschiedlich. Nicht wenige Unternehmen beschränken sich auf die Kompensation der Folgen der Altersverschiebungen. Grund für diese defensive Strategie ist häufig die Annahme, letztlich ließe sich die Altersstruktur gar nicht grundlegend beeinflussen. Dieser Auffassung folgen aber nicht alle Unternehmen. Man findet vielmehr auch Versuche, sich auf absehbare Strukturbrüche einzustellen, z. B. dadurch, dass man den plötzlichen Ausfall einer umfangreichen Alterskohorte durch den Übergang in den Ruhestand durch rechtzeitige »Vorratsbildung« jüngerer Alterskohorten abmildert (Nienhüser 1998a).

Gestaltungsansatz Instrumente und Maßnahmen

Zur Umsetzung ihrer Beschäftigungsstrategien können die Unternehmen auf eine Vielzahl von Instrumenten zurückgreifen. Ihr Einsatz lässt sich – der jeweiligen Situation entsprechend – zu spezifischen Maßnahme-Bündeln kombinieren.

Die Anordnung der Gestaltungsansätze in Tabelle 2.10 entspricht dem Ausmaß an Proaktivität, die dem Unternehmen abverlangt wird (Martin/Nienhüser 1996). Die größte Proaktivität liegt dann vor, wenn ein Unternehmen auch bezüglich der Beschäftigung eine »unternehmerische« Haltung einnimmt. Ein Beispiel für eine derartige Haltung ist, dass man in Zeiten wirtschaftlicher Stagnation nicht sofort zu personellen »Anpassungsmaßnahmen« greift, sondern, z. B. durch die Erschließung neuer Märkte, aktiv nach Beschäftigung für die von Entlassungen bedrohten Mitarbeiter sucht. Eine derartige Handlungsorientierung erfordert eine radikale Abkehr von der Auffassung, Personal sei ein beliebig verfügbarer Produktionsfaktor. Die Arbeitnehmer erlangen aus dieser Perspektive vielmehr den Status einer gegenüber den Kapitalinteressen zumindest gleichberechtigten Anspruchsgruppe. Im Extremfall wird die Personalstrategie dann nicht aus der Unternehmensstrategie abgeleitet, sondern ist selbst Ausgangspunkt unternehmerischen Handelns.

Tab. 2.10: Maßnahmen und Instrumente der Beschäftigungssicherung

Gestaltungsoption	Vermutete/erwünschte Wirkung
Veränderung der Produkte und Leistungen	Durch die Schaffung von neuen Märkten, durch Diversifizierung, durch Unternehmertum entsteht mehr Beschäftigung.
Ersetzung von Fremd- durch Eigenleistungen	Die Verlagerung externer Leistungen auf die eigenen Mitarbeiter schafft neue Beschäftigungsmöglichkeiten.
Abbau von Leiharbeit	Die Rückübertragung von ausgelagerten Tätigkeiten auf die eigenen Mitarbeiter schafft neue Beschäftigungsmöglichkeiten.

Tab. 2.10: Maßnahmen und Instrumente der Beschäftigungssicherung – Fortsetzung

Gestaltungsoption	Vermutete/erwünschte Wirkung
Befristung	Durch Befristung wird es möglich, bei sinkendem Personalbedarf auf eine Wiederbesetzung zu verzichten.
Urlaubsverlagerung	Die Verlagerung des Urlaubs auf Zeiten mit geringer Beschäftigungsintensität ermöglicht eine Glättung der Beschäftigung.
Gleitzeit mit Freizeitausgleich	Durch die Einrichtung von Gleitzeiten kann die Beschäftigung auf Zeiten mit hoher Beschäftigungsintensität gelenkt werden.
Auftragsorientierte variable Arbeitszeit	Die »Arbeit auf Abruf« ermöglicht die »punktgenaue«, auf den tatsächlichen Arbeitsanfall abgestimmte Personaleinsatzplanung.
Umwandlung von Vollzeit- in Teilzeitstellen	Bei gleichbleibendem Arbeitsvolumen wird die Beschäftigung einer größeren Zahl von Arbeitnehmern möglich.
Altersteilzeit	Der Übergang älterer Arbeitnehmer auf Teilzeitstellen reduziert das zur Verfügung stehende Personalvolumen.
Outsourcing	Auslagerung von Bereichen, in denen keine kontinuierliche Beschäftigung gesichert werden kann.
Personaleinsatzpools	Die »Pools« vereinen Mitarbeiter aus unterbeschäftigten Bereichen und bedienen Bereiche mit einem hohen Personalbedarf.
Interner Stellenaustausch	Versetzungen, Umsetzungen und befristete Entsendungen schaffen einen internen Beschäftigungsausgleich.
Externe Entsendung	Dauerhafte oder befristete Entsendungen sind milde Formen eines Beschäftigungsabbaus.
Interne Arbeitsbeschaffung	Durch Erledigung von Restarbeiten, durch Umräumarbeiten usw. können kurzfristige Beschäftigungsleerläufe überbrückt werden.
Abbau von Überstunden	Weniger Überstunden einer Beschäftigtengruppe sind mehr Beschäftigungsstunden für andere Beschäftigtengruppen.
Arbeitszeitverkürzung	Arbeitszeitverkürzungen haben denselben Effekt wie der Überstundenabbau.
Beschäftigungs- und Qualifizierungsgesellschaften	In eigens geschaffenen Gesellschaften werden eigentlich »freizusetzende« Mitarbeiter umgeschult bzw. höher qualifiziert.
Fluktuationsausnutzung	Nichtbesetzung von freiwerdenden Stellen ist die einfachste Art des Beschäftigungsabbaus, aber mit Umsetzungen verbunden.
Kurzarbeit	Wegen der öffentlichen Zuschüsse ist dies eine kostengünstige, sozialverträgliche Reduzierung der betriebsüblichen Arbeitszeit.

Tab. 2.10: Maßnahmen und Instrumente der Beschäftigungssicherung – Fortsetzung

Gestaltungsoption	Vermutete/erwünschte Wirkung
Aufhebungsverträge	Durch die Gewährung von Abfindungen entsteht ein Anreiz für die Mitarbeiter, das Unternehmen »freiwillig« zu verlassen.
(Massen-) Entlassungen	Massenentlassungen sind kurzfristige Maßnahmen, sie können wegen der Sozialplanpflicht kostenintensiv sein.

Gestaltungsansatz Strukturen

Soweit dies möglich ist, sollte das Beschäftigungsmanagement auch Strukturgestaltung sein oder zumindest versuchen, sich auf die jeweils gegebenen strukturellen Gegebenheiten optimal einzustellen. Beschäftigungspolitisch relevante Strukturen, die sich dem unternehmerischen Einfluss normalerweise entziehen, sind u. a. das Arbeitsrecht, die arbeitspolitischen Institutionen (z. B. das System der Arbeitsvermittlung und die Tarifautonomie), die Wirtschaftsstruktur und die Wirtschaftspolitik. Dennoch kann man auf diese Strukturen ganz unterschiedlich reagieren. Man kann sich z. B. strikt an den gesetzlich vorgegebenen Mindestanforderungen orientieren oder »großzügiger« sein, man kann sich an der gängigen Praxis orientieren oder die gegebenen Spielräume nutzen usw. Ebenso bedeutsam sind unternehmensinterne Strukturen, die sich in stärkerem Maße als unternehmensexterne Strukturen beeinflussen lassen. Gemeint sind hier nicht etwa nur die Personalstrukturen selbst (also z. B. eine homogene Altersstruktur), die zwar Objekt, aber nicht Mittel der Gestaltung sind. Strukturgestaltung als Mittel der Verhaltensbeeinflussung zielen darauf, ein bestimmtes Beschäftigungs-Management-Handeln zu veranlassen und zu lenken, sei es, dass sie die Umsetzung von Beschäftigungsstrategien unterstützen, die Umsetzung beschäftigungspolitischer Maßnahmen erleichtern, den Instrumenteneinsatz ermöglichen oder eben auch bestimmte Personalstrukturen hervorbringen. Beispiele für solche Grundstrukturen sind Entscheidungs- und Regelungsstrukturen, die festlegen, wie bei der Personalplanung vorzugehen ist sowie Verfahren zur Beteiligung der Arbeitnehmervertretung bei der Vorbereitung und Durchführung von beschäftigungswirksamen Maßnahmen. Auch die Unternehmenskultur ist eine »Struktur«, die die Beschäftigungspolitik beeinflussen kann. So wird man beispielsweise in einem Unternehmen, in dem traditionell eine starke »Gegnerschaft« zwischen Arbeitgebern und Arbeitnehmern besteht, kaum Leitlinien zur lebenslangen Beschäftigung finden und auch kaum auf eine große Bereitschaft stoßen, unbezahlte Überstunden abzuleisten. Sind dagegen die Arbeitsbeziehungen von gegenseitiger Akzeptanz und Loyalität getragen, dann dürfte es kaum ein Problem sein, auch unkonventionelle Lösungen zur Förderung der Beweglichkeit und Wettbewerbsfähigkeit eines Unternehmens umzusetzen. Eine ganz erhebliche strukturelle Bedeutung für das Beschäftigungsmanagement hat schließlich auch die Ausgestaltung der sogenannten internen Arbeitsmärkte. Interne Arbeitsmärkte unterscheiden sich u. a. nach der Regulierung des Eintritts, den Karrieremöglichkeiten, den Karrierekriterien und den

Lohnunterschieden, die innerhalb des betrieblichen Teilarbeitsmarkts existieren (vgl. z. B. Pinfield/Berner 1994) und definieren damit auch den Bewegungsspielraum, der dem Beschäftigungsmanagement z. B. bei der Gewinnung und Förderung von Mitarbeitern bleibt.

Kriterien zur Beurteilung des Beschäftigungsmanagements

Auch Beschäftigungsmanagement betreibt man, weil man sich davon positive Wirkungen erhofft. Es empfiehlt sich daher, über Kriterien nachzudenken, die bei beschäftigungspolitischen Entscheidungen zum Zuge kommen sollten. In Tabelle 2.11 sind einige ausgewählte Kriterien angeführt und den Grundfunktionen von Organisationen zugeordnet. Was den Leistungsbereich angeht, so sind nicht zuletzt betriebswirtschaftliche Größen zu beachten. Von unmittelbarer Relevanz sind hierbei die direkten und indirekten Lohnkosten, die sich bei der Verwirklichung unterschiedlicher beschäftigungspolitischer Alternativen ergeben würden, die »Leerkosten« bei nicht ausgenutzten Kapazitäten, mögliche (eingesparte) Zeitzuschläge, die durch (den Wegfall von) Überstunden, Samstags-, Sonntagsarbeit (nicht) entstehen, Entlassungs- und Einstellungskosten sowie mögliche staatliche Zuschüsse für bestimmte Maßnahmen (z. B. bei der Erstattung von Weiterbildungskosten bei Kurzarbeit). Die betriebswirtschaftliche Leistungsbetrachtung beschränkt sich allerdings nicht auf die Kosten- bzw. Ausgabenseite. Ebenso bedeutsam sind Produktivitätsgewinne bzw. -verluste, die durch beschäftigungspolitische Maßnahmen entstehen können. Die Umwandlung von Vollzeit- in Teilzeitstellen beispielsweise verursacht zwar zusätzliche Koordinationskosten, sie wird aber normalerweise auch zusätzliche Leistungswirkungen hervorrufen. Und schließlich sind auch die Flexibilisierungsgewinne zu beachten. Diese stehen bei den meisten beschäftigungspolitischen Maßnahmen im Zentrum des Interesses. Leider dominiert diesbezüglich aber eine einseitige Sicht, weil häufig nur die Erweiterung der Handlungsoptionen des Arbeitgebers zur Debatte steht. Aus systemtheoretischer Sicht definiert sich Flexibilität aber umfassender als die aufeinander abgestimmte Beweglichkeit aller Systemteilnehmer und erschöpft sich nicht in der Verfügungsmacht eines der Systemteilnehmer.

Ebenso wichtig wie die angeführten Leistungsgrößen sind die in Tabelle 2.11 genannten Kriterien zur Sicherung der Kooperation und des Lernens. Eine Beschäftigungspolitik, die z. B. nachhaltig die Reputation schädigt, kann kaum als sinnvoll gelten. Und ebenso wenig anzuraten ist es, durch eine allzu hohe »Personalumschlagsrate« die Substanz des Humankapitals zu zerstören. Schließlich hängt die Lern- und Anpassungsfähigkeit ganz zentral von den menschlichen »Leistungsträgern« abhängt, die sich nicht wie beliebige Produktionsfaktoren zu- und abschalten lassen. Beschäftigungsmanagement ist zu einem erheblichen Teil Beziehungsmanagement, weil die Gestaltung der Beschäftigungsverhältnisse und beschäftigungspolitischen Entscheidungen erhebliche Auswirkungen auf das Gerechtigkeitsempfinden, auf das Betriebsklima und die Bereitschaft haben, sich mit dem Arbeitgeber zu identifizieren. Man wird außerdem nur in verlässlichen und fairen Beschäftigungsverhältnissen bereit sein, sich über das übliche Maß hinaus zu engagieren und sich Konflikte zu stellen. Konflikte sind kein zu vermeidendes Übel, sondern funktional notwendig. Nur durch die Bereitschaft, sich herrschenden Auffassungen entgegenzustellen, können Missstände ausgeräumt und neue Wege beschritten werden. Diesbezüglich sind Personalstrukturen von nicht unerheblicher Bedeutung. Eine allzu homogene Zusammensetzung von Führungsteams beispielsweise vermindert die Wahrscheinlichkeit, dass es zu den notwendigen Auseinandersetzungen kommt, die man angesichts schwieriger und komplexer Entscheidungen nicht scheuen sollte. Man kann sich auch vorstellen, dass ein Führungsteam, dessen Mitglieder alle gleichermaßen extrem risikofreudig sind, keine gute Arbeit leisten wird, weil in diesem Fall leicht das Korrektiv verloren geht, das sich aus einer sorgfältigen Analyse auch der Gefährdungspotentiale bestimmter Handlungsstrategien ergibt.

Für die dritte Grundfunktion eines Unternehmens, seine Entwicklungsfähigkeit, d. h. sein Lernen schließlich ist es notwendig, dass die in langen Jahren angesammelten Erfahrungsbestände geschätzt werden und diese sich nicht durch eine nachlässige Beschäftigungspolitik mit den Trägern des Wissens aus dem Unternehmen verabschieden. Darüber hinaus genügt es nicht, dass das Unternehmen über hochqualifizierte Mitarbeiter »verfügt«. Diese müssen auch bereit sein, ihr Wissen zu teilen und weiterzuentwickeln. Auch diesbezüglich kann eine ungeeignete Beschäftigungspolitik Schaden anrichten. Und schließlich gehört zum organisationalen Lernen das Innovationsverhalten. Wer billige Arbeitskräfte beschäftigt, um auf diesem Wege Kosten zu drücken, macht sich oft zu wenig Gedanken über bessere Produkte und Leistungen und über effizientere Wege der Leistungserstellung.

Tab. 2.11: Kriterien zur Beurteilung der Beschäftigungsmanagements

Funktionen	Beurteilungskriterien
Leistung	Lohnkosten, Beschaffungskosten, Planungskosten, Alternativkosten, Produktivität, Flexibilität
Kooperation	Reputation, Vertrauen, Extra-Rollenverhalten, Bindung, Fairness, Betriebsklima, Teamgeist, Konfliktfähigkeit
Lernen	Bindung von »Humankapital«, Gewinnung und Austausch von Informationen und Knowhow, Innovationsverhalten

Gestaltungsparameter

Wir wollen beispielhaft auf drei Gestaltungsansätze eingehen, die jeweils einem der in Tabelle 2.9 genannten Aspekte des Beschäftigungsmanagements zugeordnet werden, die »Auftragsorientierte variable Arbeitszeit« als Beispiel für ein Instrument der Personaleinsatzplanung, die Akademikerquote als Beispiel für eine Personalstruktur und die Ausgliederung von Betriebsaufgaben als Beispiel für eine Neuregelung der Beschäftigungsverhältnisse.

Vom Standpunkt einer strikten Verwertungslogik aus betrachtet, sollte die Arbeitskraft nur dann bereitstehen (und entsprechend bezahlt werden müssen), wenn sie auch gebraucht wird. Genau dies soll mit der auftragsorientierten variablen Arbeitszeit erreicht werden. Vereinbart wird bezüglich dieser sogenannten »Arbeit auf Abruf« ein Arbeitszeitkontingent – z. B. mindestens zehn, höchstens fünfzehn oder auch zwanzig Arbeitsstunden in der Woche – das binnen bestimmter Fristen (z. B. drei Tage vor jedem Arbeitseinsatz) vom Arbeitgeber abgerufen wird. Besondere Bedeutung hat die auftragsorientierte variable Arbeitszeit naturgemäß in Branchen mit stark schwankendem Personalbedarf, denn hier liegen die Vorteile auf der Hand. Bezüglich der Beschäftigten nennt die Literatur meistens Nachteile, etwa den Verlust der Zeitsouveränität, die einseitige Übernahme des Beschäftigungsrisikos und die Gefahr, dass arbeitsrechtliche Schutzrechte wie der Kündigungsschutz umgangen werden. Dabei kann Arbeit auf Abruf für die betroffenen Arbeitnehmer durchaus auch vorteilhaft sein, wie umgekehrt für das Unternehmen die naheliegenden Vorteile sich nicht immer einstellen und sich außerdem erhebliche Nachteile ergeben können. Neben positiven Wirkungen können mit dieser Form des Personaleinsatzes also auch etliche negative Folgen verbunden sein. Aus Sicht der Integrationsfunktion beispielsweise besteht die Gefahr, dass der Abruf-Arbeitnehmer wegen der unregelmäßigen Arbeitseinsätze und den damit verbundenen eingeschränkten Sozialkontakten leicht in eine isolierte Rolle gedrängt wird, dass er Restaufgaben zugewiesen bekommt, dass er bei den Kollegen keine Unterstützung für seine Belange findet und dass er angesichts der unpersönlichen Arbeitsbeziehung eine eher instrumentalistische Arbeitshaltung entwickelt. Das muss allerdings nicht so sein, es hängt davon ab, wie genau die Arbeit auf Abruf geregelt ist, d. h. welche Gestaltungsparameter gewählt werden und ob diese zu der jeweiligen Arbeitssituation »passen«. Wir kommen darauf weiter unten nochmals zurück.

Tab. 2.12: Gestaltungsparameter von Ansätzen des Beschäftigungsmanagements

Planung: Auftragsorientierte variable Arbeitszeit	Personalstruktur: Akademikerbeschäftigung	Beschäftigungsverhältnisse: Outsourcing
Wie lange vorher wird die Arbeit angefordert?	Wie groß ist der Akademikeranteil an der Belegschaft?	Erfolgt die Auslagerung gegen den Willen der Beschäftigten?
Wie viele Stunden in der Woche werden garantiert?	Wie schnell verändert sich die Akademikerquote?	Erfolgt eine völlige Abkopplung der Leistungsprozesse?
An welchen Wochentagen erfolgt der Einsatz?	Sind Nachwuchsstellen auch für Nichtakademiker offen?	Wird der Übergang in die Selbstständigkeit unterstützt?
Gibt es für spezielle Arbeitszeiten speziellen Lohn?	Passen Akademikerbeschäftigung und Personalkonzept?	Wie erfolgt die Auswahl der Geschäftsführer?
Welche Aufgaben übernimmt der Mitarbeiter?	Verändert die Akademikerbeschäftigung das Lohnniveau?	Wie ist die Gewinnabführung geregelt?

Tab. 2.12: Gestaltungsparameter von Ansätzen des Beschäftigungsmanagements

Planung: Auftragsorientierte variable Arbeitszeit	Personalstruktur: Akademikerbeschäftigung	Beschäftigungsverhältnisse: Outsourcing
Gibt es eine besondere Betreuung für den Mitarbeiter?	Stammen die Akademiker alle aus einer Fachrichtung?	Gibt es Sonderkonditionen für das neue Unternehmen?

In Tabelle 2.12 finden sich ausgewählte Parameter für die Arbeit auf Abruf und die beiden anderen Gestaltungsansätze, auf die wir noch kurz eingehen wollen. Auch die Wirkung der Personalstrukturen hängt davon ab, welche Formen sie letztlich genau annehmen. Dabei ist zu beachten, dass sich Strukturen normalerweise in dynamischen Prozessen mit verwickelten Rückkopplungsschleifen herausbilden (Pfeffer 1997, S. 87). Sie lassen sich daher auch nur beschränkt steuern.

Hinzu kommt, dass sich die hinter den Entwicklungsprozessen steckenden Kausalfaktoren (der Arbeitsmarkt, das Branchenwachstum, das Bildungssystem) dem Einfluss des einzelnen Unternehmens weitgehend entziehen. Dennoch bleiben auch hier Einflussmöglichkeiten. So sind Qualifikationsdefizite (z. B. der oft bemühte Facharbeitermangel) häufig Qualifizierungsdefizite, d. h. die Folge fehlender langfristiger Investition in Aus- und Weiterbildung. Um von derartigen Problemen nicht überrascht zu werden, helfen schon eine einigermaßen kontinuierliche Beobachtung des Arbeitsmarktes und eine Abschätzung der Trends, denen die Entwicklung der eigenen Personalstrukturen folgt. Ein weiterer Ansatzpunkt zur Handhabung von Strukturproblemen besteht in der Durchführung einer simultanen Unternehmens- und Personalplanung. Strategische Neuorientierungen, Wachstum und Investitionsentscheidungen sind immer mit personalbezogenen Konsequenzen und häufig auch mit Veränderungen der Personalstrukturen verknüpft. Eine wirklich simultane Planung bezieht diese Struktureffekte mit ein.

In Tabelle 2.12 sind einige weitere Parameter der Gestaltung von Personalstrukturen genannt, z. B. die Frage, ob die Veränderung der Beschäftigungsstruktur mit dem personalpolitischen Konzept verträglich ist oder ob die Personalstrukturen aus dem gegebenen personalpolitischen Konzept herauswachsen, ob es also z. B. sinnvoll ist, weiterhin Traineeprogramme durchzuführen, wenn man ohnehin nur noch Hochschulabsolventen mit hohem Leistungspotential einstellt. Beim so genannten »Outsourcing« geht man dazu über, Leistungen nicht mehr selbst zu »produzieren«, sondern »zuzukaufen«. Outsourcing gibt es in zwei Formen. Bei der *Auslagerung* werden die Leistungsbereiche gänzlich aus der Verfügungsgewalt des Unternehmens entlassen. Man erwirbt die Leistungen in Zukunft nun von einem »fremden« Unternehmen. Bei der *Ausgliederung* bleibt die Möglichkeit der Einflussnahme auf die Geschicke der Fremdfirma erhalten. Üblicherweise wird ein bestimmter Unternehmensbereich in eine neu zu gründende Tochtergesellschaft überführt. Die Ausgliederung führt dann zwar zur rechtlichen »Abtrennung« eines Teils der Belegschaft, faktisch verändert wird damit aber nur die Art der Beziehung, die Beziehung selbst bleibt bestehen. Dieser Form der Ausgliederung wird man daher nur gerecht, wenn man sie als eine spezifische

Kooperationsform begreift. Und für die daraus entstehende »Geschäftsbeziehung« stellt sich ebenso wie für die »Mitarbeiterbeziehung« die Frage, welche Funktionsvoraussetzungen gegeben sein müssen, damit diese Beziehung ertragreich ist (Oliver 1990, Willcocks/Choi 1995, Martin 2002). Probleme in der Gestaltung der Beziehung können sich bereits ganz am Anfang einstellen, bei der Frage nämlich, wie es zur Ausgliederungsentscheidung kommt, ob sie einvernehmlich erfolgt oder ob sie den Beteiligten aufgedrängt wird, wer in die Entscheidung einbezogen wurde, welche Alternativen erarbeitet wurden usw. Man kann ein »komplettes« Outsourcing vornehmen, d. h. die Arbeitsprozesse des neuen Unternehmens völlig von denen des alten abkoppeln oder weniger drastisch vorgehen und bisherige Arbeitszusammenhänge nicht völlig auflösen. Zu entscheiden ist außerdem, wer Geschäftsführer des neuen Unternehmens sein soll. Denkbar ist die Besetzung dieser Stellen mit den bisherigen Leitern der ausgegliederten Abteilungen, es können aber auch erfahrene Geschäftsführer aus anderen Bereichen des Unternehmens sein oder Manager, die neu für diese Stellen angeworben werden. Mit dem Outsourcing verändert sich oft ganz massiv die Anreizsituation für die ausgegliederten Mitarbeiter. Aus einer Organisationsbeziehung wird eine Marktbeziehung. Angesichts der damit jederzeit möglichen Aufkündigung der Geschäftsbeziehung kann ein unbedingter Einsatzwille für die Belange des Stammunternehmens kaum erwartet werden. Aber nicht nur die Art, auch die Höhe der Anreize verändert sich. Bezahlt wird nicht mehr das Arbeitsangebot, das der Mitarbeiter bereitstellt, sondern der Marktpreis für die erbrachte Leistung. Soweit man bezüglich der angebotenen Leistung mit anderen - etablierten - Unternehmen konkurriert, kann dies leicht dazu führen, dass das neue ausgegliederte Unternehmen seine Aufträge verliert oder aber das Stammunternehmen Subventionspreise bezahlt, die es sich unter Umständen durch Zusatzleistungen abgelten lässt – oder aber bewusst als Investition in den Aufbau des ausgegliederten Unternehmens begreift. Wenn das neue Unternehmen in eine ökonomisch unfreundliche Umwelt gerät, wenn die Geschäftsführer nur geringe Management- und Markterfahrungen haben, ist es auf die Rückendeckung des Stammunternehmens angewiesen. Daraus ergibt sich leicht die paradoxe Situation, den ausgegliederten Bereich besonders unterstützen zu müssen, obwohl man sich von ihm aus Kostengründen gerade trennen will. Aus praktischer Sicht verdient jedenfalls die Zeit vor und unmittelbar nach der Ausgliederung besondere Beachtung (Bruch 1997). Auch hier hat man die Wahl, man kann das Outsourcing als Begründung einer auf Unabhängigkeit gründenden neuen Geschäftsbeziehung oder aber als Organisationsentwicklungsprozess begreifen, der tatkräftig unterstützt werden sollte.

Wirkungshypothesen

Für alle praktischen Ansätze gilt, dass sie »gestaltungsoffen« sind. Pauschale Aussagen über die Tauglichkeit z. B. eines Instrumentes sind daher nur bedingt informativ. Dass auch in Maßnahmen des Beschäftigungsmanagements Chancen und Risiken stecken und dass dafür, ob sie zum Zuge kommen, es sehr darauf ankommt, welche Gestaltungsalternativen man wählt, dürfte aus den vorangegangenen Ausführungen bereits deutlich geworden sein. Eine große Rolle spielen dabei die Spezifika der Handlungssituation und ergänzend die Frage, ob die (intendierte) Wirkung des Gestaltungsansatzes dadurch besser erreicht wird, dass gleichzeitig flankierende Maßnahmen ergriffen werden.

In Abbildung 2.8 finden sich ausgewählte Hypothesen über die Wirkung von Gestaltungsalternativen zu den drei beschriebenen beschäftigungspolitischen Ansätzen. Im ersten Schaubild ist das allgemeine Argumentationsschema dargestellt. Darunter sind Beispiele (!) angeführt, die zeigen sollen, dass es auch bei der Gestaltung des Beschäftigungsmanagements sehr auf die Alternativen ankommt und auf die Gültigkeit der Wirkungshypothesen, die die Akteure bei der Entscheidung für die eine oder andere Alternative unterstellen. Als Kriterium zur Beurteilung der Arbeit auf Abruf ist im Schaubild die Betriebstreue genannt, ein Ziel, das beim Einsatz dieses Instruments eher selten bedacht wird. Als Gestaltungsparameter dient in diesem Beispiel die Funktion, die der Mitarbeiter ausfüllen soll. Genannt ist als eine Gestaltungsalternative der Einsatz der Arbeit auf Abruf für Springerfunktionen, bei der kurzfristig ausgefallene Mitarbeiter mit anspruchsvollen Tätigkeiten vertreten werden sollen.

Das Beispiel ist bewusst gewählt, um deutlich zu machen, dass sich auch in Arbeitsverhältnissen mit einer variablen Arbeitszeit ein so voraussetzungsvolles Ziel wie die Betriebstreue erreichen lässt, wenn die Abruf-Kraft als wertvolle Hilfe gilt, auf die man bei der erfolgreichen Abwicklung wichtiger und schwieriger Aufgaben angewiesen ist. Wesentlich schwieriger gestaltet sich die Entwicklung einer Betriebstreue, wo es primär um »Handlangertätigkeiten« geht, die kein besonderes Prestige besitzen. Aber auch die dargestellte positive Beziehung zwischen der qualifizierten Springerfunktion und der Betriebstreue gilt nur sehr bedingt. Sie hängt sehr stark von den sonstigen Bedingungen ab, die das Arbeitsverhältnis kennzeichnen. Wenn der Mitarbeiter beispielsweise schon über viele Erfahrungen mit seinem Arbeitsumfeld verfügt (z. B. weil er vorher eine Vollzeitstelle im Unternehmen innehatte), dann dürfte sich die Arbeitsbeziehung auch bei Arbeit auf Abruf eher noch weiter stabilisieren, wenn die Springertätigkeit jedoch von einem vormals Betriebsfremden ausgeübt wird, dürften sich diesbezüglich eher größere Probleme ergeben. Diese sollten sich aber andererseits durch »flankierende Maßnahmen«, wie z. B. eine bewusste Einbindung in soziale Aktivitäten, vermindern lassen.

Es sei an dieser Stelle nochmals betont, dass es sich bei diesem Beispiel nur um einen Ausschnitt aus einem komplexen Beziehungsgeflecht handelt. Das gilt auch für die beiden weiteren in Abbildung 2.8 angeführten Beispiele, also auch für das Beispiel zur Akademikerbeschäftigung. Unterstellt wird dabei eine deutliche Zunahme der Akademikerquote. Dabei stellt sich die Frage, welche Stellen mit den Hochschulabsolventen besetzt werden, sind dies Stellen, die einen passenden Zuschnitt haben oder sind es Stellen, die bislang (und vielleicht auch künftig) mit Personen ohne Hochschulabschluss besetzt werden? Ist Letzteres der Fall, so spricht viel dafür, dass die Hochschulabsolventen in die Rolle von »akademischen Facharbeitern« (Bülow-Schramm/Martens/Nullmeier 1987) gedrängt werden, was sich kaum positiv auf deren Innovationsverhalten auswirken dürfte. Das muss aber nicht so sein, wenn das Unternehmen beispielsweise sehr stark auf Exportmärkten aktiv ist, können sich dabei durchaus interessante Aufgaben stellen, die

116

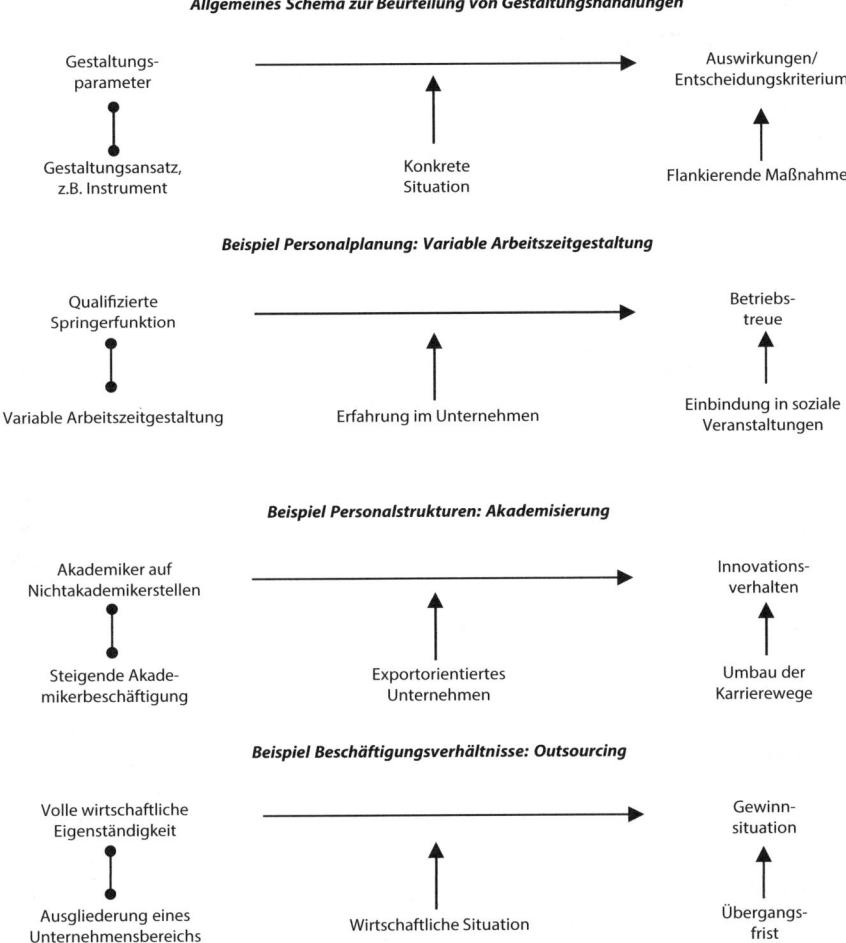

Allgemeines Schema zur Beurteilung von Gestaltungshandlungen

Gestaltungs-
parameter

Auswirkungen/
Entscheidungskriterium

Gestaltungsansatz,
z.B. Instrument

Konkrete
Situation

Flankierende Maßnahmen

Beispiel Personalplanung: Variable Arbeitszeitgestaltung

Qualifizierte
Springerfunktion

Betriebs-
treue

Variable Arbeitszeitgestaltung

Erfahrung im Unternehmen

Einbindung in soziale
Veranstaltungen

Beispiel Personalstrukturen: Akademisierung

Akademiker auf
Nichtakademikerstellen

Innovations-
verhalten

Steigende Akade-
mikerbeschäftigung

Exportorientiertes
Unternehmen

Umbau der
Karrierewege

Beispiel Beschäftigungsverhältnisse: Outsourcing

Volle wirtschaftliche
Eigenständigkeit

Gewinn-
situation

Ausgliederung eines
Unternehmensbereichs

Wirtschaftliche Situation

Übergangs-
frist

Abb. 2.8: Wirkungsvermutungen beschäftigungspolitischer Gestaltung (Beispiele)

den Mitarbeitern die Entfaltungsmöglichkeiten geben, die sich ein Hochschulabsolvent erhofft. Außerdem kann das Unternehmen das Karrieresystem durch erstrebenswerte Positionen anreichern und den Hochschulabsolventen damit attraktive Perspektiven bieten.

Das dritte Beispiel richtet sich auf den Gestaltungsparameter »wirtschaftliche Selbstständigkeit« des ausgegliederten Unternehmens. Auch diesbezüglich gibt es mehrere Alternativen. So kann man das neue Unternehmen beispielsweise als »verlängerte Werkbank« etablieren. In diesem Fall beliefert das neue Unternehmen exklusiv das Stammunternehmen und das Stammunternehmen verzichtet darauf, dessen Dienste und Leistungen von anderen Unternehmen zu beziehen. Das Stammunternehmen kann das ausgelagerte Unternehmen aber auch dem Wettbewerb mit Dritten aussetzen. Eine weitere, damit kombinierbare Alternative besteht darin, auf die exklusive Bindung an das Stammunternehmen zu verzichten und dem neuen Unternehmen zuzugestehen (oder von ihm zu verlangen), dass es seine Dienste auch anderen Unternehmen anbietet. Das Hinausstoßen in die wirtschaftliche Selbstständigkeit wird nicht immer gelingen, abhängig ist dies unter anderem von der gegebenen Wirtschaftslage. Außerdem kann das Stammunternehmen die Erfolgswahrscheinlichkeit steigern, indem es dem neuen Unternehmen eine hinreichend lange Übergangsfrist gewährt, in der es ihm organisatorische und materielle Hilfe zukommen lässt.

Beurteilung

Eine Pauschalbeurteilung des Beschäftigungsmanagements eines Unternehmens ist kaum sinnvoll. Zu vielfältig und zu unterschiedlich sind die Themen, mit denen es das Beschäftigungsmanagement zu tun hat. Bemerkenswert ist bereits, wenn sich ein Unternehmen überhaupt explizit mit seiner Beschäftigungspolitik beschäftigt und nicht ad hoc einmal diese und einmal jene Entscheidung trifft, je nachdem wie es die Zufälligkeiten der Ereignisse und der Gefälligkeit vagabundierender Argumente nahelegen. Dabei ist nicht zu leugnen, dass die konkreten Problemlagen nicht selten einigermaßen unübersichtlich sind. Dies ist nicht nur so, weil die Zusammenhänge komplex und die möglichen Auswirkungen beschäftigungspolitischer Entscheidungen unsicher sind, sondern auch deswegen, weil das Beschäftigungsmanagement unvermeidlich im Dienste von Interessen steht. Wer sich beispielsweise dazu entschließt, Leiharbeitnehmer zu beschäftigen, entscheidet sich damit gegen die Schaffung von neuen Stellen und implizit auch für eine bestimmte Arbeitsorganisation und für die Qualifikationen der Arbeitnehmer, die der Arbeitsorganisation angemessen sind. Und auch unbestreitbar wichtige Ziele, wie die Wahrung der Flexibilität des Handelns erweisen sich bei näherer Betrachtung als interessenpolitisch gefärbt. Denn bei allen Vorschlägen zur Flexibilitätssteigerung stellt sich ja »eigentlich« die Frage, wessen Flexibilität denn (auf wessen Kosten) verbessert werden soll. Einigermaßen unverhüllt zeigt sich der Interessenbezug in den Maßnahmenpaketen zur Beschäftigungssicherung (in den sogenannten – betrieblichen – »Bündnissen für Arbeit«), die das Ergebnis des Ringens um einen ausgewogenen Ausgleich von Leistungen und Gegenleistungen sind. Die »Leistung« der Arbeitnehmer besteht im Wesentlichen darin, dass sie dem Arbeitgeber das Recht einräumen, über ihre Arbeitszeit flexibler zu verfügen, dass sie akzeptieren, dass für Überstunden kein Zuschlag gezahlt wird, sondern dass dieser über Freizeit abgegolten wird und dass sie bereit sind, Lohnkürzungen hinzunehmen. Die »Gegenleistungen« für diese Zugeständnisse der Arbeitnehmerseite bestehen in Beschäftigungsgarantien, also im (befristeten) Verzicht auf betriebsbedingte Kündigungen (Seifert 1999).

Aus der Interessenbindung der Beschäftigungspolitik folgt allerdings keinesfalls Beliebigkeit. Nicht alle Interessen sind gleichberechtigt. Man kann und sollte also auch einen Diskurs über die moralische Fundierung der Interessen führen, zumal beschäftigungspolitische Entscheidungen keine Kleinigkeiten, sondern meist Fragen der wirtschaftlichen Existenz betreffen. Eine vernünftige Entscheidungsfindung sollte sich sicherlich und ganz zentral an Nutzen-Kostenüberlegungen ausrichten, in diese

Überlegungen müssen allerdings auch, und zwar im selben Maße wie reine Renditegrößen, Kategorien wie Verhältnismäßigkeit, Verantwortung, Gerechtigkeit und das Einhalten von Versprechen Eingang finden. Es ist beispielsweise sehr die Frage, ob man rechtfertigen kann, dass eine alteingesessene Firma eine Betriebsstätte in einem strukturschwachen Gebiet schließt, nur weil die Renditeversprechen an einem anderen Standort um zwei oder drei Prozentpunkte günstiger ausfallen. Man sieht an diesem Beispiel im Übrigen, dass sich die Beschäftigungspolitik nicht mit untergeordneten Problemen befasst, die man getrost nachgelagerten Stellen (also z. B. der Personalabteilung) zur Administration überlassen kann. Beschäftigungspolitik, wie die Personalpolitik überhaupt, lässt sich nicht abgesondert vom übrigen Betriebsgeschehen betreiben. Sie ist eng mit unternehmerischen Entscheidungen verwoben. Idealtypische Betrachtungen wirken daher leicht etwas weltfremd. So wird man auf einer abstrakten Ebene kaum Widerspruch gegen den oben geäußerten Vorschlag finden, dass man die Auslagerung eines Betriebsteils von Seiten des Stammunternehmens so lange begleiten sollte, bis das neue Unternehmen selbstständig und überlebensfähig ist. An der Realität geht diese Forderung aber leider häufig deswegen vorbei, weil es bei nicht wenigen Outsourcing-Projekten gar nicht um die dauerhafte Etablierung des neuen Unternehmens geht, sondern ganz bewusst auf die Abwicklung eines Geschäftsbereiches gesetzt wird. Woraus nicht folgt, dass man als »Personalverantwortlicher« diese Realität einfach hinnehmen muss, im Gegenteil, in der gerade verwendeten und apostrophierten Funktionsbezeichnung steckt ja nicht umsonst das Wort »Verantwortung«. Personalpolitik ist immer auch Unternehmenspolitik.

Zusammenfassend sei festgehalten, dass die Aufgaben des Beschäftigungsmanagements über die bedarfsgenaue Bereitstellung von Personal hinausgehen. Beschäftigungsmanagement richtet sich auch auf Fragen, die die Zusammensetzung der Belegschaft betreffen und es richtet sich ganz allgemein auf die Gestaltung der Beschäftigungsverhältnisse. Idealerweise folgt das Beschäftigungsmanagement einer in die Unternehmenspolitik eingebetteten Personalstrategie, aus der sich der Einsatz der beschäftigungspolitischen Instrumente und die Ausgestaltung konkreter Maßnahmen schlüssig ableiten lassen. Beim Treffen beschäftigungspolitischer Entscheidungen sollte man sich außerdem nicht auf die Übernahme gerade gängiger Rezepte beschränken, man sollte sich vielmehr darum bemühen, kreative Antworten auf die oft schwierigen Beschäftigungsfragen zu finden. Außerdem sollte man, wie mehrfach betont, die Wirkungshypothesen, die man bei seinen Maßnahmen unterstellt, einer kritischen Analyse unterziehen. Und schließlich sollte sich das Beschäftigungsmanagement nicht auf die Optimierung der personalwirtschaftlichen Ziele innerhalb der jeweils gegebenen Rahmenbedingungen beschränken, sondern sich auch um die Gestaltung der beschäftigungspolitisch relevanten Handlungsstrukturen bemühen.

Kapitel 3: Sozialisation

1 Einführung

Das übliche Begriffsverständnis sieht in der Sozialisation einen Eingliederungsprozess. Die Betrachtung richtet sich hierbei auf junge, neue oder fremde Personen, die in ein soziales System (eine Gruppe, eine Familie, eine Organisation, eine Gesellschaft usw.) mehr oder weniger absichtsvoll »eingeführt« werden oder mehr oder weniger von selbst »hineinwachsen«. Gelingt die Sozialisation, dann gilt das neue Mitglied als integriert (vgl. z. B. Kramer 2010). Mit dieser Beschreibung wird man dem Sozialisationsphänomen allerdings nur zum Teil gerecht. Sie suggeriert, die Sozialisation sei ein Anpassungsprozess, der erstens an ein Ende kommen kann und der zweitens hauptsächlich vom jeweils betroffenen Individuum zu leisten sei. Beide Vorstellungen sind falsch. Sozialisation ist in einem ganz fundamentalen Sinn ein Geschehen, das sich nicht auf die Handlungen von und gegenüber »Neulingen« reduzieren lässt. Und außerdem ist Sozialisation ein kollektives Phänomen, also keine Angelegenheit, die es primär mit dem einzelnen Individuum zu tun hat. Bei der Sozialisation geht es vielmehr allgemeiner um die Frage, wie es gelingt, dass sich die Mitglieder eines sozialen Systems darauf verständigen, was von ihnen »mit Fug und Recht« erwartet werden kann und was sie selbst von ihren Mitmenschen erwarten und verlangen können. Dass diese Verständigung normalerweise ganz gut gelingt, ist durchaus erstaunlich, denn schließlich ist jeder Mensch ein eigensinniges Wesen, das sich zunächst einmal von seinen eigenen Überzeugungen und Interessen bestimmen lässt. Man muss sich daher fragen, wie es kommt, dass sich Menschen darauf einlassen, sozialen Regeln zu folgen und diese Regeln als verbindlich anzuerkennen. Tatsächlich geschieht das nicht von selbst, und genau darum geht es bei der Sozialisation.

Die sich dabei stellenden Fragen sind etwas kompliziert, weil Sozialisationsprozesse gleichermaßen sowohl für Stabilität als auch für Veränderung sorgen. Die Zusammenhänge sind schematisch in Abbildung 3.1 dargestellt. Sehr häufig beschränken sich Sozialisationsforscher auf den Zusammenhang, der durch den linken gestrichelten Pfeil angedeutet ist. Dabei wird – wie oben bereits angeführt – normalerweise eine weitere Einschränkung dadurch vorgenommen, dass man sich vor allem auf die Situation von »Neulingen« konzentriert und untersucht, welche Prozesse diese dazu veranlassen, die herrschende Sozialordnung zu akzeptieren und die herkömmlichen Praktiken zu erlernen und zu übernehmen. Außerdem ignoriert man häufig den Tatbestand, dass Sozialisation nie zu einem vollständigen Einpassen eines Individuums in das Sozialsystem

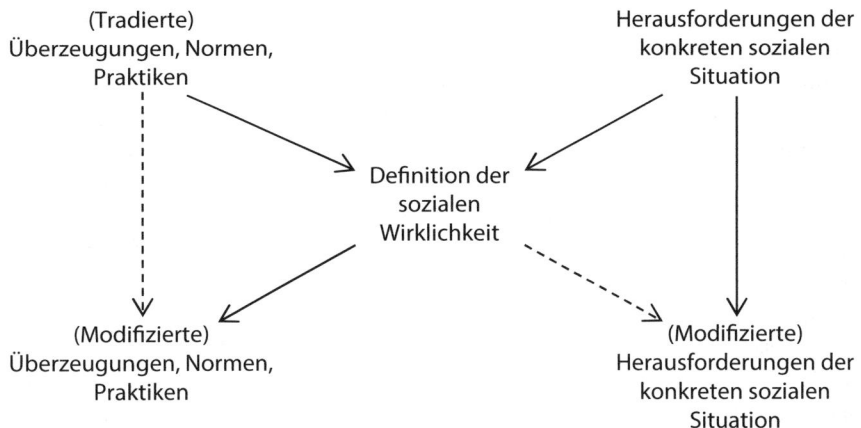

Abb. 3.1: Sozialisation als Definition der sozialen Wirklichkeit

führt, sondern sich auch das Sozialsystem selbst durch die Konfrontation mit den andersartigen Vorstellungen der »Neulinge« verändert. Zweifellos kommt den tradierten Denk- und Verhaltensmustern ein großer, ein manchmal fast übermächtiger Einfluss auf das Denken der jeweils nächsten »Generationen« zu. Das liegt daran, dass jeder Mensch, um überhaupt in das soziale Leben hineinzufinden, dieses zuerst kennenlernen muss, er muss sich das »richtige« Verhalten aneignen, das vorhandene Wissen erwerben und er muss lernen, es in angemessener Weise anzuwenden. »Nebenher« muss er sich auch noch in vielfältiger Weise sozial behaupten, um in der Gemeinschaft als vollwertiges Mitglied anerkannt zu werden. Ohne die Anleitung von Bezugspersonen bei der Bewältigung dieser schwierigen Aufgaben wäre man im wörtlichen Sinn denk- und handlungsunfähig. Doch auch mit deren »Hilfe« bleibt das Hineinwachsen in ein soziales System ein mühseliger Weg, auf dem das Verstehen dessen, warum man so oder so denkt, warum man dies oder jenes tut oder besser lässt oft abhandenkommt und man sich daher schlicht und einfach anpasst. Wir können uns dem Einfluss der herrschenden Verhältnisse meistens gar nicht entziehen. Sie prägen nicht nur unser Denken und Handeln, sie schaffen zuallererst die Voraussetzungen dafür, dass wir etwas verstehen können und dafür, dass wir uns verständlich machen können, sie geben unserem Denken und Handeln ihr Fundament und sie stecken damit auch die Grenzen unseres Denkens und Handelns ab. Die sozialen Verhältnisse und insbesondere deren Sollansprüche werden damit oft zu »… einer Antwort […], der keine Frage mehr vorauszugehen braucht.« (Popitz 2006, 74)

Andererseits sind die sozialen Ansprüche und Deutungsschablonen selbst immer im Fluss und zwar umso mehr, je weniger sie für die drängenden Probleme taugen, mit denen sie konfrontiert werden. In eben dieser Auseinandersetzung, das heißt im Zuge des Bemühens darum, den sozialen Herausforderungen gerecht zu werden und den sozialen Alltag zu bewältigen, findet Sozialisation statt – und zwar umfassend gemeint als *Definition der sozialen Wirklichkeit*. Die Verhaltens- und Denkmuster, die sich bei dieser Bestimmungsleistung herausbilden, sind in aller Regel nicht umfassend neu, sondern eher Modifikationen der tradierten Verhaltens- und Denkmuster, denen man eine große Beharrungskraft allein deswegen zugestehen muss, weil sie ja die Grundlage dafür bilden, ob man die sich stellenden Handlungsanforderungen überhaupt wahrnimmt und wie man diese interpretiert. Und auch die sozialen Herausforderungen und Alltagsprobleme verändern sich nur selten radikal, weil die konkreten (modifizierten) Lösungen, die gefunden werden, sehr stark von den bestehenden (und allenfalls modifizierten) Verhaltens- und Denkmustern mit bestimmt werden. Außerdem verändern sich die sozialen Verhältnisse und die situativen Herausforderungen, die aus ihnen entstehen, nicht so ohne weiteres und kaum grundlegend. So müssen Unternehmen – um ein Beispiel zu nennen – in einer marktwirtschaftlichen Ordnung auf die Produktivität ihrer Leistungsprozesse achten; die Tatsache, dass in den letzten Jahrzehnten große Anstrengungen zur Humanisierung der Arbeitswelt unternommen wurden, hat daran nichts grundsätzlich verändert, wenngleich sich der Maßstab dafür, was man einem Arbeitnehmer an äußeren Arbeitsbedingungen zumuten darf, um einiges verschoben hat. Auf die beschriebene dynamische Seite der Sozialisation und auf die Prozesse, die die kollektive Definition der Situation bestimmen, gehen wir weiter unten näher ein. Zunächst wollen wir uns aber mit zwei Seiten des Sozialisationsgeschehens befassen, die in der einschlägigen Literatur besonders herausgestellt werden: mit der Aufgabenseite, d. h. mit der Aneignung von Wissen und Fähigkeiten auf der einen Seite und mit dem eher sozialen Aspekt des Rollenlernens zum andern.

Die Aufgabenseite: Kompetenzerwerb und Personalentwicklung

Ebenso wie die anderen personalwirtschaftlichen Grundfunktionen lässt sich auch die Sozialisationsfunktion sowohl aus einem theoretischen als auch aus einem gestaltungsorientierten Blickwinkel betrachten. Was die theoretische Seite angeht, so interessieren vor allem zwei Fragen: erstens, was bewegt Arbeitnehmer, sich um den Erhalt und die Weiterentwicklung ihrer Qualifikationen zu bemühen und zweitens, was bewegt Unternehmen dazu, sich um den Erhalt und die Weiterentwicklung ihrer Mitarbeiter zu bemühen? Bei der Frage nach der Gestaltung geht es vor allem darum, wie der Qualifizierungsbedarf ermittelt werden kann, welche Instrumente bei der Vermittlung von Qualifikationen zum Einsatz kommen sollten und wie man ein betriebliches Qualifizierungssystem aufbaut und pflegt.

Weiterbildungsverhalten der Arbeitnehmer

Warum nehmen Arbeitnehmer an beruflichen und betrieblichen Weiterbildungsveranstaltungen teil? Die Antwort, die einem sicher als erstes in den Sinn kommt, dürfte auf die Vorteile abstellen, die sich aus Weiterbildungsbemühungen ergeben können bzw. auf die Nachteile, die einem daraus erwachsen dürften, wenn man sich nicht weiterbildet. Eine empirische Studie, die in den 1980er Jahren an der Universität Paderborn durchgeführt wurde (Weber 1985), kommt diesbezüglich allerdings zu einem einigermaßen erstaunlichen Ergebnis. Multivariate Auswertungen der Ergebnisse einer Befragung von 1.264 Arbeitnehmern zeigen nämlich, dass die Weiterbildungsabsichten eines Arbeitnehmers nur sehr bedingt durch die Abwägung möglicher Vor- und Nachteile bestimmt werden. Viel wichtiger als derartige Überlegungen sind grundlegende Verhaltensdispositionen, insbesondere die Wertschätzung, die jemand ganz allgemein der Bildung entgegenbringt. Bildungsaverse Personen haben bezüglich Weiterbildungsfragen kein besonderes Problembewusstsein, und sie entwickeln konsequenterweise auch keine festen Weiterbildungsabsichten. Abbildung 3.2 zeigt in einem Kausaldiagramm die Beziehungen zwischen den Determinanten der Weiterbildungsabsicht, die sich in der erwähnten Studie als empirisch bedeutsam erwiesen (Martin 1987). Danach kommt es nicht nur auf die allgemeine Wertschätzung von Bildung an, sondern – ganz unabhängig davon – auch darauf, ob jemand schon konkrete Weiterbildungserfahrungen gemacht hat.

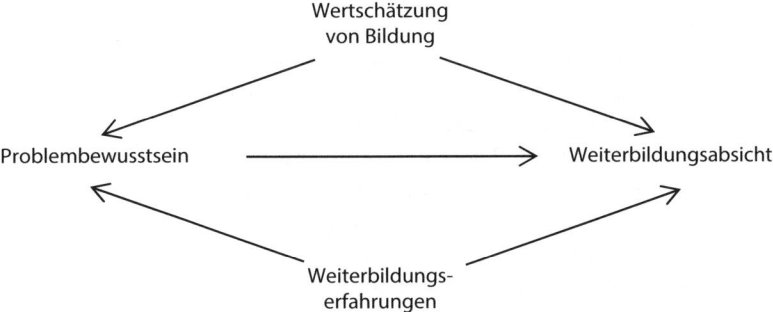

Abb. 3.2: Einflussgrößen des individuellen Weiterbildungsengagements

Eine nähere Analyse der Daten zeigt, dass Personen, die eine positive Einstellung zur Bildung aufweisen und die schon viele Bildungserfahrungen gemacht haben, durchaus auch die Vorteile von Weiterbildung und die Nachteile des Unterlassens von Weiterbildung sehen. Da diese Vorteils-Nachteilsbetrachtung aber – wie gesagt – ganz allgemein kaum eine Verhaltenswirkung zeigt, dient sie wohl eher zur Rationalisierung einer ohnehin schon feststehenden Einstellung, d. h. wer eine positive Einstellung zur Bildung hat, sieht die Vorteile der Weiterbildung, wer eine negative Einstellung hat, sieht keine Nachteile in der Bildungsabstinenz. Bemerkenswert ist außerdem, dass zum damaligen Erhebungszeitpunkt etwa jeder Dritte der Befragten meinte, Weiterbildung habe für ihn keine positiven Konsequenzen und mehr als jeder Zweite davon ausging, dass ihm aus dem Verzicht auf Weiterbildungsanstrengungen keine negativen Konsequenzen drohten. Dies ist allerdings ein rein deskriptives Ergebnis, das die damaligen Gegebenheiten zwar treffend beschreiben dürfte, von dem man allerdings vermuten kann, dass es sich mittlerweile deutlich verschoben hat. Tatsächlich zeigen Repräsentativerhebungen aber, dass sich die Vorbehalte gegenüber beruflicher Weiterbildung im zeitlichen Verlauf kaum ändern. Im Jahr 2003 beispielsweise stimmten 38% der Befragten der Aussage zu:

»Ich habe auch ohne Weiterbildung ganz gute Chancen im Beruf.« Im Jahr 1991 belief sich diese Zahl auf 43% (Kuwan u. a. 2006, 262 f., zu aktuellen Zahlen über das Weiterbildungsverhalten vgl. Bilger/von Rosenblatt 2011). Interessanterweise profitieren von beruflichen Weiterbildungsangeboten am meisten die Angestellten in höheren Positionen, diese widmen ihrer Weiterbildung deutlich mehr Zeit als andere Mitarbeitergruppen und sie bilden sich auch häufiger weiter als Selbstständige und Unternehmer (Martin 2003).

Weiterbildungsengagement der Arbeitgeber

Betrachtet man die vielen Veröffentlichungen, die sich mit der Weiterbildung und der Personalentwicklung in Unternehmen befassen, dann drängt sich der Eindruck auf, dass sich Unternehmen in diesem Feld der Personalarbeit besonders engagieren. Empirische Studien zeigen allerdings, dass dies nur sehr bedingt der Fall ist (Martin/Behrends 1999). Auch finden sich sehr große Unterschiede. Das wirft natürlich die Frage auf: Warum unternehmen manche Arbeitgeber mehr, andere Arbeitgeber dagegen weniger Weiterbildungsanstrengungen? Ein plausibles Erklärungsmodell hierfür findet sich in der schon erwähnten Arbeit von Wolfgang Weber (1985). Sie führt verschiedene theoretische Überlegungen zusammen. Unter anderem werden funktionalistische Argumente berücksichtigt. Betriebliche Weiterbildung dient z. B. der Aufgabenerfüllung, der Integration und der Flexibilität. Unternehmen werden daher vor allem dann größere Weiterbildungsanstrengungen unternehmen, wenn die betriebliche Weiterbildung als geeignetes Mittel zur Unterstützung der besonders geforderten Funktionserfüllung gelten kann. Wenn die von einem Unternehmen angebotenen Produkte und Leistungen z. B. ständige Anpassungsleistungen erforderlich machen, dann wird man auch stark in die betriebliche Weiterbildung investieren. Wenn sich die Leistungen eines Unternehmens dagegen nur wenig verändern, wenn sich die Anpassung der Leistungen an Dritte (z. B. Zulieferer, Berater usw.) delegieren lässt oder wenn sich der Leistungsprozess gewissermaßen von außen und ohne intensive und proaktive Mitwirkung der Mitarbeiter regulieren lässt (wenn die »Intelligenz« der Leistungsprozesse also vor allem in den Verfahren selbst und nicht in ihrer Handhabung durch die Mitarbeiter steckt), dann werden Unternehmen sich nur wenig um ihre betriebliche Weiterbildung kümmern. Es ist aus dieser Perspektive leicht zu erklären, warum beispielsweise Unternehmen in der Lebensmittelindustrie wesentlich weniger Weiterbildungsveranstaltungen anbieten als Unternehmen im Maschinenbau. Eng verbunden mit der Funktionsbetrachtung ist die ökonomische Seite, wobei es allerdings nicht nur darum geht, in welchem Maße sich Weiterbildung »rechnet«, sondern auch um die Frage, welche grundlegenden Eigenschaften eines Unternehmens dazu beitragen, dass Weiterbildungsmaßnahmen mehr Effizienz erlangen. Neben den (funktionalen und ökonomischen) zweckrationalen Erfordernissen gibt es eine ganze Reihe von »mikropolitischen« Bestimmungsgründen für die betriebliche Weiterbildung. Betriebliche Weiterbildungsmaßnahmen sind vor allem für diejenigen Mitarbeiter besonders attraktiv, die sich hieraus eine bessere Verwertung ihrer Qualifikation versprechen und für die Mitarbeiter, für die »Bildung« Bestandteil des eigenen Selbstverständnisses ist. In diesem Fall wird Weiterbildung aus Unternehmenssicht zum Mittel der Anreizpolitik und aus Mitarbeitersicht zum Inhalt ihrer Forderungen. Und schließlich spielen bei Entscheidungen über das betriebliche Weiterbildungsengagement die existierenden betrieblichen Institutionen eine große Rolle. Institutionen entfalten ihre Wirkung bekanntlich aus der ihnen jeweils eigenen Logik, die sich nicht selten allgemeinen Zweckmäßigkeitsüberlegungen oder politischen Kalkülen widersetzt und damit dem Verhalten eine ganz eigene Richtung gibt.

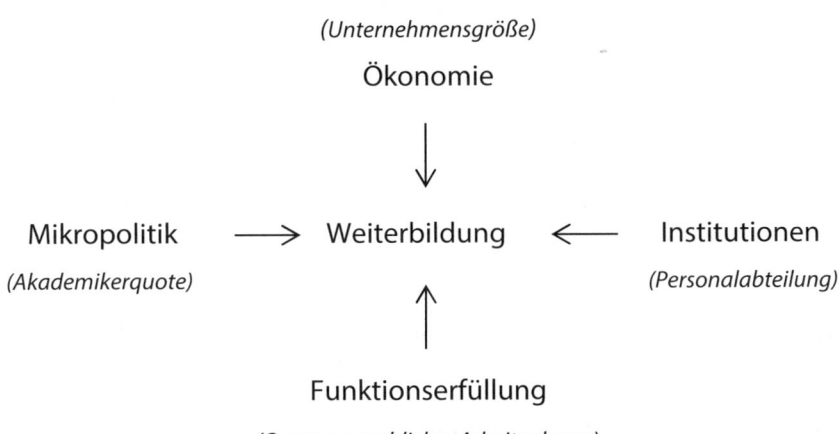

Abb. 3.3: Einflussgrößen des betrieblichen Weiterbildungsengagements

Die Abbildung der angeführten Variablen bzw. Variablengruppen (▶ **Abb. 3.3** links) innerhalb von empirischen Studien ist nicht ganz einfach, zwangsläufig muss man viele Kompromisse machen und man ist auf die Erfassung von »Hilfsvariablen« angewiesen, die die »eigentlich« gemeinten theoretischen Variablen nur bedingt und schon gar nicht im Verhältnis eins zu eins wiedergeben. In der empirischen Studie von Weber wurden »hilfsweise« die auf der rechten Seite von Abbildung 3.3 genannten empirischen Variablen erfasst. Ihre Bedeutung für die betriebliche Weiterbildung dürfte sich aus den angeführten theoretischen Überlegungen gut erschließen lassen. Im Hinblick auf die Weiterbildung eines Unternehmens ist die wohl wichtigste institutionelle Stütze die Einbindung der Personalarbeit in unternehmenspolitische Entscheidungen. Je fester die Personalarbeit in einem Unternehmen institutionalisiert ist, desto bessere Möglichkeiten haben die Träger der Personalarbeit, sich um die Sicherung von Handlungsressourcen zu bemühen. In der empirischen Studie von Weber wurde als Indikator für die Institutionalisierung der Personalarbeit das Ausmaß betrachtet, in dem die Unternehmen eine systematische und schriftlich fixierte Personalplanung betreiben. Die Akademikerquote wird in dem in Abbildung 3.3 skizzierten Modell als »Proxy« zur Abbildung mikropolitischer Einflüsse verwendet. Das lässt sich damit begründen, dass Personen mit Hochschulabschluss aufgrund ihrer Sozialisation und angesichts der von ihnen ausgeübten Tätigkeiten ein besonderes Interesse an Bildungsangeboten besitzen dürften und weil sie sich für deren Etablierung wirkungsvoller als andere Mitarbeitergruppen einsetzen können. Die Unternehmensgröße fungiert dagegen eher als Hintergrundvariable, der für die Effizienzentfaltung von Bildungsmaßnahmen Bedeutung zukommt. Großunternehmen können »economies of scale« bei der »Produktion von Bildungsgütern« nutzen, außerdem lassen sich in einem großen Unternehmen die vermittelten Qualifikationen auch besser verwerten, weil es reichhaltigere Möglichkeiten ihres flexiblen Einsatzes gibt. Die Unternehmensgröße hat daneben auch Bedeutung aus institutionstheoretischer Sicht, und zwar deswegen, weil Mitarbeiter, Manager und Öffentlichkeit von Großunternehmen ein stärkeres Bildungsengagement erwarten als von kleineren Unternehmen. Die funktionale Bedeutung der Weiterbildung für den Leistungsprozess wird in dem empirischen Modell durch die Quote der gewerblichen Arbeitnehmer abgebildet. Dahinter steht die Überlegung, dass der Anteil der nicht im unmittelbaren Produktionsprozess beschäftigten Arbeitnehmer (auch in Industriebetrieben) zum Ausdruck bringt, in welchem Umfang die betrieblichen »Produkte« auf Dienstleistungen basieren. Dienstleistungen erfordern das Eingehen auf den Einzelfall und ganz spezifische, auf das jeweilige Problem bezogene, Lösungen, und sie verlangen daher von den Mitarbeitern auch besondere Qualifikationen und eine hohe Flexibilität.

Abbildung 3.4 zeigt die empirischen Ergebnisse entsprechender Modellrechnungen (angegeben sind die standardisierten Pfadkoeffizienten) anhand der Daten, die von Weber (1985) in 222 vorwiegend größeren Unternehmen gewonnen wurden. Im linken Teil findet sich der Ausschnitt des Modells, der die unmittelbaren Wirkungen auf die abhängige Variable, die »Weiterbildungsintensität« betrifft. Die Weiterbildungsintensität gibt den Prozentsatz der Belegschaft an, der innerhalb eines Jahres an betrieblichen Weiterbildungsmaßnahmen teilgenommen hat. Wie theoretisch vermutet, geht von der Institutionalisierung der Personalarbeit eine starke Wirkung aus. Wahrscheinlich gibt es diesbezüglich aber nicht nur eine einseitige Beziehung. Die Festigung der Position der Personalarbeit führt zu mehr Weiterbildungsengagement, Investitionen in Weiterbildungsmaßnahmen festigen umgekehrt die Position der Personalarbeit usw. Von großer Bedeutung sind außerdem die angeführten Aspekte der Personalstruktur: Weiterbildung findet man vor allem in Unternehmen mit einem geringen Anteil an gewerblichen Arbeitnehmern und in Unternehmen mit einem hohen Akademikeranteil. Der Unternehmensgröße kommt insbesondere durch ihre indirekten Wirkungen auf die anderen unabhängigen Variablen (rechte Seite von Abbildung 3.4) einige Bedeutung zu. Die Prüfung des Weber-Modells anhand von Datensätzen, die anderweitig gewonnen wurden, kommt im Wesentlichen zu ganz ähnlichen Resultaten (Martin/Behrends 1999).

Die Gestaltung der »Personalentwicklung«

Bei der Personalentwicklung geht es im Kern um den Aufbau und die Pflege von Wissen, Fähigkeiten und Fertigkeiten, die für die Ausübung der betrieblichen Tätigkeiten gebraucht werden (zu den Akzenten, die unterschiedliche Definitionen setzen, vgl. Neuberger 1994). Wie alle anderen personalwirtschaftlichen Aufgaben, kann man auch die

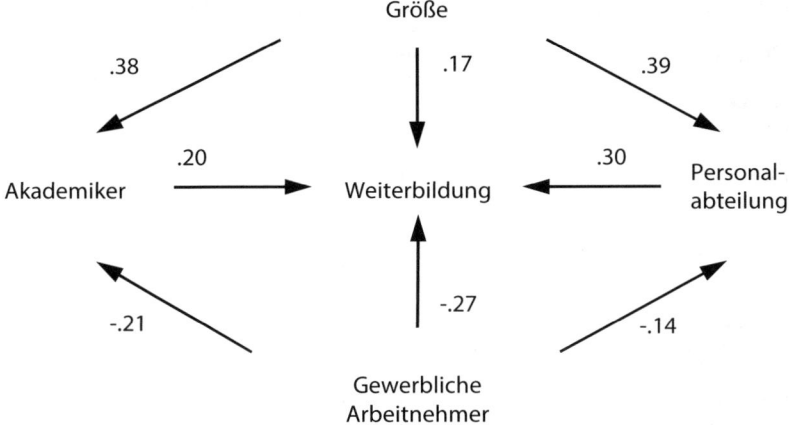

Abb. 3.4: Empirische Determinanten des betrieblichen Weiterbildungsengagements

Personalentwicklung sehr unterschiedlich betrachten und gestalten. Es gibt mehr oder weniger ausgeprägte Muster der Personalpolitik auf der Unternehmensebene, es gibt aber auch die konkreten Personalentwicklungsmaßnahmen auf der Ebene der einzelnen Mitarbeiter. Es geht um sehr spezielle Probleme (z. B. welche Stationen sollten die Teilnehmer eines Trainee-Programms in welcher Reihenfolge anlaufen?) und um sehr allgemeine Weichenstellungen (z. B. sollte man eher mit externen oder eher mit internen »Trainern« arbeiten?). Zu klären sind Fragen zur Organisation und zur Didaktik, zur Bedarfsanalyse und zur Transfersicherung, zur Kosten- und zur Ertragsseite. Man kann in der Personalentwicklung innovative Wege gehen oder der gängigen Praxis folgen, extensive oder intensive Personalentwicklungsarbeit leisten, proaktiv oder reaktiv handeln, direktiv oder partizipativ, regelgesteuert oder spontan. Und schließlich kann man sich um ein Gesamtkonzept bemühen oder darauf verzichten, man kann Programme entwickeln oder sich mit Einzelmaßnahmen begnügen, die Personalentwicklung hierarchisch hoch anbinden oder sie auf der Sachbearbeiterebene ansiedeln. Wie immer man sich bezüglich dieser und weiterer Fragen entscheiden sollte, es gibt keine Lösung, die für alle Situationen gleich gut wäre. Unter Umständen kann es zum Beispiel durchaus angebracht sein, nicht voranzugehen, sondern abzuwarten, Personalentwicklungs-maßnahmen also nur dann zu ergreifen, wenn sich ein konkreter Bedarf manifestiert. In anderen Fällen sollte man dagegen konsequent eine Entwicklungsstrategie verfolgen und mit Hilfe von Personalentwicklungsprogrammen Potentiale aufbauen, für die ein konkreter Bedarf noch gar nicht erkennbar ist. Welche Ausrichtungen der jeweiligen Gestaltungsparameter »besser« sind, hängt davon ab, welche Wirkungen von ihnen ausgehen (und zwar in der konkreten betrieblichen Situation) und welche Bewertungsmaßstäbe man an diese Wirkungen anlegt. In Tabelle 3.1 sind beispielhaft einige wichtige Gestaltungsparameter der Personalentwicklungsarbeit aufgeführt.

Ganz zentral ist z. B. die Bestimmung des Qualifikationsbedarfs. Weil es bei der Personalentwicklung im Kern ja um nichts anderes als um die Förderung der

Tab. 3.1: Gestaltungsparameter und -alternativen von Personalentwicklungssystemen

Gestaltungsparameter	Ausprägungen
Philosophie der Personalentwicklung	Bedarfsorientierung, Entwicklungsorientierung
Zielgruppen der Personalentwicklung	Alle Mitarbeiter, Führungskräfte, Spezialisten
Organisationale Verankerung	Eigenständiges Bildungswesen, Vermittlungsstelle, dezentrale Zuständigkeiten
Aufgabenbezogene Datengrundlagen	Stellenbeschreibungen, Tätigkeitsanalysen, Anforderungsprofile, Kompetenzmodelle
Personenbezogene Datengrundlagen	Tests, Beurteilung durch Vorgesetzte, Methode der kritischen Ereignisse, Selbstauskünfte
Durchführung von Bedarfsanalysen	Regelmäßig, anlassbezogen, keine Analysen
Interventionstechniken	Aus-, Fort- und Weiterbildung, Instrumente zur Förderung personaler und sozialer Kompetenzen
Evaluationsmethoden	Konzeptanalysen, Expertenurteile, Feldexperimente, Teilnehmerbefragungen
Grad der Abstimmung mit anderen Instrumenten	Isoliert, verknüpft, integriert
Anknüpfung an die Organisationsentwicklung	Isoliert, verknüpft, integriert

Qualifikationen geht, ist es natürlich wichtig, sich ein klares Bild über die vorhandenen Qualifikationen und über eventuell gegebene Defizite zu verschaffen. Hierbei können so genannte »Kompetenzmodelle«, über die in den letzten Jahren viel diskutiert wurde, gute Dienste leisten. Ein Kompetenzmodell beschreibt die Kompetenzen, die benötigt werden, um die in Frage stehenden Aufgaben (oder bestimmte Aufgabentypen) in befriedigendem Maße zu bewältigen. Grundsätzlich neu ist die dahinterliegende Idee, eine systematische Erfassung zentraler Kompetenzen vorzunehmen, nicht. Ganz ähnlich geht es ja auch bei der Entwicklung eines »Kompetenzprofils« (ein Begriff, der früher häufiger verwendet wurde), um die Bestimmung der Kompetenzen, die man für die Ausübung einer Stelle braucht. In der Bezeichnung »Modell« steckt allerdings ein höherer Anspruch, z. B. der nach einer theoretischen Fundierung – der bislang aber nur bedingt eingelöst wurde. Bestandteile der Kompetenzmodelle sind die so genannten »KSAOs«. Das K steht dabei für »knowledge«, wobei verschiedentlich weitere Differenzierungen vorgenommen werden (man kann z. B. zwischen Fach- und Hintergrundwissen unterscheiden). Das S steht für »skills«, d. h. für konkrete Fertigkeiten und das A für »abilities«, also für Fähigkeiten. Ins Auge fällt bei der Betrachtung der Kompetenzmodelle insbesondere die Betonung der »Os«, womit »other characteristics« gemeint sind.

Dabei handelt es sich um Eigenschaften, die neben den genannten Kompetenzen im engeren Sinne gebraucht werden, um eine Aufgabe zufriedenstellend auszuführen. Diese »anderen Merkmale« umfassen so unterschiedliche Dinge wie Erwartungen, Einstellungen, Motivationen, Persönlichkeitseigenschaften, Charakterzüge und Tugenden (Ergebnisorientierung, Beharrlichkeit, Geduld, Mut, Humor usw.). Die Subsumierung dieser zusätzlichen Eigenschaften unter die Kompetenzen ist allerdings nicht sonderlich glücklich. Denn erstens handelt es sich bei Fähigkeiten und z. B. bei Motivationen um fundamental verschiedene Kategorien, die man nicht »vermischen« sollte. Motivationen sind zwar hilfreich für die Bewältigung von Aufgaben, sie gehorchen aber anderen Gesetzmäßigkeiten des Verhaltens als der Erwerb und der Gebrauch von Fähigkeiten. Und zweitens besteht die Gefahr, dass sich mit dem nachlässigen Gebrauch des Kompetenzbegriffs eine instrumentalistische Haltung gegenüber Personeneigenschaften breitmacht, dass sich also beispielsweise die Vorstellung durchsetzt, Charaktereigenschaften und Tugenden seien nur dann relevant, wenn sie der Aufgabenerfüllung dienten. Das wäre ethisch-moralisch sehr bedenklich, weil Tugenden wie Zivilcourage, Geduld und Wohlwollen immer von Belang sind, und zwar gänzlich unabhängig davon, wie häufig sie bei einer konkreten Tätigkeit abgefordert werden und selbst – oder gerade – dann, wenn sie einer reibungslosen Aufgabenerfüllung im Wege stehen. Ein anderes Problem betrifft die Frage, wie viele Kompetenzen denn nun im konkreten Fall betrachtet werden sollen und – noch grundlegender – in welchem theoretischen Zusammenhang diese stehen. Tett u. a. (2000) beispielsweise kommen nach einer Literaturauswertung und einer anschließenden Expertenbefragung zu einer Liste, die 53 Managementkompetenzen umfasst. Sie enthält so unterschiedliche Aspekte wie Problembewusstsein, Zielsetzung und Monitoring, Anleitung, Koordinierung, Delegation, Leidenschaft, Durchsetzungsfähigkeit, Höflichkeit, Vertrauenswürdigkeit, Loyalität und Präsentationsfähigkeit, also eine Fülle von Aspekten, die sich nur schwerlich theoretisch kohärent ordnen lassen. Campion u. a. (2011) formulieren gestützt auf Praxiserfahrungen 20 Regeln (oder »best practices«), die sich auf das Erstellen, Verwalten und Verwenden von Kompetenzmodellen beziehen. So soll man mit der Entwicklung und Einführung von Kompetenzmodellen zunächst bei der Unternehmensführung beginnen, sich bei der sprachlichen Aufbereitung an den in der jeweiligen Organisation geltenden Sprachregeln orientieren und Kompetenzmodelle gleichermaßen bei der Einstellung, Beförderung, Beurteilung und Lohnfindung einsetzen. Hierauf wollen wir an dieser Stelle aber nicht weiter eingehen, sondern nochmals auf den Ausgangspunkt unserer Überlegung zurückkommen, das heißt, auf die Frage, welche Gestaltungsalternativen man bei der Etablierung eines Personalentwicklungssystems (und einzelner seiner Bausteine) wählen sollte, ob man also – um bei unserem Beispiel zu bleiben – Kompetenzmodelle einführen sollte, um den Personalentwicklungsbedarf zu ermitteln oder nicht. Diese Frage lässt sich nun aber, wie bereits oben angeführt, nicht allgemein beantworten. Für manche Unternehmen – und hier wiederum für bestimmte Stellentypen – kann die Entwicklung von Kompetenzmodellen sinnvoll sein, in anderen Unternehmen (für andere Stellen) eher nicht. Das »kommt eben darauf an«, zum Beispiel darauf, ob im konkreten Fall der notwendige Aufwand den Nutzen übersteigt, ob die notwendige Kompetenz zur Erstellung von Kompetenzmodellen vorhanden ist, ob sich die an den Arbeitsplätzen geforderten Kompetenzen deutlich benennen und trennscharf operationalisieren lassen, wie schnell sich die Aufgaben und mit ihnen die Anforderungen ändern und ob die Mitarbeiter selbst auch ein Interesse an der Einführung dieses Instruments haben (allgemein zur Beurteilung von Instrumenten vgl. Kapitel 1).

Die soziale Seite: Rollen und Rollenlernen

Rolle sind so etwas wie eine Zwischenbühne, auf der sich das individuelle und das soziale Handeln treffen, d. h. sich im Wortsinne nicht mehr klar voneinander trennen lassen. Rollen sind allgemeine, gesellschaftlich vorgegebene Skripte, die von konkreten Personen in konkreten Situationen mit Leben gefüllt werden müssen. Rollen zerfallen, wenn sie nicht vom Engagement der sozialen Akteure getragen werden und umgekehrt verlieren die sozialen Akteure ihre Orientierung, wenn sie ohne Rollenanweisungen miteinander interagieren sollen. Dass jemand weiß, welche Rolle ihm zukommt, ist eine unabdingbare Voraussetzung dafür, dass er überhaupt ins Spiel kommt und dass seine Mitmenschen seine Handlungen überhaupt verstehen. Sieht man als Autofahrer am Straßenrand eine Person winken, dann macht es einen erheblichen Unterschied, ob die Person eine Polizeiuniform trägt oder mit der typischen »Tramperkluft« angetan ist. Jedenfalls kann man sich vorstellen, was die beiden mit ihrer Geste jeweils meinen dürften. Zu Irritationen dürfte es allerdings kommen, wenn die beiden statt mit der flachen Hand (bzw. mit erhobenem Daumen) mit geballter Faust »winken« sollten: Ein solches Verhalten passt weder zu einem Tramper (er möchte schließlich mitgenommen werden) noch zu einem Polizisten, dem – jedenfalls in demokratischen Staaten – haltlose Gewaltandrohung verboten ist. Rollenuntypisches Verhalten beeinträchtigt die Geschmeidigkeit sozialen Verhaltens. Fehlt den Interaktionspartnern gar jede Rollenvorstellung, werden sie verunsichert reagieren und versuchen, sich aus irgendwelchen Anhaltspunkten, die die Situation bieten mag, ein zumindest vages Rollenbild zu verschaffen.

Es gibt Rollen sehr allgemeiner Natur, z. B. die des Priesters, des Autofahrers, des Vorgesetzten, also Rollen, die unabhängig davon, in welchem sozialen Umfeld sie angesiedelt sind, in einer ganz bestimmten Weise auszufüllen sind. Oft kommt es aber auch bezüglich dieser allgemeinen Rollen zu spezifischen Akzentsetzungen. So gibt es etwa neben dem distanzierten Vorgesetzten auch den fürsorglichen Vorgesetzten. Dazu kommt, dass die Rollenausübung nicht unerheblich von den Eigenheiten des Rollenträgers geprägt wird. Aber nicht nur innerhalb einer Rolle findet man eine manchmal beträchtliche Varianz des Verhaltens, auch zwischen Rollen gibt es, was die Verbindlichkeit und Prägnanz der Anforderungen angeht, deutliche Unterschiede. Ausführungsrollen (z. B. ein Soldat während einer Zeremonie) begrenzen die Eigenwilligkeiten des Rolleninhabers auf ein Minimum, Beziehungsrollen (z. B. die Rolle des Freundes) verlangen nach einem ganz eigenen vom Persönlichen geprägten Verhalten (Dreitzel 1968). Was erlaubt und was verboten ist, welche stabilen Ordnungsmuster das Verhalten in Organisationen lenken, muss erst gelernt werden und das ist genau das Thema der organisationalen Sozialisation. Entsprechend lässt sich der Prozess der organisationalen Sozialisation als Rollenlernen begreifen. Erst wenn man seine soziale Stellung in der

Organisation gefunden hat, wenn man mit den vorfindlichen Rollenanforderungen zurechtkommt und wenn sich ein verträgliches und zuverlässiges Zusammenspiel mit den übrigen Organisationsmitgliedern herausgebildet hat, kann man als »vollwertiges« Mitglied der Organisation gelten.

Feldman (1981) hat zur Beschreibung des organisationalen Sozialisationsprozesses ein gut nachvollziehbares Modell formuliert (▶ Abb. 3.5). Danach kann man den »Erfolg« der Sozialisation an verschiedenen verhaltens- und gefühlsmäßigen Indikatoren ablesen. Hierzu gehört der Wunsch, in der Organisation bleiben zu wollen. Ein eindeutiger Indikator für eine gelungene Sozialisation ist dies aber nicht, weil die Bleibemotivation z. B. auch im Fehlen besserer Alternativen begründet sein könnte. Ein anderes Indiz für eine gelungene Sozialisation liegt vor, wenn jemand den Anforderungen an seine Rolle zuverlässig nachkommt, wenn man also nicht damit rechnen muss, dass er immer wieder einmal aus seiner Rolle ausbricht und damit zur Verwirrung seiner sozialen Umwelt beiträgt.

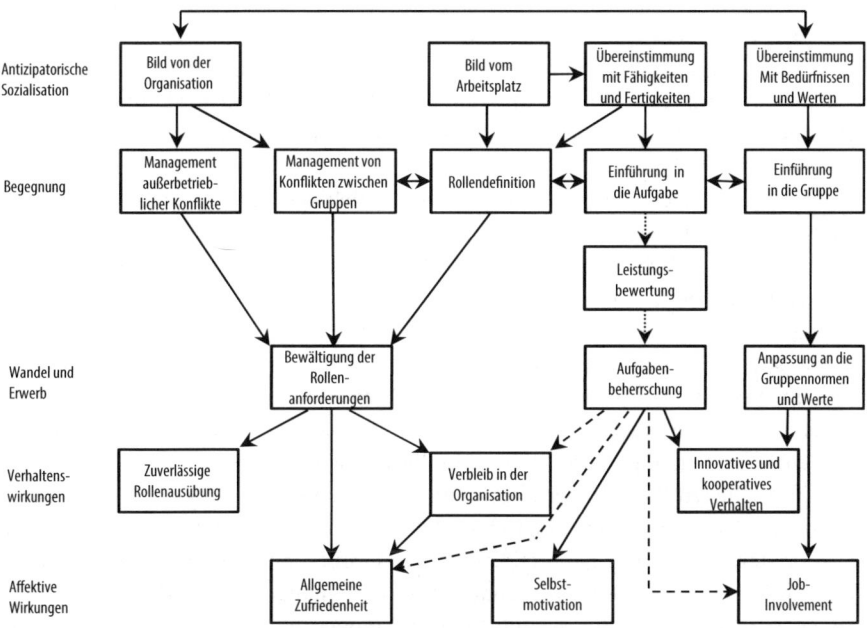

Abb. 3.5: Sozialisation als Rollenlernen (Quelle: Feldman 1981, 311)

Eine gelungene Sozialisation erschöpft sich allerdings nicht in einer förmlichen Rollenkonformität. Sie verlangt vielmehr ein Mitdenken und Ausgestalten der Rolle im Sinne der Organisation und im Bemühen, mit seinen Kollegen und Vorgesetzten ein gutes Kooperationsverhältnis aufzubauen. Um von einer gelungenen Sozialisation sprechen zu können, muss man also auch das Empfinden und Erleben der Organisationsmitglieder betrachten. Nur derjenige, der sich selbst motiviert, also nicht ständig von außen ermahnt werden muss, seine Aufgaben ordentlich zu erledigen und der die ihm übertragene Aufgabe schließlich zu seiner eigenen Aufgabe macht (»job-involvement«) ist wirklich in der Organisation angekommen. Und schließlich sollte sich eine gelungene Sozialisation auch in einer allgemeinen Zufriedenheit niederschlagen. Wie Abbildung 3.5 zeigt, stellt sich dieser »ideale« Zustand nicht von selbst ein, um bis dahin zu gelangen, müssen etliche Barrieren überwunden werden. Das beginnt schon bei der so genannten antizipatorischen Sozialisation, also bei den Lernerfahrungen, die bereits vor dem Eintritt in eine Organisation gemacht wurden. Mit am wichtigsten ist sicherlich, ob man die passenden Fähigkeiten für die Aufgaben mitbringt, die in der Organisation auf einen warten. Ebenso bedeutsam sind die persönlichen Bedürfnisse und Werthaltungen des neuen Organisationsmitglieds. Wer sich beispielsweise lieber ruhig und beständig mit intellektuellen Aufgaben beschäftigt, wird sich etwa als Handlungsreisender in einem umkämpften Markt voraussichtlich schwertun. Erschwert wird die organisationale Sozialisation auch von unrealistischen Vorstellungen über die Stellenanforderungen und über den Charakter der Organisation und die in der Organisation verfolgten Ziele. Besonders Berufsneulinge erleben in der Konfrontation mit der ungewohnten Arbeitssituation nicht selten einen »Praxisschock«. Dies mag in einer unpassenden antizipatorischen Sozialisation begründet liegen. Zumeist resultiert dieses Gefühl aber aus dem ganz konkreten Erleben und den unmittelbaren Herausforderungen, die man nach seinem Eintritt in eine Organisation nicht einfach ignorieren kann, auf die man nur unzureichend vorbereitet ist und für deren Bewältigung man erst noch die notwendigen Fähigkeiten entwickeln muss. So muss man beispielsweise lernen, seine Aufgaben zu beherrschen, was deswegen nicht immer leicht ist, weil die Aufgaben oft von betriebsspezifischen Besonderheiten geprägt sind, für deren Erledigung die eigenen Hintergrundkenntnisse oder auch die in anderen Organisationen gesammelten Erfahrungen nicht ausreichen. Daneben muss man lernen, das berufliche und betriebliche Leben mit den übrigen Lebensbereichen abzustimmen, man muss sich an die neuen Kollegen innerhalb und außerhalb der unmittelbaren Arbeitssphäre gewöhnen und eine gute Basis der Zusammenarbeit schaffen. Nur wenn dies gelingt, wird man seine Aufgaben zufriedenstellend erledigen können und in die soziale Gemeinschaft integriert werden.

Die gestrichelten Pfeile in der Abbildung 3.5 sind so zu verstehen, dass die durch sie bezeichneten Zusammenhänge logisch und empirisch nicht so eng verbunden sind wie die der anderen, z. B. weil noch etliche andere Größen auf die abhängigen Variablen einwirken oder weil die entsprechenden Zusammenhänge sehr stark vom Vorliegen weiterer nicht im Schaubild angeführter Bedingungen bestimmt werden. Eine so genannte »Moderatorvariable« ist in Abbildung 3.5 explizit aufgeführt: Die Leistungseinschätzung durch die soziale Umwelt. Fällt sie positiv aus, stimmen die Kollegen und Mitarbeiter darin überein und wird sie von dem betroffenen Mitarbeiter als gerecht empfunden, dann wird der Effekt, der von einer guten Einführung auf die Aufgabenbeherrschung ausgeht, besonders stark sein. Überhaupt kommt dem unmittelbaren sozialen Umfeld die größte Bedeutung für das Sozialisationsgeschehen zu. Die Sozialisanden (also die Personen, die einem Sozialisationsprozess unterworfen sind) orientieren sich bei ihrem Verhalten nicht so sehr an den Ansprüchen, die von der Unternehmensführung artikuliert werden, sondern primär an den Erwartungen und

Vorgaben ihrer jeweiligen Bezugsgruppe und das ist meist das unmittelbare soziale Umfeld, also die Kollegen und der Vorgesetzte. Sozialisation funktioniert nicht als ein sich Einfügen in ein »Design«. Stattdessen geht es um das Hineinwachsen in die gegebenen Verhältnisse, es geht also nicht um die Anpassung an die Managerideologie, die Vorgaben der Geschäftsführung, viel wichtiger als formale Vorgaben und Wünsche ist das Verhalten der Bezugsgruppe. Außerdem erschöpft sich die Sozialisation nicht in der Anpassung an die sozialen Erwartungen, sie umfasst auch den Umgang mit den Anforderungen der Arbeit, mit Tricks und Kniffen, mit Fragen wie: Was ist wichtig und was nicht, was soll man von schwierigen Kunden halten, wie geht man mit ihnen um, wie kann man seine Ehre wahren, welches ist die richtige Einstellung zu seiner Arbeit?

Hervorgehoben sei an dieser Stelle außerdem, dass es bei der Sozialisation nicht um äußerliche und leicht austauschbare Eigenheiten geht, die man mit einem Beruf, einer Position oder einer Tätigkeit verbindet, sondern um die Sicherstellung der Leistungsfähigkeit des Sozialisanden, d. h. um alle Fragen, die sich mit der Ausfüllung des Berufs, der Position, der Tätigkeit verknüpfen. Damit erweist sich die Sozialisation als ein sehr tiefgreifendes und anspruchsvolles Geschehen. Dass die Eingewöhnung, das Einfinden in die Arbeitswelt ein langwieriger und mitunter schwieriger Prozess sein kann, sieht man am ehesten an den so genannten Professionen. Wer Arzt, Richter oder Flugkapitän werden will, hat einen langen Weg vor sich. Er muss nicht nur die Fähigkeiten und Fertigkeiten lernen, die in seinem Beruf verlangt werden, sondern auch bestimmte Motivationen und Haltungen. Prinzipiell gilt dies aber nicht nur für Professionen, sondern auch für alle anderen Berufe, Tätigkeitsfelder und betrieblichen Positionen, also ebenso für Künstler und Unternehmer wie für Facharbeiter, Sachbearbeiter, Verkaufspersonal und Hausmeister. Jedenfalls geht es bei der Sozialisation nicht nur um Anpassung an die sozialen Verhältnisse, mit ihr geht immer auch eine Veränderung der Persönlichkeit einher. Man eignet sich einen Habitus an und damit auch eine bestimmte Weltsicht, eine typische Art Probleme einzuordnen, zu betrachten, zu reagieren und zu ignorieren. Für Dritte wirkt das berufstypische Verhalten daher manchmal befremdlich, insbesondere wenn man es auch in außerberufliche Lebensbereiche hineinträgt (der Buchhalter, der mit seiner Pedanterie die ganze Familie tyrannisiert, der Lehrer, der alles besser weiß und glaubt, seine Umwelt ständig belehren zu müssen usw.). Jenseits dieser eher kuriosen Folgen, kann die Sozialisation auch sehr bedenkliche Folgen für die Betroffenen zeitigen, etwa wenn der Anpassungsdruck zu einer Verarmung oder gar zu einer Deformation der Persönlichkeit und des Charakters führt, zu Orientierungslosigkeit, Mitläufertum, Borniertheit usw. (Presthus 1966, Sennett 1998). Selbstverständlich bedeutet Sozialisation aber nicht nur hilf- und willenlose Anpassung, sie schafft vielfach auch erst die Voraussetzung dafür, dass sich die Persönlichkeit eines Menschen entwickeln und entfalten kann.

Die dynamische Seite: Interaktions- und Systemebene

Die Betrachtungsweise von Feldman folgt dem oben beschriebenen speziellen Sozialisationsverständnis, wonach es vor allem die Neulinge sind, die sich an das vorfindliche

System anpassen müssen. Immerhin geht Feldman auch darauf ein, dass die »alteingesessenen« Organisationsmitglieder nicht nur einseitig Einfluss nehmen, sondern selbst wiederum auch von den Neulingen beeinflusst werden. Er stellt daneben auch die positiven Seiten von Rolleninnovationen heraus und betont die Unvermeidlichkeit und die Notwendigkeit, dass neue Organisationsmitglieder Veränderungen der tradierten Überzeugungen, Werthaltungen und Praktiken bewirken. Dessen ungeachtet sieht Feldman in Organisationen relativ statische Gebilde, dass sie erst durch kollektive Definitionsprozesse ihre Stabilität gewinnen (und verlieren können), wird von ihm nicht thematisiert.

Dabei wird der Tatbestand, dass eine soziale Ordnung ständigen Veränderungen unterworfen ist und dass sie durch das kollektive Handeln immer wieder neu reproduziert werden muss, in den Sozialwissenschaften eigentlich schon immer besonders betont (z. B. Marx 1867, Simmel 1890, Weber 1904, Durkheim 1912, Merton 1957, Goffman 1974, Berger/Luckmann 2009). Besonders herausgestellt wird dieser Gedanke in der Ethnomethodologie und im symbolischen Interaktionismus (Garfinkel 1967, Blumer 1969, Lynch/Sharrock 2011). Damit eine Interaktion überhaupt zustande kommen kann, muss eine gemeinsame Verständigungsbasis geschaffen werden. Das gelingt nicht dadurch, dass jeder einfach nur seinen vorgegebenen Handlungsstrategien folgt. Daher entsteht in jeder Interaktion etwas Neues, man kann sogar sagen, dass Interaktionen in einem »emergenten« Prozess die soziale Wirklichkeit, auf die man sich einlassen kann, gewissermaßen erst hervorbringen. Im gemeinsamen Handeln fließen Prozesse der Definition der sozialen Situation, der Ausgestaltung, der Interaktion und der Verständigung auf Überzeugungen und Regeln, die eine belastbare und dauerhafte Orientierung versprechen, gewissermaßen ineinander über: »Sozialisation spiegelt ein allgegenwärtiges Merkmal jedweder Interaktion wider – das wechselseitige Begreifen der Perspektiven der Interaktionspartner, so dass gemeinsames Handeln entstehen kann.« (Denzin 1969, 931) Auf dem Feld der Organisationstheorie verdienen bezüglich der Ausarbeitung dieses Gedankens insbesondere die Arbeiten von Karl Weick Beachtung, die beschreiben, wie aus den mehr oder weniger miteinander vermischten Handlungen und den von den Akteuren in Anspruch genommenen Deutungsmustern so etwas wie eine soziale Ordnung entstehen kann (Weick 1969, 1995, 1998).

Daneben gibt es zahlreiche weitere organisationstheoretische Ansätze, die mehr oder weniger radikal den Gedanken vertiefen, dass die soziale Wirklichkeit nichts ist, was von selbst besteht und was sich von selbst versteht, sondern von den Menschen, die sie ausmachen, immer wieder neu konstruiert werden muss. Demers (2007) unterscheidet diskursive und praktikenbezogene Ansätze. Die *diskursiven Ansätze* stellen die Bedeutung der Sprache und der Sprachverwendung in den Mittelpunkt ihrer Betrachtung. Das hat einen guten Grund, denn unsere Sprache definiert in gewisser Weise auch die Grenzen unseres Denkens – was andererseits etwas extrem ausgedrückt ist. Angemessener ist es wohl davon zu sprechen, dass die Sprache als Wegweiser dient, dessen man sich gern bedient, insbesondere dann, wenn das (Denk-)Gelände sonst keine Anhaltspunkte liefert oder aber sehr unübersichtlich ist. Die sprachlichen Mittel, die uns zur Verfügung stehen, bestimmen jedenfalls in hohem Maße, worauf wir achten und welche Vorstellungen wir uns von der Realität machen. Sprache ist daher nicht nur ein

Kommunikationsmedium, das uns hilft, Informationen auszutauschen und uns zu verständigen, in ihren Strukturen stecken vielmehr bereits viele vorfabrizierte Wirklichkeitsbilder, deren bedeutungsgebender Kraft man sich nur schwer entziehen kann. Gleiches gilt für den Einfluss, den sprachliche Artefakte ausüben, also »Erzählungen«, »Dramen« und »Mythen«, die gesponnen werden, um die soziale Realität begreifbar zu machen und ihr einen Sinn beizulegen. *Praktikenbezogene Ansätze* konzedieren zwar ebenfalls die Bedeutung von Sprachspielen und Sprachregeln, sie betrachten aber vor allem die normative Kraft, die in gemeinsamen Handlungen und in der Befolgung von organisationalen Regeln steckt. Die soziale Wirklichkeit präsentiert sich aus dieser Sicht als »Gemeinschaft einer geteilten Praxis« (Demers 2007, 208). Zweifellos sind beide Elemente wichtig, das handlungsbezogene ebenso wie das diskursive. Handlungen werden nicht nur gedankenlos und unreflektiert ausgeführt, sie werden auch interpretiert, kommentiert, diskutiert und in Frage gestellt. Und sprachliche Strukturen, Konventionen und Äußerungen werden nicht einfach nur hingenommen, sondern auf ihren Bedeutungsgehalt, ihren Realitätsbezug und ihre Handlungsrelevanz hin beurteilt. Es gibt also keinen strikten Determinismus, der es erlaubt, aus den sprachlichen Gewohnheiten oder den beobachtbaren Verhaltensroutinen auf eine konsensgetragene Definition der sozialen Wirklichkeit zu schließen. Außerdem garantieren eine einheitliche Sprachverwendung und eine gemeinsame Handlungspraxis noch nicht, dass es auch immer wieder zu einer Reproduktion der vorfindlichen Verhältnisse kommt. Das liegt an der Unbestimmtheit sozialer Definitionsprozesse. Die Herausforderungen, die in einer ganz konkreten Handlungssituation stecken, lassen sich schlichtweg nicht in allen Details vorhersehen, man muss sehr häufig improvisieren, man muss die geltenden Regeln auslegen und auf die aktuell vorliegenden Anforderungen hin anpassen und man muss – angesichts der häufig unvorhersehbaren Handlungskonstellationen – neuartige Deutungsleistungen erbringen und innovative Entscheidungen treffen. Die sich hieraus ergebenden Spielräume können von Einzelpersonen und von Personengruppen genutzt werden, ihren je eigenen Überzeugungen und Weltbildern mehr Geltung zu verschaffen sowie die Arbeitsbedingungen, Entscheidungsverfahren und Kooperationsformen stärker auf ihre jeweiligen Bedürfnisse und Interessen hin auszurichten.

Aus der notorischen Ungewissheit sozialer Prozesse folgt, dass »eigentlich« der soziale Wandel die Regel ist, die Reproduktion der sozialen Gegebenheiten wäre demnach eher die Ausnahme. Allerdings sollte man die Logik dieser Argumentation auch nicht überstrapazieren, denn etablierte Deutungsmuster und fest verankerte Praktiken lassen sich normalerweise nicht ohne weiteres aus dem Feld schlagen. Dem stehen fest etablierte Machtstrukturen im Wege, die sich durch mikropolitische Winkelzüge nicht aushebeln lassen. Und was Weltbilder und Ideologien betrifft, ihre Wirksamkeit ist den Menschen oft gar nicht bewusst und sie besitzen gerade deswegen eine besondere Kraft. Das zeigt sich z. B. darin, dass sie nicht selten ein expansives Moment enthalten, d. h. sie greifen über ihr ursprüngliches Anwendungsfeld hinaus und zwar ganz unabhängig davon, ob die ideologiehaltigen Lösungen nun passen oder nicht. Ein zeitgeschichtliches Beispiel liefert der Siegeszug eines ökonomistischen Denkens, das seine Wurzeln in der Analyse des Gütertausches hat und das sich mittlerweile in fast allen Lebensbereichen findet. Bezogen auf den Personalbereich findet es z. B. Ausdruck in der so genannten

Subjektivierung der Arbeit. Diese zeigt sich darin, dass kollektiv vereinbarte Regeln über das Arbeitsverhältnis immer häufiger durch individuelle Vereinbarungen ersetzt werden und darin, dass sich die Arbeitgeber zunehmend ihrer Verantwortung für die Gewährleistung dauerhafter Beschäftigung entledigen (Moldaschl/Voß 2002). In der personalwirtschaftlichen Literatur wurde passend dazu das Konzept der so genannten »Employability« propagiert und die Rede vom so genannten »Neuen psychologischen Vertrag« aufgebracht (s. a. den nächsten Abschnitt). Die mit diesen Schlagworten implizierten Anforderungen an die Arbeitnehmer werden als Naturnotwendigkeit hingestellt, als Gebot, dem man sich in den Zeiten, in denen es keine Beschäftigungssicherheit mehr gebe, wie selbstverständlich zu unterwerfen habe. Die Ansage lautet, dass der einzelne Arbeitnehmer »eigenverantwortlich« mit seinem Humankapital umgehen, es mehren, pflegen und gewinnbringend anlegen solle. Mitunter mündet sie in der absurden Forderung, der Arbeitnehmer solle dem Arbeitgeber »auf Augenhöhe« begegnen, diesen als seinen Kunden betrachten und eine entsprechende Kundenorientierung entwickeln (Filipczak 1995). Naturgemäß schlägt sich die Ökonomisierung der Personalarbeit auch im Bereich der Anreizgestaltung und hier insbesondere in der Propagierung der Vorzüge variabler Entgeltfindung nieder. Ein konsequentes Beispiel eines entsprechend »innovativen« Vergütungssystems liefert der Mitarbeiteraktienindex »Max«. Jeder Mitarbeiter erhält einen Punktwert, der sich aus verschiedenen Leistungsgrößen zusammensetzt (Engagement bei Projekten, Pünktlichkeit, Fehlerquoten usw.) und regelmäßig aktualisiert wird. Die Punktvergabe basiert auf der Selbstbewertung der Mitarbeiter, die vom jeweiligen Vorgesetzten zu bestätigen ist. »Obwohl die individuellen Max-Werte nur den einzelnen Mitarbeitern bekannt sind und lediglich Team- und Unternehmensindizes veröffentlicht werden, tauschen sich die Mitarbeiter »rege« über ihre ganz persönliche Entwicklung aus. Sie wollen schon wissen wo sie im Team stehen. Das fache natürlich bei so manchem Kollegen den Ehrgeiz an und führe zu besseren Arbeitsergebnissen.« (Schulte 2007, 33) Das »sich vergleichen« ist ohnehin groß in Mode gekommen. Man denke nur an die Evaluierungswut und Bewertungsmanie, die sich überall findet, etwa auch in den Bereichen Kunst und Wissenschaft, deren »Produkte« hoch komplex sind und sich daher gar nicht auf ein eindimensionales Standardmaß bringen lassen, was der Diktatur von »Rankings« aber keinen Abbruch tut. Die Frage, warum ideologische Systeme so oft eine große Anhängerschaft und Durchschlagskraft gewinnen, verdient eine besondere Behandlung, die wir hier nicht vornehmen wollen. In unserem Abschnitt geht es um die allgemeinere Frage, wie es kommt, dass die Mitglieder eines Sozialsystems dauerhaft und immer wieder zu einer gemeinsamen Definition ihrer Wirklichkeit finden. Drei allgemeine Mechanismen, die hierbei eine bedeutsame Rolle spielen, verdienen es, besonders erwähnt zu werden: die Objektivierung, die Reifikation und die Standardisierung.

Der soziale Prozess der Objektivierung wird vom so genannten Thomas-Theorem beschrieben. Es stammt von William und Dorothy Thomas und besagt, dass immer dann, wenn Menschen etwas als wirklich definieren, dies (für sie) auch wirklich wird, bzw. genauer: wirkliche Konsequenzen nach sich zieht (Merton 1995). Salopp formuliert, wer an Hexen glaubt, der wird es auch mit Hexen zu tun bekommen. Es kommt also nicht so sehr auf die tatsächlichen Gegebenheiten an, als auf die Vorstellungen, die man sich davon macht. Wer glaubt, Ordnung und Fleiß zahlten sich früher oder später aus, wird Ordnung halten und fleißig arbeiten, wenn alle Kollegen meinen, es komme vor allem darauf an, sich gegenseitig auszustechen, werden sie Recht behalten usw. Auch die Reifikation ist eine Form der Objektivierung. Reifikation meint, dass man leicht vergisst, dass Begriffe, Konzepte und Ideen lediglich mentale Konstrukte sind und dass man sie stattdessen so behandelt, als ginge es dabei um Akteure mit Vorstellungen, Absichten und Gefühlen. Die Seele leidet, der Markt ist verunsichert, die Heimat ruft, der Sozialismus siegt, das Gewissen schläft usw. Hinter solchen Formulierungen stecken mitunter nur sprachliche Bequemlichkeit oder Gedankenlosigkeit, nicht selten kommt ihnen aber auch eine erhebliche ideologische Bedeutung zu. Ein Beispiel hierfür liefert die verbreitete Angewohnheit, den Zielen der Mitarbeiter die Ziele »des« Unternehmens gegenüberzustellen, so als seien die Mitarbeiter nicht ein konstitutiver Bestandteil des Unternehmens. Jedenfalls umgeht man mit dieser Rede die direkte Gegenüberstellung von Arbeitgeber- und Arbeitnehmerinteressen und suggeriert ein darüber stehendes Unternehmensinteresse. Die Standardisierung ist das Ergebnis kollektiver Einübung. Menschen begegnen einander, zumal in engen Gemeinschaften, immer wieder in typischen Handlungssituationen (am Arbeitsplatz etwa bei der Entgegennahme von Aufgaben, bei Besprechungen, in der Arbeitspause), man fragt nach Informationen, gibt Auskünfte, hilft sich gegenseitig usw. Die hierbei zum Zuge kommenden Verhaltensweisen sind stets die gleichen. Ob dabei alles seine Richtigkeit hat, merkt man ganz von selbst, nämlich daran, ob die Interaktionen gelingen, ob sich die Kollegen in ähnlichen Situationen ganz ähnlich verhalten und daran, was geschieht, wenn man z. B. »aus Versehen« ein »unangemessenes« Verhalten zeigt. Dadurch, dass das jeweilige Verhalten immer wieder ausgeführt und bestätigt wird, bekommt es den Charakter von Selbstverständlichkeiten, die man nicht hinterfragt, bezüglich derer man nicht einmal auf die Idee kommt, dass man sie hinterfragen könnte. Die pure Gewohnheit ist oft der wirkungsvollste Sozialisationsmechanismus. Daneben gibt es natürlich eine ganze Reihe weiterer Mechanismen, auf die wir hier nicht näher eingehen können. Sie werden, wie oben bereits ausgeführt, nicht nur in der engeren Sozialisationsforschung beschrieben, wertvolle Einsichten hierzu verdanken sich vielmehr vor allem Forschungsbemühungen zu Fragen der Identifikation, Legitimierung, Normierung und kollektiven Meinungsbildung.

Abschließend wollen wir noch darauf hinweisen, dass wir in diesem Abschnitt nur auf ausgewählte Aspekte des Sozialisationsphänomens eingehen konnten. Es ging uns im Wesentlichen darum zu zeigen, dass die konventionelle Sicht nur einen Teil der Sozialisationsproblematik ins Auge fasst. Die konventionelle Sicht versteht unter Sozialisation das Hineinwachsen von »Neulingen« in ein soziales System. Tatsächlich betrifft die Sozialisation aber alle Mitglieder eines sozialen Systems. Außerdem geht es bei der Sozialisation nicht nur darum, die bereits vorhandenen Werte und Normen zu übernehmen, die gegebenen Institutionen zu akzeptieren usw., sondern ganz zentral darum, die soziale Ordnung stets von Neuem zu definieren, also um einen Prozess, der einerseits zur Reproduktion der sozialen Ordnung beiträgt, andererseits aber zu deren Weiterentwicklung und Überwindung führen kann. Bezogen auf den einzelnen und insbesondere den neuen Mitarbeiter muss man diese Aussage allerdings stark relativieren. Gegen eine etablierte Sozialordnung kommt ein normales Organisationsmitglied nicht an. Entsprechen dessen Haltungen nicht den herrschenden Werten, Einstellungen und Überzeugungen kommt es allenfalls im Ausnahmefall und in kleinräumigen Verhältnissen zu einer Anpassung des Systems, viel wahrscheinlicher ist in diesem Fall eine Ausgrenzung des Abweichlers. Das so genannte ASA-Modell (Schneider 1987) beispielsweise, stellt denn auch ganz auf die Übermacht der vorfindlichen Gegebenheiten ab (vgl. Martin 2001, 126 ff.). Bereits beim Zugang zu einer Organisation findet eine Auslese statt und zwar sowohl auf Seiten der prospektiven Mitarbeiter, als auch auf Seiten der Arbeitgeber. Personen gehen bei der Stellensuche nicht wahllos auf irgendwelche Arbeitgeber zu, sondern fühlen sich vor allem von solchen Unternehmen angezogen, die ihren ganz persönlichen Vorstellungen und Neigungen entgegen kommen (»attraction«). Und die Arbeitgeber achten bei der Personalauswahl darauf, ob ein Bewerber als Person ins Unternehmen passt oder nicht (»selection«). Gestaltet sich die Zusammenarbeit dann trotz dieser Vorauslese als schwierig, kommt es zu Abstoßungsreaktionen und schließlich zur Trennung (»attrition«). Explizit sagt dieses Modell wenig über Sozialisationsprozesse.

Roberts (2006) nimmt daher eine Ergänzung vor. In seinem ASTMA-Modell finden sich neben den im ASA-Modell betrachteten zwei weitere Teilprozesse, nämlich die »transformation« der Mitarbeiter durch die Organisation und die »manipulation«, bei der es um die Einflussnahme der Mitarbeiter auf die Organisation geht. Als Beispiel für das Letztere nennt Roberts »evokatives« Verhalten, d. h. Verhalten, das geeignet ist, ein korrespondierendes Antwortverhalten der sozialen Umwelt zu provozieren. So werden die Mitarbeiter dem aggressiven Verhalten anderer Mitarbeiter ebenfalls mit Aggressionen begegnen, bis schließlich alle davon überzeugt sind, dass man sich in einer Organisation befindet, in der man sich am besten mit einem aggressiven Verhalten behauptet. Ein anderes Beispiel für die Veränderung der Organisation durch das Verhalten ihrer Mitglieder liefert der Vorgesetzte, der stets denselben Typus von Mitarbeitern einstellt und damit im Lauf der Zeit die Zusammensetzung der Belegschaft verändert. Und schließlich kann darauf hingewiesen werden, dass Organisationen nicht so starr sind, wie sie häufig beschrieben werden. So sind die konkreten Arbeitsinhalte oft einigermaßen unbestimmt, was den Mitarbeitern die Möglichkeit gibt durch eigenwillige Interpretation ihr Arbeitsumfeld in gewissem Umfang selbst zu gestalten (»job crafting«). Die Beispiele zeigen, dass es zwar möglich ist, dass das Verhalten einzelner Personen Organisationen verändert, dass sich deren Durchsetzungskraft aber doch eher in engen Grenzen hält. Jedenfalls dürfte sie wesentlich schwächer sein als umgekehrt der Einfluss der Organisation auf das Organisationsmitglied. Untergeordnete Bedeutung haben dabei allerdings so äußerliche Maßnahmen wie Einführungsprogramme, die Propagierung von Unternehmensleitlinien oder Trainingsmaßnahmen zur Vermittlung der Unternehmenskultur. Bedeutsame Veränderungen der Organisationsmitglieder (also die »Transformationen« im ASTMA-Modell) ergeben sich nicht durch Kommunikation und Belehrung, sondern durch das tagtägliche Handeln. Wer eine Praxis übernimmt, sich in ihren Bahnen bewegt, in den mit der Praxis verknüpften Begriffen denkt, für unerwünschte Handlungen bestraft, für angepasstes Verhalten dagegen belohnt wird, wird die eingeübte Praxis schließlich nicht mehr hinterfragen, sondern gutheißen. Doch sollte man sich auch bezüglich dieser Anpassungswirkungen vor Übertreibungen hüten. Erstens werden durch die betriebliche Sozialisation nämlich vor allem solche Eigenschaften einer Person verstärkt, für die diese ohnehin schon eine gewisse Prädisposition besitzt. Und zweitens sind sowohl die Reichweite als auch die Durchdringungstiefe der Sozialisationswirkungen begrenzt. Grundlegende Werthaltungen oder gar Bedürfnisse lassen sich nicht einfach ummodeln, zu Veränderungen und Anpassungen kommt es vielmehr nur bei relativ verhaltensnahen Dispositionen (Roberts 2006). Bezogen auf die Motivationssphäre wird es beispielsweise schwerlich gelingen, ein Fundamentalbedürfnis wie die Leistungsmotivation zu verändern, dagegen lässt sich die Bereitschaft zur Übernahme konkreter Leistungsziele durchaus beeinflussen. Und auch Persönlichkeitsmerkmale (»traits«) werden durch die betriebliche Sozialisation nicht verändert, Verhaltensweisen, die man als konkrete Manifestationen dieser Merkmale bezeichnen kann, dagegen durchaus. Als Beispiel sei der Persönlichkeitszug »Verträglichkeit« genannt, der (neben anderen Eigenschaften) als grundlegendes Wesensmerkmal einer Person gelten kann. Nicht jeder ist »von Natur aus« nett, hilfsbereit und vertrauensvoll und selten werden misstrauische, brüske und egoistische Personen sich die gegenteiligen, dem Mitmenschen eher zugewandten Dispositionen so ohne weiteres zu eigen machen können. Durchaus möglich ist es aber, dass auch weniger verträgliche Menschen Regeln des sozialen Umgangs, der Höflichkeit und des Anstands zu beachten lernen.

2   Theorie

2.1   Der Psychologische Vertrag

Der Begriff des »psychologischen Vertrages« taucht erstmals 1960 im Schrifttum auf. Ihm wurde anfangs nur wenig Beachtung geschenkt, mittlerweile ist er aber zu einem der am häufigsten verwendeten Begriffe in der Literatur zum Thema »Organizational Behaviour« avanciert. Dem Konzept des psychologischen Vertrages liegt die Überlegung zugrunde, dass die Beziehung zwischen Arbeitgeber und Arbeitnehmer nicht allein durch den formellen Vertrag, den diese miteinander schließen, bestimmt wird, sondern insbesondere auf die Erfahrungen gründet, die die Vertragsparteien miteinander machen und die darüber bestimmen wie das wechselseitige Verhältnis gesehen wird – wobei viele Aspekte zum Zuge kommen, die formell gar nicht geregelt sind und sich formell oft auch gar nicht regeln lassen. Aus den konkreten Interaktionen und Kommunikationen erwüchsen begründete Erwartungen, die, jedenfalls im Bewusstsein der Arbeitnehmer, Ansprüche fundieren, die vertraglichen Verhältnissen gleichkämen. Zur Stützung dieser Idee kann man geltend machen, dass die genauen Pflichten, die aus einem Arbeitsvertrag erwachsen, in aller Regel unbestimmt sind (was wäre beispielsweise eine »gewissenhafte« Aufgabenerfüllung?). Auch ist eine gewisse Unbestimmtheit der Regelungen schlichtweg erwünscht, weil der Versuch, alle Einzelheiten in einem Arbeitsverhältnis festlegen zu wollen, sehr rasch einen bürokratischen Infarkt auslösen würde. Und außerdem ist das Verhältnis zwischen den Arbeitsparteien viel zu vielschichtig, als dass es sich in formalen

Absprachen endgültig festlegen ließe, zumal sich das Verhältnis nicht ausschließlich durch die Arbeitsverrichtungen bestimmen lässt, an denen der Arbeitgeber Interesse hat. Nach einer verbreiteten Auffassung soll der Arbeitgeber beispielsweise nicht nur den vereinbarten Arbeitslohn entrichten, sondern auch respektvoll mit seinen Mitarbeiten umgehen, diese über die betrieblichen Angelegenheiten informieren, ihnen Gestaltungsspielräume eröffnen, die berufliche Entwicklung fördern usw. Allein schon die genaue Artikulation dieser und ähnlicher Erwartungen bereitet aber oft große Schwierigkeiten und entsprechend natürlich auch deren vertragliche Absicherung. Außerdem haben die einzelnen Mitarbeiter diesbezüglich nicht selten sehr unterschiedliche Vorstellungen. Zusammengefasst: Arbeitsverträge sind unvollständig und unbestimmt und daher auf die Auslegung der Arbeitsparteien angewiesen, womit natürlich ein erhebliches subjektives Element ins Spiel kommt. Tatsächlich ist es nicht so sehr der formelle Arbeitsvertrag, sondern vor allem das subjektive (oder wenn man so will: psychologische) Moment seiner Interpretation, auf das es ankommt. Und bei dieser Interpretation geht es nicht allein um den Wortlaut eines formalen Vertragstextes, sondern auch und vor allem um die Deutung des gemeinten Sinns der Handlungen des Vertragspartners, um Aufschluss über dessen Vorstellungen, Absichten und Bewertungen. Als Grundlage zu diesen Einschätzungen dienen sowohl das Wort – hierzu zählen bedachte ebenso wie unbedachte Äußerungen, explizite, aber insbesondere implizite Versprechungen – als auch die Tat, also Beobachtungen des Arbeitgeberverhaltens gegenüber einem selbst und gegenüber den Kollegen: Welche Vergünstigungen werden einem gewährt, werden sie allen und immer schon gewährt, wie geht das Unternehmen in Krisenzeiten mit seinen Mitarbeitern um, werden die eigenen Leistungen wahrgenommen und geschätzt, welche Mitarbeiter werden besonders gefördert und warum, wie interpretieren die Kollegen und Vorgesetzten das Arbeitsverhalten und die Betriebspolitik? Diese und die dazu korrespondierenden Fragen auf Arbeitgeberseite (zum beruflichen Engagement der Mitarbeiter, deren Karriereabsichten, Anspruchshaltungen usw.) lassen sich selten eindeutig beantworten. Dennoch bilden sie die Grundlage für das Bild, das sich die Arbeitsparteien über die Natur ihrer wechselseitigen Beziehungen machen. Aber heißt das nun, dass Arbeitgeber und Arbeitnehmer neben dem juristisch verbindlichen Vertrag nun auch noch einen psychologischen Vertrag schließen? Ein Vertrag setzt schließlich eine wie immer geartete Einigung voraus, subjektive Vorstellungen, Erwartungen und Hoffnungen schaffen ja noch keine Verpflichtungen. Tatsächlich ist der Begriff des psychologischen Vertrags alles andere als klar und man muss sich fragen, ob er sich als theoretisch fruchtbar erweist oder ob er lediglich als mehr oder weniger brauchbare Metapher gelten kann. Um diese Frage zu beantworten, muss man sich mit den verschiedenen Dimensionen beschäftigen, die dem Begriff des psychologischen Vertrages innewohnen, was wir daher im Folgenden auch tun wollen. Daran anschließend beschäftigen wir uns mit verschiedenen Mechanismen des sozialen Tausches und zwar deswegen, weil die Kategorie des sozialen Tausches die »eigentliche« theoretische Grundlage der Literatur zum psychologischen Vertrag ist. Anschließend werden wir noch auf die Beziehung zwischen dem Vertragskonzept und dem Sozialisationsphänomen eingehen.

Begriffskomponenten

Die wohl am häufigsten zitierte und verwendete Definition des psychologischen Vertrages stammt von Denise Rousseau. Danach konstituiert sich ein psychologischer Vertrag aus den »… individual beliefs, shaped by the organization, regarding the terms of an exchange agreement between individuals and their organization.« (Rousseau 1995, 9) Diese Begriffsfassung ist etwas erstaunlich, weil man es bei einem Vertrag ja immer mit mindestens zwei Vertragspartnern zu tun hat und die angeführte Definition lediglich auf die Überzeugungen der Mitarbeiterseite abstellt. Selbstverständlich ist es eine wichtige Frage, welche Überzeugungen ein Mitarbeiter im Hinblick auf sein Arbeitsverhältnis hat, aber sie zielt eben nur auf die eine Seite im zweiseitigen Vertragsverhältnis zwischen Arbeitgebern und Arbeitnehmern. Wir kommen im Folgenden auf dieses Problem zurück. Ganz generell muss man feststellen, dass man es bei der Beschäftigung mit dem Konstrukt des psychologischen Vertrages leider mit vielen begrifflichen Problemen zu tun hat, worauf wir deshalb etwas eingehen müssen.

Kollektivvertrag oder individueller Vertrag?

Die oben angeführte Definition von Rousseau stellt darauf ab, dass jeder einzelne Mitarbeiter seine ganz eigenen Vorstellungen über das Verhältnis zu seinem Arbeitgeber entwickelt. Im Extremfall führt dies dazu, dass kein (psychologischer) Arbeitsvertrag einem anderen gleicht. Daraus ergibt sich eine offenbar etwas konfuse Erkenntnislage. Wenn jedes einzelne Arbeitsverhältnis gesondert zu betrachten ist, muss man fragen, ob sich dann überhaupt noch allgemeine Aussagen zum Arbeitgeber-Arbeitnehmer-Verhältnis machen lassen. Näher betrachtet ergeben sich aus der individualistischen Definition von Rousseau aber keine Probleme für eine allgemeine Analyse. Erstens gibt es neben den Unterschieden zweifellos auch Gemeinsamkeiten in den Auffassungen der Arbeitnehmer. Und zweitens sind die individuellen Auffassungen in aller Regel sehr stark von »kollektiven Definitionen« bestimmt, also von allgemein geltenden Auffassungen und Überzeugungen, die daher auch gebührende Beachtung verdienen. Außerdem macht es drittens Sinn zu fragen, ob es nicht innerhalb bestimmter Mitarbeitergruppen (z. B. bei Vertriebsmitarbeitern, Entwicklern, Controllern, Leiharbeitnehmern usw.) charakteristische Vorstellungen im Hinblick auf einen angemessenen psychologischen Vertrag gibt. Ähnliches gilt natürlich ebenso, wenn man die andere Vertragsseite, also die Arbeitgeber betrachtet, auch hier wird man für bestimmte Unternehmenstypen (z. B. im Handwerk, bei jungen Unternehmen, in großen Bürokratien usw.) jeweils ganz charakteristische Vorstellungen über den psychologischen Vertrag finden.

Erwartung oder Verpflichtung?

Die Rousseausche Definition stellt auf die »Überzeugungen« der Organisationsmitglieder ab. In anderen Definitionen wird auf explizite und implizite »Erwartungen«

abgestellt (vgl. z. B. Schein 1965), verschiedene Autoren sprechen gar von »Vertrags-erwartungen« (Taylor/Tekleab 2004, 258). Erwartungen allein machen aber keinen Vertrag, zumal Erwartungen ja sehr selektiv und sehr voreingenommen sein oder sich auch auf gänzlich nebensächliche und irrelevante Dinge richten können. Zu einem Vertrag gehört eine Verpflichtung, also das Versprechen, eine bestimmte Leistung zu erbringen oder (allgemeiner) darauf, ein bestimmtes Verhalten zu zeigen. Erwartungen, die sich auf diese Versprechen richten, nennt man am besten »normative Erwartungen« (Rousseau 2001) und kommt damit dem, was den Kern von Verträgen ausmacht, um einiges näher. Allerdings spricht man, um den Kern von Verträgen zu kennzeichnen, besser gleich von »Verpflichtungen« und der damit implizierten Erwartung, dass diese auch eingehalten werden.

Einseitige oder wechselseitige Verpflichtungen?

Womit gleich ein weiterer Punkt ins Spiel kommt, nämlich die Wechselseitigkeit. Zwar gibt es auch einseitige Verpflichtungen (z. B. aufgrund von gesetzlichen Vorgaben oder ethischen Ansprüchen). In diesem Fall spricht man aber nicht vom Vorliegen von Verträgen. Ein Vertrag zielt auf eine Übereinkunft und bezieht damit immer die Ver-pflichtungen beider Vertragspartner mit ein. Daraus folgt allerdings nicht, dass die wechselseitigen Verpflichtungen »ausgeglichen« sein müssen, es gibt durchaus unge-rechte und unmoralische Verträge. Impliziert ist allerdings, dass einseitige Erklärungen (oder gar nur Vorstellungen) nicht genügen, um einen Vertrag zu begründen; begriffs-notwendig gehört zu einem Vertrag die wechselseitige Anerkennung der Verspre-chungen und Ansprüche.

Internalisierte oder kalkulierte Verpflichtung?

Die Motivation, die jemanden zu einem Vertragsabschluss bewegt und die die Ausfül-lung des Vertrages trägt, kann durchaus unterschiedlich sein. Ein Vertragspartner mit einer strikt opportunistischen Haltung wird die Vereinbarungen sehr eng und einseitig in seinem Sinne auslegen. Ein Vertragspartner mit einer eher kooperativen Haltung wird mit Ungenauigkeiten und Mehrdeutigkeiten der Vereinbarungen dagegen vorsichtiger umgehen und immer auch das wechselseitige Interesse im Auge behalten. Im Idealfall geht es ihm nicht nur um den unmittelbaren Vertragszweck, sondern um Gegensei-tigkeit, um ein »gelebtes« Verständnis wechselseitiger Verantwortlichkeiten. Von be-sonderem Interesse ist natürlich, ob das diesbezügliche Verständnis der Vertragspartner übereinstimmt – und ob dieses *übergeordnete Verständnis* nicht eigentlich auch zu einem psychologischen Vertrag gehört. Es ist zu bezweifeln, dass ein soziales Verhältnis, das nicht auch diese Ebene der Beziehung umfasst, stabil sein kann, denn zu einem echten Vertragsverhältnis gehört, dass man die eingegangenen Verpflichtungen ernst nimmt und bei der Auslegung der Vereinbarungen nicht nur den Buchstaben, sondern den gemeinten Sinn im Auge hat.

Verteilte oder ganzheitliche Beitragserwartung?

Mit dieser letzten Feststellung eng verknüpft ist die Frage nach dem Umfang der Vertragsinhalte und nach der zeitlichen Perspektive der Leistungserbringung. Bei einem Vertrag denkt man ja an den Austausch von Leistungen, die beschrieben, genauer spezifiziert, versprochen, erstellt, erbracht, übergeben, geprüft und beurteilt sowie gegebenenfalls ergänzt und verbessert werden. In einem Arbeitsverhältnis wird diese Ereigniskette nicht nur einmal, sondern immer wieder neu durchlaufen, wobei der Bezug der einzelnen Ereignisse untereinander häufig wechselt und nicht selten auch verlorengeht. So werden Arbeitshandlungen abgebrochen oder zugunsten anderer Aktivitäten zurückgestellt, die Beurteilung der Leistung bezieht sich nicht nur auf die zuletzt erbrachte, sondern auch auf weit zurückliegende Leistungen, außerdem ist oft nicht klar, wann ein bestimmter Leistungsprozess als abgeschlossen gelten kann und welchen Teilleistungen ein besonderes Gewicht zukommt. Selbst die Frage, worin die zu erbringenden Leistungen genau bestehen sollen, lässt sich häufig nicht ohne Weiteres beantworten. Entsprechend kommt es bei der Betrachtung der Vertragsleistungen sehr auf die richtige Interpunktion der Geschehnisse an und zwar sowohl in sachlicher aber auch in zeitlicher Hinsicht. Man kann diesbezüglich ein sehr enges Verständnis haben, also ständig und detailliert alle Aspekte der Leistungserbringung beobachten und daraufhin das Arbeitsverhältnis immer wieder neu für sich definieren oder aber eher eine großzügige und ganzheitliche Betrachtung vornehmen, das Arbeitsverhältnis also nicht ständig und grundsätzlich in Frage stellen.

Erosion oder Neuverhandlung?

Arbeitsbeziehungen verändern sich, das ist unvermeidlich. Es ändern sich Überzeugungen, Einstellungen, Erfahrungen, Ansprüche, Kollegen, Vorgesetzte, Arbeitsbedingungen, personalpolitische Maßnahmen usw. Damit stellt sich die Frage nach Veränderungen in der Beurteilung und Bewertung der Arbeitsbeziehung. Handelt es sich dabei um einen kontinuierlichen, eher unbewusst ablaufenden Prozess oder um einen Prozess, der sehr bewusst erfolgt und von ständigen Neuadjustierungen geprägt ist? Und wie mühsam ist dieser Prozess, führt er eher zu einer Verbesserung oder einer Verschlechterung, zu einer Vertiefung oder zu einer Aushöhlung, zu einer grundsätzlichen Veränderung oder zu einer Verstetigung der Arbeitsbeziehung?

Starke oder schwache Übereinkunft?

Nicht jede Übereinkunft ist eine starke Übereinkunft. Das Spektrum reicht hier von einer Bemühenszusage bis zum Treueschwur. Und nicht jeder Teil einer Vereinbarung hat das gleiche Gewicht. Weder steht man unerschütterlich hinter jedem Versprechen noch erwartet man von seinem Partner immer und in allen Punkten unverbrüchliche Vertragstreue. Je nachdem als wie bindend man selbst eine Übereinkunft empfindet und je nachdem wie man die Verpflichtung des Partners einschätzt, befindet man sich in ganz unterschiedlichen psychologischen Situationen. Entsprechend wird man auch ganz unterschiedlich auf mögliche »Vertragsverstöße« reagieren.

Bestimmte oder unbestimmte Verträge?

In einem Arbeitsverhältnis geht es nicht um einmalige Transaktionen, sondern um einen kontinuierlichen Austausch von Leistungen. Im juristischen Arbeitsvertrag werden u. a. die Arbeitsinhalte, die Vergütung und Sonderleistungen vereinbart. Außerdem enthält der Arbeitsvertrag Regelungen zur Arbeitszeit und zur Kündigung. Der Arbeitsvertrag ist gewissermaßen die Geschäftsgrundlage für die Leistungserbringung des Arbeitnehmers – wobei von gesetzlicher Seite bestimmte Rahmenpflichten definiert sind, etwa die Fürsorgepflicht des Arbeitgebers, die diesem u. a. aufträgt, für die Arbeitssicherheit seiner Mitarbeiter zu sorgen und die Treuepflicht des Arbeitnehmers, die diesen z. B. zur Verschwiegenheit verpflichtet. Bezogen auf die zu erbringenden Leistungen bestehen aber ganz bewusst keine ganz konkreten Festlegungen, diesbezüglich greift das so genannte Direktionsrecht des Arbeitgebers. Der Arbeitnehmer gesteht – in bestimmten Grenzen – dem Arbeitgeber Verfügungsgewalt über seine Arbeitskraft zu, was im Arbeitsrecht ausdrücklich gewollt ist, wie die folgende Formulierung aus der Gewerbeordnung zeigt: »Der Arbeitgeber kann Inhalt, Ort und Zeit der Arbeitsleistung nach billigem Ermessen näher bestimmen, soweit diese Arbeitsbedingungen nicht durch den Arbeitsvertrag, Bestimmungen einer Betriebsvereinbarung, eines anwendbaren Tarifvertrages oder gesetzliche Vorschriften festgelegt sind. Dies gilt auch hinsichtlich der Ordnung und des Verhaltens der Arbeitnehmer im Betrieb.« (§ 106 Gewerbeordnung) Ohne das Direktionsrecht verliert ein festes Arbeitsverhältnis für einen Unternehmer seinen Sinn, denn ohne dieses Recht, könnte er die gewünschten Arbeitsleistungen gleich je nach schwankendem Bedarf z. B. über Werkverträge einkaufen (Simon 1951). Das Arbeitsverhältnis ist aus diesem Grund immer auch ein hierarchisches Verhältnis (Folger 2004). Das wird in aller Regel von den Arbeitnehmern akzeptiert und ist, ganz unabhängig von der juristischen Seite, damit auch Bestandteil ihres psychologischen Vertrags – was aber natürlich nicht heißt, dass man den Anweisungen der Betriebshierarchie bedingungslos Folge leistet und sie auch immer als bindend anerkennt.

Formale oder reale Vertragspartner?

Wer sind eigentlich die Vertragspartner? Aus rechtlicher Sicht ist die Antwort klar. Arbeitsverträge werden zwischen dem »Beschäftiger« und den einzelnen Beschäftigten geschlossen. Der Beschäftiger ist in der Privatwirtschaft ein Unternehmen, also z. B. die »Anlagenbau Gebrüder Schulze KG« oder die »Spedition Intertrans GmbH«. Der Beschäftigte hat es in diesen Fällen vertraglich gesehen also nicht mit natürlichen, sondern mit juristischen Personen zu tun. Aber kann man zu einem unpersönlichen Vertragspartner, zu einer »Firma«, eine psychologische Beziehung aufbauen und an wen richten sich hierbei die informellen Ansprüche und Erwartungen? In kleinen, überschaubaren

Unternehmen ist die Sachlage weniger kompliziert, weil man zu den Chefs oft einen unmittelbaren Kontakt und damit einen benennbaren Adressaten für die eigenen Erwartungen besitzt. Im Falle von größeren Unternehmen stellt sich die Sache aber ganz anders dar. Mit dem Vorstand kommen gewöhnliche Mitarbeiter nur selten zusammen und sie werden ihm gegenüber daher auch kaum persönlich über ihre Erfahrungen im Unternehmen berichten, darüber, welche positiven Gefühle und welche Enttäuschungen sich damit verbinden. Auch wird man vom Chef eines großen Unternehmens kaum erwarten, dass er sich klare Vorstellungen über den Arbeitsalltag jedes einzelnen Mitarbeiters macht. Was man dem Vorstand allenfalls vorhalten wird, sind unerwartete und willkürliche Veränderungen in der Personalpolitik, also z. B. das Ausscheren aus Tarifvereinbarungen, die Verschleierung von wichtigen Informationen oder die Forcierung einer zunehmenden Arbeitsverdichtung. Aber auch das gilt nur bedingt, weil die Personalpolitik nicht einzig dem Diktat der Geschäftsführung folgt, sondern Gegenstand vielfältiger mikropolitischer Bestrebungen sehr unterschiedlicher Akteure ist.

Als natürliche Bezugsperson für einen psychologischen Vertrag bietet sich der unmittelbare Vorgesetzte an. Doch auch dies gilt nur in einem eingeschränkten Sinn. Denn schließlich kann der Vorgesetzte nicht voraussetzungslos als Repräsentant eines Unternehmens gelten, zumal er auf vieles, was das Personalgeschehen prägt, gar keinen Einfluss hat. So bliebe als Adressat von Vertragserwartungen und Vertragszuschreibungen denn doch wieder nur das Unternehmen als Ganzes, so unbestimmt dieser Adressat auch sein mag. Und in der Tat übernehmen Personen oft diese wenig konturierte Perspektive. Wenn z. B. unzufriedene Mitarbeiter sagen, sie seien enttäuscht, weil »man« ihnen fälschlicherweise suggeriert habe, es eröffneten sich in ihrem Arbeitsverhältnis vielfältige Entwicklungsmöglichkeiten, weil »man«, anders als erwartet und versprochen, kaum eigenständig arbeiten könne oder dass die Arbeitsbedingungen sich zunehmend verschlechtert haben und die Kollegialität deutlichen Schaden gelitten habe, dann ist es oft keine konkrete Person und keine konkrete betriebliche Instanz, auf die man sich mit seinen Vorwürfen bezieht. Es geht dabei oft auch gar nicht um konkrete Versprechungen, sondern um ein allgemeines und unbestimmtes Unbehagen mit der Arbeitssituation. In diesem Fall stößt die Vertragsbetrachtung an enge Grenzen, denn die Frage ist in diesem Fall gar nicht: »Wurde ich getäuscht, wurden mir falsche Versprechungen gemacht?«, sondern: »Habe ich mich getäuscht, ist die Arbeit nichts für mich?« Dabei stehen diese beiden Fragen gar nicht in einem schroffen Gegensatz. Es verhält sich eher wie bei einer Kippfigur, bei der der Blick ganz unverhofft einmal das eine oder das andere Bild fixiert. Man beurteilt die Situation also einmal aus der Perspektive des eigenen Handelns und das andere Mal aus der Beziehungsperspektive und der Frage nach dem korrekten oder unkorrekten Unternehmensverhalten. Logisch gesehen bleibt diese letzte Frage jedenfalls prekär. So mag es zwar psychologisch nachvollziehbar sein, wenn jemand einem künstlichen Gebilde wie einem Unternehmen Motive und Handlungsabsichten zuschreibt, vernünftig ist das aber nicht. Ein Unternehmen hat schließlich keine Gefühle und auch keinen Verstand und keine Moral. Es wäre also einigermaßen töricht, von einer Gleichartigkeit der Vertragspartner auszugehen. Die Sache ist einigermaßen komplex. Unternehmen oder allgemeiner Organisationen besitzen ja nicht wirklich eine eigenständige Existenz. Sie sind keine lebendigen

Entitäten mit eigenen Absichten, sondern bestimmen sich ausschließlich durch die Handlungen der sie tragenden menschlichen Akteure, die sich entschlossen haben, ihre Ressourcen zusammenzulegen um aus dem gemeinsamen Handeln einen Vorteil zu ziehen (Coleman 1979).

Letztlich ist es also die Gemeinschaft dieser Akteure (Eigentümer, Geldgeber, Geschäftsführung, Personalleitung, Arbeitnehmervertreter, die Mitarbeiter in den unterschiedlichsten Betriebsteilen, Funktionen und Arbeitsverhältnissen, Fremdfirmen, Lie-

Tab. 3.2: Begriffliche Teilaspekte des Konstrukts »Psychologischer Vertrag«

Erwartung **Herr Schmidt (HS):** Betriebstreue wird belohnt. **Firma Intertrans (FI):** Es zählt die bessere Leistung.	*Verpflichtung* **Herr Schmidt (HS):** Der Arbeitgeberzuschuss zur Zusatzrente folgt der Lohnentwicklung. **Firma Intertrans (FI):** Der Arbeitgeberzuschuss folgt der Gewinnentwicklung.
Individualvertrag **HS:** Nach der Neuorganisation des Lagers werde ich nicht versetzt. **FI:** Bei Versetzungen wird die besondere familiäre Situation von HS berücksichtigt.	*Kollektivvertrag* **HS:** Wer sich hier bewährt hat, auf dessen Meinung wird hier auch Wert gelegt. **FI:** Kompetente Mitarbeiter dürfen mitreden.
Einseitige (unterstellte) Verpflichtung **HS:** Die Firma kümmert sich um eine verlässliche Arbeitszeitplanung. **FI:** Mitarbeiter müssen zeitlich flexibel einsetzbar sein.	*Wechselseitige (unterstellte) Verpflichtung* **HS:** Mehrarbeit wird erledigt, der Einsatz ist angemessen zu honorieren. **FI:** Anfallende Mehrarbeit ist durch Auszeiten auszugleichen.
Internalisierte Verpflichtung **HS:** Für Ordnung, Sauberkeit und Sicherheit am Arbeitsplatz bin ich selbst verantwortlich. **FI:** Arbeitsunfälle sind unbedingt zu vermeiden, es gelten hohe Sicherheitsstandards.	*Kalkulierte Verpflichtung* **HS:** Wöchentlich mache ich die Lagerstatistik nur, wenn der Chef darauf besteht. **FI:** Jahresboni gibt es nur, wenn keine überhöhten Löhne durchgesetzt werden.
Verteilte Beitragserwartung **HS:** Für die erfolgreiche Umstellung des Lagersystems verdiene ich eine Sonderprämie. **FI:** Nach den Unregelmäßigkeiten der Systemumstellung, muss der Betrieb reibungslos laufen.	*Gesamthafte Beitragserwartung* **HS:** Meine vielen freiwilligen Ämter sichern mir besondere Wertschätzung. **FI:** Jemand, der hier jahrelang einen sicheren Arbeitsplatz hatte, sollte sich mit uns identifizieren.
Flüchtigkeit des Vertrags **HS:** Dem neuen Chef muss ich detailliert über alle Ereignisse Bericht erstatten. **FI:** Die Mitarbeiter engagieren sich für das neue Aktionsprogramm 4P.	*Dauerhaftigkeit des Vertrags* **HS:** Wer hier anfängt, kann auf lebenslange Beschäftigung rechnen. **FI:** Unsere Firma bewahrt sein Renommee als sozial verantwortlicher Arbeitgeber.

Tab. 3.2: Begriffliche Teilaspekte des Konstrukts »Psychologischer Vertrag« – Fortsetzung

Starke Übereinkunft **HS:** Ich bin als Nachfolger meines Chefs vorgesehen. **FI:** Herr Schmidt übernimmt die Verantwortung für die Aussonderung der Altbestände.	*Schwache Übereinkunft* **HS:** Um die Altbestände kümmere ich mich, wenn ich Zeit dafür habe. **FI:** Herr Schmidt wird bei der Neubesetzung des Chefpostens in die engere Wahl gezogen.
Bestimmtheit der Vereinbarungen **HS:** Die Ausgabe von Ersatzteilen geschieht einzig durch mich. **FI:** Interne Informationen werden in keinem Fall an Dritte weitergegeben.	*Unbestimmtheit der Vereinbarungen* **HS:** Ich habe einen sozial orientierten Arbeitgeber. **FI:** Unsere Mitarbeiter verhalten sich loyal.
Formale Vertragspartner **HS:** In unserer Firma kann man sagen, was man denkt. **FI:** Führungsleitlinie Kommunikation: »Wir kommunizieren offen und klar.«	*Reale Vertragspartner* **HS:** Die Leute in der Personalabteilung sind hilfsbereit und geben umfassend Auskunft. **FI:** Die Vorgesetzten vertrauen ihren Leuten im Hinblick auf Pünktlichkeit und Sorgfalt.

feranten, Kunden, staatliche Einrichtungen usw.), die in ihrem Zusammenwirken, durch explizite und implizite Verhandlungen, durch Abstimmungshandlungen sowie durch ihre Kommunikationen und Interaktionen die Bedingungen der Beschäftigung immer wieder neu bestimmen. In diesem Geflecht wechselseitiger Bezogenheiten und Abhängigkeiten verantwortliche psychologische Vertragspartner eindeutig bestimmen zu wollen, gestaltet sich alles andere als einfach, zumal die Bezugspersonen oder potentiellen Vertragspartner selbst (z. B. aufgrund von Reorganisationen und Personalfluktuationen) nicht immer die gleichen bleiben.

Zusammenfassung: Begriffliche Ungenauigkeit oder Begriffsvielfalt?

In Tabelle 3.2 sind die angeführten Begriffsfacetten, die bei der Beschreibung des psychologischen Aspekts des Arbeitsvertrags häufig Verwendung finden, nochmals aufgeführt und beispielhaft erläutert. Wie man sieht, gestaltet sich das Verhältnis zwischen Arbeitgebern und Arbeitnehmern aus psychologischer Sicht einigermaßen vielschichtig. Und man muss zusätzlich bedenken, dass die Verwendung eines Begriffs stark kontextabhängig ist. So mögen die Vorstellungen der Arbeitsparteien rein äußerlich oft ähnlich sein, bei näherer Betrachtung zeigen sich aber nicht selten auch Ungenauigkeiten, Bedeutungsverschiebungen und Widersprüche. Wenn man mit denselben Begriffen hantiert (z. B. der Betriebstreue), kann man doch ganz Verschiedenes damit meinen. Außerdem kann das, was für die eine Seite ein unbestimmtes Versprechen ist, für die andere Seite eine selbstverständliche Verpflichtung sein. Und schließlich muss man immer den Einzelfall betrachten, was kollektiv verbürgt scheint, kann dem einzelnen Mitarbeiter durchaus gleichgültig erscheinen und umgekehrt.

Vertragsbruch

Besondere Aufmerksamkeit widmet die Literatur zum psychologischen Vertrag dem Vertragsbruch, und zwar insbesondere dem Vertragsbruch durch den Arbeitgeber – aus Sicht der Arbeitnehmer. Interesse finden nicht zuletzt die Wirkungen des Vertragsbruchs auf Variablen, die zum »Standardrepertoire« der Organizational Behaviour Forschung gehören, also insbesondere auf die Arbeitszufriedenheit, die Bleibemotivation und das Leistungsverhalten. Tatsächlich und wenig überraschend finden sich denn auch die vermuteten negativen Zusammenhänge (Zhao u. a. 2007). Nun ist »Vertragsbruch« ein einigermaßen starkes Wort. Dass man Versprechen nicht immer einhalten kann, dass die Leistungen nicht ganz dem entsprechen, was man sich vielleicht erhofft hat, dass man über dieses oder jenes Verhalten des Partners enttäuscht ist, reicht dies aus, um von einem Vertragsbruch zu sprechen? Jedenfalls ist nicht von vornherein klar, ab wann kleinere oder größere Verstöße gegen Vereinbarungen (zumal wenn diese nicht deutlich ausformuliert sind und wenn diese nur auf impliziten Unterstellungen beruhen) wirklich als Vertragsbruch gelten, als »Bruch« der dazu führt, dass man sich selbst nicht mehr an die eigenen Versprechungen gebunden fühlt. Nach der Auffassung von Schein (1965) zum Beispiel, werden Mitarbeiter nur dann von einem Vertragsbruch sprechen, wenn mit der Missachtung der Vertragsvereinbarungen eine Beeinträchtigung ihres Selbstverständnisses verbunden ist. Falls dies so sein sollte, reduzierte sich die Zahl der Fälle, in denen man sinnvollerweise von einem Vertragsbruch spricht, ganz erheblich. Neben dem Begriff des (psychologischen) »Vertragsbruchs« wird auch der Begriff der (psychologischen) »Vertragsverletzung« gebraucht. Mit letzterem soll die Wahrnehmung eines (gravierenden) Verstoßes gegen die Vereinbarung oder das Versprechen bezeichnet werden, der Begriff des Bruchs soll dagegen zur Bezeichnung der emotionalen Reaktion auf die Vertragsverletzung dienen (vgl. Morrison/Robinson 1997). Letztlich geht es bei dieser begrifflichen Bestimmung darum, zwischen der kognitiven und der emotionalen Seite zu differenzieren was »logisch« ja durchaus sinnvoll ist, aber nicht darüber hinweg täuschen kann, dass die beiden Seiten »eigentlich« untrennbar miteinander verbunden sind, denn wenn es zu einem gravierenden Verstoß gegen die Vertragsvereinbarungen kommt, dann wird die emotionale Reaktion nicht auf sich warten lassen. Es scheint sinnvoll, einfach dem Alltagssprachgebrauch zu folgen, wonach eine Vertragsverletzung mehr oder weniger bedeutsam sein kann und im schlimmeren Falle eben als Vertragsbruch gewertet wird.

In Abbildung 3.6 findet sich eine kleine Liste von Faktoren, die bei der Wahrnehmung von (psychologischen) Vertragsverletzungen eine Rolle spielen. Zunächst muss die Vertragsverletzung natürlich erst einmal wahrgenommen werden. Die Chance dafür steigt, wenn sich die Aufmerksamkeit auf mögliche Unstimmigkeiten richtet. Wenn der Vorgesetzte immer sehr auf Pünktlichkeit achtet, wird er die chronische Unpünktlichkeit eines Mitarbeiters natürlich eher bemerken als wenn er sich damit nicht aufhält. Und umgekehrt wird man als Mitarbeiter die fehlende Förderung durch den Vorgesetzten eher dann bemerken, wenn die Kollegen ständig davon berichten, wie großzügig ihnen ihr Vorgesetzter den Zugang zu interessanten Weiterbildungsveranstaltungen eröffnet. Mitunter kommt es auch ohne dass man dem Arbeitgeber gleich einen bösen Willen unterstellen muss, zu Irritationen. Als Beispiel kann der Verkäufer angeführt werden, in dessen Verkaufsbezirk wegen des Umzugs wichtiger Stammkunden die Umsätze und damit seine Provisionen wegbrechen. Hier können Ausgleichhandlungen helfen, der Arbeitgeber könnte z. B. die umsatzbezogene Vergütung anpassen oder durch Neuzuteilung zu einem attraktiveren Verkaufsbezirk die alte Situation wiederherstellen. Eine ganz entscheidende Bedeutung haben Gerechtigkeitserwägungen. Werden zum Beispiel zu Budgetkürzungen erwogen, dann sollten diese nicht willkürlich erfolgen. Profitieren bestimmte Bereiche von Umverteilungen des Budgets, dann muss das nachvollziehbar sein. Eine wesentliche Voraussetzung hierfür ist Transparenz, an der es oft mangelt. Und auch die nachgelieferten Begründungen erzeugen oft mehr Unmut als Beruhigung. Besser ist es, die Betroffenen frühzeitig von der Sachlage, die zu den Kürzungen oder Umverteilungen führt, zu informieren und gemeinsam nach Lösungen zu suchen. Von wesentlicher Bedeutung für die Interpretation von Vertragsverletzungen ist der soziale Kontext und hier insbesondere die Qualität der bereits bestehenden Beziehung. In einer guten Beziehung lassen sich Vertragsverletzungen abpuffern, in einer bereits beschädigten Beziehung erscheinen Vertragsverletzungen gravierender als sie sind. Nicht zu vergessen ist natürlich auch das Ausmaß der Vertragsverletzung (im Schaubild ist das nicht extra aufgeführt): Kleinere Verstöße werden seltener wahrgenommen und weniger negativ bewertet und sie haben auch nicht dieselben drastischen Folgen wie größere Verstöße. Tatsächlich kommt es nach Vertragsverletzungen nicht immer gleich zur Aufkündigung des Vertrags, also zu einem Verlassen des Unternehmens oder zur inneren Kündigung. Vertragliche Unstimmigkeiten können auch Widerspruch hervorrufen, d. h. die Mitarbeiter veranlassen, ihre Interessen zu artikulieren und auf Verbesserung zu drängen – oder sich zu fügen, weil man möglicherweise die Notwendigkeit einer Neuausrichtung des Vertrags vielleicht sogar einsieht.

Zu welcher Reaktion es aufgrund der Vertragsverletzung kommt, wird nicht zuletzt davon bestimmt, wie sich andere Personen in ähnlichen Situationen verhalten (▶ **Abb. 3.6**), also davon, ob es Vorbilder gibt, an denen man sich orientieren kann. Von Bedeutung ist natürlich auch die Frage, wie wertvoll die Beziehung jenseits der konkreten Vertragsverletzungen für den Betroffenen ist und ob es überhaupt attraktive Alternativen zum bisherigen Arbeitgeber gibt. Und schließlich kommt es nicht nur bei der Wahrnehmung einer Vertragsverletzung, sondern auch bei der Frage, wie man mit der Vertragsverletzung umgeht, ganz maßgeblich auf die Qualität der Beziehung an.

Eine stärker ausdifferenzierte Betrachtung findet man bei Morrison und Robinson (2004). Die beiden Autorinnen unterscheiden drei Phasen. In der ersten Phase geht es um die Feststellung, ob die Versprechungen der Gegenseite eingehalten wurden und in der zweiten Phase darum, ob deswegen schon von Vertragsverletzungen gesprochen werden kann und in der dritten Phase schließlich (wie oben bereits erwähnt) um die emotionale Reaktion auf die Vertragsverletzung. Hält sich der Vertragspartner nicht an alle Versprechungen, dann wird man ihm also noch keine gravierenden Vertragsverletzungen unterstellen oder vorwerfen. Insbesondere Personen mit einem hohen Selbstbewusstsein sind diesbezüglich zurückhaltender und auch in einer auf Gegenseitigkeit ausgerichteten »relationalen« Beziehung wird man Verletzungen eher tolerieren als in einer auf strikten Austausch bezogenen »transaktionalen« Beziehung. Weitere

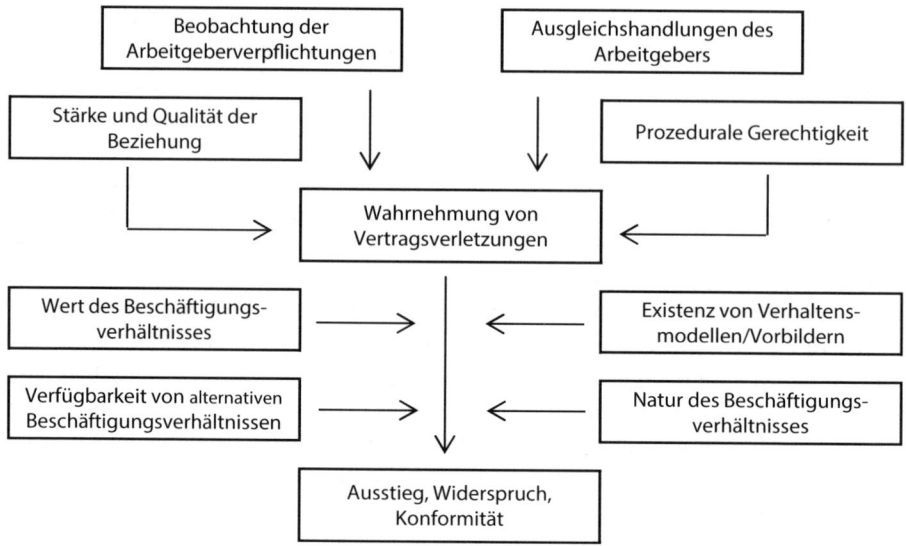

Abb. 3.6: Wahrnehmung und Folgen der Verletzung des psychologischen Vertrags (vereinfacht nach Rousseau 1995)

Faktoren, die in dieser Beurteilung eine Rolle spielen, sind Machtunterschiede, die Stimmung und die Empfindlichkeit gegenüber Ungerechtigkeiten. Eine wahrgenommene Vertragsverletzung muss – so Morrison und Robinson – nicht unbedingt zu heftigen emotionalen Reaktionen (Ärger, Frustration, Verbitterung) und den damit verknüpften Verhaltenstendenzen führen. Ob es dazu kommt, bestimmt sich wiederum nach der Qualität der Beziehung, dem herrschenden Vertrauen und natürlich auch nach der Stärke und den Folgen der Vertragsverletzung.

Nach Rousseau kommt es, wie beschrieben, nicht so sehr auf die objektive Situation, sondern vor allem auf deren subjektive Interpretation an. »Bei einem Versprechen geht es nicht darum, was der Versprechende meint, sondern darum, was der Empfänger des Versprechens glaubt.« (Rousseau 1995, S. 16). Ob diesbezüglich eine wechselseitige Einigkeit besteht, bleibt offen. Aber das ist natürlich eine interessante Frage, schließlich ist es doch wichtig zu wissen, wie es gegebenenfalls zu einer unterschiedlichen Einschätzung der Vertragssituation und der Vertragswirklichkeit durch die beteiligten Parteien kommt. Nach Morrison und Robinson (2004) ist es sinnvoll, den möglichen Dissens bezüglich der Verpflichtungen und Auffassungsunterschiede im Hinblick auf die Erfüllung der Verpflichtungen auseinanderzuhalten, weil beide Aspekte der Nichtübereinstimmung von unterschiedlichen Faktoren bestimmt werden. Beim ersten Punkt geht es um die Frage, wie es dazu kommen kann, dass die Vertragsparteien die (psychologisch definierten) vertraglichen Verpflichtungen nicht selten ganz unterschiedlich wahrnehmen. Eine wichtige Ursache hierfür liegt in den voneinander abweichenden kognitiven Schemata, die die Parteien bei ihren Beurteilungen der Beziehung und der Vertragssituation benutzen. Als Arbeitgeber erwartet man bei der Personaleinsatzplanung vielleicht doch etwas mehr Flexibilität der Arbeitnehmer als mancher Kollege einzusehen in der Lage ist. Außerdem wird nicht jeder Arbeitgeber einsehen wollen, dass aus der freiwilligen Gewährung von Sozialleistungen Mitarbeiter auch schon gleich ein Anrecht darauf ableiten. Eine weitere Ursache für die Entstehung von Auffassungsunterschieden ergibt sich aus dem Wandel der Verhältnisse. Die Geschäftsführung wechselt, ebenso die Zusammensetzung der Belegschaft, es kommt zu betrieblichen Veränderungen, neuen Zuständigkeiten, Zusammenlegungen und zu Änderungen in den Aufgaben. Die wechselseitigen Ansprüche bleiben davon nicht unberührt, sie verlieren ihre Symmetrie oder passen einfach nicht mehr zur veränderten Situation. Divergierende Vorstellungen über den psychologischen Vertrag ergeben sich also insbesondere in einem dynamischen Umfeld. Eine ebenso große Rolle spielt die Komplexität der Arbeitgeber-Arbeitnehmer-Beziehung. Wenn man es mit einer sehr heterogenen Belegschaft zu tun hat, mit sehr unterschiedlichen Aufgabeninhalten und Aufgabenzuschnitten, mit vielen Ansprech-partnern und unterschiedlichen Ebenen, auf denen über die Arbeitsverhältnisse ver-handelt wird, dann wird sich der Konsens über die Relevanz und die Berechtigung von Ansprüchen in Grenzen halten. Umgekehrt ist es natürlich positiv, wenn die Kommu-nikation stimmt, wenn man also im Gespräch bleibt. Doch selbst durch eine ausführliche und offene Kommunikation lassen sich Missverständnisse und Unverständnis nicht völlig beseitigen. Sie kann sogar zu einer Entfremdung beitragen, zumal dann, wenn die Vorteile, die informale Vereinbarungen ja bieten (sie lassen Interpretationsspielräume, sie sparen Konflikte aus, tragen zur Gesichtswahrung bei usw.) zerredet oder gar durch formale Festlegungen ersetzt werden, wodurch sie im Übrigen und definitionsgemäß aus der Sphäre des *psychologischen* Vertrags herausfallen. Wie oben bereits erwähnt, kann es nicht nur Unstimmigkeiten im Hinblick auf die Inhalte und die Interpretation des psychologischen Vertrags geben, sondern auch im Hinblick auf die Beurteilung der Vertragserfüllung. Eine wichtige Rolle kommt dabei (so Morrison und Robinson) sozialen Vergleichsprozessen und Wahrnehmungsverzerrungen zu. Arbeitgeber und Arbeitnehmer orientieren sich nur bedingt an denselben Bezugspersonen, Präzedenzfäl-len und Beispielen, entsprechend beurteilen sie die Geschehnisse im eigenen Unterneh-men oft in einem anderen Licht. Außerdem neigen Menschen dazu, ihr Handeln in einem selbstwertdienlichen Sinne zu interpretieren. Welche Seite nun genug im Sinne des Vertrag geleistet hat, kann also durchaus strittig sein.

Tausch und Verpflichtung

Die theoretischen und empirischen Studien zum psychologischen Vertrag rekurrieren in ihrem Kern auf tauschtheoretischen Überlegungen. Ein psychologischer Vertrag ist »… die Wahrnehmung einer Tausch-Übereinkunft …« (Rousseau 1998, 665). Entsprechend macht es Sinn, zur Erklärung der Phänomene, die die Literatur zum psychologischen Vertrag im Auge hat, tauschtheoretisch fundierte Mechanismen zu betrachten. Wobei zu beachten ist, dass es verschiedene Merkmale und Arten von Tauschbeziehungen gibt. Eine grundlegende Differenzierung geht auf Peter Blau (1964) zurück. Er unterscheidet zwischen dem ökonomischen Tausch auf der einen und dem sozialen Tausch auf der anderen Seite. Während beim ökonomischen Tausch die Tauschgüter klar spezifiziert und Leistungen und Gegenleistungen genau verrechnet werden, geht es beim sozialen Tausch um unspezifische Verpflichtungen, um »... favors that create diffuse future obligations, not precisely specified ones, and the nature of the return cannot be bargained about but must be left to the discretion of the one who makes it.« (Blau 1964, 93) Dominiert in einer Arbeitsbeziehung der ökonomische Tausch, dann ist davon auszugehen, dass sich die Arbeitspartner »fremd« bleiben und dass sich die Arbeitsbeziehung auf beiden Seiten auf selbstbezogenes Zweckhandeln reduziert. Dominiert der soziale Tausch, dann werden die Arbeitsparteien bereit sein, Vorleistungen zu erbringen, die nicht unmittelbar und zeitnah entgolten werden müssen. Die personalpolitischen Maßnahmen des Arbeitgebers werden entsprechend auf die »Einbindung« der Arbeitnehmer in die Organisation gerichtet sein, auf Identifikation und Partizipation. Aber so einfach ist es natürlich nicht durchgängig. Zum ersten stellt sich eine durch das soziale Miteinander geprägte Tauschbeziehung nicht von selbst ein und zum zweiten lässt sie sich nicht einfach anordnen oder durch das Bereitstellen von Tauschangeboten technokratisch installieren. Die Qualität einer (Arbeits-)Beziehung ergibt sich aus den täglichen Erfahrungen und daraus, wie man das Handeln der »Gegenseite« interpretiert, ob man es überhaupt bewusst zur Kenntnis nimmt, ihm irgendeine besondere Bedeutung zuweist und es als glaubwürdig empfindet. Auch lässt sich nicht alles miteinander verrechnen und gegenseitig aufrechnen. Auf beide Punkte, die möglichen Tauschgegenstände und die aus dem Tausch entstehenden Verpflichtungen sei noch etwas näher eingegangen.

Kommensurabilität

Gegenstand einer Arbeitsbeziehung sind sowohl tangible als auch intangible Güter. Bei den tangiblen Gütern, die ein Arbeitgeber seinen Mitarbeitern zukommen lässt, denkt man natürlich zunächst an die ökonomischen Vorteile, um derentwillen man überhaupt eine Tätigkeit aufnimmt, also z. B. an ein gutes Gehalt, an Arbeitsplatzsicherheit und Karriereaussichten. Mindestens ebenso wichtig sind aber auch intangible Güter wie die einem vom Arbeitgeber entgegengebrachte Wertschätzung, die Übertragung von Verantwortung oder die Gewährung von Handlungsautonomie. Umgekehrt erhofft sich ein Arbeitgeber neben Arbeitstugenden wie Pünktlichkeit und Gewissenhaftigkeit nicht zuletzt handfeste Leistungen und die Bereitschaft, sich im Bedarfsfalle in besonderem Maße zu engagieren, also z. B. auch unangenehme Arbeiten zu übernehmen und Überstunden zu machen. Weniger greifbar, aber nicht minder bedeutsam, ist es für den Arbeitgeber, dass seine Arbeitnehmer über ihren Tellerrand blicken und die größeren Zusammenhänge, in denen ihre Arbeit eingebettet ist, mit bedenken (manchmal wird das aber auch gerade nicht gewünscht), dass sie sich loyal verhalten und zu einem positiven Bild ihres Arbeitgebers in der Öffentlichkeit beitragen. Interessant ist die Frage nach der Konvertibilität der Tauschgüter, also der Möglichkeit, unterschiedliche Güterarten miteinander zu verrechnen und als äquivalente Leistungen gelten zu lassen. Auf der zwischenmenschlichen Ebene gelingt das nur bedingt. So lässt sich Zuneigung nicht durch Geld erkaufen und persönliche Wertschätzung erwirbt man sich nicht durch Geschenke. Damit verschiedene Güterarten als Tauschäquivalente fungieren können, müssen sie eine psychologische Nähe aufweisen. Wer einem anderen Menschen hilft (das heißt, tatkräftig unter die Arme greift), demonstriert persönliche Zuwendung und kann daher auch mit Dank und Zuneigung rechnen. Wer sein überlegenes Wissen weitergibt, verdient Anerkennung und Prestige. Wenn man ein »Sachgeschenk« macht, dann wird dies normalerweise ebenfalls materiell (durch Geld oder Güter) erwidert (Foa/ Foa 1976). Und in Arbeitgeber-Arbeitnehmerbeziehungen dürften ganz ähnliche Beschränkungen vorliegen. Möglicherweise ist jemand bereit, seine Gesundheit für ein hohes Gehalt zu ruinieren oder seine Arbeitszeit beliebig auszuweiten, weil seine betriebliche Position mit einem hohen Status einhergeht. Es ist aber nur schwer vorstellbar, dass man für die Unterbringung eines seiner Kinder im Betriebskindergarten freudig bereit ist, unbezahlte Überstunden abzuleisten oder dafür, dass man einen netten Vorgesetzten hat, auf sein Weihnachtsgeld verzichtet. Wie sich die Beurteilung der Tauschverhältnisse in den verschiedenen Wirtschaftsbereichen und in verschiedenen Beschäftigungsverhältnissen konkret darstellen, ist letztlich eine empirische Frage. Unabhängig davon wird man wohl den folgenden Bemerkungen zustimmen können: »If we take the example of perceived organizational support, this concept includes employee judgments of how their performance is appraised, whether their pay is fair, whether the organization cares about their wellbeing, and promotional opportunities covering most if not all of the six separate resources as outlined by Foa and Foa [love, information, money, goods, status, service; A.M./S.BF.]. If the idea of proximity is to have value, the boundaries of the resources to be exchanged need to be defined more narrowly. Otherwise, it amounts to little more than stating that »a wide variety of things will be exchanged for a wide variety of things.« (Coyle-Shapiro/Conway 2004, 20) Die Bedeutung dieser Überlegungen für den psychologischen Vertrag dürfte unmittelbar einleuchten: Nicht alles, womit man in Vorleistung geht (sei es als Arbeitgeber oder als Arbeitnehmer), stößt beim Gegenüber auf die unterstellte Anerkennung. Und die Missverständnisse vermehren sich, wenn die Parteien ihre Beziehung mit unterschiedlichen »Codes« betrachten, wenn also beispielsweise ein Arbeitgeber für seine hohen Lohnleistungen ein besonderes Engagement seiner Mitarbeiter erwartet, diese sich dagegen um ihre Arbeitsplatzsicherheit sorgen und daher den zahlreichen Reorganisationsprojekten des Unternehmens Widerstand entgegensetzen.

Reziprozität

Reziprozität ist *der* elementare Grundbaustein jeder echten Kooperation (Matiaske 1999, s. a. Mauss 1968 und Sahlins 1981). Das gilt nicht nur für den unmittelbaren Austausch von Gütern und Leistungen, sondern ganz allgemein für alle auf Dauer angelegten sozialen Beziehungen und zwar einfach deswegen, weil auch diese immer in nicht unbeträchtlichem Maße auf die wechselseitige Leistungserbringung angewiesen sind. Reziprozität ist daher nicht zufällig ein soziales Erfordernis, dessen Nichtbeachtung in allen Gesellschaften und sozialen Verhältnissen auf Missbilligung stößt. Mit der Geltung der sich aus Erwartungen zur Vorschrift herausbildenden Reziprozitätsnorm hat sich Alvin Gouldner in einem bemerkenswerten Aufsatz beschäftigt. Er zitiert Cicero mit dem Satz: »There is no duty more indispensable than that of returning a kindness, all men distrust one forgetful of a benefit.« (Gouldner 1960, 61) Die Reziprozitätsnorm ist – wie andere fundamentale soziale Normen auch – keine seelenlose Vorschrift, die man lediglich aus äußeren Gründen beachtet. Wer einseitig eine »Gabe« erhält, wird also nicht nur deswegen bemüht sein, sie zu vergelten, weil er befürchten muss, sonst »schief angesehen« zu werden. Vielmehr löst eine unausgeglichene Schuld bei den meisten Menschen auch ein psychisches Missbehagen aus, das auf Beseitigung drängt und zwar ganz unabhängig davon, ob das eigene (stattfindende oder unterbleibende) Reziprozitätsverhalten Dritten nun bekannt wird oder nicht. Selbstverständlich gilt diese Aussage nicht unbeschränkt. Nicht alle Gaben werden gleichermaßen geschätzt, manche uneingeforderte Gabe oder manches Geschenk empfindet man als überflüssig, verfehlt oder gar beleidigend. Auch kann einem eine zu großes Gabe Pein bereiten, z. B. weil man sie nicht erwidern kann oder will, z. B. weil man sich vereinnahmt oder sich zu einer Reaktion gedrängt fühlt, hinter der man nicht steht. Gaben und Geschenke haben eben nicht nur einen Gebrauchswert, sondern auch einen Symbolwert, der einem nicht immer behagt. Ungeachtet dieser Vorbehalte kann man wohl dennoch mit Gouldner feststellen, dass die Stärke der empfundenen Verpflichtung, die Gabe zu erwidern, vom Wert der Gabe für den Empfänger abhängt. Die Wertschätzung der Gabe wiederum ergibt sich nicht zufällig, sondern unter Berücksichtigung bestimmter Eigenschaften und Verhaltensweisen des Gebers wie auch des Empfängers und aufgrund der Besonderheiten der Austauschsituation.

Der Wert der Gabe bestimmt sich z. B. nach der Freiwilligkeit. Ist der Geber mehr oder weniger streng zu der in Frage stehenden Leistung verpflichtet, sei es rechtlich, sei es aus Gewohnheit oder sei es, weil andere Akteure in einer ähnlichen Position dasselbe Verhalten zeigen, dann vermindert sich die Reziprozitätsverpflichtung. Die regulären, etwa in Tarifverträgen festgeschriebenen Leistungen des Arbeitgebers vermögen danach keine besonderen Reziprozitätsimpulse auszulösen, sie gelten durch die üblichen Arbeitsleistungen der Arbeitnehmer als abgegolten. Freiwillige Zusatzleistungen können dagegen (unter bestimmten Umständen) die Verpflichtung auf eine angemessene, ausgleichende Gegenleistung induzieren und damit zu einer erhöhten Arbeitsmotivation beitragen – ein Gedanke der dem so genannten »gift exchange« Ansatz (Akerlof 1982) zugrunde liegt.

In Abbildung 3.7 sind einige weitere Einflussgrößen auf die Verpflichtung auf Gegenseitigkeit. Neben der Freiwilligkeit (dem Nicht-Verpflichtetsein) spielt die Motivlage des Gebers eine wichtige Rolle. Nützt die Gabe auch dem Geber, schenkt dieser aus Berechnung oder dient sie ihm gar nur dazu, den Empfänger zu instrumentalisieren, dann entwertet das ebenfalls die gute Tat und kann sogar Abwehrreaktionen veranlassen. Ist die Hilfeleistung dagegen Ausdruck einer besonderen Wertschätzung, ist sie großzügig und ohne Vorbehalt, dann wird man ihr einen großen Wert beimessen. Außerdem ist die Bedürfnislage des Empfängers von einiger Bedeutung. Ist man auf die Leistung, die Unterstützung, das Gut, das Geld, sehr angewiesen, dann wird man diese

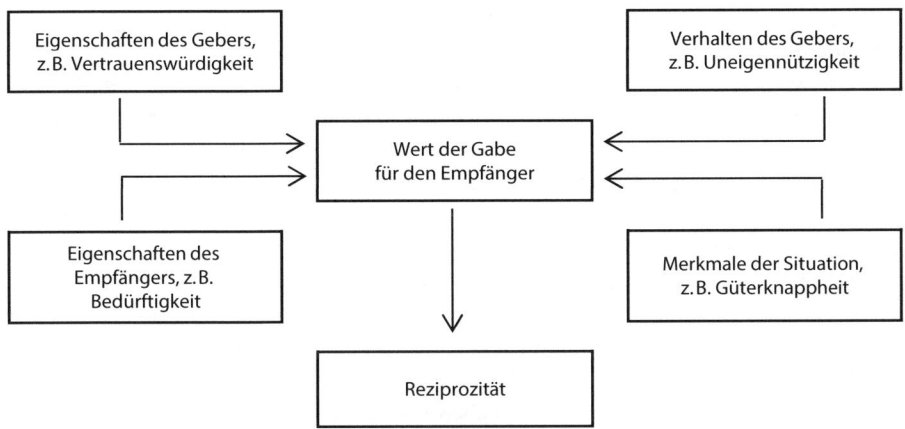

Abb. 3.7: Determinanten der wahrgenommenen Reziprozitätsverpflichtung in Anlehnung an Gouldner (1960) und Greenberg (1980)

Gaben natürlich besonders schätzen. Wenn man aber ohnehin schon in der Schuld des Gebers steht, wird eine weitere Gabe möglicherweise auch als Bürde erlebt.

Wie bei anderen Handlungstendenzen auch: das Verpflichtungsgefühl, das Unbehagen, das einen veranlassen sollte, eine Gabe zu erwidern, führt nicht immer auch zu der entsprechenden Handlung. Man kann die freundliche Tat eines anderen ja auch umdeuten, seine Bedeutung kleinreden, man kann seine Gegenleistung aufschieben, die »Schuld« verdrängen, eine Sonderregel für das eigene Antwortverhalten finden usw. Ob es daher tatsächlich zu einer reziproken Erwiderung der empfangenen Leistung kommt, ist also offen. Eine Hilfeleistung sieht man später vielleicht als gar nichts Besonderes mehr an, man muss sie dann nicht als echte und uneigennützige Unterstützung auffassen und also gar nicht reagieren. Auch die Frage, ob das eigene und das fremde Verhalten von Dritten beobachtet werden kann, wird die Reziprozitätsentscheidung beeinflussen, ebenso wie die Frage, ob man mit dem Geber auch in der Zukunft noch etwas zu tun hat und ob sich überhaupt eine Gelegenheit für eine Gegenleistung auftut (Greenberg 1980).

Im Konzept des psychologischen Vertrages wird die Geltung der Reziprozitätsnorm wie selbstverständlich unterstellt. Wer jahrelang seine Pflicht getan hat, erwartet Dankbarkeit, wer mehr als andere bereit ist, Zusatzaufgaben zu übernehmen, erwartet hierfür eine Anerkennung, wer manches günstige Stellenangebot ausgeschlagen hat, nur um seiner Firma die Treue zu bewahren, geht davon aus, dass ihn persönlich eventuelle Stellenkürzungen nicht treffen werden usw. Aus Sicht des Mitarbeiters sollten sich Uneigennützigkeit, Freiwilligkeit und besondere Einsatzbereitschaft also »auszahlen«. Der Arbeitgeber sollte sich erkenntlich zeigen, z. B. durch Großzügigkeit, Wertschätzung und die Gewährleistung der Arbeitsplatzsicherheit. Umgekehrt werden die »Wohltaten« des Arbeitgebers normalerweise durchaus ebenfalls gewürdigt, allerdings unter dem Vorbehalt, dass sie etwas Besonderes sind. Wenn beispielsweise alle anderen Arbeitgeber ebenfalls ein Weihnachtsgeld zahlen, dann fällt das kaum noch ins Gewicht. Etwas Besonderes sind sie dann, wenn sie aus einem Gefühl der Gemeinschaftlichkeit heraus gewährt werden (wenn sie also nicht durch harte Auseinandersetzungen durch Gewerkschaften und Betriebsräte ertrotzt sind) und wenn man erkennen kann, dass sie für den Arbeitgeber mit besonderen Anstrengungen verknüpft sind (wenn die Leistungen also nicht aus einer überheblichen Generosität heraus, etwa wie Almosen verteilt werden). Ein Vertrag hat zwei Partner, entsprechend sind analoge Überlegungen auch auf der Arbeitgeberseite zu erwarten, jedenfalls sofern sich – z. B. in kleineren Betrieben – ein persönlicher Arbeitgeber identifizieren lässt. Ein Unternehmer, der sich beispielsweise seine Sozialleistungen etwas kosten lässt, der seinen Mitarbeitern gute Löhne zahlt und sie am erzielten Gewinn ordentlich beteiligt, erwartet wohl ebenfalls, dass dies von der Gegenseite honoriert wird. Auch der Arbeitgeber achtet darauf, ob seine Mitarbeiter eine rein instrumentelle Orientierung haben oder ob sie sich mehr oder weniger uneigennützig für das Unternehmen einsetzen, mitdenken, Opfer bringen usw. Dass die Vorstellungen davon, welche Leistungen und Gegenleistungen billigerweise zu erwarten sind, nicht immer übereinstimmen, sollte niemanden überraschen. Ohne einen grundsätzlichen Konsens in dieser Frage, macht die Rede von einem psychologischen Vertrag kaum Sinn. Dass es aufgezwungene »einseitige« Verträge (bzw. asymmetrische Tauschbeziehungen, Voswinkel 2005) im Arbeitsverhältnis gibt, kann natürlich nicht geleugnet werden. Üblicherweise unterstellt man, jedenfalls beim psychologischen Vertrag, aber eine gewisse Gleichberechtigung der Vertragspartner. Doch dies mag eine Fiktion sein, die den klaren Blick auf die Psychologie informaler Vertragsbeziehungen eher verdeckt als erhellt.

Vertrag und Sozialisation

Wie in der Einleitung zum vorliegenden Kapitel bereits beschrieben wurde, versteht man unter betrieblicher Sozialisation (in einem engeren Sinne) den Prozess der Übernahme der in einer Organisation geltenden Vorstellungen, Werte, Normen und Rollen, der es den Organisationsmitgliedern ermöglicht, am organisationalen Geschehen teilzunehmen (van Maanen/Schein 1979). Wie ebenfalls bereits beschrieben, ist die Sozialisation allerdings kein einseitiger, sondern ein zweiseitiger Prozess, *beide* Parteien müssen sich auf eine gemeinsame Arbeitsgrundlage »einigen«. Welche Leistungen vom Mitglied einer Organisation in legitimer Weise erwartet werden können, welche Gegenleistungen die Organisation zu erbringen hat, um diese Fragen geht es sowohl in Sozialisationsprozessen als auch in den Vereinbarungen des psychologischen Vertrages. Offenbar gibt es also eine enge logische (?) Verbindung zwischen diesen beiden Begriffen. Weder die Sozialisation noch die Verständigung, auf der ein psychologischer Vertrag beruht, sind Gegenstände expliziter Vereinbarungen. Über die damit verknüpften Erwartungen und Verpflichtungen wird nicht offen verhandelt, sie bilden sich vielmehr in wechselseitigen Anpassungsprozessen heraus. Große Bedeutung kommt dabei den stillen Signalen zu, die die Arbeitsparteien (bewusst oder unbewusst, gezielt oder zufällig) aussenden, den Anreizen, die sie gewähren ebenso wie den Beiträgen, die sie leisten und ebenso den

Reaktionen der Gegenpartei auf die Angebote und Leistungen, also darauf, ob diese überhaupt wahrgenommen, geduldet, ignoriert, belohnt oder bestraft werden. Eine große Bedeutung besitzt die Beobachtung der alltäglichen betrieblichen Praxis, der Inszenierung und Umsetzung personalpolitischer Grundsätze, der Verhaltensweisen und Einstellungen der Kollegen und Vorgesetzten.

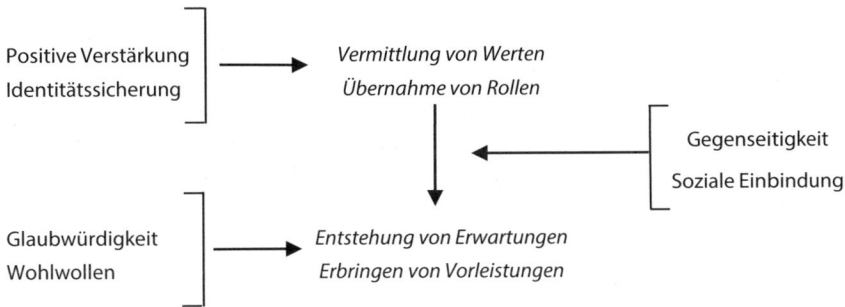

Abb. 3.8: Determinanten der Sozialisation und Determinanten der psychologischen Vertragsbildung (in Anlehnung an Bartscher-Finzer/Martin 2003)

Trotz der im Grunde ähnlichen Prozesse gibt es verschiedene Determinanten, die zum einen für die Sozialisation und zum anderen für die Vertragsbildung eine besondere Bedeutung haben (▶ **Abb. 3.8**). Bei der Sozialisation geht es um die Herausbildung von Werthaltungen und um die Einübung in Rollenzusammenhänge. Wirkungsmächtig sind diesbezüglich zuallererst die unmittelbaren Erfahrungen. Es sind das konkrete Erleben, die Belohnung der »richtigen« Auffassungen und die Bestätigung, sich »richtig« zu verhalten, die die Eingliederung in die Organisation und die Aufnahme in den Kreis der Kollegen und Vorgesetzten nachhaltig beeinflussen. Ebenso wichtig ist die Übereinstimmung zwischen dem Selbstbild und den »Zumutungen«, denen man sich in dem zunächst ja neuen und fremden sozialen Umfeld ausgesetzt sieht. Beim psychologischen Vertrag geht es zwar ebenfalls um Werte und Rollen, primär aber um Erwartungen über das voraussichtliche Verhalten des Vertragspartners und um die Vorleistungen, die man (in der Hoffnung auf entsprechende Honorierung) zu bringen bereit ist. Diesbezüglich kommt es vor allem auf Vertrauen an, Vertrauen wiederum hängt ganz wesentlich von der Glaubwürdigkeit des Partners und vom Wohlwollen ab, den dieser einem entgegenbringt (vgl. z. B. Mayer/Davis/Schoorman 1995).

Eine gelungene Sozialisation bietet naturgemäß die besten Voraussetzungen für die Einigung auf einen psychologischen Vertrag. Wer die in einem Unternehmen geltenden Werthaltungen verinnerlicht hat und wer die ihm zugewiesene Position akzeptiert und ausfüllt, wird eher die Erwartungen entwickeln und die Leistungen erbringen, die sich der Arbeitgeber wünscht als jemand, der gänzlich andere Werthaltungen mitbringt und sich auch mit seiner betrieblichen Position nicht arrangieren kann. Der sozialen Integration kommt hierbei eine moderierende Rolle zu. Eine gelungene Sozialisation wird sich insbesondere dann auch positiv auf die Herausbildung eines tragfähigen psychologischen Vertrages auswirken, wenn die Beziehung zwischen dem Arbeitgeber und dem

Arbeitnehmer auf Gegenseitigkeit beruht und wenn der Arbeitnehmer sich im Unternehmen aufgenommen fühlt, wenn er ihm also nicht fremd gegenübersteht.

Die Bedeutung, die der Einbettung des Organisationsmitglieds in sein soziales Umfeld für die psychologische Vertragsbildung zukommt, kann kaum überschätzt werden. Die im engeren und weiteren sozialen Bezugsfeld einer Organisation existierenden Werthaltungen, die jeweils geltenden Normen und die gemeinsamen Überzeugungen definieren und begrenzen den Sinnhorizont, innerhalb dessen das Betriebsgeschehen sich überhaupt nur verstehen lässt. Entsprechend ist auch die individuelle Bestimmungsleistung, die bei der Ausarbeitung des psychologischen Vertrages zum Zuge kommt, ganz maßgeblich von der sozialen Ordnung (oder um auch hier einen juristischen Begriff zu gebrauchen: der Sozialverfassung) bestimmt, die sich allenfalls kollektiv und nur über längere Entwicklungsperioden hin ändern lässt. Oder etwas anders ausgedrückt: Dem psychologischen Vertrag ist unvermeidlich und damit immer ein sozialer Vertrag vorgelagert (Bartscher-Finzer/Martin 2003).

Beurteilung

Ist der »Psychologische Vertrag« ein wissenschaftlich brauchbares Konstrukt? Dies wäre dann der Fall, wenn Menschen in der Gestaltung ihrer sozialen Beziehungen in Vertragskategorien dächten und wenn sie ihre sozialen Übereinkünfte analog zu einem juristischen Vertrag gestalteten. Das kann man aber aus guten Gründen bestreiten. Selbst die Autoren, die sich des Begriffs des psychologischen Vertrages bedienen, scheinen am Vertragsmäßigen des psychologischen Vertrags Zweifel zu haben. Jedenfalls fällt auf, dass in entsprechenden Abhandlungen und schon gar in empirischen Untersuchungen wesentliche Elemente des Vertragsbegriffs ausgeblendet werden. Es wird oft nur eine Seite der Vertragsparteien betrachtet (in aller Regel die Arbeitnehmerseite) und damit nur deren Erwartungen und Enttäuschungen sowie die von ihr unterstellten (!) Verpflichtungen, einseitigen Wahrnehmungen und Interpretationen. Um nicht missverstanden zu werden, die genannten Konzepte sind allesamt wichtige Verhaltensgrößen, aber um diese in eine Verhaltensanalyse einzubeziehen, braucht man den Vertragsbegriff überhaupt nicht. Das wesentliche Element eines Vertrags ist das wechselseitig bestätigte Versprechen. Um die Natur des Vertrags zu verstehen, muss man daher auch immer beide Vertragspartner und den gemeinten Sinn ihrer Vereinbarung betrachten. Letzteres gilt selbst in einem engen juristischen Vertragsverständnis. Entgegen einer verbreiteten Auffassung geht es nämlich auch dort nicht um den Buchstaben einer (mündlichen oder schriftlichen) Abmachung, also nicht um den bloß geäußerten, sondern um den gemeinten Willen und auch nicht um den Willen aus einseitiger Sicht (§ 133 BGB), sondern um den gemeinsamen Willen (§157 BGB). Besteht ein Dissens, dann ist ein Vertrag überhaupt nicht zustande gekommen. Diese Regelung umfasst auch den versteckten Dissens, es sei denn, man hätte den Vertrag selbst dann geschlossen, wenn man den jeweiligen Dissens erkannt hätte (§§ 154, 155 BGB).

Hilfreich zur Beurteilung des (psychologischen) Vertragskonzepts ist es, sich zu überlegen, warum jemand überhaupt einen Vertrag schließt. Ein wichtiger Grund hierfür ist die Beseitigung von Unsicherheiten. Da die Zukunft ungewiss und das Verhalten eines potentiellen Partners nicht vorhersehbar ist, verspricht man sich gegenseitig, die jeweils gewünschten Leistungen und Gegenleistungen auch zu erbringen. Man schafft damit ein einklagbares Recht, aber nur dann, wenn es eine dritte (unabhängige) Stelle gibt, die einen möglichen Vertragsbruch bestätigen und die Verletzung der Vertragseinhaltung auch sanktionieren kann, also z. B. Schadenersatz anordnet, falls der benachteiligte Vertragspartner einen entsprechenden Schaden glaubhaft macht. Das gilt natürlich auch für Arbeitsverträge. Aber gilt dies auch für psychologische »Verträge«? Welche Instanz kann vorderhand unverbindliche Erwartungen oder unausgesprochene Versprechen als bindend definieren und wer sollte die Erfüllung dieser Erwartungen oder Versprechen garantieren? Dass eine Arbeitsbeziehung beschädigt ist, wenn sich Erwartungen nicht erfüllen, wenn Versprechungen nicht eingehalten werden, wird man kaum bezweifeln können. Aber genügt es da nicht einfach von einer schlechten Beziehungsqualität zu sprechen, muss man hierzu die Metapher des Vertragsbruchs bemühen?

Ein weiterer Punkt: Wie oben beschrieben, ist Unbestimmtheit ein wesentliches Charakteristikum eines Arbeitsvertrags. Möglicherweise begründet sich die Psychologie des psychologischen Vertrags im Versuch, diese Unbestimmtheit zu schließen. Man kann sogar in der psychologischen Ausdeutung des Vertragsverhältnisses den strategisch motivierten Versuch sehen, das Vertragsverhältnis zu seinen Gunsten näher zu bestimmen. Es ist allerdings zu bezweifeln, dass solche Manöver die Zustimmung des Partners finden und damit Bestandteil eines wirklichen Vertrags sein können. Festgehalten sei, wenn man den Vertragsbegriff ernst nehmen will, dann kann es beim psychologischen ebenso wie beim juristischen Vertrag nicht um mehr oder weniger unverbindliche »Erwartung«, sondern nur um ernstgemeinte und wechselseitig bestätigte »Verpflichtung« gehen. Es reicht nicht aus, dass einer der Partner seine Auffassung über die Natur des Versprechens plausibel findet und sie – für sich – hinreichend begründen kann, entscheidend ist vielmehr, ob er davon ausgehen kann, dass auch der andere Partner seine Auffassung teilt. Nicht wenn A meint, B habe seine Vertragsansprüche bestätigt, erst wenn darüber hinaus klar ist, dass B weiß, dass A meint, B habe seine Vertragsansprüche bestätigt und dem nicht widerspricht, wird ein echter Vertrag begründet. Beim psychologischen Vertrag sind das alles Vorgänge, die unterhalb einer offenen diskursiven Aushandlung ablaufen. Es geht dabei um ein stilles Einverständnis. Andernfalls, wenn also explizit über die Vertragsbedingungen verhandelt wird, sollte man auch unbekümmert von einem Tauschhandel sprechen, der sich auf die Bedingungen des Arbeitsverhältnisses bezieht. Es geht dann nicht mehr um psychologische Deutungen und Bedeutungen, sondern um Vereinbarungen, die in einem gewissen Sinne vertragsähnlichen Charakter annehmen, auch wenn sie juristisch nicht immer einklagbar sein dürften.

Ein großes Problem mit dem Konstrukt des »Psychologischen Vertrages« ergibt sich aus seiner Anfälligkeit für ideologische Rhetorik. Ein Beispiel liefert die Rede von der Geltung des so genannten »neuen« psychologischen Vertrags. Danach sei die Verantwortung für ihr berufliches Wohlergehen neuerdings ganz zentral von den Arbeitnehmern selbst zu tragen. Die Arbeitgeber könnten ihren Mitarbeitern angesichts der weltwirtschaftlichen Herausforderungen anders als bislang keine sicheren und attraktiven Arbeitsplätze garantieren. Es könne also z. B. von den Unternehmen nicht verlangt werden, dass sie sich um die Beschäftigungssicherung ihrer Mitarbeiter kümmern (employment), sondern allenfalls um die Förderung von deren Beschäftigungsfähigkeit (employability), also darum, dass die Mitarbeiter ihre beruflichen Fähigkeiten behalten und weiterentwickeln (was ja, nebenbei bemerkt, ohnehin im Interesse eines Unternehmens liegt). Dass der sogenannte neue psychologische Vertrag gelte, wird als gesellschaftliches Faktum hingestellt, das man schlichtweg anzuerkennen habe und das im Übrigen auch vernünftig sei.

Und auch in der allgemeineren Tauschbetrachtung, die dem Konzept des psychologischen Vertrags zugrunde liegt, steckt zumindest die Gefahr einer ideologischen Vereinnahmung. Denn die Grundidee wird häufig übertrieben und es wird suggeriert, als sei eine Beziehung und mithin auch eine Arbeitsbeziehung tatsächlich immer nur und nichts anderes als eine Tauschbeziehung. Das ist eine Auffassung, die sich leicht selbst bestätigt. Eisenberger u. a. (2001) sprechen von einer »exchange ideology«, die nicht alle teilen, der aber andererseits doch auch viele Personen anhängen (vgl. auch Aselage/Eisenberger 2003). Mit dieser Ideologie verknüpft sich eine hohe Achtsamkeit auf Tauschungleichgewichte und damit eine starke Empfindlichkeit gegen Vertragsverletzungen. Empirisch zeigt sich, dass Personen mit einer Tauschideologie ihre Arbeitsbeziehungen im Durchschnitt schlechter beurteilen als Personen, die dieser Tauschideologie weniger abgewinnen. Überraschend ist das nicht, denn wer seine Beziehungen ständig kritisch beäugt, wird dabei ganz zwangsläufig auch auf Aspekte stoßen, die er weniger gut findet (Takeuchi 2012, 319).

2.2   Sinngebung (Sense-Making)

Menschen brauchen Sinn. Sie wollen das, was sie erleben und das, was sie tun, in einem größeren Zusammenhang sehen. Sie können sich selbst und ihr Handeln nur verstehen, wenn sie sich auf einen stabilen Sinnhintergrund beziehen können. Sinnverlust führt zu Desorientierung und Verunsicherung, der Wille zum Sinn erklärt sich entsprechend aus dem Bemühen, das kognitive Gleichgewicht zu bewahren. Menschen sind unentwegt in Sinnfindungsprozessen befangen, weil der Sinn ständig bedroht ist, durch die Konfrontation mit abweichenden Auffassungen anderer Personen, durch Störungen der Alltagsroutine, das Scheitern bisher bewährter Lösungen, die Konfrontation mit neuen Situationen. Im Wesentlichen sind es zwei Aufgaben, mit denen es die Sinngebung zu tun hat: Anwendung und Integration. Die *Anwendungsaufgabe* besteht darin, konkrete Geschehnisse mit Sinn zu belegen, es geht darum, bestimmte Ereignisse in eine bereits bestehende, relativ gefestigte Sinnstruktur einzuordnen. Wenn man beispielsweise in der Firmenzeitung liest, dass demnächst Zielvereinbarungsgespräche eingeführt werden sollen, dann ist das ein zunächst »bedeutungsoffener« Sachverhalt. Je nach Sinnhintergrund wird man diesen Tatbestand unterschiedlich interpretieren. Wer beispielsweise dazu neigt das Personalgeschehen im Lichte der unaufhebbaren Interessengegensätze zwischen Arbeitgebern und Arbeitnehmern zu betrachten, der wird die

Einführung von Zielvereinbarungsgesprächen wahrscheinlich als neuen Versuch verstehen, die Mitarbeiter stärker zu kontrollieren. Dass man über den Beschluss der Unternehmensleitung erst in der Firmenzeitung erfährt, kann als passendes Indiz für die große Distanz gelten, die zwischen den Arbeitspartnern bestehen. Gänzlich anders wird dies vielleicht von den Mitarbeitern gesehen, die unter dem wenig berechenbaren Verhalten ihres Vorgesetzten leiden und in der Einführung von Zielvereinbarungen einen Ordnungsversuch sehen, der dazu beitragen kann, den Mitarbeitern mehr Autonomie zu gewähren. Die Ankündigung mit Hilfe der Firmenzeitung lässt sich dann als Maßnahme verstehen, die dazu dient, alle Mitarbeiter auf einen einheitlichen und ausführlichen Informationsstand zu bringen. Eine dritte Interpretationsmöglichkeit wählen vielleicht Mitarbeiter, die Maßnahmen der Personalabteilung nicht sonderlich ernst nehmen. Eventuell wurde dort eine neue Person eingestellt, die sich mit der Einführung modischer Instrumente profilieren will. Die *Integrationsaufgabe* stellt sich, wenn man nur über ein vages, lückenhaftes Hintergrundverständnis von einer Situation verfügt. Es geht dann überhaupt erst darum, ein einigermaßen reichhaltiges System von Bedeutungsmustern zu entwickeln und darum, Regeln zu finden, die einem helfen, das konkrete Geschehen mit diesen Bedeutungsmustern zu verknüpfen. In einer derartigen Situation befindet sich üblicherweise der »Neuling«, der noch nicht weiß, was es bedeutet, wenn sein Vorgesetzter keine Zeit für seine Fragen hat, warum die Kollegen über manche Dinge lachen und über andere nicht, ob eine Bemerkung ironisch oder ernst gemeint ist, welches Bild man abgibt, wenn man nicht gleich auf jede »Zumutung« von Kunden eingeht usw. Die Zeit, in der man dies lernt, gilt – wie oben ausgeführt – als Eingliederungsphase und sie ist nicht zuletzt eine Zeit der Sinnfindung und Sinngebung.

Es wäre allerdings eine erhebliche Verkennung der Verhältnisse, wenn man das Sense-Making nur in dieser ersten Phase der Mitgliedschaft in einer Organisation angesiedelt sähe (Louis 1980). Anlässe und Gründe für Interpretationsarbeit gibt es fortwährend. Oft findet diese Bemühung ihr Ziel in der Bestätigung der eingeübten Deutungsmuster, was aber durchaus von Belang ist, weil sich diese Bedeutungsmuster damit nur umso mehr verfestigen. Mit Sense-Making wird die soziale Realität konstruiert und rekonstruiert und zwar beständig. Aus diesem Grund geht es beim Sense-Making um mehr als um das Einüben von Denkhaltungen und die Internalisierung von Regeln, es geht um die Konstituierung von Ordnung. Für Karl Weick (1995) sind »Sensemaking« und »Organisation« nur die zwei Seiten derselben Medaille. Man organisiert, um Sinn in das mehrdeutige Geschehen zu bringen, man lebt diesen Sinn und gibt dem Geschehen damit Bedeutung. Die wissenschaftliche Forschung habe – so Weick – diesen Aspekt bislang nicht genügend ausgearbeitet, mit der Berücksichtigung von Sensemaking-Prozessen nähmen Bedeutung und Geist Einzug in die Organisationstheorie, wodurch ein gänzlich anderes als das übliche Bild von der organisationalen Wirklichkeit entstünde. Sensemaking geschehe im Zusammenspiel von Handeln und Interpretieren. Die herkömmliche Vorstellung, die Organisationsmitglieder handelten wie Entscheider und gründeten ihr Handeln auf das Abwägen von Handlungskonsequenzen, greife demnach zu kurz. Auch entstehe Ordnung nicht oder nur begrenzt aufgrund großartiger Aktionen, durch Verabschiedung schriftlicher Dokumente und nachhaltiger Entscheidungen, sondern aufgrund der Sinngebung »im Kleinen«, in subtilen Wendungen, bezogen auf spezielle Sachverhalte, spontan und in direkter Kommunikation. Entsprechend sei die in der Literatur vorherrschende Perspektive, wonach unfähige Leute schlechte Entscheidungen träfen, durch den Blick darauf zu ersetzen, wie fähige Leute darum kämpfen, dem Geschehen Bedeutung zu geben. Allerdings gelinge dies nicht immer, was dann mit dramatischen Konsequenzen verbunden sei, der Kollaps der Sinngebung bereite den Boden für Misslingen, das Scheitern von Projekten und von Tragödien aller Art.

Eigenschaften des Sinngebungsprozesses

Um den Sinngebungsprozess näher zu beschreiben, geht Weick auf eine Reihe von Eigenschaften ein, die diesem seinen besonderen Charakter geben.

Sinngebung organisiert den Ereignisfluss

Wir leben in einem ständigen Fluss der Geschehnisse, gäbe man sich dem ohne Ordnungsgedanken hin, würde man wie ein Stück Treibgut auf dem Ozean hin und her geworfen. Man muss den Ereignissen eine Struktur und damit eine Bedeutung geben, mit der man »etwas anfangen kann«. Es geht dabei sowohl um das alltägliche Geschehen als auch um neuartige und ungewohnte Geschehnisse. Weick formuliert etwas drastisch, Sinngebung starte im Chaos, also in völliger Orientierungslosigkeit. Das ist aber sicher eher die Ausnahme, ein bestimmtes Vorverständnis ist eigentlich fast immer vorhanden. Gut nachvollziehbar ist dagegen die Beschreibung von Weick, wonach Sinngebung mit der Zuwendung von Aufmerksamkeit und dem Einklammern von Ereignissen beginne. Um dem undifferenzierten Ereignisfluss eine Struktur zu geben, muss die Frage beantwortet werden, welche Aspekte besondere Beachtung verdienen und welche eher vernachlässigt werden können, welche Ereignisse in einem inneren Zusammenhang stehen, welche nur zufällig gleichzeitig auftreten, ob das Geschehen bedrohlich oder erfreulich, wichtig oder unwichtig ist, ob es einen persönlich betrifft oder nicht, mit welchen Problemkomplexen es sich verbindet, ob man damit Erfahrung hat, ob man ihm ausweichen kann usw. Unvermeidlich sind entsprechende Kategorisierungen mit Vereinfachungen verbunden, sie liefern aber immerhin eine gewissen Handlungsorientierung.

Sinngebung arbeitet mit Etiketten

Viel ist gewonnen, wenn man dem Geschehen einen Namen geben kann, wenn man es unter einen Begriff subsumieren, ihm ein Etikett verpassen kann. Weick illustriert diesen Gedanken am Beispiel einer Kategorie aus der Medizin, dem »functional deployment«, womit eine diagnostische Bezeichnung gemeint ist, die auf eine plausible Behandlung verweist. Wer eine unklare Symptomatik, wie Schwindelgefühl, Unwohlsein und leicht erhöhte Temperatur zur Diagnose »grippaler Infekt« verdichtet, hat natürlich schon eine erhebliche Orientierungsleistung erbracht, gleichgültig, wie treffend diese Diagnose auch sein mag. Auf den Kontext organisationalen Verhaltens bezogen meint »functional deployment« eine Etikettierung von Ereignissen, die dazu geeignet ist, plausible Handlungen nahe zu legen, die einem helfen sollen, mit diesem Ereignis in geeigneter Weise umzugehen (es also zu ignorieren, weiter zu melden, es mit bestimmten Instrumenten anzugehen usw.). Markierung und Etikettierung transformieren das Sinngebungsrezept »Wie kann ich wissen, was ich denke, bevor ich sehe, was ich sage« in das Rezept »Wie kann ich wissen was ich sehe, bevor ich sehe, was es ist.« (Weick/Sutcliffe/Obstfeld 2005, 412)

Sinngebung arbeitet mit Vermutungen

Sinngebung ist ein Prozess. Der Sinn schält sich heraus, aber nicht von selbst. Sinngebung ist vielmehr ein Experimentieren mit Bedeutungen. Dabei geht es darum, die konkreten Geschehnisse mit abstrakten Überlegungen zusammenzubringen. Gleichzeitig muss eine Distanzierung der Problemlage von der eigenen Person stattfinden. Es geht bei der Sinngebung also nicht so sehr um die persönliche Befindlichkeit, sondern um die Einordnung in allgemeine Vorgänge, Abläufe und Gesetzmäßigkeiten. Es geht beispielsweise nicht um die Frage: »Mit welcher Tücke versucht mein Chef, mir schon wieder einen Fehler nachzuweisen?«, sondern eher um die Frage: »Was ist in unserem Unternehmen dafür verantwortlich, dass die Vorgesetzten ihren Mitarbeitern misstrauen?«.

Sinngebung ist ein sozialer Prozess

Bei der Sinngebung geht es nicht um den privaten Sinn, sondern um den Sinn, der in der (gemeinsamen) sozialen Realität steckt. Die oben angesprochenen Etiketten und Markierungen sind sozialer Natur, sie repräsentieren das Sinnverständnis der sozialen Gemeinschaft. Es ist diese soziale Natur der Sinngebung, die ihr eine wichtige Steuerungsfunktion für die Zusammenarbeit gibt. Wenn alle einem gemeinsamen Sinnverständnis folgen, braucht es keine mühseligen Verständigungs- und Abstimmungsprozesse. Man kann sich darauf verlassen, dass die Kollegen nicht dem Buchstaben, sondern dem Geist, d. h. dem Sinn der gemeinsamen Projekte folgen und sich flexibel zeigen, wenn es sinnvoll scheint, einen Pfad jenseits der üblichen Handlungsroutinen zu beschreiten.

Sinngebung ist Organisieren durch Kommunizieren – und Handeln

Schon allein wegen ihres sozialen Charakters gründet Sinngebung ganz wesentlich in der Sprache, im Gespräch und in der Kommunikation. Man kann daher viel über eine Organisation lernen, wenn man beachtet, wie dort kommuniziert wird, welche Themen kursieren und wer sie lanciert. Situationen, ja die gesamte Organisation und sogar ihre

Umwelt, werden durch Kommunikation überhaupt erst ins Leben gerufen, denn letztlich bestimmt die Kommunikation darüber, welche Ziele angestrebt werden müssen, welche Aufgaben zu erledigen sind, wer zur Organisation gehören soll, wer welche Rolle zu spielen hat, welche Probleme Beachtung verdienen und welche Lösungen vielversprechend sind. Aber nicht nur die Kommunikation, auch das konkrete Verhalten erzeugt Sinn. Tatsächlich stehen Verhalten und Kommunikation in einem engen rückbezüglichen Verhältnis, denn wo Handeln beginnt, mit einem konkreten Verhalten oder mit einer Kommunikation, kann oft gar nicht bestimmt werden, beide Aktivitäten weisen aufeinander zurück und voraus. Schließlich steckt in jedem Verhalten immer auch eine Botschaft und umgekehrt ist Kommunizieren ja auch ein Verhalten. Die große Bedeutung des Verhaltens für die Sinngebung ergibt sich – nach Weick/Sutcliffe/Obstfeld (2005) – einfach daraus, dass sich Sinn immer ganz zentral auf die eigene Person und deren Situation bezieht, weshalb man unvermeidlich mit der Frage konfrontiert sei, wie man auf die Situation Einfluss nehmen könnte. Die erste Frage in einem Sinngebungsprozess lautet daher: »Was geschieht hier?«. Die zweite gleichermaßen wichtige Frage ist: »Was mache ich jetzt?«. Und die eigenen Handlungsspielräume begrenzen naturgemäß auch die jeweiligen Sinnhorizonte.

Sinngebung ist ein evolutionärer Prozess

Wie bereits beschrieben, ist Sinngebung nicht nur ein Prozess des Suchens und Findens, sondern auch des Erprobens und Experimentierens. Welche Bedeutungszuweisung sich schließlich behauptet, hängt damit davon ab, welche Sinnangebote überhaupt zum Zuge kommen und inwieweit sich diese bewähren. In gewisser Weise ist Sinngebung daher auch ein evolutionäres Geschehen (▶ **Abb. 3.9**).

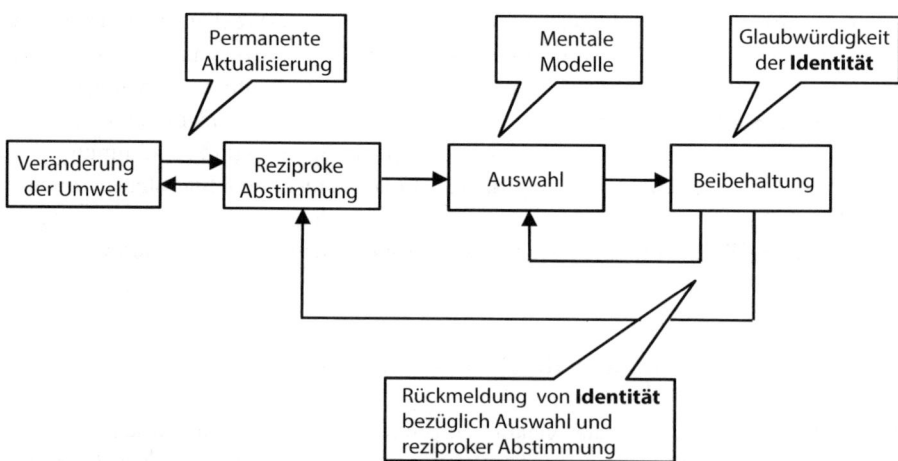

Abb. 3.9: Sense-Making als evolutionärer Prozess (etwas modifiziert nach Weick/Sutcliff/Obstfeld 2005, 414)

Ausgangspunkt für Sinnprobleme sind häufig Veränderungen im Handlungsfeld. Die Modifikation oder Neuentwicklung von Sinngebungen erfolgt in enger wechselseitiger Auseinandersetzung mit den im Handlungsfeld agierenden Parteien. Ausschlaggebend für die Auswahl des zum Zuge kommenden Deutungsmusters ist die Vereinbarkeit mit den mentalen Modellen der Beteiligten. Allerdings ist die Auswahl nur vorläufig, ob sie schließlich im Sinnverständnis der Organisation Verankerung findet, entscheidet sich danach, ob sie zur Identität der Organisation passt.

Ausgewählte Zusammenhänge

Eine systematische Zusammenstellung der Grundaussagen zum Sensemaking und eine darauf aufbauende Ableitung prüfbarer Hypothesen finden sich bei Weick leider nicht. Es geht ihm weniger um eine Theorieentwicklung als um einen konzeptionellen Bezugsrahmen, was sich auch in seinem eher essayistischen Stil ausdrückt. Dessen ungeachtet stecken in seinen Überlegungen zahlreiche Annahmen und Hinweise, die man als gesetzesartige Aussagen oder auch als bloße empirische Verallgemeinerungen auffassen kann, worauf wir im Folgenden beispielhaft und kurz eingehen wollen.

Sinnverlust

Nicht alles was überraschend oder enttäuschend ist und nicht alles was auf Unverständnis stößt, bedeutet auch schon Sinnverlust. Notwendig hierfür ist ein enger persönlicher Bezug. Wie oben angeführt ist die erste Frage beim Sensemaking: »Was geht hier vor?«. Diese Frage lenkt zwar die Aufmerksamkeit auf ein beachtenswertes Ereignis, aber erst die zweite Frage: »Was soll ich tun?« thematisiert die Sinnfrage. Um sich ihr zu nähern, sucht man – so eine der (impliziten) Hypothesen von Weick – erst einmal nach Gründen, die dafür sprechen, so weiter zu machen wie bisher. Als Gründe kommen beispielsweise institutionelle Beschränkungen in Frage, oder organisationale Prämissen, Pläne, Erwartungen, legitime Rechtfertigungen oder Traditionen. Das klingt einigermaßen abstrakt, aber vor allem ist es nicht sonderlich präzise. Es klingt fast so, als würde man schon Gründe finden, wenn man einen Sinnverlust vermeiden will. Wer (wie und wann) die eine oder andere Interpretation wählt, bleibt offen. Wenn Herr Trapper erfährt, dass seine in mühsamer Arbeit erstellten und nach seiner Einschätzung äußerst innovativen Projektvorschläge höchstwahrscheinlich abgelehnt werden, dann wird er sich vielleicht daran erinnern, dass in seiner Firma im ersten Anlauf immer an allen Projekten herumgemäkelt wird (»Traditionen«) und wird sich auf die Überarbeitung seines Konzept vorbereiten. Herr Eifer wird sich dagegen vielleicht darauf besinnen, dass die Stabsstelle, die hierzu einen Beschluss fassen soll, eigentlich gar nicht zuständig ist (»institutionelle Beschränkungen«) und in Ruhe abwarten, was die Geschäftsführung dazu sagen wird.

Doch wenn es offenbar so leicht ist, Sinn immer wieder herzustellen, wann kommt es dann zu einem Sinnverlust? Sehr tiefgreifende Sinnverluste ereignen sich in »kosmologischen Episoden«. Solche Episoden sind dadurch gekennzeichnet, dass die handelnde Person plötzlich und fundamental von dem Gefühl befallen wird, dass das Universum zu einem Ort ohne Ordnung und Vernunft geworden ist. Sowohl der Sinn als auch die Möglichkeiten, den Sinn wieder herzustellen, kollabieren. Die Voraussetzungen dafür sind gegeben, wenn die formalen Strukturen zusammenbrechen, die ein Sozialsystem festigen, also z. B. das Rollensystem, das Regelwerk und die Führungsautorität. Allerdings muss daraus kein Desaster entstehen, der weitere Verlauf des Geschehens wird von den Fähigkeiten der Beteiligten bestimmt, im entscheidenden Moment Sinn zu (re-)konstituieren. Weick illustriert diesen Gedanken sehr eindrücklich am Beispiel der Bekämpfung eines außer Kontrolle geratenen Waldbrands: »Social construction of reality is next to impossible amidst the chaos of a fire, unless social construction takes place inside one person's head, where the role system is reconstituted and run. Even though the role system … collapsed, this kind of collapse need not result in disaster if the system remains intact in the individual's mind. If each individual in the crew mentally takes all roles and therefore can then register escape routes and acknowledge commands and facilitate coordination, than each person literally becomes a group.« (Weick 1993, 640) Allerdings müssten, damit dies geschehen könne, einige Voraussetzungen vorliegen. Hierzu gehörten als persönliche Eigenschaften der Akteure Rechtschaffenheit und Selbstrespekt und was die Beziehung zwischen den Akteuren angeht, sei ein weiteres Element ganz zentral, nämlich eine Art nichtenthüllender Vertrautheit (»nondisclosive intimacy«), womit eine Beziehung gemeint ist, in der »… mehr Wert auf die Verhaltensabstimmung gelegt wird als auf die Übereinstimmung der Überzeugungen, wechselseitiger Respekt wichtiger ist als Konsens, Vertrauen wichtiger als Empathie, Heterogenität besser als Homogenität, schwache Kopplungen bedeutsamer als enge Kopplungen, und strategische Kommunikation wichtiger als uneingeschränkte Offenheit.« (Weick 1993, 647 nach Eisenberg 1990, 160). Zwar finden sich diese Ausführungen Weicks im Zusammenhang mit der Schilderung des Verhaltens während einer Katastrophe (und damit in einer Grenzsituation), entsprechend abgeschwächt behalten sie ihre Gültigkeit aber auch für die tägliche Sinnfindungsarbeit im organisationalen »Normalbetrieb«.

Commitment

Warum übernimmt man bestimmte Sinnmuster, wie kommt es dazu, dass man bestimmte Überzeugungen als sinnvoll akzeptiert und in seinem Denken fest verankert? Das sind sehr anspruchsvolle Fragen. Etwas einfacher zu beantworten ist die Frage, wie es kommt, dass man ein bestimmtes Verhalten mit Sinn belegt, dass man es als gerechtfertigt betrachtet und sich zu ihm bekennt. Diese Frage wird häufig unter dem Stichwort »Commitment« diskutiert, das man in diesem Zusammenhang vielleicht am besten mit »Bekenntnis« und »Verpflichtung« übersetzt. Umfängliche Ausführungen zur Psychologie des Commitments findet man bei Charles Kiesler. Eine wichtige Größe ist danach der Verpflichtungsdruck, der wiederum von den folgenden vier Merkmalen bestimmt wird (Kiesler 1971): Das Commitment wird öffentlich abgegeben (durch eine explizite Verlautbarung oder auch implizit durch bestimmte Verhaltensweisen), es ist unzweideutig, es kann nicht oder nur sehr schwer zurückgenommen werden und der Akteur ist für sein Verhalten auch verantwortlich. Gerald Salancik illustriert die Bedeutsamkeit dieser Faktoren am Beispiel eines Arbeitgebers, der daran interessiert ist, dass ein neuer Mitarbeiter eine Bindung zu seinem Arbeitsverhältnis aufbaut oder, anders ausgedrückt, dass er eine psychologisch wirksame Verpflichtung gegenüber seinem neuen Arbeitgeber eingeht. Er könnte etwa das Folgende sagen:»Nun, wir sollten uns nochmals Klarheit darüber verschaffen, dass Sie die Stelle antreten, weil das Ihr eigener persönlicher Wunsch ist. Wir wissen, dass Sie eine Menge aufgegeben haben, um zu uns zu kommen und wir wissen das sehr zu schätzen. Sie mussten Ihren Wohnort wechseln, haben Ihre alten Freunde verlassen müssen. Das muss sehr schwer für Sie gewesen sein. Und das Gehalt, dass wir Ihnen zahlen können, kann das natürlich nicht ausgleichen.« (Salancik, 1977, 11).

Tab. 3.3: Determinanten des Commitments

Determinanten	Konkrete Aussage
Explizite Entscheidung: nochmals die Chance, nein zu sagen	Wir wollen uns Klarheit verschaffen.
Explizite Entscheidung (eigener Wille)	Weil dies Ihr eigener Wunsch ist.
Rückgängigmachen nicht möglich	Sie mussten viel aufgeben, um zu uns zu kommen.
Irreversibel, wichtig, eigene Entscheidung	Sie mussten umziehen und Ihre alten Freunde verlassen.
Opfer und Anstrengung (eigener Wille)	Das muss sehr schwierig für Sie gewesen sein.
Intrinsische Gründe, da extrinsische Gründe nicht maßgeblich (eigener Wille)	Das Gehalt kann das nicht ausgleichen.

In Tabelle 3.3 sind die Determinanten des Commitments und die in dem Gespräch gemachten konkreten Aussagen gegenübergestellt. Es dürfte dem neuen Mitarbeiter nach diesem Bekenntnis schwer fallen, ohne gravierende Gründe das Arbeitsverhältnis gleich wieder aufzulösen, denn das würde angesichts der getätigten »Investitionen« und »Bekenntnisse« kaum einen Sinn machen. Für den Widerruf seines Commitments reicht es jedenfalls nicht aus, wenn die eine oder andere unerwartete Schwierigkeit oder Beschwernis im Arbeitsalltag auftreten sollte (was ja eigentlich »normal« ist).

Sozialer Einfluss

Sensemaking könnte man – so wie wir es, Weick referierend, beschrieben haben – als demokratische Angelegenheit begreifen: Alle Mitglieder eines sozialen Systems beteiligen sich gleichermaßen am Sinnfindungsprozess und schließlich setzt sich diejenige Sinnstruktur durch, die die größte Akzeptanz findet. Eine derartige Sicht der Dinge ist zweifellos naiv. Die soziale Konstruktion der Wirklichkeit wird vornehmlich von den Mächtigen betrieben, denn mit dem Besitz zentraler Positionen und mit den damit verbundenen Kompetenzen erhalten sie Zugang zu Kommunikationsmitteln und Kommunikationsmedien, die es ihnen möglich machen, ihre Sicht der Dinge in wirksamer Weise zu platzieren und durchzusetzen. Kommunikationsmacht bedeutet auch Definitionsmacht. Ein wichtiger Punkt im Kampf um die Deutungshoheit betrifft die Interpretation der Geschichte. Vergangenheit ist nie wirklich vergangen, sie dient als Folie, vor der sich die Gegenwart abspielt, sie präsentiert Schurken und Helden, sie bestimmt was als Erfolg, was als Misserfolg zu gelten hat, wer dafür verantwortlich war, welche Strategien den Erfolg gebracht haben und welche Dinge man lieber vermeiden sollte. All das hat erhebliche Bedeutung für Bedeutungszuweisungen, die die Gegenwart betreffen. Aber nicht nur das Bild von der Unternehmensgeschichte, auch das Bild vom Mitarbeiter ist wichtig: Was macht einen »guten« Mitarbeiter aus, welche Verhaltensweisen gelten als vorbildlich, welche Fähigkeiten sind wichtig, welche Tugenden unwichtig? Schließlich und nicht zu allerletzt geht es um die Bedeutung von Zahlen: Welche Standards sind einzuhalten, welche Kennziffern sagen etwas über die Leistung aus, welche Mittelverteilung ist gerecht, woran hat sie sich zu orientieren? Wem es gelingt Interpretationsmuster durchzusetzen, die die eigenen Talente und Taten als Stärken und Leistungen erscheinen lassen, wem es gelingt als essentiell zu definieren, was man selbst verkörpert, gewinnt und behält Einfluss und Macht.

Praktische Bedeutung

Eine Lehre drängt sich bei der Lektüre der Literatur zum Sensemaking unmittelbar auf: Es kann fatal sein, sich auf einen vorgegebenen Sinn einzuschwören. Und zwar aus zwei Gründen, die beide etwas mit der Macht des Denkens zu tun haben, mit seinen zwingenden Möglichkeiten einerseits und mit seinen Grenzen andererseits. Sinnwelten verfügen über beträchtliche Mittel der Weltdeutung. Sie gestatten es ihren Bewohnern, die Realwelt ganz in ihrem Sinne zu betrachten, was einerseits mentale Ordnung und Sicherheit verheißt, andererseits aber phantastische Fehldeutungen hervorbringen kann. So verführerisch es also ist, sich in seiner Sinnwelt behaglich einzurichten, so groß ist der Schaden, der entsteht, wenn sie entzweibricht. Paradoxerweise ist es daher sinnvoll die Suche nach Sinn nicht mit allzu viel Sinn aufzuladen. Weick/Sutcliffe/Obstfeld (2005) sprechen gar von einer Sinngebungs-Fähigkeit, die Personen erlaubt, mit den vielfältigen Deutungsangeboten gut zurechtzukommen, widerstandsfähig zu sein, Beschränkungen als selbstgemacht zu erkennen, nach Plausibilitäten zu suchen, in der Rückschau Richtung zu finden und die Gegebenheiten so zu beschreiben, dass sie Tatkraft wecken. Im Übrigen finden sich bei Weick etliche praktische Ratschläge, die das ganze denkbare Spektrum, angefangen von Gemeinplätzen bis hin zu voraussetzungsreichen Prinzipien, ausschöpfen (Weick 1993, 1995, 2003). Einige Beispiele seien genannt:

- Mach, was dir richtig erscheint, man muss und kann seine Kollegen nicht immer überzeugen! Unter Umständen ist es notwendig, etwas »vorzumachen«, ein gutes Beispiel zu geben, zu langwierigen Überzeugungsprozessen fehlt manchmal einfach die Zeit.
- Experimentiere auch bei großem Handlungsdruck! Handlungsdruck verführt zu schnellem Handeln, das aber, weil es meist bloß reaktiv ist, oft das Ziel verfehlt und für weitere Verwirrung sorgt. Man sollte daher Zeit investieren, auch wenn sie sehr knapp ist, etwas systematisch zu bedenken und auszuprobieren.
- »Talk the Walk«! Häufig wird empfohlen, dass man als Manager auch tun soll, was man sagt (»walk the talk«), leider sind Taten aber auch vieldeutig, weswegen es mindestens genauso wichtig ist, dass man das eigene Handeln verständlich macht, kommentiert, erläutert (»talk the walk«).
- Entwickle eine Haltung der Weisheit! Unwissenheit ist die natürliche Begleiterin des Wissens. Je mehr man über einen Gegenstand weiß, desto weniger weiß man über ihn, je mehr Kenntnis, desto mehr Fragen. Sich auf sein Wissen etwas einzubilden, ist Ignoranz. Weisheit sagt einem, dass man immer damit rechnen muss, die falsche Antwort zu geben.
- Respektvolle Interaktion! Sinnprobleme lassen sich besser gemeinsam lösen. Besserwisserei ist schädlich, andere können gute Hinweise für eine Lösung geben, auch wenn sie z. B. nur eine wenig wichtige Position einnehmen.
- Sprich Fehler offen an und verbirg sie nicht! Das fällt sicher nicht immer leicht, es bewahrt allerdings andere davor, dieselben Fehler zu machen.
- Bewahre dir eine Identität, die Stolz und Gemeinschaftssinn befeuert und die es dir schwer macht, zu resignieren! Als Beispiel nennt Weick den Feuerwehrmann, der sich in vermeintlich aussichtsloser Lage sagt, »Ein echter Feuerwehrmann stirbt in den Stiefeln!«
- Achte auf deine Emotionen! Dahinter steht die Vorstellung, dass unser Unterbewusstsein manchmal Signale empfängt, die dem rationalen Denken entgehen und Wahrnehmungen wiedergibt, die sich nur schwer artikulieren lassen. Auf die Klugheit der Gefühle zu setzen ist allerdings nicht ungefährlich.

Beurteilung

Wie ist das Sense-Making-Konzept von Weick zu beurteilen? Die Antwort fällt nicht ganz leicht. Da Weick – wie oben schon beschrieben – keine Theorie vorlegt, laufen die üblichen Kriterien zur Bewertung von Theorien etwas ins Leere. Man kann sein Vorgehen am besten wohl mit dem von ihm selbst geprägten Begriff der disziplinierten Imagination beschreiben. Weick bezeichnet seine Arbeit bescheiden als Sammlung von Ideen, die Erklärungsmöglichkeiten aufzeigen und nicht etwa als ausgearbeiteten Wissensfundus. Bei seinen Betrachtungen zieht er Bruchstücke von sehr unterschiedlichen Theorien, empirische Befunde und oft auch einfach Plausibilitätsüberlegungen heran. Seine Aussagen gewinnen damit eine gewisse Unbestimmtheit. Wie man sich konkrete Hypothesen vorzustellen hat, wann sie gelten sollen und wie sie zu begründen wären, wird oft nicht recht klar. Die Frage, die Weick bewegt ist sehr umfassend, sie lautet: »Wie kommt es überhaupt zu organisiertem Handeln, insbesondere in unstrukturierten und dynamischen Situationen?« Seine Antwort ist ebenso umfassend: »Durch Prozesse der Sinngebung, diese Prozesse gründen in individuellen Bemühungen, organisationale Begebenheiten können diese Bemühungen unterstützen oder erschweren.« Damit greifbare Forschungsergebnisse entstehen können, muss sowohl die Fragestellung als auch die Antwort spezifiziert werden. Das ist bei Weick aber nur ansatzweise zu erkennen. Wenn man aber die theoretischen Kernaussagen nicht dingfest machen kann, wenn nicht gesagt wird, wie diese in prüfbare Hypothesen überführt werden können, dann ist es um die Falsifizierbarkeit schlecht bestellt. Kritische empirische Befunde bieten in diesem Fall keinen Anlass, die Überlegungen in Frage zu stellen, sie werden lediglich neu interpretiert. Ähnlich undeutlich bleiben bei Weick auch die von ihm verwendeten Konstrukte und deren Beziehungen untereinander. Seine Begriffsschöpfungen haben zwar fraglos einen eigentümlichen Reiz (»enactment«, »disclosive intimacy«, »attitude of wisdom«, »heedful interrelating«), bleiben aber recht schillernd und entziehen sich einer klaren Operationalisierung. Probleme ergeben sich schon hinsichtlich des zentralen Begriffs seines Ansatzes, des Sense-Making. Weick geht zwar auf verschiedene Begriffsvarianten ein, in seinen Ausführungen wird aber nicht immer klar, welche dieser Varianten gerade zum Zuge kommt (manchmal geht es einfach um Koorientierung, manchmal sehr tiefgründig um Identitätsfragen, manchmal um Persönliches, manchmal um Soziales). Trotz dieser Schwächen muss dem Sensemaking-Ansatz »Stärke« bescheinigt werden. Weicks Ausführungen sind sehr anregend, sie vermitteln ein Bild des organisationalen Geschehens, das andere Theorien so nicht bieten. Das liegt sowohl an den Fragen, die sich auf sehr grundlegende Probleme richten, als auch an der Art und Weise, wie Weick sie mit Hilfe von sehr eingängigen Fallschilderungen behandelt.

Abschließend muss allerdings auch die Frage gestellt werden, ob Sinn immer so wichtig ist, wie dies von Weick als selbstverständlich unterstellt wird. Kommen Menschen nicht manchmal mit sehr wenig Sinn aus? Sinnstreben scheint mehr eine Variable als eine Konstante zu sein. Aber das hängt wohl auch davon ab, welche Sinnsphären und Sinnschichten man betrachtet.

3 Politik

3.1 Kulturdesign

In den Sozialwissenschaften gibt es eine bedeutende Theorietradition, die sich mit dem Verhältnis von Gesellschaft und Psyche beschäftigt. Norbert Elias geht diesbezüglich sehr weit, für ihn prägt sich das Soziale dem Persönlichen nicht nur »auf«, sondern regelrecht »ein«. Der Prozess der (abendländischen) Zivilisation lässt sich – so seine These, die er anhand vieler Beispiele illustriert – als immer mehr um sich greifende Transformation von Fremdzwängen in Selbstzwänge begreifen (Elias 1976). Max Weber beschreibt, wie sich die Rationalisierung der Lebenswelt mit einer Ideologie innerweltlicher Askese vermengt und den Geist des (abendländischen) Kapitalismus gebiert. Das sich damit verknüpfende spezifisch bürgerliche Berufsethos erzeugt die der Wirtschaft nützlichen nüchternen, gewissenhaften, ungemein arbeitsfähigen und arbeitswilligen Arbeiter (Weber 1973, 375). Nach Amitai Etzioni wächst in modernen Gesellschaften eine besondere Form der Entfremdung, die er Inauthentizität nennt. Mit Entfremdung bezeichnet er eine soziale Situation, die den Menschen jede Kontrollmöglichkeit nimmt, eine Situation, die »unempfänglich« (unresponsive) für fundamentale menschliche Bedürfnisse (z. B. Sicherheit, Anerkennung, Zuwendung usw.) ist. In inauthentischen sozialen Situationen kommt ein weiteres Element hinzu. Ebenso wie in einer entfremdenden Situation ist auch die inauthentische Situation unempfänglich für menschliche Grundbedürfnisse, dies wird aber von den betroffenen Personen nicht erkannt, d. h. Schein und Sein fallen auseinander. Beide Situationen erzeugen erhebliches Unbehagen, Entfremdung gibt diesem Unbehagen aber immerhin ein Ziel, man stellt sich dem Unbehagen, erkundet die Gründe und sucht den »Schuldigen«. Inauthentizität bleibt dagegen diffus, man sucht die Ursachen vor allem bei sich und kapselt sich ein – eine psychologische Verbiegung mit Folgen für die seelische Gesundheit (Etzioni 1968). Richard Sennett beschreibt ebenfalls psychische Deformationen in der modernen Arbeitswelt. Schaden entsteht insbesondere aus den übergroßen Flexibilitätsanforderungen, die den Menschen eine kurzfristige Perspektive aufdrängen, ihnen ihre soziale Heimat nehmen und sie durch ihr Berufsleben »driften« lassen: durch die Zeiten, von Ort zu Ort und von Tätigkeit zu Tätigkeit. Wie vordem wird von ihnen verlangt, klassische Arbeitstugenden wie Einsatzbereitschaft, Loyalität und Gewissenhaftigkeit zu entwickeln und zu pflegen, die Gegenleistungen, die sie früher dafür erhielten (Status, eine Zukunftsperspektive, Fürsorge des Arbeitgebers) sind jedoch entfallen. Geboten werden allenfalls fadenscheinige Surrogate wie das spontane Gemeinschaftserleben der Teamarbeit und das unaufrichtige Einschwören auf Firmenideologien. Die Arbeitnehmer entwickeln eine ironische Haltung, die zur gegenwärtigen postmodernen Beliebigkeit passt. Die Ironie enthält allerdings keinen Humor, sie richtet sich auf und gegen die eigene Person, die sich zunehmend selbst in Frage stellt oder sich selbst gar nicht mehr findet (Sennett 1998). Auf diese und viele weitere ähnliche Ansätze können wir an dieser Stelle nicht näher eingehen, erwähnt seien lediglich noch drei Autoren, die sich mit den im engeren Sinne betrieblichen Gegebenheiten befassen. Besonders erwähnenswert ist aus den 1950er Jahren die Studie von Whyte (1955) über den Organisationsmenschen, der mit »Haut und Haaren« der Organisation verbunden ist, und schon am Beginn seines Berufsweges vom Wunsch beseelt ist, »ein Mitarbeiter zu werden«. Die Studie von Presthus (1966) ist ein Beispiel aus den 1960er Jahren, sie zeichnet sich dadurch aus, dass sie drei Anpassungstypen identifiziert, deren Sozialisation alle gleichermaßen prekär ist, den Aufsteiger, den Indifferenten und den Ambivalenten. Aus den 1970er Jahren ist die Studie von Maccoby (1976) besonders herauszustellen, der vier Managertypen beschreibt, den Firmenmenschen, den Fachmann, den Spielmacher und den Dschungelkämpfer, die alle nicht so sehr eigenem Entschluss oder eigener Tatkraft folgen, sondern letztlich nur verschiedene Muster der Anpassung an vorgegebene soziale Strukturen und Entwicklungen darstellen. Diesem Grundgedanken folgt auch die Studie von Catherine Casey über den Arbeitnehmer nach Maß (»designer employee«), auf die wir etwas näher eingehen wollen. In Fortführung der Kritischen Theorie mit subtileren Mitteln geht es ihr um die Kolonisierung des Empfindens und Denkens von Arbeitnehmern in der post-industriellen Arbeitswelt (Casey 1995, 1999). Die Anlage ihrer Untersuchung ist in Abbildung 3.10 skizziert.

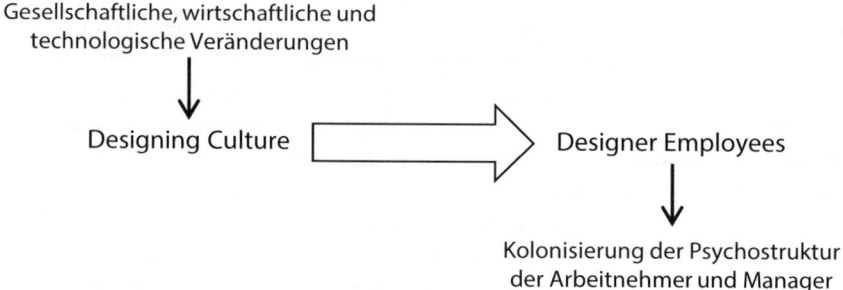

Abb. 3.10: Mitarbeiter und Unternehmenskultur nach Maß

Unternehmen sind danach nur bedingt autonome Akteure, sie werden in ihrem Handeln vielmehr selbst bestimmt von wirtschaftlichen und gesellschaftlichen Kräften. Immerhin sind sie aber auch Gestalter. Casey geht es in ihrer Untersuchung vor allem um die Formung der Unternehmenskultur und darum, wie sich die neue der postindustriellen Gesellschaft eigentümliche Form der Unternehmenskultur der Psyche der Arbeitnehmer bemächtigt. Dabei ginge es um eine alte Sache, denn die neue Kulturgestaltung sei letztlich als Versuch zu sehen, die protestantische Arbeitsethik zu revitalisieren, ein starkes, bürgerlich geprägtes Über-Ich zu etablieren, das die Arbeitnehmer zu harter Arbeit anstacheln, sowie zu Hingabe und Leistung motivieren soll und Genusssucht, Rebellion und Zynismus unterdrückt (Casey 1995, 161). Bevor wir die Mittel und Konsequenzen dieses Unterfangens näher betrachten, soll zunächst kurz auf das Konzept der Unternehmenskultur eingegangen werden.

Exkurs: Was versteht man unter Unternehmenskultur?

Wie viele andere Konzepte in den Sozialwissenschaften, wird auch das Kulturkonzept sehr unterschiedlich verstanden, eine Auswahl gängiger Sichtweisen findet sich in der folgenden Liste:

• *Kultur ist das Ergebnis sozialen Handelns, eine Leistung sozialer Systeme.*
  Bezogen auf die Unternehmenskultur spiegelt sich diese Auffassung z. B. in der folgenden Aussage, die in der einen oder anderen Form häufig geäußert wird: »Eine der wichtigsten Aufgaben des Human Resources Management ist es, eine Hochleistungskultur zu schaffen.«

- *Kultur ist der geistige Überbau der materiellen Basis der Gesellschaft.*
  Charakteristisch für diese materialistische Auffassung ist die Aussage: »Kultur ist letztlich nur Reflex und Affirmation der herrschenden Verhältnisse.« Kultur ist demnach primär Rechtfertigung der bestehenden (Macht-)Strukturen, sie hat keinen eigenständigen Einfluss auf das gesellschaftliche Geschehen und deren Veränderung, sie dient lediglich der Belehrung und Ruhigstellung der Massen.
- *Kultur ist die Summe der gemeinsamen Basisannahmen ihrer Träger.*
  Dies ist eine sehr idealistische und weit verbreitete Auffassung. Die Frage hierbei ist natürlich, welcher Natur derartige Basisannahmen sind, wie konkret sie formuliert sind und wie bindend sie in ihrer meist doch großen Unbestimmtheit sein können. In der Literatur zur Unternehmenskultur wird häufig den Führungspersonen ein großer Einfluss beigemessen, insbesondere der Gründer präge die Kultur, die dann tradiert werde.
- *Kultur durchdringt das soziale Geschehen.*
  Das ist die liberalste Auffassung: »Alles ist Kultur.« Die Grundidee ist nicht völlig aus der Luft gegriffen, sie ist allerdings nicht sonderlich hilfreich, wenn man zu prägnanten Aussagen über Kulturphänomene und ihre Wirkungen kommen will.
- *Kultur ist die Grammatik sozialen Handelns.*
  Diese Auffassung weist den Regeln des sozialen Miteinanders die entscheidende Bedeutung zu. Das ist insoweit ganz plausibel, als damit dem Kulturkonzept eine bündige Rolle innerhalb einer allgemeineren Sozialtheorie zugewiesen wird. Auch empirisch ist die Bedeutung des Regel-Konzepts gut nachvollziehbar, was deutlich wird, wenn man sich »denkbare« Regeln vorstellt, die in unserer Kultur »undenkbar« sind wie z. B. »Strategieentscheidungen in unserem Unternehmen trifft der Ältestenrat«. Die besondere Herausforderung des Regel-Konzepts besteht darin, nicht bei der Auflistung von einzelnen Regeln zu verharren, sondern die bestehenden zum Teil sehr komplexen Regelsysteme zu entwirren.

Casey vertritt, wenn man so will, gleichzeitig sowohl eine idealistische als auch eine materialistische Position. Das Denken und Handeln am Arbeitsplatz wird danach wesentlich von den jeweils stattfindenden diskursiven Praktiken bestimmt, diese gründen allerdings wiederum in der (institutionell, also sozial-strukturell) vermittelten konkreten Erfahrung des alltäglichen Arbeitsgeschehens. Man kann das entweder so verstehen, dass Institutionen (z. B. die Art der hierarchischen Beziehungen) selbst zur Kultur gehören, oder aber so, dass die Institutionen zu den Sozialstrukturen im engeren Sinne gehören, die in der einen oder anderen Weise kulturprägend sind, also den sozialen Diskurs beeinflussen (auf das Hierarchiebeispiel bezogen also z. B. Regeln festsetzen, die eine weitere Diskussion über einen Streitpunkt beenden oder auch zusätzliche Informationen einfordern). Etwas undeutlich ist die Position von Casey, was die Gestaltbarkeit von Unternehmenskulturen angeht. Einerseits vertritt sie einen eher deterministischen Standpunkt, der die Möglichkeiten einer gezielten Formung der Unternehmenskultur verneint, andererseits geht sie aber auch auf zahlreiche Gestaltungsoptionen ein und gibt damit einer eher voluntaristischen Sichtweise den Vorzug.

Die beiden Sichtweisen sind beispielhaft in Abbildung 3.11 gegenübergestellt (nach Thom 1998 und McAuley/Duberley/Johnson 2007).

Im linken Teil des Schaubilds ist die voluntaristische Betrachtungsweise abgebildet. Danach versucht die Unternehmensleitung über die Gestaltung der Unternehmenskultur Einfluss auf die darunterliegenden konkreteren Sachverhalte zu nehmen. Das Problem mit diesem Ansatz ist, dass die Kultur hier zu nur einer von vielen (wenngleich mitunter durchaus bedeutsamen) Variablen »degradiert« wird. Außerdem ist kaum anzunehmen, dass die angeführten Größen sich immer stimmig dem kulturellen Leitbild fügen. Im rechten Teil des Schaubildes ist schematisch eine eher deterministische und ganzheitliche Sicht der Unternehmenskultur angeführt. Die Kultur ist in dieser Betrachtungsweise keine einzelne Variable und nicht der Ausgangspunkt der Gestaltung, sie kann es auch gar nicht sein, weil sie gewissermaßen in allen Prozessen des Unternehmensgeschehens steckt und daher allenfalls indirekt verändert werden kann. Casey schreibt:»Natürlich gelingt die absichtsvolle Gestaltung und Abstimmung der Kultur nie vollständig und es sind die Interaktionen zwischen den Mitarbeitern bei der täglichen Arbeit, die die Kultur einer Organisation ausmachen. Nichtsdestoweniger verändern die pädagogischen Bauteile der neu entworfenen Kulturen ganz wesentlich die alte industrielle Arbeitskultur und sie formen die post-industriellen Arbeitnehmer.« (Casey 1995, 91).

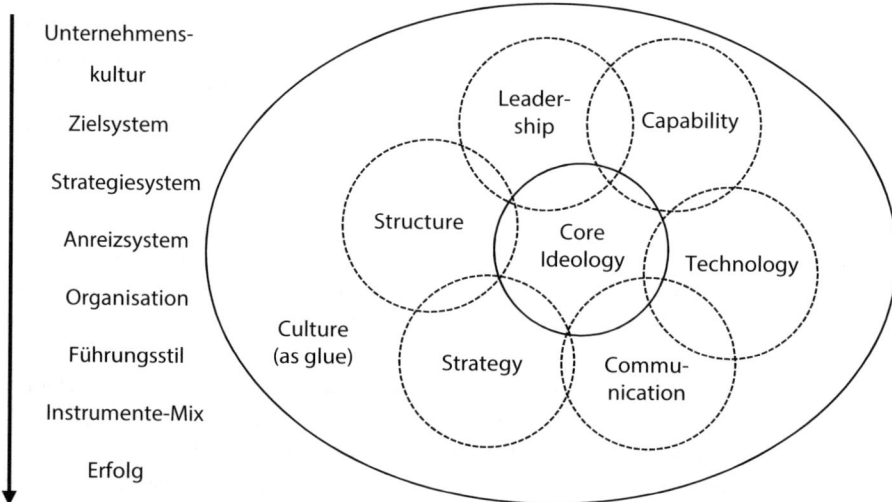

Abb. 3.11: Alternative Grundkonzepte der Unternehmenskultur

Fallstudie

Catherine Casey gründet ihre empirischen Einsichten auf eine von ihr durchgeführte Fallanalyse über die »Hephaestus Corporation«, ein großes international tätiges

Unternehmen der Maschinenbauindustrie. Ihre Beobachtungen hat sie während einer einjährigen Tätigkeit im Stammhaus im Nordosten der USA gesammelt, außerdem hat sie 60 Intensivinterviews durchgeführt und zahlreiche weitere informelle Gespräche geführt. Die bei Hephaestus vorgefundene Kultur kann als Musterbeispiel einer »Designerkultur« gelten, also einer Kultur, die ganz bewusst darauf ausgerichtet wird, die Mitarbeiter in ihren Orientierungen und Verhaltensweisen auf die Unternehmenserfordernisse hin auszurichten. Epochengeschichtlich geht es um den Übergang von der alten Industriekultur zu einer neuen Kultur in der post-industriellen Ära. Unternehmensgeschichtlich geht es darum, das Unternehmen wieder in die zwischenzeitlich verlorengegangene Erfolgsspur zurückzuführen. Konsequenterweise gibt es hierzu eine Hintergrundgeschichte, die dem »neuen Zeitalter« Sinn und Bedeutung geben soll. Sie erzählt vom pionierhaften Beginn und Erfolg, dem zwischenzeitlichen Niedergang und dem glorreichen Wiederaufstieg. Der Gründungsmythos beschwört die technischen Innovationen, die die Firma groß gemacht haben, die heldenhafte Stärke und Spannkraft sowie die paternalistische Fürsorge der damaligen Führung und das Verantwortungsbewusstsein der ganzen Gründergeneration. Der wirtschaftliche Niedergang hat – so die Saga – seine Wurzeln in der Verfestigung bürokratischer Abläufe, in der übergroßen Belegschaft und dem Sinken der Produktivität, aber auch in mikropolitischen Grabenkämpfen der Führung und in einer intransparenten Kommunikation. Die neue Kultur baue dagegen auf die neu entfachte Produktivität und die Rückbesinnung auf die immer noch vorhandene Innovationskraft, auf die Stärkung des Geschäftssinns, auf mutige Führung und auf das Wirken engagierter »Teamplayer«. Im Einzelnen bedient sich der Aufbau der neuen Kultur der folgenden Maßnahmen:

- Benchmarking Programme
  - + sowohl intern als auch extern
  - + Wettbewerbe mit Prämierung
- Abflachung der Hierarchie
- Einführung von Teamarbeit
  - + dauerhaft und projektbezogen
  - + regelmäßige und häufige Meetings, z. B. das »Sonnenaufgangsmeeting«
- Veränderung der Titel
  - + statt Ingenieur, Programmierer usw. nun z. B. *Systems Test Manager*
  - + verbales Upgrading im Marketing z. B. Titel wie *Module Manager* oder *Worldwide Quality Launch Manager*
- Employee-Involvement-Programme
  - + Verbesserung der Produktivität
  - + Verbesserung der Kundenzufriedenheit
- Extensive Trainings-Programme
  - + »Teambuilding« und Kommunikation
  - + Problemlösungstechniken
- Kommunikationsprogramme
  - + Einheitliche Sprachregelungen
  - + Einheitliches Auftreten gegenüber Kunden (u. a. Dress Code)

+ Umfangreiche Kulturhandbücher
+ Verwendung von Metaphern und Slogans (Team, Familie, Partizipation, Ideen-wettbewerb, Exzellenz usw.)
+ Nutzung vielfältiger Medien (Plakate, Bilder in Büros, Korridoren, Mee-ting-Räumen, Broschüren, Lkw-Beschriftung, Kaffeebecher …)

Wie man sieht, machen symbolische Elemente einen wesentlichen Teil dieses Pro-gramms aus. Die Grundidee dabei ist, dass eine einheitliche Begriffswelt, gemeinsame Sprachregelungen, die Schaffung zahlreicher Kommunikationsanlässe, ein nicht ver-siegender Fluss gemeinschaftsbezogener Informationen ihre Wirkung auf die Be-wusstseinsbildung nicht verfehlen sollten. Die kulturprägenden Maßnahmen sollen insbesondere die soziale Identifikation stärken. Die Orientierung an betriebsexternen Bezugsgruppen (etwa an Fachverbänden, Berufsgruppen, Gewerkschaften usw.) soll zurückgedrängt werden, ins Zentrum gerückt werden die interne Zusammenarbeit und die firmeneigenen Werte und Standards. Bei Hephaestus gibt es zwar noch eine Ge-werkschaft, allerdings nur im Bereich der Produktionsarbeiter und dort hat sie ihre, die Loyalität zur Firma bedrohende, Funktion aufgegeben und fungiert allenfalls noch als hilfreiche Vermittlungsinstanz. Die am häufigsten verwendeten sozialen Metaphern bei Hephaestus lauten »Team« und »Familie«, was ja eigentlich nicht recht zusammenpasst, denn Teams haben, wie man weiß, Stars, Trainer und Sponsoren, ein (Hochleistungs-) Team ist daher keine Familie. Doch derartige begriffliche Feinheiten zählen nicht, der personalpolitischen Rhetorik geht es nicht um Genauigkeit und Klarheit der Begriffs-verwendung, sondern darum, die jeweiligen positiven Konnotationen der beiden positiv besetzten Begriffe auszubeuten, was ihr auch gelingt. Letztlich dient die Betonung des Teamgedankens und des Betriebsfamilien-Konzepts dem Ziel, die durch die gesell-schaftliche Entwicklung verlorengegangene (externe) soziale Einbettung durch interne Einbindung zu ersetzen. Ein wichtiger Nebeneffekt ist dabei, dass die soziale Kohäsion dazu beiträgt, die gestiegenen Leistungsanforderungen abzupuffern. Neben einer Stär-kung der Verbundenheit mit dem Unternehmen geht es in der Hephaestus-Kultur nämlich auch um eine Veränderung der Arbeitshaltungen. Das Total Quality Programm (»The Learning Company«) zielt darauf ab, das Wissen und Können jedes einzelnen Mitarbeiters in das Gemeingut zu überführen. Leistungskontrollen (»benchmarks«) dienen dazu, schlechte Leistungen und mangelnde Einsatzbereitschaft zu erkennen. Unzureichendes Leistungsverhalten wird bestraft, allerdings nicht direkt. Die Diszipli-nierung erfolgt vielmehr informal und versteckt, z. B. durch Ermahnungen in Team-besprechungen. Nicht selten kommt es auch zu öffentlich geäußerten Selbstbezich-tigungen und zu dem Versprechen, sich zukünftig noch mehr als ohnehin schon anzustrengen. Ein drittes Ziel der Kulturgestaltung bei Hephaestus ist die Imageförde-rung, Mitarbeiter und Kunden sollen gleichermaßen von der Kompetenz der Firma überzeugt sein und dieses positive Bild weiter vermitteln.

Das beschriebene Programm hat nach den Beobachtungen von Casey durchaus Wirkung gezeigt. Arbeitnehmertugenden wie Gewissenhaftigkeit, Einsatzbereitschaft und Loyalität sind bei den Mitarbeitern mittlerweile fest verankert. Auch die Sozialtu-genden, an denen es vorher nicht selten gefehlt hat, wurden gestärkt. Während es in der

»alten« Kultur oft zu emotionalen Ausbrüchen und mancherlei Respektlosigkeiten kam, herrschen nun ein zivilisierter Umgangston und ein hohes Maß an emotionaler Selbstkontrolle. Außerdem hat sich die Teamfähigkeit verbessert, die Mitarbeiter sind flexibler und anpassungsbereiter. Neben diesen erhofften Wirkungen beobachtet Casey auch einige nicht intendierte Nebenfolgen, die allerdings auf den ersten Blick nicht ins Auge springen. Eine dieser Nebenfolgen ergibt sich aus der großen Transparenz der neu geschaffenen Arbeitsprozesse. Sowohl die Möglichkeit, das Verhalten der Kollegen direkt zu beobachten, als auch die eigene Erfahrung, ständig beobachtet zu werden, bewirken eine unmittelbare und kontinuierliche Disziplinierung, ein Tatbestand, der allerdings von niemandem thematisiert wird und implizit bleibt. Eine zweite so nicht vorbedachte Folge der »New Culture« ist das Ausmaß, in dem echte Partizipation durch Schein-partizipation verdrängt wird. Es kommt jedenfalls nicht selten vor, dass nach stundenlangen Beratungen im Team der Vorgesetzte schließlich doch eine einsame Entscheidung trifft. Wird diese dann in Frage gestellt, greift er normalerweise auf den traditionellen autoritativen Ton zurück: »Wir machen es wie ich gesagt habe, weil ich es gesagt habe, schließlich bin ich der Boss. Das war's dann.« (Casey 1995, 118 f.) Macht, Kontrolle und Disziplinierung sind nicht verschwunden, sie werden nur weniger offen zur Schau gestellt, sie spielen sich nicht mehr auf der sozialen, sondern auf der emotionalen und intra-psychischen Ebene ab. Casey illustriert mit ihren Beschreibungen sehr eindrücklich die Einsicht, dass sich die soziale Wirklichkeit desto mehr verfestigt je mehr man sie lebt. Die beharrliche Berieselung mit der neuen Sprache und die hartnäckige Einübung des neuen Interaktionsstils erschaffen eine soziale Wirklichkeit, die sich immer wieder reproduziert und damit immer mehr als naturgegeben und selbstverständlich erscheint.

Kolonisierung des Selbst

Besonderes Augenmerk richtet Catherine Casey auf die Beeinträchtigungen, die die menschliche Psyche erleidet, wenn sie sich in einer inauthentischen Lebenswirklichkeit behaupten muss. Die »Neue Kultur« ist – so ihre Analyse – nichts anderes als eine Kolonisierung des Selbst. Mit diesem Begriff bezeichnet Casey die Bemächtigung und Veränderung selbstbestimmter Prozesse emotionaler Befindlichkeit und rationaler Urteilsfindung sowie deren Verwertung im Sinne der Managementinteressen. Diese Bemächtigung hat »Tiefgang«, es geht bei ihr nicht nur darum, dass man eben seine Rolle als Arbeitnehmer spielen und sie dann auch wieder, wenn man will, abstreifen kann, diese Art Rollendistanz ist den Arbeitnehmern in Unternehmenskulturen wie der beschriebenen nicht möglich, die Werte und Praktiken der Unternehmenskultur werden vielmehr internalisiert, d. h. sie dringen tief in die Psyche des Menschen ein und werden Teil ihres Selbst. Das muss nicht so beängstigend sein, wie es klingt, denn schließlich ist es »normal«, dass Menschen Werte und Normen übernehmen und auch internalisieren. Das ist für sie geradezu unverzichtbar, weil sie sonst nicht handlungsfähig wären und weil sonst das soziale Miteinander nicht funktionieren könnte. Bedenklich ist allerdings die in der oben angeführten Definition angesprochene Entmündigung und Fremdbestimmung. Die Mitarbeiter sind mit den Praktiken einverstanden, unterwerfen sich ihnen, ja sie bejahen sie sogar und verkennen dabei deren disziplinierenden Charakter. Man spielt das Spiel mit, weil man sich davon Vorteile verspricht, die Beschädigung ihres Selbst wird in Kauf genommen, häufig wird diese Beschädigung auch gar nicht erkannt oder aus dem Bewusstsein verdrängt. Konflikte werden in der »New Culture« verharmlost, es wird so getan, als seien alle Konflikte auflösbar. Eigenständiges Denken und Dissens werden einerseits gewünscht, dann aber in Brainstorming und »Problemlösung« transformiert. Kritik wird sogar eingefordert, aber nur als »kritisches Denken« geduldet, das innerhalb des Rahmens der vorgegebenen Politik bleibt. Ärger wird in Schuld verwandelt, Angst und psychische Belastungen, die sich angesichts der massiven Leistungsanforderungen, den komplexen und verantwortungsvollen Aufgaben, ganz zwangsläufig einstellen, gelten als normal, nicht besonders erwähnenswert und vorübergehend.

Das sind natürlich »starke« Aussagen. Auf welche Erkenntnisse stützen sie sich? Casey führte, wie beschrieben, zahlreiche Gespräche und intensive Befragungen durch, aber es sind nicht einfach die Berichte und Urteile der Befragten, die sie wiedergibt. Diese kommen zwar auch zu Wort, aber letztlich sind es ihre Interpretationen des Geschehens, die sie aus diesen Gesprächen und den zahlreichen Beobachtungen des Arbeitsalltags gewinnt und die sie anschaulich und gut nachvollziehbar schildert. Danach ist die Designer-Kultur eine zutiefst widersprüchliche Kultur. Sie hat produktive ebenso wie destruktive Folgen, Sein und Schein, offizielle und inoffizielle Verlautbarungen stimmen oft nicht überein, viele Widersprüchlichkeiten werden verschwiegen oder verdrängt, und viele Probleme – insbesondere auch der psychische Leidensdruck – werden überspielt, weil sie sich im öffentlichen Diskurs nur schwer thematisieren lassen. In Tabelle 3.4 sind einige markante Beobachtungen aufgeführt, die die Ambivalenz der Designer-Kultur sichtbar machen.

Tab. 3.4: Widersprüchliche Verhaltenswirkungen der Designer-Kultur

Die Designer-Kultur induziert die folgenden Verhaltensweisen	
einerseits:	**andererseits:**
Enge Sozialbeziehungen bei der Arbeit	Vermeidung von Privatkontakten
Teamgeist und Kooperation	Einschmeicheln, Günstlingswirtschaft
Hohe Einsatzbereitschaft	Neurotische Verhaltensweisen
Aggressiv denken und handeln	Nicht aggressiv auftreten
Zivilisiertes Sozialverhalten	Angepasstes Sozialverhalten
Anpassungsdruck	Pflege von Idiosynkrasien
Zugehörigkeit zum Winning Team	Zweifel an der Echtheit

Der erste Punkt betrifft die Betonung der Gemeinschaft und guten sozialen Beziehungen. Aufgrund der neu zugeschnittenen Arbeitszusammenhänge kommt es zu sehr engen und intensiven Kontakten der Mitarbeiter untereinander, die von ihnen als überwiegend positiv erlebt werden. Tatsächlich entwickeln sich hieraus aber keine echten Freundschaften, es ist im Gegenteil so, dass die Mitarbeiter Privatkontakte außerhalb des Firmengeschehens geradezu vermeiden. Auch der offiziell beschworene Teamgeist und die besondere Betonung der Kooperation sind durchaus doppelbödig, denn tatsächlich ist das Ausmaß der freiwilligen Zusammenarbeit sehr hoch, gleichwohl paart sich die Kooperation mit Praktiken, die Einschmeicheln und Vetternwirtschaft nicht scheuen. Und auch die hohe Einsatzbereitschaft hat ihren Preis, denn sie geht nicht selten mit psychosomatischen Beschwerden und neurotischen Verhaltensweisen einher. Casey schildert einen Vorfall, der anschaulich werden lässt, wie das Gefühl für die Angemessenheit des eigenen Verhaltens verloren gehen kann: Ein Kollege wird von seiner Ehefrau wegen eines sie sehr bewegenden privaten Problems angerufen, in diesem Gespräch schlägt er, ungeachtet der sensiblen und persönlichen Thematik und ganz befangen in seiner Arbeitsroutine, einen sehr geschäftsmäßigen Ton an und will »irgendwie« gar nicht verstehen, was daran falsch sein soll. Nachgerade schizophren gestaltet sich der Widerspruch zwischen der von der Unternehmenskultur geforderten Art aggressiv zu denken und zu handeln und dem gleichzeitig bestehenden Tabu, welches verbietet im persönlichen Kontakt aggressiv aufzutreten. Ein wesentlicher Gewinn der neuen Kultur ist nach den Beobachtungen von Casey, dass ein zivilisierterer Umgangston Einzug gehalten hat. Auf der anderen Seite beobachtet Casey aber einen extrem starken Anpassungsdruck, der viele zu Überanpassung drängt und der dazu führt, dass Konflikte nicht offen ausgetragen, sondern verdrängt werden. Der hohe Anpassungsdruck sucht sich andererseits ein Ventil in persönlichen Idiosynkrasien, etwa derart, dass man einen ganz eigenen Verhaltensstil zur Schau stellt oder indem man seinen jeweiligen Arbeitsplatz ganz individuell gestaltet. Schließlich und endlich findet Casey bei den Mitarbeitern auch Zweifel an der Glaubwürdigkeit der Firmen- und Personalpolitik. Die Bedenken werden aber in Schach gehalten von der Furcht als Außenseiter zu gelten, denn man möchte schließlich doch zu den Gewinnern gehören, und diese definieren sich eben dadurch, dass sie sich mit dem Unternehmen voll identifizieren und die offizielle Firmenphilosophie vertreten.

Mechanismen

Die Designerkultur bringt Erfolg, aber auch Leid. Besonderen Leidensdruck empfinden Mitarbeiter, deren Persönlichkeitsstruktur nicht in diese Kultur hineinpasst. Der typische Hephaestus Mitarbeiter ist aufgabenorientiert, entscheidungsfreudig und aggressiv. Personen, die eher mitarbeiterorientiert, gründlich und zurückhaltend sind, haben damit große Schwierigkeiten. Doch unabhängig von der Persönlichkeitsausstattung, der extreme Leistungsdruck ist für alle Mitarbeiter ein Problem – und insbesondere die große Unduldsamkeit gegenüber Fehlern. Casey schildert eine Gruppensitzung, in deren Verlauf der Vorgesetzte seine Gruppe wegen eines bislang von ihr nicht bewältigten Problems scharf kritisierte. Im Zuge der folgenden heftigen Diskussion machte einer der Mitarbeiter (Joe) einen anderen Kollegen für die schlechte Leistung verantwortlich, was alle anderen gegen Joe aufbrachte. Als Joe die Vorwürfe zurückwies und die neuen Arbeitsprozeduren verantwortlich machte, wurde er vollends zum Sündenbock. Einige Tage später von Casey darauf angesprochen, hatte Joe seine Auffassung geändert. Er glaubte zwar immer noch, dass die Arbeitsprozesse nicht optimal seien, aber er hatte die Kritik seiner Kollegen akzeptiert und, da ihm deren Missfallen Unbehagen bereitet, hatte er sich des Problems besonders angenommen und durch harte Arbeit einer Lösung zugeführt. Nach Casey zeigt dieser Vorfall, wie Schuldgefühle und Angst zusammenwirken und jeden Wunsch nach Dissens und Widerstand unterdrücken können.

Schuld und Angst sind Phänomene, die in der neuen Kultur deshalb einen guten Nährboden finden, weil diese das Soziale, das Familiäre und Gemeinschaftliche ins Zentrum rückt. Gekoppelt mit den hohen Leistungserwartungen, die in dieser Kultur herrschen, führt die auf die Betriebsgemeinschaft ausgerichtete Orientierung eben nicht zu einer ungezwungenen und befreiten Entfaltung der eigenen Fähigkeiten. Die Mitglieder machen nämlich die Erfahrung, dass Fehler und schlechte Leistungen als Versagen gewertet werden. Und an dieser Stelle gewinnt die enge soziale Einbindung eine wenig erfreuliche Wendung, weil sie einen daran hindert diese kollektive Deutung abzuschütteln. Im Gegenteil, man übernimmt diese Deutung und schreibt das vermeintliche Versagen der eigenen Person zu. Versagt zu haben, der Gemeinschaft nicht das zu liefern, was sie verdient, ruft Schuldgefühle hervor. Dieser Situation nicht entrinnen zu können, erzeugt Angst.

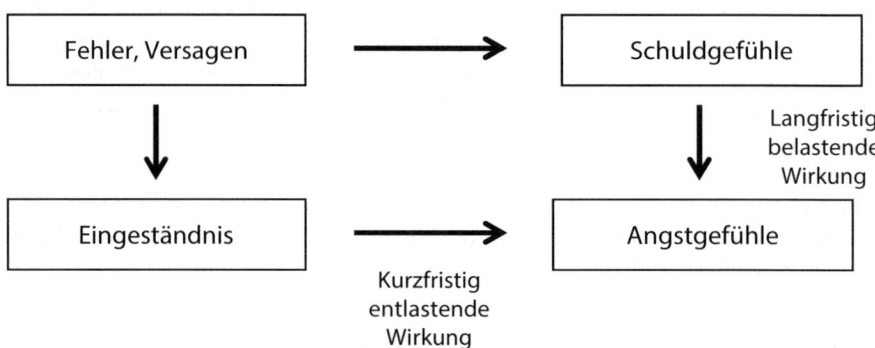

Abb. 3.12: Furcht vor Leistungsversagen, Schuld und Angst

Interessanterweise bietet die Gemeinschaftskultur bei Hephaestus für diese Problematik einen (scheinbaren) Ausweg, und zwar durch die Möglichkeit, sich durch das Eingeständnis der eigenen Fehler Erleichterung zu verschaffen. In manchen Meetings gewinnen derartige Geständnisse einen fast rituellen Charakter. Der Bericht über die eigenen Fehler verbunden mit dem Versprechen sie abzustellen, wird in aller Regel positiv aufgenommen, womit die Gruppe Nähe und Verzeihen demonstriert. Allerdings dürfte hierdurch nur eine vorübergehende Erleichterung eintreten, man kann sogar vermuten, dass das Eingeständnis des Versagens die Schuldgefühle latent noch verstärkt, weil die Schuld damit ja öffentlich gemacht wird und damit den Rang einer Tatsache

erhält. Casey geht in ihren Schilderungen auf eine ganze Reihe weiterer Verhaltensmechanismen ein, die wir an dieser Stelle nicht näher behandeln können.

Anzumerken ist allerdings, dass die Mitarbeiter sich nicht alle in der gleichen Art und
Weise in der New Culture zurechtfinden. Casey unterscheidet drei Reaktionstypen, die
sich im Hinblick auf ihre Gefühlslagen, ihre Einstellungen und in ihren Verhaltensweisen deutlich voneinander unterscheiden, das defensive, das einverstandene und das
kapitulierende Selbst. Das *defensive Selbst* nimmt eine kritische Haltung gegenüber der
Unternehmensleitung und den unternehmenskulturellen Zumutungen ein. Sein Verhalten ist in einem gewissen Umfang widerständig. Personen mit dieser Haltung vermeiden es, so gut es geht, an Meetings teilzunehmen. Sie wenden sich von den sozialen
Aufgeregtheiten ab, versuchen, sich private Freiräume zu schaffen und konzentrieren
sich primär auf ihre Aufgabe. Die Gefühlslage des defensiven Selbst wird von Casey als
verwirrt, ängstlich, ambivalent, abwehrend und distanziert beschrieben. Auch das *kapitulierende Selbst* zeichnet sich durch eine distanzierte Gefühlslage aus. Der emotionale
Ton ist allerdings weniger schwankend, er ist auf der einen Seite entweder einfach durch
Enttäuschung gekennzeichnet, die manchmal in Zynismus übergeht oder auf der
anderen Seite eher gleichgültig, instrumentell und pragmatisch. Die Einstellung von
Personen mit einem defensiven Selbst gründet auf einer Illusion, der Vorstellung, sie
seien unabhängig und selbstbestimmt. Entsprechend sind sie bemüht, ihr Arbeitsver-
halten als rationales Tauschverhältnis zu begreifen. Sie beteiligen sich aktiv am Betriebsgeschehen, wissen »how to play the game«, verbrauchen dabei aber viel psychische
Energie. Im Übrigen versuchen sie, einen Schutzzaun für ihr privates Selbst zu errichten.
Das *einverstandene Selbst* schließlich hat die neuen Verhältnisse akzeptiert. Personen mit
einem einverstandenen Selbst treten als Vertreter der Firmenkultur auf, sie achten auf die
Einhaltung der Prinzipien und wehren Kritik ab. Im Verhältnis des Privat- und Fir-
menlebens sehen sie keine Probleme; ihre Gefühlslage wird von Casey als fügsam,
abhängig und manipulierbar beschrieben, gleichzeitig seien sie sehr ambitioniert. Ihre
Einstellung ist von einem zwanghaften Optimismus über die Firma und ihre eigene
Zukunft gekennzeichnet. Auch im Hinblick auf die »einverstandenen« Personen ist die
Sozialisation allerdings nicht völlig gelungen, letztlich bleibt die Anpassung an die
Firmenkultur nämlich entweder rein passiv oder sie hat einen Zug ins Zwanghafte.

Gesellschaftliche Voraussetzungen für die Etablierung der Neuen Kultur

Die Designerkultur oder die »New Culture« hat eine wichtige Funktion bei der Stabilisierung der Arbeitsbeziehungen. Diese Funktion macht erst verständlich, warum sie sich
überhaupt etablieren konnte (▶ **Abb. 3.13**). Sie bietet nämlich Antworten auf neue
personalwirtschaftliche Herausforderungen. Eine dieser Herausforderungen ergibt sich
aus dem Einsatz von neuen flexiblen und effizienten Technologien. Der Umgang mit
diesen Technologien fordert den Arbeitnehmern eine hohe Anpassungsleistung ab, denn
er verlangt, dass sie in einem bisher nicht gekannten Maße ihre Fähigkeiten weiterentwickeln und auf dem Laufenden halten. Gleichzeitig drohen wegen den in diesen

Technologien steckenden Rationalisierungspotentialen verstärkt Personalabbau und Arbeitslosigkeit. Die »Neue Kultur« bietet angesichts dieser Herausforderungen und Bedrohungen eine affektive Stütze, sie fördert den Prozess der Selbstentwicklung und vermittelt das Gefühl, einer schützenden Gemeinschaft anzugehören. Die Betonung der Betriebsgemeinschaft ist gleichzeitig eine Antwort auf die gesellschaftliche Erosion traditionaler Bindungen und Gemeinschaften (Familie, Gewerkschaften, Ortsgemeinschaften usw.). Sie bietet zwar, näher betrachtet, nur eine Scheinsolidarität, was aber – wie beschrieben – von den Mitarbeitern so nicht unbedingt wahrgenommen wird.

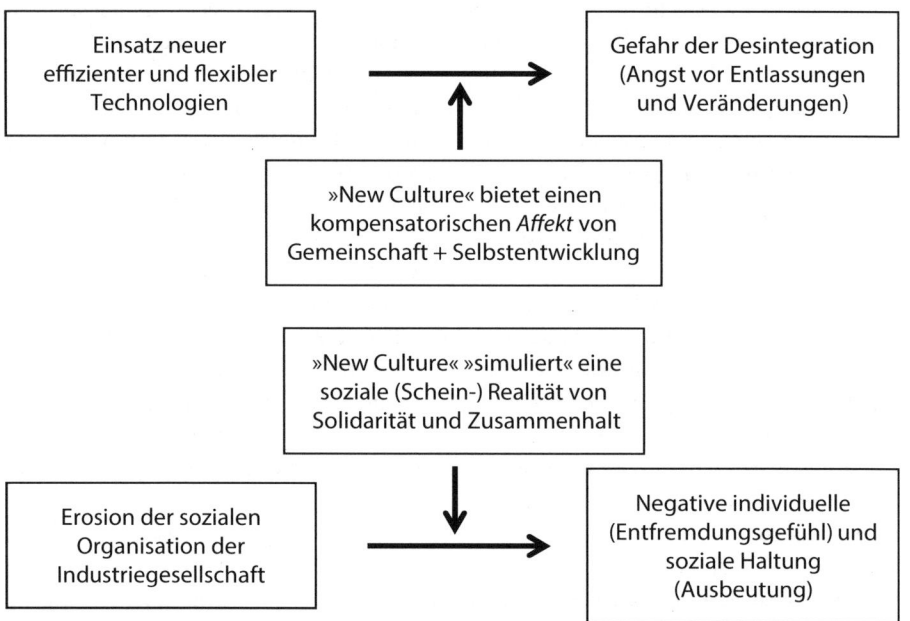

Abb. 3.13: »New Culture« als Mittel gegen Entfremdung und Desintegration

Casey stellt die Herausbildung der »New Culture« also in einen historischen Zusammenhang. Der traditionelle Industriebetrieb war geprägt durch fragmentierte Arbeit, bürokratische Abläufe, Hierarchie und Machtdistanz sowie durch rigide Kontrollen. Die neuen post-industriellen Strukturen sind dagegen durch Automatisierung und Computersteuerung gekennzeichnet. »low skill jobs« werden wegrationalisiert, es entstehen integrierte multifunktionale Tätigkeiten und die Arbeitnehmer übernehmen mehr und mehr Aufgaben, die traditionell dem Management vorbehalten waren. Dieser Wandel der industriellen Strukturen führt fast zwangsläufig zu einer Veränderung auch der Unternehmenskultur. Was das unmittelbare Arbeitserleben der betroffenen Arbeitnehmer angeht, haben sich damit zwar in mancher Hinsicht Verbesserungen ergeben, andererseits haben sich neue Belastungen eingestellt. Die traditionelle Industriegesellschaft war gekennzeichnet durch entfremdende Arbeit mit geringen Entfaltungsmöglichkeiten. Dessen ungeachtet war die berufliche und gesellschaftliche Perspektive der abhängig Beschäftigten auch sehr stark von Optimismus geprägt, denn sie war von dem Versprechen der Moderne auf Rationalität, Fortschritt, Aufstieg und Konsum getragen. Die Erfolge beim solidarischen Kampf um bessere Arbeits- und Beschäftigungsbedingungen hat die Integration in die Gesellschaft befördert. Die Verwurzelung in der jeweiligen Klassenkultur hatte nicht primär ausgrenzende, sondern integrierende Wirkung, weil die Berufs- und Interessengruppen, mit denen sich die Arbeitnehmer identifizierten, eine starke gesellschaftliche Stellung innehatten. In der entwickelten Industriegesellschaft finden sich gänzlich andere sozialstrukturelle Voraussetzungen, die Arbeit ist komplexer, die Belegschaften sind stärker polarisiert und es herrscht strukturelle Arbeitslosigkeit, die auch in Zeiten der Hochkonjunktur nicht auflösbar ist. Dazu kommt die Krise der modernen Kultur, die sich unter anderem durch den Verlust von Sinnorientierungen auszeichnet, sowie durch einen extremen Individualismus mit starken narzisstischen Elementen. Arbeitnehmerrechte werden nicht mehr kollektiv erstritten, jeder versucht ganz individuell die ihm zugänglichen Arbeitsbedingungen und Karrieremöglichkeiten auszuloten. In die Lücke, die die Auflösung sozialer Bindungen reißt, stößt die neue Unternehmenskultur, sie bietet – wie von Casey beschrieben – eine neue Form der sozialen Einbindung und bedient das tief in der menschlichen Natur verankerte Bedürfnis nach Identifikation.

Bewertung

Wie ist die Analyse von Catherine Casey zu bewerten? Und wie ist die New Culture zu bewerten? Zur ersten Frage: Die Aufgabe, der sich Casey stellt, die Unternehmenskultur der post-industriellen Ära zu analysieren, ist nicht einfach. Eigentlich ist das damit anvisierte Erkenntnisziel unerreichbar, die Thematik ist viel zu komplex und umgreifend. Es lassen sich allenfalls sehr allgemeine Trends beschreiben, weshalb viele Aspekte, die ebenfalls eine nähere Betrachtung verdienen, ausgeblendet bleiben müssen. Im Ergebnis führt dies dazu, dass das von Casey skizzierte Bild vielen Lesern nicht einleuchten wird, weil diese die Besonderheiten ihrer je eigenen Erfahrungswelt hierin nicht wiedererkennen. Eine gewisse Pointe gewinnt das damit bezeichnete Problem noch dadurch, dass Casey mit ihren Überlegungen ja nicht auf spezielle, sondern auf allgemeingültige Aussagen abzielt, diese aber nur auf die Analyse eines Einzelfalls stützen kann. Andererseits werden viele Leser ihre eigene Unternehmenswirklichkeit in den Schilderungen von Casey durchaus treffend beschrieben finden. In den Details werden sicher Unterschiede existieren, doch darauf kommt es nicht an. Entscheidend ist, ob die Gesamtargumentation überzeugt und zu neuen Einsichten führt. Das wird man der Studie von Casey nicht absprechen können. Jedenfalls liefert es ein erhellendes Gegenbild zu den oberflächlichen Anpreisungen vermeintlich moderner Unternehmenskultur wie man sie in der einschlägigen Management-Literatur häufig findet. Zwar mag die zentrale Einsicht des Buches, dass sich die Psychostruktur der Sozialstruktur anpasst, dass die Widersprüchlichkeiten des Sozialen in den Widersprüchlichkeiten des Psychi-

schen Ausdruck finden, nicht neu sein, konkretisiert im Hinblick auf die Personalpraktiken in Unternehmen, erwachsen aus dieser Einsicht aber durchaus bedenkens-
werte Erkenntnisse. Allerdings liegt hier eine gewisse Unschärfe in der Analyse von
Casey, weil sie nicht klar herausarbeitet, wie man sich den Zusammenhang zwischen den
kulturschaffenden Maßnahmen und den beschriebenen Wirkungen genau vorzustellen
hat. Teamarbeit, Meetings, Benchmarking, der Einsatz von Kommunikationsmedien
usw. führen ja nicht von selbst und nicht notwendigerweise zu psychischen Beeinträchtigungen. Es kommt wohl weniger auf die Maßnahmen als auf den Geist an, in dem
diese Maßnahmen verwendet werden.

Zur zweiten Frage, zur Beurteilung der personalpolitischen Ausrichtung, die in der
»New Culture« zum Ausdruck kommt: Was die Ziele betrifft, die die Kulturgestalter
bewegen, kann man kaum etwas einwenden. Die Sicherung von Leistung, Kooperation
und Lernen in einer sich ändernden Welt ist ein legitimes Anliegen. Kritisch zu beurteilen ist allerdings die Machbarkeitsannahme, die hinter dem Anspruch steckt,
Kulturen zu gestalten. Man findet in der Unternehmenspraxis nicht selten ganz konkrete Vorstellungen darüber, wie der Mitarbeiter nach Maß aussehen sollte und es gibt
auch das Bemühen, sich durch gezielte Maßnahmen die passgenauen Mitarbeiter zu
beschaffen und zu erschaffen. Dahinter steckt eine maßlose Selbstüberschätzung.
Selbsternannte Kulturgestalter sind in aller Regel selbst lediglich Marionetten der
mächtigen gesellschaftlichen Trends, denen sie ihre affirmative Aufmerksamkeit
schenken und die sie als ihre eigene Schöpfung verkaufen. Dabei sollte man nicht
meinen, die gesellschaftlichen Bewegungen, die die Unternehmenswirklichkeit verändern, beruhten auf einer tieferen Logik oder gar Rationalität. Dass dies nicht so ist, zeigt
sich schon in den von Casey beschriebenen negativen Nebenfolgen. Aus praktischer
Sicht lässt sich die New Culture also kaum vereinnahmen. Sie wird nicht aus einem
Guss geplant und umgesetzt, sie entsteht vielmehr als Muster aus einer Vielzahl von
jeweils nur mehr oder weniger geplanten Einzelaktivitäten und -entscheidungen. Die
Frage, welche Einsicht hinter diesem »Konzept« steckt, läuft also einigermaßen ins
Leere. Man kann allenfalls fragen, ob Casey die soziale Wirklichkeit angemessen beschreibt, wie zuverlässig ihre Beobachtungen und ob ihre Interpretationen angemessen
sind.

Aber die methodische Seite der Studie von Casey soll hier nicht näher betrachtet
werden. Wir wollen abschließend lediglich noch auf einen inhaltlichen Aspekt hinweisen, den Tatbestand, dass ja nicht ausnahmslos alle Unternehmen die von Casey
beschriebene Kultur aufweisen oder auch nur anstreben. Es wäre daher lohnenswert
mehr darüber zu erfahren, wie es zu dem unterschiedlichen Verhalten der Unternehmen kommt. Hierauf geht Casey nicht näher ein. So wird nicht untersucht, ob
Unternehmenskulturen nicht doch sehr stark auch von den jeweiligen nationalen
Kulturen bestimmt werden, welche Bedeutung arbeitspolitischen Institutionen zukommt und welche Relevanz Branchentraditionen, die Marktmacht und die Wettbe-
werbsbedingungen besitzen. Hierzu würde man gern Genaueres erfahren oder etwas
allgemeiner formuliert, es wäre gut zu wissen, wovon es abhängt, in welchem Geist die
von Casey beschriebenen und von vielen als »modern« empfundenen Personalkon-

zepte zur Anwendung kommen. Um diese Frage zu beantworten bedürfte es des simultanen Einsatzes nur schwer miteinander vermittelbarer Forschungsmethoden: intensiver Fallstudien in der Art, wie sie von Casey durchgeführt wurden und großzahliger Erhebungen, die die Erkenntnisse über die Art des Einsatzes des personalpolitischen Instrumentariums und über dessen Determinanten auf eine repräsentative Grundlage stellen. Eine systematische Betrachtung verdiente außerdem die Untersuchung der Entscheidungsprozesse, die ein bestimmtes Maßnahmenpaket hervorbringen und wie »empfänglich« Organisationen für solche Maßnahmenpakete sind, welche »kulturpolitischen« Maßnahmen welche Wirkungen entfalten, welchen Karrierehoffnungen die Beteiligten nachhängen und welche Belohnungsmuster und Machtstrukturen vorzufinden sind. Aber auch diesbezüglich gilt natürlich, dass sich mit einer einzelnen Studie nicht alle Fragen beantworten und alle Zusammenhänge untersuchen lassen.

3.2   Sozialisationspraktiken

Wie eingangs beschrieben, beschäftigt sich die Literatur zur organisationalen Sozialisation vor allem mit Fragen der Eingliederung von neuen Organisationsmitgliedern. Im Mittelpunkt des Interesses steht die Frage, was man tun kann, damit sich die Neulinge zu »nützlichen Gliedern« der Gemeinschaft entwickeln. Nicht zufällig befasst sich der wohl am häufigsten zitierte wissenschaftliche Aufsatz zur organisationalen Sozialisation (van Maanen/Schein 1979) mit »Sozialisationstaktiken«, einem Begriff, der ganz unverblümt auf interessengeleitete Einflussbemühungen abzielt. Wie die Übersicht in Abbildung 3.14 zeigt, folgen die Forschungsaktivitäten zur organisationalen Sozialisation auch unabhängig von diesem speziellen Aufsatz einem eher linearen und recht einseitigen Sozialisationsverständnis.

Auf einer ersten Betrachtungsstufe geht es darum, in welchem Maße der »Sozialisand« bestimmte Sozialisationsinhalte lernt, Inhalte, die es ihm erlauben, sich in der für ihn unbekannten sozialen Umgebung zurechtzufinden und die dazu beitragen, dass er von den übrigen Mitgliedern der Organisation akzeptiert wird. Auf der zweiten Betrachtungsstufe werden »unmittelbare« Auswirkungen wie Rollenklarheit, soziale Integration und das Gefühl, am richtigen Ort zu sein in den Blick genommen. In einem dritten Schritt wird untersucht, inwiefern diese unmittelbaren Verhaltenswirkungen dazu beitragen, dass sich der Neuling mit der Organisation verbunden fühlt, Leistung zeigt und zufrieden ist.

Unterstellt wird dabei meist, dass eine erfolgreich verlaufende Sozialisation letztlich beiden Seiten dient, also sowohl dem Neuling als auch der Organisation insgesamt. Das ist aber eine durchaus fragliche Annahme, denn schließlich geht es darum, dass sich das Individuum an das soziale System anpasst und nicht etwa umgekehrt. Dass diese Blickrichtung die wissenschaftliche Auseinandersetzung bestimmt, sieht man allein schon an den Lerninhalten, die in der einschlägigen Literatur benannt werden (► **Tab. 3.5**).

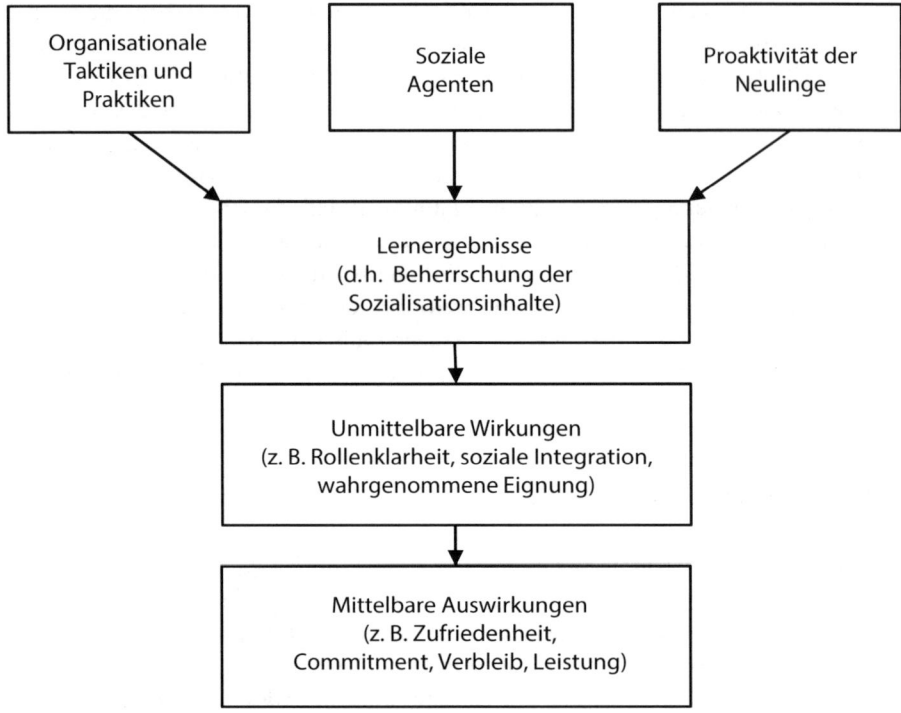

Abb. 3.14: Betrachtung der organisationalen Sozialisationsproblematik in der wissenschaftlichen Literatur (Quelle: Klein/Heuser 2008, 283)

Tab. 3.5: Inhalte der organisationalen Sozialisation (nach Klein/Heuser 2008, 301)

Inhalte	Erläuterung
Sprache	Erlernen der technischen Ausdrücke und Abkürzungen, der Umgangssprache und des Jargons.
Geschichte	Kenntnis der Geschichte, der Traditionen und des Herkommens und der Veränderungen der Organisation.
Aufgabeneignung	Erwerb des für die Aufgabenerfüllung notwendigen Wissens, der Fähigkeiten und Fertigkeiten.
Arbeitsbeziehungen	Informationen über Kollegen, deren Erwartungen, Eigenheiten usw. um effiziente Arbeitsbeziehungen aufzubauen.
Sozialbeziehungen	Informationen über Kollegen, deren Verhältnisse, Interessen usw. um ein soziales Netzwerk aufzubauen.
Strukturen	Kenntnis der formalen Strukturen, Zuständigkeiten, Erreichbarkeiten usw.

Tab. 3.5: Inhalte der organisationalen Sozialisation (nach Klein/Heuser 2008, 301)
– Fortsetzung

Inhalte	Erläuterung
Machtpolitik	Kenntnis der informalen Macht- und Entscheidungsstrukturen, Ressourcen, Einflussmöglichkeiten.
Ziele und Strategien	Kenntnis der Produkt-Markt-Verhältnisse, Wettbewerbssituation, Ziele und Strategien.
Kultur und Werte	Übernahme von Gebräuchen, Mythen, Überzeugungen und Werten, Prinzipien, Symbolen, Ideologien.
Regeln und Verfahren	Kenntnis der formalen arbeitsplatzbezogenen Regeln, Richtlinien und Verfahren.
Navigation	Kenntnis der impliziten Regeln, Normen und Verfahren am Arbeitsplatz.
Anreize	Kenntnis der Anreize, die man für seine Beiträge erhalten kann (Lohn, Förderung, Chancen, Sozialleistungen usw.).

Offenbar hat der Einzelne eine ganze Menge zu lernen, das Lernspektrum reicht vom Verstehen der betriebsspezifischen Sprachgewohnheiten über die Kenntnis der organisatorischen Abläufe bis hin zu spezifischen Regeln, die die persönliche Zusammenarbeit mit den Kollegen betreffen. Viele dieser Wissenselemente lassen sich nur schwer verbalisieren, sei es, weil die Tatbestände, um die es geht, einigermaßen diffus sind (bzw. den Teilnehmern nur halb bewusst sind) oder sei es, weil es peinlich oder unschicklich wäre, sie ausdrücklich zu benennen. Wenn beispielsweise alle vor dem Chef buckeln oder wenn das in einer Organisation beobachtbare Kooperationsgehabe keine echte Substanz aufweist, dann kann man den Neuling ja schlecht dazu auffordern, sich daran ein Vorbild zu nehmen, man verlässt sich vielmehr darauf, dass dieser schon früh genug selbst bemerkt, wie er sich verhalten sollte, um nicht anzuecken. Außerdem geht es bei dem Hineinfinden in das Betriebsgeschehen nicht selten um einigermaßen verwickelte Themen, was einem neuen Organisationsmitglied einiges an Beobachtungsgabe, Einfühlungsvermögen und praktischer Intelligenz abverlangt. Der »Erfolg« der Sozialisation ist daher oft gar nicht so sehr von den einzelnen Lerninhalten als vielmehr von dem Geschick bestimmt, das Richtige zu lernen, Wichtiges von Unwichtigem zu unterscheiden und tieferliegende Zusammenhänge zu erkennen.

Dabei wäre allerdings erst noch zu klären, was eigentlich mit »Lernen« genau gemeint ist. In der Aufzählung von Tabelle 3.5 bleibt dies einigermaßen undeutlich. Schließlich macht es einen erheblichen Unterschied, ob man die gegebenen Werte und Regeln nur zur Kenntnis nimmt oder ob man außerdem versucht, diese Kenntnis in seinem Handeln zu berücksichtigen und zu verwerten, oder ob man die Werte und Regeln schließlich auch übernimmt und ihnen mit Überzeugung folgt. Es wäre also zu unterscheiden, ob man Motivationen, Handlungstendenzen, Vorschriften, Normen usw. lediglich rein äußerlich lernt oder ob man sie auch akzeptiert, sie für legitim hält, sich mit ihnen identifiziert oder sie gar internalisiert hat. Und auch wenn es nur um das Lernen von Sachverhalten geht (also um die Aneignung von Wissen, Fertigkeiten und Fähigkeiten), sollte man nach der Tiefe der Verankerung differenzieren, also danach, wie tief eingebrannt das Wissen und die Fähigkeiten sind, ob es mühsam ist, sie zu aktivieren und zur Geltung zu bringen, ob die Wissenselemente leicht »irritierbar« sind und wie sehr sie sich mit den übrigen Elementen des individuellen Wert-Wissens-Systems vernetzen.

Was bestimmt nun aber darüber, ob die jeweiligen Lerninhalte auch angenommen werden? Gemäß Klein und Heuser (2008) spielen die in einer Organisation zum Einsatz kommenden, bewusst geplanten Maßnahmen eine erhebliche Rolle. Darauf gehen wir gleich näher ein. Daneben kommt den sozialen Agenten (also vor allem den Vorgesetzten und Kollegen) eine erhebliche Bedeutung zu und schließlich trägt auch das Verhalten der Sozialisanden selbst maßgeblich dazu bei, ob die Eingliederung »gelingt«. Dass dem sozialen Umfeld eine zentrale Rolle im Sozialisationsprozess zukommt, dürfte sich von selbst verstehen. Empirische Studien zeigen denn auch, dass gute Beziehungen zu den Kollegen und Vorgesetzten den Sozialisationserfolg maßgeblich bestimmen. Im Detail fördern einschlägige Studien differenzierte Ergebnisse zu Tage. So sollen schlechte Vorgesetztenbeziehungen zwar mit Rollenkonflikten korrelieren, nicht jedoch mit der Rollenunsicherheit, während sich dies bei der Kollegenbeziehung genau umgekehrt verhalte (Bravo u. a. 2003). Es ist allerdings zweifelhaft, ob sich derartige Zusammenhänge tatsächlich als robust erweisen, wenn man sie auf einer allgemeineren Basis untersuchen würde. Dessen ungeachtet kommt der Qualität der sozialen Beziehungen natürlich eine große Bedeutung zu. Außerdem ist es hilfreich, wenn der Neuling Personen vorfindet, die er sich zum Vorbild nehmen kann – ein Tatbestand, der die Einführung von Paten- oder Mentorensystemen plausibel macht. Wie bereits beschrieben, ist Sozialisation kein passiver Vorgang, sondern wird sehr stark auch vom Verhalten des Sozialisanden bestimmt. Die Literatur stellt insbesondere auf seine »Proaktivität« ab. Darunter versteht man zum einen eine gewisse Grunddisposition, die jemanden veranlasst, sich aktiv mit seiner Umwelt auseinanderzusetzen. Zum anderen geht es um das konkrete Bemühen, sich ein soziales Netzwerk aufzubauen, Feedback einzuholen, sich positiv darzustellen und gegenüber der sozialen Umwelt eine positive und offene Haltung einzunehmen (Crant 2000, Gruman/Saks/Zweig 2006). Die Studien, die sich mit dem persönlichen Engagement der Sozialisanden beschäftigen, akzentuieren zwar ebenfalls stark die Anpassungskomponente, sie lassen aber immerhin anklingen, dass der Einzelne auch Möglichkeiten erkunden kann, um selbstbestimmt auf sein soziales Umfeld einzuwirken und es in seinem Sinne (mit) zu gestalten.

Praktiken, Taktiken, Strategien

Klein und Heuser (2008) machen einen Unterschied zwischen spezifischen Sozialisationsaktivitäten (»Praktiken«) der Organisationen und Maßnahmen, die eine Strukturierung der Sozialisationserfahrungen herbeiführen. Mit dem Begriff der »Sozialisationspraktiken« versehen sie eine einigermaßen heterogene Sammlung von

Maßnahmen, z. B. die Einarbeitung am Arbeitsplatz, Begrüßungsveranstaltungen, Einführungsbroschüren, Gesprächsforen, Internetseiten, die Betreuung der Neulinge durch Kollegen, die Benennung von speziellen Ansprechpartnern, die Einrichtung eines Sorgentelefons und den gelegentlichen Anruf des Geschäftsführers, der sich nach dem Befinden des Neulings erkundigen, ihm womöglich sogar zur Begrüßung ganz persönlich die Hand schütteln sollte. Kieser und Nagel (1986) stellen vor allem die Möglichkeiten heraus, die der unmittelbare Vorgesetzte hat, um den Eingliederungsprozess neuer Mitarbeiter zu erleichtern. Als Beispiele führen sie die gemeinsame Erarbeitung eines Einarbeitungsprogramms an, das regelmäßige Feedback, Nachsicht bei Fehlern, die Zusicherung der Unterstützung und gegebenenfalls die Vereinbarung spezifischer Trainingsmaßnahmen. Sinnvoll seien außerdem Orientierungsveranstaltungen ganz zu Beginn der Arbeitstätigkeit, in denen wichtige Grundinformationen gegeben werden und Einführungsseminare, die in mehr oder weniger regelmäßigen Abständen stattfinden und in denen allgemeine Arbeitsprobleme sowie besondere Schwierigkeiten der Eingewöhnung behandelt werden können.

In einer zweiten Gruppe von Gestaltungsmaßnahmen geht es, wie angeführt, um die Strukturierung der Sozialisationserfahrungen. Damit meinen Klein und Heuser (2008), anders als man erwarten dürfte, nicht etwa die Sozialisationseinflüsse, die sich aus Besonderheiten der Aufbau- und Ablauforganisation ergeben könnten, aus Regeln, Rollen und Institutionen, also aus festgefügten Strukturen und aus deren verhaltenslenkenden Wirkungen. Stattdessen geht es ihnen um »Sozialisationstaktiken«, also um einen Begriff, der eher an berechnendes Handeln als an strukturelle Gegebenheiten denken lässt. Er wurde von van Maanen und Schein (1979) eingeführt, um die Gestaltungshandlungen von Organisationen im Hinblick auf die Sozialisation ihrer Mitglieder zu beschreiben. Sie unterscheiden dabei sechs Grundorientierungen. Eine erste Grundorientierung betrifft die Gegenüberstellung von *kollektiver und individueller Sozialisation*. Bei der kollektiven Sozialisation wird eine Kohorte von Personen, die sich in einem Statusübergang befindet, gemeinsamen Erserfahrungen ausgesetzt. Das markanteste Beispiel hierfür sind Rekruten, die ihre militärische Grundausbildung in aller Regel gemeinsam »durchleiden« müssen. Als weitere Beispiele nennen van Maanen und Schein Bruderschaften, Gruppentrainings für Verkäufer und intensive Kurse für Nachwuchsmanager. Das andere Ende dieser Dimension bildet die individuelle Sozialisation, bei der jeder Einzelne ganz isoliert von anderen Aspiranten seine je eigenen Sozialisationserfahrungen macht. Beispiele sind Auszubildende in kleineren Unternehmen, Nachwuchskräfte in Ingenieurbüros, Arztpraxen, Steuerberatungen oder auch alle diejenigen, die sich in eine komplexe Aufgabe »on the job« einarbeiten müssen. Bei der individuellen Sozialisation kommt den Sozialisationsagenten eine ganz entscheidende Bedeutung zu. In einer positiven Beziehung werden sie als Rollenmodell akzeptiert und können das Verhalten des Sozialisanden nachdrücklich beeinflussen. Bei der kollektiven Sozialisation kommt diese Rolle dagegen den Mitaspiranten zu. Das kann »nachteilig« sein, weil sich in der Gruppe der Neulinge leicht eine ganz eigene Subkultur herausbilden kann, die nicht notwendigerweise mit der Organisationskultur harmoniert. Andererseits kann das Kollektiv die Sozialisation auch ganz maßgeblich unterstützen. Zwischen den »Rekruten« entsteht aufgrund ihrer gemeinsamen Situation oft eine große soziale Nähe, woraus ein Einflusspotential erwächst, das den Vertretern der Organisation nicht zur Verfügung steht. Es kommt daher häufig zu einer wechselseitigen kollektiven Disziplinierung, die sich ganz im Sinne der Organisation gestaltet.

Die *formale Sozialisation* findet großenteils außerhalb des Alltagsbetriebes statt. Die Sozialisanden nehmen ganz offiziell die Rolle des Neulings ein und werden z. B. in Akademien, Lehrwerkstätten oder in Vorbereitungskursen auf ihre Aufgaben in der Organisation vorbereitet. Bei der *informalen Sozialisation* findet eine derartige Spezialisierung nicht statt. In gewisser Weise ist die informale Sozialisation eine Laissez-faire Sozialisation, in der Versuch und Irrtum über den Sozialisationserfolg entscheiden. Bei der formalen Sozialisation geht es zwar auch um »Inhalte«, wichtiger ist hierbei aber oft die Übernahme von Haltungen, die Entwicklung von Loyalität und die Einübung eines bestimmten Auftretens. Die informale Sozialisation wird häufig als belastender erlebt, weil man hier weniger an der Hand genommen wird, entsprechend unsicherer agiert. Außerdem haben Fehler, die man als Neuling fast unvermeidlich begeht, reale Konsequenzen. Tatsächlich finden sich zwischen den Extremen der formalen und informalen Sozialisation auch Mischformen, man denke etwa an Ärzte während ihrer Facharztausbildung, in der sowohl praktische Arbeit zu leisten ist, gleichzeitig aber auch eine formale Beaufsichtigung und Weiterbildung stattfindet. Außerdem erfolgt unvermeidlich auf jede formale Sozialisation in der sich anschließenden konkreten Einsatzzeit immer auch eine informale Sozialisation, in der die zuvor gelernten Sozialisationsinhalte nicht selten »praxisgerecht« abgeschliffen werden.

Die dritte Dimension des van Maanen-Schein-Schemas betrifft die Reihenfolge von Sozialisationsschritten hin zu einer »Ziel-Position« (etwa zum Vertriebsleiter, Chefarzt oder Geschäftsführer). Bei der *sequentiellen Sozialisation* durchläuft man klar abgrenzbare Teilschritte, beim *zufallsbestimmten Prozess* ist die Reihenfolge der Sozialisationsstationen dagegen unbekannt, undeutlich oder wechselhaft. Interessanterweise ist es für van Maanen und Schein keine begriffsnotwendige Eigenschaft, dass die Teilschritte der sequentiellen Sozialisation auch gut aufeinander abgestimmt sind. Es gibt also durchaus Sequenzen, die nicht aufeinander aufbauen, sondern inhaltlich sehr heterogene (und manchmal auch keine relevanten) Inhalte vermitteln. Aus diesem Grund kann man nicht allen sequentiellen Sozialisationsstufen die Eigenschaften zuschreiben, die man zufälligen Sozialisationsstufen gern abspricht: Transparenz, Widerspruchsfreiheit der Anforderungen, Konsens zwischen den »Lehrenden.«

Bei einer weiteren Dimension oder »Sozialisationstaktik« geht es um die zeitliche Fixierung der einzelnen Sozialisationsabschnitte. Bei einem *fixierten Sozialisationsprozess* sind die jeweiligen Zeiten bis zur nächsten Sozialisationsstation festgelegt (bei einem Ausbildungsverhältnis etwa die Lehrzeit), bei einem *variablen Sozialisationsprozess* kann es mal länger und mal weniger lang dauern bis der nächste Sozialisationsabschnitt erreicht wird. Entsprechend groß ist daher die Unsicherheit bei den Betroffenen, die sie durch allerlei Vermutungen, die sie auf Beobachtungen und nicht selten auch auf Gerüchte stützen, zu beheben suchen. Wenn es darauf ankommt, einen einheitlichen Gruppengeist unter den Sozialisanden zu fördern, empfiehlt es sich nicht, was den karrierebezogenen Zeitplan angeht, zwischen den einzelnen Personen große Unterschiede zu machen, eine einheitliche, alle gleich behandelnde Vorgabe (zumindest für die ersten Jahre der Betriebszugehörigkeit) ist diesbezüglich besser geeignet. Tatsächlich wird man aber früher oder später doch Unterschiede machen, etwa weil nicht genügend Aufstiegsstellen vorhanden sind und weil die Fähigkeiten unter den Aspiranten nicht gleich verteilt sind. Die jeweiligen Verweilzeiten der Kollegen in den einzelnen Positionen werden von allen Beteiligten normalerweise genau registriert. Personen, die langsamer vorankommen, werden nicht selten auf Nebengeleisen »zwischengeparkt«, was die Betroffenen wenig begeistert, aber immerhin die Möglichkeit zu einem weiteren Vorankommen nicht völlig verbaut.

Das fünfte Gegensatzpaar betrifft die Frage, ob der Sozialisand von einer erfahrenen Person in das gemeinsame Tätigkeitsfeld eingeführt wird. Als Beispiel für eine *serielle Sozialisation* nennen van Maanen und Schein den Streifendienst bei der Polizei, den der Neuling gemeinsam mit einem bewährten Kollegen zu verrichten hat. Bei der *disjunktiven Sozialisation* fehlt das Rollenmodell, an dem man sich orientieren kann. Im Extremfall ist man in seiner Position und in seiner Rolle völlig allein (die einzige Frau im Management, der einzige Assistent der Geschäftsleitung usw.), was oft mit Unsicherheit und Ängsten verbunden ist. Aber auch die serielle Sozialisation hat ihre Probleme. Möglicherweise versteht man sich nicht mit der Person, von der man lernen und in deren Fußstapfen man treten soll oder man gerät an einen Kollegen, der – was Fleiß und Loyalität angeht – nicht sonderlich vorbildlich ist usw. Umgekehrt kann eine disjunktive Sozialisation vielfältige Erfahrungen verschaffen, die sich günstig auf die eigene Entwicklung auswirken und die sich auch für die Weiterentwicklung der Organisation als nützlich erweisen können.

In ihrer letzten Gegenüberstellung von Sozialisationstaktiken bringen van Maanen und Schein einen anderen Gesichtspunkt ins Spiel. Bei den vorher geschilderten fünf »Dimensionen« handelt es sich um eher äußerliche Aspekte, bei der sechsten dagegen geht es um einen inhaltlichen Punkt, die Frage nämlich, inwieweit durch die Sozialisation die Identität, die der Sozialisand mitbringt, verstärkt oder verändert wird. Bei einem *identitätsstützenden Prozess* geht es darum, auf den vorhandenen Fähigkeiten und Haltungen des Neulings aufzubauen, diese weiterzuentwickeln und zu verfestigen. Die Eingliederung soll möglichst schonend und konfliktfrei erfolgen. Zum Einsatz kommen hierbei nicht zuletzt die oben geschilderten Sozialisationspraktiken, die den Übergang so sanft wie möglich gestalten sollen. Bei einem *identitätsdestabilisierenden Prozess* dagegen wird dem Neuling eine neue Identität »verpasst«, die er sich in einem oft beschwerdereichen Weg zu Eigen machen muss. Diese Sozialisationstaktik kommt vor allem in Organisationen zum Zuge, die mit einer starken Mission ausgestattet sind, die nicht leicht zu erfüllen ist und die daher auf loyale und willensstarke Mitglieder angewiesen sind. Die Ausführungen von van Maanen und Schein zu den die Identität beeinflussenden Sozialisationstaktiken sind allerdings nicht ganz stimmig. Denn schließlich geht es keiner Organisation per se darum, die Identität ihrer Neulinge zu verändern, das Ziel besteht vielmehr darin, eine Übereinstimmung der Identitäten mit den zu bewältigenden Aufgaben zu gewährleisten. Viele Personen, die in »identitätsstarke« Organisationen streben (Legionäre, Ordensbrüder, Agenten usw.), bringen schon eine entsprechend vorgeprägte Identität mit, sie lassen Initiationsriten und Demütigungsinszenierungen, die in solchen Organisationen anzufinden sind, willig über sich ergehen, werden in ihrer Identität also nicht gebrochen, sondern bestärkt. Eigentlich zielen die von van Maanen und Schein angeführten Maßnahmen also gar nicht auf Identitätsveränderung oder –bewahrung der neuen Organisationsmitglieder, sondern auf den Nachdruck, mit dem Organisationen versuchen, die Sicherstellung einer bestimmten Identität zu gewährleisten.

Van Maanen und Schein formulieren eine Reihe von Hypothesen über die möglichen Wirkungen der von ihnen unterschiedenen Sozialisationstaktiken. Dabei betrachten sie insbesondere drei Sozialisationsergebnisse. So können die Sozialisanden eine Haltung entwickeln, die sich darauf richtet, die gegebenen organisationalen Verhältnisse und Regeln zu übernehmen und zu bewahren (»custodial response«). Davon ist eine Haltung zu unterscheiden, die auf inhaltliche Innovationen zielt (»content innovation«). Dabei geht es darum, nach Verbesserungen in der Aufgabenerfüllung zu streben und Arbeitsprozesse effizienter zu gestalten, wobei die Ziele und die Positionierung der eigenen Rolle nicht in Frage gestellt werden. In diesem letzten Punkt unterscheidet sich eine Sozialisation, die auf Rolleninnovation (»role innovation«) zielt. Entsprechend sozialisierte Organisationsmitglieder streben nach neuen Rolleninhalten und sind bemüht, ihre Vorstellungen auch angesichts von Widerständen durchzusetzen. Die Rolleninnovation wird – so van Maanen und Schein – dadurch gefördert, dass Organisationen individuelle, informale, zufällige, disjunktive und identitätsstützende Sozialisationstaktiken anwenden. Eine rollenbewahrende Haltung werde dagegen durch sequentielle, variable, serielle und identitätsdestabilisierende Taktiken gefördert. Die inhaltsbezogene Innovationshaltung entstehe dagegen durch kollektive, formale, zufällige, fixierte und disjunktive Sozialisationstaktiken. Insgesamt sei davon auszugehen, dass sich die einzelnen Sozialisationstaktiken in ihrer Wirkung bestärken, so dass die angeführten Kombinationen besonders wirkungskräftig seien.

Es ist außerdem davon auszugehen, dass die einzelnen Taktiken nicht unabhängig voneinander auftreten. Jones (1986) beispielsweise ermittelte in einer empirischen Studie enge Beziehungen zwischen den angeführten Dimensionen – lediglich die Dimension »identitätserhaltend-identitätsdestabilisierend« korrelierte nur relativ schwach mit den anderen 5 Dimensionen. Bezüglich des Zusammenwirkens und der Wirkungsweise der Taktiken schlägt Jones außerdem eine Modifizierung der Betrachtungsweise vor. Er unterscheidet zwischen einer institutionellen und einer individuellen Form der Sozialisation. Die institutionelle Form entspricht in etwa der rollenbewahrenden Strategie nach van Maanen und Schein, die individuelle Form dagegen deren rolleninnovativem Strategiemuster. An zwei Stellen gibt es allerdings Unterschiede. Während van Maanen und Schein den variablen Prozess und die identitätsdestabilisierende Sozialisation der rollenbewahrenden Form zuordnen, werden diese beiden Aspekte von Jones der individuellen und damit der rolleninnovativen Strategie zugeschlagen (► **Tab. 3.6**). Van Maanen und Schein begründen ihre Hypothese über die bewahrende Wirkung der variablen Sozialisation mit der größeren Unsicherheit, die mit dieser einhergehe, und die ein konformistisches Verhalten begünstige. Jones argumentiert dagegen, dass die größere Unsicherheit eben auch eine größere Innovativität verlange, die die Mitarbeiter, zumal wenn sie karriereorientiert seien, auch erbringen könnten. Außerdem führt er an, dass Personen, die einen klaren Entwicklungspfad vor sich haben (also einer fixierten

Sozialisation ausgesetzt seien), keinen Anlass hätten, sich besonders innovativ zu verhalten.

Tab. 3.6: Sozialisationsstrategien (nach Jones 1986, einer modifizierten Version des Ansatzes von van Maanen/Schein 1979)

Institutionelle Form der Sozialisation	Individuelle Form der Sozialisation
Kollektiver Prozess	Individueller Prozess
Formaler Prozess	Informaler Prozess
Sequentieller Prozess	Zufallsbestimmte Prozessstufen
Fixierter Prozess	Variabler Prozess
Serieller Prozess	Disjunktiver Prozess
Identitätsstützender Prozess	Identitätsdestabilisierender Prozess

Gegensätzlicher Auffassung sind van Maanen und Schein auf der einen und Jones auf der anderen Seite auch bezüglich der Wirkung der identitätsdestabilisierenden Sozialisation. Van Maanen und Schein gehen davon aus, dass diese darauf gerichtet ist, den Neulingen die organisationalen Bedürfnisse aufzudrängen, sie also zu einer Anpassung zu veranlassen. Bei der identitätsstabilisierenden Sozialisation ginge es vielmehr darum, den Glauben an die eigenen Kompetenzen zu stärken und damit eine innovative Haltung zu fördern. Jones hält dagegen, dass eine identitätsdestabilisierende Wirkung eher zu einer Auflehnung gegen die bestehenden Verhaltenszumutungen führt, die Neulinge ließen es nicht so ohne weiteres zu, dass ihre bisherige Identität in Frage gestellt werde, sie würden dadurch vielmehr veranlasst nach neuen Rollendefinitionen zu streben. Eine identitätsstabilisierende Sozialisation würde dagegen nur bestätigen, dass sich die Neulinge in ihrem Eingliederungsprozess auf einem guten Weg befinden, was deren a priori anzunehmende Anpassungsbereitschaft weiter verstärke. Die Daten von Jones weisen darauf hin, dass sich die angeführten Taktiken zu zwei gegensätzlichen Gesamtmustern fügen. Seine empirisch gewonnenen Ergebnisse bestätigen außerdem seine Vermutung, dass die individualisierte Sozialisation in einem positiven Zusammenhang mit der Rolleninnovation steht, die institutionalisierte Sozialisation dagegen mit deren Gegenpol, der Rollenkonformität.

Die beschriebenen sechs Teildimensionen wurden – ebenso wie die sich in ihnen ausdrückenden Gesamtstrategien – in nachfolgenden Studien mit vielfältigen »Erfolgsmaßen« der Sozialisation in Verbindung gebracht. Die institutionalisierte Strategie erwies sich demnach als förderlich in Bezug auf Rollenklarheit und Rollenlernen, Aufgabenbewältigung, soziale Akzeptanz, Proaktivität und ganz allgemein im Hinblick auf die Entwicklung positiver Beziehungen mit Kollegen und Vorgesetzten (Bauer u. a. 2007, Klein/Heuser 2008, Antonacopoulou/Güttel 2010). Wir wollen hierauf nicht näher eingehen, zumal man bezweifeln kann, dass sich die gefundenen Korrelationen in allen

Situationen als wirklich robust erweisen dürften. Schließlich hängt die Wirksamkeit einer Sozialisationstaktik oder -strategie im konkreten Fall von den jeweils vorliegenden ganz spezifischen Bedingungen ab (zu einer Würdigung der von van Maanen und Schein angestoßenen Sozialisationsforschung vgl. auch Tuttle 2002).

Zusammenhänge: Mechanismen der Rollenübernahme

Was bestimmt die Übernahme von Denk- und Verhaltensmustern in einer Organisation – zumal in reinen Zweckorganisationen, also z. B. in Wirtschaftsunternehmen? Um diese Frage zu beantworten, macht man sich am besten klar, dass es bei der Sozialisation nicht zuletzt um sozialen Einfluss geht. Der einzelne Mitarbeiter befindet sich diesbezüglich normalerweise in einer äußerst schwachen Position. Es bleibt ihm häufig nichts anderes übrig, als sich in eine vorgegebene Rolle einzufügen. Diese einseitige Anpassung dürfte sich auch im »psychologischen Vertrag« niederschlagen, den Arbeitgeber und Arbeitnehmer miteinander schließen (Bartscher-Finzer/Martin 2003). Dabei muss man allerdings verschiedene Fälle unterscheiden. Wenn die Verhaltensanpassung gegen den Willen des Mitarbeiters zustande kommt, wenn er sich den Arbeitsbedingungen und Verhaltenszumutungen also gewissermaßen notgedrungen und unter Zwang fügt, wird er kaum eine Kooperationsbereitschaft entwickeln, die über die Erfüllung der unmittelbaren Vertragspflichten hinausgeht. Der psychologische Vertrag wird, wenn dem Arbeitnehmer nichts anderes übrigbleibt, als eine unvorteilhafte und eventuell sogar als ungerecht empfundene Arbeitsbeziehung einzugehen, also unter einem starken mentalen Vorbehalt stehen. Zu einer einseitigen Anpassung kommt es jedoch nicht allein durch Zwang, bedeutsamer ist vielmehr die Anpassung durch Indoktrination. Im Gegensatz zur Zwangssituation, die als solche auch empfunden wird, geschieht die Rollenübernahme durch Indoktrination nicht gegen den Willen des Arbeitnehmers. Vielmehr setzt die Sozialisation gerade an diesem Willen an, indem sie ihn verändert. In der Literatur wird die Sozialisation durch Indoktrination gewissermaßen als der Standardfall dargestellt. Der Mitarbeiter übernimmt mehr oder weniger schmerzlos die geltenden sozialen Standards und wird nach und nach zu einem akzeptierten und die Gegebenheiten akzeptierenden Mitglied der Organisation. Zur Geltung kommt in diesem Prozess die Übermacht der sozialen »Selbstverständlichkeiten«, also die normative Kraft des Faktischen, gegen die der Einzelne nichts aufbringen kann. Dieser vermeintliche Standardfall ist allerdings kaum der Idealfall der Sozialisation. Der Grund liegt in der mangelnden inneren Beteiligung des Sozialisanden, d. h. desjenigen, der den Sozialisationseinflüssen ausgesetzt ist. Seine Antriebe werden im Prozess der Indoktrination gewissermaßen überformt, es erfolgt keine Auseinandersetzung mit dem eigenen Selbstverständnis und es unterbleibt damit auch der Versuch einer Integration der sozialen mit den persönlichen Vorstellungen und Maßstäben. Zwar ist es durchaus möglich, durch Indoktrination eine soziale Bindung herbeizuführen. Diese verbleibt dann aber auf einer unreflektierten und oft vordergründigen Ebene, die nur wenige Verankerungspunkte in der eigenen Person hat und sich daher spätestens dann, wenn das Bindungsobjekt Schwäche zeigt oder Misserfolge zeitigt, auch wieder relativ leicht ablöst.

Tab. 3.7: Grundlage der Sozialisation und psychologischer Vertrag (Quelle: Bartscher-Finzer/ Martin 2003, 67 (modifiziert))

Grundlage der Sozialisation	Rolle des Mitarbeiters	Psychologischer Vertrag	
		Kooperation	Bindung
Zwang: Rollenvorbehalt	Anpasser	Eingeschränkte Kooperation	Kalkulatorische Bindung
Indoktrination: Rollenübernahme	Mitglied	Passive Kooperation	Emotionsbasierte Bindung
Verhandlung: Rolleninnovation	Gestalter	Aktive Kooperation	Überzeugungs-gestützte Bindung

Für die Herausbildung einer wirklich tief verankerten und stabilen Bindung ist es notwendig, dass man die Organisation als Objekt des eigenen Gestaltungswillens begreift. Dazu braucht man Einflussmöglichkeiten bei der Ausgestaltung seiner Rolle. Dann kommt es auch nicht zu einer einseitigen Rollenübernahme, sondern zu einer – wechselseitigen – Rolleninnovation. Die Rolleninnovation führt aber nicht nur zu einer beständigeren Bindung an die Organisation als Zwang und Indoktrination, sie geht auch mit einer Reihe von sonstigen Vorzügen einher. Durch Rolleninnovationen werden eingefahrene Routinen in Frage gestellt, Verbesserungen der Arbeitsorganisation angestoßen, und die Möglichkeit geschaffen, Arbeitsabläufe und Arbeitsinhalte so einzurichten, dass die Fähigkeiten der Stelleninhaber bestmöglich zum Tragen kommen. Und schließlich gewinnt ganz generell der psychologische Vertrag eine andere Qualität. Er ist, wenn der Mitarbeiter Mitgestalter seines Arbeitsverhältnisses ist, kein Ausdruck mentaler Anpassung, sondern Resultat einer Verantwortungsübernahme, die nicht nur die Kooperationsbereitschaft stärkt, sondern sich auch in einer starken Selbstbindung niederschlägt. Allerdings sollte man sich ein realistisches Bild bewahren. So wünschenswert die Rolleninnovation auch sein mag, sie wird sich nur selten konsequent durchsetzen können. Das liegt nicht zuletzt an den Neulingen selbst. Diese erleben den Neueintritt in eine Organisation ja eher als Unsicherheitssituation, sind den fremden sozialen Erwartungen relativ schutzlos ausgesetzt und entwickeln daher sowohl ein starkes Bedürfnis nach Orientierung als auch eine hohe Bereitschaft sich anzupassen. Außerdem sollte man die natürliche organisationale Trägheit nicht unterschätzen. Die eingespielten Abläufe, Regeln und Strukturen lassen sich nicht so ohne Weiteres ändern, schließlich verbinden sich damit auch die investierten Interessen der anderen Organisationsmitglieder, die nicht bereit sein dürften, diese ohne Weiteres zur Disposition zu stellen. Um dem hohen Anpassungsdruck standhalten zu können, bedarf es daher schon besonderer Voraussetzungen.

Welche Bedeutung kommt hierbei den beschriebenen Sozialisationstaktiken zu? Eine *institutionalisierte Sozialisationsstrategie* enthält zweifellos starke indoktrinäre Elemente. Sie leistet jedenfalls einer Sozialisation durch Indoktrination und damit der Rollenübernahme gute Dienste. Dass die Indoktrination jedoch gelingt, lässt sich durch den Einsatz z. B. der kollektiven, formalen und sequentiellen Sozialisierung nicht garantieren, entscheidenden Anteil hieran haben auch die individuellen Prädispositionen, die gegebenen Anreizstrukturen, das konkrete Führungsverhalten und das unmittelbare Erleben. Anders als üblicherweise unterstellt, sind positive Erfahrungen und das subjektive Wohlbefinden daher eher Determinanten als Wirkungen einer »gelingenden Sozialisation.« Entsprechendes gilt für die *individuelle Sozialisationsstrategie*, ihr Einflusspotential auf die Rolleninnovation dürfte jedoch noch wesentlich geringer sein als das der institutionellen Sozialisationsstrategie auf die Rollenübernahme. Der Grund hierfür liegt, wie gesagt, in den hohen Anforderungen, die mit einer echten Rolleninnovation verbunden sind und die in Organisationen eher selten eingelöst werden. Man wird jedoch davon ausgehen können, dass die Chancen für eine zumindest partielle Rolleninnovation durch die Anwendung einer individuellen Sozialisationsstrategie wesentlich höher sind, als wenn eine institutionelle Sozialisation zum Zuge kommt.

Zusammenhänge: Determinanten der Sozialisationsstrategien

Die Frage, wie es kommt, dass Organisationen unterschiedliche Sozialisationsstrategien verfolgen, verdient das gleiche Interesse wie die Frage, welche Wirkungen eine bestimmte Sozialisationsstrategie entfalten. In den Ausführungen von van Maanen und Schein findet sich diesbezüglich die eine oder andere Andeutung. So finde man beispielsweise die sequentielle Sozialisation nicht notwendigerweise deswegen, weil sie Vorteile biete, sondern mitunter auch einfach deswegen, weil das sequentielle Muster geeignet sei, die hierarchische Ordnung zu legitimieren (van Maanen/Schein 1979, 243). Da es als normal gelte und mühsam sei, die verschiedenen Karrierestufen zu erklimmen, würden die hierarchisch höheren Positionen auch besonders geschätzt. Statt einer funktionalen Erklärung präferieren van Maanen und Schein für den angeführten Zusammenhang also eine institutionalistische Erklärung. Bezüglich der seriellen Sozialisation führen sie ins Feld, dass diese vor allem dann zu erwarten sei, wenn es auf Kontinuität ankomme, wenn also Fähigkeiten und Werte weitergegeben werden sollen, ansonsten werde man eher disjunktive Prozesse finden; a priori ließe sich allerdings nicht festlegen, welche Taktik zum Zuge komme, diese Entscheidung bliebe den Akteuren vor Ort vorbehalten (van Maanen/Schein 1979, 249).

Eine empirische Untersuchung möglicher Determinanten von Sozialisationsstrategien findet man bei Ashforth, Saks und Lee (1998). Sie betrachten die von van Maanen und Schein beschriebenen Sozialisationstaktiken dabei nicht isoliert, sondern untersuchen das gesamthafte Muster dieser Taktiken und legen ihrer Studie daher die in Tabelle 3.6 angeführte, eher theoretisch gewonnene Typisierung zugrunde, unterscheiden also zwischen institutioneller und individueller Sozialisation. Dabei nehmen sie das sechste Gegensatzpaar (identitätsstützende und identitätsdestabilisierende Sozialisation) allerdings aus, weil diese Dimension einen anderen Akzent setzt als die anderen fünf Dimensionen. Ashforth, Saks und Lee gründen ihre Hypothesen auf die Überlegung, dass die institutionalisierte stärker als die individualistische Form der Sozialisation strukturiert ist und daher auch eher zu Organisationen passt, die sich ganz generell durch einen hohen Strukturierungsgrad auszeichnen. Um den Strukturierungsgrad auf der Organisationsebene zu bestimmen, stützen sich die Autoren auf ein Konzept von Burns und Stalker (1994), die zwischen organischen und mechanistischen Organisationsstrukturen unterscheiden. Mechanistische Organisationsstrukturen sind durch starke Spezialisierung, umfangreiche Formalisierung, viele Hierarchieebenen, eine tendenziell autoritäre Führung, eine vornehmlich vertikale Kommunikation und eine starke Fremdkontrolle gekennzeichnet. Organische Organisationsstrukturen weisen jeweils den entgegengesetzten Pol der angeführten Eigenschaften auf. Die Hypothese von Ashforth, Saks und Lee geht nun folgerichtig dahin, dass man in Organisationen mit einer mechanistischen Struktur häufiger eine institutionalisierte Sozialisation finden sollte als in Organisationen mit einer organischen Struktur. Letztere dürften eher die individuelle Sozialisationsstrategie einschlagen. Manager verknüpfen mit strukturierten Prozessen, so die Überlegung der Autoren, eine konformistische Erwartungshaltung und unterstützen daher auch eine auf Rollenübernahme zielende Sozialisationsstrategie. Außerdem gehe mit strukturierten Prozessen eine stärkere Verhaltenskontrolle einher, was ebenfalls zur Herausbildung der institutionalisierten Form der Sozialisation beitrage. Mechanistische Strukturen seien also stärker als organische Strukturen darauf angelegt, den Status quo zu reproduzieren. Es gehe darin vor allem darum, dass sich die Mitarbeiter in das System einpassten und zu einer Optimierung der Arbeitsprozesse beitrügen.

Strukturiertheit ist ein Merkmal, das nicht nur die Gesamtorganisation betrifft, sondern sich auch auf der Ebene der konkreten Tätigkeiten findet. Um die Strukturvorgaben auf der Arbeitsebene zu beschreiben bedienen sich Ashforth, Saks und Lee des Modells von Hackman und Oldham (1980). In diesem Modell geht es um fünf Tätigkeitsmerkmale, die einen engen Bezug zur Arbeitsstruktur aufweisen: Autonomie, Feedback, Anforderungsvielfalt, Ganzheitlichkeit und die Bedeutsamkeit der Aufgabe. In ihrer Studie geht es Ashforth, Saks und Lee nun allerdings nicht um den Strukturierungsgrad, der sich mit diesen Merkmalen abbilden lässt, sondern um das Motivationspotential, das in diesen Strukturen steckt (stärker strukturierte Aufgaben weisen ein geringeres Motivationspotential auf als weniger stark strukturierte Aufgaben). Weil die institutionalisierte Sozialisation vor allem auf Rollenkonformität zielt, sollte man eigentlich erwarten, dass diese eher nicht bei Personen eingesetzt wird, deren Tätigkeiten eine hohe Eigenmotivation verlangen, denn schließlich will man das Engagement und die Innovationskraft der Stelleninhaber durch eine auf Konformität abzielende Engführung nicht beeinträchtigen. Ashforth, Saks und Lee argumentieren allerdings für die entgegengesetzte Hypothese: Die Einrichtung von anspruchsvollen Stellen und die Besetzung dieser Stellen mit Personen, die sich durch ein hohes Motivationspotential auszeichnen, seien mit hohen Investitionskosten und mit einem beträchtlichen Risiko verbunden. Daher werden Organisationen auch viel in die Beschaffung, Auswahl und Bezahlung investieren und bestrebt sein, diese Investitionen auch abzusichern. Dies gelinge aber eher durch eine institutionelle als durch eine individuelle Sozialisation.

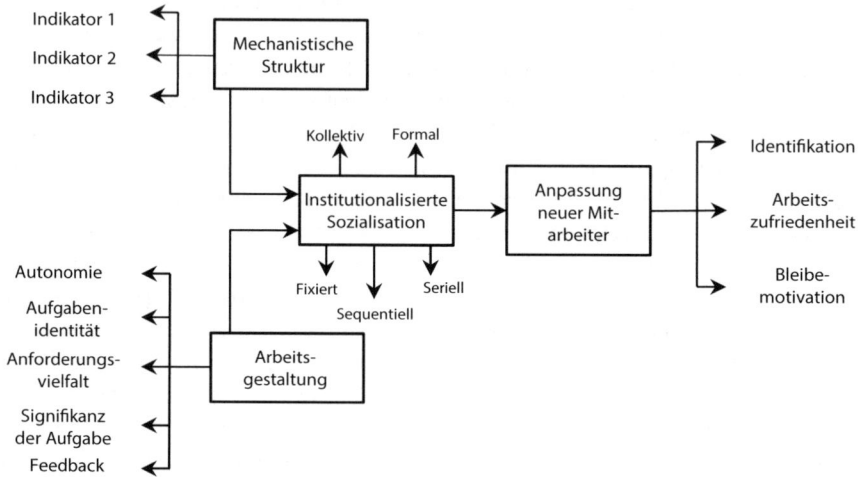

Abb. 3.15: Sozialisationsstrategien – Determinanten und Konsequenzen (Quelle: Ashforth/ Saks/Lee 1998, 916)

Die Ergebnisse der Studie von Asforth/Saks/Lee (1998) sind in Abbildung 3.15 schematisch wiedergegeben. Sie basieren auf einer Befragung von 223 Hochschulabsolventen zu drei Zeitpunkten (das letzte Studiensemester, vier und zehn Monate nach Antritt der ersten Stelle). Im Wesentlichen bestätigten sich die Hypothesen der Forscher: In mechanistischen Organisationsstrukturen und für Tätigkeiten mit einer geringen Strukturierung findet man häufiger eine institutionalistische als eine individualistische Sozialisationsstrategie. Die institutionalistische Sozialisation ist außerdem erfolgreicher, d. h. sie führt zu einem besseren Sozialisationserfolg, jedenfalls soweit sich dieser an der Identifikation, Arbeitszufriedenheit und Bleibemotivation ablesen lässt. Zusätzlich geht von der Aufgabenstruktur ein direkter Einfluss auf den Sozialisationserfolg aus, nicht dagegen von der »umfassenderen« Organisationsstruktur, die durch die Dimensionen der mechanistischen bzw. organischen Strukturgrößen bestimmt wurde.

Es gibt natürlich eine ganze Reihe von weiteren Größen, die dazu beitragen, ob eher die eine oder die andere Sozialisationsstrategie zum Zuge kommt. Allgemein wird in der einschlägigen Literatur davon ausgegangen, dass man in innovativen Unternehmen eher individualistische Sozialisationsmuster vorfindet, also ein Sozialisationsmuster, das Rolleninnovationen erlaubt und daher der Natur einer innovativen Organisation am ehesten gerecht wird. Karen Epstein führt einen wichtigen kulturellen Faktor an, den sie »Fit« nennt: das Ausmaß, in dem die personalpolitischen Praktiken die Kultur einer Organisation widerspiegeln (Epstein 1983, 45). Ein Unternehmen wird danach nur solche Selektionsverfahren einsetzen, die dafür sorgen, dass nur Personen eingestellt werden, die den bereits vorhandenen Mitarbeitern ähnlich sind. Ein Unternehmen, in dem die Mitarbeiter große Gestaltungsfreiheit haben und auf deren Eigenständigkeit man baut, werde sich entsprechend darum bemühen, Personen zu gewinnen, die eine proaktive Haltung mitbringen und ihre Arbeit selbstbestimmt anzugehen gewohnt sind. In einer solchen Organisation wäre eine Sozialisationsstrategie, die auf eine Destabilisierung der Identität setzt, falsch am Platze. Dass der Fit-Gedanke in allen Organisationen die gleiche Bedeutung hat, kann allerdings bezweifelt werden. Die Personalpolitik von Unternehmen ist häufig wenig kohärent, Selektion und Sozialisation sind daher nicht zwangsläufig aufeinander abgestimmt. Außerdem stellt sich oft erst nachträglich heraus, ob jemand in ein Unternehmen passt und ob die Sozialisationsstrategie stimmig ist, kann oft ebenso wenig mit Bestimmtheit festgestellt werden.

Würdigung

Van Maanen und Schein – und darin folgt ihnen die Literatur fast unbesehen – verwenden zur Bezeichnung der von ihnen beschriebenen Sozialisationsphänomene den Begriff der »Taktik«. Wenn man von einer Taktik spricht, setzt man die Existenz eines klar bestimmbaren Akteurs voraus. Organisationen sind jedoch keine Akteure mit einem eigenständigen Verstand und einem einheitlichen Willen. Man könnte natürlich in den Führungsgremien oder -personen den Akteur vermuten, der sich personaltaktisch positioniert. Allerdings ist schlechterdings kaum vorstellbar, dass beispielsweise der Vorstand eines Unternehmens beschließt, eine identitätsdestabilisierende Sozialisationsstrategie einzuführen und hierzu konkrete Maßnahmen auf den Weg zu bringen. Auch ist nicht davon auszugehen, dass sich irgendwelche Personalstrategen in einer Organisation gezielt Gedanken darüber machen, wie man eine auf Konformismus zielende Sozialisation installieren könnte und dass diese zu der Einsicht gelangen, hierfür eigne sich am besten eine kollektive, formale, sequentielle, fixierte und serielle Sozialisation. Sozialisationsmuster entstehen nicht durch Planung und Umsetzung, sie bilden sich vielmehr im Zuge der Unternehmensgeschichte nach und nach heraus. Es erscheint daher angemessener, statt von Taktiken und Strategien der Sozialisation von der Strukturierung von Sozialisationserfahrungen zu sprechen – wie das ja auch von Klein und Heuser vorgeschlagen wurde. Dass die van Maanen-Schein-Dimensionen nicht alle auf der gleichen Sprach- und Erfahrungsebene liegen, haben wir ebenfalls bereits angeführt. Es ist kein Zufall, dass in der Studie von Ashforth, Saks und Lee die sechste, d. h. die identitätsbezogene Dimension aus dem Gesamtkonstrukt herausgenommen wurde. Darauf, dass die van Maanen-Schein-Typisierung zum Teil Gegensätzliches vereinheitlicht, hat insbesondere Jones (1986) hingewiesen, was ihn – wie oben beschrieben – dazu veranlasst hat, die ursprüngliche Zuordnung zu verändern. Ein gewisses Problem ergibt sich daraus, dass die verschiedenen Sozialisationstaktiken stark miteinander korrelieren (die kollektive Sozialisation ist beispielsweise oft – wenngleich nicht immer – auch eine formale Sozialisation) und es gleichwohl auf das Zusammenwirken und nicht etwa auf die bloße Addition der Teildimensionen ankommt (verknüpfen sich mit einer formalen individuellen Sozialisation nicht andere Anforderungen als mit einer formalen kollektiven Sozialisation?). Der wichtigste Kritikpunkt betrifft allerdings die inhaltliche Auswahl der Sozialisationsdimensionen. Bei der in der Literatur allenthalben anzutreffenden Konzentration auf die van Maanen-Schein-Dimensionen wird leicht übersehen, dass es noch ganz andere Aspekte der Sozialisation gibt, denen ein wesentlich größeres Gewicht als den Sozialisationtaktiken nach van Maanen und Schein zukommen dürfte. So macht es beispielsweise einen erheblichen Unterschied, ob bei der Sozialisation primär Zwang, Überredung oder Überzeugung zum Zug kommen, ob vornehmlich mit Belohnungen oder mit Bestrafungen gearbeitet wird und wie strikt, aufdringlich oder werbend die Verhaltenszumutungen an den Neuling herangetragen werden.

Ein weiteres, eher terminologisches, Problem betrifft die Abgrenzung zwischen den Begriffen Strategie und Taktik. Es ist durchaus sinnvoll, wie oben beschrieben, unter einer Strategie ein Muster von Praktiken zu verstehen. Das ist allerdings nicht hinreichend. Um von einer Strategie sprechen zu können, muss noch etwas hinzukommen, denn sonst könnte man ja z. B. bei der institutionalisierten Strategie auch von einer institutionalisierten Taktik sprechen, einer Taktik, die sich aus mehreren Subtaktiken zusammensetzt. Häufig meint man, wenn man von Strategien spricht, dass sich diese auf die Oberziele eines Projekts richten und man weist ihnen einen umfassenden, langfristigen Charakter zu, während bei Taktiken der Mittelcharakter auf einer operativen Ebene herausgestellt wird. In diesem Sinne fügen sich die von van Maanen und Schein behandelten »Taktiken« nicht zu einer gemeinsamen Strategie, man könnte, wenn man will, daher die von ihnen beschriebenen »Taktiken« auch »Strategien« nennen. Doch letztlich sind derartige begriffliche Unterscheidungen nicht wichtig, bedeutsamer ist das voluntaristische Element, das auch und gerade im Begriff der Strategie steckt. Besser wäre es daher, statt von Sozialisationsstrategien, von Sozialisationspolitiken oder – noch weniger missverständlich – von Sozialisationsmustern zu sprechen. Wir präferieren ohnehin bezüglich der Sozialisation dazu, eher den deterministischen als den voluntaristischen Gesichtspunkt hervorzuheben. Damit wollen wir nicht behaupten, dass man sich in Organisationen grundsätzlich keine Gedanken über das Sozialisationsgeschehen macht und dass keine Anstrengungen einer willentlichen Beeinflussung der Neuzugänge von Organisationsmitgliedern unternommen werden. Diesen Überlegungen jedoch die Merkmale der strategischen Planung zuzuschreiben, hielten wir denn aber doch für überzogen. Immerhin kann man aber im Umfang der Gestaltungsbemühungen ein weiteres Merkmal des Sozialisationsgeschehens sehen, d. h. man wird davon ausgehen können, dass sich Organisationen darin unterscheiden, in welchem Ausmaß sich die Leitungsebene darum bemüht, die Sozialisation der Organisationsmitglieder ganz bewusst und gezielt zu beeinflussen – und in welchem Ausmaß sich hieraus z. B. interne Konflikte und Widersprüchlichkeiten im Sozialisationsgeschehen ergeben.

Ein großes Problem betrifft die (häufig impliziten) Werturteile, die die Literatur zur organisationalen Sozialisation prägen. Ausgangs- und Endpunkte der meisten Studien sind die gegebenen Verhältnisse, d. h. der als selbstverständlich unterstellte Fixpunkt der Betrachtung ist das angepasste Organisationsmitglied. Selbst bei der Beschreibung der Rolleninnovation geht es nicht etwa darum, die Interessen der Organisationsmitglieder zur Geltung zu bringen, sondern um die organisationale Effizienzsteigerung. Dies zeigt exemplarisch die Beschreibung des »kreativen Individualisten«, eines Sozialisationsideals, das prädestiniert zu sein scheint, Rolleninnovationen umzusetzen. Dieser Kunstfigur geht es nun aber nicht etwa um ihre Selbstverwirklichung, sie stellt ihre Kreativität vielmehr in den Dienst der Organisation und erweist sich als ihr loyaler Gefolgsmann (Kieser 1995). Auffallend ist außerdem, dass »negative« Sozialisationspraktiken sehr selten in das Blickfeld der Forscher geraten. Eine Ausnahme findet sich in der Studie von Pratt (2000), in der er über sinnzerstörende Maßnahmen berichtet, die bei der Indoktrination von Vertriebsleuten zum Zuge kommen. So wird beispielsweise durch gezielte Kommunikation und durch speziell darauf ausgerichtete Schulungen versucht, die persönlichen Bedürfnisse der Mitarbeiter durch effizienzfördernde Ideale zu ersetzen (»dream building«) und auf einen rein monetären Verhaltenskurs einzuschwören. Weitere Beispiele für die Wirkung von »bad practices« liefern Ashforth und Anand (2003), die eine Reihe von Mechanismen erläutern, die dazu beitragen, dass sich in einer Organisation korruptes Verhalten einschleicht und schließlich festsetzt (vgl. auch Ashforth/Gioia/Robinson/Trevino 2008).

Ganz generell wäre zu wünschen, dass sich Sozialisationsstudien nicht vom Ende her definieren, sich also nicht von vornherein auf »erfolgreiche« und »missglückte« Sozialisation fixieren, sondern wesentlich allgemeiner die prägenden Wirkungen des organisationalen Geschehens ins Auge fassen und erkunden, wie sich damit das Selbstverständnis und die soziale Positionierung der Organisationsmitglieder verknüpft. Damit dürfte wieder stärker ins Bewusstsein rücken, dass es sehr vielfältige und verschiedenartige Möglichkeiten gibt, sich mit den sozialen Gegebenheiten in einer Organisation zu arrangieren: die oberflächliche Anpassung an die äußeren Regeln, Überidentifikation, Gleichgültigkeit, Ambivalenz, Rebellion, Opferbereitschaft, Rückzug, schädigendes Verhalten, opportunistischer Konformismus, Mitmacher- und Mitläufertum usw. Außerdem dürfte sich herausstellen, dass die Sozialisationsproblematik in gewisser Weise überschätzt wird. Organisationen funktionieren auch ohne dass die Organisationsteilnehmer »vollständig und umfassend« sozialisiert werden, d. h. ohne dass sie sich völlig mit der Organisation identifizieren (vgl. das Kapitel zur Integration). Das Gegenteil wird nur deswegen gern von Managementideologen behauptet, weil sie in ihre eigene Ideologie verfangen, also Opfer ihrer eigenen Sozialisationsgeschichte sind. Andererseits sollte man die Sozialisationsproblematik auch nicht unterschätzen. Es reicht eben nicht aus, nur die vorgegebenen Rollenanforderungen in einer Organisation zu lernen und zu akzeptieren. Rollen sind »nur« Strukturen, diese müssen erst noch mit Leben erfüllt werden. Hierzu genügt es nicht, lediglich die vorgegebenen Rollenvorschriften zu beachten. Man muss vielmehr den Kontext beachten, in dem diese erst ihren Sinn gewinnen, man muss sie mitunter mit einem neuen Sinn belegen und dafür sorgen, dass sie geändert werden. Der »Erfolg« der Sozialisation zeigt sich daher nicht in erster Linie darin, ob die Organisationsmitglieder die Rollenerwartungen akzeptieren und internalisieren, sondern darin, ob sie mit den Rollenerwartungen intelligent und verantwortungsbewusst umgehen können. Darin steckt ein Sozialisationsideal, das sich deutlich von dem des angepassten Organisationsmitglieds abhebt. In diesem Sinne sollte es nicht primär darum gehen, auf Sozialisationspraktiken zu setzen, die lediglich auf eine möglichst reibungslose Eingliederung und Funktionalisierung der Neulinge abzielen. In einem fundamentaleren Sinne geht es ja – wie in der Einleitung zum vorliegenden Kapitel beschrieben wurde – bei der Sozialisation um die gemeinschaftliche Definition der sozialen Wirklichkeit. Betriebliche Gestaltungmaßnahmen sollten daher vor allem darauf abzielen, die ökonomischen, organisatorischen und psychologischen Voraussetzungen zu schaffen, die es den Organisationsmitgliedern ermöglichen, die Probleme der Zusammenarbeit selbstbestimmt und zugleich gemeinschaftlich meistern können.

4 Gestaltung

4.1 Patensystem

Nach dem Grimmschen Wörterbuch stammt das Wort Pate von dem kirchenlateinischen Ausdruck »Pater« ab, »… weil der das Kind aus der Taufe Hebende zu demselben in geistige Verwandtschaft tritt, der geistliche Vater (pater spiritualis) desselben wird.« Der Pate ist also jemand, der eines Geistes mit dem Patenkind ist bzw. sein soll oder, um das etwas realistischer zu sagen, sich darum besorgen soll, dass das Patenkind eines Sinnes mit ihm wird, dass es also den Glauben annimmt, in den es hineinwächst. Als Pate kommt daher eigentlich nur jemand in Frage, der selbst einen festen Glauben hat und der willens und in der Lage ist, den ihm Anvertrauten auf seinem Weg in die Glaubensgemeinschaft hinein zu unterstützen. Die Idee, auf Unterstützung angewiesenen Personen einen Helfer an die Seite zu stellen, besitzt einige Plausibilität und so verwundert es nicht, dass sie auch in anderen, nichtreligiösen, Lebensbereichen umgesetzt wird. So findet man beispielsweise Patenschaften für Waisen und für Flüchtlinge, aber auch z. B. für Nachwuchstalente. Neben Patenschaften für Personen findet man Patenschaften für gemeinnützige Einrichtungen, Hilfsprojekte, strukturschwache Gemeinden und für Unternehmen, etwa wenn sich ein größeres Unternehmen dazu entschließt, junge Unternehmen zu fördern oder den Aufbau eines Zulieferers zu unterstützen. Uns interessieren an dieser Stelle naturgemäß Anwendungen des Patengedankens im Personalbereich eines Unternehmens. Unter einem Patensystem versteht man hier ein Instrument, das primär dazu dient, neue Mitarbeiter bei der Eingliederung in das Unternehmen zu begleiten, sie zu betreuen und zu unterstützen. Daten über die Verbreitung von betrieblichen Patensystemen sind eher rar. Eine Erhebung der Cranet-Forschergruppe, die sich mit der Verbreitung der Personalpraktiken von Unternehmen in Europa befasst, ergab, dass in Deutschland etwa zwei Drittel der Unternehmen eine persönliche Betreuung von Mitarbeitern anbieten. Zu der Stichprobe (Erhebungsjahr 1999) ist allerdings zu bemerken, dass sie vor allem größere Unternehmen umfasst und nicht nach Paten und Mentoren trennt, weshalb eine Verallgemeinerung der angeführten Zahl problematisch ist. Einen größeren Bedarf an besonderen Anstrengungen zur Integration von Mitarbeitern gab es in den 1970er Jahren durch die steigende Zahl von ausländischen Arbeitnehmern (den so genannten »Gastarbeitern«). Eine repräsentative Erhebung aus dem Jahr 1976 über die Integrationspolitik der Großunternehmen in der Industrie erbrachte, dass lediglich 1% der Unternehmen Paten einsetzte, um die Integration der ausländischen Arbeitnehmer zu erleichtern, in 13% der Betriebe gab

es aber immerhin eine speziell für die Ausländerbetreuung zuständige Person (Gaugler
u. a. 1978).

Begriff und Zweck

Was versteht man nun genau unter einem Patensystem? Im Kern geht es darum, einer
konkreten Person (meist neuen Mitarbeitern, aber auch Angehörigen von besonderen
Mitarbeitergruppen) einen Paten zur Seite zu stellen (meist einen »gleichrangigen«, aber
erfahrenen und gut angesehenen Kollegen), der diese Person bei der Eingliederung in das
Unternehmen unterstützt. Die Hilfestellung richtet sich sowohl auf die Aufgabenbewältigung als auch auf die soziale Integration. Das Spektrum der Unterstützungsleistungen reicht von der Weitergabe von Informationen, über die Beratung bis hin zur
Zusammenarbeit in ausgewählten Projekten. Im Extremfall bedeutet dies, dass der Pate
auch bei der Anlernung hilft, obwohl dies normalerweise nicht zu seiner Aufgabe gehört.
Man muss diesen Fall aber nicht ausschließen, letztlich kommt es auf die jeweilige
Situation an, wie man die Patenrolle gestaltet, also darauf, welche besonderen Probleme
sich bei der Eingliederung neuer Mitarbeiter in einem Unternehmen stellen.

In der Literatur wird besonders die Informationsaufgabe des Paten herausgestellt.
Dabei geht es um Informationen über die Arbeitsaufgabe, also um Informationen zu den
jeweiligen Arbeitsinhalten, Arbeitsmitteln, Verfahrensregelungen, Formularen, Infor-
mationspflichten, Informationsquellen, zur Computerbedienung, zu zeitlichen Prio-
ritäten und zum Umgang mit besonderen Vorkommnissen. Ebenso wichtig sind
Informationen, die sich auf die Zusammenarbeit mit den Kollegen beziehen, wobei der
Klärungsbedarf sich auch hier zunächst auf eher sachbezogene Fragen richtet, etwa auf
Zuständigkeiten und Vertretungsregeln, die Arbeitsaufgaben der Kollegen und die
Verkettung der verschiedenen Arbeitsplätze und Arbeitsschritte. Von großer Bedeutung
sind außerdem Informationen über die sozio-emotionale Sphäre, die sich nicht so
einfach benennen und greifen lässt, über Gruppenwerte und Gruppennormen, über
persönliche Sensibilitäten und private Hintergründe. Eine weitere Aufgabe des Paten
besteht in der Weitergabe von Informationen über die Organisation als Ganzes, also über
wichtige Abläufe, Führungsstrukturen und Führungsverhalten, die Bedeutung und
Arbeit des Betriebsrats, die Unternehmensphilosophie und die Unternehmensstrategie,
über besondere Ereignisse und Herausforderungen, denen sich das Unternehmen stellen
muss. Hilfreich sind außerdem und nicht zuletzt nähere Erläuterungen zu Personalangelegenheiten, die den Neuling direkt betreffen, also z. B. über die genauen Modalitäten bei der Gewährung von Prämien oder über gegebenenfalls existierende Ertrags-
und Kapitalbeteiligungen, über Urlaubsregelungen usw. Inwieweit der Pate sich rein auf
die Informationsweitergabe beschränken kann, sei dahingestellt, bezüglich mancher
Fragen sind die Grenzen zur Beratung und tätigen Mithilfe ohnehin fließend. Wie aktiv
der Pate auf den neuen Kollegen zugeht, ob er ihn regelmäßig anspricht oder ob er die
Initiative dem Neuling überlässt, wie systematisch er vorgeht, auf welche Weise (und ob
überhaupt) er sich darum bemüht, den neuen Kollegen in die bestehenden informalen
Beziehungen einzubeziehen, wie viel Privatheit zum Zuge kommt usw., lässt sich kaum

reglementieren, sondern bestimmt sich sinnvollerweise nach den jeweils vorliegenden persönlichen und sozialen Gegebenheiten.

Man kann natürlich fragen, weshalb es überhaupt einen Paten geben sollte, schließlich gibt es ja auch andere Möglichkeiten, wie neue Mitarbeiter zu den Informationen gelangen können, die sie für eine gute Eingliederung brauchen. Sie könnten z. B. ihre Kollegen fragen oder den Vorgesetzten, Personalreferenten, den Betriebsrat oder sie können Dokumente heranziehen (Einführungsbroschüren, Personal-, Sozial- oder Geschäftsberichte) oder ganz einfach auch die Dinge beobachten, die um sie herum geschehen. Darauf lässt sich pauschal antworten, dass es Studien gibt, die zeigen, dass der Eingliederungsprozess mit sozialer Unterstützung z. B. durch einen Paten oft besser klappt (Kram 1985, Ostroff/Kozlowski 1993, Feldman/Bolino 1999), obwohl die Datenlage nicht einheitlich ist (Nelson/Quick 1991), so dass man, was wenig überrascht, davon ausgehen muss, dass es eben sehr darauf ankommt, wie das Patensystem ausgestaltet und gelebt wird. Abstrakt lässt sich jedenfalls gut begründen, wie hilfreich ein Pate sein kann, wenn es darum geht, Barrieren abzubauen und dem Neuling den Zugang in das Unternehmen zu erleichtern. So scheuen sich nicht wenige Neulinge davor, ihre Kollegen oder ihren Vorgesetzten mit ständigen Fragen zu »belästigen«, sie möchten nicht ahnungslos, naiv oder unwissend erscheinen, sie fürchten sich davor, zurückgewiesen zu werden oder haben generell Fremdheitsgefühle und Berührungsängste. Ein Pate kann hier Positives bewirken. Als Anlaufstation steht er jederzeit zur Verfügung, seine Rolle ist nachgerade auf die Bekundung von Wohlwollen ausgerichtet. Außerdem kennt er die sozialen Verhältnisse und kann die Reaktionen des sozialen Umfelds auf den Neuling einschätzen und entsprechend vermittelnd tätig werden. Schließlich und nicht zuletzt steht der Pate für Zuverlässigkeit, die Informationen, die der Pate zur Verfügung stellt, sollten jedenfalls eine ganz andere Qualität als die Eindrücke haben, die sich aus zufälligen und mehrdeutigen Beobachtungen, aus Gerüchten und Hörensagen ergeben.

In unserer Kapitelüberschrift wird von einem »Patensystem« und nicht einfach von den Aufgaben des Paten gesprochen. Das hat zwei Gründe. Zum einen hat ein Pate nicht nur Aufgaben, er nimmt vielmehr eine Rolle ein. Zu einer Rolle gehören aber immer auch Gegenrollen. Rollen spielt man nicht allein. Bei der Ausgestaltung der Paten-Rollen ist es daher sinnvoll, immer auch die Rollen der anderen Mitspieler im Eingliederungsprozess zu bedenken, also die Rollen der Kollegen, des Vorgesetzten, des Personalreferenten usw., also gewissermaßen das Rollensystem im Auge zu haben. Von einem Patensystem zu sprechen ist zum zweiten auch deshalb sinnvoll, weil zur Aufgabenerfüllung des Paten auch eine gewisse »Infrastruktur« gehört, also z. B. seine Ausstattung mit Hilfsmitteln, insbesondere auch mit der Zeit, die er für seine Rolle aufwenden kann. Ein wichtiges Element des Patensystems ist außerdem die Schulung, die die Paten erhalten. Daneben kann und soll den Paten die Möglichkeit eingeräumt werden, sich mit anderen Paten auszutauschen. Zum Patensystem gehören außerdem die Planung des Ablaufs (sollen Zwischenziele definiert werden, wann wird das Patenverhältnis beendet, sollen regelmäßige Gespräche stattfinden?) und die Festlegung von Kompetenzen sowie die Vereinbarung grundlegender Regeln der Zusammenarbeit zwischen dem Paten und dem Schutzbefohlenen.

Varianten

Wie aus der vorangegangenen Beschreibung schon deutlich geworden sein sollte, ist davon auszugehen, dass in der Praxis sehr unterschiedliche Varianten des Patensystems anzutreffen sind. Manche Patensysteme legen den Schwerpunkt eher auf den fachlichen als auf den sozialen Aspekt (bzw. umgekehrt), es gibt Patensysteme, die stark individuumzentriert sind, andere nehmen stärker auch die Kollegen in die Pflicht usw. Dessen ungeachtet wird das Patensystem in der Literatur deutlich von dem eigentlich sehr verwandten System des Mentorings abgegrenzt. Tatsächlich sind die Unterschiede aber, je nach Variante, nur gradueller Natur. Der wesentliche Unterschied zum Patensystem besteht darin, dass die Adressaten des Mentorings nicht neue Mitarbeiter sind, sondern Personen, die eine spezielle Förderung erhalten sollen. Der Schwerpunkt des Mentorings liegt daher auf der Personalentwicklung und Karrierebegleitung, es geht beim Mentoring darum, bestimmten ausgewählten Personen Perspektiven für das Hineinwachsen in verantwortungsvolle Aufgaben und Positionen zu eröffnen. Als Mittel gelten Beratungsgespräche, die Netzwerkbildung und individuelle Fördermaßnahmen. Der Mentor ist außerdem – anders als normalerweise der Pate – kein Kollege, sondern oft ein ranghoher Manager, der über umfangreiche Führungserfahrungen und über die Mittel verfügt, den Anvertrauten wirksam zu fördern. Begrifflich ist anzumerken, dass manchmal auch der Pate als Mentor bezeichnet wird, er ist in diesem Verständnis eben ein Mentor für die spezielle Gruppe der neuen Mitarbeiter (Burke 1984). Ein weiterer verwandter Begriff ist der des »Coachs«, der offensichtlich aus dem Sport stammt und banaler Weise den Trainer meint. Der Trainer ist primär dafür verantwortlich, dass seine Sportler ihr Leistungsverhalten und ihre Leistungsfähigkeit verbessern. Im Training geht es zwar primär um gezielte Maßnahmen zur Stärkung der Muskelkraft und der Ausdauer und um das Einüben bestimmter Bewegungsabläufe, aber zunehmend auch um die Förderung der Leistungsmotivation und des psychischen Durchhaltevermögens. Ganz analog hat der (interne oder externe) Coach die Aufgabe, die ihm anvertrauten Mitarbeiter (im Übrigen meist Personen im höheren Management) fit zu machen, damit sie ihrer Aufgabe mit höchster Leistungskraft nachkommen können. Die Betreuung durch den Coach kann sich auf ganz konkrete Herausforderungen richten, denen sich der Betreute aktuell zu stellen hat (größere Projekte, eine neue Stelle), sie kann aber auch als Langfristprojekt angelegt sein, z. B. um die Persönlichkeit weiterzuentwickeln oder um vorhandene Schwächen zu beseitigen. Oft geht es dabei nicht um im engeren Sinne fachliche Fragen, sondern um den Umgang mit anderen Personen (z. B. um Fragen der Personalführung), um psychische Belastungen oder auch um ganz persönliche Probleme.

Gestaltungsparameter und deren Wirkungen

Das Patenkonzept beruht auf einem leicht verständlichen und einleuchtenden Grundgedanken. Die konkrete Ausgestaltung kann dessen ungeachtet sehr unterschiedlich erfolgen. Es gibt gute Gründe dafür, nicht einfach eine Standardlösung zu wählen. Unter anderem stehen die folgenden Gestaltungsalternativen zur Verfügung:

- Soll der neue Mitarbeiter sich seinen Paten selbst wählen dürfen oder soll der Vorgesetzte den Paten bestimmen?
- Soll der Pate den gleichen Status haben wie der neue Mitarbeiter oder sollte sein Status höher sein?
- Sollen nur ganz bestimmte ausgewählte Personen Paten werden oder soll jeder Mitarbeiter die Möglichkeit erhalten, im Laufe der Zeit einmal Pate zu werden?
- Soll es einen einzelnen Paten geben oder sollte die gesamte Arbeitsgruppe die Patenschaft übernehmen?
- Sollen alle neuen Mitarbeiter einen Paten erhalten oder nur bestimmte Mitarbeitergruppen?
- Soll die Patenschaft kurz und intensiv oder lang und extensiv angelegt werden?
- Sollen Leitlinien für die Übernahme einer Patenschaft festgelegt werden?
- Soll der Pate aus derselben oder einer anderen Abteilung stammen?

Wie im vorliegenden Buch immer wieder betont, beruht jede Gestaltungshandlung auf Wirkungsvermutungen. Die Wirkungen wiederum sind an das Vorliegen bestimmter Voraussetzungen geknüpft. Der Gestalter sollte sich hierüber Rechenschaft geben. In Tabelle 3.8 ist ein Beispiel für die möglichen Wirkungen eines der angeführten Gestaltungsparameter zu finden. Wie man daran sieht, spricht einiges dafür, keine Spezialisierung der Patenrolle vorzunehmen, sondern sich darum zu bemühen, dass jeder Mitarbeiter irgendwann einmal die Rolle des Paten übernimmt. Am bedeutsamsten ist wohl die Wirkung auf die Kooperation. Begründen lässt sich dies mit der Überlegung, dass man dann, wenn man selbst einmal Erfahrungen mit dieser Rolle gemacht hat, ein größeres Verständnis für die Situation des Neulings entwickelt. Allerdings gilt dies nur unter der Bedingung, dass man auch in der Lage ist, die Patenrolle gut auszufüllen und nicht etwa von ihr überfordert wird.

Tab. 3.8: Mögliche Wirkungen eines Gestaltungsparameters auf die personalwirtschaftlichen Grundfunktionen

Parameterausprägung: Jeder Mitarbeiter übernimmt Patenaufgaben			
Wirkungs-bereich	*Wirkungs-hypothese*	*Begründung/ Erklärung*	*Bedingung*
Leistung	+/−	Geltende Leistungsnormen werden vermittelt.	Hohe Leistungsmotivation des Betreuers
Lernen	+	»Alteingesessene« lernen von Neuen.	Keine bornierte Unternehmenskultur
Kooperation	++	Die Patenaufgabe fördert das Verständnis.	Keine Überforderung der Betreuer

Die Wichtigkeit der gegebenen Bedingungen sieht man auch an der Hypothese, die die Wirkung der Patenschaft auf die Leistung zum Inhalt hat. Zwar ist es ein wesentliches

Ziel bei der Einrichtung des Patensystems, dass dem Neuling die geltenden Leistungsnormen nahe gebracht werden, wenn der Pate diesbezüglich aber eher zurücksteht und selbst keine sonderliche Leistungsmotivation aufweist, wird es ihm kaum gelingen, plausibel zu machen, warum sich der neue Mitarbeiter besonders anstrengen sollte. Bei der Hypothese über die Lernwirkung wird auf das Argument abgestellt, dass auch erfahrene Paten noch etwas über diese Rolle lernen können und zwar gerade und auch von den Personen, die selbst noch nicht lange im Unternehmen sind.

Die in Tabelle 3.8 angeführten Hypothesen beziehen sich auf (individuelle) Verhaltensweisen, die den drei personalwirtschaftlichen Grundfunktionen zugeordnet werden können. In Tabelle 3.9 geht es dagegen im engeren Sinne um den Sozialisationserfolg.

Tab. 3.9: Mögliche Wirkungen von Gestaltungsparametern auf die Erfolgsbedingungen der betrieblichen Sozialisation (Quelle: Bartscher-Finzer/Martin 2003)

Gestaltungsparameter	Auswirkungen auf die Erfolgsbedingungen der Sozialisation		
	Positive Verstärkung	*Soziale Einbindung*	*Glaubwürdigkeit*
Pate wird von dem neuen Mitglied selbst gewählt.	Das neue Mitglied kennt den Paten schon sehr gut.	Der Pate selbst ist in das soziale System gut integriert.	Die freie Wahl fördert die Glaubwürdigkeit.
Der Pate hat denselben Status wie das neue Mitglied.	Die soziale Nähe erleichtert die Verständigung.	Der Pate hat Zugang zur Referenzgruppe des Neulings.	Gleichgestellten unterstellt man eher gleiche Interessen.
Jeder Mitarbeiter sollte Patenrollen übernehmen.	Die Mitarbeiter entwickeln Verständnis für die Probleme von Neulingen.	Die Etablierung einer festen »Patenrolle« führt zu einer Normierung dieser Rolle.	Manche Kollegen sind durch die Rolle des Paten überfordert.

Die zu erklärenden Variablen (also z. B. die Glaubwürdigkeit des Paten) stammen aus dem Modell, das im Abschnitt über den psychologischen Vertrag zur Erklärung des Eingliederungserfolges herangezogen wurde. In jenem Modell sind sie die »unabhängigen Variablen«, in Tabelle 3.9 sind sie dagegen »abhängige Variable«, d. h. Variable, die von den jeweiligen Gestaltungsparametern beeinflusst werden. Die Erklärungslogik lässt sich schematisch wie folgt darstellen:

Gestaltung des Patensystems	$\longrightarrow$	Determinanten des Sozialisationserfolgs	$\longrightarrow$	Sozialisationserfolg
Pate wird gewählt	$\longrightarrow$	*Glaubwürdigkeit des Paten*	$\longrightarrow$	*Akzeptanz der Informationen*

Auch die in Tabelle 3.9 genannten Wirkungshypothesen gelten naturgemäß nur »im Durchschnitt« und nur unter bestimmten Bedingungen. Wir wollen auf diese Hypothesen hier nicht im Einzelnen eingehen. Exemplarisch eingegangen sei lediglich kurz auf die folgende Hypothese: *Wenn der Pate denselben Status wie der Neuling hat, dann ist der Sozialisationserfolg größer (es kommt eher zu einer Verstärkung der erwünschten Verhaltensweisen), als wenn es einen deutlichen Statusabstand zwischen dem Paten und dem Neuling gibt.*

Begründen lässt sich diese Hypothese mit dem Argument, dass Statusähnlichkeit den Zugang zu dem neuen Kollegen erleichtert. Man wird diese Hypothese aber nicht immer vertreten wollen, denn sie gilt wohl nur dann, wenn der Pate bei seinen Kollegen Ansehen genießt, weil sich andernfalls der neue Mitarbeiter überhaupt nicht als zugänglich erweisen wird. Ganz generell gilt, dass die Wirkungshypothesen auf der Gestaltungsebene immer vor dem Hintergrund der konkreten betrieblichen Situation zu betrachten sind, man sollte also diskursiv mit ihnen umgehen, d. h. man sollte die Gründe, die für oder gegen die Hypothesen in der jeweils gegebenen konkreten Situation sprechen, gegeneinander abwägen. Im Übrigen sind vielleicht auch noch ganz andere als die in Tabelle 3.9 aufgeführten Wirkungszusammenhänge relevant. So kann man sich vorstellen, dass in einer Situation, in der die Arbeitsbedingungen als extrem belastend empfunden werden, die besondere Zuwendung, die man neuen Mitarbeitern durch die Betreuung durch Paten angedeihen lässt, bei den übrigen Mitarbeitern auf Unverständnis stößt, ein Tatbestand, der die Integrationsbemühungen nicht eben erleichtert. In einem solchen Fall wäre ein weniger aufwändiges Patensystem die bessere Wahl, zumindest hinsichtlich der Kooperationswirkungen.

Insgesamt sei nochmals festgehalten, dass es nicht sinnvoll ist, einfach eine Standardform des Patensystems zu übernehmen; besser ist es, von den vielfältigen Gestaltungsmöglichkeiten Gebrauch zu machen, und zu prüfen, welche Voraussetzungen in der jeweils gegebenen betrieblichen Situation stecken und ob die gewählte Maßnahme diesen auch gerecht wird.

Bewertung

Die Einrichtung eines Patensystems zur Eingliederung neuer Mitarbeiter ist prinzipiell sehr empfehlenswert. Das ergibt sich allein schon aus der Bedeutsamkeit der sozialen Beziehungen für das Arbeitsverhalten und aus der Orientierungslosigkeit, der sich viele Neulinge ausgesetzt sehen, wenn man sich nicht sonderlich um ihre Eingliederung bekümmert. Letztlich kommt es aber auf die konkrete Ausgestaltung an. Von kaum zu überschätzender Bedeutung ist zweifellos die Person des Paten selbst, schon deshalb, weil sie als Repräsentant der Organisation auftritt und ihr eine Vorbildfunktion zukommt. Wichtig ist außerdem der Rückhalt, den der Pate in der Gruppe hat und ebenso bedeutsam ist die Unterstützung, die das Patensystem ganz generell im Unternehmen erfährt. Mit diesen Punkten sind einige Anwendungsvoraussetzungen bezeichnet, die auf betrieblicher Seite gegeben sein müssen, damit der Zweck, der mit der Etablierung eines Patensystems beabsichtigt ist, auch erreicht werden kann. Damit das Patensystem

»funktioniert«, müssen daneben auch auf Seiten der neuen Mitarbeiter bestimmte Bedingungen erfüllt sein. Hier ist insbesondere die Akzeptanz dieser Einrichtung durch den Mitarbeiter zu nennen, denn es ist nicht davon auszugehen, dass jedermann in gleicher Weise großen Wert auf eine Betreuung durch einen Paten legt, mancher mag sich hierdurch sogar eingeengt fühlen. Vor der Einführung des Patensystems ist außerdem zu bedenken, ob sich der Aufwand, der zu betreiben ist, angesichts des Nutzens, den man sich verspricht, auch lohnt. Möglicherweise sind die Eingliederungsprobleme in einem gegebenen Betrieb relativ gering (z. B. wenn die betrieblichen Verhältnisse überschaubar sind, wenn ohnehin ein freundliches und gegenüber Dritten offenes Arbeitsklima herrscht, wenn der Vorgesetzte eine anerkannte Integrationsfigur ist usw.) oder wenn sich auch durch andere Eingliederungsmaßnahmen (Einführungswochen, Einführungsgespräche, Broschüren usw.) bereits hinreichend gute Ergebnisse erzielen lassen. Wenn das Patensystem nur als nette Geste fungieren soll, sollte man über seinen Einsatz jedenfalls nochmals nachdenken. In Fällen allerdings, in denen besondere Eingliederungshürden oder -chancen bestehen, lohnt sich in der Regel ein größerer Aufwand, also z. B. dann, wenn man es mit sehr unerfahrenen Neulingen zu tun hat, wenn große kulturelle Distanzen zu überwinden sind (etwa beim Auslandseinsatz), wenn die Qualität der Zusammenarbeit ein ganz wesentlicher Erfolgsfaktor für die Leistungserbringung ist, wenn die Aufgaben sehr komplex und die Einarbeitung sehr langwierig ist und wenn man mit anderen Eingliederungsmaßnahmen schlechte Erfahrungen gemacht hat.

Grundsätzlich ist ein Patensystem fast immer nützlich. Auf der Negativseite stehen, wenn man so will, allenfalls seine Kosten, die allerdings nicht sonderlich hoch sein müssen. Negative Nebenfolgen sind ebenfalls kaum zu erwarten – auf die Gefahr, dass ein Patensystem, das nur bestimmten Mitarbeitergruppen vorbehalten bleibt, möglicherweise Unmut hervorruft, haben wir bereits hingewiesen. Ein Problem stellt sich bezüglich der Reversibilität, nicht so sehr deswegen, weil ein einmal eingeführtes Patensystem sich nur schwer wieder abschaffen ließe (das ist eher unproblematisch), sondern vor allem deswegen, weil es nicht einfach sein dürfte, einer Person, die einmal eingeräumte Patenrolle ohne (gefühlte) Beschädigung wieder zu entziehen, z. B. weil sie den mit dieser Rolle verknüpften Aufgaben nicht im gewünschten Maße gerecht wird. Umso wichtiger ist eine sorgfältige Vorgehensweise bei der Auswahl der Paten. Das Ziel, das man mit dem Patensystem erreichen will, die Eingliederung neuer Mitarbeiter, verdient zweifellos, dass man ihm besondere Anstrengungen widmet. Man wird daher wohl auch zu einer positiven Bewertung der Zielsetzung des Patensystems kommen, zumal wenn mit ihm nicht beabsichtigt ist, die neuen Mitarbeiter ungebührlich zu indoktrinieren, ihre Freiheit zu beeinträchtigen oder aus dem Paten einen willenlosen Agenten des Arbeitgebers zu formen. Auch die Mittel, die beim Patensystem zum Einsatz kommen, sind gesehen positiv zu bewerten, denn es geht bei ihnen um Information, Offenheit und Wohlwollen, um Unterstützung und nicht um Bevormundung. Letztlich wird es aber für die Bewertung, wie immer, wenn es um das zwischenmenschliche Handeln geht, darauf ankommen, ob es den Beteiligten gelingt, eine gute und für beide Seiten befriedigende Beziehung zueinander aufzubauen.

4.2   Teamentwicklung

Erklärung und Gestaltung

Es gibt zwei sehr verschiedene Verwendungsweisen des Begriffs der Teamentwicklung. Zum einen geht es um die *Beschreibung und Erklärung* der Entwicklung von Gruppen und Teams, also darum, welche quasi natürliche Entwicklung eine Gruppe im Laufe ihres Bestehens nimmt. Im besten Fall kann man einen positiven Entwicklungsverlauf hin zu einer immer höheren Teamreife beobachten. Oft findet allerdings eher eine Stagnation als eine Höherentwicklung statt, nicht selten muss man sogar eine Rückentwicklung oder den Zerfall eines Teams beobachten. Die zweite Begriffsverwendung versteht unter Teamentwicklung einen Gestaltungsansatz bzw. ein Maßnahmenbündel, das darauf gerichtet ist, Probleme, die eine (Arbeits-)Gruppe belasten, zu lösen und dazu beitragen soll, dass aus einer bloßen Gruppe ein echtes Team wird (Neuberger 1994, 202).

Teamarbeit

Teamarbeit gilt für viele als Garant für organisationalen Erfolg (Katzenbach/Smith 1993; Peters 1993, RKW 2011). Dass so argumentiert wird, ist gut nachvollziehbar, schließlich geht es in Organisationen ja ganz generell darum, dass Personen in produktiver Weise zusammenarbeiten, um die Ziele der Organisation zu erreichen. Gute Zusammenarbeit auf der Teamebene kommt also auch der Gesamtorganisation zugute. Das gilt für jede Art der Organisation, für ein Kloster ebenso wie für ein privatwirtschaftliches Unternehmen oder eine öffentliche Organisation. Gute Teamarbeit ist also überall und zwar schon immer wichtig. Dass ihr so große Aufmerksamkeit in der Literatur gewidmet wird, liegt daran, dass die Arbeit in Gruppen in vielen Bereichen die Einzelarbeit verdrängt hat und dass sich das Spektrum der Aufgaben, die inzwischen von Gruppen übernommen werden, erheblich erweitert hat. Dass gute Teamarbeit den Erfolg »garantiert«, ist allerdings eine Übertreibung, schließlich lässt sich der Erfolg nicht monokausal erklären.

Im Team geht alles besser?

»Im Team geht alles besser«, denn hier gilt »einer für alle, alle für einen«. Diese zentrale Botschaft vermittelt der berühmte, mehrmals verfilmte Roman von Alexandre Dumas »Die drei Musketiere«. Was verbinden wir mit der Aussage »Wir sind ein Team«, unabhängig davon, ob wir sie auf unsere private oder berufliche Lebenswelt beziehen? Wir assoziieren positive Erfahrungen wie Begeisterung für eine Sache, ein Gemeinschaftsgefühl, die wir nur im sozialen Austausch mit anderen erleben können. Andere bringen Fähigkeiten mit, über die wir selbst nicht oder nicht ausreichend verfügen und das Zusammenspiel verschiedener Fähigkeiten führt zu Erfolgen. Wir erleben außerdem eine Entlastung, wenn wir bestimmte Aufgaben an andere abgeben können und uns auf diese verlassen können. Diese mit dem Teamgedanken verbundenen positiven Assoziationen versuchen Organisationen bei der Einführung von Gruppen- bzw. Teamarbeit zu nutzen.

Im privaten Bereich wie auch in der Arbeitswelt erleben wir, entgegen den positiven Bewertungen, aber nicht selten, dass Sportmannschaften, Arbeits- und Projektgruppen nicht automatisch »echte« Teams mit all den genannten positiven Assoziationen sind. Dem einzelnen Gruppenmitglied fällt es beispielsweise schwer, den persönlichen Erfolg zugunsten der Unterstützung anderer in der Gruppe hintanzustellen. Positive Gemeinschaftsgefühle kommen nicht unbedingt (sofort) auf, wenn sich Menschen mit sehr verschiedenen Wertvorstellungen, Arbeitsprinzipien und Gewohnheiten miteinander verständigen und abstimmen müssen. Die Verlagerung der Verantwortung vom Einzelnen auf eine Gruppe kann auch dazu führen, dass sich manche Gruppenmitglieder zurücklehnen bzw. zurückziehen und die Anderen arbeiten lassen. In Gruppen tauchen also auch immer wieder Phänomene auf, in denen das Eigeninteresse gegenüber dem Gruppeninteresse an Übermacht gewinnt. Beispiele für Ich-zentrierte Verhaltensweisen sind Trittbrettfahren und Drückebergerei. Andererseits gibt es natürlich auch Motivationen und soziale Kräfte, die gemeinschaftsförderndes Verhalten stimulieren: Hilfsbereitschaft, Pflichtgefühl, Kontrolle, Wettbewerb usw. Wie auch immer, mit der Einführung von Teamarbeit wird nicht alles automatisch besser. In der Teamarbeit stecken, ebenso wie in der Einzelarbeit, sowohl positive als auch negative Potentiale. In Tabelle 3.10 findet sich eine Gegenüberstellung positiver und negativer Aspekte der Arbeit in Gruppen.

Man spricht in diesem Zusammenhang von Prozessgewinnen und -verlusten um deutlich zu machen, dass die negativen oder positiven Konsequenzen nicht aus dem Tatbestand der Gruppenarbeit selbst erwachsen, sondern aus der Art und Weise, wie die Gruppenmitglieder zusammenwirken. Übersteigen die Prozessverluste die Prozessgewinne deutlich und dauerhaft, kann dies allerdings durchaus daran liegen, dass sich die zu erledigenden Aufgaben nicht besonders gut für die Gruppenarbeit eignen. Prozessverluste können auch daraus entstehen, dass Personen in einer Gruppe zusammenwirken sollen, die nicht zueinander passen, z. B. weil sich die Persönlichkeitsprofile nicht vertragen, weil die Qualifikationen zu unterschiedlich sind oder weil sich die Wertvorstellungen der Gruppenmitglieder widersprechen.

Tab. 3.10: Mögliche Prozessgewinne und Prozessverluste der Gruppenarbeit

Prozessgewinne	Prozessverluste
Ergänzung der Fähigkeiten	Verständigungsprobleme
Produktivität durch Arbeitsteilung	Abstimmungsprobleme
Gemeinschaftsgefühl	Gruppendenken
Begeisterung und Engagement	Soziale Faulheit
Integration in die Organisation	Fremdkörper in der Organisation
...	...

Verantwortlich für den Erfolg der Gruppenarbeit sind nicht zuletzt außerdem Rahmenbedingungen wie die Einbettung der Gruppe in die Gesamtorganisation, die Führungsstrukturen und die zur Verfügung stehenden Ressourcen. Darüber hinaus kommt es natürlich auch auf die Aufgaben und damit auf die jeweils spezifischen Herausforderungen an. Projektteams zum Beispiel kämpfen in aller Regel mit engen zeitlichen Vorgaben; die Handlungsspielräume von Fertigungsteams werden durch die jeweilige Fertigungstechnik begrenzt; in Managementteams treffen häufig Personen aufeinander, die eher auf die eigene Karriereentwicklung achten als auf das gemeinsame Vorankommen; Serviceteams müssen sich als besonders flexibel erweisen, um den wechselnden Kundenwünschen gerecht werden zu können; Expertenteams sind darauf angewiesen, sich über verschiedene Weltsichten hinweg zu verständigen und den Bezug zu den Auffassungen der Klienten nicht zu verlieren; in permanent zusammen arbeitenden Gruppen bilden sich häufig eingefahrene Routinen heraus, die dazu führen können, dass die Verfahren wichtiger genommen werden als die Ergebnisse usw. Darüber hinaus und unabhängig von den jeweiligen Besonderheiten gibt es eine Reihe von Schwierigkeiten in der Gruppenarbeit, die einfach daraus entstehen, dass sich die Gruppenmitglieder aufeinander einstellen und miteinander auskommen müssen. Es sind diese übergreifenden Probleme, mit denen sich die Literatur zur Teamentwicklung insbesondere beschäftigt.

Teamarbeit oder Gruppenarbeit?

Wir machen keinen Unterschied zwischen den Begriffen Gruppe und Team. In der Literatur finden sich zwar mehr oder weniger ausgeklügelte Versuche, diese beiden Begriffe voneinander abzugrenzen, die dabei zum Zuge kommende Begriffsakrobatik ist aber nur sehr bedingt überzeugend. Sinnvoll ist es, zwischen formal bestimmten und sich aus der Eigendynamik ergebenden Gruppen zu unterscheiden. Wenn jemand einer Arbeitsgruppe zugewiesen oder wenn ein Team zusammengestellt wird, ist dies zunächst nur ein äußerer Akt, der noch nichts darüber sagt, ob die Zusammenstellung auch tatsächlich »als Gruppe« funktioniert. Von Gruppen spricht man erst dann, wenn die Beziehungen zwischen den Gruppenmitgliedern eine gewisse Dauerhaftigkeit aufweisen, wenn enge Kommunikationsbeziehungen bestehen, wenn das Verhalten der Gruppenmitglieder aufeinander abgestimmt ist, wenn sich gemeinsame Normen herausbilden und wenn sich so etwas wie ein Wir-Gefühl entwickelt (McGrath 1984, Forsyth 1990). Der Teambegriff wird nun nicht selten dazu benutzt, um besonders funktionstüchtige Gruppe zu bezeichnen. Er dient als ein Auszeichnungsbegriff, als Projektionsfläche für das, was man sich in der besten aller Arbeitswelten so wünscht. In Tabelle 3.11 findet sich eine Gegenüberstellung einer Reihe von weniger erwünschten Eigenschaften (die vorgeblich der »Gruppe« anhängen) und von positiv konnotierten Eigenschaften (die angeblich dem »Team« zukommen). Für viele Autoren ist das Team gewissermaßen die Idealform einer effizienten Gruppe. Fällt ein Teammitglied aus oder zeigt es Leistungsschwächen, dann springt ein anderes Teammitglied automatisch ein, Probleme werden gemeinsam und kooperativ gelöst, das Team organisiert und motiviert sich selbst, das Gesamtinteresse steht vor dem Eigeninteresse, die Teammitglieder sind vom Teamgeist beseelt, sie verstehen sich blind. Oder anders ausgedrückt: In einem Team stimmt alles (Martin 2000): ein Ideal, das von wenig Realitätssinn zeugt.

Tab. 3.11: Merkmale von Gruppen und Teams nach Dyer/Dyer/Dyer 2013, 59

Merkmale der Zusammenarbeit	Gruppe	Team
Zielfestlegung	Vorgesetzter	Vorgesetzte
Aufgabenzuweisung	Vorgesetzter	Vorgesetzte, Mitarbeiter
Kommunikation	Zweiseitig	Allseitig
Mitarbeiter-Rolle	Ausführend	Initiativ
Haupttugenden	Loyalität (»guter Soldat«)	Vertrauen, Hilfsbereitschaft
Information	Fallbezogen	Umfassend
Kritik	Selten, angsterzeugend	Selbstverständlich
Konflikte	Vermeiden	Austragen
Verantwortung	Selbstverantwortlich	Gruppenverantwortlich
Primäres Ziel	Erledigen der Arbeit	Ergebnisse und Förderung

Mythen über die Teamarbeit

Wenn man der Selbstdarstellung vieler Organisationen folgt, ist in den letzten Jahrzehnten das Arbeiten in Teams mehr die Regel als die Ausnahme. In den privaten als auch öffentlichen Sektoren werden nicht nur Fertigungsteams, sondern auch Top Management Teams, Expertenteams, Forscherteams, Projektteams sowie sogenannte »cross functional teams« (d. h. Teams deren Mitglieder unterschiedlichen Organisationseinheiten angehören) gebildet. Dieser Entwicklung liegt das Bestreben zugrunde, die Qualität der Arbeit zu verbessern, Fehler zu vermeiden, die Effizienz zu steigern, Synergien zu realisieren und ganz generell die Beziehungen der Mitarbeiter untereinander sowie zwischen den verschiedenen Mitarbeiter- und Führungsebenen in der Organisation zu verbessern. In populären normativen Organisations- und Managementkonzepten wie dem Lean Management, dem Total Quality Management oder dem Ideenmanagement gilt die Teamarbeit als zentraler Erfolgsfaktor. Auch die wissenschaftliche Forschung hat sich des Themas in zunehmendem Maße angenommen. Die in den einschlägigen Studien gewonnen Erkenntnisse haben jedoch, so Salas und Fiore (2012), in der betrieblichen Praxis nicht die Beachtung gefunden, die ihnen gebührt. Stattdessen hielten sich hartnäckig eine Reihe falscher Vorstellungen über die Möglichkeiten und das

Gelingen von Teamarbeit. Im Einzelnen beschreiben die Autoren die folgenden neun Mythen:

- Mythos 1: Organisationen wissen, was Teamarbeit ist.
- Mythos 2: Organisationen wissen, wie man Teamarbeit steuert und pflegt.
- Mythos 3: Teams sind besser als Individuen.
- Mythos 4: Teamarbeit lässt sich immer nach dem gleichen Muster einführen.
- Mythos 5: Teamarbeit ist Kommunikation und nochmals Kommunikation.
- Mythos 6: »Teamplayer« werden geboren.
- Mythos 7: Es ist leicht, Teamarbeit in Organisationen einzuführen.
- Mythos 8: Es ist leicht, den Erfolg der Teamarbeit zu messen.
- Mythos 9: Kulturell heterogene Teams sind erfolgreicher als kulturell homogene Teams.

Zum *ersten Mythos* merken Salas und Fiore an, dass in vielen Organisationen ein sehr vereinfachtes Verständnis von Teamarbeit herrscht. So werde bereits die bloß formale Zusammenarbeit von zwei oder mehr Personen als Teamarbeit bezeichnet. Teams (oder was immer man dafür ausgebe) blieben sich außerdem weitgehend selbst überlassen. Es fehle schlicht an der Einsicht, dass Teamarbeit beständige Arbeit am Team notwendig macht. Zu dem *zweiten Mythos* führen die Autoren aus: Selbst Organisationen, die in starkem Maße auf Teamarbeit setzen, trügen dem nicht in angemessener Weise Rechnung. Sie verwendeten unpassende Anreizstrukturen und ungeeignete Trainings-maßnahmen. Führt man im Zuge der Teamarbeit zum Beispiel Bonussysteme ein, bei denen ausschließlich der Output des jeweiligen Teams honoriert wird, dann braucht man sich nicht zu wundern, wenn die Zusammenarbeit zwischen den verschiedenen Teams im Unternehmen vernachlässigt wird. Gleiches gilt, wenn man pauschal auf Teamarbeit setzt, ohne zu prüfen, ob im jeweiligen Einzelfall die Aufgaben nicht doch besser in anderen Formen der Arbeitsorganisation zu erledigen sind. Entgegen dem *Mythos 3* ist die Arbeit von Teams nämlich nicht generell besser als die Arbeit von einzelnen Personen. Wissenschaftliche Studien zeigen, dass Teams bei Aufgaben, für die keine eindeutigen Lösungen und Lösungswege existieren, oft die schlechteren Ergeb-nisse liefern. Gleiches gilt für Aufgaben, die hohe geistige Anforderungen stellen und die die Anwendung abstrakter Fähigkeiten verlangen. Feedback, Kommunikation und Kooperation, also zentrale Elemente der Zusammenarbeit, erbringen bei solchen Auf-gaben kaum einen Lösungsbeitrag. Dies ist unter anderem deswegen so, weil die Auf-gabenschwierigkeit die Kapazitäten der Gruppenmitglieder so stark beansprucht, dass für den wechselseitigen Austausch kaum Raum bleibt, dieser sogar eher als hinderlich empfunden wird.

Aber auch dann, wenn eine Aufgabe sich am besten durch Teamarbeit bewältigen lässt, stellt sich der Erfolg nicht zwangsläufig ein. Jedes Team weist seine Besonderheiten auf. Sie alle mit den gleichen Maßnahmen zu bedenken, wie dies der *Mythos 4* nahelegt, ist daher wenig sinnvoll. Dies gilt selbst dann, wenn die Teammitglieder alle (z. B. im Zuge von Trainingsmaßnahmen) gelernt haben, wie sie sich jeweils verhalten sollten, um gut im Team zusammenzuarbeiten. Das liegt einfach daran, dass der Erfolg eines jeden Teams neben der guten Zusammenarbeit von zahlreichen äußeren Faktoren abhängt. So bestimmen, wie oben bereits angeführt, die konkreten Aufgaben und die organisatorische Einbettung die Anforderungen an ein Team: Teams in der Fertigung arbeiten unter anderen Rahmenbedingungen als Teams im Service oder Teams innerhalb eines Entwicklungsprojekts oder eines Marketingprojekts oder als Teams auf Managementebene. Die angeführten Teams haben nicht nur verschiedene Aufgaben, sondern unterscheiden sich auch im Hinblick auf Befugnisse, Dauerhaftigkeit, Spezialisierung und Autonomie. Teambezogene Maßnahmen müssen sich daran orientieren. So können Incentives wie Prämien, Sonderleistungen, Preise usw. bei Teams, die nur eine begrenzte Zeit zusammenarbeiten sollen, durchaus hilfreich sein. Teams, die langfristig angelegt sind, lassen sich dagegen eher durch Aufgaben- und Kompetenzerweiterung unterstützen und stärken. Kurz gesagt: Angemessen ist die Unterstützung der Teams durch die Organisation nur dann, wenn hierbei die spezifischen Charakteristika eines Teams und dessen Rahmenbedingungen berücksichtigt werden. Daraus folgt im Übrigen, dass es vor allem die Teams selbst sein sollten, die ihren Unterstützungsbedarf artikulieren. Beim *Mythos 5* geht es um die Überbetonung der Kommunikation. Dabei ist unstrittig, dass Kommunikation ein wichtiger Erfolgsfaktor für die Teamarbeit ist. Zur gemeinsamen Aufgabenerledigung ist der Austausch von Informationen schlichtweg notwendig. Eine intensive Kommunikation fördert darüber hinaus das Verständnis für einander und für die Sache. Dennoch wäre es fatal zu glauben, dass Teamarbeit stets funktioniert, wenn nur die Kommunikation stimmt. Zum einen braucht es zur Erledigung mancher Gruppenaufgaben gar keiner besonders intensiven Kommunikation (man kann Probleme und Arbeitszeit auch »zerreden«). Zum anderen erbringt vermehrte Kommunikation in manchen Situationen auch einfach keinen Lösungsbeitrag. So kommt man z. B. in Drucksituationen schlechterdings nicht dazu, sich ausführlich auszutauschen. In diesem Fall gewinnen andere Faktoren eine besondere Bedeutung, so vor allem das wechselseitige Vertrauen und ein übereinstimmendes Aufgabenverständnis. Besonders verbreitet und besonders schädlich ist der *Mythos 6*, wonach gute »Team-Player« geboren werden. Organisationen begrenzen sich selbst in ihrer Entwicklungsfähigkeit, wenn sie derartig irrigen Annahmen folgen. Die wissenschaftliche Literatur zeigt, dass es »den« erfolgreichen Team-Player ebenso wenig gibt, wie beispielsweise »die« erfolgreiche Führungskraft. Je nach spezifischer Situation braucht man jeweils andere Fähigkeiten, um erfolgreich zu agieren. Und die Auffassung, dass sich Kooperations- und Führungsfähigkeiten nicht entwickeln ließen, ist schlichtweg falsch.

Aus den geschilderten Überlegungen sollte deutlich geworden sein, dass die erfolgreiche Einführung von Teamarbeit in einer Organisation, entgegen der in *Mythos 7* zum Ausdruck kommenden Überzeugung, alles andere als einfach ist. Sie kann sich demnach nicht darin erschöpfen, die Abteilungen und Arbeitsgruppen eines Unternehmens zu Teams zu erklären. Seitens der Organisation müssen vielmehr erst die Rahmenbedingungen dafür geschaffen werden, dass sich die mit der Teamarbeit angestrebte Veränderung der Aufgabenteilung und Zusammenarbeit überhaupt entfalten kann. Mit der Einführung der Teamarbeit müssen strukturelle Veränderungen einhergehen, die Zusammensetzung des Teams muss sorgfältig erwogen werden, der Entwicklungsstand der

Teammitglieder muss gefördert werden, die Führungskräfte müssen in der Lage sein, mit ihrer neuen Rolle umzugehen. Ganz allgemein muss geprüft werden, ob der Reifegrad der Organisation ausreicht, um den Anforderungen gerecht zu werden, die eine teamartige Organisation stellt. Aber nicht nur die Implementierung von Teamarbeit ist ein schwieriges Unterfangen, auch die Bewertung der Teamarbeit ist alles andere als einfach (*Mythos 8*). Schließlich ist der Erfolg von Teamarbeit von zahlreichen Einflussfaktoren abhängig und eine Bewertung, die dies nicht berücksichtigt, kann kaum als valide gelten. Immerhin, so Salas und Fiore, könne man inzwischen auf gute, wissenschaftlich geprüfte Messinstrumente zurückgreifen. Man muss sich also nicht mit den häufig wenig fundierten, »selbstgestrickten« Ansätzen zur Bestimmung der Teamarbeit und ihrer Erfolgsvoraussetzungen zufrieden geben. Die letzte, von Salas und Fiore herausgestellte, irrige Auffassung befasst sich mit den allzu häufig geäußerten pauschalen Urteilen über Erfolgsgaranten der Teamarbeit (*Mythos 9*). Die Autoren gehen speziell auf die Bedeutung der kulturellen Homogenität bzw. Heterogenität für den Teamerfolg ein. Hierzu eindeutige Aussagen zu machen, sei schon allein deswegen schwierig, weil Kultur ein Konstrukt mit vielfältigen Bedeutungsvarianten sei und weil es außerdem sehr stark auf den Kontext ankomme, welche Wirkungen von kultureller Vielfalt bzw. von kultureller Einheit ausgehen.

Beschreibung und Erklärung der Teamentwicklung

Unter der Entwicklung von Teams versteht man meist eine »Höherentwicklung« oder eine zunehmende »Reife«. Gibt es so etwas überhaupt? Wovon wird die Reife einer Gruppe gegebenenfalls bestimmt? Was unterstützt bzw. hindert Teammitglieder dabei, ihr Teamverhalten zu verbessern? Auf diese Fragen gehen wir im Folgenden ein. Außerdem greifen wir mit der Herausbildung von Teamrollen eine wichtige Bestimmungsgröße der Teamentwicklung heraus und gehen auch hierauf etwas näher ein.

Entwicklung von Teams und Teamreife

Neu gebildete Gruppen sind selten gleich Spitzenteams. Sie müssen normalerweise erst schmerzliche Entwicklungsprozesse durchlaufen, sich »zusammenraufen«, bis sie als »echte« Teams gelten können und entsprechende Leistungen erbringen. Nach Katzenbach und Smith beispielsweise verläuft die Entwicklung von der Arbeitsgruppe über das Pseudoteam zum potentiellen Team, weiter zum echten Team und schließlich zum Hochleistungsteam (Katzenbach/Smith 1993, kritisch dazu: Mayrhofer 2003). Phasenmodelle, die auf derartigen Überlegungen gründen, beschreiben typische Muster der Teamentwicklung. Als »klassisch« kann das Modell von Bruce Tuckman gelten (Tuckman 1965; Tuckman/Jensen 1977). In diesem Modell geht es vor allem um das zwischenmenschliche Verhalten der Gruppenmitglieder und die Veränderungen der Gruppenatmosphäre. In der ersten Phase (»forming«) wird das Zusammenfinden der Gruppe nach ihrer Konstituierung beschrieben. Der Umgang der Mitglieder ist hier sehr stark durch unpersönliche Höflichkeit, Unsicherheit im Umgang miteinander und durch entsprechende Gespanntheit und Zurückhaltung gekennzeichnet. In der zweiten Phase (»storming«) wissen die Gruppenmitglieder bereits, wie sie sich in etwa einzuschätzen haben. Im Bestreben nach möglichst großem Einfluss bei der Festlegung und Verteilung der Teilaufgaben und der knappen Ressourcen (z. B. der Leitungsfunktion) flackern unterschwellige Konflikte auf, es kommt zur Cliquenbildung und zu wechselseitigen Behinderungen. Diese Verhaltensweisen sind naturgemäß einer guten Leistungserbringung abträglich. In der dritten Phase (»norming«) geht es darum, zu einer Übereinkunft über gemeinsame Regeln, Normen und Umgangsformen zu kommen. Werden diese von allen eingehalten, dann werden die wechselseitige Akzeptanz und Wertschätzung wachsen und damit die Voraussetzung für das Erreichen der vierten Phase (»performing«) geschaffen. Erst hier – so das Modell von Tuckman – liegen denn auch die Bedingungen vor, die eine ideenreiche, solidarische, flexible Zusammenarbeit im Team ermöglichen. In Anlehnung an dieses Modell entstanden viele Varianten von Phasenmodellen (vgl. u. a. Heinen/Jacobson 1976; Gersick 1988, Morgan/Salas/Glickman 1993, Francis/Young 2002, Bonebright 2010).

Ganz ähnlich wie im Tuckman-Modell, geht es im Entwicklungsmodell von Eric Neilsen (1986) um die Beziehungen zwischen den Gruppenmitgliedern. Ein besonderer Akzent liegt in diesem Modell auf drei grundlegenden sozialen Bedürfnissen, die in den verschiedenen Phasen der Gruppenentwicklung eine je eigene Bedeutung erlangen. Anfangs bemühen sich die Gruppenmitglieder – so das Modell – um Zugehörigkeit. Erst wenn sie als vollwertige Gruppenmitglieder anerkannt sind, können sie in einem zweiten Schritt versuchen, auf das Gruppengeschehen Einfluss zu nehmen. Wenn man akzeptiert und einflussreich ist, erhält in einem dritten Schritt das Bedürfnis nach emotionaler Anteilnahme, nach Sympathie und Wärme eine bestimmende Bedeutung. In jeder der angeführten Phasen gewinnen – so Neilsen – bestimmte Probleme, die sich nicht eigentlich auflösen lassen, eine verhaltensbestimmende Kraft, die die weitere Entwicklung vorantreibt. In der Anfangsphase herrscht große Unsicherheit in Bezug auf das richtige, angemessene Verhalten. Um nichts falsch zu machen, gibt man möglichst wenig von sich preis, d. h. man lässt sich sehr stark von Sicherheitsbedürfnissen bestimmen. Andererseits muss man, um überhaupt in Kontakt zu kommen und um nicht falsch eingeschätzt zu werden, aus sich herausgehen und sich damit den kritischen Blicken der anderen Gruppenmitgliedern stellen, ein Verhalten, das häufig stark angstbesetzt ist. Man steckt gewissermaßen in einem Sicherheits-Angst-Dilemma. Nur wenn es einem gelingt, dieses Dilemma zu überwinden, wird man Anschluss finden und die Möglichkeit erhalten, auch auf das Gruppenverhalten Einfluss zu nehmen. Ähnlich stellen sich im weiteren Verlauf der Gruppenentwicklung neue Dilemmata, die überwunden werden müssen, damit das Team zusammenwachsen kann.

An diese Gedanken knüpft das Teamentwicklungsmodell von Martin (2000) an. Hier stehen nun aber nicht die Bedürfnisse der Gruppenmitglieder im Vordergrund, betrachtet werden vielmehr jeweils spezifische Problemsituationen, die das Verhältnis zwischen der Gruppe und den Gruppenmitgliedern prägen. Außerdem geht dieses Modell weg von der Vorstellung, dass Entwicklungsphasen nur Durchgangsstufen hin zu einem kontinuierlichen Wachstum der Teamreife sind. Vielmehr stellt jede Entwicklungsstufe eine eigene soziale Welt dar (eine je eigene »Gesellschaft« oder eine je eigene

»Sozialordnung«), die das Denken und Handeln der Gruppe in umfassender Weise bestimmt und die als in sich abgeschlossen und (innerhalb der dort geltenden Logik) als funktionstüchtig gelten kann. Es ist daher auch genauer, wenn man von *Entwicklungs-niveaus* und nicht von Entwicklungsstufen spricht. Dies ist ein erster Punkt, in dem sich dieses Modell von vielen anderen Reifegradmodellen der Teamentwicklung unterscheidet. Ein zweiter Punkt betrifft die spezifische Problematik, die für jede einzelne Entwicklungsstufe kennzeichnend ist. Gruppen gelingt es häufig nicht oder nur bedingt, eine Lösung für diese Problematik zu finden. Das führt dazu, dass sie auf diesen Entwicklungsstufen stehen bleiben und sich dort dauerhaft einrichten. Drittens ist zu beachten, dass in jeder Phase die Grundprobleme aller anderen Phasen auch präsent sind (wenngleich in unterschiedlicher Schärfe und Dringlichkeit) und nach Lösungen verlangen. Das heißt, es drängen sich in den jeweiligen Entwicklungsstufen zwar bestimmte Probleme in den Vordergrund, die übrigen Gruppenprobleme bleiben deswegen aber dennoch ebenfalls wirksam. Viertens gibt es keine unumkehrbare Höherentwicklung. Jede Gruppe kann in frühere Phasen zurückgeworfen werden. Und fünftens sind die stufentypischen Probleme mit schwer aufzulösenden Dilemmata verknüpft. Ohne Auflösung des jeweiligen Dilemmas kommt es zu keiner Höherentwicklung.

In Abbildung 3.16 sind die Entwicklungsniveaus von Gruppen und die sie kennzeichnenden Dilemmata angeführt. In Tabelle 3.12 finden sich die damit korrespondieren Grundprobleme aus Sicht der Gruppenmitglieder. In der frühen Gruppenentwicklung (in der »Protogesellschaft«) stellt sich den Teilnehmern die Frage, wie sehr sie sich in die Gruppe einbringen wollen. Diese Entscheidung wird maßgeblich von egozentrischen *Nutzenüberlegungen* beeinflusst. Wenn für die eigenen Beitragsleistungen keine Anreize geboten werden, wird man sich in seinem Engagement sehr zurückhalten. Die sozialpsychologische Situation ist von Vorsicht geprägt. In frühen Phasen der Gruppenbildung steht jeder erst einmal für sich, man kennt die anderen Gruppenmitglieder nur sehr oberflächlich, kann sie nicht einschätzen und bleibt daher zunächst auf Distanz. Allerdings steckt darin ein Dilemma. Wenn man, wie das ja auch im Neilsen-Modell beschrieben wird, für sich bleibt, dann dient dies zwar dem Selbstschutz, es geht aber auch mit sozialer Absonderung einher. Das ist die soziale Seite der Sache. Das Dilemma zeigt sich aber auch auf der Aufgabenseite.

Wenn sich alle Gruppenmitglieder mit ihrem Engagement zurückhalten, dann werden auch keine sonderlich guten Gruppenergebnisse entstehen, von denen alle wiederum profitieren würden. Das eigene Engagement könnte also durchaus positive Konsequenzen mit sich bringen, andererseits kann das eigene Engagement auch von den anderen Gruppenmitgliedern, die sich selbst lieber zurückhalten und gern andere arbeiten lassen, ausgenutzt werden. Dies Dilemma lässt sich am besten überwinden, indem man sich zunächst einzelnen Personen zuwendet, von denen man annimmt, dass sie einem ähnlich sind und mit denen man erste positive Erfahrungen im Hinblick auf die Wechselseitigkeit von erbrachten Vorleistungen gemacht hat. Gelingt es den Gruppenmitgliedern das Dilemma von Verzicht und Teilnahme in Richtung Teilnahme aufzulösen, wird eine höhere Entwicklungsstufe erreicht. Allerdings kommt es damit

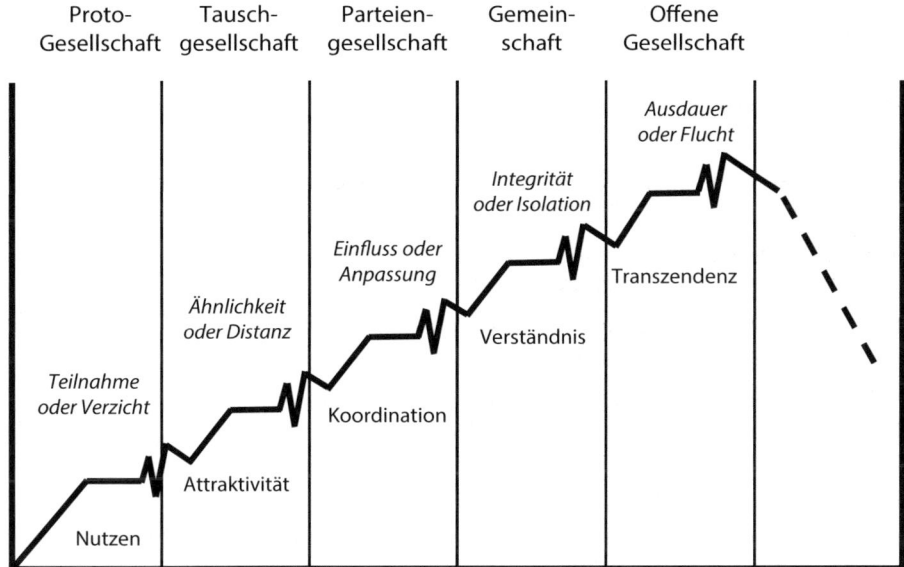

Abb. 3.16: Die »soziale Welt« und das Entwicklungsniveau

noch nicht zu wirklich engen persönlichen Beziehungen, diese gestalten sich eher geschäftsmäßig und folgen dem Prinzip von Leistung und Gegenleistung. Dennoch kann niemand in der sich hieraus entwickelnden Tauschgesellschaft nur an der eigenen Nutzenmaximierung interessiert sein. Jedes Mitglied ist darauf angewiesen, auch den anderen Gruppenmitgliedern von Nutzen zu sein, weil es sonst keine Tauschpartner finden wird. Die Gruppenmitglieder müssen also darauf achten, dass sie *attraktive Beiträge* erbringen und sie müssen auch als Person für die anderen »attraktiv« sein. Dies gilt insbesondere gegenüber den Partnern, zu denen man in der Anfangsphase eine engere Beziehung aufgebaut hat. Hieraus resultiert aber wiederum ein Dilemma. Attraktiv ist man für einen Partner dann, wenn man ihm – wie oben beschrieben – ähnlich ist. Man wird also versuchen, diese Ähnlichkeit auch besonders herauszustreichen. Andererseits wird man schon aus Gründen der Selbstachtung versuchen, eigene Positionen zu behaupten, kann also das Streben nach Ähnlichkeit und Nähe nicht übertreiben. Ein guter Grund, eine gewisse Distanz zu wahren, ergibt sich auch aus dem Interesse, nicht in ein einseitiges Abhängigkeitsverhältnis zu geraten. Man wird sich also bemühen, auch gegenüber der Beziehung zu Dritten offen zu bleiben, ein Bemühen, das durch die Überbetonung des paarbezogenen Binnenverhältnisses gefährdet wird. Als einzelnes Gruppenmitglied (auch als Paar) hat man in der Tauschgesellschaft keine starke Position, um das Gruppengeschehen insgesamt zu beeinflussen. Dies ist nur möglich, wenn man sich mit anderen zusammenschließt, um als Koalition gemeinsame Interessen zu artikulieren und durchzusetzen. Sofern dies gelingt befindet man sich auf einer neuen Entwicklungsstufe einer Gruppe: in der Parteiengesellschaft.

Tab. 3.12: Die Dynamik der Teamentwicklung

Problemsituation	Problemsituation	Lösung
Proto-Gesellschaft: Nutzen	allein, fremd, unbekannt	Anschlusssuche mit Vorsicht: Zweierbeziehung → Tausch-Gesellschaft
Tausch-Gesellschaft: Attraktivität	isoliert, schwach, unbestimmt	Orientierung an Interessen: Koalitionsbildung → Parteien-Gesellschaft
Parteien-Gesellschaft: Koordination	instrumental, anstrengend, ungeordnet	Entwicklung von Gemeinsamkeiten → Gemeinschaft
Gemeinschaft: Verstehen und Verständnis	routiniert, beschränkt, ritualistisch	Konstruktion von Sinn → Offene Gesellschaft
Offene Gesellschaft: Transzendenz	unbestimmt, widersprüchlich, lebendig	Sinnentfaltung

Die Parteiengesellschaft ist die erste Phase, in der es zu »echter« Zusammenarbeit kommt, insoweit das Gesamtinteresse der Gruppe in den Blick gerät. Das »ökonomische« Interaktionsmedium Tausch wird ergänzt durch das »politische« Medium der Konfliktaustragung. Die Zusammenarbeit wird enger, die *Koordination* aber schwieriger. Was die Sozialpsychologie dieser Entwicklungsstufe angeht, kann man wohl davon ausgehen, dass die Mitglieder selbstbewusster auftreten. Man kennt sich nun untereinander, kann sich besser aufeinander einstellen und löst sich aus der engen persönlichen Verklammerung der »Paarphase«. Damit treten die individuellen Bedürfnisse wieder stärker in den Vordergrund. Um diese zur Geltung zu bringen wird man Bündnisse schließen und (wechselnde) Koalitionen eingehen. Zur Abstützung der Ordnung werden in der Parteiengesellschaft außerdem institutionelle Arrangements entstehen, die dabei helfen sollen, die Bedürfnisartikulation und die Konfliktaustragung zu regulieren. Insgesamt aber bleibt die Parteiengesellschaft eine unruhige Gesellschaft. Bei der konkreten Aufgabenbewältigung wird man immer wieder mit dem Tatbestand konfrontiert, dass die ausgehandelten Vereinbarungen unvollständig sind und die unterschiedlichen Auffassungen konfrontativ aufeinander prallen. Daraus ergibt sich auch das Dilemma dieser Entwicklungsstufe. Einerseits geht es um die Durchsetzung der eigenen Interessen, also um Einfluss. Andererseits wäre es äußerst schädlich, wenn sich immer nur eine Seite durchsetzen würde. Dies würde den Unterlegenen auf Dauer ihre Bereitschaft nehmen, weiter kooperativ zusammenzuarbeiten. Aus diesem Grund muss sich jede Seite auch als Anpasser verhalten können. Allzu große Anpassung andererseits gefährdet die eigenen Interessen und kann dazu führen, dass sich Gruppenstrukturen verfestigen, die die eigene Benachteiligung zementieren. Überwinden lässt sich dieses Dilemma durch die Orientierung an einem gemeinsamen Wertekanon, der sich von den unmittelbaren Interessen löst und sich einem übergeordneten Ideal (im Idealfall dem Gemeinwohl) verpflichtet weiß.

Damit bewegt man sich bereits in Richtung *Gemeinschaft* und der damit verknüpften Herausbildung einer gruppenspezifischen Kultur. Eine gemeinsame Kultur geht mit

einer erheblichen Handlungsentlastung einher, weil die Auseinandersetzungen um die
jeweilige Interessendurchsetzung auf einer breiten Konsensbasis stattfinden und sich die
Beitragsleistungen der einzelnen Gruppenmitglieder an einem gemeinsam erarbeiteten
Gruppenverständnis orientieren können. Damit entsteht Raum, sich stärker den Per-
sonen, die hinter den Interessen stehen, zuzuwenden. Man bemüht sich darum, die
Teammitglieder näher kennenzulernen, ihre Handlungsweisen zu verstehen, ihre
Motive und Neigungen zu durchschauen, ihre Ansichten und Fähigkeiten zu würdigen.
Die Gruppenarbeit verläuft aber auch in dieser »Gesellschaftsform« nicht reibungslos.
Ein Hauptproblem der gegenseitigen Verständigung besteht im Finden einer angemessenen Distanz. Soziale Beziehungen und Kulturen können übermächtig sein, die Denk-
und Aktionswelt einer Person also völlig besetzen. Die Gruppe folgt in der Gemeinschaft
ihrer je eigenen Binnenlogik und verschließt sich neuen Herausforderungen. Das
einzelne Gruppenmitglied wird gewissermaßen überwältigt und verliert die Möglichkeit
oder gar die Fähigkeit, über sich selbst zu bestimmen. Es fügt sich den Vorgaben und
Routinen, auch wenn sich diese als eher kontraproduktiv erweisen und ihren ursprünglichen Sinn verloren haben. Das Grunddilemma in der Gemeinschaft besteht
damit in der Bedrohung der persönlichen Integrität einerseits und in der Angst vor
Isolation andererseits. Koppelt sich der einzelne von der Gruppenideologie ab, dann
wird er zum Außenseiter, er wird in die Gruppenprozesse nicht mehr einbezogen und
findet für seine Auffassungen keinen Rückhalt mehr. Die Gemeinschaft steht in der
großen Gefahr das Kollektiv gegen das Individuum auszuspielen und bleibt insoweit eine
defizitäre Sozialordnung. Eine wirklich emanzipierte Gesellschaft oder Sozialordnung
bietet beides, eine gemeinsame Lebenswelt, in der Platz für charaktervolle Persönlich-
keiten ist.

In der offenen Gesellschaft kommt es zu einer Emanzipation von der herrschenden
Binnenlogik einer Gruppe. Die offene Gesellschaft ist das Ergebnis einer zweiten »Dezentrierung«. Die erste Dezentrierung in der Teamentwicklung ist individueller Natur.
Sie ist die eigentliche Geburtsstunde der Gruppe. In ihr löst sich die Person von ihrer
Egozentrik, sie gewinnt – mit dem Übergang von der Parteiengesellschaft in die Gemeinschaft – in der Gruppe gewissermaßen eine neue Mitte, einen neuen Bezugspunkt
ihres Handelns. In der zweiten Dezentrierung wird diese wieder aufgegeben. Der
Übergang ist gewissermaßen »transzendenter« Natur. Halt und Rückhalt geben dann
weder das »Ich«, noch das »Wir«. Streng genommen gibt es überhaupt keinen letzten
Bezugspunkt mehr. Das heißt nicht, dass es keinerlei »Commitment« gibt. Im Gegenteil,
gerade weil in der Offenen Gesellschaft der vorgegebene Sinn des Handelns abhandenkommt, zwingt sie ihre Mitglieder zu beständiger Neubesinnung und zu einer echten
Selbstverpflichtung. *Sinnfindung* ist daher auch das untergründig bewegende Thema der
offenen Gesellschaft. Menschen brauchen eine Zielbindung, auf die hin sie ihr Handeln
ausrichten, die Überzeugung, etwas richtig zu machen, etwas zu schaffen, in dem sie sich
selbst wiederfinden können. In der Offenen Gesellschaft gibt es diesbezüglich aber keine
verbindliche Orientierung, die Bindung an die Ziele und an die Aufgaben bleibt vorläufig
und prekär und ist dem Zweifel kritischer Reflexion ausgesetzt. Die Offene Gesellschaft
ist also nicht »bequem«, sie setzt die Gruppenmitglieder einer existentiellen Unsicherheit
aus, sie stellt alle überkommenen Handlungsprämissen und Lösungsansätze unter

Vorbehalt und sie verlangt eigenständige und kraftvolle Bestimmungsleistungen. Das Dilemma der Offenen Gesellschaft liegt auf der Hand, es heißt: »Flüchten oder Standhalten«. Es ist ein Dilemma, weil weder die eine noch die andere Verhaltensweise zu einem sozialen Gleichgewicht führt. »Standhalten« überfordert die Fähigkeit vieler Menschen und »Flucht« ist in vielerlei Hinsicht eine unbefriedigende Alternative. Es gibt eine rückwärtsgerichtete Flucht aus der Offenen Gesellschaft und eine Flucht nach vorn. Rückwärtsgewandt ist sie Flucht aus der Gruppe, also der mentale oder auch der physische Rückzug. Eine Lösung ist diese Flucht für den Einzelnen nur sehr bedingt und zwar insbesondere dann nicht, wenn er in der Gruppe »Wurzeln geschlagen hat«. Je tiefer die Verwurzelung ist, desto schmerzhafter wird die Entwurzelung sein. Die Macht der Gruppe ist nie spürbarer als in der Trennung. Aber auch die Flucht nach vorn, die »Flucht ins Commitment« ist kein Ausweg. Sie ist der Versuch, der Unbestimmtheit und Komplexität der Offenen Gesellschaft ein Ende zu setzen, der verwirrenden, gestaltlosen sozialen Wirklichkeit eine haltgebende Kontur aufzudrängen durch heilsversprechende Ideologien, unverbrüchliche Regeln und charismatische Führer. Die Offene Gesellschaft geht zwangsläufig mit Desillusionierungen einher. Man kann sie nicht »überwinden« und sie in utopisches Wohlgefallen auflösen. Insoweit bleibt die Offene Gesellschaft immer eine provisorische und im Empfinden der Menschen eine nur bedingt harmonische Ordnung. Sie ist kein Sehnsuchtsbild, aber angesichts der menschlichen Natur doch die beste aller Welten.

Die Bedeutung von Rollen im Teamprozess

Letztlich sind es die Gruppenmitglieder, die es in der Hand haben, ihre Zusammenarbeit zu gestalten. Das Entwicklungsniveau, das ein Team erreichen kann, wird also sehr stark davon bestimmt, welche Personen dem Team angehören und welches Verhalten sie an den Tag legen. Entsprechend große Bedeutung kommt der Auswahl der Gruppenmitglieder und der Aufgabenverteilung zu (vgl. u. a. Benne/Sheats 1948, Tuckman 1967, Jackson 1992). Die naheliegende Idee ist ja, dass die Teams am besten sind, denen die »Besten« angehören. Meredith Belbin (2010) sieht dies anders, seine Studien zeigen, dass Gruppen, deren Mitglieder die besten intellektuellen Voraussetzungen mitbringen (Belbin nennt sie Apollo-Gruppen), häufig sehr schlecht abschneiden. Belbin spricht von einem Apollo-Syndrom: Die Zusammenarbeit in diesen Gruppen erschöpfe sich nicht selten in ergebnislosen Debatten, die Gruppenmitglieder arbeiteten wenig konstruktiv zusammen und sähen vor allem die Schwächen in den Vorschlägen der anderen. Außerdem bestehe die Neigung, notwendige und dringende Aufgaben einfach liegenzulassen. Bessere Ergebnisse erzielten Gruppen, so die Untersuchungen von Belbin, die eine ausgewogene Gruppenzusammensetzung aufwiesen. Belbin, auf dessen Ansatz wir hier beispielhaft eingehen wollen, hat seine Überlegungen am Beispiel von Managementteams entwickelt. In der konkreten Anwendung wurden seine Ideen allerdings auch auf andere Gruppen übertragen, also z. B. auch auf Projektteams, Fertigungsteams und auf alle möglichen Gruppenzusammenhänge, die bei der Organisationentwicklung zum Zuge kommen. Zur Charakterisierung der Gruppenteilnehmer greift Belbin auf

Persönlichkeitseigenschaften zurück, spricht dann aber allgemeiner von Typen und Verhaltensweisen sowie schließlich auch (wenngleich einigermaßen unscharf) von Rollen, die die Gruppenteilnehmer einnehmen. Im Einzelnen beschreibt Belbin eine Reihe von wichtigen Figuren, die das Gruppengeschehen prägen und auf deren Passung und Zusammenwirken es nach seiner Erfahrung ankommt. Ein Beispiel ist der »Implementer«, den Belbin ursprünglich als »Company Worker« bezeichnet, wegen des wenig »glamourösen Klangs« aber umbenennt. »[Implementers] were disciplined individuals with an affinity towards getting work done swiftly in an organised fashion. Conscientious and aware of external obligations, they also had a well-developed sense of self-image, giving them a degree of internal control. They were tough-minded, practical, trusting, tolerant towards others, and, finally, conservative in the sense of being respectful of established conditions and ways of looking at things.« (Belbin 2010, 35). Weitere Grundtypen sind der »Monitor Evaluator«, ein kritischer Denker, der stark sachlich orientiert ist und sich sein eigenes, unabhängiges und fundiertes Urteil bildet, allerdings eher passiv agiert; der »Teamworker«, der sich der sozialen Beziehungen annimmt und der »Completer Finisher«, gewissermaßen der Perfektionist, der ein besonderes Augenmerk auf die Qualitätssicherung hat. Außerdem beschreibt Belbin zwei kreative Typen, den »Plant« und den »Resource Investigator«. Der »Plant« ist als Ideengenerator praktisch bei allen schlecht-strukturierten Problemen ein höchst nützliches Gruppenmitglied. Während der »Plant« gewissermaßen originär kreativ ist, zeichnet sich der »Resource Investigator« durch die Fähigkeit aus, Ideen weiterzuentwickeln und für deren Unterstützung zu werben. Führungsgestalten gibt es, so die Belbinschen Beobachtungen, in drei Varianten. Eine davon ist der »Chairman«, der sich vor allem als Koordinator versteht, der nachdrücklich die vorgegebenen Ziele vertritt, die übrigen Gruppenmitglieder zwar akzeptiert, sich gleichzeitig aber durch ein starkes Dominanzstreben auszeichnet. Der so genannte »Shaper« ist gewissermaßen der Antityp zu einem konstruktiven Gruppenmitglied, er sucht den Konflikt, ist ungeduldig, schnell frustriert und ist vor allem darauf bedacht, seine eigenen Positionen durchzusetzen. Den dritten Führungstyp nennt Belbin den »Apollo Chairman«. Er zeichnet sich neben einem gewissen Führungswillen vor allem durch überlegene intellektuelle Fähigkeiten aus und eignet sich daher auch am ehesten für die Leitung von Apollo-Teams.

Wie funktioniert nun die Zusammenarbeit zwischen diesen verschiedenen Typen? Es gibt, so Belbin, eine Reihe von Konstellationen, die sich sehr negativ auswirken dürften. Ein Beispiel ist der »Chairman«, der mit zwei dominanten »shapers« zusammenarbeiten muss, die ihm höchstwahrscheinlich seine Führungsrolle streitig machen dürften. Ein anderes Negativbeispiel ist die Konstellation »teamworker«, »implementer« und »completer finisher« und zwar dann, wenn keine von den übrigen, oben angeführten, Typen in der Gruppe sind. »Winning teams« könnten sich dagegen entwickeln, wenn die Gruppe von einem »Chairman« geführt werde, wenn ein starker »Plant« zur Gruppe gehöre, wenn die Gruppenmitglieder nicht alle das gleiche intellektuelle Niveau aufwiesen, wenn möglichst viele der angeführten Teamrollen vertreten seien, wenn die Gruppenmitglieder über Kenntnisse zu Gruppenprozessen verfügten, um die Defizite der Gruppe erkennen zu können und wenn die Eigenschaften der Gruppenmitglieder mit ihren Pflichten in Einklang stünden. Dieser letzte Punkt ist von besonderem

Interesse, es stellt sich nämlich die Frage, ob es tatsächlich immer zu der beschriebenen Eigenschaftsspezialisierung kommt und ob dies für den Gruppenerfolg wirklich erforderlich ist. Sollte also die eine Person kreativ, die andere koordinierend, die dritte arbeitsam, die vierte prüfend tätig sein usw.? Ist eine derartige Aufgabenteilung sinnvoll? Kann man nicht gleichzeitig kreativ und arbeitsam sein, dabei auf Qualität achten und sich mit seinen Kollegen abstimmen? Nach Belbin kommt es zu der von ihm beschriebenen Rollenspezialisierung, weil die Gruppenmitglieder bestimmte Eigenschaften mitbringen, die sie für die jeweiligen Rollen in besonderer Weise disponieren.

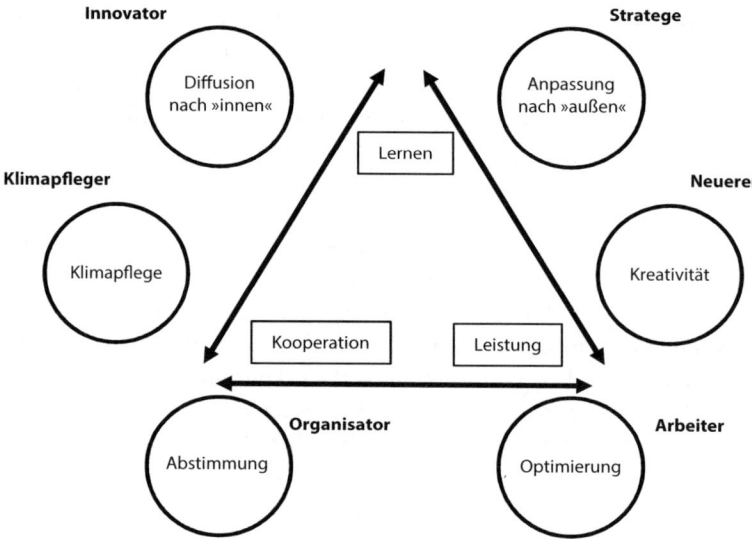

Abb. 3.17: Aktivitäten und/oder Rollen effektiver Teamarbeit

Es ist allerdings fraglich, ob den Mitgliedern von leistungsorientierten Gruppen so ohne weiteres »gestattet wird«, ihre Rollen ganz auf ihre individuellen Neigungen hin auszugestalten. Und was die Effizienz angeht: Wichtig ist aus funktionalistischer Sicht lediglich, ob bestimmte gruppenförderliche Aktivitäten auch tatsächlich wirksam werden. Ob nun eine bestimmte Person beispielsweise immer und nur der Ideengeber ist, oder ob die Rolle des Ideengebers wechselt oder ob es zu gar keiner Rollenausprägung kommt, sondern gute Lösungsideen einfach aus den Gruppenprozessen heraus entstehen, ist danach eher eine zweitrangige Frage.

Welche Form der Ideenproduktion sich herausbildet, ist von einer ganzen Reihe von Bedingungen abhängig, z. B. von der Gruppengröße, der Art der Aufgabe und dem Führungsverständnis. In Abbildung 3.17 sind entlang der drei Funktionsanforderungen sozialer Systeme je zwei Aktivitäten aufgeführt, die dazu beitragen, die Funktionsanforderungen zu unterstützen. Angeführt sind entsprechende Rollen, wobei allerdings offenbleiben soll, ob diese Rollen von je einer Person oder von unterschiedlichen Personen ausgeführt werden oder ob sie als Elemente ganz anderer Rollensets zur Geltung kommen. Die angeführten Aktivitäten müssen, wie bereits erwähnt, aber auch gar nicht aus irgendwelchen Rollenverständnissen heraus entspringen, es kann sich hierbei auch um Aktivitätsmuster handeln, die endogen aus dem Gruppenprozess heraus entstehen oder auch von außen angestoßen werden. Auf diesem allgemeinen Niveau sind die Überlegungen auf alle möglichen Gruppen anwendbar. So müssen beispielsweise alle Gruppen, ihre internen Prozesse auf neue Anforderungen hin anpassen. In der konkreten Ausgestaltung gibt es dabei aber natürlich charakteristische Unterschiede. Ein Team, dass sich mit der Entwicklung von neuen Technologien befasst, muss darauf achten, dass es immer auf dem neuesten Stand der Technik ist, ein Produktionsteam sollte in der Lage sein, die Umrüstung auf eine neue Serie effizient zu bewältigen usw. Und entsprechend der jeweiligen konkreten Gegebenheiten unterscheidet sich auch das Ausmaß, in dem die verschiedenen Aktivitäten in unterschiedlichen Gruppen auszuführen sind. Generell gilt jedoch für Gruppen oder Teams, wie für alle anderen sozialen Systeme auch, dass immer alle drei Grundfunktionen zu erfüllen sind.

Teamentwicklung als Gestaltungsansatz

Die im vorangegangenen Abschnitt angeführten theoretischen Ansätze dienen der Beschreibung und zum Teil auch der Erklärung von Prozessen, die für die Teamentwicklung von Belang sind. Theorien sollen dabei helfen die Wirklichkeit besser zu verstehen. Wie man die Lebensverhältnisse verbessern kann, darüber sagen sie zunächst nichts, jedenfalls nicht explizit. Das heißt natürlich nicht, dass sie aus praktischer Sicht ohne Belang wären. Im Gegenteil, ohne Verständnis davon, wie das, was man beobachten kann, zu interpretieren ist, ohne die Kenntnis grundlegender Zusammenhänge und ohne Vorstellung von den Mechanismen, die den konkreten Ablauf der Geschehnisse bestimmen, laufen Gestaltungshandlungen ins Leere. Im Einzelnen gibt es natürlich deutliche Unterschiede zwischen Theorien was Präzision, Tiefe und Anschlussfähigkeit an unmittelbare Gestaltungsambitionen angeht (wobei es nicht selten einen gewissen Trade Off zwischen Tiefe und unmittelbarer Verwertbarkeit gibt; zur Natur theoretischer, technologischer und normativer Aussageformen vgl. Martin 2001, 71 ff.).

Dies gilt auch für die oben behandelten theoretischen Ansätze. Die Beschreibung unterschiedlicher Entwicklungsniveaus von Gruppen zielt ganz offensichtlich nicht auf die Ableitung von Handlungsanweisungen. Vielmehr geht es um die Frage, welche Hauptprobleme in unterschiedlichen Entwicklungsstufen von Gruppen existieren und um die Erkenntnis, dass sich auf diesen Entwicklungsstufen unterschiedliche Regeln des Zusammenwirkens herausbilden, dass man sich in den beschriebenen »Gesellschaftsformen« dauerhaft einrichten kann, dass es zwar immer auch Kräfte gibt, die auf eine Veränderung drängen, dass es deswegen aber nicht naturnotwendig zu einer Höherentwicklung kommt. Für den Gestalter ergibt sich daraus keine handfeste konkrete Aussage etwa über die optimale Konzipierung von Teamentwicklungsmaßnahmen. Dies ist auch nicht beabsichtigt. Aber bedeutungslos für Gestaltungshandlungen sind die beschriebenen Einsichten deswegen nicht. Sie machen z. B. deutlich, dass man sich bei

Fördermaßnahmen in der Parteiengesellschaft darauf konzentrieren sollte, belastbare Institutionen und eine gemeinsame Wertebasis zu schaffen. Dies sind nämlich die Grundlagen, die für ein einigermaßen Funktionieren in der Parteiengesellschaft notwendig sind. Ohne diese Grundlagen sind eine auf Konsens beruhende Willensbildung und ein fairer Interessenausgleich kaum möglich. Wollte man bereits in den vorgelagerten Stufen seine Gestaltungsbemühungen auf Wertekonsens und Konfliktregulierung richten, dann machte das dagegen wenig Sinn. Ganz ähnlich ist es beispielsweise wenig zweckmäßig, in der Protogesellschaft auf Ideologie zu setzen, weil noch überhaupt keine Erfahrungsbasis existiert, die ein wie immer geartetes Vertrauen in die propagierten Verheißungen rechtfertigt.

Verglichen mit den theoretischen Überlegungen zu den Entwicklungsniveaus von Teams, besitzen die Belbinschen Ausführungen zur Bedeutung unterschiedlicher Teamrollen eine deutlich größere Anwendungsnähe. Das liegt allein schon an der expliziten Verwertungsabsicht, die Belbin verfolgt, schließlich geht es ihm ja ganz explizit darum, Hinweise für eine effektive Teamzusammensetzung zu geben. Belbin gewann seine Erkenntnisse aus einer Reihe von methodisch nicht sonderlich gut dokumentierten Studien, er nimmt keine rigorose Prüfung seiner Aussagen vor und auch die theoretische Fundierung seiner Aussagen ist nicht sonderlich entwickelt. Doch ganz unabhängig davon, wie überzeugend die inhaltlichen Ergebnisse der Belbinschen Studien sein mögen, das Grundanliegen und das daraus sich ergebende praktische Vorgehen sind gut nachvollziehbar: Menschen unterscheiden sich in grundlegenden Verhaltensdispositionen. Damit Gruppen gut funktionieren und erfolgreich sein können, sollten sich die Verhaltensweisen der Gruppenmitglieder gut ergänzen und nicht etwa behindern. Es ist daher sinnvoll, zu überlegen, welche Personen gut zusammenpassen, und ob es möglich ist, entlang der verschiedenen Verhaltensdispositionen eine gewisse Rollenbesetzung (besser vielleicht: eine gewisse Rollenzuschreibung) vorzunehmen, um die Voraussetzungen für eine produktive Gruppenentwicklung zu schaffen.

Teamstrukturen und Teamprozesse

Die Literatur zur Teamentwicklung, die einen unmittelbaren Anwendungsbezug sucht, befasst sich im Wesentlichen mit zwei Aspekten: der Gestaltung von Teamstrukturen und der Gestaltung von Teamprozessen (Hackman 1987, Swezey/Salas 1992, Kauffeld 2001, 26 ff., Brown 2011, Dyer/Dyer/Dyer 2013). Bei der Gestaltung der *Teamstrukturen* geht es um das Team-Design. Die hier behandelten Themen lassen sich gut den von uns beschriebenen Funktionsbereichen (Anreize, Aufgaben usw.) zuordnen. Im vorliegenden Fall geht es allerdings um den strukturellen Aspekt. Relevant sind also z. B. nicht lediglich Anreize, sondern auch um Anreizstrukturen und analog um Kontroll-, Aufgaben- und Personalstrukturen. Die Anreizstrukturen betreffen Prämienzahlungen, Zielvereinbarungen, Vergünstigungen, Gestaltungsfreiheiten, Prestige und Aufstiegsversprechen usw. Bezüglich der Kontrollstrukturen interessieren z. B. folgende Fragen: Soll es überhaupt eine formelle Führung geben? Gibt es unterschiedliche Führungsrollen? Welche Befugnisse und welche Macht werden den Führungspersonen eingeräumt?

Welcher Führungsstil ist angebracht? Daneben sind Mitwirkungsrechte, Berichtspflichten und Verantwortlichkeiten festzusetzen, außerdem ist zu klären, wie die Arbeitsplanung vonstatten geht. Die zuletzt genannten Punkte betreffen auch den Bereich der Aufgabenstrukturierung, also die Aufgabenteilung und die Arbeitsorganisation. Zu entscheiden ist hier beispielsweise, ob überhaupt Stellen mit ganz spezifischen Anforderungen definiert werden sollen und ob hierzu spezielle Stellenbeschreibungen anzufertigen sind. Damit verbindet sich die Frage, in welchem Umfang formelle Rollen implementiert und wie diese gegebenenfalls personell ausgefüllt werden können. Hieraus ergeben sich enge Verbindungslinien zur Gestaltung der Personalstruktur, also zur Gruppenzusammensetzung im Hinblick auf den Erfahrungshintergrund, den die Gruppenmitglieder mitbringen, auf ihre Qualifikationen, ihre Motive, Erwartungen und ihre Persönlichkeit. Wichtig ist außerdem, insbesondere bei Projektgruppen, wie die einzelnen Gruppenmitglieder in der Gesamtorganisation verankert sind. Die Beziehung zwischen der Gruppe und der Organisation ist ganz generell von erheblicher Bedeutung. Schließlich sind die einzelnen Arbeitsgruppen nicht Inseln in einem für sie ansonsten unbedeutenden Milieu. Wenn die Organisationsstrukturen nicht mit den Gruppenstrukturen harmonieren, wird es keine nachhaltig guten Teamerfolge geben können.

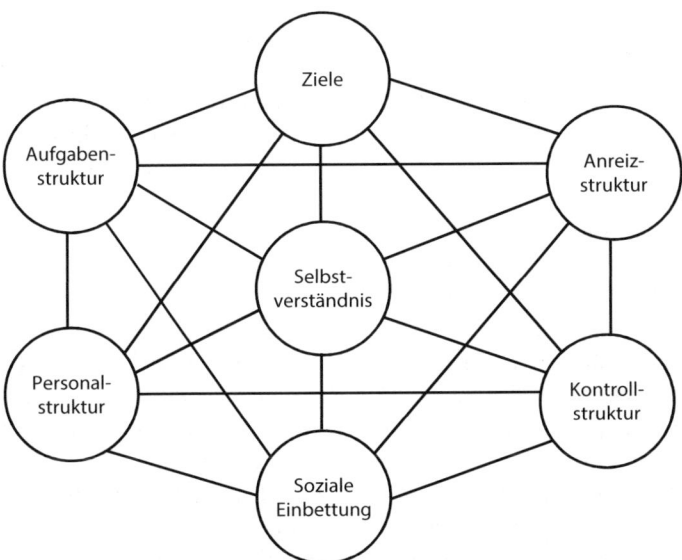

Abb. 3.18: Strukturelle Aspekte der Teamentwicklung

Und dies gilt auch für die Zielsetzungen, die das jeweilige Team verfolgt. Wem der besondere Auftrag des Teams nicht klar ist, wer zwischen den eigenen und den Gruppenzielen keine Verbindung herzustellen vermag, tut sich schwer damit, sich in besonderem Maße einzubringen. Eine wesentliche Strukturbedingung ist daher die Bestimmung der Ziele, ihrer Besonderheiten und ihr Zuschnitt auf die Möglichkeiten, die dem Team zur Verfügung stehen. Die angeführten Elemente der Strukturgestaltung sind in Abbildung 3.15 nochmals zusammengefasst. Sie soll zum Ausdruck bringen, dass die damit benannten Aspekte nicht einfach additiv nebeneinander gestellt und unabhängig voneinander entwickelt werden sollten. Sie stehen in vielfältigen Wechselbeziehungen, die zu beachten sind, weil nur eine stimmige Gesamtarchitektur gute Ergebnisse ermöglicht. Besonders herausgestellt wird in dem Schaubild außerdem die Bedeutung des jeweiligen Selbstverständnisses der Gruppenmitglieder. In Strukturen, denen sich die Gruppenmitglieder ausgeliefert sehen, die ihnen fremd erscheinen, die keinen Platz in ihren Vorstellungen haben, werden sie kaum bereit sein, die in ihnen steckenden Potentiale zur Entfaltung zu bringen. In einer Sinnwelt, in der sich die Gruppenmitglieder nicht zu Hause fühlen, werden Maßnahmen zur Gruppenentwicklung scheitern.

Bei dem zweiten Ansatzpunkt der Teamentwicklung, der *Gestaltung von Teamprozessen* geht es im Wesentlichen um das »Einüben« von Teamarbeit in einem Prozess kollektiven Lernens. Typische Fragen, die gemeinsam mit den Teammitgliedern behandelt werden sollten, sind: Was ist unsere Aufgabe? Wie sollen wir uns organisieren? Wie kommunizieren wir miteinander? Wie lösen wir Probleme? Wie treffen wir Entscheidungen? Wie gehen wir mit besonderen Belastungen um? Welche Konfliktpotentiale gibt es, ist unser Umgang mit Konflikten konstruktiv? Was macht unser Team zu einem besonderen Team? Wie können wir uns weiterentwickeln? Es gibt ein reichhaltiges Angebot an Unterstützungsleistungen, die Gruppenmitgliedern dabei helfen sollen, mit den damit angesprochenen Themen zurechtzukommen und Lösungen zu finden, die für ihre spezielle Gruppensituation am besten passt. Das Spektrum der dabei zum Einsatz kommenden Methoden (oder »Interventionstechniken«) ist sehr breit. Es reicht von der Bereitstellung einfacher Arbeitshilfen über Beratungsgespräche, Seminare, Diskussionsrunden, gruppendynamische Übungen, Coaching, Outdoor-Trainings usw. bis hin zu Simulationen und Inszenierungen (vgl. z. B. Neuberger 1994, Francis/Young 2002, Biech 2008, Antons 2011). Entsprechend vielfältig sind die konzeptionellen Grundlagen von Teamentwicklungs-Maßnahmen. Nach Schiersmann und Thiel lassen sich grob fünf verschiedene Ausrichtungen ausmachen: dem *beziehungsorientierten Ansatz* geht es vor allem um die Entwicklung der sozialen Kompetenzen und um Vertrauensbildung, der *zielorientierte Ansatz* setzt auf Vereinbarungen und Regeln, der *problemorientierte Ansatz* befasst sich mit Entscheidungstechniken und Systemmodellierungen, der *erlebnisorientierte Ansatz* erhofft sich Einsichten durch die Vermittlung von sinnlichen Erfahrungen in typischen Teamsituationen und der *rollenbasierte Ansatz* kreist um Rechte und Pflichten, um Rollendefinition und Rollenklärung (Schiersmann/ Thiel 2010, 231 ff.).

Wie jeder andere Gestaltungsansatz brauchen auch Teamentwicklungsprojekte einen organisatorischen Rahmen, die der Durchführung dieser Projekte ihren äußeren Halt geben. Es muss also geklärt werden, wer für das entsprechende Projekt die Verantwortung trägt, wer daran beteiligt ist, an welchen Leitideen sich die Durchführung der Maßnahmen ausrichten sollen, welche Ressourcen zur Verfügung stehen, welcher Zeitrahmen vorzusehen ist usw. Die Maßnahmen selbst sollten dem üblichen Dreischritt Planung, Durchführung und Kontrolle folgen (wozu man in der Literatur zahlreiche

Instrumente findet). Empfohlen wird häufig, der Maßnahmenplanung eine Diagnose-phase vorzuschalten. Dabei ist allerdings zu bedenken, dass Diagnosehandlungen häufig massiv in den Gruppenprozess eingreifen und damit bereits Teil des Entwicklungs-prozesses sind. Wenn beispielsweise externe Experten mit aufwändigen Diagnoseinst-rumenten agieren, hat das andere Wirkungen, als wenn die Gruppenmitglieder im Zuge ihrer Entwicklungsarbeit selbst und kontinuierliche Bestandsaufnahmen der bestehen-den Gruppenprobleme vornehmen. Ein wichtiges organisatorisches Element ist die Klärung der wechselseitigen Erwartungen zwischen Projektleitern, Auftraggebern und Betroffenen. Das führt zu Realismus in den Ambitionen und bewahrt vor Enttäu-schungen.

Gestaltungsparameter und deren Wirkungen

Es gibt zahlreiche und zum Teil sehr unterschiedliche Möglichkeiten, Teamentwicklung zu betreiben. In den bisherigen Ausführungen wurde bereits eine ganze Reihe von Gestaltungsoptionen angesprochen. Tabelle 3.13 stellt einige wichtige Gestaltungs-parameter nochmals besonders heraus.

Tab. 3.13: Gestaltungsparameter der Teamentwicklung

Gestaltungsparameter	Alternativen
Ansatzpunkte der Maßnahmen	Prozesse, Strukturen
Unterstützung durch Berater	Ja, nein
Umfang eines Beratungskonzepts	Umfänglicher Prozess, partielle Intervention
Rolle der Teilnehmer	Passiv, aktiv
Beteiligung der Teilnehmer	Umfänglich (bei der Konzeption, bei der Durch-führung) oder eingeschränkt
Rolle des Vorgesetzten	Keine Beteiligung, Teil der Gruppe, Verantwortli-cher für die Teamentwicklung
Bezugsgröße	Gruppenbildung, Weiterentwicklung bestehender Teams, Inter-Team-Beziehungen
Integration in die Arbeit	Off the job, on the job
Steuerungsintensität	Prozessgestaltung, Prozessbegleitung
Gestaltungstiefe	Fundamentalveränderung, Partialeingriffe
Einbettung in OE-Prozesse	Nein, ja
Schwerpunktsetzung	Qualifizierung, Persönlichkeitsentwicklung, Leis-tungsstörungen, Arbeitsorganisation, Konflikte, Rollenverständnis, Identifikation

Auch an dieser Stelle sollte nochmals deutlich werden, dass es *das* ideale Vorgehen nicht gibt. Welche Gestaltungsoption man wählt, sollte man nicht zuletzt von den Wirkungen abhängig machen, die man sich von ihr verspricht. Um Aussagen über Wirkungen machen zu können, muss man die jeweils vorliegenden Bedingungen kennen. Es ist also zu prüfen, welche der Gestaltungsoptionen für die jeweilige Situation am besten passt. So ist es beispielsweise grundsätzlich gut, wenn die Teamentwicklung gleichzeitig Organisationsentwicklung ist, wenn Teamentwicklungsmaßnahmen also in ein umfassendes Konzept der Organisationsentwicklung eingebunden sind. Schließlich wäre es nicht sehr hilfreich, wenn die gruppenintern entwickelten Lösungen daran scheitern, dass sie in der Organisation nicht anschlussfähig sind. Dessen ungeachtet, kann es in bestimmten Situationen durchaus sinnvoll sein auch Insellösungen zu entwickeln (sofern die Vernetzung der Gruppe mit anderen Organisationseinheiten nur gering ist). Und es kann auch sinnvoll sein (obwohl es dem umfassenden Anspruch der Teamentwicklung nicht entspricht), wenn man sich auf die Behandlung spezifischer Gruppenprobleme beschränkt, also sich z. B. darauf konzentriert, zwischenmenschliche Konflikte in der Gruppe anzugehen oder darauf, bestimmte, gemeinsam anzuwendende Arbeitstechniken einzuführen, die der Gruppe bei der Erfüllung ihrer Aufgaben helfen. Ein anderes Beispiel betrifft den Einsatz von externen Beratern. Der große Vorteil ist dabei, dass man normalerweise davon ausgehen kann, dass seriöse Berater ihr Geschäft verstehen und das notwendige Maß an Professionalität aufweisen. Andererseits besteht die Gefahr, dass die Berater lediglich ihre Standardprogramme zur Anwendung bringen, Programme, die unter Umständen zur gegebenen Problemsituation überhaupt nicht passen. Ob diese Gefahr besteht und wie ihr begegnet werden kann, ist wiederum von einer Reihe von Bedingungen abhängig, deren Vorliegen jeweils zu prüfen wäre.

Voraussetzungen

So wie es spezielle Voraussetzungen gibt, die die Wirksamkeit einer einzelnen Gestaltungsoption »bedingen«, so gibt es auch ganz allgemeine Voraussetzungen für die Durchführung von Teamentwicklungsmaßnahmen. Trivial, aber nicht immer beachtet, ist die Frage, ob in den betrachteten Gruppen tatsächlich immer wirkliche Gruppenarbeit geleistet wird oder ob es sich dabei nicht nur um eine organisatorische Zuordnung handelt, die Gruppenmitglieder also im Wesentlich Einzelarbeit leisten. Teamentwicklung macht dann keinen Sinn und auch dann nicht, wenn die Umstellung von Einzel- auf Gruppenarbeit für die Gruppenmitglieder inakzeptabel ist, etwa weil sich die neuen Aufgaben als unattraktiv erweisen oder wenn es zu einer ungerechten Neuverteilung der Aufgaben kommt. Gruppen- und Teamarbeit setzen weiterhin voraus, dass die Gruppenmitglieder die grundsätzliche Bereitschaft zur Teamarbeit mitbringen und dass sie zumindest in Ansätzen auch die notwendige Kooperationsfähigkeit besitzen. Außerdem müssen die Gruppenmitglieder, was ihre Persönlichkeit und ihre Qualifikationen angeht, zueinander passen. Gegen grundsätzliche Unvereinbarkeiten kommt auch die beste Teamentwicklung nicht an. Teamentwicklungsprozesse brauchen außerdem Zeit, man sollte dies bei der Konzipierung seiner Maßnahmen entsprechend beachten. Ebenso sind die Belastungen zu berücksichtigen, die durch die Teamentwicklungsmaßnahmen entstehen können. Wenn hierdurch bedingt wichtige Aufgaben liegen bleiben, viele Überstunden anfallen, wenn die Gruppenmitglieder durch die Teilnahme an den Teamentwicklungsmaßnahmen Lohneinbußen erleiden oder wenn die Lernsituation primär unangenehme Gefühle auslöst, dann wird die Bereitschaft, sich auf eine konstruktive Mitwirkung bei der Teamentwicklung einzulassen, nicht eben gefördert. Diese Bereitschaft sollte grundsätzlich schon vor Beginn der Maßnahme vorhanden sein. Empfehlenswert ist daher bereits eine gute Vorbereitung und Einstimmung des Teams. Die Notwendigkeit für Teamentwicklungsmaßnahmen ergibt sich ja überhaupt nur deshalb, weil Teamarbeit nicht einfach ist. Das verändert sich auch nicht nach der Durchführung von erfolgreichen Teamentwicklungsmaßnahmen. Teamarbeit ist nicht nur Arbeit im Team sondern bleibt immer wieder auch Arbeit am Team. Kooperation funktioniert nicht von selbst, sie erfordert Einsicht und Geduld, sie kostet Zeit, Engagement und Kraft. Fehlt es ganz grundlegend an dieser Einsicht, dann werden Teams nicht dauerhaft gut arbeiten können. In diesem Fall können Teamentwicklungsmaßnahmen auch nur partiell etwas ausrichten. Ganz zentral ist schließlich auch die Zeitperspektive. Viele Arbeitnehmer werden zu Seminaren zur Förderung der Teamfähigkeit geschickt, um ihre soziale Anschlussfähigkeit zu verbessern. Sie sollen bereit und in der Lage sein, sich flexibel in häufig wechselnde Arbeitszusammenhänge (Projektgruppen, Meetings, Beratungsgesprächen usw.) einzubringen und dafür den richtigen »Teamspirit« entwickeln. »Die Teilnehmer lernen, wie man einander die Hand gibt, Augenkontakt aufnimmt und prägnante Diskussionsbeiträge liefert. Ganz gleich, mit wem man zusammentrifft und wo das geschieht, stets ist man in der Lage Teamgeist zu beweisen.« (Sennett 2012, 228) Gefördert wird damit aber nur eine gekonnte Selbstdarstellung, wenn Schwierigkeiten auftauchen, ist es mit dem vorgeblichen Teamgeist rasch vorbei. Echte Solidarität entsteht nur aus der Erfahrung, dass man auch in schwierigen Situationen zusammenhält, weil man weiß, dass man aufeinander angewiesen ist (ebenda).

Beurteilung

Ein wesentliches Kriterium zur Beurteilung von Gestaltungshandlungen ist deren Wirksamkeit (im engeren Sinne also die Zweckeignung). Halten Maßnahmen zur Teamentwicklung das, was man sich von ihnen verspricht? Pauschal lässt sich hierzu kaum etwas sagen, empirische Studien zeigen allenfalls geringe oder auch keine Effekte, die sich unmittelbar in der »objektiven« Leistung niederschlagen. Am ehesten findet man noch positive Wirkungen im Hinblick auf Zufriedenheit und Zusammenarbeit (Salas u. a. 1999, Stewart 2006, Klein u. a. 2009). Aber wie immer kommt es nicht nur auf die Maßnahme oder das Instrument, sondern auch auf die Qualität der Anwendung an, und, wie ja bereits mehrfach angemerkt, auf die konkrete Handlungssituation und die hier gegebenen Bedingungen. Grundsätzlich wird man wohl davon ausgehen können, dass ein verantwortungsbewusster Einsatz von Teamentwicklungsmaßnahmen unter kompetenter Leitung die Teamarbeit voranbringen kann. Hilfreich ist dabei, wenn die Entwicklungsarbeit an den konkreten Tätigkeiten anknüpft, die Gruppenmitglieder in die Planung einbezogen werden und wenn die gemeinsame Arbeit durch Angstfreiheit und eine hohe Wertschätzung geprägt ist. Überhöhte, ideologiebehaftete und in Hauruck-Manier »durchgezogene« Maßnahmen dürften sich dagegen nur negativ auswirken. Was die ökonomische Seite angeht, Teamentwicklung ist eine Investition, die sich erst auf mittlere Sicht auszahlt. Zunächst kann es sogar zu einer Beeinträchtigung der Beziehungen und der Leistung kommen. Wenn man allerdings den notwendigen langen Atem mitbringt, gilt auch hier: Investitionen in »das Personal« sind die Investitionen, die sich am ehesten auszahlen. Der Erfolg von Teamentwicklungsmaßnahmen ist allerdings nicht garantiert. Negative Wirkungen werden insbesondere dann eintreten, wenn falsche Erwartungen geweckt werden oder wenn die Durchführung der Teamentwicklungsmaßnahmen grobe »handwerkliche« Mängel aufweist. Eine große Gefahr ergibt sich daraus, dass durch die Neuausrichtung eines Teams, etwa durch eine Veränderung der Aufgabenstruktur, leicht eine Gewinner-Verlierer-Situation entsteht. Dies sollte vermieden werden. Verlieren sollte möglichst keiner der Beteiligten. Wenn sich dies nicht vermeiden lässt, sollten zumindest Kompensationsleistungen erfolgen. Nicht selten wird durch Teamentwicklungsmaßnahmen auch das bislang herrschende Binnenklima gestört oder es verändern sich die Einfluss- und Machtbeziehungen. Unter Umständen ist das auch beabsichtigt, wenn man sich hieraus denn eine Verbesserung verspricht.

Zur Beurteilung von Gestaltungsmaßnahmen gehört neben der Betrachtung der Zweckeignung und möglicher unerwünschter Folgen auch die Beurteilung der Ziele und Mittel. Die Ziele der Teamentwicklung wird man wohl allgemein teilen können. Schließlich dient sie der Verbesserung von Kollegialität und Hilfsbereitschaft, dem Zusammenhalt und der Verständigung. Mitunter geht es im konkreten Fall aber leider nicht um diese Ideale, sondern lediglich um eine andere Form der Arbeitsorganisation. Unter dem Label »Selbststeuerung« findet nicht selten eine erhebliche Leistungsverdichtung statt. Die Gruppe bekommt Aufgaben zugewiesen, die sie überfordern, für die sie aber die Verantwortung zu tragen hat. Wichtige Arbeitgeberpflichten werden auf das Team abgeschoben. Außerdem ist zu bedenken, dass Teamarbeit nicht alle Menschen gleichermaßen beglückt. Teamarbeit passt nicht zu allen Persönlichkeitsstrukturen. Mancher kommt mit der Notwendigkeit zu ständiger Abstimmung und mit den engen sozialen Beziehungen in einer Gruppe nur schwer zurecht, er möchte sich lieber ganz auf seine Arbeit konzentrieren und sie auch alleine verantworten. Auch in den Teamentwicklungsmaßnahmen selbst stecken sowohl positive als auch negative Aspekte. Die bei diesen Maßnahmen häufig zum Einsatz kommenden psychologischen Methoden werden nicht von allen Menschen als hilfreich empfunden, zumal dann nicht, wenn sie mit emotionalen Beeinträchtigungen einhergehen und das Recht auf Selbstbestimmung und Privatheit verletzen. Ein weiteres Problem kann sich daraus ergeben, dass im Zuge der Teamentwicklung lange schon schwelende Konflikte ausbrechen, eskalieren und zu keiner vernünftigen Lösung gebracht werden. Umgekehrt ist es aber auch möglich, dass gerade durch gut konzipierte Teamentwicklungsmaßnahmen und deren kompetente Handhabung unerkannte, aber latent immer schon wirksame Konflikte ins Bewusstsein gebracht, befriedet und einer Lösung zugeführt werden, die es möglich macht, dass eine neue produktive Beziehung zwischen den Konfliktparteien entsteht. Ein weiteres ethisch bedeutsames Kriterium zur Beurteilung von Gestaltungshandlungen ist die Reversibilität. Hat sich die Einführung von Teamarbeit nicht bewährt, dann kann man sicher auch wieder auf Einzelarbeit umstellen. Möglicherweise führt dies aber zu Glaubwürdigkeitsproblemen, insbesondere dann, wenn die Einführung der Teamarbeit glorifiziert wurde. Besonders problematisch ist, wenn man nachträglich die Autonomie der Gruppen und damit auch die Mitwirkungsmöglichkeiten der Gruppenmitglieder wieder beschneidet.

Bei der Beurteilung eines Gestaltungsansatzes sollte man auch die Qualität des Wissens, auf das man seine Maßnahmen stützt, betrachten. Darauf, dass Teamentwicklungsmaßnahmen nicht per se positive Wirkungen haben, haben wir ja schon hingewiesen. Auch darauf, dass es bestimmte Bedingungen gibt, die die Wirksamkeit der Teamentwicklung verbessern oder schmälern. Dieses Wissen sollte man bei der Konzipierung seiner Maßnahmen möglichst nutzen. Außerdem sollte man eine sorgfältige Analyse der konkret vorliegenden Handlungssituation vornehmen und prüfen, ob die vorgesehenen Maßnahmen hierzu passen. Außerdem gehört es zur Sorgfaltspflicht, den Verlauf der Teamentwicklungsprojekte zu beobachten und auf Fehlentwicklungen zu reagieren. Und schließlich sollte kein Mysterium um die Teamentwicklung gemacht werden, Geheimwissen sollte es nicht geben. Die Beteiligten haben ein Recht darauf, über die verwendeten Konzepte aufgeklärt zu werden und sie sollten aktiv in die Erarbeitung der Erkenntnisse eingebunden werden, die sich aus der gemeinsamen Teamentwicklungsarbeit ergeben.

Kapitel 4: Kontrolle

1 Einführung

Wenn man eine Leistung einfach »einkaufen« kann, wenn man außerdem sofort erkennt, ob die Leistung die vereinbarte Qualität aufweist, dann bedarf es keiner weiteren Kontrollen. Wenn diese Bedingungen nicht vorliegen, wenn es außerdem nicht um einen einmaligen Leistungstausch, sondern um ein länger angelegtes Leistungsversprechen geht, und wenn an der Leistungserbringung nicht nur eine Person, sondern mehrere Personen beteiligt sind, die in koordinierter Weise zusammenwirken müssen, wird man ohne Kontrolle nicht auskommen. Da Beschäftigungsverhältnisse normalerweise längerfristig angelegt sind, weil sich die zu erbringenden Leistungen meist nicht im Vorhinein eindeutig festlegen lassen und weil die Leistungserbringung normalerweise arbeitsteilig erfolgt, ist es nicht weiter verwunderlich, dass Arbeitgeber zahlreiche Instrumente einsetzen, die dem Zweck dienen, das Arbeitnehmerverhalten zu kontrollieren. Umgekehrt könnte man die eher rhetorische Frage stellen, ob nicht Arbeitnehmer eigentlich im selben Maße die Erbringung der Leistungsversprechen des Arbeitgebers kontrollieren sollten, wie dies von Seiten der Arbeitgeber im Hinblick auf die Leistungserbringung der Arbeitnehmer geschieht. Wie immer man diese Asymmetrie beurteilen will, ist festzustellen, dass viele der in Unternehmen vorfindlichen Kontrollmaßnahmen in gewissem Sinne auch eine Kontrolle der Arbeitgeberpflichten bewirken (z. B. Instandhaltungsvorschriften, Maßnahmen des Arbeitsschutzes, Kontrolle der Arbeitszeiten usw.).

Zu beachten ist, dass Kontrolle eine Funktion und nicht etwa ein Aufgabenbereich ist. Zwar gibt es durchaus Aufgaben und Stellen, die sich speziell mit Kontrollmaßnahmen befassen (technische Prüfstellen, Controlling, Qualitätssicherung, Auditing usw.). Kontrolle ist aber umfassender angelegt, sie ist Bestandteil fast jeder Aufgabe und sie steckt in vielen Instrumenten und Maßnahmen, die sich nicht primär mit der Kontrolle befassen. Ein Beispiel sind Karrieresysteme, deren Ausgestaltung deutlich zum Ausdruck bringt, welche Eigenschaften jemand haben sollte, der einen beruflichen Aufstieg anstrebt was sich entsprechend verhaltensregulierend auf das Mitarbeiterverhalten auswirkt. Ein anderes Beispiel ist die Personaleinsatzplanung, die nicht selten dazu benutzt wird, bestimmte Personen zu favorisieren, andere dagegen zurückzusetzen. Und schließlich darf man sich nicht von bestimmten Sprachgewohnheiten verwirren lassen. Nicht alles, was man beispielsweise unter die Funktion »Anreize« subsumiert ist dort angemessen untergebracht, sondern eher der Kontrollfunktion zuzuschlagen. Anreize setzen heißt ja eigentlich, Optionen anzubieten, womit sich die Idee verknüpft, dass man sich dazu entschließen kann, diesen Anreizen nachzugeben oder sich ihnen zu verweigern. Tatsächlich geht es bei der Anreizsetzung aber gar nicht um die Eröffnung eines Handlungsraums, den man beliebig durchschreiten kann. Anreizsetzung im Unternehmen ist manchmal nichts anderes als das Bemühen darum, das Verhalten von Menschen zu beeinflussen und zu lenken. Man setzt die Anreize so, dass die Zielperson das tut, was man gern hätte – und übt damit ganz gezielt Kontrolle aus. Ähnliches gilt auch für die anderen Funktionsbereiche des Personalwesens, die Aufgabengestaltung, die Selektion, die Integration und die Sozialisation.

Aufgabenkontrolle und soziale Kontrolle

Kontrolle ist eine asymmetrische Angelegenheit, d. h. es gibt jemanden, der kontrolliert und jemanden, der kontrolliert wird. Dennoch kann Kontrolle, wie bereits erwähnt, durchaus im beiderseitigen Interesse sein. Das ist z. B. dann der Fall, wenn es darum geht, das Verhalten von zwei oder mehr Personen aufeinander abzustimmen. Zielorientiertes arbeitsteiliges Verhalten kommt gar nicht ohne Kontrollen aus, die sicherstellen, dass die Verhaltensweisen der Akteure zeitlich und sachlich aufeinander abgestimmt sind. Es ist daher auch kein Zufall, dass die Kontrolle zu den grundlegenden Managementfunktionen gehört. Pläne werden nicht einfach umgesetzt, die Ausführung kann diesen und jenen Weg einschlagen und selbst wenn alles wie vorgesehen abläuft, können sich unerwartete Ergebnisse einstellen, Kontrolle ist aus dieser Sicht unverzichtbar. Außerdem steckt in manchen Aufgaben ein erhebliches Sicherheitsrisiko. Man denke nur an Baumaßnahmen oder an die Steuerung von Großanlagen. Ohne Kontrollmaßnahmen wären bei derartigen Aufgaben nicht nur die Gesundheit und die Sicherheit der unmittelbar am Arbeitsprozess Beteiligten gefährdet, sondern nicht selten auch die der Allgemeinheit. Kontrolle, die sich auf die Gewährleistung eines sicheren und effizienten Arbeitsablaufs bezieht, scheint also einfach notwendig zu sein und eine kontroverse Diskussion hierzu verspricht wenig Gewinn. Vertrackterweise lässt sich die rein aufgabenbezogene Kontrolle von sozialer Kontrolle häufig nicht trennen, außerdem fällt es nicht immer leicht, das notwendige Maß zu erkennen, in dem Kontrolle angebracht ist. Abgesehen davon ist auch die Frage, wer die Kontrolle ausführen sollte, häufig durchtränkt von gegenläufigen Interessen.

Soziale Kontrolle hat eine enge Verwandte: Macht. Diese liefert gewissermaßen die Ressourcen, die man braucht, um soziale Kontrolle auszuüben. Soziale Kontrolle ist andererseits selbst eine Machtgrundlage. Wer beispielsweise über die Möglichkeit verfügt, bei der Personalauswahl ein gewichtiges Wort mitzureden, wer also kontrollieren kann, wem Zugang zu welchen Kreisen gewährt werden soll, kann sich durch die Besetzung der Schlüsselpositionen mit Personen, die ihm verpflichtet sind, eine starke Machtbasis schaffen. Umgekehrt ist, wie bereits gesagt, das Verfügen über Macht eine Voraussetzung dafür, dass man soziale Kontrolle überhaupt ausüben kann. In der Literatur werden die beiden Begriffe Macht und Kontrolle im Übrigen oft sehr ähnlich gebraucht. Dennoch lassen sich bestimmte Akzente erkennen. Macht bezeichnet eher das »Potential« der Einflussnahme, gänzlich unabhängig davon, ob sie tatsächlich auch zum Einsatz gebracht wird, Kontrolle zielt dagegen auf den Prozess der Einflussnahme ab. Zwei Beispiele für entsprechende Begriffsverwendungen seien angeführt. Die klassische Machtdefinition stammt von Max Weber. Macht ist danach »… jede Chance, den eigenen Willen auch gegen Widerstreben durchzusetzen, gleichviel worauf diese Chance beruht.« (Weber 2005, 38) Soziale Kontrolle ist dagegen kein Potential, sondern tatsächlicher Einfluss, so jedenfalls gemäß der Definition von Klaus Türk: »Für unsere Untersuchungszwecke wollen wir unter »sozialer Kontrolle« alle sozialen Prozesse verstehen, die die Funktion haben, eine Konformität des Handelns mit bestehenden systembezogenen Handlungsmustern (Erwartungen, Anforderungen, Normen, Zielen, Werten, Rollen, Szenen usw.) zu erreichen, zu sichern oder wiederherzustellen.« (Türk 1983, 45). Beide Definitionen beziehen sich auf den grundlegenderen Begriff des sozialen Einflusses, der recht weit ausgreift und alle Phänomene einbezieht, in denen sich Personen von anderen Personen oder sozialen Institutionen in ihren Absichten (mit-) bestimmen lassen. Über das Ausmaß und über spezielle Merkmale des sozialen Einflusses ist damit noch nichts gesagt. Ein schönes Beispiel für die Bedeutung der Merkmale, die geeignet sind, den Charakter des sozialen Einflusses näher zu bestimmen, liefert die Definition, die Martin Irle für das Führungsphänomen liefert. Führung ist danach »… intendierter sozialer Einfluss, der asymmetrisch, irreflexiv und intransitiv ist, mit variierender Domäne und mittlerer Reichweite.« (Irle 1970, 534) Der Clou an dieser Definition ist, dass sie eine ganze Reihe von möglichen Aspekten des sozialen Einflusses anspricht, die Führungsthematik aber auf eine spezielle Einflussform eingrenzt. Man kann also zwischen einem Einfluss unterscheiden, der asymmetrisch oder aber symmetrisch ist, der reflexiv, d. h. auf sich selbst bezogen oder irreflexiv, d. h. nur auf andere Personen bezogen ist und der zum dritten entweder transitiv, d. h. übertragbar oder intransitiv, d. h. nur auf die jeweils betrachtete soziale Beziehung begrenzt ist. Außerdem sollte man unterscheiden, ob sich der Einfluss auf wenige und eindeutig bestimmte Verhaltensbereiche beschränkt, also lediglich auf bestimmte Anlässe oder Teilaufgaben bezogen ist oder ob er sich über ganz verschiedene Verhaltensbereiche erstreckt (variierende Domäne) und schließlich kann sozialer Einfluss »total« sein oder eher schwach.

Man könnte nun meinen, der soziale Einfluss, den die eine Partei auf die andere Partei ausübt, lasse sich einfach als Differenz zwischen den jeweiligen Einflusspotentialen der beiden Parteien bestimmen. Tatsächlich ist es aber so, das sozialer Einfluss nicht in diesem Sinne als individuell zurechenbarer Besitz gelten kann, sondern sich häufig erst aus der Verschränkung der jeweiligen Handlungssituationen der Beteiligten ergibt. Dieser Gedanke wurde insbesondere von Thibaut und Kelley (1959) ausgearbeitet. Wenn die Ergebnisse des Verhaltens von Person P_1 ganz wesentlich davon bestimmt werden, welche Verhaltensweise die Person P_2 ergreift, dann kann P_2 durch Wahl seines Verhaltens auch Einfluss auf die Verhaltensweisen von P_1 nehmen. Thibaut und Kelley sprechen in diesem Fall von »Verhaltenskontrolle«, die P_2 gegenüber P_1 ausübt. P_1 kann in diesem Fall aber immerhin selbst noch Einfluss auf seine Ergebnisse nehmen, nämlich dadurch, dass er das Verhalten wählt, das angesichts der Vorgabe von P_2 zu den für ihn günstigsten Ergebnissen führt. Das ist anders bei der Schicksalskontrolle, hier ist es gleichgültig, welches Verhalten P_1 wählt, seine Verhaltensergebnisse werden ausschließlich durch das Verhalten von P_2 bestimmt. Dadurch, dass häufig beide Seiten sozusagen wechselseitig über Verhaltens- und Schicksalskontrolle verfügen, ergeben sich einigermaßen komplexe Interaktionssituationen. Außerdem gibt es die angeführten Handlungsverschränkungen nicht nur im Hinblick auf die Ergebnisse des Handelns. Sie gelten auch in Bezug auf die Handlungsschritte, die zum Ziel führen, in Bezug auf die Mittel, die hierbei eingesetzt werden und in Bezug auf die Handlungsbeschränkungen, die von Dritten definiert werden. Daraus entsteht leicht ein schwer zu entwirrender Komplex von Abhängigkeitsverhältnissen: Die soziale Kontrolle, die im sozialen Nahbereich noch einigermaßen greifbar ist, geht in systemische Kontrolle über, aus der sich der Einzelne nur schwer herauslösen kann. Auf beide Kontrollsphären, die der persönlichen und die der systemischen Kontrolle, wollen wir noch etwas näher eingehen. Zunächst sei jedoch nochmals allgemeiner auf das mit der sozialen Kontrolle eng verbundene Machtphänomen eingegangen.

Gesichter der Macht

Die Wirksamkeit von Macht ist nicht immer offensichtlich, sie ist im Übrigen umso größer, je weniger man sie bemerkt. Macht ist entsprechend gut beraten, ihr Gesicht zu verbergen. Bachrach/Baratz (1962) sprechen daher auch von den zwei Gesichtern der Macht. Lukes (2005) erweitert diese Betrachtung und präsentiert drei »Dimensionen« der Macht. Das erste Gesicht der Macht bzw. die erste Dimension der Macht zeigt sich unverhüllt. Die Erscheinungsweise und Wirksamkeit des Machthandelns liegen offen zutage. Auf die unverhüllte Macht kann man sich mental einstellen, auch wenn man sich nicht immer gegen sie wehren kann. Das zweite Gesicht der Macht (oder dessen zweite Dimension) ist nicht immer sofort zu erkennen. An welcher Stelle, in welchen Vorgängen sich die Macht konkret umsetzt, lässt sich also nicht immer genau sagen, ihre Wirksamkeit wird von den Beteiligten aber durchaus wahrgenommen. Lukes spricht diesbezüglich auch von latenter Macht. Sie ist gewissermaßen in die Verfahrensregeln, die Rollenverteilung, die Arbeitsabläufe und Entscheidungsprozeduren einer Organisation »eingebaut«. Dass man dieser Macht nicht völlig ausgeliefert ist, sondern sich ihrer bedienen kann, zeigt sich z. B. darin, dass man versucht, bestimmte Themen zu vermeiden oder dass man verhindert, dass unliebsame Tatbestände auf die Tagesordnung gesetzt und zu Entscheidungsgegenständen gemacht werden. Weil es schwer ist, sich gegen die beschriebene Form der Macht zu wehren, kommt es oft zu resignativer Anpassung oder – bei gegebener opportunistischer Motivlage – zu vorauseilendem Gehorsam. Die dritte Dimension der Macht steckt in dem akzeptierten Wertekanon, in der Organisationskultur, in allen Prozeduren, Positionen und Befugnissen, die als legitim wahrgenommen werden. Weil die in diesen Gedanken- und Rechtfertigungsgebilden steckenden Ideologien in aller Regel nicht interessenneutral sind, ist es machtpolitisch von großem Vorteil, wenn man sich ihrer bemächtigt, d. h. wenn man sie gestalten und wenn man sie nutzen kann. Der große machtpolitische Gewinn ergibt sich daraus, dass die Machtunterworfenen nicht einmal merken, dass sie beeinflusst werden und ihr Verhalten in die Richtung gelenkt wird, die den Mächtigen dient.

Erwähnt sei an dieser Stelle, dass auch Kenneth Boulding (1989) ähnlich wie Bachrach und Baratz von »Gesichtern« der Macht, nämlich von der destruktiven, produktiven und der integrativen Macht spricht. Bei dieser Einteilung handelt es sich allerdings nicht um eine theoretisch begründete Beschreibung, sondern um eine Bewertung des Machteinsatzes handelt. Eine Bewertung der Macht findet sich auch in etlichen der Studien, die sich der Begriffe der legitimen und der illegitimen Macht oder der positiven und negativen Macht bedienen – Differenzierungen, die auf den ersten Blick einleuchten, die sich bei näherem Betrachten aber als durchaus komplex erweisen (Clegg/Courpasson/Phillips 2006). Hierauf wollen wir jetzt nicht näher eingehen, sondern uns auf die Beschreibung von Macht- und Kontrollphänomenen beschränken. Hierzu ist es sinnvoll, mindestens zwei Ebenen der Machtausübung zu unterscheiden. Einerseits geht es um die Macht, die in unmittelbaren Interaktionen und in persönlichen Beziehungen zum Zuge kommt und andererseits um die Macht, die in den Strukturen des Sozialgeschehens steckt und die oft keine klar benennbaren Absender und Adressaten, sehr wohl aber Profiteure und Benachteiligte aufweist. Man spricht im ersten Fall auch von persönlicher Kontrolle und im letzteren Fall von systemischer Kontrolle. Irgendwo dazwischen liegt eine Art unaufdringlicher Kontrolle (unobstrusive power). Damit ist eine Machtausübung gemeint, die nicht klar zutage tritt, in der keine sichtbare Konfrontation stattfindet, obwohl durchaus erhebliche Konflikte bestehen können, die allerdings nicht manifest werden (Hardy 1985). Diese Art von Macht ist manchmal den Akteuren entzogen, unter Umständen ist sie aber auch, wenn entsprechendes Managementgeschick zum Zuge kommt, strategisch verfügbar. Ein Beispiel hierfür ist das unspezifizierte Karriereversprechen (oder sonst eine in Aussicht gestellte Belohnung) im Austausch für Loyalität und Fügsamkeit (Pettigrew 1986). Und schließlich sei noch auf die subtile Macht verwiesen, die sich in der Verwendung der Sprache, in Redewendungen und Euphemismen, Parolen und Slogans verbirgt, bei der es nicht um echte Kommunikation, sondern um Verschleierung und Täuschung, um gedankliche Bestechung und Verdrehung der Wahrheit geht (Stein 1998).

Interaktion und Kontrolle

Bei Machtbetrachtungen stellt man oft zwei Personen gegenüber, vergleicht deren Möglichkeiten und Mittel, die geeignet sind, die jeweils andere Person in deren Auffassungen und Verhaltensweisen zu beeinflussen und kommt dann zu einer mehr oder weniger deutlichen Kontrastsetzung zwischen dem Machthaber und dem Machtunterworfenen. Zu beachten« ist dabei, dass sich Personen nicht nur qua Personen gegenüberstehen, sondern immer auch in ein soziales Machtgefüge eingebettet sind. Insoweit ist es etwas verkürzt, selbst bei einer reinen Personenbetrachtung von einer ausschließlich personalen Machtbeziehung zu sprechen. Besonders deutlich wird dies in hierarchisch strukturierten Organisationen, in denen z. B. der unmittelbare Vorgesetzte nicht einfach eine besser bezahlte Person mit höherwertigen Aufgaben ist. Das Vorgesetztensein enthält als wesentliches Element Anweisungsrechte, deren Durchsetzung institutionell abgesichert ist. Zwischen gleichrangigen Kollegen fällt die Abstützung von Einflussbeziehungen zwar weg, dennoch sind es auch hier nicht allein Persönlichkeitseigenschaften, die das Dominanzverhalten bestimmen. Ganz wesentlich kommt es hier auf die Einbettung in Gruppenstrukturen an, also z. B. auf Ansehen und Status. Wir können an dieser Stelle hierauf nicht näher eingehen, stattdessen wollen wir uns zwei zentralen Fragen zuwenden, die sich bei der Einflussnahme durch Vorgesetzte stellen. Bei der ersten Frage geht es darum, welche Mittel einem Vorgesetzten jenseits seiner formalen Befugnisse zur Verfügung stehen, um das Verhalten seiner Mitarbeiter zu beeinflussen. Die zweite Frage befasst sich mit den Gründen, die einen Vorgesetzten veranlassen, die eine oder andere Einflussstrategie zu wählen. Anschließend kommen wir nochmals auf die beschriebene Ausgangsüberlegung zurück, wonach es bei der Macht darauf ankommt, auf welche Machtbasen jemand zurückgreifen kann.

Bruce Fortado (1994) befasst sich mit Maßnahmen der informellen Kontrolle. Dabei geht es ihm vor allem um die Frage, wie Vorgesetzte mit unerwünschtem Verhalten von Mitarbeitern umgehen, mit Leistungsverweigerung, Unpünktlichkeit, Nachlässigkeiten, Aufsässigkeit, unkollegialem Verhalten usw. Formale Kontroll- oder Disziplinierungssysteme sehen normalerweise vor, abgestuft mit Ermahnungen, Geldbußen, Abmahnungen und Entlassungen zu reagieren. Aus verschiedenen Gründen folgen Vorgesetzte diesen Vorgaben nur bedingt, sie bedienen sich stattdessen informeller Kontrollmaßnahmen. Ein wichtiger Grund hierfür ist, dass die Vorgesetzten oft nicht über die formellen Möglichkeiten verfügen, dass sie also z. B. nicht allein über Abmahnungen oder gar Entlassungen entscheiden können, was nahelegt, sich anderer Methoden zu bedienen. Ein weiterer Grund ist, dass das Ergreifen formeller Maßnahmen als Zeichen der Schwäche ausgelegt werden kann oder als Arroganz oder aber als Signal für das Management, dass der Vorgesetzte mit seinen Mitarbeitern nicht »klarkommt«. Und schließlich wollen die meisten Vorgesetzten Probleme mit dem Mitarbeiterverhalten lösen, bevor sie zu offiziellen Maßnahmen greifen, weil es zu ihrem Selbstbild gehört, auf formale Mittel nicht angewiesen zu sein. Fortado berichtet über die Kontrollpraktiken von Vorgesetzten auf der Basis von acht Fallstudien, sechs der Maßnahmen, über die er in seinem Aufsatz berichtet, sind in Tabelle 4.1 angeführt.

Tab. 4.1: Taktiken zur Durchsetzung des Vorgesetztenwillens (nach Fortado 1994)

Fall	Kurzbeschreibung
Überlastung	Der Vorgesetzte stellt für einen Arbeitstag eine Arbeitslast von 12 Stunden zusammen, die der Arbeitnehmer während eines normalen 8 Stundentages erledigen soll. Er überprüft stündlich, welche Fortschritte der Arbeitnehmer macht. Die fälligen Überstunden werden nicht erlassen.
Negative Auszeichnung	Der Mitarbeiter, der in der letzten Woche die schwächste Leistung gezeigt hat, wird zum »Star der Woche«. Die Auszeichnung wird an dessen Arbeitsplatz aufgestellt und so lange dort belassen, bis ein anderer Mitarbeiter die unrühmliche Auszeichnung erhält.

Tab. 4.1: Taktiken zur Durchsetzung des Vorgesetztenwillens (nach Fortado 1994)
– Fortsetzung

Fall	Kurzbeschreibung
Pausenraum-Gespräche	Um das Schönreden der Mittelmanager zu hinterfragen, führt der hierarchisch höhere Vorgesetzte informale Gespräche mit vertrauenswürdigen Mitarbeitern.
Vollendete Tatsachen mit Autoritätsleihe	Um unerwünschte Verhaltensnachlässigkeiten abzustellen, werden drastische Maßnahmen (z. B. keine Gehaltszahlung) angekündigt und bei Fortführung auch umgesetzt. Beschwerdemöglichkeiten werden ausgeschaltet, weil die Unterstützung durch die Unternehmensleitung eingeholt wird.
Öffentliche Demütigungen	Beleidigungen, lehrerhaftes Berichtigen von Fehlern, Strafaktionen und das Schaffen von Präzedenzfällen.
Unterdrückung von Kritik	Grundsätzliche Zustimmung bei gleichzeitiger Vertröstung, Vertagung oder Weiterreichung. Drohung, den Nimbus des »troublemakers« zu übertragen, Tabuisierung bestimmter Themen.

Wie man sieht, geht es dabei durchweg um »negative« Aktionen, um penetrantes Anstacheln des Leistungsverhaltens, um direkte persönliche Beeinträchtigungen und um die Ausschaltung von Dissens. Dieses Verhalten steht in starkem Kontrast zu den in der Literatur verbreiteten Empfehlungen, die auf Disziplinierung ohne Bestrafung setzen, auf Feedback-Gespräche, auf die gemeinsame Analyse der leistungsbehindernden Gründe, auf Vereinbarungen zur Leistungsverbesserung, die zwischen dem Vorgesetzten und seinem Mitarbeiter geschlossen werden und die gegebenenfalls – um die Nachdrücklichkeit und das Commitment zu sichern – schriftlich festgehalten werden. Die in der Studie von Fortado befragten Vorgesetzten haben bezüglich ihrer z.T. doch drastischen Maßnahmen keine Gewissensbisse, sie folgen dem Leitgedanken, dass Taten deutlicher sprechen als Worte. Über etwaige Nebenwirkungen machen sie sich kaum Gedanken, obwohl diese ja durchaus beträchtlich sein können, denn eine öffentliche Demütigung beispielsweise wird nicht von jedem weggesteckt, sie entschwindet dem Gedächtnis nicht leicht und kann noch lange Zeit das soziale Ansehen beschädigen. Die Drastik des Vorgesetztenverhaltens wird in einem gewissen Maße durch den humorvollen Ton abgefedert, in dem die Maßnahmen vom Chef und von den Kollegen kommentiert werden. Dadurch, dass die Maßnahme »eingeklammert« wird, also nicht ständig thematisiert wird, sondern dass man ohne ein großes Aufheben davon zu machen, zum Tagesgeschäft übergeht. Eine abmildernde Wirkung hat manchmal auch, dass die Verkündung der Maßnahme regelrecht inszeniert wird (etwa bei der Bekanntgabe des »star of the week«), und vor allem dann, wenn die Möglichkeit besteht, es dem Vorgesetzten bei Gelegenheit (halbernst) »heimzuzahlen«. Fortado berichtet über den Chef »Jim«, der für seine besondere Kreativität beim Ersinnen immer neuer demütigender

Preise berüchtigt war. Anlässlich seines 10-jährigen Firmenjubiläums wurde er zum Essen eingeladen, aber nicht – wie sonst üblich – in ein vornehmes Lokal, sondern in einen überfüllten Schnellimbiss verbracht, wo ihm ein Ring überreicht wurde, der ihm zu klein war und eine Plakette, die mit seinem Spitznamen »Jimbo« verziert war, anschließend ging man in eine Comedy-Aufführung.

Die Verhaltensweisen der Vorgesetzten, über die Fortado berichtet, sind zweifellos problematisch. Sie können zwar dazu führen, dass sich die Mitarbeiter darum bemühen, ihr Fehlverhalten aufzugeben, allerdings sind die Maßnahmen alles andere als zielgenau, sie schießen oft über das angemessene Maß hinaus, es bleibt einigermaßen unklar, ob der Mitarbeiter für bestimmte Mängel überhaupt verantwortlich gemacht werden kann. Nicht selten geht es auch nicht um ein konkretes Fehlverhalten, sondern einfach darum, einen Sündenbock zu finden oder darum, sich als aufmerksamer und durchsetzungsstarker Chef zu positionieren. Interessanterweise stellt Fortado fest, dass die in seinen Fallstudien betrachteten Chefs durchaus populär waren. Er erklärt sich das mit eingefahrenen Traditionen und damit, dass der Chef oft nur den Mehrheitswillen der Kollegen zum Ausdruck bringt, deren Unbehagen sich gegen einen bestimmten Kollegen richtet – wobei man sich natürlich fragen muss, ob ein Chef, der sich so versteht, der in der Vorgesetztenrolle steckenden Verantwortung nachkommt. Die Überlegungen eines Vorgesetzten bei der Wahl seines Kontrollverhaltens sind Gegenstand einer Studie von Kipnis (1976). Danach folgen Vorgesetzte nicht einfach ihrem Gefühl, sondern sie machen sich Gedanken über die Ursachen des Leistungsverhaltens der Mitarbeiter. Jemand, der als »faul« wahrgenommen wird, wird anders behandelt als jemand, der leistungswillig ist und von dem der Vorgesetzte annimmt, dass seine mangelnde Leistung auf mangelnde Fähigkeiten zurückzuführen ist. Würde er die Person im letztgenannten Fall »rüffeln«, dann wird das nicht den gewünschten Erfolg haben, die Leistung würde damit nicht besser, stattdessen würde damit auch noch die Motivation beschädigt. In der folgenden Tabelle 4.2 finden sich eine Auflistung möglicher Ursachenzuschreibungen und eine Zuordnung typischer Verhaltensweisen des Vorgesetzten. Je nachdem, welche Ursachen ein Vorgesetzter für das unzureichende Verhalten seines Mitarbeiters verantwortlich macht, wird er ein anderes Führungsverhalten wählen. Die in der Tabelle aufgeführten Ergebnisse der Studie von Kipnis lassen sich leicht verstehen: Der Vorgesetzte wird die Maßnahme ergreifen, die seinem Ziel, die Mitarbeiter zu einem angemessenen Arbeitsverhalten zu bewegen, am besten dient. Im schon beschriebenen Fall der fehlenden Fähigkeiten wird er zweckmäßigerweise darauf dringen, dass der Mitarbeiter seine Fähigkeiten verbessert – aber nur dann, wenn nicht gleichzeitig Motivations- und Disziplinprobleme vorliegen. In diesem Fall wird er wohl eher seinen Mitarbeiter ermahnen oder auch verwarnen. Wenn jemand keinerlei Defizite aufweist, wenn also weder mangelnde Fähigkeiten, noch fehlende Disziplin und auch keine unzureichende Motivation vorliegen, neigen Vorgesetzte zur Versetzung des Mitarbeiters, aber auch hier gilt die Voraussetzung, dass die Leistung des Mitarbeiters zu wünschen übrig lässt: Wenn die Ursache der schlechten Leistung nicht erkennbar ist, dann liegt es offenbar daran, dass der Mitarbeiter am falschen Platz sitzt.

Tab. 4.2: Ursachenzuschreibung und Vorgesetztenverhalten (leicht modifiziert nach Kipnis 1976, 51 f.)

	Ursachen für ungenügendes Leistungsverhalten			
	Einfache Probleme			Komplexe Probleme
Mittel der Beeinflussung	Fehlende Motivation	Fehlende Fähigkeiten	Fehlende Disziplin	Kombination der Defizite
Überzeugung	Ja	Nein	Ja	Ja
Extra Training	Nein	Ja	Nein	Ja
Versetzung	Nein	Nein	Nein	Ja
Ermahnung	Ja	Ja	Ja	Ja
Bestrafung	Ja	Nein	Ja	Ja

Kipnis unterscheidet zwischen einfachen, klar und eindeutig benennbaren Leistungsproblemen und komplexen Leistungsproblemen, bei denen nicht so leicht auszumachen ist, an welcher Stelle das Leistungsdefizit festzumachen ist. Bei einfachen Leistungsproblemen findet Kipnis relativ deutliche Verhaltenstendenzen, bei komplexen Problemen ist das Verhalten des Vorgesetzten nicht so leicht vorherzusagen und kann auch aus einer Kombination der angeführten Maßnahmen bestehen. Zu beachten ist, dass es bei dem Schema immer um die Wahrnehmungen und den daraus resultierenden Zuschreibungen des Vorgesetzten geht, besonders interessant sind daher die Fälle, in denen es zu Fehleinschätzungen kommt und in denen die Mitarbeiter, dies ganz anders als der Vorgesetzte sehen.

Abschließend sei nochmals auf die Frage eingegangen, worauf ein Vorgesetzter oder sonst eine Person ihren Einfluss gründet. Eine bekannte, viel diskutierte Aufzählung von sechs wichtigen Machtquellen stammt von den Sozialpsychologen French und Raven (1959). Vier der von ihnen beschriebenen »Machtbasen« sind gewissermaßen Ressourcen, die in einer Beziehung zwischen Personen zum Zuge kommen und die einer Person im sozialen Austausch einen Vorteil verschaffen: Belohnungsmacht, Bestrafungsmacht, Informationsmacht und Expertenmacht. Daneben nennen sie mit der legitimen Macht eine Größe, die in der Sozialordnung verankert ist und mit der Identifikationsmacht eine Größe, die sich mit der Persönlichkeit verbindet (French/Raven 1959, Raven 1965). In neueren Publikationen hat Raven die sechs Machtbasen auf elf erweitert (Raven/ Schwarzwald/Koslowsky 1998). Bei der Belohnungsmacht wird unterschieden, ob sie auf persönlichen oder unpersönlichen Grundlagen fußt. Eine persönliche Belohnungs-Machtgrundlage ist beispielsweise die Wertschätzung, die man der anderen Person entgegenbringt, eine unpersönliche Belohnungs-Machtgrundlage beispielsweise ein Karriereversprechen. Ebenso wird bei der Bestrafungsmacht zwischen persönlichen Aspekten (z. B. Kontaktvermeidung) und unpersönlichen Aspekten (z. B. die Drohung mit Entlassung) unterschieden. Die legitime Macht wird ebenfalls ausdifferenziert. Legitimität gründet in anerkannten Normen. Drei wichtige Normen und damit Quellen legitimer Macht sind das Recht, Anweisungen zu geben, das sich mit bestimmten Positionen verknüpft, die Reziprozitätsnorm, die verlangt, dass man der Person, die einem etwas Positives hat zukommen lassen, dieses in der einen oder anderen Form vergilt und die Gerechtigkeitsnorm fordert, Anstrengungen oder Opfer zu würdigen und Schaden wiedergutzumachen. Wer immer sich auf eine dieser Normen berufen kann, verfügt über eine legitime Machtbasis. Dies gilt interessanterweise auch für den »Schwachen«, es gibt nämlich auch eine Norm, hilfsbedürftigen Personen zu helfen, woraus eine (nicht immer starke) Macht der Machtlosen entspringen kann.

Eine etwas andere Unterscheidung von Machtgrundlagen stammt von Max Weber (2005). Er beschreibt drei verschiedene Formen von »Herrschaft«, womit der Tatbestand gemeint ist, dass Macht Gehorsam findet. Herrschaft liegt, so Weber, entweder in der Rechtsordnung begründet oder in der Tradition oder aber im Charisma des Mächtigen. Diese Typisierung ist – anders als die von French und Raven – nicht ausschließlich sozialpsychologisch, sondern vor allem soziologisch zu verstehen. Sie spricht also auch strukturelle Tatbestände der Macht an, worauf wir im Folgenden – mit Hilfe eines weiteren theoretischen Zugangs – noch etwas näher eingehen wollen.

Systemische Kontrolle

Mark Haugaard (2003) beschreibt sieben »Formen« oder »Modalitäten« der Macht, er legt dabei den Schwerpunkt, anders als French und Raven, nicht auf die Grundlagen der Macht, sondern auf den Prozess der Machtgewinnung. Außerdem geht es ihm nicht um die unmittelbare Interaktionsebene, sondern um allgemeine Machtstrukturen und hier insbesondere um die Bedeutung sozialer Definitionsprozesse bei der Konstituierung von Macht. Zentral ist dabei der Gedanke, dass soziale Praktiken durch Strukturierung und Bestätigung der Strukturierung (bzw. des Strukturierungsversuchs) Geltung erlangen und sich soziale Strukturen durch wiederholte Strukturierungs-Bestätigungszyklen »reproduzieren«. Die gemeinsame und immer wieder bestätigte Praxis erzeugt gewissermaßen auch den Sinn, der dem sozialen Geschehen zukommt. Wenn beispielsweise die in einer (demokratischen) Wahl unterlegenen Parteien bereit sind, ihre Niederlage zu akzeptieren, dann reproduzieren sie das für die Demokratie maßgebliche Prinzip, den Mehrheitswillen der Wähler zu achten. Wenn sich dieses Verhalten etabliert, dann wird dieses demokratische Prinzip nicht mehr in Frage gestellt, es dient vielmehr fortan als Richtschnur des Handelns. Ein Beispiel aus der Wirtschaftssphäre ist die Bereitschaft, Steuern zu bezahlen, ein betriebliches Beispiel ist die Selbstverständlichkeit, mit der man die hierarchische Ordnung anerkennt. Ähnlich lässt sich erklären, warum Karriereversprechen geglaubt, Personalbeurteilungen hingenommen und Niedriglöhne akzeptiert werden. Die erste der von Haugaard beschriebenen Machtformen ergibt sich der geschilderten Argumentation entsprechend aus den *etablierten Spielregeln* der sozialen Ordnung, die manchem nützen, andere eher benachteiligen, der einen Partei Machtvorteile, der anderen eine schwächere Machtposition zuweisen. Als weiteres Beispiel sei auf den Tatbestand verwiesen, wonach Angehörige technischer Berufe deutlich mehr verdienen als Personen in sozialen Berufen, was nicht unbedingt etwas mit dem Wert, aber durchaus etwas mit der Fähigkeit zu tun hat, sich angesichts der gegebenen Marktstrukturen materielle Vorteile zu verschaffen. Ein anderes Beispiel ist die Machtverteilung in Aktiengesellschaften. Zwar räumt das Aktiengesetz den Eigentümern pro forma umfangreiche Kontrollrechte ein, dessen ungeachtet liegt das Machtzentrum in aller Regel eindeutig beim Management. Das Beispiel zeigt sehr schön, dass es für die Herausbildung der Machtverhältnisse zwar durchaus auch auf gesetzliche Regelungen ankommt, dass es aber letztlich die Handlungsstrukturen sind, die das Geschehen bestimmen, im vorliegenden Fall also beispielsweise der Zugriff auf Informationen, die geringe Transparenz des Unternehmensgeschehens und die Möglichkeit, bindende Vereinbarungen zu seinem eigenen Vorteil auszugestalten und – so jedenfalls die Logik des Strukturierungsansatzes – die mehr oder weniger passive Duldung des Vorstandshandelns durch den Aufsichtsrat.

Die zweite Machtform ist eng mit der ersten verknüpft. Sozialordnungen bestimmen nicht nur, was gilt, sondern auch, was nicht gilt und welche Verhaltensweisen unangebracht sind und sie bewirken damit einen starken *Konformitätsdruck* im Sinne der etablierten Praktiken. Beherrscht man diese Praktiken nicht, wendet man sie falsch oder bei falscher Gelegenheit an, dann disqualifiziert man sich gewissermaßen, man ist kein ernstzunehmender sozialer Akteur mehr und verliert damit auch seinen Einfluss. Wenn es zum Beispiel üblich ist, Beschwerden oder Verbesserungsvorschläge die Hierarchiekette entlang laufen zu lassen, dann wird jemand, der seinen Vorgesetzten übergeht, kein Gehör finden und sich unter Umständen auf Dauer schaden.

Die dritte Machtform resultiert aus der *Weltanschauung* als einem System des Denkens, das bestimmten Akten einen Sinn verleiht, anderen Akten dagegen keinen Sinn abgewinnen kann. Handlungen, die den gegebenen Sinnhorizont verlassen, sind inkommensurabel, d. h. mit den herrschenden Denkgewohnheiten unvereinbar. Der Versuch, neue Bedeutungsstrukturen zu installieren, muss daher, um erfolgreich zu sein, immer an das gegebene Sinnverständnis anknüpfen, andernfalls besteht die Gefahr, dass die unpassenden Ansichten und die Versuche, neue Praktiken einzuführen »dekonstruiert«, also als inakzeptabel, unverständlich oder sinnlos zurückgewiesen werden. Beispiele hierfür findet man zuhauf, wenn es darum geht, einen tiefgreifenden Wandel von Organisationen zu initiieren. Relativ leicht ist es dagegen, neue Instrumente und Verfahren einzuführen, die zu der herrschenden Vorstellung über eine gute Praxis passen und nichts grundlegend ändern.

Die vierte Machtform ergibt sich aus der möglichen Differenz von implizitem und explizitem Denken, Haugaard spricht auch von *Widersprüchen zwischen praktischem (implizitem) und diskursivem (explizitem) Bewusstsein*. Die Reproduktion der sozialen Verhältnisse geschieht im Modus des praktischen Bewusstseins. Das praktische Bewusstsein stützt sich nun aber nicht selten auf Vorstellungen, die sich – wenn sie ans Licht gebracht werden, wenn sie also diskursfähig gemacht, d. h. wenn sie explizit erwogen und diskutiert werden – als falsch, widersprüchlich oder untragbar erweisen. Soweit das »falsche« praktische Bewusstsein einer bestimmten Personengruppe Machtvorteile bringt, werden diese durch die alltägliche Bestätigung des praktischen Bewusstseins entsprechend reproduziert. Gelingt es, die Widersprüchlichkeit des Handelns mit den mentalen Handlungsvoraussetzungen aufzuzeigen, wird dieser Prozess unterbrochen und die Macht der bislang Bevorteilten wird geschmälert. Ein Beispiel liefert die verbreitete Vorstellung, dass es letztlich auf Leistung ankomme und deswegen diejenigen gefördert und befördert werden sollen, die sich durch ihr Leistungsverhalten auszeichnen. Nicht selten gilt dieses Leistungsprinzip aber gar nicht und es kommen vor allem die Personen voran, die es verstehen, sich gut zu vernetzen. Aus diesem Widerspruch folgt aber noch lange nichts, die eigentliche Schwierigkeit besteht ja gerade darin, ihn überhaupt erst diskursfähig zu machen.

Die fünfte Machtform gründet auf der verbreiteten Tendenz, Strukturen, Rollen, Normen, Konventionen usw. zu »reifizieren«. Mit *Reifizierung* ist gemeint, dass man den gesellschaftlichen Erscheinungen einen quasi-natürlichen und unverrückbaren Charakter zuschreibt, und vergisst, dass gesellschaftliche Institutionen immer (vorläufige) soziale Konstruktionen sind, die sich (prinzipiell) auch ändern lassen. Für Aristoteles beispielsweise war es naturgegeben, dass es Sklaven gab und geben musste, weshalb bei ihm auch kein Zweifel an der Legitimität der antiken Sklavenhaltergesellschaft aufkam. Im betrieblichen Kontext ist z. B. der Leistungsbegriff ein Kandidat für Reifizierungen. Leistung ist ein durch und durch abstrakter Begriff, der eine große Vielfalt von Phänomenen umfassen kann und dessen konkrete Bestimmung ganz zentral sozial bestimmt ist. Durch.Reifikation wird Leistung verdinglicht, Leistung gewinnt eine vermeintlich konkrete Kontur und man kann den Leistungsbegriff je nach Kontext naiv oder strategisch verwenden, etwa indem man ohne Ironie den unsäglichen Begriff des Leistungsträgers im Mund führt – und damit Nicht-Leistungsträger diskreditiert – oder indem man Leistung auf einen ganz bestimmten Aspekt verengt, bei Verkäufern etwa auf den Umsatz, bei Professoren auf die Zahl der veröffentlichten Aufsätze in »gut gerankten« Journalen. Die Reifikation erschöpft sich nicht – das sei nochmals ausdrücklich herausgestellt – in der Etablierung derartiger Vorstellungen. Sie gewinnt ihre Macht vor allem dadurch, dass sie Folgen hat und die Praxis prägt, dass also die Akteure ihr Verhalten daran ausrichten und Entscheidungen im Lichte dieser Vorstellungen getroffen werden.

Die sechste Form der Macht entsteht durch Einübung in die jeweils gegebene gesellschaftliche Wirklichkeit durch *Disziplinierung.* Man lernt das implizite Wissen durch Praxis und übernimmt hierbei ganz nebenbei die herrschenden Vorstellungen und Normen: Man internalisiert Tugenden wie Pünktlichkeit und Sorgfalt, entwickelt Haltungen wie Ehrgeiz, Statusbewusstsein und Produzentenstolz, man wird in die Spielregeln des gesellschaftlichen Getriebes eingewiesen, belohnt, korrigiert und bei Abweichung auch bestraft. Wer eine Berufsausbildung absolviert hat, dürfte gut nachvollziehen können, dass diese Prozesse auch im betrieblichen Alltag ihre Wirksamkeit entfalten. Konfrontiert mit einer ganz neuen Erfahrungswelt ist der Berufsneuling zunächst voll und ganz damit beschäftigt, die Techniken und Routinen seines Berufs zu erlernen und zu beweisen, dass er ein leistungsfähiges Mitglied der Betriebsgemeinschaft ist. Unter diesen Umständen wird er nur schwerlich Distanz nehmen können und wollen, um über die Einbettung seines Tuns in umgreifende betriebliche und gesellschaftliche Zusammenhänge und die sie bestimmenden Machtstrukturen zu reflektieren.

Die siebte Form der Macht schließlich basiert auf ausgeübtem oder angedrohtem physischen *Zwang.* Zwang hat oft unmittelbare und durchschlagende Wirkungen, verhilft also dem Machthaber sehr direkt zu seinem Willen. Mit gutem Grund kann man allerdings sagen, dass jemand, der sich bei der Durchsetzung seiner Interessen auf Zwangsmaßnahmen stützt, dies eben deswegen tut, weil er eigentlich gar nicht über soziale Macht verfügt (Arendt 1960). Jedenfalls sind Gewalt und Zwang denkbar ungeeignete Mittel, um sozialen Gebilden – und damit bestimmten Machtpositionen – auf Dauer Stabilität zu verleihen.

Es gibt neben der Beschreibung von Machtformen durch Haugaard eine ganze Reihe weiterer Versuche, den strukturellen Aspekt der Macht zu beleuchten. Türk beispielsweise spricht von unpersönlicher Handlungskontrolle bei der »... die Organisationsherrschaft dem einzelnen Unterstellten nicht direkt gegenübertritt, sondern versachlicht, objektiviert, so dass im Bewusstsein des Betroffenen er sich gleichsam »Sachzwängen« und nicht der Herrschaft von Menschen unterworfen sieht.« (Türk 1983, 49) Zu den markantesten Mitteln unpersönlicher Handlungskontrolle zählt Türk Stellenschneidung, Technisierung und Standardisierung sowie administrative Regelungen, die sich auf die Verteilung der »organisationalen benefits« richten. Zwar sollen sich in rational geführten Unternehmen die Festlegung der Aufgaben auf einzelne Stellen und deren Abgrenzung und Verknüpfung mit den Aufgaben anderer Stellen an den jeweils vorliegenden Anforderungen und entsprechend primär an wirtschaftlichen Überlegungen orientieren. Da es aber kein Verfahren gibt und geben kann, das bei der Lösung dieses Problems mit rein sachlogischen Mitteln auskommt, werden bei der Aufgabengestaltung und bei der Gestaltung der Arbeitsorganisation immer auch Einflusshandlungen zum Zuge kommen, die zu einer strukturellen Verfestigung gegebener Machtverhältnisse beitragen. Ähnliches gilt für die in Unternehmen geltenden technischen und administrativen Regelungen, die das Handeln nicht nur vorstrukturieren, sondern oft gänzlich determinieren. Und auch die Anreizgestaltung ist weitgehend reguliert, die Lohnfestsetzung beispielsweise ist durch Tarifverträge und Lohngruppeneinstufungen vorgegeben und Karrierewege folgen festgefügten Stationen und Markierungen, die man nicht umgehen kann. Diese Regulierungen lassen einem keine Wahl. Will man es zu etwas bringen, muss man sein Handeln von ihnen bestimmen lassen. Außerdem vermittelt und verankert die tägliche Praxis die Vorstellung, dass sie unverrückbare Geltung beanspruchen können und zur natürlichen Ordnung der Dinge gehören.

Eine berühmte Definition des strukturellen Aspekts der Macht stammt von Johan Galtung (1975, 1998). Er spricht von »struktureller Gewalt« und meint damit den Fall, in dem die Gewaltausübung keinem Täter eindeutig zugeordnet werden kann. Galtung bezieht sich in seinen Analysen zwar primär auf die gesellschaftliche, staatliche und zwischenstaatliche Sphäre, seine Grundideen lassen sich aber auch auf die betriebliche Wirklichkeit beziehen. Gewalt oder Zwang liegt für ihn immer dann vor, wenn Menschen so beeinflusst werden, dass sie nicht verwirklichen können, was in ihnen steckt. Nicht notwendig ist, dass die Menschen das auch so empfinden. Häufig ist es im Gegenteil ja so, dass man die gegebenen Verhältnisse als unveränderbar hinnimmt und auch das Bedürfnis verlernt, die Lebensumstände zu ändern, die einen beeinträchtigen. In den Fällen, in denen gezielt Versuche unternommen werden, diesen Tatbestand zu verschleiern oder gar strukturelle Gewalt zu rechtfertigen, spricht Galtung von kultureller Gewalt. Zu fragen ist dabei allerdings, ob der Gewaltbegriff nicht etwas zu »gewaltig« ausfällt, auch wäre erst noch zu klären, was Menschen »zugemutet werden kann«, ab wann also sinnvoll von einer »echten« Beeinträchtigung der Freiheit und Persönlichkeit gesprochen werden kann und welche Umstände es erlauben oder gar notwendig machen, Freiheitsrechte einzuschränken und Pflichten zu definieren, worauf wir hier aber nicht eingehen können (vgl. z. B. Gert 1983).

Die Frage bleibt, wann sinnvoll von struktureller Macht gesprochen werden kann. Die Definition von Galtung ist, wie angesprochen, nur bedingt geeignet, denn sie ist zu umgreifend und umfasst viele Phänomene, die man nicht als Ergebnis von Gewalt oder Machtausübung versteht. Eindrücklich ist sein Beispiel, dass dort, wo Menschen verhungern, obwohl dies objektiv vermeidbar ist, Gewalt ausgeübt wird. Um den Gewaltbegriff nicht überzustrapazieren spricht Galtung selbst manchmal lieber von sozialer Ungerechtigkeit (Galtung 1975, 13). Für die Wirksamkeit struktureller Macht dürfte es außerdem nicht entscheidend darauf ankommen, ob eindeutig ein Gewalthaber ausgemacht werden kann und auch nicht, ob die Machtausübung den Machtunterworfenen bewusst ist. Ausschlaggebend ist vielmehr die Frage, ob die Betroffenen den Verhältnissen entkommen können oder nicht.

Das gilt sowohl für strukturelle Macht auf der Interaktionsebene als auch auf der Ebene sozialer Aggregate. Auf der Ebene der persönlichen Interaktion findet man beispielsweise viele »Fallen«, aus denen sich die Beteiligten nicht aus eigener Kraft befreien können (Martin/Drees 1999, 53 ff.) und die damit das Moment der strukturellen Macht in sich tragen. Ein Beispiel hierfür ist der Goldene Käfig, eine eigentlich befriedigende Beziehungskonstellation (der Käfig ist ja »golden«), die allerdings den Nachteil hat, dass man ihr nicht entfliehen kann, weil keine wirklich adäquaten Alternativen zur Verfügungen stehen, was die Sache wegen der dadurch entstehenden Abhängigkeit einigermaßen vertrackt erscheinen lässt. Ein anderes Beispiel für eine Falle ist die »Deadlock«-Situation, die die Interaktionspartner auf einen konfrontativen Verhaltenspfad führt, der beiden Partnern unweigerlich nur Nachteile bringt und der deswegen nicht verlassen wird, weil ein Nachgeben undenkbar erscheint, z. B. weil man dadurch sein Gesicht verlöre, weil man fest verankerte Überzeugungen aufgeben müsste, weil man sich gegenüber Dritten festgelegt hat usw. Auf der Ebene der Organisation findet der Gedanke von der Bedeutung struktureller Macht Ausdruck in der Metapher vom »stahlharten Gehäuse« der Bürokratie (Weber 2005, 1060, Mayntz 1968). Danach sind die Organisationsmitglieder gezwungen, sich den eingefahrenen Routinen zu fügen, Dienstwege sind zu beachten, Verfahrensregeln sind einzuhalten, die Arbeitsausführung wird reglementiert und überwacht. Abweichungen vom vorgeschriebenen Weg sind nicht vorgesehen und wenn man dies ignoriert, wird man nur in Sackgassen geraten. Aufbegehren löst nur Unverständnis aus und man findet keine Angriffsflächen für mögliche Änderungsversuche.

Die strukturelle Dimension der Macht ist gewissermaßen in die Spielregeln des sozialen Geschehens eingebaut, etwa analog den Regeln im Sport (wenngleich um einiges unerbittlicher). Wenn im Fußball eine Mannschaft der A-Klasse gegen eine Mannschaft der C-Klasse spielt, wird sie aller Wahrscheinlichkeit nach siegreich vom Platz gehen, einfach wegen der sprichwörtlich größeren Klasse der A-Klassen-Spieler. In diesem Fall kommt kein strukturelles Element zum Zuge, schließlich gelten die Spielregeln für beide Mannschaften im gleichen Maße. Angenommen nun, der Verband führe eine neue Regel ein, wonach für die Gastmannschaft die Abseitsregel gelte, für die Heimmannschaft dagegen nicht. Damit verändern sich Rahmenbedingungen des Handelns ganz grundlegend, insbesondere resultiert hieraus eine klare strukturelle Benachteiligung der Gäste. Das ist natürlich ein einigermaßen künstliches Beispiel. In der Wirklichkeit wird sich eine solche Regel sicher nicht durchsetzen, weil sie den Reiz des Spieles deutlich mindern würde. Künstlich ist das Beispiel aber auch, weil hier die strukturelle Benachteiligung auf der Hand liegt, in der Machtwirklichkeit tritt diese aber häufig nicht so klar zu Tage. Für viele Machtspiele ist es konstitutiv, dass man ihre Wirkungen verheimlicht und verschleiert, und dass man die geltenden Spielregeln verkompliziert, um sie in seinem Sinne interpretieren zu können.

Zusammenfassung

Kontrolle ist unverzichtbar, sie ist eine wichtige Funktion, die dazu dient, die arbeitsteilige Aufgabenerfüllung zu gewährleisten. Allerdings ist Kontrolle keine einfache Funktion und zwar deswegen nicht, weil die arbeitsbezogene Kontrolle eng mit der sozialen Kontrolle verquickt ist. Letztlich steckt darin eine Grundproblematik des Managementhandelns: Alle Maßnahmen, die darauf gerichtet sind, das menschliche Verhalten zu beeinflussen, zielen letztlich auf Kontrolle und damit dienen auch alle Gestaltungsansätze des Personalwesens in direkter oder indirekter Weise der Kontrollfunktion. Wer soziale Kontrolle ausüben will, braucht Macht und umgekehrt dient die soziale Kontrolle dem Ausbau von Machtpositionen. Mit sozialer Kontrolle meint man den tatsächlichen Einfluss, Macht dagegen liefert das Potential für sozialen Einfluss; sie hat viele Gesichter, mitunter zeigt sie sich offen und unverhüllt. Meist bleibt sie unsichtbar und gewinnt gerade dadurch besondere Kraft. Am stärksten ist sie, wenn sie aus den herrschenden Denksystemen und Ideologien entspringt. Sinnvollerweise unterscheidet man zwischen persönlicher und systemischer Macht bzw. Kontrolle. Mit der Vorgesetztenrolle wird in Unternehmen ganz bewusst eine Form der persönlichen Kontrolle eingeführt (genauer spricht man wohl besser von einer Kontrolle, die im unmittelbaren Verhältnis von Person zu Person stattfindet). Sie dient dazu, auch die Unbestimmtheiten »in den Griff« zu bekommen, die formalen Kontrollsystemen entgehen. Dabei interessiert natürlich, welche Kontrollmaßnahmen ein Vorgesetzter ergreift und ebenso, was ihn jeweils dazu veranlasst. Bezüglich der systemischen Kontrolle interessiert vor allem, warum man ihr so schwer entgehen kann. Die wichtigsten Gründe hierfür dürften sein, dass man die »Spielregeln« eines sozialen Systems nicht durchschaut, dass man sie nicht einfach verändern kann – und dass es oft nicht leicht ist, das System ohne weiteres zu verlassen.

2   Theorie

2.1   Die Selbstbestimmungstheorie

Menschen haben ein natürliches Bedürfnis nach Kontrolle, danach, ihre Geschicke selbst lenken zu können. Es gibt eine ganze Reihe von Theorien, die sich mit diesem

Bedürfnis befassen. Eine der bedeutsamsten Theorien ist die Selbstbestimmungstheorie von Deci und Ryan, auf die wir im Folgenden eingehen wollen (vgl. u.a. Deci/Ryan 1985, 1987, 2000a, 2000b).

Grundbedürfnisse

Die Selbstbestimmungstheorie behauptet, dass der Wunsch nach Verhaltenskontrolle aus drei menschlichen Grundbedürfnissen entspringt, den Bedürfnissen nach Zugehörigkeit und nach Kompetenz sowie dem Bedürfnis nach Autonomie. Diese Bedürfnisse zeichnen sich durch drei Merkmale aus. Erstens handelt es sich bei ihnen um angeborene, zweitens um aktivierende und drittens um grundlegende Bedürfnisse. Zwar spricht man häufig nur bei physiologischen Bedürfnissen (also bei den Bedürfnissen nach Nahrung, Unversehrtheit, Wärme usw.) von angeborenen Bedürfnissen, psychologische Bedürfnisse werden dagegen normalerweise erworben. Dies gelte allerdings nicht – so Deci/Ryan – für die Bedürfnisse nach Autonomie, Kompetenz und Zugehörigkeit. Auch diese seien angeboren. Niemand könne die Wirksamkeit dieser Bedürfnisse daher einfach ignorieren, ohne sein Wohlbefinden, seine persönliche Integrität und sein psychologisches Wachstum zu gefährden. Dies unterscheide diese Bedürfnisse von erlernten Bedürfnissen wie beispielsweise dem Bedürfnis nach Macht oder dem Bedürfnis nach Reichtum oder gar der Habgier.

Das zweite Merkmal, das die angeführten Bedürfnisse auszeichnet, ist die aktivierende Komponente, die ihnen innewohnt. Normalerweise geht es beim Handeln darum, Bedürfnisse zu stillen (es geht um Befriedigung, daher auch die Rede von der »Bedürfnisbefriedigung«), d. h. man möchte von einem defizitären Zustand (z. B. Nahrungsmangel) zu einem Gleichgewichtszustand (z. B. Sättigung) zurückkehren. Bei den Bedürfnissen nach Autonomie, Kontrolle und Zugehörigkeit verhält es sich anders, sie drängen nicht auf einen Ruhepunkt hin, sondern sie erzeugen im Gegenteil Ungleichgewichte. Sie stimulieren spontanes Interesse und sie befeuern das Streben nach »Wachstum«, nach Selbstverbesserung, nach personeller und interpersoneller Kohärenz. Die drei von Deci/Ryan herausgestellten Bedürfnisse sind außerdem Grundbedürfnisse. Damit ist gemeint, dass sie einer Vielzahl von konkreteren Strebungen zugrunde liegen. Anders als das Leistungsmotiv, das sich darin erschöpft nur ein eng umgrenztes Verhaltensthema zu bedienen (eben das Streben nach Leistung bzw. nach vortrefflicher Leistung), dienen Grundbedürfnisse als Quelle und Maßstab für eine Vielzahl konkreter Zielsetzungen und Verhaltensweisen, sie durchdringen das Geschehen auf ganz grundsätzliche Weise, sie sind gewissermaßen immer präsent.

Der Autonomie kommt dabei eine besondere Stellung zu. Der Wunsch nach Zugehörigkeit und das Streben nach Verbesserung der eigenen Kompetenzen können sowohl autonom als auch heteronom unterfüttert sein. Beim Autonomiebedürfnis stelle sich diese Frage nicht. Es hat darüber hinaus eine ganz elementare Funktion für jegliches bewusste zielorientierte Verhalten. Deci und Ryan stellen daher in besonderer Weise das Autonomiebedürfnis, das Streben nach autonomem, selbstbestimmtem Handeln heraus. Autonomes Verhalten ist nicht einfach ein intentionales Verhalten. Beim intentionalen Verhalten geht es zwar – ebenso wie beim autonomen Verhalten – um ein willentliches, absichtsvolles Verhalten, es ist aber weniger voraussetzungsreich. Intentional verhält man sich, wenn man glaubt, dass das ins Auge gefasste Verhalten einen Einfluss auf das angestrebte Ziel hat und wenn man außerdem glaubt, über die Fähigkeit zu verfügen, das zielorientierte Verhalten auch zu zeigen. Autonomes Verhalten nun setzt mehr voraus als willentliches Verhalten. Damit man sinnvoll von autonomem Verhalten sprechen kann, muss der Handelnde sein Verhalten nämlich innerlich billigen, er muss es gewissermaßen als sein ganz eigenes Handeln begreifen: »Ein Verhalten kann umso eher als autonom bezeichnet werden, je mehr das ganze Selbst beteiligt ist und je mehr man sich für sein Verhalten verantwortlich fühlt.« (Deci/Ryan 1987, 1025)

Autonomes Handeln trägt seine Belohnung in sich selbst. Daneben gibt es eine ganze Reihe von weiteren positiven Wirkungen, die sich einstellen, wenn dem Autonomiebedürfnis des Menschen Raum gegeben wird. Autonomie fördert Interesse und Kreativität ebenso wie Aktivität und Ausdauer, außerdem ist autonomes Handeln normalerweise mit positiven Gefühlen verknüpft. Den zentralen Wirkungsmechanismus, der diese Wirkungen selbstbestimmten Verhaltens hervorruft, sehen Deci/Ryan im Regulationsmodus. Autonomes Handeln ist demnach »... durch eine flexible Steuerung gekennzeichnet, die sich durch relativ geringe innere Anspannung und einen positiven emotionalen Ton auszeichnet, und der flexible Gebrauch von Informationen führt häufig zu größerer Kreativität und zu einem besseren konzeptionellem Verständnis.« (Deci/Ryan 1987, 1033). Umgekehrt kann die Einschränkung der Autonomie das Selbstbewusstsein beeinträchtigen, die Spontaneität bremsen, unter Umständen aggressive Gefühle heraufbeschwören und langfristig sogar »rückbezüglich« zu einer Beeinträchtigung des Bedürfnisses nach Autonomie führen. Leicht nachvollziehbar ist die negative Wirkung auf das Vertrauen, das man einer Bezugsperson entgegenbringt. Wenn man sich gegenseitig keine Handlungsspielräume gibt, sich ständig beaufsichtigt und reglementiert, dann fehlen einfach die Voraussetzungen für die Entwicklung gegenseitigen Vertrauens (Deci/Connell/Ryan 1989). So plausibel diese Überlegungen sein mögen, sicher kann man nicht sein, dass die angesprochenen Wirkungen immer eintreten. Schließlich kennt jeder Personen, die über große Handlungsspielräume verfügen, diese aber durchaus nicht für Kreativität und Engagement nutzen. Ebenso gibt es den spiegelverkehrten Fall, in dem jemand, auch wenn er mit sehr eingeschränkten Handlungsfreiheiten ausgestattet ist, sehr motiviert und sorgfältig zu Werke geht. Damit sich die positiven Wirkungen großer Autonomie einstellen und damit die negativen Wirkungen geringer Autonomie ausbleiben, müssen offenbar noch weitere Bedingungen gegeben sein, etwa ein ausgeprägtes Pflichtbewusstsein, attraktive Leistungsanreize oder die Einbettung des Tuns in einen größeren Sinnzusammenhang. In dem bekannten Modell über die Bestimmungsgründe des Arbeitsverhaltens von Hackman/Oldham (1980) ist es die Verantwortung, die die Autonomie mit dem Leistungsverhalten verknüpft, die Verantwortung, die natürlich erst noch übernommen werden muss. Autonomie hat im Übrigen mehrere Dimensionen. Grundlegend ist natürlich zunächst der Handlungsspielraum, d. h. der Umfang der Wahlmöglichkeiten, den eine Aufgabe bietet. Autonomie bezieht sich aber nicht nur auf die Freiheiten in der Ausfüllung der gegebenen Aufgabe, sondern auch auf die Definition der Aufgabe selbst und auf die Frage,

welchen Zuschnitt man ihr gibt. Bedingungen, die das selbstbestimmte Handeln ein-
grenzen, sind beispielsweise Fristsetzungen, vorgegebene Verhaltensstandards, das
Arbeiten unter Aufsicht oder gar Überwachung. Autonomiebegrenzend sind aber auch
bereits starke Erwartungshaltungen (»should-context«). Schädlich sind außerdem extrinsische Belohnungen, worauf wir weiter unten noch etwas näher eingehen werden. Die
Möglichkeit zu autonomem Handeln ist außerdem dann stark eingeschränkt, wenn man
sich in bedrohlichen Situationen wiederfindet. Aber nicht nur äußere Ereignisse bzw.
Umstände können kontrollierend wirken. Menschen setzen sich manchmal auch ganz
von selbst unter einen Bewertungsdruck, der das autonome Handeln beeinträchtigt, sie
neigen beispielsweise dazu, sich quasi von außen, aus den Augen ihrer Mitmenschen zu
betrachten, statt sich einfach nur ihren Aufgaben zu widmen. Eine wichtige Persön-
lichkeitseigenschaft ist in diesem Zusammenhang das »Ego-Involvement«. Personen, die
mit diesem Charakterzug ausgestattet sind, haben vor allem ein Interesse daran, sich
selbst zu verherrlichen und sie neigen entsprechend zu einem eher defensiven Verhalten,
d. h. sie lassen sich nicht leicht von einer Aufgabe mitreißen und begeistern, sondern
achten vor allem darauf, sich selbst in einem positiven Licht zu präsentieren (Nicholls
1984).

Intrinsische Motivation

Die Selbstbestimmungstheorie ist ganz offensichtlich eine Bedürfnistheorie und man
sollte meinen, dass es ihr daher auch ganz wesentlich um die angeführten Grundbe-
dürfnisse, insbesondere um das Autonomiebedürfnis, geht. Tatsächlich steht im Zentrum der Betrachtung von Deci/Ryan aber eine andere Größe, nämlich die intrinsische
Motivation. Damit stellt sich natürlich die Frage, wie man sich das Verhältnis von
»Motivation« und »Bedürfnissen« vorzustellen hat. Als intrinsisch motiviert bezeichnen
Deci/Ryan ein Verhalten, für das man sich ungezwungen engagiert, das nicht von den
Konsequenzen her bestimmt wird, bei dem man also etwas um seiner selbst willen tut
und nicht etwa deswegen, weil man sich davon einen materiellen oder immateriellen
Gewinn erhofft. In welcher Weise kommen hierbei nun aber überhaupt Bedürfnisse ins
Spiel? Für Deci/Ryan ist die Befriedigung der Bedürfnisse nach Autonomie und Kom-
petenz eine *notwendige Voraussetzung* für die Aufrechterhaltung von intrinsischer
Motivation. Wird das autonome Handeln beeinträchtigt, dann bricht das Fundament
zusammen, auf dem intrinsische Motivation basiert. Denn auch die intrinsische
Zuwendung, die voraussetzungslose Hingabe an eine Aufgabe erfordert eine »Kraft-
quelle«. Sie bezieht ihre Energie aus der Befriedigung der Bedürfnisse nach Kompetenz
und Autonomie, aus der Erfahrung, dass der Gang der Dinge beeinflussbar ist und dass
man selbst es ist, der die Dinge beeinflussen kann. Das Erleben von Kompetenz und
Autonomie ist also eine wesentliche Bedingung dafür, dass sich intrinsische Motivation
mit einer Aufgabe verknüpfen kann. Es ist aber nicht mit intrinsischer Motivation
gleichzusetzen. Intrinsisch motivierte Aktivitäten richten sich nicht zwangsläufig auf die
Befriedigung des Kompetenz- oder Autonomiebedürfnisses und Aktivitäten, die sich
darauf richten, sind nicht notwendigerweise intrinsisch motiviert. Was man aber sagen

kann ist, dass die Bedingungen, die geeignet sind, das Kompetenz- und das Autono-miebedürfnis zu bedienen, auch die intrinsische Motivation fördern und dass die Bedingungen, die der Entfaltung des Kompetenz- und des Autonomiebedürfnisses keinen Raum geben, die intrinsische Motivation beschädigen.

Exemplarisch lässt sich dieser Gedanke an der Diskussion über die so genannte Unterminierungshypothese veranschaulichen. Die Unterminierungshypothese behaup-tet, dass immer dann, wenn ein intrinsisch motiviertes Verhalten durch extrinsische Anreize belohnt wird, die intrinsische Motivation Schaden nimmt. Diese These wurde vielfach kritisiert, nicht zuletzt aufgrund von Studien, die zeigten, dass monetäre Be-lohnungen durchaus nicht immer zu einer Beeinträchtigung der intrinsischen Motiva-tion führen müssen. Andererseits wird die Datenlage durchaus kontrovers beurteilt (Eisenberger/Cameron 1996, Deci/ Koestner/Ryan 1999, Bles 2002). Dies ist in unserem Zusammenhang aber nicht so entscheidend, denn letztlich lässt sich die Situation auch sehr gut theoretisch aufklären. Letztlich kommt es nämlich nicht darauf an, welche konkreten Belohnungen jemand erhält, sondern wie er das Geschehen interpretiert. Wenn sich also beispielsweise ein Mitarbeiter engagiert um den Fortgang eines Projektes kümmert – und zwar einfach deswegen, weil ihm dieses Projekt am Herzen liegt – und ihm sein Vorgesetzter dann für seine Leistung eine Prämie zukommen lässt, dann kann dies ein Ausdruck der Anerkennung sein und muss den Mitarbeiter daher in seinem Eifer auch nicht beeinträchtigen. Sie kann ihn sogar dazu veranlassen, sich noch mehr anzustrengen. Spricht allerdings einiges dafür, dass die Prämienzahlung dazu benutzt werden soll, das Verhalten des Mitarbeiters in eine bestimmte Richtung zu lenken, dann steckt darin eine Bedrohung der Autonomie, die der intrinsischen Motivation ihre Grundlage entzieht. Wenn der Vorgesetzte beispielsweise eine moderate Prämienaus-zahlung veranlasst und dies mit dem Versprechen verknüpft, die Prämie unter be-stimmten Umständen noch zu erhöhen, dann signalisiert er damit offenkundig seinen Willen, auf das Verhalten des Mitarbeiters steuernd einzuwirken. Das wird der Mit-arbeiter sicherlich nicht übersehen und auch kaum positiv aufnehmen. Etwas anders gelagert ist der Fall, wenn die Belohnung beschämend gering ausfällt, also in keinem vernünftigen Verhältnis zum erbrachten Aufwand steht. Hier kommt das dritte der oben angeführten Grundbedürfnisse, das Bedürfnis nach Zugehörigkeit, zum Zuge. Die in der kleinlichen Prämienvergabe steckende Geringschätzung ist geeignet, die Beziehung zum Vorgesetzten erheblich abkühlen zu lassen und die Bereitschaft, auch in Zukunft frei-willig und selbstlos besondere Leistungen zu erbringen, von denen ja nicht zuletzt der Vorgesetzte profitiert, dürfte dahinschwinden.

Internalisierung

Menschen sind ihrer Umgebung nicht hilflos ausgeliefert, ihr Handeln wird nicht ein-fach von ihrem sozialen Umfeld bestimmt, sondern kann als Versuch gelten, die An-forderungen der Umwelt mit ihren persönlichen Bestrebungen, ihrem Denken und ihren Werten in Einklang zu bringen. Dies gilt nicht nur für das tägliche Handeln, sondern auch schon für den Erwerb und die psychologische Verankerung der handlungsleitenden Denk- und Werthaltungen eines Menschen. Dies ist jedenfalls die Vorstellung der Selbstbestimmungstheorie. Entsprechend, so deren Argumentation, kommt es nicht nur im täglichen Handeln, sondern auch im Prozess der Internalisierung von Neigungen und Denkgewohnheiten stark darauf an, in welcher Weise die psychologischen Grundbedürfnisse hierbei zum Zuge kommen. Es macht also einen Unterschied, ob man sich die von der Gesellschaft vorgegebenen Vorstellungen und Normierungen zwanglos aneignet und ob es gelingt die externen Regulierungen in interne Regulierungen zu überführen, die mit dem eigenen Selbstverständnis verträglich sind. Wenn diese Integration nicht oder nur partiell gelingt, bleiben die erworbenen Verhaltensdispositionen in einem gewissen Sinne »extern« und eignen sich daher auch nicht als Grundlage intrinsischer Motivation. An dieser Stelle brechen Deci und Ryan die einfache Gegenüberstellung von intrinsischer und extrinsischer Motivation allerdings auf. Je nachdem wie der Prozess der Internalisierung verläuft, unterscheiden sie nämlich vier unterschiedliche Formen extrinsischer Motivation (▶ **Abb. 4.1**).

Am weitesten vom Idealzustand intrinsischer Motivation entfernt ist die *externale Regulation*. In diesem Zustand handeln Personen lediglich deswegen in der gewünschten Weise, weil ihnen hierfür Belohnungen angeboten oder Strafen angedroht werden. Im Fall der externalen Regulation ist die Übernahme externer Verhaltensstandards völlig misslungen, aus innerem Antrieb wird man ihnen daher nicht folgen. Der *introjizierten Regulation* liegen unverstanden und unverdaut übernommene Motivationen zugrunde. Im Verhaltensmodus der introjizierten Regulation verpassen sich Personen ihre Belohnungen und Bestrafungen gewissermaßen selbst, zum Beispiel dadurch, dass sie auf ihr normgerechtes Verhalten stolz sind oder sich wegen Abweichungen von Verhaltensnormen schuldig fühlen. Der introjizierten Motivation liegt eine partielle Internalisierung zugrunde, die Verhaltensstandards verknüpfen sich nur teilweise mit den Motivationen, Kognitionen und Affekten, die das persönliche Selbst ausmachen. Daraus resultieren einigermaßen unstete Verhaltensweisen.

Bei der *identifizierten Regulation* sind die dem Verhalten zugrundeliegenden Dispositionen besser assimiliert und damit stabiler verankert. Dennoch bleiben sie der Person streng genommen äußerlich, weil sie die Person zu rein instrumentellem Verhalten veranlassen und nicht etwa spontan auftreten und nicht im Einklang mit dem Selbstgefühl stehen. Ein Beispiel hierfür ist, wenn sich jemand um seiner Gesundheit willen zu sportlichen Aktivitäten quält, ohne aus diesen wahre Freude ziehen zu können. Bei der identifizierten Regulation ist die Internalisierung besser vorangeschritten und das Verhalten ist verlässlicher, die Person orientiert sich an Dingen, die ihr wichtig sind (in dem zuletzt genannten Beispiel die Gesundheit), die aber nicht notwendigerweise mit anderen Dingen, die ihr auch wichtig sind, in einem stimmigen Verhältnis stehen (z. B. Freude an üppigen Mahlzeiten und Gesundheit) und die vor allem nicht in kohärenter Weise mit dem Selbst der Person verknüpft sind. Bei der *integrierten Regulation* ist diese Stufe der Internalisierung dagegen erreicht. Die ursprünglich externale Regulierung wurde »erfolgreich« in eine interne Regulierung überführt, das Ergebnis ist eine selbstbestimmte externale Motivation. Das mag etwas paradox klingen, da mit dieser Beschreibung die Abgrenzung zur intrinsischen Motivation zu verschwimmen scheint. Tatsächlich bleibt aber trotz der psychologischen Nähe ein deutlicher Unterschied

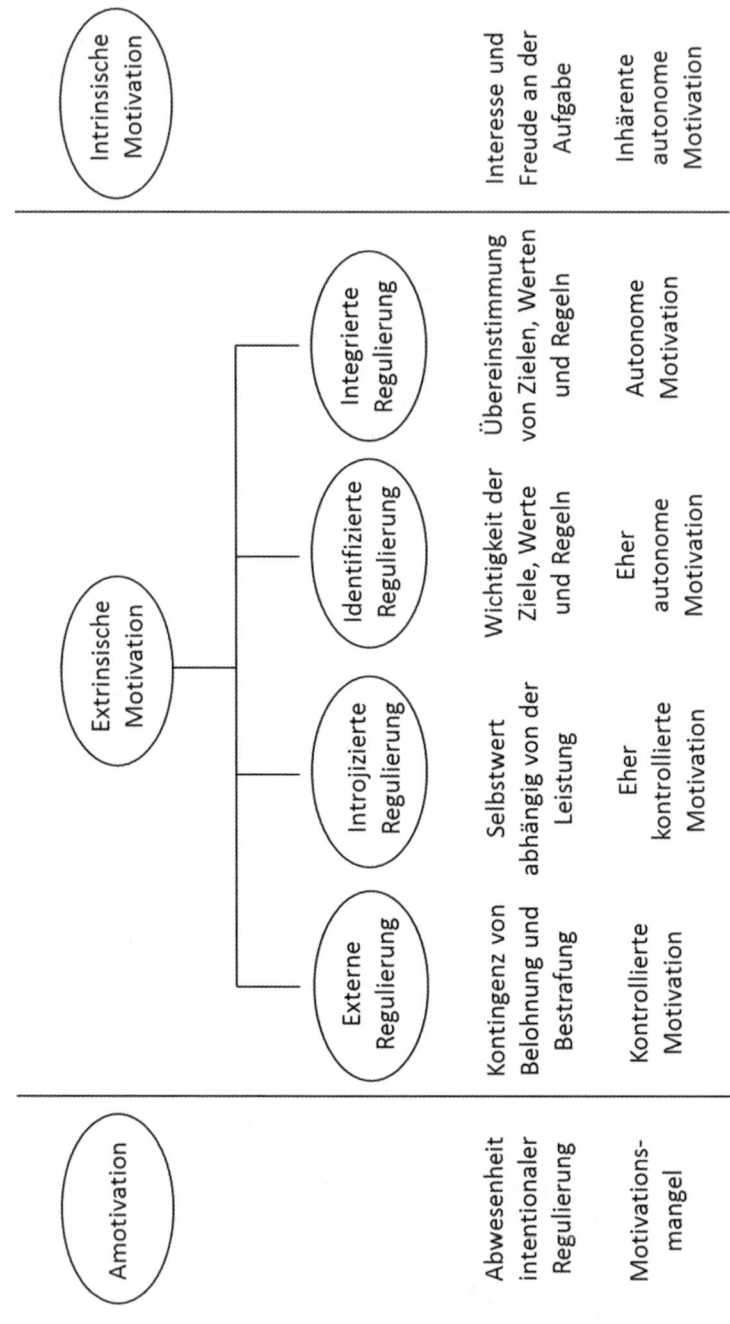

Abb. 4.1: Intrinsische Motivation und Formen extrinsischer Motivation (nach Gagné/Deci 2005, 336)

zwischen diesen beiden Motivationsformen bestehen: Auch die selbstbestimmte externale Motivation bleibt »instrumentell«, sie richtet sich auf einen außerhalb des Verhaltens liegenden Zweck und gewinnt damit nicht die »autotelische« Qualität intrinsischen Verhaltens, das seinen Zweck in sich selbst trägt.

Ein Beispiel soll die verschiedenen Regulationsformen nochmals verdeutlichen. Viele Aufgaben umschließen neben den Haupttätigkeiten, deren Ausführung sie verlangen, auch eine Reihe von Nebentätigkeiten. Der Handwerker soll beispielsweise nicht nur sein Werk ordentlich ausführen, er soll auch den Schmutz und die Unordnung beseitigen, die durch seine Arbeit zwangsläufig entstehen; der Meister in der Autowerkstatt soll nicht nur für die Wartung der ihm anvertrauten Fahrzeuge sorgen, sondern dem Kunden auch die Notwendigkeit von Reparaturen und die schließlich ausgestellte Rechnung erläutern; der Arzt soll nicht nur die richtigen Diagnosen stellen und die therapeutischen Maßnahmen überwachen, sondern sich auch sensibel auf die mit der Krankheit verbundenen Befürchtungen und Ängste der Patienten einlassen – und so weiter. Nebentätigkeiten sind oft wenig beliebt, weil sie vermeintlich nicht zum Kern der »eigentlichen« Tätigkeit gehören, derentwegen man seinen Beruf ergriffen hat. Etliche Personen bringen daher für diese Tätigkeiten überhaupt keine Motivation auf, sie sehen darin weder eine eigene Pflicht noch gar eine Sinnerfüllung (Amotivation: ganz links in Abbildung 4.1). Nicht wenige Personen lassen sich auf die Nebentätigkeiten nur deshalb ein (und führen sie dann oft noch entsprechend nachlässig aus), weil sie ansonsten mit negativen Sanktionen rechnen – etwa mit der Wut der Hausfrau, die nach Abschluss der Malerarbeiten erst wieder ordentlich sauber machen muss (introjizierte Motivation). Wenn die Person dagegen anerkennt, dass die vermeintliche Nebentätigkeit nicht wirklich nur eine Nebentätigkeit, sondern ein wichtiger Bestandteil der Aufgabe ist (identifizierte Motivation), wird sie sie gewissenhaft ausführen, auch wenn sie ihr nur wenig Freude bereitet. Integriert ist die Motivation schließlich, wenn die vermeintliche Nebentätigkeit ganz selbstverständlich als wesentlicher Teil der Berufstätigkeit angesehen wird, bei der intrinsischen Motivation kommt hinzu, dass man aus der Nebentätigkeit (also z. B. durch das Eingehen auf den Patienten) denselben Gewinn zieht wie aus der Haupttätigkeit (also z. B. durch die Genugtuung, einem Menschen bei der Befreiung von einer Krankheit helfen zu können).

Die Förderung autonomer Arbeitsmotivation

Was bestimmt das Ausmaß autonomer Motivation und entsprechend autonomer Handlungen? Letztlich alles, was der Entfaltung des Autonomiebedürfnisses entgegenstehen könnte oder ihr förderlich wäre. In Abbildung 4.2 sind einige wichtige Determinanten autonomer Arbeitsmotivation aufgeführt. Dabei fällt auf, dass Gagné/Deci auch interindividuelle Unterschiede ins Spiel bringen. Dies überrascht, da die Autoren ja, wie oben geschildert, davon ausgehen, dass das Autonomiebedürfnis in jedem Menschen gleichermaßen (und stark) verankert ist. Tatsächlich rücken sie von dieser Position auch nicht ab. Die angeführte Variable »autonomiebezogene Kausalorientierung« meint nicht Bedürfnisstärke, sondern zielt auf ein Überzeugungs- und Erlebensmuster.

Personen mit einer autonomiebezogenen Kausalorientierung neigen dazu, ihr soziales Umfeld generell als autonomieförderlich zu erleben, Personen mit einer kontrollorientierten Kausalorientierung sehen in ihrem sozialen Umfeld dagegen stärker dessen kontrollierenden Aspekte. Entsprechend schwerer fällt es dieser zuletzt genannten Personengruppe, sich auf Regulierungen einzulassen, die von außen an sie herangetragen werden. Der Kausalorientierung einer Person kommt damit eine moderierende Größe für die anderen in Abbildung 4.2 genannten Größen zu, die nicht nur als Determinanten, sondern ebenso als Ansatzpunkte für eine Förderung der autonomen Arbeitsmotivation gelten können.

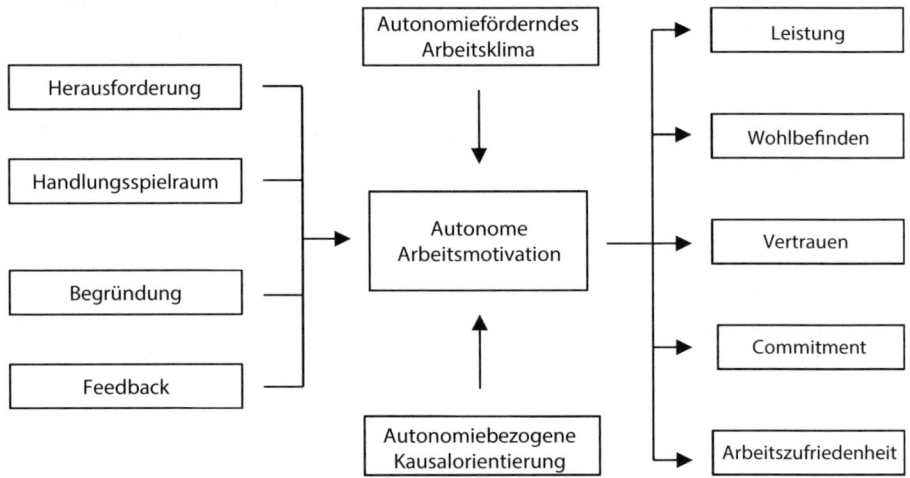

Abb. 4.2: Determinanten und Folgen autonomer Arbeitsmotivation nach Gagné/Deci 2005, 347

Zentrale Bedeutung hat naturgemäß der Handlungsspielraum, innerhalb dessen sich ein Mitarbeiter bei seiner Arbeit bewegen kann. Bedeutsam ist daneben der Grad der Herausforderung, der mit einer Aufgabe einhergeht, denn nur wenn die Tätigkeiten, die man zu verrichten hat, auch anspruchsvoll sind, wird man sich selbst als wichtigen Gestalter seines Tuns erleben können und dies gilt auch für die Rückmeldung, die aus der Tätigkeit entspringt. Nur wenn man erfährt, was man mit seinem Handeln bewirkt, kann man auch abschätzen, welchen Einfluss auf das Geschehen man selbst hat. Dabei ist zu beachten, dass es zunächst und vor allem auf die Wahrnehmung des Mitarbeiters ankommt. Arbeitstätigkeiten, die »objektiv« nur wenige Freiheitsgrade lassen, werden durchaus nicht immer als einschränkend erlebt. Das kann viele Ursachen haben. Vielleicht misst man der Arbeitstätigkeit einfach nicht allzu viel Bedeutung zu, vielleicht handelt es sich nur um eine vorübergehende oder nur hin und wieder anfallende Aushilfstätigkeit, vielleicht ist man sogar froh über die mentale Entlastung, die mit einfachen Arbeitstätigkeiten einhergehen kann. Allerdings stößt diese subjektivistische Betrachtung auch an ihre Grenzen, denn letztlich sind es immer die objektiven

Gegebenheiten, die das Autonomieerleben bestimmen. Selbstverständlich kann man partielle und zeitlich begrenzte Beschränkungen der Autonomie gut verkraften, eine dauerhafte Beeinträchtigung des Autonomiebedürfnisses geht aber nicht spurlos an der Psyche des Betroffenen vorüber und man wird dann auch kaum mit einer starken intrinsischen Motivation rechnen dürfen. Ein interessanter Punkt wird mit der in Abbildung 4.2 angeführten »Begründung« angesprochen. Gemeint ist mit dieser Variable, inwieweit einsichtig ist, das man sich der Aufgabe überhaupt widmen und warum man sich den damit verbundenen Anforderungen stellen sollte. Wer seine Tätigkeit als vernünftig und zweckmäßig ansieht, wird sich anders auf sie einlassen, als jemand, der mit ihr keinen Sinn verknüpfen kann.

Von erheblicher Bedeutung ist schließlich die Haltung des Managements und der Vorgesetzten zur Selbstständigkeit der Mitarbeiter, denn sie signalisiert, in welchem Ausmaß dem Einzelnen autonomes Handeln zugetraut und zugestanden wird. Dabei ist zu beachten, dass es kontraproduktiv wäre, Autonomie »strategisch« zu gewähren und sie als normales Tauschgut zu betrachten, etwa im Sinne von »Ich gewähre Dir mehr Autonomie und erwarte dafür größeres Engagement«. Kontraproduktiv ist ein solches Vorgehen deshalb, weil damit ja gleichzeitig zum Ausdruck gebracht wird, dass man den Empfänger der Autonomie-Gabe zu einem bestimmten Verhalten veranlassen will, ein Ansinnen, dass schon aus rein logischen und ebenso aus psychologischen Gründen als Einschränkung der Autonomie gelten muss.

In einem eher praxisorientierten Artikel geben Stone/Deci/Ryan (2009) die folgenden Empfehlungen zur Förderung der autonomen Motivation der Mitarbeiter. Der Vorgesetzte sollte danach

- offene Fragen stellen und zur Mitwirkung bei der Entwicklung von Problemlösungen einladen,
- aktiv zuhören und die Gesichtspunkte der Mitarbeiter anerkennen,
- innerhalb des gegebenen Handlungsrahmens Verhaltensangebote machen und Verantwortlichkeiten klären,
- ernsthaftes, positives Feedback geben, das das Engagement der Mitarbeiter würdigt,
- unbefriedigendes Arbeitsverhalten in einer nicht-wertenden Sprache thematisieren,
- Talententwicklung betreiben sowie sein Wissen weitergeben, um Kompetenz und Autonomie zu fördern,
- bestrafendes Kontrollverhalten, wie z. B. den Vergleich mit Kollegen, vermeiden.

Die ersten beiden der angeführten Punkte betreffen kommunikative Regeln, die einen echten Dialog ermöglichen und den Vorgesetzten vom Monologisieren abhalten sollen. Statt einen Mitarbeiter in eine defensive Rolle zu drängen, die von diesem verlangt, dass er ständig auf der Hut sein muss, um sein Verhalten jederzeit rechtfertigen und verteidigen zu können, sollte man eine Atmosphäre schaffen, die es ihm ermöglicht seine Ziele, Projekte und Arbeitsweisen zu erklären. Zu vermeiden ist außerdem ein Frageverhalten, dass dem Mitarbeiter nur die Antwortmöglichkeiten »ja« oder »nein« lässt, man sollte die Mitarbeiter vielmehr um Kommentare und Vorschläge bitten. Hilfreich ist außerdem aktives Zuhören, das darauf gerichtet ist, genau zu verstehen, was der

Gesprächspartner meint und bei dem man nicht allein auf die sachliche, sondern auch auf die emotionale Botschaft eines Gesprächs achtet. Der dritte der angeführten Punkte ist ein Zugeständnis an die nicht immer so ideale betriebliche Realität, die sich gegen die Erweiterung der Verhaltensspielräume der Mitarbeiter nicht selten sperrt. Manchmal hat man es eben auch mit langweiligen, beschränkten oder wenig anspruchsvollen Aufgaben zu tun. Für diesen Fall schlagen Stone, Deci und Ryan vor, den Sinn zu betonen, der auch in solchen Aufgaben stecken kann und die möglicherweise doch bestehenden Verhaltensfreiheiten auszuleuchten. Feedback zu geben, ist zunächst natürlich positiv, es setzt Orientierungspunkte und kann Anlass für einen tieferen Meinungsaustausch sein. Dessen ungeachtet hat Feedback einen zwiespältigen Charakter, weil Feedback (und zwar selbst positives Feedback) einengend wirken kann, weil die Gefahr besteht, dass man sich davon beeindruckt zeigt und sein Handeln vom Tadel oder auch vom Lob anderer abhängig macht (vgl. den folgenden Abschnitt zur Feedback-Theorie). Wichtig ist, dass Feedback ernstgenommen wird und dass man sich davor hütet immer gleich mit Wertungen zu operieren, weil dies eine Verteidigungshaltung erzeugt und eine sachliche Klärung erschwert.

Der vorletzte Punkt in der Liste der oben formulierten Ratschläge ist eigentlich eine Selbstverständlichkeit, nämlich, dass man gut daran tut, Talente zu fördern und sein Wissen weiterzugeben. Interessant ist vor allem der letztgenannte Punkt, weil sich dieser gegen eine weitverbreitete Praxis richtet. Stone, Deci und Ryan raten nämlich strikt davon ab wettbewerbsorientierte Anreizsysteme zu implementieren, die die Mitarbeiter veranlassen sollen um der ausgesetzten Belohnungen willen ihr Leistungsverhalten zu steigern. Hierbei gebe es nur Verlierer. Für die große Zahl derjenigen, die keine oder nur geringe Prämien ergattern können, gelte dies ohnehin, aber auch die vermeintlichen Gewinner erbrächten nicht tatsächlich wirklich bessere Leistungen, häufig ginge die quantitative Leistungssteigerung vielmehr mit qualitativen Leistungsminderungen einher. Der größte Verlierer einer wettbewerbsorientierten Anreizpolitik sei daher das Unternehmen selbst.

Betrachtet man die angeführten praktischen Ratschläge von Stone, Deci und Ryan aus der Distanz, dann kann man leicht den Eindruck gewinnen, eigentlich handele es sich hierbei (auszunehmen ist diesbezüglich allerdings der zuletzt angeführte Punkt) lediglich um die Zusammenstellung ohnehin gängiger Gemeinplätze. Dies wird von den Autoren durchaus ähnlich gesehen. Die angeführten Praktiken stießen in der Unternehmenspraxis durchaus auf Zustimmung – so die Autoren –, zumal es ja auch nicht leicht sei, argumentativ gegen die dahinterstehende Philosophie anzukommen. Die verbale Befürwortung stünde jedoch oft in einem krassen Gegensatz zu den tatsächlich praktizierten Maßnahmen. Diesbezüglich herrsche nach wie vor das Prinzip von Zuckerbrot und Peitsche (»carrot and stick«). Wenn sich die Wirklichkeit aber so darstellt, dann besteht das eigentliche praktische Problem nicht darin, die verantwortlichen Akteure in den Unternehmen von der Sinnhaftigkeit der auf Autonomie setzenden Einsichten zu überzeugen, vielmehr muss es dann darum gehen, die Ursachen für die fehlende Umsetzung dieser Einsichten zu ergründen und diese gegebenenfalls zu beseitigen. Nach Stone, Deci und Ryan ergibt sich ein wesentliches Hindernis für die verfehlte Motivierungspraxis aus dem sehr häufig auf bloß kurzfristigen Erfolg setzenden

Leistungsdruck. Das Top-Management gibt den Leistungsdruck an das mittlere Management weiter, das ihn weiter nach unten durchreicht. Gegen solche Bedingungen kommen Maßnahmen, die auf eine nachhaltige Motivationsförderung zielen, nicht an.

Würdigung

Was ist nun das Besondere an der Selbstbestimmungstheorie? Die Frage stellt sich nicht zuletzt deswegen, weil es eine ganze Reihe weiterer Theorien gibt, die sich mit dem Kontrollbedürfnis der Menschen beschäftigen (zu Übersichten vgl. Skinner 1996, Deci/Ryan 2000a). Zu nennen ist etwa das Konzept des »Locus of Control« nach Rotter (1966), das darauf abhebt, ob Personen glauben, dass sie durch eigenes Handeln in der Lage sind, wünschenswerte Ergebnisse zu erhalten (internale Kontrolle) oder ob dies von Kräften bestimmt wird, die außerhalb ihrer Handlungsmöglichkeiten liegen (externale Kontrolle). Ein ähnliches Konstrukt ist das der »Selbstwirksamkeit« (Bandura 1996). Auch bei diesem Konstrukt geht es wie beim Locus of Control um eine »Überzeugung« und nicht primär um eine Motivation wie bei den Grundbedürfnissen nach Deci und Ryan. Die Selbstwirksamkeitsüberzeugung richtet sich darauf, ob man sich zutraut, sein eigenes Verhalten organisieren und Situationen, in die man gerät, bewältigen zu können. Selbstwirksamkeit stellt daher eher auf den Kompetenz- und weniger auf den Autonomieaspekt ab. Jedenfalls ist das Selbstwirksamkeitskonstrukt enger als das Autonomiekonstrukt. Man kann beispielsweise durchaus der Überzeugung sein, dass man sein Geschick selbst bestimmen kann, in seinem Handeln wird man deswegen aber nicht zwangsläufig selbstbestimmt agieren. Wer beispielsweise zu sich selbst unfreundlich ist, seinem Handeln rigide Verhaltensstandards auferlegt oder seine Interessen zurückstellt, um den Forderungen einer heilsversprechenden Ideologie nachzukommen, handelt nicht autonom, denn autonomes Handeln ist – so Deci/Ryan – durch integrierte und flexible Verhaltensweisen gekennzeichnet und wird nicht etwa durch die Tyrannei introjizierter Normen oder unreflektierter egogetriebener Impulse bestimmt.

Letztlich enthalten alle Verhaltenstheorien zumindest implizit Vorstellungen über den Kontrollaspekt, diese werden aber nicht sehr deutlich herausgestellt. Die PSI-Theorie von Dietrich Dörner beispielsweise betrachtet das menschliche Verhalten aus dem Blickwinkel der Informationsverarbeitungsprozesse, die es bestimmen. Das Kontrollbedürfnis wird hier zwar eher am Rande betrachtet, gleichwohl ist das Streben nach Verhaltenskontrolle auch gemäß dieser Theorie von fundamentaler Bedeutung, weil – so die PSI-Theorie – mit dem Kontrollverlust unvermeidlich auch ein Antriebsverlust einhergeht. Ein Mensch wird nur dann eine Handlung angehen, wenn er das »Gefühl« hat, die Situation auch zu beherrschen. Dieses Gefühl basiert auf der Abschätzung der Wahrscheinlichkeit, dass das eigene Verhalten auch erfolgreich ist. Diese Wahrscheinlichkeit wird allerdings nicht explizit »berechnet«, sondern aufgrund von Erfahrungen und anhand der jeweiligen Situationsanmutung »erspürt«. Es geht hierbei also um eine Art Wahrscheinlichkeitsempfinden. Dieses schlägt sich, so Dörner, in der Stärke der Aktivierung eines Kompetenzindikators nieder und entfaltet in Abhängigkeit hiervon seine verhaltenswirksame Kraft (Dörner 1999, 405). Ganz im Zentrum der Überlegungen steht der Kontrollaspekt in der Regulationstheorie von Carver/Scheier (1998). Allerdings stellt diese Theorie vor allem auf die kybernetische Seite, d. h. die Steuerungsfunktion der Kontrolle und nicht so sehr auf den Erlebnisaspekt der Kontrolle ab. Die Grundidee ist dabei, dass Menschen das Geschehen und ihr Handeln daraufhin prüfen, inwieweit es mit ihren Zielen übereinstimmt, um beurteilen zu können, welche Maßnahmen zur Sicherstellung der Zielerreichung ergriffen werden müssen. An oberster Stelle in der Zielhierarchie steht das »Ideale Selbst«, also die verinnerlichte Vorstellung davon, wie man selbst sein möchte. Daraus leiten sich verschiedene »Prinzipien« ab, die wiederum als Kontroll- und Steuergröße für Handlungsprogramme fungieren, die in verschiedenen Regelkreisen miteinander verschachtelt sind. Der aktivierende motivationale Aspekt, der gemäß der Selbstbestimmungstheorie in den psychologischen Grundbedürfnissen steckt, ergibt sich in der Regulationstheorie von Carver und Scheier eher aus Persönlichkeitseigenschaften, etwa aus dem Optimismus, mit dem man seine Projekte angeht.

Explizit wird die Kontrollthematik auch in der Theorie der kognizierten Kontrolle von Frey und Jonas (2002) behandelt. Allerdings handelt es sich hierbei im strengen Sinne nicht um eine Theorie, sondern eher um so etwas wie ein Rahmenmodell, das benutzt wird, um der Fülle der vorliegenden theoretischen und empirischen Ansätze und Erkenntnisse zum Kontrollbedürfnis und Kontrollverhalten eine gewisse Ordnung zu geben. Ein Beispiel für die Überlegungen, die bei der Untersuchung des Kontrollverhaltens angestellt werden, ist die »Blunting-Hypothese«, die besagt, dass man nur solange aktiv auf bedrohliche Informationen achtet, solange man sich zutraut, die bedrohlichen Ereignisse auch zu beherrschen, ansonsten geht man den bedrohlichen Informationen lieber aus dem Weg (Miller 1981). Ein anderes Beispiel liefert die Reaktanztheorie, die ebenso wie die Selbstbestimmungstheorie von einem angeborenen Bedürfnis nach Autonomie ausgeht. Die Reaktanztheorie sagt voraus, dass Personen sehr negativ reagieren, wenn sie bemerken, dass jemand versucht, ihre Handlungsfreiheit einzuschränken, nicht selten tun sie dann genau das Gegenteil dessen, was von ihnen ausgesprochen oder schlimmer noch: unausgesprochen verlangt wird (Brehm 1966, Dickenberger/Gniech/Grabitz 1993).

Die Selbstbestimmungstheorie ist umfassender angelegt als Theorien vom Zuschnitt der Reaktanztheorie. Ihre besonderen Qualitäten seien nochmals herausgestellt. Zu diesen zählt die Betonung des »Eigenrechts« von grundlegenden psychologischen Bedürfnissen, die sich nicht einfach aus physiologischen Bedürfnissen ableiten lassen. Herauszustellen ist außerdem die Weiterentwicklung des Konzepts der intrinsischen Motivation, die unter anderem zu der Einsicht führt, dass selbstbestimmtes Handeln nicht mit intrinsisch motiviertem Handeln gleichzusetzen ist, und zwar deswegen nicht, weil man auch extrinsische Ziele durchaus selbstbestimmt verfolgen kann. Einleuchtend sind auch die Ausführungen zum Erlernen von Bedürfnissen und zu der mehr oder weniger gelungenen Anbindung der erlernten Bedürfnisse an das jeweilige Selbstkonzept. Anders als andere Theorien, die es dabei belassen, die Bedeutsamkeit von Denk- und Handlungsschemata herauszustellen, behauptet die Selbstbestimmungstheorie, dass es sehr darauf ankommt, wie diese Schemata übernommen werden. Ein inauthentisches Selbstschema ist danach äußerst verletzlich und bringt entsprechend auch ein inauthentisches und dazu unbeständiges Verhalten hervor.

Zu würdigen ist außerdem die Unterscheidung von Tiefen- und Oberflächenphänomenen, die die Selbstbestimmungstheorie vornimmt, womit sich der ambitionierte Versuch verknüpft, grundlegende Mechanismen menschlichen Handelns aufzudecken und sich nicht mit der Aufdeckung oberflächlicher Korrelationen zu begnügen. Ein Beispiel betrifft das Verhältnis der Bedürfnisse nach Autonomie und Zugehörigkeit. Oberflächlich betrachtet widersprechen sich diese beiden Strebungen, denn schließlich verlangt die Befriedigung des Zugehörigkeitsmotivs, dass man sich den Anforderungen der sozialen Bezugspersonen stellt und ihnen nachkommt, während das Autonomiebedürfnis ja nach Eigenständigkeit und Unabhängigkeit verlangt. Tatsächlich liegt aber gar keine Widersprüchlichkeit vor, denn – so die Selbstbestimmungstheorie – Personen, denen ihr Autonomiebedürfnis beschnitten wird, sind schlechte Partner. Wenn man sich nur deswegen auf soziale Beziehungen einlässt, um Anschluss zu haben, um nicht allein zu sein, wird das Bedürfnis nach Zugehörigkeit nicht eigentlich in rechter Weise befriedigt, dies ist nur dann möglich, wenn die Beziehung auch auf Autonomie beruht. Autonomes Handeln bedeutet willentliches Handeln, das im jeweiligen Selbstverständnis gründet, es bedeutet nicht, sich von anderen abhängig zu machen oder unabhängig von anderen zu sein.

Herauszustellen ist außerdem der hohe Allgemeinheitsgrad der Theorie. Ihr Geltungsanspruch ist nicht auf bestimmte Personengruppen und Handlungskontexte (z. B. auf bestimmte Kulturen) beschränkt. Danach findet sich das Autonomiestreben beispielsweise gleichermaßen in kollektivistischen Kulturen wie in individualistischen Kulturen. Der Unterschied der Handlungsorientierung in diesen beiden Kulturtypen ist nicht in den psychologischen Bedürfnissen verankert, sondern ergibt sich aus dem Objekt, auf das sich die Bedürfnisse richten. In individualistischen Kulturen sucht das Autonomiebedürfnis beispielsweise Ausdruck im beruflichen Erfolg und in der Ausbildung eines ganz persönlichen Stils, in kollektivistischen Kulturen richtet sich das Autonomiestreben dagegen auf die Festigung der sozialen Harmonie und die Herausbildung eines gemeinsamen Habitus.

Mit der Allgemeinheit der Theorie verknüpft ist ein hoher empirischer Gehalt. Die Aussagen der Theorie erschöpfen sich also nicht in begrifflichen Übungen und Feinjustierungen, sondern erlauben die Ableitung konkreter empirischer Voraussagen. Ob die vielfältigen Studien, die hierzu vorliegen, als starke Stützung der Theorie gelten können, wird man sicher unterschiedlich beurteilen wollen. Wie ganz generell in der Verhaltensforschung, bereitet die Operationalisierung der theoretischen Konstrukte auch in der Selbstbestimmungstheorie einige Probleme. Außerdem dominieren Laborstudien, die darüber hinaus oft einen Lernkontext simulieren und nicht unbedingt dem realen Arbeitsleben nachgebildet sind. Ein gewisses Problem ergibt sich außerdem dadurch, dass die Aussagen der Selbstbestimmungstheorie sprachliche Mehrdeutigkeiten enthält, die zu unterschiedlichen Interpretationen Anlass geben können (Deci/Ryan 2000b). Daneben bleibt die Antwort auf manche interessante Frage unbestimmt. So drängt sich bei der Lektüre der Ausführungen von Deci und Ryan nicht selten der Eindruck auf, dass in deren Verständnis intrinsisches Verhalten mit unbeschwertem und natürlich fließendem Verhalten gleichgesetzt wird. Tatsächlich beweist sich intrinsisches Verhalten doch aber gerade daran, dass es sich an schwierigen Themen abarbeitet, an

Problemen, deren Behandlung viel Pein macht und die häufig den Impuls weckt, sich von der Aufgabe abzuwenden, was man aber dann doch nicht tut.

Eine gewisse Voreingenommenheit ergibt sich schließlich aus dem metaphysischen Hintergrund, der in den Ausführungen der Autoren immer wieder durchscheint, dem Menschenbild der humanistischen Psychologie, das an eine höhere Bestimmung des Menschen glaubt und von der Annahme getragen wird, dass die wesentlichen Voraussetzungen für psychische Gesundheit und Wohlbefinden in Eigenschaften liegen, die die menschliche Natur auszeichnen, nämlich Aktivität und Selbstmotivation sowie das Streben nach und die Fähigkeit zu selbstbestimmtem Handeln.

2.2 Die Feedback-Interventions-Theorie

Der Zweck von Leistungskontrollen besteht darin, den Mitarbeitern Informationen über ihren aktuellen Leistungsstand zu geben und sie gegebenenfalls zu größeren Leistungsanstrengungen zu veranlassen. Dass dies sinnvoll ist, liegt vielen personalwirtschaftlichen Handlungen als selbstverständliche Annahme zugrunde. Zentral ist diese Annahme für das Personalcontrolling, aber auch für die Durchführung von Personalentwicklungsmaßnahmen, für Zielvereinbarungsgespräche und die Personalbeurteilung, sowie ganz unmittelbar für das so genannte 360 Grad Feedback. Unterstellt wird in diesen Anwendungen, dass Feedback nicht nur notwendig ist, sondern sich auch positiv auf Motivation und Lernen auswirkt. Von Interesse ist dabei insbesondere die negative Abweichung: Stimmt die Leistung nicht mit dem Leistungsstandard überein, dann führt dies zu größerer Anstrengung (»working harder«), wenn sich hierdurch die Leistung nicht verbessern lässt (erneutes negatives Feedback), dann bemüht sich der Mitarbeiter um einen besseren Lösungsansatz (»working smarter«). Die Erfahrung zeigt, dass das so reibungslos oft nicht funktioniert. Feedback ist nicht immer erwünscht und Feedback fördert auch nicht immer die Leistungsbereitschaft und das Leistungsergebnis. Auf diese Beobachtung richtet sich die Feedback-Interventions-Theorie (F-IT) von Kluger/DeNisi 1996, DeNisi/Kluger 2000). Die zentrale Frage, die die beiden Forscher mit ihrer Theorie beantworten wollen, lautet: Warum führt Feedback nicht immer zu einer Leistungsverbesserung, warum kommt es nicht selten sogar zu einer Leistungsverschlechterung? Gegenstand der F-IT sind Feedback-Interventionen, die von konkreten Personen ausgehen. Es geht also nicht um quasi-natürliches Feedback, dass sich aus den unmittelbar erkennbaren Fortschritten oder Rückschritten bei der Aufgabenbearbeitung ergibt (das Programm, an dessen Entwicklung man arbeitet, funktioniert noch nicht, das Vortragsmanuskript ist immer noch nicht fertig, obwohl der Vortragstermin unmittelbar bevorsteht usw.).

Aussagen über Feedbackwirkungen finden sich in zahlreichen theoretischen Ansätzen. Die sehr abstrakte Kontrolltheorie beispielsweise geht davon aus, dass sich die Akteure bei Abweichungen eines gegebenen Ist-Zustands vom Soll-Zustand um eine Verringerung der Soll-Ist-Diskrepanz bemühen (Carver/Scheier 1981). Die Zielsetzungs-Theorie dagegen behauptet, dass sich die Akteure nicht so sehr um eine Reduktion der Diskrepanz als vor allem um die Verwirklichung des Sollzustands bemühen werden

(Locke/Latham 1990). Andere Theorien wie die Attributionstheorie oder die soziale Lerntheorie machen Aussagen über kognitive Prozesse und stellen dabei Größen wie die Selbstwirksamkeit oder die Ursachenzuschreibung für Erfolg und Misserfolg heraus. Daneben findet man in der Personal- und Organisationsliteratur mehr oder weniger gut begründete Empfehlungen über das richtige Feedbackverhalten (Antons 2011). Das Besondere am Ansatz von Kluger und DeNisi ist der Versuch, verschiedene theoretische Überlegungen zusammenzuführen und daneben auch die vielfältigen Ergebnisse empirischer Studien zu Feedbackwirkungen zu berücksichtigen.

Wie bereits beschrieben, geht es der F-IT um die Wirkung von persönlichem Feedback, wobei insbesondere mögliche Motivations- und Lernwirkungen betrachtet werden. Als zentrale Erklärungsgröße fungiert in der F-IT die Aufmerksamkeit. Mit der Aufmerksamkeit muss man bekanntlich haushälterisch umgehen, denn sie steht nur in beschränktem Maße zur Verfügung. Entsprechend große Bedeutung haben Vorgänge, die die Aufmerksamkeit beeinflussen können. Tatsächlich erzielt gerade persönliches Feedback eine starke Aufmerksamkeitswirkung, was ihm seine große Bedeutung gibt. Nach der F-IT richtet sich die Aufmerksamkeit von Personen normalerweise auf ihre jeweils übertragenen Aufgaben, was für die Aufgabenerledigung nur gut ist. Feedback erweist sich diesbezüglich mitunter als Störfaktor, weil es die Aufmerksamkeit von der Aufgabe weg entweder auf eine Meta-Ebene der Problembearbeitung oder aber auf Details in der Aufgabenstellung lenken kann. Beides ist oft wenig hilfreich. Eine Verstrickung in Details kann die geradlinige Aufgabenerledigung erheblich beeinträchtigen und die Verlagerung auf die Meta-Ebene, die Kluger/ DeNisi auch als Steuerungs-Ebene bezeichnen, kann die Leistungserbringung ebenfalls stark behindern. In Abbildung 4.3 sind die Überlegungen der F-IT skizzenhaft zusammengefasst.

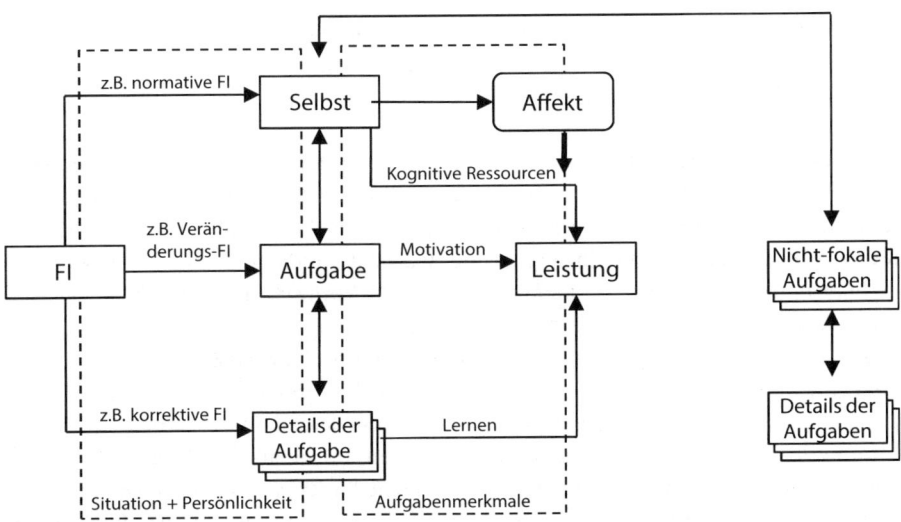

Abb. 4.3: Die Feedback-Interventions-Theorie (nach Kluger/DeNisi 1996, 268)

Störungen durch eine Verlagerung der Aufmerksamkeit auf die Meta-Ebene ergeben sich insbesondere deswegen, weil diese Meta- oder Steuerungsebene eng mit dem Selbstbild verknüpft ist und Informationen, die das Selbstbild berühren, starke affektive Reaktionen auslösen können, die einer sachlichen Problemlösung entgegenstehen. Außerdem führt die Aufmerksamkeitsverlagerung auf die Meta-Ebene zu einer Beanspruchung kognitiver Ressourcen, die damit der Problembearbeitung entzogen werden. Und schließlich besteht die Gefahr, dass die problematischen Seiten in der Aufgabenerledigung, auf die das Feedback hinweist, die Person veranlassen, sich anderen, größeren Ertrag versprechenden Aktivitäten zuzuwenden. Aber nicht nur die Aufmerksamkeitsverschiebung auf Meta-Prozesse, auch eine durch Feedback veranlasste Konzentration auf Aufgabendetails kann die Leistungserbringung beeinträchtigen. Dies gilt insbesondere dann, wenn jemand seine Aufgaben gut beherrscht. Die Vertiefung in Details wirkt in diesem Fall der routinemäßigen Ausführung entgegen und stört den eigentlich doch sehr erfolgreichen Gedanken- und Handlungsfluss. Im Übrigen zeigt die empirische Forschung, dass Feedback bei komplexen Aufgaben keinen Lernfortschritt bringt, was sich in dem Satz zusammenfassen lässt, dass sich komplexes Handeln nicht durch Feedback lernen lässt.

Kluger/DeNisi präsentieren eine Reihe von Einflussgrößen, die die negativen Auswirkungen der Aufmerksamkeitsverlagerung verstärken können. Bezogen auf die Meta-Prozesse lassen sich ihre Ausführungen wie folgt zusammenfassen: *Negative, aber auch positive Informationen, die die Aufmerksamkeit auf Meta-Prozesse lenken, vermindern die zunächst durchaus positive Feedback-Wirkung auf die Leistung und können die Wirkung unter Umständen sogar ins Negative wenden.* Schädlich sind insbesondere die folgenden Merkmale von Feedback-Informationen:

- Informationen, die sich auf Leistungsnormen (Standards, Gewichtung von Standards) beziehen,
- Informationen, die das Selbstbild bedrohen,
- Informationen, die als Kontrollversuch wahrgenommen werden,
- Informationen, die die Leistung als extern verursacht ausweisen,
- Informationen, die entmutigen.

Interessanterweise wirkt sich auch Lob häufig negativ aus, zumindest bei komplexen Aufgaben. Wie beschrieben, steht im Mittelpunkt der F-IT der Prozess der Aufmerksamkeitslenkung. Was von der gerade bearbeiteten Aufgabe wegführt, ist eher schädlich für die Aufgabenerledigung. Entsprechendes Gewicht hat die folgende Hypothese: *Informationen, die die Aufmerksamkeit auf die Aufgabe und das Lernen lenken, verstärken die positive Feedback-Wirkung auf die Leistung.*

Die F-IT geht also durchaus davon aus, dass Feedback grundsätzlich positive Wirkungen zeitigt. Auch diesbezüglich kommt es aber auf bestimmte Qualitätsmerkmale, den Gehalt der Feedbackinformationen an. Besonders motivierend und lernstimulierend sind Informationen über Verbesserungen der Leistungen, Informationen über Fehler in den Lösungshypothesen, die das Verhalten der betrachteten Person lenken sowie Informationen, die weder zu spezifisch noch zu unspezifisch sind; ersteres lenkt den Blick auf oft nebensächliche Details, letzteres ist im wörtlichen Sinne wenig informativ. Zu beachten ist außerdem, dass ein Übertreffen der Leistungsanforderungen nicht von selbst zu einer dauerhaften Leistungsverbesserung führt. Nicht selten kommt es in diesem Fall nämlich zu einer Erhöhung der Leistungsstandards, die dann nur noch schwer einzuhalten sind. Daraus könnten demotivierende Fehlschläge resultieren. In Abbildung 4.3 sind drei Gruppen von Einflussgrößen aufgeführt, die die beschriebenen Effekte verstärken oder auch abschwächen: Aufgabenmerkmale, Situationsmerkmale und Persönlichkeitseigenschaften. Die F-IT unterstellt dabei die folgenden Zusammenhänge:

Je weniger kognitive Ressourcen für die Aufgabenerfüllung gebraucht werden, desto positiver ist die FI-Wirkung auf die Leistung. Das ist leicht nachvollziehbar, denn wenn die Leistungserbringung die kognitiven Ressourcen stark beansprucht, dann kommt die Motivationswirkung durch ein positives Feedback kaum zum Zuge. Außerdem kann eine durch das Feedback ausgelöste Umlenkung der Aufmerksamkeit auf Meta-Prozesse »keinen Schaden anrichten«, weil das bei einer wenig beanspruchenden Aufgabe leicht zu verkraften ist.

Zielsetzungsprozesse verbessern die Leistung. Diese Aussage gilt vor allem dann, wenn die Ziele und Leistungsstandards nicht sonderlich klar sind, in diesem Fall können Zielsetzungsprozesse Orientierung geben.

Persönlichkeitsmerkmale, die mit Feedback-Informationen wichtige Selbstziele verknüpfen, vermindern die durch Feedback erzielbare Leistungsverbesserung. Angesprochen sind hiermit vor allem Eigenschaften wie ein geringes Selbstbewusstsein und große Ängstlichkeit. Personen mit diesen und ähnlichen Persönlichkeitseigenschaften tendieren dazu, negative Informationen zu vermeiden, so dass ein entsprechendes Feedback gar nicht »ankommt«, sondern schlicht ignoriert wird.

Von Interesse sind außerdem zwei Hypothesen, die an der Frage anknüpfen, ob die jeweiligen Leistungsstandards extern vorgegeben sind oder ob sie sozusagen von innen heraus bejaht werden. Im ersten Fall kommt das »soziale Selbst«, d. h. das, was andere in einem sehen und was man auch selbst von sich vermittelt, zum Zuge. Hier führt ein negatives Feedback zu vermehrten Anstrengungen, man ist gewissermaßen in einer Rechtfertigungshaltung und tut daher einiges dafür, dass man den sozialen Anforderungen gerecht wird. Ist das Feedback dagegen positiv, dann besteht kein Anreiz sich zusätzlich anzustrengen. Im zweiten Fall kommt das »ideale Selbst« zum Zuge. Positives Feedback unterstützt hier das eigene Streben und motiviert zu weiteren Anstrengungen, negatives Feedback führt dagegen die Kluft zwischen den eigenen Idealen und den gegebenen Möglichkeiten schmerzlich vor Augen und kann leicht dazu führen, dass man resigniert und sich von der Aufgabe abwendet.

Führt man sich die angeführten Aussagen der F-IT vor Augen, dann drängt sich an der einen oder anderen Stelle doch die Frage auf, ob ihr eigentlich ein besonderer Erkenntniswert zukommt oder ob die Aussagen nicht lediglich Alltagswissen reproduzieren. Zunächst wird man tatsächlich manches entdecken, was wie ein Gemeinplatz klingt. Dazu gehört die Einsicht, dass dem Feedback als solchem eigentlich keine sonderliche Bedeutung zukommt, denn wie jeder weiß, kommt es letztlich immer darauf an, wer, mit welcher Absicht und mit welcher Kompetenz, das Feedback gibt. Auch der Tatbestand, dass Feedback verunsichern kann, zumal wenn man davon ausgeht, seine Sache gut gemacht zu haben, ist keine sonderlich neue Erkenntnis. Nicht ganz so selbstverständlich ist dagegen, dass auch positives Feedback das Leistungsverhalten beeinträchtigen kann. Weitergehende Einsichten liefert insbesondere die Betrachtung von Prozessen der Verhaltenssteuerung. Es ist sicher bemerkenswert, dass Feedback-Interventionen Informationsprozesse in Gang setzen können, die die Aufgabenbewältigung stören. Nicht jedem wird außerdem bewusst gewesen sein, dass Detail-Feedback oft schädlich ist. Und schließlich ist herauszustellen, dass die F-IT versucht, der Komplexität der Realität gerecht zu werden. Sie macht deutlich, dass es keine einfachen Feedbackwirkungen gibt, diese sind vielmehr Ergebnis vielfältiger Interaktionseffekte. Die gängige Empfehlung an Führungskräfte, ihren Mitarbeitern möglichst viel und jederzeit Feedback zu geben, ist daher viel zu pauschal.

Damit wären wir bei der wissenschaftlichen Bewertung der F-IT. Ein zentrales Qualitätsmerkmal einer Theorie ist deren Falsifizierbarkeit. Aussagen, die grundsätzlich nicht falsch sein können, haben keinen Wert, denn sie sagen nichts über die Wirklichkeit aus, sie »verbieten« nichts, sondern sind mit jeder denkbaren Wirklichkeit und Unwirklichkeit verträglich. Tatsächlich weist die F-IT in dieser Hinsicht einige Probleme auf. Viele Aussagen verbleiben im »Kann-Modus«, außerdem sind sie oft nicht sehr präzise. Man muss dies allerdings nicht nur negativ vermerken, denn schließlich ist es ein Ausdruck der Ehrlichkeit, wenn man fehlendes Wissen eingesteht und über eine widersprüchliche empirische Befundlage nicht einfach hinweggeht. Außerdem enthält die F-IT durchaus auch etliche gehaltvolle Aussagen, die – falls sie nicht zuträfen – die Gültigkeit der Theorie in Frage stellen würden. Als rundweg falsch erwiese sich die Theorie beispielsweise, wenn sich herausstellen würde, dass Feedback (fast) immer positive Motivations- und Lernwirkungen hätte oder wenn man nachweisen würde, dass negative Informationen die Motivation nicht beeinträchtigen, sondern häufig Anlass für eine mutige Reorientierung der Leistungsanstrengungen geben.

Ein gewisses methodisches Problem für die empirische Prüfung der F-IT ergibt sich aus deren Komplexität. Relativ leicht zu überprüfen ist noch die folgende Aussage: Wenn das Feedback die Aufmerksamkeit auf das Selbst lenkt, dann beeinträchtigt dies die Leistungserbringung. Die Situation ist allerdings etwas komplizierter, weil – so die F-IT – diese Aussage nur dann stimmt, wenn die Aufgabe nicht sehr einfach ist, denn nur in dieser Situation nimmt die Ablenkung auf das Selbst der Aufgabenerledigung entscheidende Ressourcen weg. Doch damit nicht genug, die FI-Theorie macht – wie oben beschrieben – außerdem geltend, dass neben den Aufgabenmerkmalen personenbezogene Größen wie die Selbstwirksamkeit und situative Besonderheiten wie die verfügbaren zeitlichen Ressourcen wirksam sind, die dazu beitragen, dass die Ablenkung der Aufmerksamkeit auf selbstbezogene Prozesse wieder auf die Aufgabe zurückgeführt wird.

Abschließend wäre zu fragen, was man aus praktischer Sicht von der F-IT lernen kann. DeNisi und Kluger (2000) kommen auf Basis ihrer Überlegungen zu folgenden Empfehlungen:

- Feedback sollte die Aufgabe und nicht die Person zum Thema haben,
- Feedback sollte das Selbstwertgefühl der Person nicht verletzen,
- Feedback sollte Lösungsmöglichkeiten aufzeigen,
- Feedback sollte in einen Verhaltensplan münden,

- Feedback sollte den Vergleich mit anderen Personen vermeiden,
- bei komplexen Aufgaben sollte man eher auf Feedback verzichten,
- bei Personen mit niedrigem Selbstwertgefühl sollte man auf Feedback verzichten.

In derartigen Empfehlungen steckt allerdings eine gewisse Problematik. In gewisser Weise widersprechen sie auch den von Kluger und DeNisi selbst formulierten Vorbehalten. Danach ist die Wirkung des Feedbacks von einer Vielzahl von Einflussgrößen bestimmt, weshalb allgemeine Gestaltungsaussagen naturgemäß mit Vorsicht zu betrachten sind. So kann man beispielsweise durchaus bezweifeln, ob es sinnvoll ist, beim Feedback-Geben immer auch Lösungsmöglichkeiten aufzuzeigen, denn das kann vom Feedback-Empfänger auch leicht als Bevormundung verstanden werden. Ebenso ist nicht ohne weiteres einzusehen, warum man bei komplexen Aufgaben auf Feedback völlig verzichten sollte, es ist zwar sicher nicht hilfreich »unverständig« an Details herumzukritteln, das sollte einen aber nicht hindern grundlegende Probleme anzusprechen, etwa die Art und Weise, wie jemand seine Aufgaben angeht. Und auch ein geringes Selbstwertgefühl kann kein Grund dafür sein, jemanden vor Feedback zu bewahren. In diesem Fall geht es, wie auch sonst, nicht darum, jemanden persönlich zu beeinträchtigen, sondern darum, sich sachlich und in respektvoller Weise mit den Schwierigkeiten zu beschäftigen, die bei der Aufgabenbewältigung auftreten. Letztlich kommt es beim Feedback (wie immer beim Umgang mit anderen Menschen) darauf an, soziale Taktiken und Prinzipien nicht nach Schema F anzuwenden, sondern mit Verstand, Umsicht und gegenseitiger Achtung vorzugehen.

3　Politik

3.1　Kontrollformen

Ein Akteur übt soziale Kontrolle aus, wenn er das Verhalten von Personen in eine bestimmte Richtung bewegt, wenn er deren Denken und Wünschen lenkt. Die Möglichkeiten, Personen zu einem Verhalten zu veranlassen, auch und vor allem zu einem Verhalten, das sich diesen nicht unbedingt von selbst aufdrängt, sind durchaus vielfältig. Sie alle aufzuzählen, wäre ein seitenfüllendes Unterfangen. Wir wollen uns im Folgenden darauf beschränken, einige Grundformen sozialer Kontrolle zu beschreiben. Dabei geht es uns nicht um die Einflussnahme von Person zu Person, es geht also nicht um unmittelbare Interaktionssituationen, sondern um den Einfluss, den bestimmte Konstellationen der betrieblichen Wirklichkeit auf die Organisationsmitglieder ausüben. Es geht auch nicht um die Wirkung einzelner Elemente betrieblichen Handelns, sondern um das Insgesamt des Geschehens. Ein Beispiel für die damit gemeinten Systemeinflüsse liefern Organisationskulturen, die eine starke verhaltensnormierende Kraft entfalten können und denen man nicht ohne Grund eine manchmal stark interessengeleitete und manipulative Wirkung zuschreibt (Kunda 1992, Willmott 1993). Ähnliches lässt sich über viele Managementkonzeptionen sagen und zwar selbst für solche, die »eigentlich« und ganz primär auf die Einbeziehung und Mitwirkung der Mitarbeiter bei der Gestaltung des Organisationsgeschehens setzen. Managementsysteme, Führungs- und Organisationskonzepte sind auch und nicht zuletzt Machtsysteme, die keinen besonderen Wert darauf legen, diese Seite ihrer Existenz zur Schau zu stellen, sondern ihre Beeinflussungsabsichten gern unter dem Deckmantel ihrer Funktionstüchtigkeit verbergen.

Als Beispiel sei das Konzept der so genannten »Lernenden Organisation« angeführt. Die Protagonisten der Lernenden Organisation zielen darauf ab, die individuelle Kreativität zur Geltung zu bringen. Die Mitarbeiter sollen Bereichs- und Revierdenken hinter sich lassen und Lösungen gemeinsam und gemeinschaftlich im Sinne der Gesamtorganisation entwickeln. Das Management soll hierfür die strukturellen Voraussetzungen schaffen und die Mitarbeiter in ihrer je eigenen Individualität unterstützen und fördern. In der konkreten Wirklichkeit geht es allerdings auch in diesem vermeintlich offenen Konzept ganz zentral darum, das Verhalten der Mitarbeiter im Managementsinne auszurichten. Zu diesem Zweck wird das ganze Arsenal der personalwirtschaftlichen Instrumente und Maßnahmen zum Einsatz gebracht: Die Personalgewinnung, die darauf achtet, dass nur Personen mit der passenden statusbewussten und ehrgeizigen Persönlichkeit ins Unternehmen gelangen, die Sozialisationsmaßnahmen, die dazu dienen, die herrschenden anspruchsvollen Arbeitsnormen zu verinnerlichen, die Arbeitsgestaltung, die auf Eigenständigkeit einerseits, Zielorientierung und hohe Transparenz andererseits setzt, der pseudokollegiale auf Firmenharmonie setzende Führungsstil und die Beurteilungs- und Anreizsysteme, die systemkonformes Verhalten belohnen. Dies ist jedenfalls das Ergebnis einer Studie von Devi Akella (2003). Besonders bemerkenswert sind zwei Dinge, zum ersten, der vermeintliche Bedeutungsverlust der Hierarchie im Alltagsgeschäft der von ihm beschriebenen Beispielfälle »lernender Organisationen«, der die Illusion nährt, selbstbestimmt handeln zu können (es handelt sich um eine Illusion, da die Hierarchie nur weniger sichtbar in Erscheinung tritt) und zum zweiten die Konformität gegenüber einer Bekenntniskultur, die von jedem Einzelnen verlangt, die eigenen Misserfolge, Fehler und Schwächen offenzulegen und zu versprechen, zukünftig (noch) besser zu arbeiten (siehe Kulturdesign ► **Kap. 3**).

Grundformen der Kontrolle in Organisationen

Zur Beschreibung der Art und Weise, wie das Management auf das Verhalten der Arbeitnehmer Einfluss nimmt, unterscheidet Richard Edwards (1979) zwischen direkter, technischer und bürokratischer Kontrolle. Kontrollsysteme sind, so Edwards, im Wesentlichen durch drei Elemente gekennzeichnet: durch die Festlegung der Ziele und der Wege zur Erreichung der Ziele, durch Überwachung und Bewertung des Arbeitsverhaltens und schließlich – damit verknüpft – durch entsprechende Belohnungen bzw. Disziplinierungen. Die drei erwähnten Kontrollformen setzen diesbezüglich unterschiedliche Schwerpunkte. Die *direkte Kontrolle* geschieht normalerweise durch die persönliche Aufsicht, die ein Vorgesetzter ausübt und der entsprechend jederzeit eingreifen kann, wenn nicht das gewünschte Arbeitsverhalten gezeigt wird. Bei der technischen Kontrolle geht es im Wesentlichen um die Festlegung der einzelnen Arbeitsschritte. Anschaulich lässt sich dieser Gedanke am Beispiel der Fließbandarbeit illustrieren, bei der dem Arbeitnehmer sowohl der Arbeitstakt vorgegeben als auch festgelegt wird, welche Handgriffe auszuführen und welche Hilfsmittel zu verwenden sind. Auf ähnliche Weise können auch Vorrichtungen an Maschinen oder die Einrichtung von Messstationen, die zu bestimmten Zeiten anzulaufen sind, das Arbeitsverhalten reglementieren. Die *technische Kontrolle* findet man außerdem nicht nur im Produktions-, sondern auch im Dienstleistungsbereich (vgl. z. B. die Studie über Call-Center von Callaghan/Thompson 2001). Die dritte Kontrollform, die *bürokratische Kontrolle*, bedient sich der Vereinheitlichung von Verfahren zur Bearbeitung von Geschäftsvorfällen, der Vorgabe von Standards, der Erfassung von Kennzahlen, der Etablierung von Controllingmaßnahmen und Rechenschaftspflichten.

Eine etwas andere Einteilung der Kontrollformen stammt von Charles Perrow (1986). Er unterscheidet zwischen Kontrolle erster, zweiter und dritter Ordnung. Mit der Kontrolle erster Ordnung ist – wie bei Edwards – die direkte, persönliche Aufsicht gemeint. Die Kontrolle zweiter Ordnung erfolgt durch Programme und Routinen. Unter diese Rubrik lassen sich sowohl technische als auch bürokratische Maßnahmen fassen, die dazu geeignet sind, das Verhalten der Organisationsmitglieder zu kanalisieren. Die Kontrolle dritter Ordnung ist eine mentale Kontrolle, sie ergibt sich aus Annahmen, die man nicht in Frage stellt, aus Wirklichkeitsvorstellungen, die einem ganz natürlich erscheinen, aus den »Selbstverständlichkeiten«, die das tägliche Leben und Handeln bestimmen, also aus all den Dingen, die man schlichtweg akzeptiert und bezüglich derer man oft nicht einmal auf den Gedanken kommt, ihre Geltung ließe sich in Frage stellen. Der Bezug zu der oben beschriebenen dritten Dimension der Macht nach Lukes (2005) ist unschwer zu erkennen.

In der konkreten Wirklichkeit findet man selten die eine oder andere Kontrolle in Reinform, vielmehr vermischen und ergänzen sich die verschiedenen Kontrollformen und verstärken damit ihre Wirkung. Dies ist auch das Ergebnis einer Studie von Baron, Jennings und Dobbin (1988) über die Ausbreitung unterschiedlicher Kontrollformen in den Unternehmen der Vereinigten Staaten von Amerika in den 1930er und 1940er Jahren. Die Forscher konnten in ihrer Studie zeigen, dass es in dem angegebenen Zeitraum zu einem starken Bedeutungszuwachs der Personalarbeit kam, der sich konkret in einer immer stärkeren Regulierung personalwirtschaftlicher Vorgänge, d. h. im Ausbau der bürokratischen Kontrolle, niederschlug. Die zunehmende Regelungsdichte war dabei das Ergebnis von Entwicklungen in drei unterschiedlichen Handlungsbereichen, dem der unmittelbaren Arbeitsverrichtung, der Strukturierung des internen Arbeitsmarktes und der Ausgestaltung des Beschäftigungsverhältnisses. Zum ersten Bereich gehören der Einsatz von Instrumenten wie Arbeits- und Zeitstudien, Aufgabenanalysen, Rationalisierungsmaßnahmen und Produktivitätskennziffern. In diesem Bereich zeigt sich im Übrigen sehr deutlich, dass verschiedene Kontrollformen nicht alternativ, sondern komplementär zur Anwendung kommen. Der Taylorismus, der mit Beginn des 20. Jahrhunderts zunehmend das Bild der Industriebetriebe prägte, setzt bekanntlich vor allem auf technische Kontrolle, z. B. auf die Vorsteuerung der Arbeitsvorgänge durch Arbeitsingenieure in den Arbeitsbüros. Damit diese Strategie zur Beherrschung des Arbeitsprozesses überhaupt funktionieren kann, ist sie stark auf die bürokratische Begleitung, auf ein ausgebautes Formularwesen, auf Dokumentation und Prüfung angewiesen. Der zweite Bereich, die Regulierung des internen Arbeitsmarktes, umfasst

Aspekte wie die Bestimmung von Lohngruppen, Stellenbeschreibungen, Nachfolgeregelungen und die Definition von Karrierepfaden. Der dritte Bereich umfasst Regelungen zur Beschäftigung, also zur Ausgestaltung von Arbeitsverträgen, zu Einstellungsprozeduren und Entlassungen. Auf einige Bestimmungsgründe, die die Ausbreitung dieser Praktiken befördert haben, werden wir unten noch etwas näher eingehen.

Kontrollformen und Beschäftigungsmodelle

In einer beispielhaften Studie untersuchten James Baron und Mitarbeiter, wie sich eine bestimmte Personalpolitik in neu gegründeten Unternehmen herausbildet (Baron/Kreps 1999, Baron/Hannan 2002). Sie betrachteten hierzu das Geschick von 170 Technologieunternehmen (Computer, Telekommunikation, Biologie usw.) in Kalifornien, die im Jahr 1984 oder später gegründet worden waren. Die Erhebungen selbst fanden 1994 bzw. 1995 statt. Hierbei wurden die Gründer nach ihrem Personalkonzept befragt, das sie zum Zeitpunkt der Gründung verfolgt hatten. Außerdem wurden sie gebeten, über die tatsächliche Realisation dieser Pläne (der »blueprints«) zum jeweiligen Erhebungszeitpunkt zu berichten. Als Grundlage zur Beschreibung der Personalkonzepte verwendeten die Forscher drei Dimensionen: das primäre Motiv, das die Mitarbeiter bei ihrer Arbeit leiten soll, die Kriterien, die bei der Auswahl der Mitarbeiter zur Anwendung kommen und die präferierte Form der Kontrolle. Da diese Merkmale jeweils 3 bzw. 4 Merkmalsausprägungen aufweisen, sind rein formal betrachtet $3 \times 3 \times 4 = 36$ Kombinationen möglich. In der empirischen Wirklichkeit waren allerdings nicht alle diese Kombinationen anzutreffen. Im Wesentlichen identifizierten Baron und Mitarbeiter fünf Hauptformen. Sie sind in Tabelle 4.3 angeführt (abgedeckt werden damit etwa zwei Drittel der erfassten Fälle, zu Details vgl. Baron/Kreps 1999, 475 ff.).

Beim *Autokratischen Modell*, das relativ selten angetroffen wurde, zählt als Anreiz für die Mitarbeiter vor allem die Bezahlung. Die Auswahl der Mitarbeiter orientiert sich strikt an den jeweiligen Anforderungen der Aufgaben und entsprechend daran, ob die Bewerber die erforderlichen Qualifikationen mitbringen. Die Kontrolle erfolgt unmittelbar und persönlich durch den Vorgesetzten. Das Arbeitsverhältnis ist also rein instrumentell, der Unternehmer bietet für gute Leistungen gutes Geld und mehr braucht es nicht.

Tab. 4.3: Beschäftigungsmodelle und Kontrolle (Baron/Kreps 1999, 476)

Dimensionen der Personalpolitik			Beschäftigungsmodell
Bindung	Auswahl	Kontrolle	
Arbeit	Qualifikation	Normen	Engineering
Liebe	Fit	Normen	Commitment
Arbeit	Potential	Profession	Star
Arbeit	Qualifikation	Formale Kontrolle	Bürokratie
Geld	Qualifikation	Direkte Kontrolle	Autokratie

Gänzlich anders ist das Modell der *Commitment-Organisation*. Hier zählt die Gemeinschaft, d. h. die enge Verbundenheit der Kollegen untereinander und die emotionale Bindung an das Unternehmen. Die Personalauswahl orientiert sich vor allem daran, ob jemand, in Anbetracht seiner Persönlichkeit und seiner Werthaltungen, ins Unternehmen, zur Unternehmenskultur, passt. Die Kontrolle erfolgt anhand der gemeinsam entwickelten Normen. Im *bürokratischen Beschäftigungsmodell* dominieren dagegen formale Kontrollen, was zählt sind fachliche Qualifikationen, und die erwünschte Motivation gründet sich auf das Interesse an der inhaltlichen Arbeit. Am häufigsten finden Baron/Kreps das *Engineering-Modell*. Es entspricht am ehesten dem Klischee vom jungen, dynamischen High-Tech-Unternehmen. Auch hier kommt es auf das Interesse an der inhaltlichen Arbeit an und darauf, die richtigen Qualifikationen mitzubringen. Anders als in der Bürokratie erfolgt die Kontrolle allerdings nicht durch formale Vorgaben, sondern durch die gemeinsam entwickelten und akzeptierten Arbeitsnormen. Anders im »Star«-*Modell*, hier herrschen professionelle Normen, also Normen, die aus dem Berufsverständnis der Mitarbeiter resultieren. Diese richten sich nicht primär an dem organisationalen Binnenverständnis aus, sondern am Ethos einer Berufsgruppe, im vorliegenden Fall am Verständnis des unabhängig denkenden und strikt an der Sache interessierten Forschers. Angesichts der Lernperspektive, die der Forschung zu Eigen ist, kommt es auch nicht auf die unmittelbar abrufbaren Qualifikationen, sondern mehr auf das Potential an, das in einem Mitarbeiter steckt. Bemerkenswert an der empirisch gewonnenen Typologie von Baron und Mitarbeitern ist der Anspruch, den die Autoren geltend machen. Danach zeichnen sich die von ihnen unterschiedenen Formen sowohl durch innere Geschlossenheit als auch durch zeitliche Stabilität aus. Mit innerer Geschlossenheit ist gemeint, dass die drei Dimensionen gut zueinander passen, dass sie ein stimmiges Muster ergeben. Gut nachvollziehen lässt sich dies im Engineering-Betrieb. Angesichts der hohen Qualifikation der Arbeitnehmer und der in High-Tech-Betrieben vorzufindenden anspruchsvollen Aufgaben, die eigenständiges Agieren verlangen, macht es Sinn, dass sie organisationalen Normen folgen, die sie im Wesentlichen selbst mit entwickelt haben. Sie mit formalen Kontrollen zu traktieren, ist eher kontraproduktiv. Folgt man dieser Argumentation, dann bleibt allerdings zu klären, warum es dennoch auch solche Unternehmen gibt, warum sich also auch bürokratische Strukturen etablieren, die sich vom Engineering-Muster nur in eben diesem Punkt, dem forcierten Einsatz formaler Kontrollen, unterscheiden. Baron/Kreps erklären dies damit, dass Arbeitnehmer normalerweise auch aus anderen Lebens- und Arbeitszusammenhängen mit bürokratischen Abläufen vertraut sind und diese dann auch bei ihrem jetzigen Arbeitgeber akzeptieren. Interessanterweise findet sich in den von Baron/Kreps untersuchten Unternehmen das bürokratische Muster eher selten. Dies gilt allerdings nur für die Anfangsphase der Firmengeschichte, denn im Lauf der Zeit gewinnen in den von Baron u.a. untersuchten Firmen bürokratische Elemente eine immer stärkere Bedeutung. Interessanterweise scheint dieser Trend weniger vom Größenwachstum als vielmehr einfach vom Alter des Unternehmens bestimmt zu sein (Baron/Kreps 1999, 486). Unverkennbar ergibt sich jedenfalls ein Wandel, die ursprünglichen Personalkonzeptionen verändern sich also durchaus. Der von Baron/Kreps aufgestellten Behauptung, die vom Gründer etablierte Struktur weise eine hohe zeitliche Stabilität auf, lässt sich daher nur bedingt zustimmen, denn nur bei 49,7% der betrachteten Unternehmen stellen sie keine Veränderung der Grundstruktur fest. Baron/Kreps interpretieren diese Zahl bemerkenswerterweise als Beleg für eine hohe Beständigkeit, da ja immerhin (im Durchschnitt) sechs Jahre zwischen der Gründung und dem Erhebungszeitpunkt vergangen seien, in denen also »nur« die Hälfte der Unternehmen eine Veränderung ihrer personalpolitischen Grundausrichtung vorgenommen hat. Die größten Veränderungen ergeben sich bezüglich der Kontrollform und hier, wie bereits erwähnt, vor allem im Hinblick auf eine Zunahme formeller Steuerungsmittel.

Große Bedeutung für Veränderungsprozesse eines Unternehmens haben naturgemäß die wirtschaftlichen Umstände. Entsprechend wäre erst noch zu untersuchen, ob das Personalmodell der Star-Betriebe bzw. der Commitment-Betriebe hinreichend stabil ist, um widrigen Umständen, wirtschaftlichen Turbulenzen, die geeignet sind, die Existenz eines Unternehmens zu gefährden, zu widerstehen oder ob in diesem Fall nicht auf eine striktere Form der Unternehmenssteuerung umgeschwenkt wird. Etwas überraschend ist schließlich, dass in dem Schema von Tabelle 4.3 die patriarchale Steuerung nicht auftaucht, eine Kontrollform, die zwar stark vom Unternehmer definiert wird, aber – anders als die autokratische Steuerung – nicht rein auf materielle Mittel setzt, sondern versucht, auch eine emotionale Verbundenheit mit dem Unternehmen aufzubauen. Möglicherweise liegt das an der untersuchten »jungen« Branche, in der »Vaterfiguren« eher selten sind.

Determinanten

Wovon hängt es ab, welche Kontrollformen sich durchsetzen? Eine überzeugende, einfache und eindeutige Antwort auf diese Frage dürfte es nicht geben, schon allein deswegen nicht, weil die Entwicklung eines Unternehmens von vielen Zufälligkeiten bestimmt wird. Dessen ungeachtet lassen sich verschiedene Einflussgrößen benennen, die ganz generell und daher auch im Zuge der Herausbildung einer Kontrollform eine wichtige Rolle spielen. Dabei ist allerdings von vornherein zu differenzieren. Wie oben beschrieben wurde, speist sich die zunehmende Etablierung der Kontrolle des Personalgeschehens aus unterschiedlichen Quellen, entsprechend unterschiedlich sind die Gründe, die die Einführung des jeweiligen personalwirtschaftlichen Instrumentariums veranlassen. So sind Maßnahmen, die den internen Arbeitsmarkt strukturieren nicht etwa in der Industrie, sondern zuerst im Dienstleistungsbereich (den Banken, den Versicherungen, dem Handel) eingeführt worden. Die hinter der Einführung steckenden Motive waren zum Teil stark zeitbedingt. So spielte in den 1930er und 1940er Jahren die persönliche Beziehung zwischen den Kunden und den einzelnen Mitarbeitern eine erheblich größere Rolle als in heutiger Zeit. Darin begründete sich die Gefahr, dass Mitarbeiter, die ihren Arbeitgeber wechselten, immer auch ihre Kunden mitnahmen. Entsprechend versuchten die Unternehmen durch das Setzen von Statusanreizen und die Definition von Karrierepfaden, die Verbundenheit ihrer Mitarbeiter mit ihrem Unternehmen zu stärken. Eine zweite Ursache für die Ausdifferenzierung des internen Arbeitsmarktes ergab sich aus der Strukturähnlichkeit, die Banken und Versicherungen mit staatlichen Einrichtungen aufweisen. Die staatsähnlichen Unternehmen übernahmen das staatliche Vorbild gewissermaßen aufgrund eines Ansteckungseffektes, aber auch um ihr (durch die seinerzeitige tiefe Wirtschaftskrise beschädigtes) Renommee aufzubessern. Andere Entstehungsursachen findet man bei der Etablierung personalwirtschaftlicher Praktiken im Industriebereich. Diese dienten, wie bereits beschrieben, vor allem dazu, die Perfektionierung der Arbeitsorganisation im Sinne des Taylorismus abzusichern, wobei auch diesbezüglich Differenzierungen vorzunehmen sind, denn die so genannte wissenschaftliche Betriebsführung im Sinne Frederick Winslow Taylors fand anfangs keine flächendeckende Verbreitung, sondern ergriff vor allem die »moderne« Industrie der damaligen Zeit, also z. B. die Automobilindustrie, nicht jedoch z. B. die Textilindustrie oder die Druckindustrie. Der dritte Bereich, die zunehmende Reglementierung der Arbeitsbeziehungen, erlangte vor allem in den Wirtschaftsbereichen größere Bedeutung, in denen starke Gewerkschaften auftraten sowie in Unternehmen mit anspruchsvollen Tätigkeiten, die dem Rationalisierungszugriff weniger ausgesetzt waren. Die Etablierung von Personalabteilungen diente nicht zuletzt dem Zweck, eine starke Verhandlungsposition gegenüber den Gewerkschaften aufzubauen. Schließlich ist noch anzumerken, dass in etlichen Wirtschaftsbereichen eine systematische Personalarbeit kaum Fuß fassen konnte, zumal in Branchen mit wenig anspruchsvollen und schwer mechanisierbaren Tätigkeiten wie der Lebensmittel- und Holzindustrie. Entsprechend behielt hier die direkte Kontrolle ihre Bedeutung.

Historische Betrachtungen können den Gedanken nähren, dass ein einmal erreichter Zustand nicht mehr revidierbar ist, dass also – bezogen auf unsere Thematik – die bürokratische Kontrolle, die mittlerweile als die dominierende Kontrollform anzusehen ist, nicht wieder durch andere Kontrollformen ersetzt werden könnte. Dies ist aber durchaus nicht der Fall. Unternehmen experimentieren immer wieder mit der Einführung von technischen Kontrollsystemen und sie greifen auch immer wieder auf direkte Kontrollen zurück. Dessen ungeachtet können historische Betrachtungen sehr nützlich sein, da sie wichtige Einflussgrößen beleuchten, die auch jenseits der Zeitläufe ihre Bedeutung behalten. Bezogen auf die Etablierung der verschiedenen Kontrollformen sind dies unter anderem die Kostenvorteile der jeweiligen Kontrollformen, die Gegenmacht, die Arbeitnehmerorganisationen aufbauen können, die in der Natur der Arbeitsaufgaben steckenden Möglichkeiten, den Arbeitsprozess zu rationalisieren und nicht zuletzt die technologischen Möglichkeiten, die immer wieder neue Kontrollmöglichkeiten eröffnen. Man denke hierbei nur an die durch die Computerisierung der Arbeitsplätze entstandenen Möglichkeiten oder an die satellitengestützte Überwachung von Fahrzeugbewegungen.

Mechanismen

Was kann man tun, um die Mitglieder eines Unternehmens dazu zu veranlassen, sich im Sinne der Unternehmensziele zu verhalten? Diese Frage steht, wenngleich sie nicht immer deutlich ausgesprochen wird, im Zentrum der in aller Regel praxeologisch ausgerichteten Literatur zur Arbeitsmotivation bzw. zum »Organizational Behaviour« (vgl. z. B. Luthans/Kreitner 1975, Feldman/Arnold 1983, Greenwald 2008). Ganz ähnlich, aber – wie schon das Vokabular zeigt – unverkennbar mit einem anderen Erkenntnisinteresse, fragen eher systemkritisch eingestellte Autoren, wie den Kapitaleignern (bzw. dem Management als deren Agenten) die Mehrwertaneignung gelingt, wie sie es also hinbekommen, von den erarbeiteten Werten den größeren Teil für sich abzuschöpfen, obwohl die Wertschöpfung ja nicht von »totem Kapital«, sondern von »lebendiger Arbeit« erwirtschaftet wird. Die Antworten auf diese Fragen sind vielfältig und können und sollen an dieser Stelle nicht umfassend behandelt werden. Wir wollen exemplarisch den Ansatz von Burawoy/Wright (1990) skizzieren, der sich dadurch auszeichnet, dass er auf verschiedene Kontrollformen eingeht und in dem ganz explizit von »Mechanismen« die Rede ist, von Mechanismen, die in der Lage sind, das von der Unternehmensleitung gewünschte Arbeitnehmerverhalten hervorzubringen. Die Autoren unterscheiden in ihren Überlegungen zwischen zwei sozialen Grundkonstellationen. Die erste Situation ist durch eine eindeutige Dominanz der Arbeitgeberseite gekennzeichnet, die zweite Situation nennen Burawoy/Wright »asymmetrische Reziprozität«. Dieser Begriff soll zum Ausdruck bringen, dass zwar auch in dieser Situation ein eindeutiges Machtgefälle zugunsten der Arbeitgeberseite vorliegt, die beiden Arbeitsparteien sich aber – anders als in der Dominanzsituation – nicht unversöhnlich gegenüberstehen, sondern ihr Verhältnis auf Konsens ausrichten.

Tab. 4.4: Kontrolle des Arbeitnehmerverhaltens (nach Burawoy/Wright 1990, 254)

Verhaltens-mechanismen	Quelle der Dominierung	Asymmetrische Reziprozität
Strategische Rationalität	Zwang	Hegemonie
Verhaltensnormen	Gehorsam	Verantwortung
Bewertungsnormen	Legitimität	Fairness

In der Dominanzsituation ist es der Zwangsmechanismus, der die Fügsamkeit der Arbeitnehmer bewirkt, bei Vorliegen der asymmetrischen Reziprozität dagegen der Mechanismus der Hegemonie. Beide Mechanismen haben jeweils zwei Dimensionen. Die primär wirksame Dimension ist die »strategische Rationalität«. Damit ist gemeint, dass es reine Klugheitserwägungen sind, die das Verhalten der Arbeitnehmer motivieren, dass es also meist einfach die bessere Alternative ist, die geforderte Arbeitsleistung zu erbringen und sich den Verhaltenserwartungen des Arbeitgebers nicht zu verweigern. Das liegt aber nicht unbedingt daran, dass es sonderlich attraktiv wäre, diesen Erwartungen und Zumutungen zu entsprechen, die Alternative der Leistungsverweigerung bzw. -zurückhaltung kann einfach noch unattraktiver sein. Man spricht ja nicht umsonst dann von einer Zwangssituation, wenn man eigentlich keine andere Wahl hat, als sich zu fügen, z. B. deswegen, weil sonst erhebliche negative Konsequenzen wie Entlassung, Arbeitslosigkeit und Statusabstieg drohen. In einer Zwangssituation wird man zwar willfährig sein, aber doch aus einer defensiven Haltung heraus seine Arbeit tun. Hier kommt die zweite Dimension des Zwangsmechanismus zum Zuge. Die erzwungene Nachgiebigkeit gewinnt – so Burawoy/Wright – dann an Geschmeidigkeit, wenn die

Arbeitnehmer bestimmte Normen verinnerlicht haben. Die Autoren machen hierbei einen Unterschied zwischen Verhaltensnormen, die sich unmittelbar auf das eigene Verhalten beziehen und Bewertungsnormen, die das Verhalten anderer Personen bzw. das Verhalten von Institutionen betreffen. Wer gelernt hat, dass gehorsam zu sein eine Tugend ist und wer Autoritäten das legitime Recht zubilligt, Anweisungen zu geben, der wird sich innerlich weniger sträuben, diesen auch zu folgen.

Analoges findet sich in der Situation der asymmetrischen Reziprozität. Auch hier zählt zunächst und vor allem die instrumentelle Rationalität, d. h. man kooperiert, weil das – verglichen mit der Verweigerung der Kooperation – die bessere Alternative ist. Die Verhaltensgrundlage ist hier aber nicht der Zwang, sondern der Konsens. Dieser basiert auf dem Prinzip von Leistung und Gegenleistung und Ausgangspunkt des Handelns ist das jeweils erreichte Leistungsniveau, das sich im Zuge von vorausgegangenen Verhandlungen herausgebildet hat, das man daher auch akzeptiert, gleichwohl aber immer wieder in seinem Sinne zu verbessern sucht. Auch in dieser Logik kommt sozialen Normen vor allem die Funktion eines Schmiermittels zu. Die Akzeptanz dieser Normen ist zwar nicht unbedingt notwendig, damit das auf Tauschüberlegungen basierende Arbeitsverhältnis funktioniert, sie erleichtert aber die Zusammenarbeit. Burawoy und Wright stellen zwei Normen heraus. Die erste bezieht sich auf den Anspruch an die eigene Arbeit. Wer eine »ordentliche« Leistung erbringen will, wer mit dem, was er tut, einen gewissen Stolz verbindet, der wird seiner Arbeit auch dann gewissenhaft nachkommen, wenn er dafür nicht die adäquate Gegenleistung erhält. Die zweite Norm bezieht sich unmittelbar auf das Verhältnis von Leistung und Gegenleistung, also auf die Fairness. Wenn es jemandem wichtig ist, dass es fair zugeht, dann wird er das Bemühen der Gegenseite um ein Entgegenkommen eher wahrnehmen und anerkennen, als wenn es ihm nur um die Durchsetzung seines eigenen Interesses geht. Zu beachten ist, dass sich auch die Situation der asymmetrischen Reziprozität durchaus nicht durch Gleichberechtigung auszeichnet. Der angeführte Verhaltensmechanismus würde nicht funktionieren, wenn nicht im Hintergrund die überlegene Macht der Arbeitgeber stünde, die im Zweifel auch zur Anwendung kommt. Zusammenfassend lassen sich die beiden Mechanismen wie folgt kennzeichnen: Wann immer die gegebene Handlungssituation so geartet ist, dass für den Arbeitnehmer die Kooperation bzw. die Fügsamkeit die relativ bessere Handlungsalternative ist, dann wird er den Verhaltensanweisungen und -erwartungen des Arbeitgebers auch folgen. Die aufgrund des grundlegenden Interessengegensatzes zwischen Arbeitgebern und Arbeitnehmern unvermeidlichen Reibungsverluste werden durch die Geltung bestimmter Arbeits- und Sozialnormen vermindert.

Welcher der beiden Mechanismen kommt nun aber zum Zuge? Das hängt, wie beschrieben, von der jeweiligen sozialen Situation, also davon ab, ob ein Dominanzverhältnis vorliegt oder ob das Verhältnis der Arbeitspartner durch eine asymmetrische Reziprozität gekennzeichnet ist. Damit stellt sich die Anschlussfrage danach, was dafür verantwortlich ist, ob sich eher die eine oder die andere der beiden »idealtypischen« Situationen einstellt. Nach Burawoy und Wright entscheidet hierüber das Vorliegen von drei Bedingungen. Die erste Bedingung betrifft die Frage, wie eng die einzelnen Tätigkeiten in einem Arbeitsbereich miteinander vernetzt sind. Dort, wo die einzelnen Arbeitstätigkeiten ganz unabhängig von den übrigen Tätigkeiten ausgeübt werden können, fällt es dem Arbeitgeber leicht festzustellen, welches Arbeitsergebnis dem einzelnen Arbeitnehmer zuzuschreiben ist, ein Tatbestand, der zweifellos die Machtposition des Arbeitgebers stärkt. Ähnliches gilt für die zweite Bedingung, das Qualifikationsniveau der Beschäftigten. Wenn es für die Ausübung der Tätigkeiten keiner besonderen Qualifikationen bedarf, dann lässt sich der Arbeitsprozess auch leicht überwachen. Die dritte Bedingung betrifft die Kosten, die den Arbeitnehmern bei Verlust ihres Arbeitsplatzes entstehen. Wenn lange Arbeitslosigkeit droht und wenn die Arbeitslosenunterstützung von staatlicher Seite gering ist, dann sind die »Alternativkosten« der Beschäftigung natürlich beträchtlich. Eine geringe Komplexität der Produktionsprozesse, eine geringe Qualifikation der Beschäftigten und hohe Fluktuationskosten für die Arbeitnehmer sind also konstitutive Bedingungen von Dominanzverhältnissen in der Arbeitswelt. Man kann dies bei der Betrachtung der Arbeitswirklichkeit in verschiedenen Branchen sehr gut nachvollziehen. Es ist allerdings fraglich, ob der damit verknüpfte Zwangsmechanismus wirklich die Wirkungen hervorruft, die sich mancher Arbeitgeber davon verspricht. Burawoy und Wright bezweifeln dies, auch in der Dominanzsituation sei der Hegemonie-Mechanismus wesentlich effektvoller. Dafür spricht, dass dieser dafür sorgt, dass die Kontrollfunktion nicht allein vom Arbeitgeber, sondern auch von den Arbeitnehmern selbst ausgeübt werde. Diese entwickeln angesichts ihres konsensorientierten Strebens nämlich von sich aus ein Interesse daran, dass die Kollegen nicht »auf ihre Kosten« Leistungszurückhaltung üben und damit den Status der einmal erreichten Tauschbedingungen gefährden. Die naheliegende Vorstellung schließlich, der Zwangsmechanismus und der Hegemoniemechanismus könnten sich wechselseitig ergänzen, wird von Burawoy und Wright verworfen und zwar deswegen, weil die Anwendung von Zwangsmaßnahmen die Grundlagen zerstören dürften, die die Voraussetzungen für die Wirksamkeit des Hegemoniemechanismus bilden.

Burawoy und Wright skizzieren ein stark materialistisch eingefärbtes Bild der Arbeitswelt, das sicher nicht bei allen Lesern auf Zustimmung stößt. Dessen ungeachtet wird man die Existenz und die Wirksamkeit der beiden von ihnen beschriebenen Grundmechanismen schwerlich leugnen können, wenngleich man bezweifeln kann, ob diese beiden Mechanismen die einzigen sind, die unsere Arbeitswirklichkeit bestimmen. Doch gänzlich unabhängig davon ist positiv zu vermerken, dass Burawoy und Wright mit ihrem Ansatz einen markanten Kontrast zu dem harmonistischen und oft sehr einseitigen Verständnis von der Arbeitsbeziehung setzen, das in den meisten Managementbüchern vermittelt wird.

Bewertung

Kontrolle hat zwei Seiten, eine sachliche und eine soziale – zwei Seiten, die man zwar auseinanderhalten, aber nicht voneinander trennen kann. Und jede dieser beiden Seiten hat wiederum zwei Seiten, eine nützliche und eine schädliche – zwei Seiten, die nicht dem Wesen der Kontrolle eingeschrieben sind, sondern erst in deren Gebrauch reale Bedeutung erlangen. Auf die Frage nach der angemessenen Form der Kontrolle gibt es daher auch keine einfachen Antworten, wie so oft, kommt es auch hier ganz zentral auf die jeweiligen Anwendungsbedingungen an. In Tabelle 4.5 sind beispielhaft Argumente zusammengetragen, die für oder gegen den Einsatz der jeweiligen Kontrollformen geltend gemacht werden können. So dienen beispielsweise technische Kontrollen dazu, die Prozesssicherheit zu verbessern, d. h. sie sollen für die sicheren Arbeitsabläufe sorgen und Fehlerquellen, die aus menschlichen Unzulänglichkeiten entstehen können, beseitigen. Außerdem können technische Kontrollen die Arbeitssicherheit, d. h. den Schutz vor Beeinträchtigungen der Gesundheit und vor Unfällen, verbessern. Andererseits liegen gerade in den technischen Prozessen, die die Steuerung des menschlichen Arbeitsverhaltens übernehmen, zum Teil erhebliche Gefahren. Wenn beispielsweise eine Technologie von deren Nutzen nicht beherrscht wird oder wenn sie sehr komplex ist, dann kann sie, sollte sie entgleiten, unter Umständen großen Schaden anrichten. Beim Einsatz von Technik kann es daher nicht nur darum gehen, menschliche Fehlermöglichkeiten einzuschränken und darum, das menschliche Arbeitsverhalten auf Leistungsschwächen hin zu überwachen, ebenso muss es darum gehen, die Technik selbst zu kontrollieren (z. B. durch doppelte Absicherungen, regelmäßige Inspektionen usw.), denn in der Technik stecken mindestens ebenso viele Fehlermöglichkeiten und Leistungsschwächen wie im menschlichen Handeln. Letztlich muss es immer möglich sein, dass Menschen in technische Prozesse eingreifen und sie gegebenenfalls abbrechen können. Im Hinblick auf den Ertrag des Technikeinsatzes ist außerdem zu fragen, ob die mit ihrer Hilfe vorgenommene Programmierung der Arbeitsabläufe wirklich die Effizienzvorteile bringt, die man ihr unterstellt. Technische Einrichtungen werden – trotz aller Modularisierung – immer nur eine beschränkte Flexibilität aufweisen können und damit Rüst- und Umrüstungskosten verursachen. Beim Einsatz von speziell der Kontrolle dienenden Apparaturen stellt sich ebenfalls die Frage, ob die dadurch entstehenden Anwendungs- und Einrichtungskosten den Nutzen, den man sich von ihnen verspricht (etwa durch die Verminderung von Ausschuss), nicht überkompensieren. Was die soziale Seite angeht, so ergeben sich auch hier zwiespältige Wirkungen durch die technische Kontrolle. Einerseits verschafft Technik dem arbeitenden Menschen eine größere Souveränität im Umgang mit der Planung und Ausführung seiner Tätigkeiten. Andererseits können die damit gewonnenen Freiheiten auch leicht wieder wegrationalisiert werden. Statt mentaler und zeitlicher Entlastung entsteht dann nur zusätzlicher Arbeitsdruck und der Mensch findet sich leicht in der Rolle des Anhängsels an eine Maschinerie, die seinen Interessen gegenüber gleichgültig ist.

Tab. 4.5: Potentiale und Gefahren unterschiedlicher Kontrollformen

		Technische Kontrolle	**Bürokratische Kontrolle**
Instrumentelle Rationalität	Positives Potential	Technische Prozesse sind sicher. Technische Prozesse sind effizient.	Regeln erleichtern die Kooperation. In Regeln steckt Intelligenz.
	Gefährdungspotential	Technik muss beherrscht werden. Kosten übersteigen den Nutzen.	Regulierung neigt zu Übersteuerung. Regeln können sich verselbständigen.

Tab. 4.5: Potentiale und Gefahren unterschiedlicher Kontrollformen – Fortsetzung

		Technische Kontrolle	**Bürokratische Kontrolle**
Inhaltliche Rationalität	Positives Potential	Technik ist eindeutig. Technik schafft Freiräume.	Regeln schützen vor Willkür. Regeln lassen sich legitimieren.
	Gefährdungspotential	Technik ist intransparent. Menschen werden zum Anhängsel.	Bürokratie missachtet Individualität. Bürokratie führt zu Entfremdung.
Instrumentelle Rationalität	Positives Potential	Kontrolleure sind gute Helfer. Fehler können rasch beseitigt werden.	Ideologien schaffen Motivation. In Ideologien stecken Regeln.
	Gefährdungspotential	Kontrolleure sind Verhinderer. Status schlägt Qualifikation.	Ideologien sind sinnentleerend. Ideologien bestrafen Querdenker.
Inhaltliche Rationalität	Positives Potential	Gute Beziehungen fördern die Persönlichkeit. Gute Beziehungen fördern die Gemeinschaft.	Ideologien geben Identitäten. Ideologien sind Kulturelemente.
	Gefährdungspotential	Kontrolle heißt Unterordnung. Kontrolle heißt Unselbständigkeit.	Ideologie macht unmündig. Ideologie ist Lüge.

Leider bleibt an dieser Stelle kein Raum für eine vertiefende Diskussion dieser Überlegungen und auch nicht für die anderen Punkte, die in Tabelle 4.5 angeführt sind. Aber selbst bei einer nur flüchtigen Betrachtung dürfte deutlich werden, dass die Wirkungen und entsprechend die Bewertungen »kontingenten« Charakter aufweisen, also von den jeweils konkret vorliegenden Bedingungen abhängen. Entsprechend wichtig ist es, die jeweiligen Anwendungsvoraussetzungen der verschiedenen Kontrollformen zu beachten. Bezüglich der technischen Kontrolle kommt es beispielsweise darauf an, dass der Mensch die Technik beherrscht und nicht umgekehrt. Zu prüfen sind alle sicherheitsrelevanten Aspekte der durch die Technik vorbestimmten Arbeitsabläufe. Was die Einführung und den Betrieb der technischen Vorrichtungen angeht, so sollte sie in enger Abstimmung mit den Anwendern erfolgen und nicht etwa allein den Planungen der Experten am grünen Tisch überlassen bleiben. Die Sicherheit der Arbeitnehmer sollte an erster Stelle stehen, Kontrollen, die die gewissenhafte Ausübung der Tätigkeit beeinträchtigen, müssen unterbleiben, ebenso sollte darauf geachtet werden, dass keine Anreize bestehen, die sicherheitsrelevanten technischen Kontrollen zu umgehen. Und schließlich sind die Persönlichkeitsrechte der Menschen zu wahren, heimliche, dauerhafte und die Privatsphäre verletzende Überwachungsmaßnahmen sind zu unterlassen. Wichtige Anwendungsvoraussetzungen der bürokratischen Kontrolle sind die Transparenz der Regeln, ihre arbeitsrechtliche Verankerung, ihre allgemeine Geltung, und die Möglichkeit, Einwendungen und Berufungsverfahren in Anspruch zu nehmen. Bei der direkten Kontrolle zählen vor allem die Qualifikationen und die Persönlichkeit des Aufsichtsführenden, die Abwesenheit von Ressentiments und das gemeinsame Interesse an einer guten Arbeit. Bezüglich der ideologischen Kontrolle ist größte Skepsis angebracht, sich einer Ideologie auszuliefern, widerspricht dem humanistischen Ideal eines selbstbestimmten Lebens.

3.2   Partizipation

Partizipation meint Teilnahme oder Teilhabe. Wer partizipiert, »ist dabei«, z. B. beim Treffen wichtiger Entscheidungen oder bei der Verteilung von wertvollen Gütern. Im engeren Sinne versteht man unter der Partizipation von Arbeitnehmern den »… Prozess, der den Arbeitnehmern die Möglichkeit gibt, Einfluss auf ihre Arbeit und ihre Arbeitsbedingungen zu nehmen.« (Strauss 1998, 15) Drei Dinge sind an dieser Definition beachtenswert. Erstens stellt sie das Prozesshafte der Partizipation heraus, Partizipation ist also kein Zustand, sondern muss immer erst und immer wieder neu in der Auseinandersetzung mit den betrieblichen Akteuren erarbeitet werden. Zweitens und in Übereinstimmung mit dem ersten Punkt, geht es bei der Partizipation nicht primär um formale Rechte, sondern um den tatsächlichen Einfluss. Rechte zu haben ist deswegen nicht unwichtig, sie auch zur Geltung zu bringen aber das letztlich Entscheidende. Und drittens offenbart die Definition ein Verständnis von den Arbeitsbeziehungen, von dem wohl am bemerkenswertesten ist, dass es nicht als sonderlich bemerkenswert gilt. Als sei es nicht ganz selbstverständlich, dass Personen über ihre Arbeit bestimmen, wird Partizipation als eine bloße Möglichkeit beschrieben, die Arbeitnehmern zukommen kann oder auch nicht. Diese doch eigentlich erstaunliche Sichtweise hat ihre Verankerung in der Vorstellung, Arbeit sei primär ein Produktionsfaktor und Gegenstand eines sachlichen Tausches, in dem es dem Arbeitgeber einfach darum geht, dass bestimmte Arbeitsverrichtungen erbracht werden, dass ihm also der Arbeitnehmer (für einen entsprechenden Lohn) seine Arbeitskraft zur Verfügung stellt. In dieser Sichtweise ist kein Raum für eine eigenmächtige Gestaltung der Arbeit durch denjenigen, der die Arbeit ausführt. Diesem wird allenfalls zugestanden, dass er, bevor er ein Arbeitsverhältnis eingeht, darüber verhandelt, welche Tätigkeiten sein Pflichtenspektrum umfassen soll und welche Arbeitsbedingungen gelten sollen. Ansonsten unterliegt die Arbeitskraft der Weisungsbefugnis des Arbeitsherrn, der sich der Arbeitnehmer zu fügen hat. Die konkrete Wirklichkeit setzt einem solchen Verständnis allerdings Grenzen. Schließlich gibt es zahlreiche Aufgaben, die ohne eine erhebliche Bestimmungsleistung der Arbeitnehmer überhaupt nicht sinnvoll ausgeführt werden können – und zwar nicht nur in den durch Kopfarbeit geprägten Berufen (etwa bei Journalisten, Architekten, IT-

Spezialisten), sondern auch in den eher handwerklichen Berufen, die nicht selten ein erhebliches gestalterisches Element enthalten (was ja schon jeder Heimwerker weiß).

Rein sachlich gesehen gibt es zwei Extrempunkte. Es gibt Aufgaben, die Partizipation unabdinglich machen und es gibt Aufgaben, für die sich Partizipation verbietet. In Abbildung 4.4 sind einige Beispiele für entsprechende Tätigkeiten aufgeführt. Je komplexer eine Aufgabe ist, desto weniger sinnvoll ist eine detaillierte Festlegung aller Arbeitsinhalte und Arbeitsschritte. Es ist ein Charakteristikum komplexer Aufgaben, dass sie von erheblicher Unsicherheit geprägt sind und es ist daher einfach unmöglich, sämtliche Eventualitäten, die bei der Erledigung dieser Aufgaben auftreten können, vorab zu bestimmen. Ebenso wenig kann es sinnvoll sein, bei Aufgaben, die rasches und situationsangemessenes Handeln erfordern, Partizipation zu unterdrücken. Mechanische Vorgaben, die in irgendwelchen Planungsabteilungen ersonnen wurden, werden derartigen Aufgaben nicht gerecht. Gefragt ist hier vielmehr die Urteilskraft des handelnden Akteurs. Umgekehrt kann Partizipation aber auch schädlich sein. Solche Fälle liegen beispielsweise vor, wenn technische oder gesetzliche Standards einzuhalten sind. Bekanntlich gilt »kreative Buchführung« zu Recht als wenig »professionelles« Handeln. Partizipation im Sinne einer eigenmächtigen Aufgabenausführung ist auch dann nicht angebracht, wenn dem Stelleninhaber bestimmte Kompetenzen (Kompetenz im Sinne von Fähigkeiten und nicht im Sinne von Zuständigkeiten gemeint) fehlen. Dieses Argument ist natürlich vor Missbrauch nicht gefeit, weil hinter mancher Kompetenzbestreitung nur eine Kompetenzanmaßung steckt. Für bestimmte Fälle lässt sich aber kaum bestreiten, dass unbedingt der Kompetentere darüber entscheiden sollte, wie eine Aufgabe ausgeführt werden sollte und nicht der Ausführende selbst. Ein Beispiel hierfür ist die Anweisung eines Arztes über die Medikamentengabe, die vom Krankenpfleger nicht nach Gutdünken unterlaufen werden sollte. Auch die Verantwortlichkeit setzt der Partizipation Grenzen. Wer nicht bereit ist, die Verantwortung für die Ausgestaltung einer Aufgabe zu übernehmen, sollte darüber auch nicht entscheiden, d. h. wem es egal ist, ob sich der Kuchen verkauft, der sollte auch nicht über die Herstellung des Kuchens bestimmen. Fehlende Verantwortlichkeit entbindet aber nicht von der Pflicht, sich über sein Arbeitshandeln Rechenschaft zu geben. Eine spezielle Form der Weigerung Verantwortung zu übernehmen findet sich dort, wo man sich opportunistisch oder gleichgültig oder nur gedankenlos an betriebliche Usancen anpasst (etwa im Hinblick darauf, wie man einen Kunden beraten sollte). Unter Umständen muss man die Courage haben, die Ausführung einer Aufgabe zu verweigern (z. B. den Kunden einseitig zu beraten und ihn »über den Tisch zu ziehen«).

Zwischen den beschriebenen Extrempositionen (Unabdingbarkeit der Partizipation und Schädlichkeit der Partizipation) liegt ein breiter Gestaltungsspielraum, der in der Praxis sehr unterschiedlich genutzt wird. So sind nicht wenige Unternehmen im Zuge der Computerisierung der Fertigung dazu übergegangen, ihren Facharbeitern Programmierkenntnisse zu vermitteln, so dass diese nach wie vor die Fertigungssteuerung in ihrer Hand behalten konnten, andere Unternehmen haben die Programmierung jedoch dem Management übertragen und damit die Möglichkeiten der Arbeiter, bei der Gestaltung ihrer Arbeit mitzuwirken, erheblich eingeschränkt. Dieses Beispiel zeigt im Übrigen auch, dass bei der Ausgestaltung der Partizipation nicht ausschließlich

Abb. 4.4: Der Gestaltungsspielraum für Partizipation

Effizienzüberlegungen eine Rolle spielen (es ist keinesfalls klar, ob eine der beiden Gestaltungsalternativen effizienter ist), sondern firmenpolitische Vorstellungen Einfluss nehmen und arbeitspolitische Trends zum Zuge kommen können. Jedenfalls lohnt es sich, der Frage nachzugehen, welche Kräfte dafür verantwortlich sind, welche Personalpolitik ein Unternehmen im Hinblick auf die Partizipation der Mitarbeiter verfolgt. Bevor hierauf eingegangen werden kann, müssen jedoch noch einige begriffliche Differenzierungen vorgenommen werden. Damit verknüpft sich dann auch die Frage, in welchen konkreten Erscheinungsformen sich die Partizipation manifestiert.

Begriffe

Es gibt eine ganze Reihe von begrifflichen Varianten zur Beschreibung des Partizipationsphänomens. Man kann Partizipation im umfassenden Sinne verstehen, wie dies in der obigen Definition von Strauss zum Ausdruck kommt. Man kann die Betrachtung allerdings auch auf die kollektiven Einflussmöglichkeiten und Institutionen beschränken. Im letzteren Fall interessiert dann vor allem, welche Formen von Interessenvertretungen es gibt, welche Rechte sie besitzen, ob diese in der Praxis auch wahrgenommen werden, bei der Lösung welcher Fragen sich die Institutionen besonders bewähren, welche typischen Konflikte vorzufinden sind, welche Dysfunktionalitäten auftreten und welche gesellschaftlichen, rechtlichen und wirtschaftlichen Entwicklungen ihren Bestand bedrohen oder zu Weiterentwicklungen beitragen. Verschiedene Definitionen blenden derartige Fragen aus und konzentrieren sich auf die Sphäre der Vorgesetzten-Mitarbeiter-Beziehung. Dabei geht es dann insbesondere um den Führungsstil oder um die Gestaltung der Teamarbeit. Eine Frage, die sich in diesem Zusammenhang stellt, ist die, welche Rollen Vorgesetzte und Mitarbeiter bei der gemeinsamen Arbeit einnehmen sollten. Wieder andere Definitionen beschränken den Partizipationsbegriff auf die Mitwirkung bei Entscheidungen über tiefgreifende und grundlegende Tatbestände wie die Beteiligung an betrieblichen Umstrukturierungen, an Organisationsentwicklungsmaßnahmen oder beim Personalabbau. Demgegenüber beziehen weiter gefasste Definitionen auch das alltägliche Arbeitshandeln mit ein, thematisieren also zum Beispiel, in welchem Umfang den Arbeitnehmern erlaubt ist, die Reihenfolge der Auftragsbearbeitung oder ihre Arbeitszeiten selbstständig festzulegen. Ein weiterer Punkt wurde bereits oben schon einmal angesprochen, Partizipation ist nämlich zum einen ein Prozess, also ein Geschehen, das in seinem Vollzug Mitwirkung schafft und zum anderen ein Zustand, ein Arrangement von Regularien, Positionen und Institutionen, das die Mitwirkung der Arbeitnehmer bewerkstelligen soll. In diesem Zusammenhang kommt auch der Unterschied zwischen formaler und informaler Partizipation ins Spiel. Beides kann erheblich auseinanderfallen. Viel diskutiert wird beispielsweise der Tatbestand, dass das Betriebsverfassungsgesetz zwar den Betriebsräten zum Teil erhebliche Mitbestimmungsmöglichkeiten einräumt, die aber häufig nicht eingefordert werden. In den meisten Unternehmen verzichten die Arbeitnehmer auch auf die Wahl eines Betriebsrates (Ellguth/Kohaut 2007). Umgekehrt kann die informale Partizipation aber auch über die vorgesehenen Regelungen hinausgehen, z. B. dann, wenn der Arbeitgeber freiwillig weitgehende Partizipationsrechte einräumt oder auch dadurch, dass die Partizipation jenseits der dafür vorgesehenen Institutionen stattfindet, etwa durch persönliche Einflussnahme oder durch den Aufbau sozialer Netzwerke. In Tabelle 4.6 sind einige weitere Dimensionen des vielschichtigen Partizipationsphänomens genannt, zur Veranschaulichung sind hierzu jeweils Beispiele von Institutionen, Instrumenten und Maßnahmen angeführt. Dass auf ein und dieselbe Gestaltungsoption mehrere dieser Dimensionen gleichzeitig zutreffen können, zeigt das Beispiel der Teilautonomen Arbeitsgruppe: man findet derartige Arbeitsgruppen primär im Bereich der industriellen Produktion, ihre soziale Verortung gibt ihnen eine Zwischenstellung zwischen der individuellen Arbeitsaufgabe und den Abteilungszwecken, sie haben umfangreiche Mitwirkungsrechte, im Idealfall steuern sie sich weitgehend selbst (Martin 2001, 267 ff., Jöns 2008).

Tab. 4.6: Gestaltungsspielraum für Partizipation (leicht modifiziert nach Strauss 1998)

Mitbestimmungsaspekte	Beispiele
Verhaltensebene	
Individuell	Job Enrichment
Gruppe	Teilautonome Arbeitsgruppe
Abteilung	Qualitätszirkel
Betrieb	Deutscher Betriebsrat
Unternehmen	Arbeitsdirektor
Ausmaß der Kontrolle	
Konsultation	Französischer Betriebsrat
Gemeinsame Entscheidungen	Paritätische Mitbestimmung
Selbstmanagement	Jugoslawien der 80er Jahre, Kooperative, Teilautonome Arbeitsgruppen
Bandbreite der Mitwirkung	
Löhne	Tarifverhandlungen
Personelle Angelegenheiten	Tarifverhandlungen in den USA, Betriebsrat in Deutschland

Tab. 4.6: Gestaltungsspielraum für Partizipation (leicht modifiziert nach Strauss 1998)
– Fortsetzung

Mitbestimmungsaspekte	Beispiele
Produktionsmethoden	Qualitätszirkel, Teilautonome Arbeitsgruppen
Auswahl der Manager	Betriebsräte im Jugoslawien der 1980er Jahre
Investitionsentscheidungen	Aufsichtsrat nach dem Mitbestimmungsgesetz
Sozialleistungen	Französische Betriebsräte bzgl. medizinischer Versorgung
Eigentum	
Kein Mitarbeitereigentum	Standardfall
Beschränktes Miteigentum	Kapitalbeteiligungsmodelle
Eigentum der Mitarbeiter	Produktionskooperative

Die Auffassungen über die Wirksamkeit der in Tabelle 4.6 angeführten Gestaltungs-möglichkeiten sind geteilt. In den meisten europäischen Ländern gibt es Arbeitneh-merausschüsse und -gremien, die primär eine beratende Rolle einnehmen. Derartige Komitees werden arbeitspolitisch allerdings häufig nicht ernst genommen, nicht selten beschäftigen sie sich auch nur mit nachrangigen Themen (in Großbritannien spricht man verschiedentlich von »tea and toilet committees«). Die Institution des im Be-triebsverfassungsgesetz verankerten Betriebsrats, der eine Reihe von erzwingbaren Mitbestimmungsrechten hat, wird dagegen, zumal in der nichtdeutschen Literatur, häufig gelobt. Die vorliegenden empirischen Studien veranlassen sehr unterschiedliche Einschätzungen über seine Funktionstüchtigkeit (Frick 2008). Dabei ist zu beachten, dass in diesen Studien als Maßstab für die Tauglichkeit des Betriebsrates der monetäre Gewinn eines Unternehmens herangezogen wird. Dass derartige Studien keine tiefer gehenden Einsichten liefern können, dürfte eigentlich von vornherein klar sein. Der Befund, wonach sowohl bei den Unternehmen mit als auch bei den Unternehmen ohne Betriebsrat manchmal hohe und manchmal geringe Gewinne gemacht werden, ist daher nicht sonderlich erstaunlich. Die Durchschnittsbetrachtung, die in diesen Studien vorherrscht, macht ohnehin keinen Sinn. Wenn überhaupt von einem Einfluss des Betriebsrats auf den Unternehmensgewinn gesprochen werden kann, dann kommt es wohl kaum auf dessen bloße Existenz, sondern vor allem auf die Qualität der Be-triebsratsarbeit und auf die Beziehung der Arbeitsparteien an. Außerdem bleibt offen, in welche Richtung die Kausalität läuft, weil sich auch argumentieren lässt, dass Arbeitgeber in guten wirtschaftlichen Verhältnissen den Anliegen ihrer Arbeitnehmer offener gegenüber stehen und sich daher z. B. auch seltener gegen die Etablierung eines – starken – Betriebsrats wenden. Insbesondere aber ist das Kriterium des Gewinnausweises einigermaßen fragwürdig, denn man wird kaum bestreiten können, dass dem Betriebsrat »unterhalb« der im engeren Sinne wirtschaftlichen Leistungsgrößen eine ganze Reihe von positiven Funktionen zukommen: etwa die des Ansprechpartners, der die Interessen der Arbeitnehmer bündelt, des Vermittlers, der einen Ausgleich zwischen Arbeitnehmer-

und Betriebsinteressen sucht, des Ko-Managers, der zur Akzeptanz und Umsetzung notwendiger betrieblicher Maßnahmen beiträgt. Diese – und weitere für beide Seiten wünschenswerten Wirkungen – stellen sich allerdings nicht von selbst ein, sondern müssen in einer gemeinsamen Anstrengung von den Arbeitspartnern erarbeitet werden.

Die vermeintlich umfassendste Form der Mitwirkung liegt vor, wenn der Betrieb den Arbeitnehmern selbst gehört, wenn diese also alle Rechte geltend machen können, die mit dem Eigentum verbunden sind. In so genannten Produktivgenossenschaften findet man darüber hinaus häufig ein besonderes weltanschauliches Programm. Danach geht es den Arbeitnehmern, die gleichzeitig auch ihre Arbeitgeber sind, nicht primär um die Maximierung von Einkommen und Gewinn, sondern eher um ein kooperatives Leitprinzip, das sich in etwa mit dem Motto »Gemeinsam leben, gemeinsam arbeiten.« umschreiben lässt. Im Mittelpunkt stehen Förderung der Mitglieder, Demokratie (jedes Mitglied hat das gleiche Stimmrecht) und Solidarität (vgl. genauer Flieger 1996, Kramer 1999, Katz/Boland 2002). In Deutschland führen Produktivgenossenschaften nur eine Nischenexistenz. Vielfach werden Leistungskraft und Überlebensfähigkeit dieser Betriebsform sehr skeptisch beurteilt. Probleme ergeben sich insbesondere beim Überschreiten einer gewissen Unternehmensgröße. Häufig übernehmen die anders gestarteten Produktivgenossenschaften dann die traditionellen Unternehmensstrukturen. Als Hauptprobleme basisdemokratisch geführter Unternehmen werden gern die folgenden Punkte angeführt: Fehlende Managementfähigkeiten, Scheu vor harten (aber notwendigen) Entscheidungen, Schwierigkeiten im Umgang mit der Notwendigkeit von Führung, mangelnde Bereitschaft, Kapital für Investitionen bereitzustellen, Fraktionsbildung, Probleme bei der Integration von neuen Mitgliedern. Das sind natürlich nicht unbeträchtliche Punkte, wobei allerdings zu bemerken ist, dass es durchaus Beispiele für erfolgreiche (auch größere) Produktivgenossenschaften gibt (Forcadell 2005).

Formen der Partizipation

Eine wichtige Differenzierung für die Partizipation ergibt sich daraus, dass das Sozialgeschehen auf unterschiedlichen Ebenen stattfindet. Wie man leicht nachvollziehen kann, macht es einen Unterschied, ob man die unmittelbare Arbeitssphäre betrachtet, die Mitwirkung bei der Entscheidung über die Einrichtung betrieblicher Institutionen und bei der Gestaltung betrieblicher Arbeitsabläufe oder die Unternehmenspolitik (▶ Tab. 4.7).

Tab. 4.7: Formen der Partizipation und ihre Schwerpunkte

Direkte Partizipation Schwerpunkt unmittelbare Arbeitssphäre: Fragen der Arbeitsgestaltung	Problemlösungsgruppen, z. B. Qualitätszirkel (Qualität, aber auch Arbeitssicherheit, Leistung ...), Total Quality Management (abteilungsübergreifende Verbesserungen), Entscheidungsgruppen, z. B. Teilautonome Arbeitsgruppen. Unterschiede im Ausmaß der Kontrolle, Gestaltung auch des Rahmens oder nur Optimierung von Teilprozessen

Tab. 4.7: Formen der Partizipation und ihre Schwerpunkte – Fortsetzung

Repräsentative Partizipation Schwerpunkt betriebliche Ebene: Soziale Angelegenheiten	Konsultative Komitees (allgemeine, spezialisierte), Betriebsräte (große Unterschiede zwischen den Ländern, Unterschied zwischen formalem und tatsächlichem Einfluss), Mitbestimmung auf Unternehmensebene (in Leitungs- oder Aufsichtsgremien)
Partizipation durch Eigentum Schwerpunkt Unternehmens-ebene: Arbeitspolitische Ausrichtung	Kapitalbeteiligung (ohne, mit immaterieller Beteiligung), employee buyouts (oft zur Rettung des Unternehmens), Kooperative (labour managed firms), idealtypisch: alle Mitarbeiter (und nur diese) sind Eigentümer und haben die gleichen Rechte

Je nach Betrachtungsebene hat man es mit unterschiedlichen Trägern der Mitgestaltung zu tun, mit unterschiedlichen Vermittlungsinstanzen, die die Einflussnahme kanalisieren und mit unterschiedlichen Legitimationsgrundlagen. Entsprechend unterschiedlich ist die Logik, in der sich die Partizipation entfaltet. Die verschiedenen Formen der Partizipation prägen nicht nur die Art und Weise, wie personalwirtschaftliche Entscheidungen getroffen werden, sie schlagen sich auch ganz konkret in allen Bereichen des Personalgeschehens nieder. In Abbildung 4.5 sind einige dieser Auswirkungen angeführt. Je größer beispielsweise das Ausmaß der direkten auf den konkreten Arbeitsplatz bezogenen Partizipation ist, desto eher werden die Arbeitsbedingungen auch den Bedürfnissen der Arbeitnehmer angepasst, woraus sich natürlich auch besondere Anreizwirkungen ergeben. Arbeitnehmervertretungen werden sich – ein anderes Beispiel – vor allem um soziale Angelegenheiten (Sozialeinrichtungen, Härtefallregelungen, Minderheitenprogramme usw.) kümmern, also um Angelegenheiten, die sich im individuellen Arbeitnehmer-Arbeitgeber-Verhältnis nur schwer abbilden lassen. Und die Partizipation, die sich auf Eigentumsrechte abstützt, wird personalpolitisch vor allem die Grundausrichtung der Personalarbeit beeinflussen.

Institutionalisierung der Partizipation

Weshalb findet man in manchen Unternehmen ein großes Ausmaß an Partizipation der Arbeitnehmer, in anderen Unternehmen dagegen nicht? Bei der Beantwortung dieser Frage ist es hilfreich, zunächst auf mögliche Gründe und anschließend auf mögliche Ursachen einzugehen (zur Unterscheidung dieser beiden Erklärungskategorien vgl. Kapitel 1).

Was spricht dafür, den Arbeitnehmern weitreichende Partizipationsmöglichkeiten einzuräumen? Bei der Beantwortung dieser Frage werden vor allem Zweckmäßigkeitsargumente vorgebracht, daneben werden aber auch humanistische und sozialpolitische Gedanken eingebracht (exemplarisch z. B. bei Dahl 1984). So kann man begründet geltend machen (jedenfalls vom Standpunkt des Humanismus aus), dass der Mensch sein Leben und seine Verhältnisse selbst bestimmen sollte. Effizienzverluste, die durch

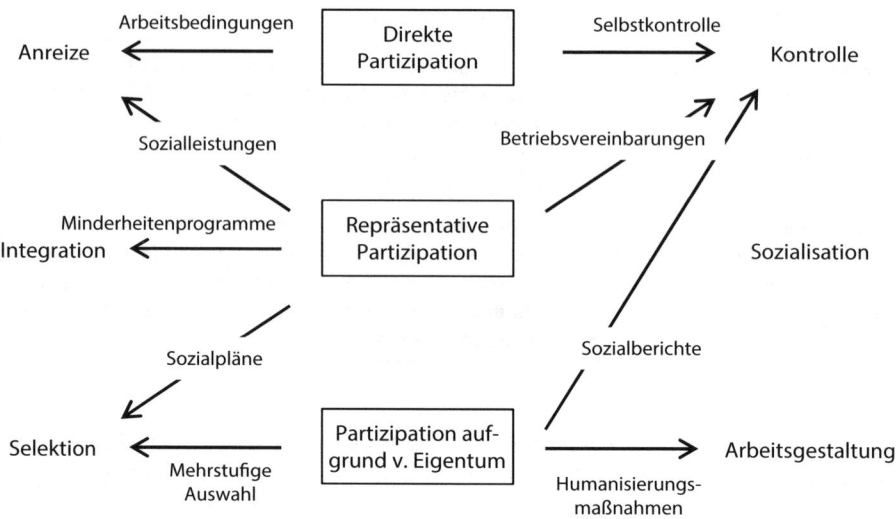

Abb. 4.5: Partizipation und Personalarbeit

eine extensive Partizipation eintreten können, seien dabei durchaus in Kauf zu nehmen. Ein anderes, eher sozialphilosophisches Argument macht geltend, dass autokratische Unternehmensverhältnisse nicht in eine demokratische Gesellschaft passen. Die Emanzipation, die im öffentlich politischen Leben erreicht wurde, sollte sich entsprechend auch im Arbeitsleben wiederfinden. Oft werden derartige Argumente mit Zweckmäßigkeitsüberlegungen verknüpft. So wird beispielsweise angeführt, dass die Verweigerung der Mitbestimmung dazu beiträgt, dass Desinteresse und Opportunismus um sich greifen, mittel- und langfristig sollten sich die Investitionen in Partizipation daher auf jeden Fall auszahlen. Ob dies tatsächlich so ist, lässt sich nicht rein gedanklich klären, sondern ist eine Frage nach den Gesetzmäßigkeiten von sozialen Abläufen und Zusammenhängen, worauf wir weiter unten noch etwas näher eingehen wollen.

Jenseits der Erörterung der Gründe, die für die Etablierung einer partizipativen Unternehmensgestaltung sprechen, ist es sinnvoll, die Kräfte zu betrachten, die dafür verantwortlich sind, ob sich in Unternehmen mehr oder weniger viele Partizipationspraktiken etablieren. Allgemeine Aussagen lassen sich diesbezüglich nicht einfach gewinnen, weil hier zu einem erheblichen Teil historische Sonderentwicklungen zum Zuge kommen. Ein Beleg hierfür ist der Tatbestand, dass sich allein schon in Europa sehr verschiedene Partizipationspraktiken herausgebildet haben (vgl. Strauss 1998). In Deutschland beispielsweise wurde die Etablierung der Mitbestimmungsgesetzgebung durch den Zusammenklang mehrerer Interessenlinien begünstigt. Die britische Politik nach dem zweiten Weltkrieg war davon bestimmt, die Wirtschaftsmacht Deutschlands zu begrenzen, die Unternehmer wollten soweit wie möglich die existierenden Demontagepläne verhindern und stimmten damit einer Begrenzung ihrer Autonomie zu. Sie befanden sich in der Abwehr von Demontagen in einer Interessengemeinschaft mit den Gewerkschaften, die natürlich den britischen Plänen zur Autonomiebegrenzung der Unternehmensleitungen positiv gegenüberstanden. In Großbritannien kam es erst in den 1970er Jahren zu einer Ausweitung der Mitbestimmungsmöglichkeiten und zwar als Ergebnis eines »Tauschgeschäfts« zwischen der Labour-Regierung und den Gewerkschaften. Die Labour-Regierung hatte ein starkes Interesse an einer Lohnzurückhaltung der Arbeitnehmerschaft, weil sie sich davon versprach, damit die Wettbewerbsposition der britischen Wirtschaft zu verbessern. Die Gewerkschaften gingen darauf ein, weil sich die mit ihr verwandte Regierungspartei für eine stärkere Demokratisierung der Wirtschaft einsetzte. Ganz allgemein lässt sich im Zeitverlauf ein Auf und Ab beobachten, was Forcierung oder Zurückdrängung der Mitwirkungsmöglichkeiten der Arbeitnehmer angeht. So beeinflussen nicht nur konkrete politische Ereignisse, sondern auch »politische Großwetterlagen« die umlaufenden Partizipationserwartungen. Der Aufbruch zu mehr Demokratie in den 1960er Jahren beispielsweise hat dem Partizipationsgedanken Auftrieb gegeben, der nachfolgende Schwenk zu mehr Konservatismus dagegen hatte die gegenteilige Wirkung, der Zusammenbruch der Gesellschaftssysteme des »real existierenden Sozialismus« sicher in noch stärkerem Maße. Wichtig ist natürlich auch die ökonomische Situation. In wirtschaftlich schwierigen Zeiten wird die Aufmerksamkeit eher auf Effizienz- als auf Gerechtigkeitsfragen gelenkt. Wettbewerbsdruck, Kostenstrategien und Downsizing lassen Wünsche nach Partizipation ebenfalls in den Hintergrund treten. Andererseits kann die Partizipation auch expliziter Bestandteil von Managementstrategien sein. So finden sich im letzten Jahrzehnt vielfach Versuche, Konzepte wie »High-Commitment-Management« oder »empowerment« voranzutreiben, die unter anderem auf eine größere Eigenständigkeit der Mitarbeiter setzen. Wie auch schon vorauslaufende Programme (Qualitätszirkel, Total Quality Management, Teamkonzepte) waren und sind diese Versuche allerdings nicht immer sehr erfolgreich. Opportunismus, Gruppenegoismen, Fähigkeitsdefizite usw. können die besten Absichten zu einer größeren Selbststeuerung des Betriebsgeschehens durch die Arbeitnehmer zunichtemachen. Das macht die Grundideen und -konzepte für mehr Partizipation nicht grundsätzlich obsolet, häufig scheitern diese einfach deswegen, weil sie nur halbherzig umgesetzt werden, nur auf kurzfristige Effizienz hin ausgelegt sind und eine nur unzureichende infrastrukturelle Unterstützung erfahren.

Blickt man in die Zukunft, dann werden Partizipationskonzepte – jedenfalls was die unmittelbare Arbeitssphäre angeht – weiterhin an Bedeutung gewinnen. Ursächlich hierfür ist der anhaltende Trend, die Fertigung von einfachen und von leicht zu standardisierenden Gütern in Billiglohnländer zu verlagern, und in der heimischen Wirtschaft auf die Herstellung von hochwertigen Gütern und Dienstleistungen zu setzen. Aus der damit verbundenen Komplexität der Leistungsprozesse entspringt, wie eingangs schon beschrieben, ein natürlicher Bedarf an Beteiligung der Arbeitnehmer bei der Gestaltung ihrer Arbeit. Dieser Trend wird verstärkt durch die steigende Qualifikation der Arbeitnehmer. Immer größere Teile der jüngeren Generationen haben weiterführende Schulen besucht, eine berufliche Ausbildung absolviert oder studiert, woraus sich fast naturnotwendig auch ein starkes Bedürfnis nach mehr Selbstbestimmung entwickelt.

Mechanismen

Wie oben beschrieben, verspricht man sich bei der Einführung partizipativer Systeme bestimmte Wirkungen. Es ist daher von Interesse, ob sich diese (und vielleicht auch weniger bedachte) Wirkungen tatsächlich einstellen. Um dies beurteilen zu können ist es sinnvoll, real wirksame Mechanismen des individuellen und sozialen Verhaltens zu betrachten und zu überlegen, in welcher Weise partizipative Praxiselemente hiermit verknüpft sind. Die folgenden Abbildungen zeigen beispielhaft einige Mechanismen für die drei von uns betrachteten Formen der Partizipation.

In Abbildung 4.6 geht es um die individuelle Partizipation unmittelbar am Arbeitsplatz. Der erste der beiden angegebenen Kausalpfade läuft über einen verbesserten Informationsaustausch durch Partizipation. Die Arbeitnehmer wissen schließlich am besten, welche besonderen Schwierigkeiten bei ihrer Arbeit auftauchen, welche Tricks und Kniffe hilfreich sind, um die Arbeit besser zu bewältigen, wo die Erfolgsfaktoren für eine gute Aufgabenerledigung stecken und welche Arbeitsvorgänge ins Leere laufen oder sogar kontraproduktiv sind. Kann man dieses Wissen (durch Partizipation) nutzen, dann verbessert dies die Arbeitsprozesse und die Arbeitsergebnisse.

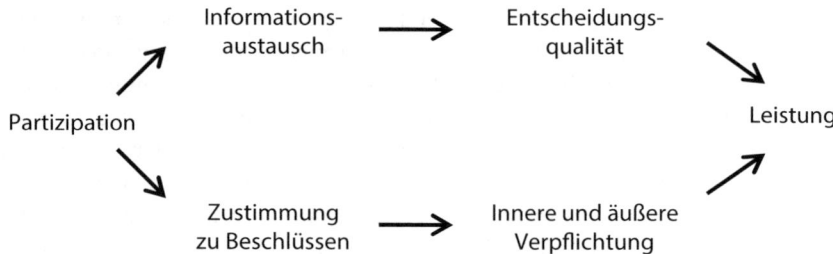

Abb. 4.6: Der Zusammenhang zwischen direkter Partizipation und Arbeitsleistung

Der zweite Kausalpfad führt über die Akzeptanz gemeinsam erarbeiteter Lösungen und das daraus resultierende verstärkte Arbeitsengagement. Es macht eben einen Unterschied, ob man eine vorgegebene Weisung auszuführen hat oder ob man an der Erarbeitung einer Lösung mitwirkt, seine Ideen einbringt und der gefundenen Lösung schließlich zustimmt. Es fällt dann erheblich schwerer sich innerlich und äußerlich von der gefundenen Lösung zu distanzieren, als wenn man eine (noch so gut ausgeklügelte) Fremdlösung übernehmen muss.

Die beiden Kausalpfade führen also im ersten Fall über die Nutzung von Informationen, Wissen und Fähigkeiten, im zweiten Fall über den Aufbau von Motivationspotentialen. Allerdings laufen diese Mechanismen nicht immer reibungslos ab. Es kommt dabei sehr darauf an, wie die Partizipation konkret ausgestaltet wird, welche intervenierenden Größen zum Zuge kommen und ob bestimmte Funktionsvoraussetzungen gegeben sind. Elemente, die die Natur und Qualität der Partizipation bestimmen, sind unter anderem der Umfang der Mitwirkungsrechte, der Grad des eigenen Einflusses und die Glaubwürdigkeit der Arbeitspartner (der Vorgesetzten, der Arbeitgeber). Eine mögliche intervenierende Größe ergibt sich aus Statusverschiebungen im Partizipationsprozess. Man beobachtet nicht selten, dass sich bei der gemeinsamen Entwicklung von Lösungen bestimmte Personen hervortun, sei es aufgrund ihrer besonderen Fähigkeiten oder wegen ihres mikropolitischen Geschicks. Ein allzu dominantes Verhalten dieser Personen kann leicht Unmut hervorrufen, der sich auf die Zusammenarbeit entsprechend negativ auswirkt. Ein Beispiel für eine allgemeine Voraussetzung, die das Wirksamwerden des im ersten Kausalpfad angeführten Zusammenhangs überhaupt erst ermöglicht, ist Vertrauen. Nur wenn man nicht damit rechnen muss, dass die weitergegebenen Informationen zum eigenen Nachteil ausgenutzt werden, wird man auch tatsächlich kooperieren (zu empirischen Studien und weiteren Zusammenhängen vgl. Glew u.a. 1995, Wagner/LePine 1999). In Abbildung 4.7 ist ein Wirkungsgefüge skizziert, das an das Politikmodell von Easton (1965) anknüpft.

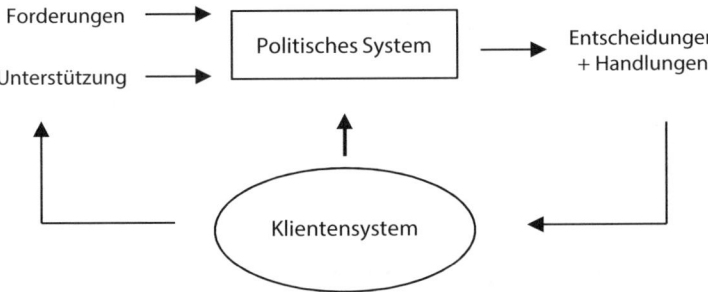

Abb. 4.7: Repräsentative Partizipation und Bedürfnisberücksichtigung

Dieses unterscheidet zwei soziale Systeme, die wechselseitig aufeinander bezogen sind: das Klientensystem und das politische System. Das Klientensystem konfrontiert das politische System mit Forderungen und versorgt es mit themenbezogener (»spezifischer«) und diffuser Unterstützung. Der »Output« des politischen Systems besteht aus autorisierten Entscheidungen, deren Umsetzung sich naturgemäß auf die Lebensverhältnisse im Klientensystem auswirkt. Sofern dieser Prozess zu befriedigenden Resultaten führt, wird das Klientensystem seine Unterstützung aufrechterhalten, im anderen Falle wird es dem politischen System die Unterstützung entziehen – mit entsprechenden Folgen für die Ausgestaltung des politischen Systems.

Welche Rolle spielt die repräsentative Partizipation in einem derartigen Wirkungsverbund? Die Hauptwirkung besteht darin, dass die Beziehungen zwischen dem politischen System und dem Klientensystem enger geknüpft werden. Die gewählten Repräsentanten (also z. B. die Betriebsräte) halten intensive Kontakte zur Arbeitnehmerschaft, sie sind (auch weil sie ein Interesse an ihrer Wiederwahl haben) näher an der »Basis« als die Unternehmensleitung, sie nehmen damit früher und sensibler wahr, welche Probleme in der Arbeitnehmerschaft im Umlauf sind, wodurch sich die »Responsiveness« des politischen Systems verbessert. Außerdem bündeln die Vertreter die Forderungen der

Basis, transformieren sie und versuchen, sie in einer politisch erfolgversprechenden Form zu artikulieren. Dies trägt dazu bei, dass bei den betrieblichen Entscheidungen die Interessen der Arbeitnehmer besser berücksichtigt werden. Anders als mancher Skeptiker meint, trägt der Betriebsrat damit nicht zu einer Schwächung, sondern im Gegenteil zu einer Stärkung und Stabilisierung des gegebenen Systems bei. Allerdings gilt auch hier, dass die angeführten Wirkungen nicht immer eintreten werden. Bedeutsame Wirkungsvoraussetzungen sind die Stärke des Betriebsrats, seine Professionalität und die Härte der gegebenen Interessengegensätze.

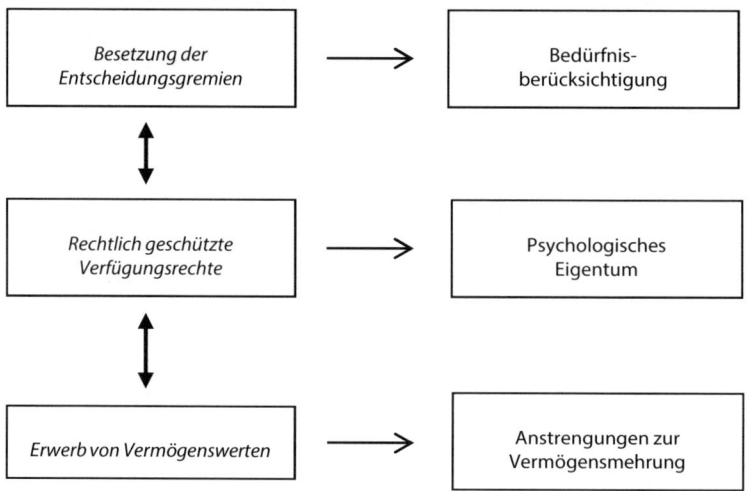

Abb. 4.8: Partizipation aufgrund von Eigentum und Motivation

Der Vollständigkeit halber sei noch auf ein drittes Wirkungsgefüge hingewiesen, bei dem es um die Partizipation geht, die sich auf das Eigentum stützt (▶ **Abb. 4.8**). Zu den mit dem Eigentum eingeräumten Verfügungsrechten gehört die Besetzung wichtiger Entscheidungsgremien. Damit soll sichergestellt werden, dass die Bedürfnisse der Eigentümer Berücksichtigung finden. Rechtliches Eigentum und die Ausübung von Leitungsfunktionen sorgen dafür, dass sich so etwas wie ein »psychologisches Eigentum« (vgl. zu diesem Konstrukt Pierce/Kostova/Dirks 2003) entwickelt, das sich mit dem Streben verknüpft, die Vermögenswerte zu erhalten oder gar zu steigern, was wiederum zu besonderen Leistungsanstrengungen motiviert. Zumal bei größeren Unternehmen wird man dieses Bild allerdings modifizieren müssen, und zwar schon allein deswegen, weil in größeren sozialen Systemen die Verbindungen zwischen Arbeits- und Entscheidungssphäre fast unvermeidlich lockerer gestalten. Außerdem sind in größeren Unternehmen die Anteile, die der Einzelne am Eigentum hat, relativ klein, weshalb sich leicht sowohl eine Verantwortungs- als auch eine Ertragsdiffusion einstellen werden. Dessen ungeachtet, behalten die in Abbildung 4.8 angeführten Beziehungen auch in größeren Unternehmen ihre prinzipielle Wirksamkeit, sie werden lediglich an Kraft einbüßen.

Bewertung

Wie ist eine Personalpolitik zu bewerten, die durch das Streben nach einer möglichst großen Partizipation der Arbeitnehmer gekennzeichnet ist? Eine eindeutige Antwort auf diese Frage gibt es nicht. Partizipation ist ein sensibles Thema, weil es in ganz besonderem Maße die Machtstrukturen in einem Unternehmen berührt, und zwar auf allen Ebenen, also u.a. im Verhältnis zwischen Mitarbeitern und Vorgesetzten, zwischen Arbeitnehmerschaft und Arbeitgeber und zwischen den Arbeitnehmervertretern und der Unternehmensleitung. Will man unproduktive Konflikte vermeiden, muss man entsprechend große Sorgfalt bei der Gestaltung der Partizipationssysteme walten lassen. Die Betonung liegt dabei auf dem Wort »unproduktiv«, denn Konflikte sind aufgrund der jeweils unterschiedlichen Interessenlinien unvermeidlich, es ist normalerweise nicht die Konfliktaustragung, sondern die Leugnung von Konflikten, die zu den größten Verwerfungen führt. Im Übrigen gibt es wie immer bei der Gestaltung der Arbeit so auch im Hinblick auf die Partizipation keine einheitlichen Wirkungen. Es kommt auf die Details an, und darauf, ob die Gestaltung im Geist wechselseitiger Verständigung erfolgt. Partizipation kann dazu beitragen, die Selbststeuerung zu verbessern, sie kann den Arbeitnehmern die Erfahrung vermitteln, gebraucht und geschätzt zu werden. Partizipation kann aber auch missbraucht werden. Dies ist zum Beispiel dann der Fall, wenn das von den Arbeitnehmern bereitgestellte Wissen (über die »secret short cuts«) dazu benutzt wird, um die »Poren der Arbeit« weiter zu schließen, also dazu, den individuellen Handlungsspielraum letztlich nur weiter zu beschneiden. Wichtig ist schließlich auch, wie man mit den Zielkonflikten umgeht, die in der Partizipation angelegt sind. Hierzu gehört zum Beispiel einen Ausgleich im Verhältnis von Qualität und Aufwand, denn einerseits ist Partizipation nicht zum Nulltarif zu haben (sie verlangt, sich auf andere einzustellen, erfordert Zeit und Arbeitskraft), andererseits erbringt die Beteiligung der Betroffenen aber auch bessere Lösungen. Eine ganz zentrale Voraussetzung für das Gelingen der Partizipation ist deren Authentizität. Pseudo-Partizipation schafft keine Legitimation, sondern Ablehnung, im besten Falle Distanzierung. Als regulative Leitidee ist die Bedeutung der Partizipation kaum zu überschätzen. Sie steht in einer bewahrenswerten Tradition der europäischen Aufklärung, in der Vorstellung, dass sich persönlicher und gesellschaftlicher Fortschritt nur dort einstellen wird, wo das autonome Subjekt in die Lage versetzt wird, an den Verhältnissen, die seine Lebenswirklichkeit ausmachen, mitzugestalten.

4 Gestaltung

4.1 Personalbeurteilung

Wenn wir Menschen im Alltag begegnen, beurteilen wir permanent, aber oft unreflektiert ihre Verfassung, ihre Ausstrahlung, ihr Verhalten, ihre Art zu arbeiten, zu kommunizieren, ihre Persönlichkeit und vieles mehr, was man an Menschen wahrnehmen kann. Diese Beurteilungsprozesse laufen meist nicht bewusst ab, sie verdichten sich häufig zu irgendeiner Art von Eindruck bzw. zu einem Urteil, das sich in uns herausbildet. Beurteilungsprozesse erleichtern uns den Umgang mit anderen Menschen. Beurteile ich zum Beispiel einen Menschen, dem ich zum ersten Mal begegne, als zurückhaltend, unsicher und ängstlich, dann kann ich mein Verhalten diesem Menschen gegenüber auf dessen besondere Persönlichkeit hin ausrichten. Durch die Einschätzung von anderen Menschen reduzieren wir zudem die Komplexität in der Wahrnehmung der Person. Dabei nutzen wir meist einfache dichotome Schemata bzw. Kategorien wie »freundlich – unfreundlich«, »extravertiert – introvertiert«, »einfältig – klug« oder auch »Freund – Feind«.

Auch der betriebliche Alltag ist gekennzeichnet von permanent ablaufenden, oft unbewussten Beurteilungsprozessen, die sich auf und zwischen allen Ebenen abspielen, zum Beispiel zwischen Kollegen, die um knappe Stellen konkurrieren oder bei Mitarbeitern dem neuen Geschäftsführer gegenüber, der sich auf einer Betriebsversammlung vorstellt. Im betrieblichen Geschehen gibt es zudem eine Vielzahl von Personalentscheidungen, die eine bewusste und meist auch eine nach außen zu vertretende Beurteilung der Leistung oder der Fähigkeiten der betroffenen Mitarbeiter erfordern. Eine derartige Personalbeurteilung setzt eine explizite Form bzw. einen formalisierten Ablauf nicht voraus. Aus Gründen von Transparenz und Nachvollziehbarkeit wird in Organisationen allerdings meist ein offenes und dokumentiertes Verfahren bevorzugt. Als besonders positiv gilt die Möglichkeit, den Mitarbeitern eine differenzierte Rückmeldung über ihr Auftreten und ihre Leistungen zu geben. Allerdings wird das Instrument Personalbeurteilung auch als äußerst brisant wahrgenommen. Wir werden zeigen, dass die praktizierten Verfahren mit zahlreichen Problemen verbunden sind und Nachvollziehbarkeit nicht unbedingt garantieren können.

Begriff und Merkmale

Unter Personalbeurteilung versteht man die Bewertung eines Organisationsmitglieds. In diesem Sinne findet Personalbeurteilung in jeder Organisation statt, unabhängig davon, ob die Beurteilung schriftlich festgehalten wird, ob es ein ausgearbeitetes und einheitlich anzuwendendes Verfahren gibt oder nicht. Verschiedene personalwirtschaftliche Entscheidungen über Beförderungen, Entwicklungsmaßnahmen oder -programme, die Entgeltgestaltung oder auch im Hinblick auf die Entlassung von Mitarbeitern gründen auf – unter Umständen eben auch implizit getroffenen – Bewertungen.

Spricht man aber im engeren Sinne vom personalwirtschaftlichen Instrument der Personalbeurteilung, dann meint man damit ein Verfahren, das explizit formulierten Regeln folgt, z. B. in regelmäßigen Abständen – zumeist in einem jährlichen Rhythmus, selten häufiger – oder bei Vorliegen bestimmter Entscheidungsanlässe stattfindet. Es wird festgelegt, wer für die Beurteilung zuständig ist. Der Beurteiler soll systematisch, d. h. anhand vorgegebener Kriterien und entsprechenden Verfahrensschritten, zu seiner Bewertung kommen. Er wird in seiner Urteilsfindung durch einen Beobachtungsbogen unterstützt. Eine wichtige Rolle spielt außerdem die Besprechung der Ergebnisse der Beurteilung mit dem Betroffenen in einem gesonderten Gespräch.

Varianten

Nach der primären Zwecksetzung unterscheidet man insbesondere zwischen einer förderorientierten und einer entgeltorientierten Personalbeurteilung. Bei der förderorientierten Personalbeurteilung geht es primär um die Erkundung von Leistungspotentialen, um den Mitarbeitern gezielt Empfehlungen und Unterstützung für ihre weitere berufliche Entwicklung zukommen zu lassen. Ihre Anwendung setzt eine offene und vertrauensvolle Atmosphäre voraus, da sie darauf angewiesen ist, dass freimütig über eventuell vorhandene Schwächen gesprochen wird. Der entgeltorientierten Personalbeurteilung liegt oft ein Wettbewerbsgedanke zugrunde, weil in ihr über materielle Ressourcen und ihre Verteilung auf die verschiedenen Mitarbeiter zu entscheiden ist. Meistens erfolgt die Personalbeurteilung durch den unmittelbaren Vorgesetzten, man spricht in diesem Fall meistens von einer »Mitarbeiterbeurteilung«. Umgekehrt kann auch der Vorgesetzte durch seine Mitarbeiter beurteilt werden, man spricht dann von einer »Vorgesetztenbeurteilung« (Nerdinger 2005). Daneben gibt es aber auch Unternehmen, in denen – zumindest ansatzweise – die Beurteilung durch unterschiedliche Anspruchsgruppen (Vorgesetzte, Untergebene, Kunden, Kollegen) erfolgt (»360 Grad Feedback«, vgl. Neuberger 2000). Im Übrigen gibt es so viele Varianten der Personalbeurteilung wie Ausgestaltungsmöglichkeiten (s.u. sowie u.a. Neuberger 1984, Oechsler 1992, Marcus/Schuler 2001, Breisig 2005, Fletcher 2008, Becker 2009).

Zwecke

Das Instrument der Personalbeurteilung lässt sich für vielfältige Zwecke nutzen (► Tab. 4.8). In eher bürokratisch organisierten, formalisierten Organisationen mit zentralisierten Entscheidungsstrukturen dominieren die unternehmerischen Ziele Planung und Kontrolle. Unternehmen führen in diesem Fall Personalbeurteilungen vor allem durch, um Daten z. B. für eine systematische Personaleinsatzplanung zu gewinnen. Sie können mit Hilfe der Beurteilung außerdem Aufschluss darüber gewinnen, welche Qualifizierungsmaßnahmen sie in welchem Umfang planen müssen. Darüber hinaus erhalten sie Informationen darüber, ob sich die Mitarbeiter weiterentwickeln oder ob und inwiefern sie ihre Leistungs- und Entwicklungsziele erfüllen. Sollen in einem Unternehmen vor allem gute zwischenmenschliche Beziehungen zwischen Führungskräften und Mitarbeitern aufgebaut werden, dann verbindet man mit dem Einsatz von Personalbeurteilung eher die Ziele des Feedbacks, der Kommunikationsförderung, der Beratung und Förderung bzw. Entwicklung der Mitarbeiter. Eine weitere Zielsetzung aus unternehmerischer Perspektive stellt die Entgeltdifferenzierung dar. Personalbeurteilung dient in diesem Fall unter anderem dazu, den variablen Anteil am Entgelt festzulegen.

Tab. 4.8: Ziele der Personalbeurteilung

Ziele des Managements	Ziele der Mitarbeiter	Latente Ziele
Personaleinsatz	Leistungsziele	Stärkung der Vorgesetztenposition
Personalentwicklung	Karriereziele	Stärkung der bestehenden Herrschaftsstrukturen
Entgeltdifferenzierung	Einkommensziele	Beeinflussung der Unternehmenskultur
Personalführung und Kontrolle	Informationsziele	Beeinflussung des Arbeitgeberimages

Auch die Mitarbeiter verbinden mit der Personalbeurteilung Einkommensziele. Allerdings geht es ihnen hierbei weniger um den Vergleich mit den Kollegen als vielmehr darum, ihren persönlichen Leistungsbeitrag herauszustellen und auf die Kriterien Einfluss zu nehmen, die bei der Beurteilung ihrer Leistung herangezogen werden. Ähnliches gilt für die Karriereziele. Von einem institutionalisiertem Beurteilungsgespräch mit dem Vorgesetzten versprechen sich die Mitarbeiter, dass sie ihre persönlichen Vorstellungen hinsichtlich ihrer Weiterentwicklung im Unternehmen äußern können und diese auch Gehör finden. Verbunden damit ist der Wunsch, regelmäßig Rückmeldung bezüglich der Einschätzung des eigenen Leistungsverhaltens und Orientierungen für eventuelle Korrekturen zu erhalten.

Neben diesen offiziellen Zielen werden mit dem Einsatz der Personalbeurteilung auch versteckte Ziele verfolgt. So kann z. B. die Einführung eines systematischen, formalisierten Verfahrens der Personalbeurteilung dazu dienen, die Grenzen zwischen Vorgesetzten- und Mitarbeiterfunktionen deutlich zu machen. Das dient einerseits der Stärkung der Vorgesetztenposition, andererseits werden damit aber auch die Verhaltenserwartungen klarer herausgestellt. Die Einführung einer systematischen, formalisierten Beurteilung der Mitarbeiter durch die Vorgesetzten kann auch dazu genutzt werden, die bestehenden Machtverhältnisse in der Organisation zu bestärken. Außerdem kann die Einführung der Personalbeurteilung dazu benutzt werden, bestehende stark dezentrale Entscheidungsbefugnisse wieder zurückzunehmen. Und unabhängig von den jeweiligen Absichten wird man davon ausgehen müssen, dass die Art und Weise, wie Personalbeurteilung »gelebt« wird, die Unternehmenskultur und das Arbeitgeberimage nachhaltig prägt.

Gestaltungsparameter

Die Ausführungen zur Zielvielfalt deuten bereits an, dass sich das Instrument der Personalbeurteilung recht unterschiedlich ausgestalten lässt. Die Übersicht in Tabelle 4.9 zu den wichtigsten Ansatzpunkten der Gestaltung einer Personalbeurteilung und den hierzu bestehenden Alternativen zeigt die Vielfalt der Umsetzungsmöglichkeiten.

Vielfältige Gestaltungsmöglichkeiten gibt es bereits bei der Festlegung der *Beurteilungskriterien*. Eine hilfreiche Systematik bietet die Zuordnung der vielen möglichen Kriterien nach Eigenschaften, Leistungsergebnissen und Verhalten (vgl. Lueger 2002). Unter Eigenschaften versteht man überdauernde Persönlichkeitsmerkmale, die einer Person zugeschrieben werden, etwa Initiative, Belastbarkeit, Einfühlungsvermögen, Analysefähigkeit oder auch Konfliktfähigkeit. Es ist recht einfach, einen Kriterienkatalog zur Personalbeurteilung auf der Grundlage von Eigenschaften zusammenzustellen und diesen mit nur geringem Aufwand für verschiedene Mitarbeitergruppen anzupassen. Gerne werden in der betrieblichen Praxis eigenschaftsorientierte Kompetenzkataloge genutzt, um diese neben der Personalbeurteilung auch für die Personalauswahl, die Feststellung des Entwicklungsbedarfs und als Grundlage für Karriereentscheidungen zu nutzen. Allerdings sind Eigenschaften nicht direkt beobachtbar und hängt ihre Ermittlung demzufolge sehr stark von der Wahrnehmungs- und Abstraktionsfähigkeit des Beobachters ab. Mit der Beurteilung von Eigenschaften kann entsprechend ein hohes Maß an Willkür einhergehen. Die Beurteiler sind oft sowohl in ihrer Urteilsfindung als auch bei der Erläuterung ihrer Beurteilung gegenüber den Betroffenen überfordert. Außerdem ist die Akzeptanz bei den Betroffenen oft gering, unter anderem deshalb, weil sie das Gefühl haben, dass mit einer schlechten Bewertung gleich ihre Fähigkeiten insgesamt und auch ihre Persönlichkeit in Frage gestellt werden. Besser schneiden eigenschaftsbasierte Beurteilungen ab, wenn die Kriterien möglichst präzise hinsichtlich ihrer Relevanz für eine bestimmte Berufsgruppe konkretisiert bzw. definiert werden. So lässt sich beispielsweise die Gewissenhaftigkeit im Umgang mit Geldangelegenheiten bei einem Kassierer relativ leicht operationalisieren und beurteilen.

Tab. 4.9: Gestaltungsparameter und -alternativen der Personalbeurteilung

Gestaltungsparameter	Ausprägungen
Art der Beurteilungskriterien	Eigenschaften, Leistungsergebnisse, Verhalten
Anzahl der Beurteilungskriterien	Sehr wenige, einige, viele
Art der verfolgten Zielsetzungen	Leistungsermittlung, Potentialermittlung
Anzahl der verfolgten Zielsetzungen	Eine, mehrere, viele
Anlass der Beurteilung	Regelbeurteilung, Bedarfsbeurteilung
Beurteilende Person(en)	Vorgesetzte, Mitarbeiter, Kollegen, Kunden, der Betroffene selbst, Sonstige
Verknüpfung mit Maßnahmen zur Ergänzung und Abstützung	Kein Bezug, loser Bezug, enger Bezug
Abstimmung mit anderen Instrumenten	Kein Bezug, loser Bezug, enger Bezug
Verfahren der Beurteilung	Einstufungsverfahren, unterschiedsorientierte Verfahren, Rangordnungsverfahren, zielorientierte Verfahren

Tab. 4.9: Gestaltungsparameter und -alternativen der Personalbeurteilung – Fortsetzung

Gestaltungsparameter	Ausprägungen
Nutzung als Benchmarking-Instrument	Individuell, Vergleich in/zwischen Abteilungen, unternehmensweite Vergleiche
Verwendung für die Entgeltfindung	Ja, nein
Partizipation bei der Entwicklung der Beurteilungskriterien, des Verfahrens	Information, Befragung, Beratung, Mitbestimmung
Häufigkeit der Beurteilung	Regelmäßig, sporadisch, anlassbezogen

Bei der Beurteilung der Leistung kommen sowohl »harte« als auch »weiche« Kriterien zum Einsatz. Harte Kriterien orientieren sich an Kennzahlen, also z. B. an Stückzahlen, Umsätzen, Auftragseingängen oder auch Fehlerquoten. Sie beziehen ihre Stärke aus ihrer leichten Erfassbarkeit. Die Feststellung, ob ein Mitarbeiter, den »weichen« Kriterien genügt, also z. B. wie gut seine Analysen und Ausarbeitungen sind oder wie gut er Kundengespräche führt, ist dagegen weniger leicht nachvollziehbar und sehr stark von subjektiven Einschätzungen geprägt. In vielen Aufgabenbereichen sind allerdings gerade die so genannten weichen Größen von zentraler Relevanz. Ihre Anwendung stößt dessen ungeachtet auf Vorbehalte, und man konzentriert sich lieber auf die vermeintlich harten Größen, was fatal an die Geschichte des Mannes erinnert, der seinen verlorenen Schlüssel ausschließlich unter der Laterne sucht, weil ihm ja sonst kein Licht leuchtet. Gegen den Einsatz von ergebnisbezogenen Kriterien spricht, dass sie den Prozess des Zustandekommens von Leistungen nicht berücksichtigen. Auch beziehen sie sich oft auf kurzfristige Ziele, etwa die Steigerung des Umsatzes, während längerfristige Ziele, wie etwa die Förderung einer guten Kundenbeziehung, außer Acht gelassen werden. Der zuletzt genannte Punkt, also das Auftreten gegenüber den Kunden, ist ein Beispiel für ein verhaltensorientiertes Beurteilungskriterium. Weitere Beispiele betreffen die Zusammenarbeit mit den Kollegen, das Verhalten gegenüber Vorgesetzten, die Förderung von Mitarbeitern und das Engagement bei der Projektarbeit. Die verhaltensbezogenen Kriterien sollten möglichst präzise auf die jeweilige Tätigkeit hin bezogen werden, damit sie auch aussagekräftig sind. Das macht das Beurteilungssystem allerdings einigermaßen aufwändig. Gleichgültig welche Kriterien man verwendet, alle haben ihre Schwächen, und ihr Einsatz stellt die Anwender vor jeweils eigene Herausforderungen, denen man sich auch stellen sollte. Die Praxis sucht häufig einen Ausweg durch eine Mischung der Kriterienarten. Das ist aber nur bedingt hilfreich (die Vorteile der verschiedenen Arten von Kriterien addieren sich nicht von selbst) und es kann zu Komplikationen im Beurteilungsgespräch kommen, weil es schwer ist, gleichzeitig über spezifische, klar definierte Ziele und über eher vage, generell wünschenswerte Eigenschaften zu sprechen.

Beurteilungsverfahren unterscheiden sich nicht nur in der Art, sondern auch in der *Anzahl der Beurteilungskriterien*. Zieht man nur wenige Kriterien zur Beurteilung heran, dann reduzieren sich die möglichen Konfliktpunkte zwischen Beurteilern und Beurteilten, der Aufwand für die Urteilsfindung sinkt ebenso wie die Dauer des Beurteilungsgesprächs. Die Beschränkung auf nur wenige und dazu noch quantifizierbare Ergeb-nisziele erleichtert es den Betroffenen, sich auf die bestmögliche Erfüllung der Zielgrö-ßen zu konzentrieren. Allerdings kann es damit zur Vernachlässigung wichtiger anderer Aspekte des Arbeitslebens (etwa der Zusammenarbeit zwischen den Kollegen) kommen. Ein »umfassenderer« Kriterienkatalog kann dieser Gefahr möglicherweise entgegen-wirken, hat aber wiederum den Nachteil, dass die gezielte Steuerung des Mitarbeiter-verhaltens an Durchschlagskraft verlieren kann.

Auf die *Breite der Zielsetzungen*, die einer Personalbeurteilung zugrunde liegen können, sind wir bereits eingegangen. Tatsächlich versucht man in der betrieblichen Praxis immer wieder, mit dem eingesetzten Beurteilungsverfahren gleichzeitig mehrere ganz verschiedenartige Zielsetzungen zu realisieren und begründet dies meist mit Effizienzüberlegungen. Dabei wird aber übersehen, dass die verschiedenen Ziele häufig nicht miteinander kompatibel sind (Neuberger 1984). Aus dem Bemühen um eine Leistungsermittlung ergeben sich beispielsweise andere Anforderungen an Vorgesetzte und Mitarbeiter als beim Bemühen um die Potentialermittlung. Wenn die Beurteilung der Entgeltfindung dient, dann kommt es für die Mitarbeiter darauf an, möglichst gut und möglichst auch besser als die Kollegen abzuschneiden. Sie werden daher versu-chen, ihre Stärken herauszustellen und Kritik abzuwehren. Den Vorgesetzten kommt die Rolle zu, den Leistungsbeitrag des Mitarbeiters in kritischer Absicht und in Ab-grenzung zum Beitrag der Kollegen zu würdigen und die begrenzten Mittel leistungs-gerecht zu verteilen. Der Vorgesetzte ist damit gefordert, zu werten und zu urteilen. Beide Seiten werden aus ihrem jeweiligen Rollenverständnis heraus daher eher tak-tieren als offen miteinander umgehen. Demgegenüber setzt eine gelingende Potential-beurteilung eine Atmosphäre voraus, die es dem Mitarbeiter möglich macht, über eigene Schwächen, Defizite, Entwicklungsbedarfe und -bedürfnisse sprechen zu kön-nen, ohne gleich mit Nachteilen rechnen zu müssen. Leistungsbeurteilung zum Zwecke der Entgeltfindung und Potentialbeurteilung zum Zwecke der Personalförderung lassen sich daher schwerlich mit Hilfe eines einzigen Beurteilungsverfahrens miteinander vereinbaren.

Sehr häufig findet die Beurteilung in der Unternehmenspraxis einmal im Jahr statt. Es gibt jedoch auch halbjährliche oder zweijährige *Beurteilungsrhythmen*. Nicht selten ist außerdem eine anlassbezogene, auf einen konkreten Bedarf hin bezogene Regelung. Ein solcher Anlass ist beispielsweise das Ende der Probezeit, ein Stellenwechsel, eine geplante Versetzung, die Abordnung zu einer Fördermaßnahme oder die Entscheidung über eine Gehaltsveränderung. Welchen Beurteilungsrhythmus man wählt, hängt von den Zielen ab, die daran geknüpft werden. So erfordern die Ziele der Entgeltdifferenzierung und der Mitarbeiterkontrolle eine Regelbeurteilung. Andere Ziele wie die Förderung und Entwicklung der Mitarbeiter lassen sich aber sowohl mit einer regelmäßigen als auch mit einer bedarfsorientierten Beurteilung realisieren. Hier ist dann vor allem das kulturelle Selbstverständnis der Organisation bzw. die Personalpolitik entscheidend.

Ein zentraler Gestaltungsbereich der Personalbeurteilung betrifft die Wahl des *Beurteilungsverfahrens*. Grundsätzlich lassen sich die Personalbeurteilungsverfahren danach unterscheiden, ob sie formalisiert sind oder ob es sich um freie Verfahren handelt. Bei freien Verfahren werden keine festen Merkmale, Eigenschaften bzw.

Verhaltensweisen vorgegeben und bewertet. Gleichwohl wird ein solches freies Verfahren oft durch Strukturierungshilfen, etwa durch Schlüsselfragen wie die folgenden unterstützt:

- Welche Aufgaben werden in der derzeitigen Funktion gut/weniger gut erfüllt?
- Welches persönliche und/oder fachliche Verhalten des Mitarbeiters fördert oder behindert seine Arbeit?
- Über welche besonderen Kenntnisse, Fähigkeiten, Fertigkeiten und Erfahrungen bezogen auf die zu erfüllenden Aufgaben verfügt der Mitarbeiter?
- Sind Änderungen des Aufgabengebiets vorgesehen?
- Welche Kenntnisse, Fertigkeiten und Verhaltensweisen müssen wie weiterentwickelt werden, um den zukünftigen Aufgaben gerecht zu werden?
- Mit welchen Maßnahmen sollen die Mitarbeiter weiterentwickelt werden?

Tab. 4.10: Vorgehen in verschiedenen Beurteilungsverfahren

Beurteilungsverfahren	Kerngedanke	Zentrale Herausforderung
Einstufungsverfahren (knappe Version)	Ausgewählte Eigenschaften wie Zuverlässigkeit oder Teamfähigkeit sind anhand einer Notenskala einzustufen.	Geringer Entwicklungsaufwand, allerdings großer Interpretationsspielraum für den Beurteiler und sehr anfällig für Beurteilungsfehler.
Einstufungsverfahren (hoher Konkretisierungsgrad)	Eigenschaften werden anhand ausführlicher Verhaltensbeschreibungen in mehrere Erfüllungsstufen eingeteilt.	Je mehr einzelne Verhaltensaspekte in den Beurteilungsstufen angesprochen werden, desto unpräziser wird das Urteil.
Unterschiedsorientiertes Verfahren	Angaben über verschiedene Verhaltenskategorien und wie häufig diesbezüglich der Beurteilte schlechte, mittelmäßige, gute Verhaltensweisen zeigt.	Realistischeres Bild als bei einer pauschalen Einstufung, allerdings Gefahr der Scheinpräzision.
Kennzeichnungsverfahren	Knapp beschriebene Verhaltenstendenzen werden als zutreffend oder nicht zutreffend bewertet (z. B. ist hilfsbereit zu Kollegen, verbreitet Unzufriedenheit)	Hohe Fehlergefahr durch harte Ja/Nein-Entscheidungen und schwer vermittelbar im Beurteilungsgespräch.
Rangordnungsverfahren	Bezogen auf konkrete Verhaltensweisen und Eigenschaften werden vergleichbare Mitarbeiter in eine Rangfolge gebracht.	Wird Vielschichtigkeit der Menschen nicht gerecht, ist daher schwer zu vermitteln, produziert überwiegend Verlierer

Tab. 4.10: Vorgehen in verschiedenen Beurteilungsverfahren – Fortsetzung

Beurteilungsverfahren	Kerngedanke	Zentrale Herausforderung
Zielorientierte Beurteilung	Analyse von individuell vorgegebenen oder vereinbarten Aufgabenzielen hinsichtlich ihres Erreichungsgrads	Objektivierung des Beurteilungsgesprächs, eignet sich aber nicht für alle Arbeitsplätze und ist mit hohem Aufwand verbunden.

Freie Beurteilungsverfahren lassen sich flexibel gestalten und danach ausrichten, bezüglich welcher Punkte der größte Gesprächsbedarf besteht. Sie laden dazu ein, sich über wichtige Aspekte der Arbeit zu verständigen und über mögliche Unterstützungsleistungen nachzudenken. Das Gelingen eines damit verbundenen Beurteilungsgesprächs hängt allerdings entscheidend davon ab, ob Vorgesetzte und Mitarbeiter die Fähigkeit und Bereitschaft für einen unvoreingenommenen und offenen Umgang miteinander mitbringen. Für Vergleichszwecke eignen sich freie Beurteilungsverfahren naturgemäß nicht, da sie eine je individuelle Ausgestaltung erfahren und nicht mit einheitlichen Beurteilungsvorgaben arbeiten.

Dies ist anders bei formalisierten Beurteilungsverfahren. Ihnen geht es darum, die Mitarbeiter gemäß bestimmter vorgegebener Beurteilungskriterien zu bewerten. Eine Ausnahme machen die zielorientierten Verfahren, bei denen der Leistungsstand anhand jeweils speziell vereinbarter Ziele beurteilt werden soll (▶ **Tab. 4.10**). Die einfachen merkmalsbezogenen Einstufungsverfahren werden in der Literatur viel kritisiert. Dessen ungeachtet werden sie in der betrieblichen Praxis häufig angewandt. Nicht selten werden sie auch mit der Vereinbarung von Zielen kombiniert (ein Beispiel für einen entsprechenden Beurteilungsbogen findet sich in Abbildung 4.9). Die Begründung für dieses Vorgehen ergibt sich aus dem Bemühen, die jeweiligen Vorteile beider Verfahren zu nutzen und deren Nachteile zu vermeiden. Für die Beurteilung anhand von Zielvereinbarungen spricht insbesondere die damit erreichbare Flexibilität, die dadurch entsteht, dass für die jeweilige Beurteilungsperiode immer wieder neu aktuell wichtige Ziele bestimmt werden können (einseitig durch den Vorgesetzten oder durch eine gemeinsame Vereinbarung zwischen Vorgesetzten und Mitarbeitern). Am Ende der Beurteilungsperiode wird geprüft, ob diese Ziele auch erreicht wurden, und es wird (möglichst gemeinsam) analysiert, was gegebenenfalls dafür verantwortlich war, dass die Ziele verfehlt wurden. Man kann die wünschenswerten Leistungsgrößen also ganz speziell auf die jeweilige Arbeitssituation hin abstimmen und man kann dadurch, dass man die Mitarbeiter gleichberechtigt am Zielfindungsprozess mitwirken lässt, auch einiges für die Arbeitsmotivation bewirken. Nachteilig ist allerdings der damit verbundene hohe Aufwand, außerdem können zielorientierte Verfahren zum Taktieren verleiten und ohnehin schon vorhandene Konfliktlinien verschärfen oder auch neuartige Konflikte wecken.

Wesentlich weniger aufwändig gestaltet sich der einstufungsbezogene Teil der Beurteilung. Die Kategorien sind vorgegeben und vom Beurteiler wird lediglich eine summarische Einschätzung der jeweiligen Eigenschaften bzw. Verhaltensweisen des

Mitarbeiters verlangt, eine Beurteilung, die schnell vollzogen ist. Diese Vorteile werden allerdings durch erhebliche Probleme erkauft. Die Beurteilungskategorien sind zwangsläufig sehr abstrakt und damit interpretationsbedürftig und entsprechend subjektiven Deutungen ausgesetzt. Außerdem schwanken die je individuellen Maßstäbe, was dem einen als sehr gute Leistung erscheinen mag, ist für den anderen eine reine Selbstverständlichkeit und wird lediglich mit einer durchschnittlichen Note versehen. Mancher sieht sehr große Unterschiede in der Leistungsfähigkeit seiner Mitarbeiter, andere sehen dieselben Unterschiede als wesentlich weniger gravierend an.

Mitarbeiter(in)	Anlass				
Funktion	Hat die Position inne seit				
Name des Vorgesetzten					
Zielerreichung für die letzte Beurteilungsperiode	sehr gut	gut	ausreichend	minder ausreichend	nicht ausreichend
Ziel 1:					
Ziel 2:					

	sehr gut	gut	ausreichend	minder ausreichend	nicht ausreichend
Fachkenntnisse					
Kundenorientierung					
Teamfähigkeit					
Kommunikationsverhalten					
Verhalten gegen Vorgesetzte					
Initiative					
NUR für Führungskräfte:					
Mitarbeiterentwicklung					
Führungsstil					

	sehr gut	gut	ausreichend	minder ausreichend	nicht ausreichend
GESAMTURTEIL					

Ziele für die nächste Periode:	Gut erreicht, wenn:	Bis wann?

Entwicklungsmaßnahmen für den Mitarbeiter/die Mitarbeiterin:

Abb. 4.9: Beispiel eines Beurteilungsbogens (Quelle: Lueger 2002)

Der eine Beurteiler bevorzugt extreme, der andere moderate Urteile. Ist unter den Mitarbeitern jemand, der besonders heraussticht, dann wird diese Person oft als Beurteilungsanker gewählt, was zu einer Verzerrung in der Beurteilung der anderen Personen führt. Problematisch ist schon die Auswahl der Beurteilungskategorien. Die Qualität der Beurteilung steigt, je enger sich die Auswahl der Beurteilungskategorien an den Tätigkeitsmerkmalen orientiert. Je breiter das Tätigkeitsspektrum der verschiedenen, mit demselben Instrument beurteilten Mitarbeiter ist, desto weniger aussagekräftig werden daher die Urteile. Einen Ausweg aus den methodischen Problemen verspricht eine sorgfältige, wissenschaftlich fundierte Skalenkonstruktion. Diese gestaltet sich allerdings sehr aufwändig und hebt damit den eigentlichen Vorteil der Einstufungsverfahren wieder auf. Eine gewisse Hilfe ergibt sich immerhin durch die Möglichkeit, dem Beurteiler verschiedene »Handreichungen« zukommen zu lassen. Beispiele hierfür sind Beurteilungsfibeln, Listen mit Musterbeispielen, schriftliche Erläuterungen zum Umgang mit Zweifelsfällen sowie Diskussionsrunden, in denen die Beurteiler ihre Erfahrungen und Vorgehensweisen austauschen. Vollständig auflösen lassen sich die methodischen Probleme der Einstufungsverfahren damit allerdings nicht. Und was schließlich die Ausgangsfrage angeht, durch die Kombination von Einstufungs- und Zielverfahren gewinnt man zwar ein umfassenderes Bild, und man profitiert auch von den Vorteilen der beiden Verfahren. Wie eine wechselseitige Begrenzung der Nachteile aussehen soll, ist allerdings nicht zu erkennen.

Wirkungshypothesen

Vom Einsatz der Personalbeurteilung verspricht man sich naturgemäß, dass man damit das eine oder andere der in Tabelle 4.8 angeführten Ziele erreicht. Ob die damit verbundenen Erwartungen gerechtfertigt sind, stellt sich oft erst beim konkreten Einsatz des Instrumentes heraus. Speziell bei der Personalbeurteilung müssen sehr viele Aspekte zusammenspielen, damit sie das auch halten kann, was ihre Befürworter sich von ihr versprechen. Dessen ungeachtet (oder gerade deswegen) sollte man sich bereits im Vorfeld der Anwendung Gedanken darüber machen, welche Wirkungen von den einzelnen Gestaltungsalternativen ausgehen können und wie wahrscheinlich es ist, dass sie in der jeweils gegebenen betrieblichen Situation auch eintreten werden. Wir können hier nicht auf alle Varianten von Beurteilungssystemen und auf alle deren Anwendungsbedingungen eingehen, sondern wollen nur exemplarisch die Frage betrachten, welche Wirkungen vom Gestaltungsparameter »Verwendung der Personalbeurteilung für die Entgeltfindung« ausgehen können oder als Frage formuliert: »Ist es immer sinnvoll, die Beurteilungsergebnisse in die Festlegung des Entgelts einfließen zu lassen?« Die Antwort auf diese Frage ist scheinbar in den Fällen schon vorentschieden, in denen Tarifverträge explizit einen variablen Anteil an der Entlohnung vorsehen, der mit Hilfe einer Leistungsbeurteilung festzulegen ist (ein nicht seltener Fall). Dennoch stellt sich auch hier die Frage, ob eine zwingend vorzunehmende entgeltfestlegende Leistungsbeurteilung besser getrennt von einem zusätzlichen feedbackorientierten Beurteilungsgespräch stattfinden sollte. In jedem Fall sollte man sich im Rahmen frei gestaltbarer Beurteilungsverfahren intensiv damit auseinandersetzen, ob man die Beurteilung an die Entgeltfindung koppeln will oder nicht.

So sollte man sich unter anderem die folgenden Fragen stellen: Ist der Anreiz hoch genug, so dass ihn der Mitarbeiter auch »spürt«? Ist der Zusatzaufwand, den der Mitarbeiter erbringen muss, um eine prämienwirksame Beurteilung zu erhalten, eventuell zu hoch? Haben die Arbeitnehmer die notwendigen Fähigkeiten, um die Zusatzleistung zu erbringen? Ist der fixe Betrag, der für die »Normalleistung« angesetzt ist, so niedrig, so dass der Verdacht einer verdeckten Leistungsverdichtung entstehen kann? Der zuletzt genannte Punkt zeigt, dass von einer falsch justierten Personalbeurteilung auch leicht negative Leistungswirkungen ausgehen können. Dies ist insbesondere dann zu erwarten, wenn die entscheidenden Leistungsbeiträge nur von jemandem erbracht werden können, der hierfür die notwendige intrinsische Motivation mitbringt und wenn diese Einsicht vom Beurteilungssystem sabotiert wird, wenn also in seiner Anwendung eine Haltung des Arbeitgebers zum Ausdruck kommt, die meint, man könne hohe Identifikation mit hohen Prämien erkaufen. Dabei wird übersehen, dass intrinsische Motivation nicht von materieller, sondern von authentischer Anerkennung lebt und davon, dass man nicht ständig auf die Erfüllung von Leistungsstandards starrt (Sprenger 1991, Kohn 1993). Dennoch ist es nicht unmöglich, besonderes Leistungsverhalten zu fördern und zwar z. B. dadurch, dass man bei der Konzipierung und Anwendung des Beurteilungsverfahrens die angeführten kritischen Gesichtspunkte berücksichtigt. Ähnliches gilt für die Förderung kooperativen Verhaltens. Auch hier kommt es darauf an, dass man das richtige Verhalten belohnt (also z. B. Kollegialität, Vorbildverhalten, Zivilcourage) und nicht etwa Verhaltensweisen, die nur scheinbar etwas mit sozialdienlichem Verhalten zu tun haben (unspezifische soziale Fähigkeiten, die Begabung, sich selbst gut darzustellen usw.). Ein grundsätzliches Problem, das sich negativ auf die Kooperationsbereitschaft auswirken kann, ergibt sich aus dem Tatbestand, dass die positive Auszeichnung besonderer »Leistungsträger« unvermeidlich damit einhergeht, dass die übrigen Personen damit implizit herabgestuft werden. Dieses Problem verschärft sich zusätzlich dann, wenn für die Prämienvergabe nur ein fixer Betrag zur Verfügung steht, weil dann jeder, der für seine Leistung besonders belohnt wird, damit die Summe mindert, die zur Verteilung unter den übrigen Mitarbeitern bleibt. Und schließlich kann man auch hinsichtlich der Absicht, durch die Anreizkopplung der Beurteilung die Anpassungs- und Lernbereitschaft der Mitarbeiter zu fördern, danebengreifen. Dies kann z. B. dadurch geschehen, dass man Fehler, die ein Mitarbeiter gemacht hat, durch eine negative Beurteilung sanktioniert. Damit wird nur erreicht, dass dieser alles dafür tun wird, um künftighin Fehler zu vermeiden – was sich zunächst positiv anhört, tatsächlich aber dem Lernverhalten extrem abträglich ist, denn Lernen setzt die Bereitschaft voraus, etwas anders zu machen als bisher, Neues zu erproben, Risiken einzugehen und sich damit eben der Gefahr auszusetzen, Fehler zu machen. Und schließlich ist in Tabelle 4.11 noch eine »banale« Voraussetzung dafür angeführt, dass es sinnvoll ist, Lernverhalten positiv zu bewerten: Wenn die Lerninhalte letztlich nichts mit den Arbeitstätigkeiten zu tun haben oder wenn die verbesserten Fähigkeiten sich nicht umsetzen lassen (z. B. weil notwendige arbeitsorganisatorische Veränderungen nicht geduldet werden), dann macht auch eine besondere Belohnung des Lernverhaltens keinen Sinn.

Tab. 4.11: Mögliche Wirkungen eines Gestaltungsparameters auf die personalwirtschaftlichen Grundfunktionen

Parameterausprägung: Die Beurteilung ist Element der Entgeltfindung			
Wirkungs-bereich	Wirkung	Begründung/ Erklärung	Bedingung
Leistung	+	Die Anstrengung steigt, weil sich eine positive Beurteilung materiell auszahlt.	Notwendig ist ein enger Bezug zwischen den Beurteilungskriterien und der Arbeitsleistung.
	–	Der Mitarbeiter fühlt sich durch das Belohnungsversprechen »gegängelt«.	Wenn dem Belohnungssystem eine »kalte« Tauschmentalität zugrunde liegt, ist die intrinsische Motivation gefährdet.
Kooperation	+	Kooperatives Verhalten kann belohnt werden.	Kooperatives Verhalten muss auch gut erkannt werden können.
	–	Es gibt neben Gewinnern immer auch Verlierer der Beurteilung.	Bei einem intransparenten Verfahren verstärkt sich der Missgunst-Effekt.
Lernen	+	Der Anreiz durch materielle Leistungsbelohnung steigert die Lernbereitschaft.	Die Tätigkeit lässt es überhaupt zu, dass eine Verbesserung der belohnten Fähigkeiten auch zu einer Verbesserung der Leistung führt.
	–	Das Streben nach Fehlervermeidung (weil zeitaufwändig) wird beeinträchtigt.	Konventionelles Verhalten wird belohnt, unkonventionelles Verhalten ist riskant.

Wie sich diesen Argumenten entnehmen lässt, gibt es bezüglich der Wirksamkeit unseres exemplarisch betrachteten Gestaltungsparameters viele »Wenn und Aber«, so dass eine Urteilsfindung nicht immer leicht fällt. Die Konsequenz daraus kann aber natürlich nicht sein, diese Überlegungen aufzugeben und der Einfachheit halber ein Vorgehen zu wählen, dass sich anderweitig »praktisch bewährt« hat, oder das in der Literatur gerade als »State of the Art« gepriesen wird. Letztlich kommt man nicht umhin, die jeweils gegebenen betrieblichen Voraussetzungen zu berücksichtigen, und das Instrument entsprechend anzupassen, wenn man eine qualitativ gute Personalarbeit machen will. Der Begriff der Anpassung hört sich dabei passiver an, als er gemeint ist, er umfasst nämlich in unserem Zusammenhang durchaus auch das Bemühen, die Bedingungen, die für das Gelingen des Instrumenteneinsatzes große Bedeutung haben, selbst wiederum zu gestalten, also gewissermaßen die Anwendungsbedingungen für die Personalbeurteilung erst noch zu schaffen.

Anwendungsbedingungen

Wie im letzten Abschnitt skizziert, gibt es Anwendungsvoraussetzungen, die die Wirksamkeit einzelner Parameter betreffen. Daneben gibt es eine Reihe von Anwendungsbedingungen, die ganz generell gegeben sein sollten, damit die mit dem Einsatz von Beurteilungsverfahren angestrebten Ziele erreicht werden können. Eine erste fundamentale Voraussetzung ist eine hinreichende Kommunikationsfähigkeit sowohl auf Seiten des Beurteilers als auch auf Seiten des Beurteilten. Wie bereits beschrieben, gehört zu einer Personalbeurteilung immer auch ein Beurteilungsgespräch, dessen Bedeutung gar nicht überschätzt werden kann. Im Beurteilungsgespräch geht es darum, ein gemeinsames Verständnis über die Leistungsanforderungen und Leistungsbeiträge zu gewinnen und darum, aus der gemeinsamen Erfahrung in der zurückliegenden Betrachtungsperiode zu lernen. Wenn der Beurteiler nicht in der Lage ist, die Beurteilungskriterien zu erläutern und die Gründe, die ihn zu seinem Urteil geführt haben, nachvollziehbar zu machen, dann ist kaum zu erwarten, dass sich daraus weiterhin eine produktive Arbeitsbeziehung entwickeln kann. Umgekehrt muss auch der Beurteilte zu einer begründeten Einschätzung seines Verhaltens kommen. Er muss in der Lage sein, seine Sicht der Dinge zu vermitteln und plausibel machen zu können, was ihn bei diesem oder jenem Anlass dazu geführt hat, anders zu handeln, als das der Vorgesetzte vielleicht erwartet hat. Ebenso wichtig wie die Fähigkeit, sich verständlich zu machen, ist die Fähigkeit, den anderen zu verstehen. Daraus ergeben sich sowohl Anforderungen für eine angemessene Einschätzung der Beurteilungssituation (ich muss verstehen, welche Rolle der andere jeweils innehat, welchen Belastungen und Erwartungen er ausgesetzt ist) als auch Anforderungen an das Einfühlungsvermögen. Niemand lässt sich wirklich gern beurteilen (eine Beurteilung impliziert immer ein asymmetrisches Verhältnis) und auf negative Urteile ist man schon gar nicht erpicht. Entsprechend ist vom Beurteiler – zumal wenn es einiges zu bemängeln gibt – zu verlangen, dass er sein Urteil sachlich, respektvoll und konstruktiv vorbringt. Hilfreich ist nicht zuletzt deshalb eine intensive Schulung der Beurteiler – aber auch der Beurteilten, denn, wie gesagt, die Beurteilung ist letztlich ein zweiseitiger Prozess, den beide Parteien durchschauen und gemeinsam gestalten sollten, um davon profitieren zu können. Eine Schulung kann zumindest dazu beitragen, Fehlerquellen zu beseitigen, die in den Überlegungen und Verhaltensweisen der Akteure angesiedelt sind (▶ Abb. 4.10). Es gibt zahlreiche Urteilstendenzen, die ein »objektives« Urteil beeinträchtigen können. Hierzu gehören zum Beispiel auf Seiten des Beurteilers

- die Neigung, sich selbst zum Maßstab der Beurteilung seiner Mitarbeiter zu machen,
- der Milde-Effekt – oder auf der anderen Seite der Strenge-Effekt – womit die Neigung gemeint ist, entweder die negativen oder aber die positiven Aspekte über Gebühr zu gewichten,
- die Tendenz zur Mitte, die dadurch entsteht, dass man sich nicht der Zumutung stellt, Leistungsunterschiede angemessen deutlich zu machen,
- der Halo-Effekt, womit gemeint ist, dass die Einschätzung der verschiedenen Leistungsaspekte häufig unzulässig stark vom Urteil über ein besonders auffälliges Verhaltensmerkmal geprägt ist.

Ganz zentral ist natürlich auch das richtige Verständnis davon, was mit den Beurteilungskriterien genau gemeint ist und welche Eigenschaften oder Verhaltensweisen darunter zu subsumieren sind. Die Urteilsfindung wird außerdem durch das je eigene Verhalten des Beurteilers beeinflusst, z. B. durch sein stärker oder schwächer ausgeprägtes Bemühen, das Verhalten seiner Mitarbeiter regelmäßig und mit der notwendigen Sorgfalt und Gewissenhaftigkeit zu beobachten.

Störquellen gibt es auch von Seiten des Beurteilten, der aus nahe liegenden Gründen dazu neigt, sich gezielt in ein positives Licht zu stellen und weniger schätzenswerte Seiten eher in den Hintergrund zu rücken. Das gelingt nicht allen Mitarbeitern gleich gut, hat aber häufig nichts mit deren tatsächlichen Leistungen zu tun. Außerdem ist es nicht gleichermaßen leicht, die Arbeitstätigkeiten der zu beurteilenden Mitarbeiter zu verfolgen, manche Tätigkeiten finden gewissermaßen in der Öffentlichkeit statt, führen rasch zu Resultaten und die erbrachten Leistungen sind leicht zu beurteilen, für andere Tätigkeiten gilt das genaue Gegenteil. Eine weitere Fehlerquelle, die eine objektive Beurteilung beeinträchtigen kann, ist also in der jeweiligen Arbeitssituation zu suchen. In Abbildung 4.10 sind schließlich noch interaktions- und verfahrensbedingte Fehlerquellen genannt. Interaktionsbedingte »Fehler« ergeben sich dann, wenn die Qualität der persönlichen Beziehungen zwischen dem Beurteiler und dem Beurteilten die Urteilsfindung beeinträchtigt. Verfahrensbedingte Probleme entstehen aus unangemessen langen Beurteilungszeiträumen, der Verwendung von Beurteilungskategorien, die keine Verankerung in einer Tätigkeitsanalyse haben oder ganz allgemein aus einer Fehlspezifizierung der Gestaltungsparameter, also aus einer unangemessenen Gestaltung. Die sorgfältige Anpassung des Instruments an die jeweiligen betrieblichen Besonderheiten ist die wohl wirkungsvollste Maßnahme, um zwei weiteren Voraussetzungen zu genügen, die den erfolgreichen Einsatz von Personalbeurteilungssystemen bedingen: der Akzeptanz durch die Betroffenen und der Stimmigkeit mit der jeweiligen Unternehmenskultur. An der Bedeutung dieser beiden zuletzt genannten Anwendungsvoraussetzungen zeigt sich im Übrigen recht eindringlich, dass es nicht immer sinnvoll ist, Personalbeurteilungen einzuführen, nicht selten empfiehlt es sich auch, schlichtweg darauf zu verzichten.

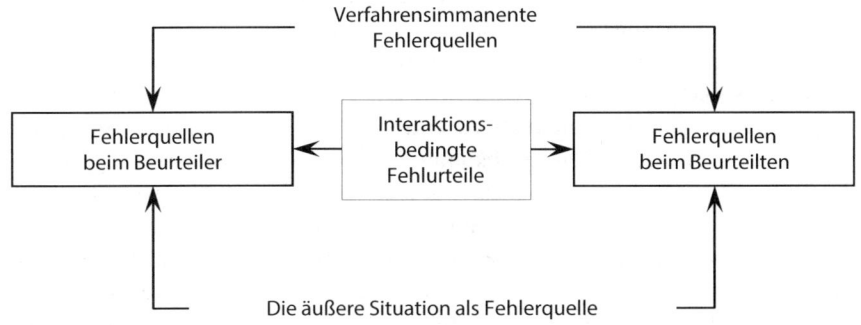

Abb. 4.10: Fehlerquellen der Personalbeurteilung (nach Liebel 1992, 128)

Beurteilung

Aufgrund des Variantenreichtums und der Vielfalt der Ausgestaltungsmöglichkeiten verbietet sich eine pauschale Beurteilung des Instruments der Personalbeurteilung. Selbst die Frage, ob Personalbeurteilungsverfahren generell zu empfehlen oder abzulehnen sind, lässt sich nicht schlüssig beantworten. Bei sachgerechter Gestaltung können die Ziele, die man mit der Personalbeurteilung verfolgt, durchaus erreicht werden, wobei allerdings die jeweiligen Anwendungs- oder Erfolgsbedingungen zu beachten sind. Auch ist die Gefahr groß, dass Nebenfolgen eintreten, die man weder aus zweckrationalen noch aus wertrationalen Gründen wünschen kann. Die wohl größte Problematik ergibt sich aus der Gefahr einer hintergründigen Ideologisierung, die einem Beurteilungsmythos Geltung verschafft, der von der absurden Überzeugung getragen ist, alle Menschen müssten ständig kontrolliert werden. Etwas harmloser, aber dessen ungeachtet gleichwohl ziemlich unerfreulich, ist eine weitere Nebenwirkung, die dadurch entsteht, dass man die Signale unterschätzt, die in der Personalbeurteilung stecken. Jede Beurteilung stellt bestimmte Aspekte des Arbeitsverhaltens als besonders wünschenswert heraus, womit man leicht die Schlussfolgerung verknüpft, andere Aspekte seien weniger wichtig, ein Fehlschluss, der leider erst sichtbar wird, wenn die Betroffenen im mehr oder minder wohlverstandenen Eigeninteresse dazu übergegangen sind, ihr Verhalten einseitig auf die positiv ausgezeichneten Aspekte hin auszurichten und die anderen, meist ebenfalls sehr wichtigen Arbeitsaspekte zu vernachlässigen. Eine weitere negative Folge von Beurteilungssystemen ergibt sich aus der Aufforderung an die Beurteiler, die Unterschiede zwischen ihren Mitarbeitern zu betonen, wo es doch eigentlich darauf ankommt, die Gemeinsamkeiten herauszustellen und zu fördern.

Neben diesen negativen Seiten der Personalbeurteilung sollte man allerdings nicht die positiven Seiten übersehen, die eine gut konzipierte Personalbeurteilung auch haben kann und denen man die moralische Relevanz nicht absprechen sollte. Der wohl wichtigste Punkt ist der, dass die Personalbeurteilung dazu beitragen kann, Transparenz herzustellen, also insbesondere eine Klärung darüber herbeiführen kann, welche Anforderungen an den Arbeitnehmer gestellt werden und inwieweit er diesen Anforderungen nachkommt. Das Verfahren der Personalbeurteilung enthält damit die Möglichkeit, eine Grundlage für eine sachgerechte Diskussion zu finden, weil die Ansprüche nicht im Ungefähren bleiben, sondern deutlich benannt und gegebenenfalls auch geändert werden können. Sachgerecht und mit Augenmaß angewandt befördert die Personalbeurteilung die Leistungsgerechtigkeit, indem sie besondere Leistungen auch besonders würdigt und indiskutable Leistungen als solche erst diskutierbar macht. Die Personalbeurteilung kann außerdem dazu genutzt werden, um Potentiale zu erkennen, was dem zentralen Interesse der Arbeitnehmer auf Förderung entgegenkommt. Wenn die Personalbeurteilung außerdem nicht als einseitiges Kommunikationsinstrument verwendet, sondern zu einem beiderseitigen Feedback genutzt wird, ist es außerdem möglich, Fehlentwicklungen im Verhältnis von Arbeitgebern und Arbeitnehmern zu erkennen und diesen entgegenzuwirken.

Im Übrigen sollte man die Prinzipien einer guten Gestaltung beachten. Mit am wichtigsten ist das Prinzip, die Beurteilung auf die jeweils gegebenen Arbeitsanforderungen oder auf die angestrebten Leistungsziele hin auszurichten. Ein anderes Prinzip lautet, dass man nicht versuchen sollte, Unvergleichbares vergleichbar zu machen, etwa durch pauschale Kennziffern, die vorgeblich objektiv sind, aber den Personengruppen, die damit zusammengefasst werden, gar nicht gerecht werden, weil sie sehr unterschiedliche Aufgabenprofile haben. Entscheidend ist außerdem, dass man die Beurteiler und die Beurteilten mit ihrer Aufgabe der Personalbeurteilung nicht allein lässt, ihnen also Schulung und Hilfe anbietet und damit der individuellen Willkür in der Beurteilung nicht freien Raum lässt.

Zusammengefasst sei festgehalten, dass alle Systeme der Personalbeurteilung sowohl Stärken als auch Schwächen aufweisen. Eine methodisch reflektierte Entwicklung und Anwendung dieser Systeme kann deren Schwächen immerhin abmildern, wenngleich nicht grundsätzlich beseitigen. Diese zuletzt genannte Einsicht sollte fest im Bewusstsein der Anwender verankert sein, denn eine Überschätzung dieses wie jeden anderen personalwirtschaftlichen Instrumentes ist schädlich. Personalbeurteilung sollte schließlich nicht als Urteilsprozess, sondern primär als Kommunikationsprozess verstanden werden, am Ende sollte also nicht ein unverrückbares Urteil stehen, sondern eine gemeinsame Vereinbarung für die zukünftige Gestaltung des Arbeitsverhältnisses.

4.2   Machtkontrolle

Das Thema Macht wird in den Lehrbüchern zum Management und zum Thema Human Resources Management oft ausgespart. Wenn es überhaupt angesprochen wird, dann normalerweise im Zusammenhang mit der Frage, welche Machtgrundlagen einer Führungskraft zur Verfügung stehen. Verschiedentlich finden sich auch Ausführungen über die Bedeutung des Machtbedürfnisses für karrierebewusste Manager. Zur Machtkontrolle findet sich praktisch nichts. Dabei sind Unternehmen alles andere als machtfreie Zonen. Macht durchdringt das soziale Geschehen an jedem Ort und zu jeder Zeit und sie bestimmt daher auch in erheblichem Maße die Personalpolitik eines Unternehmens (Nienhüser 1998b). Und da Macht alles andere als harmlos ist und weil ihr verantwortungsloser Gebrauch große Gefahren birgt, sollte man sich auch Gedanken darüber machen, wie man Macht beherrschbar machen kann. Im Wirtschaftsrecht findet dieses Problem, anders als im Managementdiskurs, durchaus eine gewisse Beachtung, und man findet entsprechend an vielen Stellen Regelungen, die dazu dienen, Machtmissbrauch im Wirtschaftsgeschehen zu unterbinden. Ein prominentes Beispiel ist das Kartellrecht, das unter anderem Preisabsprachen verbietet und Fusionen einem Genehmigungsverfahren unterzieht, um das Entstehen einer marktbeherrschenden Stellung eines Unternehmens zu verhindern. Das Gesellschaftsrecht ist darauf ausgelegt, die Interessen der Gläubiger zu schützen, außerdem gibt es zahlreiche Schutzrechte, die dem Verbraucherschutz und dem Gesundheitsschutz der Arbeitnehmer dienen (Lebensmittelrecht, Haftungsrecht, Arzneimittelrecht, Gewerbeaufsicht). Wesentlich motiviert ist diese Gesetzgebung von der Einsicht, dass Unternehmen gegenüber ihren Geschäftspartnern häufig einen erheblichen Informationsvorteil besitzen, der die Versuchung weckt, ihn zuungunsten der Geschäftspartner auszubeuten. Macht gibt es aber nicht nur im Außenverhältnis, sondern vor allem auch im Binnenverhältnis von Unternehmen.

Auch diesbezüglich finden sich gesetzliche Regelungen, etwa über das Zusammenwirken von Eigentümern und Geschäftsführern und über die Zusammenarbeit zwischen Arbeitgebern und Arbeitnehmern bzw. deren Vertretern. Auch hier kommen Informationsasymmetrien ins Spiel, daneben geht es aber auch um Autorisierungsrechte und um das Verfügungsrecht über Ressourcen bzw. um das darin steckende Machtpotential. Wichtig ist aber nicht nur die Frage, wie Macht zugewiesen und begrenzt werden kann, ein zentraler Punkt ist außerdem die Frage, wie Machtkonflikte kanalisiert werden können, damit sie nicht eskalieren und ins Destruktive abgleiten. Im vorliegenden Abschnitt können wir nicht auf alle damit zusammenhängenden Fragen eingehen, wir beschränken uns auf die Frage, welche Möglichkeiten bestehen, Macht im Unternehmen zu kontrollieren und wir konzentrieren uns hierzu auf die Macht der Mächtigen, also auf das Top Management.

Vermeidung machtpolitischer Auseinandersetzungen

Wenn Machtauseinandersetzungen in Organisationen problematisch sind, dann ist es offenbar nicht die schlechteste Strategie, Bedingungen zu schaffen, die die Wahrscheinlichkeit des Machteinsatzes verringern. Dies ist jedenfalls die Empfehlung von Jeffrey Pfeffer (1981). Zur theoretischen Untermauerung seiner Überlegungen erläutert er zunächst ein zwar einfaches, aber durchaus plausibles Modell. In diesem Modell geht es um das Zusammenwirken verschiedener Einflussgrößen, die der Versuchung Vorschub leisten, zur Durchsetzung der eigenen Interessen mikropolitische Taktiken und machtpolitische Mittel einzusetzen. Die wichtigste Ursache dafür, dass es zu »politischen«, d. h. machtbestimmten und damit oft unerfreulichen und wenig ertragreichen Auseinandersetzungen kommt, ergibt sich sicherlich aus der jeweils vorliegenden Konfliktlage. Je knapper die zur Verfügung stehenden Mittel sind, desto strittiger ist normalerweise auch die Verteilung dieser Mittel und desto heftiger wird darum gerungen. Konflikte entstehen aber nicht nur aus Gründen der Ressourcenknappheit, sondern ebenfalls und eigentlich zuerst aus unverträglichen Zielen der jeweiligen Teilnehmer einer Organisation und aus unvereinbaren Vorstellungen darüber, wie die doch auch existierenden *gemeinsamen* Organisationsziele am besten zu erreichen sind. Je größer die Konflikte zwischen den Parteien sind, desto eher kommt es zu machtpolitischen Kämpfen. Moderiert wird dieser Zusammenhang von der Machtverteilung. Wenn einer der Akteure ein deutliches Machtübergewicht besitzt, werden die übrigen Akteure auf eine (offene) Machtpolitik eher verzichten als wenn die Macht einigermaßen gleichmäßig verteilt ist. Moderiert wird der Zusammenhang zwischen Konfliktausmaß und Machteinsatz außerdem von der Wichtigkeit des in Frage stehenden Gegenstandes. Wenn es gilt, die eigene Position zu wahren, sich gegen Benachteiligungen zu schützen, wenn es um Richtungsentscheidungen geht oder um die grundlegende Neuverteilung von Aufgaben und Lasten, Möglichkeiten und Gewinnen, dann wird man sich eher einmischen und versuchen, seine essentiellen Interessen durchzusetzen, als wenn es um Alltägliches oder minder Bedeutsames geht.

Die Vorschläge von Pfeffer zur Eindämmung politischer Streitigkeiten setzen konsequenterweise an den genannten Größen an (▶ Tab. 4.12). Ein nicht eben »billiges« Mittel ist es, den Ressourcenpool zu vergrößern, so dass mehr Interessenten zugreifen können: Wo es keine Knappheit gibt, gibt es keinen Grund für Streit. Das hat aber natürlich seinen Preis. Wenn man sich nicht darüber auseinandersetzen will, wer den Zuschlag für dringend benötigte neue Stellen bekommt, und – um des lieben Friedens willen – alle anspruchserhebenden Abteilungsleiter gleichermaßen bedient, erkauft sich die Harmonie eben mit höheren Personalkosten. Und wer es sich leisten kann, umfangreiche Zwischenläger zu errichten, vermeidet die Bedrängnisse, die enge Lieferzeiten mit sich bringen und vermindert die Ärgernisse, die sich aus den unvermeidlichen Abstimmungsproblemen zwischen den verschiedenen Produktionsstufen ergeben. Entsprechend entgeht ihm auf der anderen Seite der mögliche Gewinn, der in einer auf Just in Time getrimmten Wertschöpfungskette stecken mag. Im Übrigen kann, wer es sich nicht leisten kann, echte materielle Vorteile zu verteilen, es ja mit symbolischen Mitteln versuchen, etwa mit der Vergabe von Titeln, die den Statusansprüchen ihrer Träger schmeicheln.

Tab. 4.12: Möglichkeiten zur Reduzierung von machtpolitischen Auseinandersetzungen (leicht modifiziert nach Pfeffer 1981, 93)

Verhaltensstrategien	Nachteile
Reiche Ausstattung mit Ressourcen (»Slack«), Vergabe von Positionen und Titeln	Ausstattungskosten, Überschusskapazitäten, zusätzliche Personalkosten
Homogenisierung der Ziele und Überzeugungen durch Personalauswahl, Sozialisation, Belohnungen und Bestrafungen	Berücksichtigung von weniger Gesichtspunkten, einseitige Informationsnutzung
Herunterspielen der Wichtigkeit von Entscheidungen	Vermeidung von Entscheidungen, Vernachlässigung von Informationen und Analysen

Weniger kostspielig, dafür aber umso schwieriger ist es, eine möglichst große Übereinstimmung in den Zielen und Überzeugungen der Organisationsteilnehmer herbeizuführen. Ein Weg, um dies zu erreichen, besteht darin, nur solche Personen einzustellen, die in ihren Grundhaltungen mit den übrigen Organisationsmitgliedern übereinstimmen und die bereit sind, die vorgegebenen Organisationsziele zu ihren eigenen zu machen. Auch eine erfolgreiche Indoktrination über die »richtige« Art des organisationalen Miteinanders kann zu einer Minderung der Konfliktneigung beitragen. Und im Zweifel lassen sich auch Führungsmittel einsetzen, um erwünschtes Verhalten zu belohnen und unerwünschtes Verhalten zu bestrafen. Die negative Seite dieser Strategie liegt auf der Hand. Mit der Homogenisierung der Ziele und Überzeugungen der Organisationsmitglieder ist immer auch eine Verarmung der Organisation verbunden. Ohne Meinungsvielfalt gibt es keine neuen Erkenntnisse, ohne widerstreitende Auffassungen über Ziele und Wege und ohne eine ernst zu nehmende Auseinandersetzung hierzu wird man den vielfältigen und vielfach auch widersprüchlichen Anforderungen, die an Organisationen herangetragen werden, auf Dauer nicht gerecht werden können. In einer komplexen und sich ständig ändernden Welt wird sich eine Organisation nicht durch Einheitsdenken, sondern nur durch Pluralismus behaupten können.

Die dritte in Tabelle 4.12 angeführte Strategie zielt auf den Umgang mit Konflikten. Interessanterweise geht Pfeffer näher nur auf den einen der beiden oben angeführten moderierenden Faktoren, die Wichtigkeit, nicht aber auf den anderen, die Machtverteilung, ein. Dabei geht es bei der Machtkontrolle doch gerade hierum: um eine angemessene Machtverteilung. Tatsächlich scheint es Pfeffer aber auch gar nicht um diese Frage zu gehen. Seine Ausführungen (zur Wichtigkeit) zielen nicht etwa auf einen wie immer gearteten Interessenausgleich, sondern auf machiavellistische Manipulation. Vom Standpunkt des Machthabenden aus betrachtet ist es danach oft wünschenswert, den Eindruck zu erwecken, dass wichtige Entscheidungen doch eigentlich ganz unwichtig sind. So wird vermieden, dass sich die Aufmerksamkeit auf einen Vorgang richtet, dem unter Umständen eine erhebliche Brisanz innewohnt. Eine Anwendung dieser Strategie findet man nicht selten bei geschickten Initiatoren des Wandels, die, statt auf breite Aufklärung über ihre Absichten zu setzen, lieber viele kleine Schritte gehen, die im Alltagsgetriebe nur geringe Beachtung finden, in der Summe die Organisation dann aber doch in die gewünschte Richtung führen. Bei der Machtkontrolle geht es nun aber nicht darum Auseinandersetzungen zu unterbinden und zu unterlaufen, sondern darum, Machtausübung durchsichtig zu machen und zu kontrollieren, also auch darum, machttaktische Winkelzüge der angeführten (und schlimmeren) Art nicht zum Zuge kommen zu lassen.

Institutionalisierung der Machtkontrolle

Welches ist die richtige Ordnung für Unternehmen? Welche »Verfassung« sollte ein Unternehmen haben, wie sollen die Willensbildung und die Willensdurchsetzung organisiert werden? Die angeführten Fragen sind nicht zuletzt Machtfragen, denn die Einrichtung von Stellen, die Etablierung von Gremien und die Zuweisung von Rechten und Verantwortlichkeiten haben natürlich viel damit zu tun, welche Legitimität den Entscheidungen der jeweiligen Entscheidungsträger zugeschrieben wird und damit auch, wer Zugang zu welchen Machtressourcen bekommt. In den im Zuge der Industrialisierung im 19. Jahrhundert entstehenden Großunternehmen sah sich der Eigentümer nur mit sehr wenigen Einschränkungen konfrontiert, was seine Verfügungsgewalt und seine Entscheidungsfreiheit betraf (Kocka 1975). Einzelne sozialreformerisch orientierte Unternehmer unterwarfen sich allerdings einer freiwilligen Beschränkung. Beispielhaft hierfür ist der Fall des Fabrikanten Heinrich Freese, der sein Konzept von der »Konstitutionellen Fabrik« auch praktisch umzusetzen suchte und beispielsweise dafür sorgte, dass sich ein Fabrikparlament etablierte, eine Fabrikordnung formuliert und Arbeiterausschüsse eingeführt wurden (Freese 1909). De facto wurden der Arbeitnehmerschaft zwar nur bescheidene und nicht wirklich substantielle Mitsprachemöglichkeiten eingeräumt, gleichwohl ist anzuerkennen, dass mit der konstitutionellen Fabrik ein großer Schritt in Richtung Willkürbeschneidung und Machtkontrolle getan wurde.

Im Zuge des Ausbaus des Wirtschaftsrechts wurde eine ganze Reihe von Regelungen und Institutionen geschaffen, die darauf abzielen, die Handlungsfreiheiten der Unternehmer einzuschränken. In Bezug auf das Innenverhältnis sind insbesondere der Ausbau der Arbeitnehmerrechte und die Ausgestaltung der Betriebsverfassung zu nennen. Inwieweit die gegebenen rechtlichen Regelungen hinreichen, um die Machtverhältnisse in Unternehmen angemessen zu regulieren, ist angesichts der politischen Brisanz, die in dieser Frage steckt, naturgemäß umstritten. Das gilt selbst in Bezug auf das Verhältnis eines Eigentümers zu »seinem« Management. Zwar wird den Eigentümern beispielsweise vom Aktienrecht die letztlich bestimmende Position eingeräumt. Die Hauptversammlung, d. h. die Versammlung der Eigentümer, wählt den Aufsichtsrat, der dezidiert mit der Aufgabe betraut ist, die Geschäftsführung des Vorstands zu überwachen. Diese Kontrollfunktion wird allerdings häufig nur sehr lückenhaft ausgeübt. Das liegt nur zum Teil am Aufsichtsrat, mindestens ebenso bedeutsam ist das Agieren des Vorstands, dem sich angesichts seiner Stellung viele Möglichkeiten eröffnen, Macht zu akkumulieren und auszuüben. Das ist durchaus so gewollt, schließlich wird dem Vorstand ja ganz bewusst das Recht verliehen, Anweisungen zu geben und für das Unternehmen verbindliche Verträge zu schließen. Dabei wird allerdings erwartet, dass er seine Macht zum Wohle des Unternehmens einsetzt. Unglücklicherweise liegt es nun aber im Wesen der Macht, dass sie zu Missbrauch verführt. Dazu kommt, dass das Top Management nicht allein auf die formellen Machtbefugnisse angewiesen ist, sondern daneben zahlreiche informelle Möglichkeiten hat, seine ohnehin schon große Positionsmacht weiter zu stärken. Durch den exklusiven Zugang zu bestimmten Informationen ergeben sich nicht unbeträchtliche Informationsvorteile, die manipulativ verwertet werden können. Außerdem können Top-Manager Personen um sich scharen, die ihnen treu ergeben sind, sie können Entscheidungen so lenken, dass diese vor allem ihren eigenen Interessen dienen, und sie können Neben- und Hintergrundvereinbarungen treffen, die sich vorteilhaft für sie und nachteilhaft für andere Betroffene und Beteiligte auswirken. Gründe genug also, die Macht der Unternehmensleitung zu begrenzen und zu kontrollieren.

Tauschtheoretische Überlegungen

Welche Maßnahmen sollten ergriffen werden, um die Gefahr des Machtmissbrauchs einzudämmen? Die Antwort auf diese Frage hängt sehr stark davon ab, welcher Vorstellung über das Wesen eines Unternehmens man folgt. Insbesondere ökonomische Theorien sehen in einem Unternehmen vor allem ein Geflecht von *Vertragsbeziehungen* und betonen hierbei speziell den Tauschaspekt des Vertrags. Entsprechend vertrauen sie auf Märkte, die Erfolge belohnen und Misserfolge bestrafen und die daher dafür sorgen (sollen), dass sich die Top-Manager primär darum bemühen, Leistungen im Dienste des Unternehmens zu erbringen und sich nicht etwa ineffizienten Machtspielen hingeben. Kreditgeber werden – so diese Logik – nur dann bereit sein, zinsgünstige Darlehen zu gewähren, wenn ein Unternehmen solide geführt wird, die Aktienkurse als Ausdruck des Unternehmenswertes werden nur dann steigen, wenn echte Unternehmenswerte geschaffen werden und eine ungebührliche Bereicherung der Managerkaste unterbleibt, und es werden sich nur solche Personen auf dem Arbeitsmarkt für Manager behaupten, die ihr Handeln nicht egozentrischen Machtbedürfnissen widmen, sondern sich an der Logik der wirtschaftlichen Vernunft ausrichten. Dass dies eine reichlich naive Sicht der Dinge ist, muss wohl nicht besonders betont werden. Selbst wenn Unternehmen nichts anderes wären als Plätze und Gelegenheiten für Tauschhandlungen, die angeführten Marktmechanismen sind viel zu schwerfällig, um Machtmissbrauch zu unterbinden und sie besitzen außerdem ein viel zu geringes Auflösungsvermögen, um den Manövern machtbewusster Manager auf die Spur zu kommen.

Institutionenökonomische Ansätze sind diesbezüglich etwas realistischer als rein marktliche Ansätze. Sie räumen ein, dass das Verhalten der wirtschaftlichen Akteure nicht freischwebend in einem sozialen Vakuum stattfindet, sondern in institutionelle Kontexte eingebunden ist. Institutionen sollen – so diese Sichtweise – dafür sorgen, die Effizienz des ökonomischen Tauschgeschehens zu verbessern. Die Prinzipal-Agent-Theorie stellt vor allem auf Informationsasymmetrie ab, die den Geschäftsführern eigensüchtiges Verhalten zuungunsten der Eigentümer ermöglicht und fragt, wie man mit diesem Problem umgehen kann. Eine Möglichkeit besteht darin, ganz direkt an der Informationsasymmetrie anzusetzen. Man kann zum Beispiel versuchen, das Informationssystem zu verbessern und man kann häufige und unangekündigte Kontrollen durchführen. Wegen der Dynamik und Komplexität der unternehmenspolitischen Vorgänge reichen diese Maßnahmen aber nicht aus, um die Problematik gänzlich zu entschärfen. Ein Grund hierfür ergibt sich aus der Notwendigkeit, die Geschäftsführer bei der Konzipierung der Informationssysteme einzubeziehen, was natürlich dazu führt, dass diese hierauf auch in ihrem Sinne Einfluss nehmen werden. Letztlich kommt es jedenfalls auf den Gebrauch der Informationssysteme an und dieser obliegt in vielerlei Hinsicht dem Gutdünken der Geschäftsführung. Das Hauptinteresse der Vertreter der Prinzipal-Agent-Theorie richtet sich im Übrigen auf Systeme der Anreizgestaltung, die eine enge Verkopplung der Eigentümer- und Geschäftsführerinteressen herbeiführen sollen. Man setzt hierbei vor allem auf Bonus- und Beteiligungsregeln, die an der Rendite des eingesetzten Kapitals ansetzen. Die Erfahrung der letzten Jahre, in denen diese Systeme verstärkt zum Einsatz kamen, haben allerdings zu einer nachdrücklichen Desillusionierung geführt. Dem Top-Management verschafften die Vertragsmodalitäten erhebliche Einkommenssteigerungen, es entwickelte eine große Findigkeit bei der Bestimmung der gehaltswirksamen Erfolgskriterien und der Möglichkeiten, die ausgewiesenen Erfolgsgrößen bilanztechnisch zu beeinflussen und nicht selten wurden von Managern auch Insiderinformationen genutzt, um den optimalen Zeitpunkt für die Wahrnehmung ihrer Aktienoptionen zu bestimmen. Die wichtigste Lehre aus den Versuchen, das Managementverhalten primär durch gezielte pekuniäre Anreize zu steuern, betreffen jedoch weniger die materiellen Verluste, die den Kapitaleignern entstehen können, wenn sie unter der Parole der Shareholder-Value-Maximierung eindimensionales und kurzfristig orientiertes Verhalten belohnen. Wesentlich bedeutsamer sind die Folgen, die aus einer durch die Anreizsetzung induzierten und fehlgeleiteten strategischen Ausrichtung resultieren, die vor allem auf Kostenreduktion setzt, dabei öffentliche Interessen, Kundenbedürfnisse und Arbeitnehmerrechte aus den Augen verliert und sich darin erschöpft, Betriebsaufgaben auszulagern, mit Standortverlagerungen zu drohen, eine Ausdünnung und Segmentierung der Belegschaft zu betreiben, die Aus- und Weiterbildung zu vernachlässigen, Zukunftsinvestitionen zu unterlassen, alles, was nicht sofort und unmittelbar hochprofitabel ist, aufzugeben bzw. abzustoßen, Inspektionsintervalle zu verlängern und Instandhaltungsmaßnahmen zu reduzieren sowie Serviceleistungen zurückzunehmen oder gleich auf den Kunden zu übertragen. Alle diese nicht eben seltenen Fehlentwicklungen zeigen, dass es nicht nur darum gehen kann, wie Prinzipale und Agenten ihre Interessen homogenisieren können, wesentlich bedeutsamer ist die Frage, wie es gelingen kann, Unternehmungen eine Ordnung zu geben, die der Komplexität der Handlungszusammenhänge und der Interessenvielfalt der Betroffenen gerecht werden kann. Will man diese Frage angehen, dann genügt es nicht, wenn man in einem Unternehmen nichts anderes als eine mehr oder weniger lose miteinander vermittelte Ansammlung von Vertragsbeziehungen sieht. Unternehmen sind nicht nur ökonomische, sie sind gleichermaßen politische Institutionen und als solche verfügen sie auch über ganz eigene Regulierungsmechanismen.

Die Gestaltung der Unternehmensverfassung

Man wird der Natur von Unternehmen also nicht gerecht, wenn man sie lediglich als Netz von Vertragsbeziehungen versteht. Unternehmen sind auch und nicht zuletzt Regelsysteme, sie haben eine »Verfassung«. Elemente eines entsprechenden Verfassungsmodells der Unternehmung (einer »constitutional corporation«) werden von Stephen Bottomley (2007) beschrieben. Die Unternehmensverfassung legt danach fest, welche »Organe« des Unternehmens welche Aufgaben haben, wem Autorisierungsrechte übertragen werden und wie die Entscheidungsverfahren auszugestalten sind. Bottomley geht es ähnlich wie der Prinzipal-Agent-Theorie primär um die Beziehung zwischen Shareholder und Geschäftsführung, wobei es allerdings nicht schwierig sein dürfte, seine Überlegungen zu erweitern, um auch die übrigen Teilnehmer eines Unternehmens einzubeziehen. Uns soll an dieser Stelle lediglich interessieren, welche Arrangements in einem »verfassten Unternehmen« geeignet sind, die Macht des Top-Managements zu kontrollieren. Die Grundidee bei derartigen Kontrollüberlegungen basiert auf der Einsicht, dass Macht ein Gefahrengut ist, und zwar in zweifacher Hinsicht. Zum ersten verführt Macht zum Missbrauch und zum zweiten ist Macht »unhandlich«, d. h. ihr Einsatz erfordert Geschick, ihr unsachgemäßer Gebrauch kann – selbst wenn man den besten Willen der Machthaber unterstellt – leicht große Schäden anrichten. Um die Machtgefahr einzudämmen bedarf es daher einer Vielzahl von »Checks and Balances«. Bottomley richtet seine Überlegungen auf den politischen Entscheidungsprozess, d. h. auf strategisch wichtige Entscheidungen und empfiehlt die Beachtung von drei Prinzipien. Das erste Prinzip verlangt die Implementierung von Verantwortlichkeit (»accountability«), das zweite Prinzip verlangt die rationale und offene Erörterung von Entscheidungsproblemen (»deliberation«), das dritte Prinzip schließlich richtet sich auf die Möglichkeit, Widerspruch zu erheben, Entscheidungen infrage zu stellen und gegen sie anzugehen (»contestability«). Interessant ist, dass Bottomley das Interesse des Unternehmens und nicht etwa das der Geldgeber in den Vordergrund stellt. Geldgeber (»shareholder«) kommen und gehen – zumindest in den meisten Publikumsgesellschaften – ihnen wird von Gesetzes wegen daher auch nicht gestattet, jederzeit Einsicht in die Bücher zu erhalten (hierzu dient die Gesellschafterversammlung). Dennoch oder gerade deswegen kommt es darauf an, dass diejenigen, die das Unternehmen leiten, verantwortlich handeln.

Unter *Verantwortlichkeit* versteht Bottomley in einer schwachen Version die Pflicht, in regelmäßigen Abständen über die finanzielle und operative Leistung des Unternehmens zu berichten. Eine stärkere Version verlangt die Erläuterung der getroffenen Entscheidungen sowie die Übernahme der Verantwortung für die Folgen der Entscheidungen. Als wesentliches Mittel zur Gewährleistung der Verantwortlichkeit sieht Bottomley die Teilung der Entscheidungsmacht, insbesondere die Etablierung einerseits einer Entscheidungsinstanz und andererseits einer Kontrollinstanz. Ein weiteres wichtiges Instrument ist für Bottomley die Tätigkeit externer unabhängiger Prüfinstanzen.

Das Prinzip der *rationalen Erörterung* verlangt, dass eine »offene« Entscheidungsfindung stattfindet, dass alle relevanten Argumente zum Zuge kommen und dass ernsthaft beraten und nicht etwa nur abgestimmt wird. Um diesen Maximen nachkommen zu können, muss wichtigen Entscheidungen genug Raum und Zeit eingeräumt werden. Es sind möglichst immer alle Mitglieder des Top-Managements zu beteiligen, Eigentümerversammlungen dürfen nicht zu ritualisierten Aktionen verkommen, Mindermeinungen sollten nicht durch die Diktatur der Mehrheit unterdrückt werden, für grundlegende Entscheidungen ist möglichst Einmütigkeit oder zumindest eine qualifizierte Mehrheit anzustreben und schließlich sollten alle Personen in die Entscheidungsfindung einbezogen werden (evtl. auch externe Anspruchsgruppen), die von den Folgen der Entscheidung besonders betroffen sind.

Das Prinzip des *Widerspruchs* zielt auf institutionelle Regelungen, die die Möglichkeit eröffnen, Entscheidungen in Frage zu stellen, die dem Interesse des Unternehmens zuwiderlaufen. Begründen lässt sich dieses Prinzip unter anderem aus der Überlegung heraus, dass allein schon dadurch, dass die Möglichkeit eines Widerspruchs eingeräumt wird, die Sorgfalt bei der Entscheidungsfindung steigen dürfte. Das Widerspruchsprinzip verlangt nicht, dass jedes Mitglied des Unternehmens jederzeit und bezüglich jeder Entscheidung ein Veto-Recht erhält, es sollte aber geordnete Verfahren geben, die dafür sorgen, dass unfaire, diskriminierende und unternehmensschädigende Akte unterbunden werden können. Fest verankern lässt sich die Möglichkeit des Widerspruchs nicht nur durch freiwillige Vereinbarungen auf Unternehmensebene, sondern auch in gesetzlichen Regelungen. Ein Beispiel aus dem deutschen Betriebsverfassungsrecht ist die Einrichtung von Einigungsstellen, ein anderes Beispiel ist die – im deutschen Aktienrecht nur schwach verankerte – Möglichkeit für Aktionäre, Unterlassungsklagen gegen den Vorstand einzureichen. Unternehmen können aber, wie gesagt, auch freiwillige Regelungen einführen, sie können also z. B. Verfahren implementieren, die eine Neuberatung einer bereits verabschiedeten Entscheidung veranlassen und sie können interne Beschwerde- oder Schiedsstellen einrichten. Außerdem gibt es nicht nur

Möglichkeiten für eine nachträgliche, sondern auch für eine vorsorgliche Einwands-behandlung. Dazu wäre es notwendig, überhaupt erst die Möglichkeit zu eröffnen, dass die Organisationsmitglieder Eingaben machen und damit auf Entscheidungsprozesse Einfluss nehmen können. Man müsste hierzu außerdem den Ablauf von Entscheidungs-prozessen transparent gestalten, Sitzungen öffentlich machen oder Beratungsgremien einrichten, die das Recht haben, Vorschläge einzureichen und Resolutionen zu verab-schieden. Außerdem kann man die Institution des »Advocatus Diaboli« schaffen, der die Aufgabe übernimmt, ganz bewusst Gegenpositionen zu beziehen, um damit die Schwä-chen einer ins Auge gefassten Entscheidung herauszuarbeiten.

Man wird sich wohl schnell darauf einigen können, dass die drei Prinzipien des »Konstitutionellen Unternehmens« eine hohe Plausibilität besitzen. Wesentlich schwie-riger dürfte es allerdings sein, sich über die genaue Ausgestaltung, über die konkrete institutionelle Verankerung dieser Prinzipien zu verständigen. Und selbst wenn man hierfür Lösungen findet, wird damit nicht die Gefahr gebannt, dass es den mit Macht ausgestatteten Personen gelingt, die Institutionen für ihre Zwecke zu instrumentali-sieren, außer Kraft zu setzen oder zu unterlaufen.

Prinzipien der Machtkontrolle

Der Umgang mit der politischen Macht ist eine der zentralen Fragen der Staatstheorie. Elementare Bedeutung kommt dem Prinzip der Gewaltenteilung zu. Eingang in den modernen Staatsaufbau fand insbesondere die Konzeption von Charles de Montesquieu, die eine Trennung der Regierungsgewalt (Exekutive) von der gesetzgebenden Gewalt (Legislative) und der rechtsprechenden Gewalt (Judikative) vorsieht. Für Unternehmen macht diese Form der Machtteilung wenig Sinn, da Unternehmen ja keine eigene Rechtshoheit besitzen, sondern selbst in die staatliche Ordnung eingebettet sind und sich damit strikt innerhalb des Rahmens der Staatsgesetze zu bewegen haben. Das Prinzip der Gewaltenteilung selbst sollte jedoch auch in Unternehmen gelten. Hierbei ist insbeson-dere an die Trennung von Exekutivorganen (Vorstand, Geschäftsführung) einerseits und Kontrollorganen (Aufsichtsrat, Gesellschafterversammlung) andererseits zu denken, eine Trennung, die für Kapitalgesellschaften explizit durch das Gesetz vorgeschrieben ist, die aber natürlich auch von Personengesellschaften auf freiwilliger Basis vorgenommen werden kann. Weniger formal als inhaltlich motiviert ist die häufig anzutreffende Aufspaltung der Führungsaufgaben z. B. auf einen kaufmännischen und einen techni-schen Geschäftsführer, die zwar nicht machttheoretisch begründet ist (sondern aus Gründen der Arbeitsteilung erfolgt), aber durchaus auch – aufgrund der jeweils spezifischen Interessenschwerpunkte der Geschäftsführer – eine gewisse gegenseitige Kontrolle bewirken kann. Ähnliches gilt für die Besetzung der Führungsgremien, je heterogener deren Zusammensetzung ist – und vor allem: je unabhängiger die Mitglieder des Führungsgremiums sind –, desto eher ist auch eine gegenseitige Kontrolle zu erwarten. Kontrollaspekte kommen außerdem dann zum Zuge, wenn eine Beteili-gung von dritter Seite erfolgt. In vielen mittelständischen Unternehmen gibt es bei-spielsweise einen Beirat, der zwar – wie der Name sagt – primär eine beratende Funktion hat, dessen ungeachtet aber auch weitergehende Aufgaben übernehmen kann. Im deutschen Unternehmensrecht kommt schließlich noch der betrieblichen Mitbestimmung einige Bedeutung zu, die den Mitbestimmungsgremien bestimmte Informations-, Beratungs- und Mitbestimmungsrechte einräumt. Sofern die Arbeitnehmervertreter die Möglichkeit erhalten in verschiedenen Ausschüssen aktiv mitzuwirken, ergibt sich eine zusätzliche Ausweitung des Kontrollpotentials. Zu nennen ist außerdem noch die oben, bei der Erläuterung des Widerspruchsprinzips im Konstitutionellen Unternehmen bereits erwähnte, Einrichtung von Beschwerde- und Schiedsstellen.

Die genannten Gestaltungsansätze betreffen nur einen, wenngleich den vielleicht wichtigsten Bereich der Machtbegrenzung, die *Machtteilung*. Diese setzt auf die Dezentralisierung der Macht, also darauf, zu verhindern, dass alle Macht an einer Stelle zusammenläuft. Neben der Machtteilung gibt es zwei weitere »soziale Erfindungen«, die der Machtkontrolle dienen: die *Machtbändigung* und die Machtbeschränkung (Riklin 1980). Die Leitidee der Machtbändigung lässt sich in dem Satz zusammenfassen: Herrschen sollen nicht Personen, sondern Gesetze. Dass die Bindung an das Gesetz (oder allgemeiner gesagt, an verbindliche Regeln) Willkür und Missbrauch von Macht eindämmen kann, ist unmittelbar einsichtig – sofern dafür gesorgt ist, dass die Einhaltung der Regeln überwacht und der Verstoß auch entsprechend geahndet wird, z. B. durch Entfernung aus den Machtpositionen. Ein wichtiges Regelwerk im Unternehmen ist die Satzung, die gewissermaßen als Kernstück der Unternehmensverfassung gelten kann. Viele »operative« Regeln finden sich auch in Geschäftsordnungen, die möglichst so zu gestalten sind, dass sie nicht einseitig instrumentalisiert werden können. Ähnliches gilt für Abstimmungsregeln, Vorschriften und Genehmigungsverfahren. Weitere Mittel zu einer »machtabsorbierenden« Regulierung des Unternehmenshandelns sind Stellenbeschreibungen, die Zuweisung von Kompetenzen und Verantwortlichkeiten und eine möglichst intelligente Arbeitsteilung, die z. B. auch ganz bewusst eine Überlappung der Aufgaben vorsieht, um gegenseitige Kontrollen zu ermöglichen.

Der dritte Ansatzpunkt der Machtkontrolle setzt auf die *Machtbeschränkung*. Gemeint ist damit die Bindung an Prinzipien, also z. B. an bestimmte Mandatspflichten (Auskunfts-, Sorgfalts-, Treuepflichten). Positive Wirkungen können – jedenfalls im Prinzip – auch Führungsleitlinien haben, die die Geschäftsführer dazu anhalten über die Strategien, die sie verfolgen, umfassend zu informieren, Konflikte nicht zu unterdrücken, eine verantwortungsvolle Beschäftigungspolitik zu betreiben usw. Auch das Prinzip, Entscheidungen möglichst nicht allein, sondern nach Beratung und im Team zu treffen, bremst die Neigung zu eigensüchtigem Verhalten. Macht lässt sich außerdem durch Delegation der Machtbefugnisse beschränken, also dadurch, dass man sie auf nachgelagerte Stellen überträgt. Zwar entsteht damit auch eine Machtvermehrung (es gibt nun mehr Machthaber, die sich im ungünstigen Fall als mehr oder weniger große Despoten entpuppen können), allerdings findet damit auch eine Machtstreuung statt, die die Stoßkraft zentralisierter Macht schwächt. Eine ganz substantielle Einschränkung der Macht ergibt sich durch die Beschränkung der Machtmittel, konkret zum Beispiel der Budgetmittel. Ebenso begrenzt die Befristung der Amtszeiten die Macht der Amtsinhaber, wobei hierdurch andererseits auch die Versuchung wächst, die verfügbare knappe Machtzeit besonders intensiv für eigensüchtige Aktionen zu nutzen. Aus diesem Grund ist es wohl eher angeraten, nicht so sehr auf möglichst kurze Amtszeiten, sondern auf Optionen zur Verlängerung der Amtszeiten zu setzen, über die jeweils neu entschieden wird. Schließlich kann die Macht auch noch durch die Einbeziehung von Dritten, insbesondere durch unternehmensexterne und unabhängige Prüfinstanzen eingeschränkt werden. Die Bindung an die angeführten Prinzipien wird vor allem dann an Wirksamkeit gewinnen, wenn ihre Missachtung – ähnlich wie bei Regeln und Verfahrensvorschriften – mit Sanktionen verbunden wird. Das Spektrum denkbarer Sanktionen ist sehr breit, es reicht von materiellen Einbußen bis hin zu sozialer Ächtung.

In Tabelle 4.13 sind die Ansatzpunkte der Machtkontrolle nochmals zusammengefasst. Die angeführten Maßnahmen sind sicher nicht vollständig, vielmehr gibt es eine ganze Reihe von weiteren Gestaltungsansätzen, die auf direkte oder indirekte Weise auch Fragen der Machtkontrolle berühren, auch wenn sie nicht speziell hierfür konzipiert sind. Das beginnt schon bei der Selektion des Spitzenpersonals über die Auswahl und die verschiedenen Karrierestufen hinweg, die darüber entscheidet, welche Personen mit welchen Persönlichkeitseigenschaften (also z. B. mit welchen Machtaspirationen) überhaupt die Chance erhalten, in die Führungsetage aufzusteigen. Ein wenig durchlässiges Karrieresystem erhöht beispielsweise die Wahrscheinlichkeit, dass vor allem solche Personen Karriere machen, die sich gut in das bereits bestehende Machtgefüge des Unternehmens einpassen. Eine höhere Durchlässigkeit kann dagegen dafür sorgen, dass auch weniger angepasste Personen Führungspositionen erreichen und die einer einseitigen Machtausübung stärkeren Widerstand entgegensetzen. Überhaupt kommt es sehr auf die materielle und geistige Unabhängigkeit der Mitglieder des Führungsteams an. Machtrelevanz besitzt daneben auch das Anreizsystem. Werden gemeinschaftsdienliche Handlungsweisen belohnt, dann folgt daraus auch ein anderer Umgang mit der Macht, als wenn vor allem die individuelle Profilierung zählt. Erwänt seien schließlich noch Prüfverfahren wie Management-Audits, die Ausgestaltung des Controllingsystems und der Revision, die ebenfalls so angelegt sein können, bestimmte Formen willkürlichen Machthandelns einzudämmen.

Tab. 4.13: Ansatzpunkte der Machtkontrolle

Machtkontrolle	Begriff	Gestaltungsansätze
Macht-bändigung	Herrschaft durch Gesetze bzw. Regeln	Satzung, Geschäftsordnung, Vereinbarungen, Genehmigungsverfahren, Abstimmungsregeln, Stellenbeschreibung, Aufgabenteilung, überlappende Kompetenzen, Berichtspflichten
Macht-beschränkung	Bindung an Prinzipien	Führungsleitlinien, Mandatspflichten, Teamentscheidungen, Machtdelegation, externe Prüfinstanzen, Budgetbeschränkungen, Rotationsprinzip, zeitliche Begrenzung des Mandats

Tab. 4.13: Ansatzpunkte der Machtkontrolle – Fortsetzung

Machtkontrolle	Begriff	Gestaltungsansätze
Macht-teilung	Dezentralisierung der Macht	Kontroll- und Exekutivgremien, duale Führung, Zusammensetzung des Führungsteams, Entscheidungsbeteiligung von Dritten, Mitbestimmungsgremien, Beschwerde- und Schiedsstellen

Mechanismen

Ob die angeführten strukturellen, instrumenten- und maßnahmenbezogenen Gestaltungsansätze tatsächlich zu einer wirksamen Machtkontrolle führen, hängt von einer Reihe von Bedingungen ab, auf die wir an dieser Stelle nicht ausführlich eingehen können. Exemplarisch wollen wir einen ausgewählten Mechanismus betrachten, dessen Wirksamkeit an Voraussetzungen gebunden ist, die nicht so ohne weiteres vorliegen. Besondere Bedeutung für die Kontrolle der Macht wird, wie oben bereits beschrieben, der Trennung zwischen der Geschäftsführung im engeren Sinne und der Beaufsichtigung der Geschäftsführung durch ein Kontrollorgan zugeschrieben. Wie ebenfalls bereits beschrieben, funktioniert das Zusammenwirken der beiden Organe oft nicht so, wie man sich das vorstellt. Dieser Tatbestand spricht aber nicht von vornherein gegen die Idee, Kontroll- und Ausführungsaufgaben voneinander zu trennen und unterschiedlichen Trägern zuzuweisen. Auch wenn es sicher nicht einfach ist, ganz konkrete Lösungen mit allgemeinverbindlichem Anspruch zu finden, der grundlegende Mechanismus ist jedenfalls gut nachvollziehbar: Das Kontrollorgan hat die Aufgabe, die Amtsführung des Exekutivorgans zu prüfen, hierzu verschafft es sich einen Überblick über dessen Verhalten und erzeugt damit die Transparenz, die eine Kontrolle überhaupt erst möglich macht. Außerdem wird unterstellt, dass das Kontrollorgan nicht als »zahnloser Tiger« antritt, sondern die Fähigkeit hat und auch die Bereitschaft aufbringt, im Bedarfsfall einzuschreiten und im besonderen Bedarfsfall harte Sanktionen zu verhängen. Beide Kausalpfade werden aber nur beschritten, wenn die in Abbildung 4.11 angeführten Bedingungen gegeben sind.

Die notwendige Transparenz wird nur dann erreicht, wenn das Kontrollorgan auch Zugang zu den wesentlichen Informationen hat, eine Bedingung, die oft nicht gegeben ist – und wenn sie dann doch formal erzwungen wird, relativ leicht unterminiert werden kann, z. B. durch entsprechende Aufbereitung von Informationen, den Aufbau von Zugangsbarrieren, die Benutzung von schwer durchschaubaren Sprachregelungen. Dazu kommt, dass die Aufsichtsführenden oft kein sonderliches Engagement aufbringen, um sich die Informationen mit Hartnäckigkeit auch gegen Widerstände zu verschaffen. Wenn die Kontrolleure sich darauf beschränken die Informationen zur Kenntnis zu nehmen, die ihnen das Exekutivorgan »freiwillig« zur Verfügung stellt, haben sie ihre Funktion als Kontrollorgan schon aufgegeben.

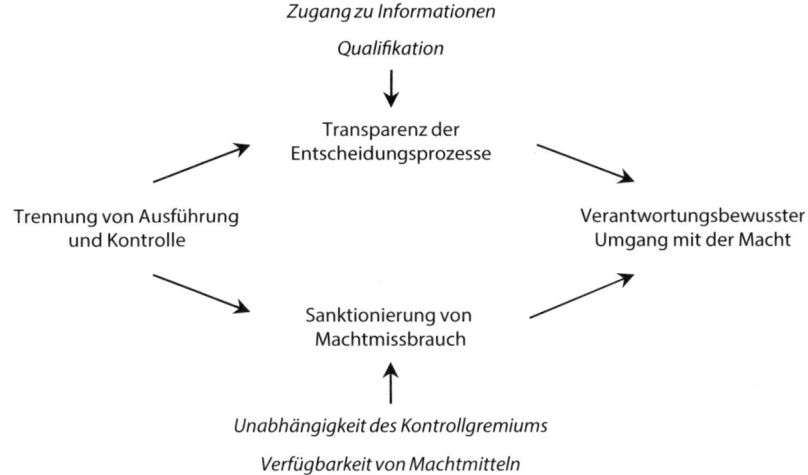

Abb. 4.11: Wirksamkeit der Trennung von Ausführung und Kontrolle

Eine weitere Bedingung für die Wirksamkeit des Kontrollmechanismus der Funktionstrennung ist, dass man die Informationen auch versteht. Hierzu braucht man Sachverstand, der dann besser ist, wenn man bereits viele Erfahrungen mit dem Unternehmen gesammelt hat. Diese Einsicht wird oft bemüht, wenn es darum geht, dass ehemalige Vorstände in den Aufsichtsrat wechseln sollen – eine leider häufig scheinheilige Argumentation, die dazu dient, den Blick von der wahren Motivation abzulenken, die sich nicht selten darauf reduzieren lässt, altgedienten Seilschaftskameraden eine Einnahmequelle zu sichern. Damit ist eine weitere Bedingung für die Wirksamkeit der Funktionstrennung angesprochen: Die Mitglieder des Kontrollorgans sollten in jeder Hinsicht unabhängig sein, in ihrer Urteilsfindung und auch materiell, schließlich sollten sie nicht in der Versuchung stehen, sich von möglichen Zuwendungen und Vergünstigungen beeindrucken zu lassen. Außerdem und nicht zuletzt, muss das Kontrollorgan über Mittel verfügen, die mögliche Sanktionsdrohungen auch glaubwürdig erscheinen lassen.

Bewertung

Macht muss kontrolliert werden. Hierzu braucht man wiederum Macht. Zur Kontrolle der Macht in der mittleren Machthierarchie helfen die Macht von oben und die Macht von unten. Zur Kontrolle der Macht ganz oben in der Machthierarchie hilft nur die Macht von unten. Macht hat zwar selten ein schönes Gesicht, für die Funktionsfähigkeit von Unternehmen ist sie aber unentbehrlich. In jedem sozialen System und umso mehr in sozialen Systemen, die erfolgsorientiert sind und den Mitgliedern erhebliche Beitragsleistungen abverlangen, gibt es einander widerstreitende Kräfte. Um diese zu einen und auch um durchzusetzen, was dem allgemeinen Willen und dem Gemeinwohl dient, braucht man Macht. Von Übel sind allerdings Willkürmacht und maßlose Macht. Letztere darf sich auf keinen Fall etablieren, Macht braucht immer Schranken. Und der Raum für Willkür, der unvermeidlich mit Macht einhergeht, muss kontrolliert werden. Die Sicherungsmaßnahmen müssen umso umfangreicher sein, je größer der Schaden ist, der aus einem möglichen Machtmissbrauch entstehen könnte, also je größer die Schadensgefahr ist, je größer der Schadensumfang ist und je nachhaltiger der mögliche Schaden die Zukunft belastet. Aus dieser Überlegung ergibt sich das Gebot, ganz grundsätzlich zu verhindern, dass Machtpositionen entstehen, die mit einer unbeschränkten »absoluten« Machtfülle ausgestattet sind. Aber auch die Machtpositionen mit einer nur mittleren oder auch mit einer relativ geringen Reichweite müssen überwacht werden. Auf etliche der hierzu geeigneten Gestaltungsmöglichkeiten sind wir eingegangen. Dabei ist – wie immer bei praktischen Handlungen – allerdings auch daran zu denken, dass eine Maßnahme nicht nur die damit verfolgte Wirkung hat (und diese auch nicht immer), sondern anderen Zwecksetzungen entgegenstehen kann. So wird häufig ins Feld geführt, eine enge und kleinteilige Überwachung beeinträchtige nachdrücklich die erfolgreiche Führung eines Unternehmens. Tatsächlich werden Kontrollinstanzen, die den Entscheidungsinstanzen jederzeit und überall auf die Finger schauen, die Qualität der zu treffenden Entscheidungen nicht unbedingt verbessern. Um mit Kraft und Ausdauer einen Kurs verfolgen zu können, ist eine gewisse Unabhängigkeit einfach notwendig. Ähnliches gilt für die im Konzept des Konstitutionellen Unternehmens erhobene Forderung nach der Öffnung der Entscheidungsprozesse, denn nicht selten ist Vertraulichkeit geboten, und zwar nicht nur aus strategischen, sondern oft auch aus ethischen Gründen. Und auch ein exzessiv ausgelegtes Widerspruchsrecht kann leicht dazu benutzt werden, notwendige Veränderungen zu blockieren.

Diese durchaus berechtigten Argumente reichen allerdings nicht hin, um der Forderung nach größtmöglicher Handlungsfreiheit der Mächtigen nachzugeben. Bei der Abwägung zwischen den Gefahren der Machtverleihung einerseits und dem Erhalt der Handlungsfähigkeit andererseits kommt dem Vorsichtsprinzip (der Akzentuierung des Risikos) die erste Priorität zu: Der mögliche Gewinn, den man sich aus einer Machterweiterung gegebenenfalls verspricht, darf nicht das gleiche Gewicht haben wie der mögliche Schaden, der aus der Übertragung weitergehender Machtbefugnisse entstehen kann. Wenn mit erweiterten Machtbefugnissen zudem die Gefahren der Machtakkumulation und des Machtmissbrauchs einhergehen, dann muss man ihnen mit geeigneten Maßnahmen von vornherein entschlossen entgegentreten.

Literatur

Akella, D. 2003: Unlearning the fifth discipline. New Dehli (Sage)

Akerlof, G.A. 1982: Labor contracts as partial gift exchange. Quarterly Journal of Economics, 97, 543–569

Alewell, D./Hansen, N.K. 2012: Human resource management systems. Industrielle Beziehungen, 19, 90–123

Antonacopoulou, E.P./Güttel, W.H. 2010: Staff induction practices and organizational socialization. Society and Business Review, 5, 22–47

Antons, K. 2011: Praxis der Gruppendynamik. 9. Auflage. Göttingen (Hogrefe)

Arendt, H. 1960: Vita Activa oder vom tätigen Leben. Stuttgart (Kohlhammer)

Arthur, J.B. 1994: Effects of human resource systems on manufacturing performance and turnover. Academy of Management Journal, 37, 670–687

Aselage, J./Eisenberger, R. 2003: Perceived organizational support and psychological contracts. Journal of Organizational Behavior, 24, 491–509

Ashforth, B.E./Anand, V. 2003: The normalization of corruption in organizations. Research in Organizational Behavior, 25, 1–52

Ashforth, B.E./Gioia, D.A./Robinson, S.L./Trevino, L.K. 2008: Reviewing organizational corruption. Academy of Management Review, 33, 670–684

Ashforth, B.E./Saks, A.M./Lee, R.T. 1998: Socialization and newcomer adjustment. Human Relations, 51, 897–926

Atkinson, J./Meager, N. 1984: New forms of work organisation. IMS Report No 121. University of Sussex

Bachrach, P./Baratz, M.S. 1962: Two faces of power. The American Political Science Review, 52, 947–952

Bandura, A. 1982: Self-efficacy mechanism in human agency. American Psychologist, 37, 122–147

Bandura, A. 1996: Self-efficacy. New York (Freeman)

Baron, J.M./Kreps, D.M. 1999: Strategic human resources. New York (Wiley)

Baron, J.N./Hannan, M.T. 2002: Organizational blueprints for success in high-tech start-ups. California Management Review, 44, 8–36

Baron, J.N./Jennings, P.D./Dobbin, F.R. 1988: Mission control? American Sociological Review, 53, 497–514

Bartscher, S. 1995: Die Akademisierung der Wirtschaft und ihre Implikationen für das betriebliche Personalwesen. Stuttgart (Schäffer-Poeschel)

Bartscher-Finzer, S./Martin, A. 1998: Die Erklärung der Personalpolitik mit Hilfe der Anreiz-Beitrags-Theorie. In: Martin, A./Nienhüser, W. (Hrsg.): Die theoretische Erklärung der Personalpolitik. 113–145. München (Hampp)

Bartscher-Finzer, S./Martin, A. 2003: Psychologischer Vertrag und Sozialisation. In: Martin, A. (Hrsg.): Organizational behaviour. 53–76. Stuttgart (Kohlhammer)

Bauer, T.N./Bodner, T./Erdogan, B./Truxillo, D.M./Tucker, J.S. 2007: Newcomer adjustment during organizational socialization. Journal of Applied Psychology, 92, 707–721

Becker, F.G. 2009: Grundlagen betrieblicher Leistungsbeurteilungen. 5. Auflage. Stuttgart (Schäffer-Poeschel)

Belbin, R.M. 2010: Management teams. 3. Auflage. Amsterdam (Elsevier)

Benne, K.D./Sheats, P. 1948: Functional roles of group members. Journal of Social Issues, 4, 41–49

Benson, J./Debroux, P. 2004: The changing nature of Japanese human resource management. International Studies of Management and Organization, 34, 32–51

Berger, P.L./Luckmann, T. 2009: Die gesellschaftliche Konstruktion der Wirklichkeit. 22. Auflage. Frankfurt (Fischer Taschenbuch Verlag)

Biech, E. 2008: The Pfeiffer book of successful team-building tools. 2. Auflage. San Francisco (Pfeiffer)

Bierhoff, H.W./Müller, G.F. 2005: Leadership, mood, atmosphere, and cooperative support in project groups. Journal of Managerial Psychology, 20, 483–497

Bilger, F./von Rosenbladt, B. 2011: Weiterbildungsverhalten in Deutschland. Bonn (Bundesministerium für Bildung und Forschung)

Birati, A./Tziner, A. 1996: Withdrawal behavior and withholding efforts at work. Human Resource Management Review, 6, 305–314

Blau, P.M. 1964: Exchange and power in social life. New York (Wiley)

Bles, P. 2002: Die Selbstbestimmungstheorie von Deci and Ryan. In: Frey, D./Irle, M. (Hrsg.): Theorien der Sozialpsychologie. 234–253. Bern (Huber)

Blumer, H. 1969: Symbolic interactionism. Englewood Cliffs (Prentice-Hall)

Bonebright, D.A. 2010: 40 Years of storming. Human Resource Development International, 13, 111–120

Borman, W.C./Motowidlo, S. J. 1993: Expanding the criterion domain to include elements of contextual performance. In: Schmitt, N./Borman, W.C. (Hrsg.): Personnel selection in organizations. 71–98. San Francisco (Jossey-Bass)

Bottomley, S. 2007: The constitutional corporation. Aldershot (Ashgate)

Boulding, K.E. 1989: Three faces of power. Newbury Park (Sage)

Bravo, M.J./Peiro, J.M./Rodriguez, I./Whitely, W.T. 2003: Social antecedents of the role stress and career-enhancing strategies of newcomers to organizations. Work and Stress, 17, 195–217

Brehm, J.W. 1966: A theory of psychological reactance. New York (Academic Press)

Breisig, T. 2005: Personalbeurteilung. Frankfurt (Bund Verlag)

Brown, R. 2011: An experiential approach to organization development. 8. Auflage. Boston (Prentice Hall)

Bruch, H. 1997: Strategisches Personalmanagement in partnerschaftlichen Outsourcingbeziehungen. In: Klimecki, R./Remer, A. (Hrsg.): Personal als Strategie. 458–484. Neuwied (Luchterhand)

Bülow-Schramm, M./Martens, B./Nullmeier, F. 1987: Akademiker und akademisch Angelernte. Frankfurt (Campus)

Burawoy, M./Wright, E. 1990: Coercion and consent in contested exchange. Politics and Society, 18, 251–266

Burke, R.J. 1984: Mentors in organizations. Group and Organization Studies, 9, 353–372

Burns, T./Stalker, G.M. 1994: The management of innovation. 3. Auflage. Oxford (Oxford University Press)

Callaghan, G./Thompson, P. 2001: Edwards revisited. Economic and Industrial Democracy, 22, 13–37

Campion, M.A./Fink, A.A./Ruggeberg, B.J./Carr, L./Phillips, G.M./Odman, R.B. 2011: Doing competencies well. Personnel Psychology, 64, 225–262

Carver, C.S./Scheier, M.F. 1981: Attention and self-regulation. New York (Springer)

Carver, C.S./Scheier, M.F. 1998: On the self-regulation of behavior. New York (Cambridge University Press)

Casey, K. 1995: Work, self and society. New York (Routledge)

Casey, K. 1999: Come, join our family. Human Relations, 52, 155–178

Clegg, S.R./Courpasson, D./Phillips, N. 2006: Power and organizations. London (Sage)

Coleman, J.S. 1979: Modell und Gesellschaftsstruktur. Tübingen (Mohr-Siebeck)

Coleman, V.I./Borman, W.C. 2000: Investigating the underlying structure of the citizenship performance domain. Human Resource Management Review, 10, 25–44

Conway, J.M. 1996: Additional construct validity evidence for the task/contextual performance distinction. Human Performance, 9, 309–329

Coyle-Shapiro, J./Conway, N. 2004: The employment relationship through the lens of social exchange. In: Coyle-Shapiro, J./Shore, L.M./Taylor, M.S./Tetrick, L.E. (Hrsg.): The employment relationship. 5–28. Oxford (Oxford University Press)

Crant, J.M. 2000: Proactive behavior in organizations. Journal of Management, 26, 435–462

Csikszentmihalyi, M. 1990: Flow. New York (Harper Collins)

Dahl, R.A. 1984: Democracy in the workplace. Dissent, 31, 54–60

Deci, E.L./Connell, J.P./Ryan, R.M. 1989: Self-determination in a work organization. Journal of Applied Psychology, 74, 580–590

Deci, E.L./Koestner, R./Ryan, R.M. 1999: A meta-analytic review of experiments examining the effects of extrinsic rewards on intrinsic motivation. Psychological Bulletin, 125, 627–668

Deci, E.L./Ryan, R.M. 1985: Intrinsic motivation and self-determination in human behavior. New York (Plenum)

Deci, E.L./Ryan, R.M. 1987: The support of autonomy and the control of behavior. Journal of Personality and Social Psychology, 53, 1023–1037

Deci, E.L./Ryan, R.M. 2000a: The »what« and »why« of goal pursuits. Psychological Inquiry, 11, 227–268

Deci, E.L./Ryan, R.M. 2000b: The darker and brighter sides of human existence. Psychological Inquiry, 11, 319–338

Demers, C. 2007: Organizational change theories. Los Angeles (Sage)

DeNisi, A.S./Kluger, A.N. 2000: Feedback effectiveness. Academy of Management Executive, 14 (1), 129–139

Denzin, N.K. 1969: Symbolic interactionism and ethnomethodology. American Sociological Review, 34, 922–934

Deutsche Gesellschaft für Personalführung (DGFP) 1998: Bündnisse für Arbeit im Betrieb. Köln (Wirtschaftsverlag Bachem)

DGB-Bildungswerk 2001: Gleichbehandlung oder positive Diskriminierung? Düsseldorf

Dickenberger, D./Gniech, G./Grabitz, H.J. 1993: Die Theorie der psychologischen Reaktanz. In: Frey, D./Irle, M. (Hrsg.): Theorien der Sozialpsychologie. Band I. Kognitive Theorien. 243–273. Göttingen (Huber)

Doose, S. 2006: Unterstützte Beschäftigung. Marburg (Lebenshilfe Verlag)

Dörner, D. 1999: Bauplan für eine Seele. Reinbek (Rowohlt)

Dreitzel, H.P. 1968: Die gesellschaftlichen Leiden und das Leiden an der Gesellschaft. Stuttgart (Enke)

Dunphy, D. 1987: Convergence/divergence: a temporal review of the Japanese enterprise and its management. Academy of Management Review, 12, 445–459

Durkheim, E. 1912: Les formes élémentaires de la vie religieuse. Paris (Félix Alcan)

Dyer, W.G./Dyer, J.H./Dyer, W.G. 2013: Team building. 5. Auflage. New York (Wiley)

Easton, D. 1965: A framework for political analysis. Englewood Cliffs (Prentice Hall)

Edwards, R. 1979: Contested terrain. New York (Basic Books)

Eichhorst, W./Kuhn, A./Thode, E./Zenker, R. 2010: Traditionelle Beschäftigungsverhältnisse im Wandel. IZA Research Report No. 23. Bonn

Eisenberg, E.M. 1990: Jamming. Communication Research, 17, 139–164

Eisenberger, R./Armeli, S./ Rexwinkel, B./Lynch, P.D./Rhoades, L. 2001: Reciprocation of perceived organizational support. Journal of Applied Psychology, 86, 42–51

Eisenberger, R./Cameron, J. 1996: Detrimental effects of reward. American Psychologist, 51, 1153–1166

Elias, N. 1976: Über den Prozess der Zivilisation. Frankfurt (Suhrkamp)

Ellguth, P./Kohaut, S. 2007: Tarifbindung und betriebliche Interessenvertretung – Aktuelle Ergebnisse aus dem IAB-Betriebspanel 2006. WSI-Mitteilungen, 60, 511–514

Elliot, A.J. 1999: Approach and avoidance motivation and achievement goals. Educational Psychologist, 34, 169–189

Epstein, K.E. 1983: Socialization practices and their consequence. Working Paper 1502–83. Alfred P. Sloan School of Management. Massachusetts Institute of Technology. Cambridge

Esser, H. 1992: Soziologie. Frankfurt (Campus)

Etzioni, A. 1968: The active society. New York (Free Press)

Feldman, D. C. 1981: The multiple socialization of organization members. Academy of Management Review, 6, 309–318

Feldman, D. C./Arnold, H.J. 1983: Managing individual and group behavior in organizations. New York (McGraw-Hill)

Feldman, D.C./Bolino, M. C. 1999: The impact of on-site mentoring on expatriate socialization. The International Journal of Human Resource Management, 10, 54–71

Felps, W./Mitchell, T. R./Byington, E. 2006: How, when, and why bad apples spoil the barrell. Research in Organizational Behavior, 27, 175–222

Filipczak, B. 1995: You're on your own. Training (January 1995), 29–36

Finkelstein, S./Hambrick, D.C. 1996: Strategic leadership. St. Paul (West)

Fletcher, C. 2008: Appraisal, feedback, and development. 4. Auflage. London (Routledge)

Flieger, B. 1996: Produktivgenossenschaften als fortschrittsfähige Organisationen. Marburg (Metropolis Verlag)

Foa, E.B./Foa, U.G. 1976: Resource theory of social exchange. In: Thibaut, J.W./Spence, J.T./ Carson, R.C. (Hrsg.): Contemporary topics in social psychology. 99–131. Morristown (General Learning Press)

Folger, R. 2004: Justice and employment. In: Coyle-Shapiro, J./Shore, L.M./Taylor, M.S./Tetrick, L.E. (Hrsg.): The employment relationship. 29–47. Oxford (Oxford University Press)

Forcadell, F.J. 2005: Democracy, cooperation and business success. Journal of Business Ethics, 56, 255–274

Forsyth, D.R. 1990: Group Dynamics. 2. Auflage. Pacific Grove (Brooks/Cole)

Fortado, B. 1994: Informal supervisory social control strategies. Journal of Management Studies, 31, 251–274

Francis, D./Young, D. 2002: Mehr Erfolg im Team. 5. Auflage. Hamburg (Windmühle Verlag)

Freese, H. 1909: Die konstitutionelle Fabrik. Jena (Fischer)

French, J.R.P./Raven, B.H. 1959: The bases of social power. In: Cartwright, D. (Hrsg.): Studies in social power. 150–167. Ann Arbor (University of Michigan Press)

Frey, D./Jonas, E. 2002: Die Theorie der kognizierten Kontrolle. In: Frey, D./Irle, M. (Hrsg.): Theorien der Sozialpsychologie. 13–50. Bern (Huber)

Frick, B. 2008: Betriebliche Mitbestimmung unter Rechtfertigungsdruck. Industrielle Beziehungen, 15, 164–177

Fried, Y./Ferris, G.R. 1987: The validity of the job characteristics model. Personnel Psychology, 40, 287–322

Gagné, M./Deci, E.L. 2005: Self-determination theory and work motivation. Journal of Organizational Behavior, 26, 331–362

Galtung, J. 1975: Strukturelle Gewalt, Reinbek (Rowohlt)

Galtung, J. 1998: Frieden mit friedlichen Mitteln. Opladen (Westdeutscher Verlag)

Garfinkel, H. 1967: Studies in ethnomethodology. Englewood Cliffs (Prentice-Hall)

Gaugler, E./Weber, W./Gille, G./Kachel, H./Martin, A./Werner, E. 1978: Ausländer in deutschen Industriebetrieben. Königstein (Hanstein Verlag)

George, J.M./Brief, A.P. 1992: Feeling good – doing good. Psychological Bulleting, 112, 310–329

Gersick, C.J. 1988: Time and transition in work teams. Academy of Management Journal, 31, 9–14

Gert, B. 1983: Die moralischen Regeln. Frankfurt (Suhrkamp)

Glew, D.J./O'Leary-Kelly, A.M./Griffin, R.W./Van Fleet, D.D. 1995: Participation in organizations. Journal of Management, 21, 395–421

Goffman, E. 1974: Frame analysis. New York (Basic Books)

Goldthorpe, J.H./Lockwood, D./Bechhofer, F./Platt, J. 1968: The affluent worker. Cambridge (Cambridge University Press)

Gouldner, A.W. 1960: The norm of reciprocity. American Sociological Review, 25, 161–178

Greenberg, M.S. 1980: A theory of indebtedness. In: Gergen, K.J./Greenberg, M.S./Willis, R.H. (Hrsg.) Social exchange. 3–26. New York (Plenum Press)

Greenwald, H.P. 2008: Organizations. Thousand Oaks (Sage)

Griffeth, R./Hom, P. 2004 (Hrsg.): Innovative theory and empirical research. Greenwich (Information Age Publishing)

Gruman, J.A./Saks, A.M./Zweig, D.I. 2006: Organizational tactics and newcomer proactive behavior. Journal of Vocational Behavior, 69, 90–104

Hackman, J.R. 1987: The design of work teams. In: Lorsch, J.W. (Hrsg.): Handbook of organizational behavior. 315–342. Englewood Cliffs. (Prentice Hall)

Hackman, J.R./Oldham, G.R. 1975: Development of the job diagnostic survey. Journal of Applied Psychology, 60, 159–170

Hackman, J.R./Oldham, G.R. 1980: Work redesign. Reading (Addison Wesley)

Haire, M./Ghiselli, E.E./Porter, L.W. 1966: Managerial thinking. New York (Wiley)

Hallberg, U.E./Schaufeli, W.B. 2006: »Same same« but different? European Psychologist, 11, 119–127

Hardy, C. 1985: Managing organisational closure. Epping (Gower Press)

Haugaard, M. 2003: Reflections on seven ways of creating power. European Journal of Social Theory, 6, 87–113

Heckhausen, H. 2003: Motivation und Handeln. Berlin (Springer)

Heinen, J.S./Jacobson, E. 1976: A model of task group development in complex organizations and a strategy for implementation. Academy of Management Review, 1, 98–111

Höhn, R. 1983: Die innere Kündigung im Unternehmen. Bad Harzburg (Verlag für Wissenschaft, Wirtschaft und Technik)

Huselid, M. 1995: The impact of human resource management on turnover, productivity, and corporate financial performance. Academy of Management Journal, 38, 635–672

Irle, M. 1970: Führungsverhalten in organisierten Gruppen. In: Meyer, A./Herweg, B. (Hrsg.): Handbuch der Psychologie, Band 9, Betriebspsychologie. 511–527. Göttingen (Hogrefe)

Jackson, S.E. 1992: Consequence of group composition for the interpersonal dynamics of strategic issue processing. Advances in Strategic Management, 8, 345–382

Johns, G. 2002: The psychology of lateness, absenteeism, and turnover. In: Anderson, N. u. a. (Hrsg.): Handbook of industrial, work & organizational psychology. Band 2. 2. Auflage. 232–252. London (Sage)

Jones, G.R. 1986: Socialization tactics, self-efficacy, and newcomers' adjustments to organizations. Academy of Management Journal, 29, 262–279

Jöns, I. 2008 (Hrsg.): Erfolgreiche Gruppenarbeit. Wiesbaden (Gabler)

Kalleberg, A.L. 2001: Organizing flexibility. British Journal of Industrial Relations, 39, 479–504

Kanungo, R. N. 1979: The concepts of alienation and involvement revisited. Psychological Bulletin, 86, 119–138

Katz, D. 1964: The motivational basis of organizational behavior. Behavioral Science, 9, 131–133

Katz, D./Kahn, R.L. 1978: The social psychology of organizations. 2. Auflage. New York (Wiley)

Katz, J.P./Boland, M.A. 2002: One for all and all for one. Long Range Planning, 35, 73–89

Katzenbach, J.R./Smith, D.K. 1993: The wisdom of teams. Boston (Harvard Business School Press)

Kauffeld, S. 2001: Teamdiagnose. Göttingen (Verlag für Angewandte Psychologie)

Keller, B./Seifert, H. 2007 (Hrsg.): Atypische Beschäftigung. Berlin (Sigma)

Kidwell, R.E./Bennett, N. 1993: Employee propensity to withhold effort. Academy of Management Review, 18, 429–456

Kieser, A. 1995: Führung von neuen Mitarbeitern. In: Kieser, A./Reber, G./Wunderer, R. (Hrsg.): Handwörterbuch der Führung. 2. Auflage. 1636–1642. Stuttgart (Poeschel)

Kieser, A./Nagel, R. 1986: Die Gestaltung von Eingliederungsprogrammen für neue Mitarbeiter. Schmalenbachs Zeitschrift für betriebswirtschaftliche Forschung, 38, 956–962

Kiesler, C.A. 1971: The psychology of commitment. New York (Academic Press)

Kipnis, D. 1976: The powerholders. Chicago (University of Chicago Press)

Klein, C./Diaz Granados, D./Salas, E./Le, H./Burke, C.S./Lyons, R./Goodwin, G.F. 2009: Does team building work. Small Group Research, 40, 181–222

Klein, H.J./Heuser, A.E. 2008: The learning of socialization content. Research in Personnel and Human Resources Management, 27, 279–336

Klein, H.J./Wesson, M.J./Hollenbeck, J.R./Bradley, J. 1999: Goal commitment and the goal-setting process. Journal of Applied Psychology, 84, 885–896

Klemenz, B. 1994 (Hrsg.): Betriebliche Integration von Langzeitarbeitslosen. Bamberg (Wissenschaftliche Verlagsgesellschaft)

Kluger, A.N./DeNisi, A.S. 1996: The effects of feedback interventions on performance. Psychological Bulletin, 119, 254–284

Kocka, J. 1975: Unternehmer in der deutschen Industrialisierung. Göttingen (Vandenhoeck und Ruprecht)

Köhler, C./Struck, O./Grotheer, M./Krause, A./Krause, I./Schröder, T. 2008: Offene und geschlossene Beschäftigungssysteme. Wiesbaden (VS Verlag für Sozialwissenschaften)

Kohn, A. 1993: Punished by rewards. Boston (Houghton Mifflin)

Kram, K.E. 1985: Mentoring at work. Glenview (Scott, Foresman & Co.)

Kramer, J.W. 1999: Zur Organisation produktivgenossenschaftlicher Unternehmen. Zeitschrift für Klein- und Mittelunternehmen, 47, 166–181

Kramer, M.W. 2010: Organizational socialization. Cambridge (Polity)

Kunda, G. 1992: Engineering culture. Philadelphia (Temple University Press)

Kuwan, H./Bilger, F./Gnahs, D./Seidel, S. 2006: Berichtssystem Weiterbildung IX. Bonn, Berlin (Bundesministerium für Bildung und Forschung)

Lawler, E.E. 2008: Talent: making people your competitive advantage. San Francisco (Jossey-Bass)

Lee, R.T./Ashforth, B.E. 1996: A meta-analytic examination of the correlates of the three dimensions of job burnout. Journal of Applied Psychology, 81, 123–133

Liebel, H.J. 1992: Personalentwicklung durch Verhaltens- und Leistungsbewertung. In: Liebel, H.J./Oechsler, W.A. (Hrsg.): Personalbeurteilung. 103–192. Wiesbaden (Gabler)

Locke, E.A./Latham, G.P. 1990: A theory of goal setting and task performance. Englewood Cliffs (Prentice Hall)

Lohdahl, T./Kejner, M. 1965: The definition and measurement of job involvement. Journal of Applied Psychology, 49, 24–33

Louis, M.R. 1980: Surprise and sense making. Administrative Science Quarterly, 25, 226–251

Lueger, G. 2002: Personalbeurteilung. In: Kasper, H./Mayrhofer, W. (Hrsg.): Personalmanagement, Führung, Organisation. 447–489. Wien (Linde Verlag)

Lukes, S. 2005. Power. 2. Auflage. Houndsmiles (Palgrave Macmillan)

Luthans, F./Kreitner, R. 1975: Organizational behavior modification. Glenview (Scott, Foresman)

Lynch, M./Sharrock, W. 2011: Ethnomethodology. Los Angeles (Sage)

Maccoby, M. 1976: The gamesman. New York (Simon and Schuster)

Mannix, E./Neale, M.A. 2005: What differences make a difference? Psychological Science in the Public Interest, 6, 31–55

March, J.G./Simon, H.A. 1958: Organizations. New York (Wiley)

Marcus, B./Schuler, H. 2001: Leistungsbeurteilung. In: Schuler, H. (Hrsg.): Personalpsychologie. 397–432. Göttingen (Hogrefe)

Martin, A. 1980: Die Integrationschancen von ausländischen Jugendlichen im Betrieb. Frankfurt (Harri Deutsch)

Martin, A. 1987: Determinanten der individuellen Weiterbildungsentscheidung. Eine empirische Analyse. Zeitschrift für Personalforschung, 1, 5–28

Martin, A. 1996: Die Erklärung der Personalpolitik. Schriften aus dem Institut für Mittelstandsforschung. Heft 5. Lüneburg

Martin, A. 1998: Affekt, Kommunikation und Rationalität in Entscheidungsprozessen. München (Hampp)

Martin, A. 2000: Teams und ihre Entwicklung. Universitas, 55, 895–910

Martin, A. 2001: Personal. Stuttgart (Kohlhammer)

Martin, A. 2002: Ansatzpunkte für ein systematisches Beschäftigungsmanagement, Schriften aus dem Institut für Mittelstandsforschung der Universität Lüneburg, Heft 16

Martin, A. 2003: Investition in Humankapital. Das Weiterbildungsverhalten von Selbständigen, In: Martin, A. (Hrsg.): Personal als Ressource. 185–216. München (Hampp)

Martin, A. 2004: Beschäftigungsmanagement. In: Gaugler, E./Oechsler, W./Weber, W. (Hrsg.): Handwörterbuch des Personalwesens, 3. Auflage, 518–531, Stuttgart (Schäffer-Poeschel)

Martin, A. 2009: Inadäquate Beschäftigung von Fach- und Führungskräften. Ergebnisse einer Online-Befragung. Schriften des Instituts für Mittelstandsforschung der Universität Lüneburg. Heft 33. Lüneburg

Martin, A. 2012: Die Macht der Funktionen. In: Duschek, S./Gaitanides, M./Matiaske, W./Ortmann, G. (Hrsg.): Organisationen regeln. Wiesbaden (Verlag für Sozialwissenschaften)

Martin, A./Behrends, T. 1999: Betriebliche Weiterbildung im Lichte der theoretischen und empirischen Forschung. In: Martin, A./Mayrhofer, W./Nienhüser, W. (Hrsg.): Die Bildungsgesellschaft in Unternehmen. 49–82. München (Hampp)

Martin, A./Drees, V. 1999: Vertrackte Beziehungen. Darmstadt (Wissenschaftliche Buchgesellschaft)

Martin, A./Drees, V. 2001: Gemeinsame Ziele. Schriften des Instituts für Mittelstandsforschung der Universität Lüneburg. Heft 6. Lüneburg

Martin, A./Nienhüser, W. 1996: Auf der Suche nach Erklärungen der Personalpolitik. Unveröffentlichtes Manuskript. Essen/Lüneburg

Martin, A./Nienhüser, W. 2002 (Hrsg.): Neue Formen der Beschäftigung – neue Personalpolitik. München (Hampp)

Marx, K. 1867: Das Kapital. Band 1. Hamburg (Meissner)

Matiaske, W. 1999: Soziales Kapital in Organisationen. München (Hampp)

Matiaske, W./Weller, I. 2003: Extra-Rollenverhalten. In: Martin, A. (Hrsg.): Organizational Behaviour. 95–114. Stuttgart (Kohlhammer)

Mauss, M. 1968: Die Gabe. Frankfurt (Suhrkamp)

Mayer, J.D./Faber, M.A./Xu, X. 2007: Seventy-five years of motivation measures. Motivation and Emotion, 31, 83–103

Mayer, R.C./Davis, J.H./Schoorman, F. D. 1995: An integrative model of organizational trust. Academy of Management Review, 20, 709–734

Mayntz, R. 1968 (Hrsg.): Bürokratische Organisation. Köln (Kiepenheuer & Witsch)

Mayrhofer, W. 2003: Teamentwicklung. In: Martin, A. (Hrsg.): Organizational Behaviour. 211–226. Stuttgart (Kohlhammer)

McAuley, J./Duberley, J./Johnson, P. 2007: Organization theory. Harlow (Prentice Hall)

McGrath, J.E. 1984: Groups. Englewood Cliffs

Merton, R.K. 1957: Social theory and social structure. New York (Free Press)

Merton, R.K. 1995: The Thomas theorem and the Matthew effect. Social Forces, 74, 379–424

Miller, S.M. 1981: Predictability and human stress. In: Berkowitz, L. (Hrsg.): Advances in experimental social psychology, 14, 203–255. New York (Academic Press)

Mobley, W.H. 1977: Intermediate linkages in the relationship between job satisfaction and turnover. Journal of Applied Psychology, 62, 237–240

Mobley, W.H. 1982a: Employee turnover. Reading (Addison-Wesley)

Mobley, W.H. 1982b: Some unanswered questions in turnover and withdrawal research. Academy of Management Review, 7, 111–116

Moldaschl, M./Voß, G.G. 2002 (Hrsg.): Subjektivierung von Arbeit. München (Hampp)

Morgan, B.B./Salas, E./Glickman, A.S. 1993: An analysis of team evolution and maturation. Journal of General Psychology, 120, 277–291

Morrison, E.W./Robinson, S.L. 1997: When employees feel betrayed. Academy of Management Review, 22, 226–256

Morrison, E.W./Robinson, S.L. 2004: The employment relationship from two sides. In: Coyle-Shapiro, J./Shore, L.M./Taylor, M.S./Tetrick, L.E. (Hrsg.): The employment relationship. 161–180. Oxford (Oxford University Press)

Müller, G.F./Bierhoff, H.W. 1994: Arbeitsengagement aus freien Stücken. Zeitschrift für Personalforschung, 8, 367–379

Neilsen, E.H. 1986: Empowerment strategies. In: Srivastva, S. u. a. (Hrsg.): Executive Power. 78–110. San Francisco

Nelson, D.L./Quick, J.C. 1991: Social support and newcomer adjustment in organizations. Journal of Organizational Behavior, 12, 543–554

Nerdinger, F.W. 2005: Vorgesetztenbeurteilung. In: Jöns, I./Bungard, W. (Hrsg.). Feedbackinstrumente im Unternehmen. 99–112. Wiesbaden (Gabler)

Neuberger, O. 1984: Rituelle Selbsttäuschung. Die Betriebswirtschaft, 40, 27–43

Neuberger, O. 1994: Personalentwicklung. 2. Auflage. Stuttgart (Enke)

Neuberger, O. 2000: Das 360 Grad Feedback. München (Hampp)

Nicholls, J.G. 1984: Achievement motivation. Psychological Review, 91, 328–346

Nienhüser, W. 1998a: Ursachen und Wirkungen betrieblicher Personalstrukturen, Stuttgart (Schaeffer-Poeschel)

Nienhüser, W. 1998b: Macht bestimmt die Personalpolitik! In: Martin, A./Nienhüser, W. (Hrsg.): Personalpolitik. 239–261. München (Hampp)

Noelle-Neumann, E./Köcher 1993: Allensbacher Jahrbuch der Demoskopie. Band 9. München (Saur)

Noelle-Neumann, E./Piel, E. 1983: Allensbacher Jahrbuch der Demoskopie. Band 8. München (Saur)

Oates, W. 1971: Confessions of a workaholic. New York (World Books)

Oechsler, W.A. 1992: Personalführung durch tätigkeitsbezogene Leistungsbewertung. In: Liebel, H.J./Oechsler, W.A. (Hrsg.): Personalbeurteilung. 13–102. Wiesbaden (Gabler)

Oliver, C. 1990: Determinants of interorganizational relationships. Academy of Management Review, 15, 241–265

Organ, D.W. 1988: Organizational citizenship behavior. Lexington (Lexington Books)

Organ, D.W. 1997: Organizational citizenship behavior. Human Performance, 10, 85–97

Ostroff, C./Kozlowski, S. W. J. 1993: The role of mentoring in the information gathering processes of newcomers during early organisational socialization. Journal of Vocational Behavior, 42, 170–183

Oyen, R. 1990: Berufliche Rehabilitation. Literaturdokumentation zur Arbeitsmarkt- und Berufsforschung, Sonderheft. Nürnberg (Institut für Arbeitsmarkt- und Berufsforschung)

Parsons, T. 1951: The social system. New York (The Free Press)

Perrow, C. 1986: Complex organizations. 3. Auflage. New York (Basic Books)

Peters, T. 1993: Jenseits der Hierarchien. Düsseldorf (Econ)

Pettigrew, A. 1986: Some limits of executive power in creating strategic change. In: Srivastva, S. u. a. (Hrsg.): Executive power. 132–154. San Francisco (Jossey-Bass)

Pfeffer, J. 1981: Power in organizations. Cambridge (Ballinger Publishing Company)

Pfeffer, J. 1994: Competitive advantage through people. Boston (Harvard Business School Press)

Pfeffer, J. 1997: New directions for organization theory. New York (Oxford University Press)

Pfeffer, J./Veiga, J.F. 1999: Putting people first for organizational success. Academy of Management Executive, 13 (2), 37–48

Pierce, J.L./Kostova, T./Dirks, K.T. 2003: The state of psychological ownership. Review of General Psychology, 7, 84–107

Pierenkemper, T. 2009: The rise and fall of the »Normalarbeitsverhältnis« in Germany. Bonn (IZA-Discussion Paper No. 4068)

Pinfield, L.T./Berner, M.F. 1994: Employment systems. Research in Personnel and Human Resources Management, 12, S. 41–78

Popitz, H. 2006: Soziale Normen. Frankfurt (Suhrkamp)

Pratt, M. 2000: The good, the bad, and the ambivalent. Administrative Science Quarterly, 45, 456–493

Presthus, R. 1966: Individuum und Organisation. Frankfurt (Fischer)

Quinn, R.E./Rohrbaugh, J. 1983: A spatial model of effectiveness criteria. Management Science, 29, 363–377

Raven, B.H. 1965: A power-interaction model of interpersonal influence. Journal of Social Behavior & Personality, 7, 217–244

Raven, B.H./Schwarzwald, J./Koslowsky, M. 1998: Conceptualizing and measuring a power-interaction model of interpersonal influence. Journal of Applied Social Psychology, 28, 307–332

Riklin, A. 1980: Erfindungen gegen Machtmissbrauch. In: Küng, E. (Hrsg.): Wandlungen in Wirtschaft und Gesellschaft. 125–146. Tübingen (Mohr-Siebeck)

RKW 2011: RKW Magazin, 2011, Heft 4

Roberts, B.W. 2006: Personality development and organizational behavior. Research in Organizational Behavior, 27, 1–40

Robinson, S.L./Bennett, R.J. 1995: A typology of deviant workplace behaviors. Academy of Management Journal, 38, 555–572

Rotter, J.B. 1966: Generalized expectancies for internal versus external control of reinforcement. Psychological Monographs: General & Applied, 80, 1–28

Rousseau, D.M. 1995: Psychological contracts in organizations, Thousand Oaks

Rousseau, D.M. 1998: The »problem« of the psychological contract considered. Journal of Organizational Behavior, 19, S. 665–671

Rousseau, D.M. 2001: Schema, promise and mutuality. Journal of Occupational and Organizational Psychology, 74, 511–541

Rudow, B./Neubauer, W./Krüger, W./Bürmann, C./Paeth, L. 2007: Die betriebliche Integration leistungsgewandelter Mitarbeiter. Arbeit, 16, 118–131

Sagie, A./Birati, A./Tziner, A. 2002: Assessing the costs of behavioral and psychological withdrawal. Applied Psychology, 51, 67–89

Sahlins, M. 1981: Kultur und praktische Vernunft. Frankfurt (Suhrkamp)

Salancik, G.R. 1977: Commitment and the control of organizational behavior and belief. In: Staw, B.M./Salancik, G.R. (Hrsg.) New directions in organizational behavior. 1–54. Chicago (St. Clair)

Salas, E./Fiore, S.M. 2012: Why work teams fail in organizations. In: Shore, L.M./Coyle-Shapiro, J.A./Tetrick, L.E. (Hrsg.): The employee-organization relationship. 533–554. New York (Routledge)

Salas, E./Rozell, D./Mullen, B./Driskell, J.E. 1999: The effect of team building on performance. Small Group Research, 30, 309–329

Savage, M. 2005: Working-class identities in the 1960s. Sociology, 39, 929–946

Schein, E.H. 1965: Organizational psychology. Englewood Cliffs (Prentice Hall)

Schiersmann, C./Thiel, H.U. 2010: Organisationsentwicklung. 2. Auflage. Wiesbaden (VS Verlag für Sozialwissenschaften)

Schneider, B. 1987: The people make the place. Personnel Psychology, 40, 437–454

Schulte, C. 2007: Die Aktie Mensch. Börsenblatt, 13, 31–33

Seeman, M. 1961: On the meaning of alienation. American Sociological Review, 24, 783–791

Seifert, H. 1999: Betriebliche Vereinbarungen zur Beschäftigungssicherung. In: WSI-Mitteilungen, 52, 156–164

Semlinger, K. 1991: Flexibilität und Autonomie. In: Semlinger, K. (Hrsg.): Flexibilisierung des Arbeitsmarktes. 17–40. Frankfurt (Campus)

Sengenberger, W. 1987: Struktur und Funktionsweise von Arbeitsmärkten. Frankfurt (Campus)

Sennett, R. 1998: Der flexible Mensch. Berlin (Berlin Verlag)

Sennett, R. 2012: Zusammenarbeit. Berlin (Hanser)

Seybold, J.W./Gruenfeld, L. 1976: The discriminant validity of work alienation, and work satisfaction measures. Journal of Occupational Psychology, 49, 193–202

Shirom, A. 2003: Job-related burnout. In: Quick, J.C./Tetrick, L.E. (Hrsg.): Handbook of occupational health psychology, 245–264. Washington (American Psychological Association)

Simmel, G. 1890: Über soziale Differenzierung. In: Derselbe 1989: Aufsätze 1887–1890. 109–295. Frankfurt (Suhrkamp)

Simon, H.A. 1951: A formal theory of the employment relation. Econometrica, 19, 293–305

Skinner, E.A. 1996: A guide to constructs of control. Journal of Personality and Social Psychology, 71, 549–570

Smith, F.J. 1977: Work attitudes as predictors of attendance on a specific day. Journal of Applied Psychology, 62, 16–19

Spreitzer, G./Sutcliffe, K./Dutton, J./Sonenshein, S./Grand, A.M.: 2005: A socially embedded model of thriving at work. Organization Science, 16, 537–549

Sprenger, R.K. 1991: Mythos Motivation. Frankfurt (Campus)

Stein, H.F. 1998: Euphemism, spin, and the crisis in organizational life. Westport (Quorum Books)

Stein, M. 2008: Ursachen und Abhilfemaßnahmen für die mangelnde Integration von jungen Menschen mit Migrationshintergrund in das betriebliche Ausbildungssystem. Erfahrungen aus zwei Modellversuchen. Wirtschaft und Berufserziehung, 60 (8), 21–28

Stewart, G.L. 2006: A meta-analytic review of relationships between team design features and team performance. Journal of Management, 32, 29–54

Stone, D.N./Deci, E.L./Ryan, R.M. 2009: Beyond talk. Journal of General Management, 34 (3), 75–91

Strauss, G. 1998: An overview. In: Heller, F.A. (Hrsg.): Organizational participation. 8–39. Oxford (Oxford University Press)

Swezey, R.W./Salas, E. 1992: Teams. Norwood (Ablex Publishing Corporation)

Takeuchi, R. 2012: A relational perspective on the employee-organization relationship. In: Shore, L.M./Coyle-Shapiro, J./Tetrick, L.E. (Hrsg.): The employee-organization relationship. 307–331. New York (Routledge)

Taylor, M.S./Tekleab, A.G. 2004: Taking stock of psychological contract research. In: Coyle-Shapiro, J./Shore, L.M./Taylor, M.S./Tetrick, L.E. (Hrsg.): The employment relationship. 253–283. Oxford (Oxford University Press)

Tett, R.P./Guterman, H.A./Bleier, A./Murphy, P.J. 2000: Development and content validation of a »hyperdimensional« taxonomy of managerial competence. Human Performance, 13, 205–251

Thibaut, J.W./Kelley, H.H. 1959: The social psychology of groups. New York (Wiley)

Thom, N. 1998: Effizientes Innovationsmanagement in kleinen und mittleren Unternehmen. Bern (Huber)

Tuckman, B.W. 1965: Developmental sequence in small groups. Psychological Bulletin, 63, 384–399

Tuckman, B.W. 1967: Group composition and group performance of structured and unstructured tasks. Journal of Experimental Social Psychology, 3, 25–40

Tuckman, B.W./Jensen, M.C. 1977: Stages of small groups development revisited. Group and Organizational Studies, 2, 419–427

Türk, K. 1983: Personalführung und soziale Kontrolle. Stuttgart (Enke)

Tuttle, M. 2002: A review and critique of Van Maanen and Schein's »Toward a theory of organizational socialization« and implications for human resource development. Human Resource Development Review, 1, 66–90

Utman, C.H. 1997: Performance effects of motivational stage. Personality and Social Psychology Review, 1, 170–182

Van Maanen, J./Schein, E.H. 1979: Toward a theory of organizational socialization. Research in Organizational Behavior, 1, 209–264

Voswinkel, S. 2005: Reziprozität und Anerkennung in Arbeitsbeziehungen. In: Adloff, F./Mau, S. (Hrsg.): Vom Geben und Nehmen. 237–256. Frankfurt (Campus)

Wagner, J.A./LePine, J.A. 1999: Effects of participation on performance and satisfaction. Psychological Reports, 84, 719–725

Walton, R.E. 1985: Toward a strategy for eliciting employee commitment based on policies of mutuality. In: Walton, R.E./Lawrence, P.R. (Hrsg.): HRM Trends and challenges. 35–65. Boston (Harvard Business School Press)

Way, P.K. 1992: Staffing strategies. Industrial Relations Research Proceedings, 44th Annual Proceedings. 332–339

Weathington, B.L./Tetrick, L.E. 2000: Compensation or right. Employee Responsibilities & Rights Journal, 12, 141–162

Weber, M. 1904: Die protestantische Ethik und der Geist des Kapitalismus. Tübingen (Mohr)

Weber, M. 1973: Asketischer Protestantismus und kapitalistischer Geist. In: Weber, M. (Hrsg.): Soziologie. 357–381. Stutgart (Kröner)

Weber, M. 2005: Wirtschaft und Gesellschaft. Frankfurt (Zweitausendeins) [Originalausgabe 1922. Tübingen (Mohr)]

Weber, W. 1985: Betriebliche Weiterbildung. Stuttgart (Poeschel)

Weick, K.E. 1969: The social psychology of organizing. Reading (Addison-Wesley)

Weick, K.E. 1993: The collapse of sensemaking in organizations. Administrative Science Quarterly, 38, 628–652

Weick, K.E. 1995: Sensemaking in organizations. Thousand Oaks (Sage)

Weick, K.E. 1998: Improvisation as a mindset for organizational analysis. Organization Science, 9, 543–555

Weick, K.E. 2003: Positive organizing and organizational tragedy. In: Cameron, K.S./Dutton, J.E./Quinn, R.E. (Hrsg.): Positive organizational scholarship. 66–80. San Francisco (Berrett-Koehler)

Weick, K.E./Sutcliffe, K.M./Obstfeld, D. 2005: Organizing and the process of sense-making. Organization Science, 16, 409–421

Weller, I. 2007: Fluktuationsmodelle. München (Hampp)

Wexley, K.N./Yukl, G.A. 1977: Organizational behavior and personnel psychology. Homewood (Irwin)

Whyte, W.H. 1955: The organization man. Garden City (Doubleday Anchor Books)

Wiersma, U.J. 1992: The effects of extrinsic rewards on intrinsic motivation. Journal of Occupational and Organizational Psychology, 65, 101–114

Wiley, C. 1995: What motivates employees according to over 40 years of motivation surveys. International Journal of Manpower, 18, 263–280

Willcocks, L./Choi, C. 1995: Co-operative partnership and total IT outsourcing. European Management Journal, 13, 67–79

Willmott, H.C. 1993: Strength is ignorance. Slavery is freedom. Managing culture in modern organisations. Journal of Management Studies, 30, 513–552

Wingerter, C. 2009: Der Wandel der Erwerbsformen und seine Bedeutung für die Einkommenssituation Erwerbstätiger. Wirtschaft und Statistik, 2009 (11), 1080–1098

Wiskemann, G. 2000: Strategisches Human Resource Management und Arbeitsmarkt, Baden-Baden (Nomos)

Wood, S./Albanese, M.T. 1995: Can we speak of a high commitment management on the shop floor? Journal of Management Studies, 32, 215–247

Zhao, H./Wayne, S.J./Glibkowski, B.C./Bravo, J. 2007: The impact of psychological contract breach on work-related outcomes. Personnel Psychology, 60, 647–680

Stichwortverzeichnis